ΣBEST シグマベスト

実力強化問題集
数学Ⅱ+B

文英堂編集部　編

文英堂

本書のねらいと特色

本書「実力強化問題集」は，高校生の諸君が，問題解法に直結した知識を身につけ，大学入試の典型的な問題を解ける確かな実力を養うことをねらった問題集である。本書の特色は，以下の通りである。

1 大学入試頻出の重要問題を厳選した。

大学入試に向けての学習において，**教科書レベルの内容をきちんとマスター**したあとは，**頻出の重要問題を数多く，丁寧にこなし，志望校の過去問**へとあたっていくのがのぞましい。本書では，無理なく大学入試頻出の重要例題を学習できるように，汎用性のある，良問を数多く収録するように配慮した。

本書を一通りこなせるようになれば，志望校の過去問対策ができるはずである。

2 必修編・実戦編の 2 段階構成で，無理なく実力錬成ができる。

大学入試に通用する力を養うには，**効率よく，質の高い学習**をしていくことが重要である。本書は，効率よく入試演習ができるように，

必修編　では，やや基本的なレベルの入試問題
実戦編　では，やや発展的なレベルの入試問題

を掲載している。全章を速く学習したい場合には，必ず押さえておきたい問題を示す★マークのある問題だけを選んで学習してもよい。また，難問は難マークで示した。

3 自習学習に役立つ別冊解答集

問題の解答の前に，**方針**を設け，解き方の方向性を解説し，**解答**の見通しがよくなるようにしている。解答方法がわからない場合は，方針だけを見て，再チャレンジしてみるという学習も効果的だ。

※なお，数学の学習においては，解法を見てわかった気になっただけでは力はつかない。必ず自分で解けるまで練習することが重要である。また，Hint や方針を見て解けた問題も，後日，もう一度解けるか確認しておくことも大切である。

重要な解法などを含む問題には **Check Point** として，ポイントをまとめてある。

さらに，〔別解〕〔参考〕〔注意〕などで，いろいろな視点で考えられるようにした。

以上のことを効果的に使って，志望校合格を勝ち取ってほしい。

※なお，本書では，証明の終わりは ▮ マークで示してある。

目 次

数学Ⅱ

式と証明・方程式と複素数

図形と方程式

三角関数

指数関数・対数関数

微分と積分

数学B

平面と空間のベクトル

数　列

確率分布と統計的な推測

1 3次式の展開と因数分解

重要ポイント

☐❶ **3次式の展開公式**

① $(a+b)^3=a^3+3a^2b+3ab^2+b^3$，$(a-b)^3=a^3-3a^2b+3ab^2-b^3$

② $(a+b)(a^2-ab+b^2)=a^3+b^3$，$(a-b)(a^2+ab+b^2)=a^3-b^3$

☐❷ **3次式の因数分解公式**

① $a^3+b^3=(a+b)(a^2-ab+b^2)$，$a^3-b^3=(a-b)(a^2+ab+b^2)$

② $a^3+3a^2b+3ab^2+b^3=(a+b)^3$，$a^3-3a^2b+3ab^2-b^3=(a-b)^3$

③ $a^3+b^3+c^3-3abc=(a+b+c)(a^2+b^2+c^2-ab-bc-ca)$

必修編

解答⇨別冊p.1

〈展　開〉

1 次の式を展開せよ。

★(1) $(2a+1)^3$　(2) $(3a-2b)^3$　(3) $(x^2+5)^3$　★(4) $(4x-3y^2)^3$

(5) $(x+2y)(x^2-2xy+4y^2)$　(6) $(3a-4b)(9a^2+12ab+16b^2)$

★**2** 次の式を展開せよ。

(1) $(x+2)(x-2)(x^2+2x+4)(x^2-2x+4)$　(2) $(a+b)^3(a-b)^3$

(3) $\left(x+\dfrac{1}{x}\right)^3$　(4) $\left(a-\dfrac{1}{a}\right)\left(a^2+1+\dfrac{1}{a^2}\right)$

〈因数分解〉

3 次の式を因数分解せよ。

★(1) $8a^3+b^3$　(2) $27x^3-64y^3$　(3) $54x^3y+16y^4$

(4) $x^6+26x^3y^3-27y^6$　(5) $(a+1)^3-b^3$

実戦編

解答⇨別冊p.1

4 次の式を因数分解せよ。

(1) $x^3+9x^2+27x+27$　(2) $x^3-6x^2y+12xy^2-8y^3$

★**5** $a^3+b^3=(a+b)^3-3ab(a+b)$ を利用して，$a^3+b^3+c^3-3abc$ を因数分解せよ。また，その結果を利用して，$8x^3+27y^3+z^3-18xyz$ を因数分解せよ。

2 二項定理

重要ポイント

☐❶ 二項定理

n を任意の自然数とするとき，次の等式が成立する。

$(\boldsymbol{a}+\boldsymbol{b})^n={}_n\mathrm{C}_0\boldsymbol{a}^n+{}_n\mathrm{C}_1\boldsymbol{a}^{n-1}\boldsymbol{b}+\cdots+{}_n\mathrm{C}_r\boldsymbol{a}^{n-r}\boldsymbol{b}^r+\cdots+{}_n\mathrm{C}_{n-1}\boldsymbol{a}\boldsymbol{b}^{n-1}+{}_n\mathrm{C}_n\boldsymbol{b}^n$

$(a+b)^n$ の展開式における一般項は　${}_n\mathrm{C}_r\boldsymbol{a}^{n-r}\boldsymbol{b}^r$

☐❷ 多項定理

$(a+b+c)^n$ の展開式における $a^pb^qc^r$ の係数は，

$\dfrac{n!}{p!q!r!}$ である。ただし，$p+q+r=n$

$(a+b+c)^n$ の展開式における一般項は　$\dfrac{n!}{p!q!r!}\boldsymbol{a}^p\boldsymbol{b}^q\boldsymbol{c}^r$

必修編

解答⇨別冊 *p.1*

〈二項定理〉

★6 次の係数を求めよ。

(1) $(x-2y)^8$ の展開式における x^5y^3 の係数　（立教大）

(2) $\left(2x^2-\dfrac{1}{2x}\right)^9$ の展開式における x^3 の係数

(3) $(3x+2)^7$ の展開式における各項の係数のうちで最大のもの

7 次の係数を求めよ。

(1) $(2x+1)^4(x+3)^5$ の展開式における x^3 の係数

(2) $(1+x)+(1+x)^2+(1+x)^3+\cdots+(1+x)^{10}$ の展開式における x^5 の係数

(3) $\left(x^2+\dfrac{y}{x}\right)^6(x+yz)^5$ の展開式における $x^5y^6z^3$ の係数

★8 (1) 11^{13} を 1000 で割ったときの余りを求めよ。

(2) 11^{13} の十の位の数はいくらか。また百の位の数はいくらか。　（埼玉大）

Hint **7** (1) $(2x+1)^4$ と $(x+3)^5$ の展開式の一般項をそれぞれつくり，積を考える。

8 $11^{13}=(1+10)^{13}$ として二項定理で展開する。

★9 次の等式を証明せよ。

(1) ${}_{n}C_{0}-{}_{n}C_{1}+{}_{n}C_{2}-\cdots+(-1)^{n}{}_{n}C_{n}=0$

(2) $k{}_{n}C_{k}=n{}_{n-1}C_{k-1}$ が成り立つことを示し，これを利用して ${}_{n}C_{1}+2{}_{n}C_{2}+3{}_{n}C_{3}+\cdots+n{}_{n}C_{n}=n\cdot 2^{n-1}$ を証明せよ。

(3) ${}_{n}C_{0}+2{}_{n}C_{1}+3{}_{n}C_{2}+\cdots+(n+1){}_{n}C_{n}=(n+2)\cdot 2^{n-1}$

〈多項定理〉

10 $(a+b+c)^{n}$ の展開式における $a^{p}b^{q}c^{r}$ の係数は $\dfrac{n!}{p!q!r!}$ であることを証明せよ。ただし，n は自然数で，p，q，r は $p+q+r=n$ を満たす負でない整数とする。

実戦編

解答⇨別冊 p.3

11 $\left(ax+\dfrac{2}{a^{2}x}\right)^{10}$ を展開したところ，x^{2} の項の係数は 560 であった。ただし，$a>0$ とする。このとき，$a=$□であり，x^{-6} の係数は□である。 (慶應大)

12 n は自然数で $n\geqq 2$ とする。次の不等式を証明せよ。

(1) $x>0$ のとき　$(1+x)^{n}\geqq 1+nx+\dfrac{n(n-1)}{2}x^{2}$

(2) $\left(1+\dfrac{1}{n}\right)^{n}\geqq\dfrac{5n-1}{2n}$

★13 (1) $(2x-y+z)^{8}$ の展開式における $x^{2}y^{3}z^{3}$ の係数を求めよ。 (鹿児島大)

(2) $\left(x^{2}+x+\dfrac{1}{x}\right)^{8}$ を展開したときの x の係数を求めよ。 (近畿大)

★14 x の式 $(1+x+ax^{2})^{6}$ を展開したときの x^{4} の係数は，$a=$□のときに最小値□をとる。 (上智大)

Hint **12** (1) $(1+x)^{n}$ の展開式から導く。

(2) (1)の式において，$x=\dfrac{1}{n}$ とおく。

14 多項定理の一般項を利用して x^{4} の係数を a で表す。
a についての 2 次関数と考えて，最小値を求める。

3 整式の除法

重要ポイント

☐❶ 指数法則

m, n が正の整数で，$a \neq 0$ のとき

$$\boldsymbol{a^m \div a^n} = \begin{cases} \boldsymbol{a^{m-n}} & (m>n\text{ のとき}) \\ \boldsymbol{1} & (m=n\text{ のとき}) \\ \dfrac{\boldsymbol{1}}{\boldsymbol{a^{n-m}}} & (m<n\text{ のとき}) \end{cases}$$

☐❷ 除法の原理

整式 A を整式 B で割ったときの商を Q，余りを R とすれば

$\boldsymbol{A=BQ+R}$ （R の次数 ＜ B の次数，または $R=0$）

特に $R=0$，すなわち $A=BQ$ のとき，A は B で割り切れる。

必修編

解答⇨別冊 p.4

〈指数法則〉

15 次の計算をせよ。

(1) $(-14a^3b^2)\div 7ab$　　(2) $(-a^4)^2\div(-3a^2)^3$

(3) $(2x^2y)^3\times 9x^3y^2\div(-3x^4y^2)^2$　　(4) $(4x^3y-2x^2y^2-6xy^3)\div(-2xy)$

(5) $(3a^4b^2-a^3b^3-4a^2b^4)\div(2ab)^2$　　(6) $\left(\dfrac{6}{5}x^3y^5-\dfrac{4}{5}x^4y^3\right)\div\dfrac{2}{5}x^3y^2$

〈整式の除法〉

★**16** 次の整式 A を整式 B で割り，商と余りを求めよ。
また，その結果を $A=BQ+R$ の形に書け。

(1) $A=x^3+4x-6$　　$B=x-1$

(2) $A=4a^3+6a^2-2a+1$　　$B=2a+1$

(3) $A=x^3+4x^2+4x-4$　　$B=x^2+x-1$

(4) $A=a^2+a^4-1+3a$　　$B=a^2-1+a$

Hint **16** A，B とも降べきの順に整理してから計算する。

17 x についての整式とみて，次の割り算の商と余りを求めよ。

★(1) $(x^3+3x^2y+2xy^2-24y^3)\div(x-2y)$

(2) $(6x^2-xy-12y^2-7x+18y-3)\div(2x-3y+1)$

(3) $(x^2yz+xy+yz-xy^2-xz^2+z)\div(xy-z)$

(4) $(x^3+y^3+z^3-3xyz)\div(x+y+z)$

〈除法の原理〉

★**18** 次の条件を満たす整式 A を求めよ。

(1) A を x^2-2x-3 で割ると，商が x^2+1，余りが $x-3$

(2) $3x^3-5x^2+6x+6$ を A で割ると，商が $3x-2$，余りが $x+8$

実戦編

解答⇨別冊 *p.5*

★**19** a，b は定数で，x についての整式 x^3+ax+b は $(x+1)^2$ で割り切れるとする。このとき，a，b の値を求めよ。 (早稲田大)

20 整式 A を $x+2$ で割ると，商が B で余りが -5 になる。その商 B をまた $x+2$ で割ると，商が x^2-4 で余りが 2 となる。整式 A を $(x+2)^2$ で割ったときの余りを求めよ。 (神奈川大)

★**21** x の整式 $2x^3-4x^2+8x-7$ を x の整式 A で割ると，その商が B で余りが $5x-1$ となる。また，A と B の和は $2x^2+x+1$ である。このとき，A と B を求めよ。 (岩手大)

22 (1) 整式 $f(x)=ax^4+bx^3+cx^2-16x+4$ が，整式 $g(x)=x^3-4x^2+5x-2$ で割り切れるとき，$a-b-c$ の値を求めよ。 (防衛医大)

(2) 整式 $f(x)=ax^3+bx^2+cx+d$ を $(x-1)^2$ で割ると余りが -3 となり，$(x+1)^2$ で割ると余りが 1 となるとき，a，b，c，d の値を求めよ。 (摂南大)

Hint **22** 実際に割り算をして，余りが条件を満たすようにする。

4 分数式の計算と式の値

重要ポイント

☐❶ 分数式の加減

分子の次数が分母の次数以上の分数式は，**分子÷分母**の計算を行って，整式と分子の次数が分母の次数より低い式の和に変形する。

(仮分数＝整数＋真分数の要領)

〔例〕 $\dfrac{2x^2-3x-2}{x-2}=\dfrac{(x-2)(2x+1)}{x-2}=2x+1$ ←約分

$\dfrac{2x-1}{x-1}=\dfrac{2(x-1)+1}{x-1}=2+\dfrac{1}{x-1}$

☐❷ 分数式の値の求め方

基本対称式の変形で y を $\dfrac{1}{x}$ にする。

$x^2+\dfrac{1}{x^2}=\left(x+\dfrac{1}{x}\right)^2-2$, ← $x^2+y^2=(x+y)^2-2xy$

$x^3+\dfrac{1}{x^3}=\left(x+\dfrac{1}{x}\right)^3-3\left(x+\dfrac{1}{x}\right)$ を活用。 ← $x^3+y^3=(x+y)^3-3xy(x+y)$

比例式の場合は，**比例式＝$\boldsymbol{k}$** ($k\neq0$) とおく。

〔例〕 $2x=3y$ では，$\dfrac{x}{3}=\dfrac{y}{2}=k$ より $x=3k$，$y=2k$

☐❸ 部分分数に分解

$b\neq a$ のとき $\boldsymbol{\dfrac{1}{(x+a)(x+b)}=\dfrac{1}{b-a}\left(\dfrac{1}{x+a}-\dfrac{1}{x+b}\right)}$

〔例〕 $\dfrac{1}{(x+1)(x+2)}=\dfrac{1}{x+1}-\dfrac{1}{x+2}$

$\dfrac{1}{(x-1)(x+1)}=\dfrac{1}{2}\left(\dfrac{1}{x-1}-\dfrac{1}{x+1}\right)$

$\dfrac{1}{(x+2)(x+4)(x+6)}=\dfrac{1}{4}\left(\dfrac{1}{(x+2)(x+4)}-\dfrac{1}{(x+4)(x+6)}\right)$

差が一定　　2回使う

$\dfrac{1}{x(x-1)^2}=\dfrac{1}{x}-\dfrac{1}{x-1}+\dfrac{1}{(x-1)^2}$

└ この項も必要

必修編

解答⇨別冊 p.6

〈分数式の四則演算〉

★23 次の式を計算せよ。

(1) $\dfrac{x+2}{2x}\times\dfrac{x^2-2x}{x^2-4}$　　(2) $\dfrac{x^2+x-6}{x^2-4x+4}\times\dfrac{x^2+2x-8}{x^2-x-12}$

(3) $\left(-\dfrac{2x^2}{y}\right)^3\div\left(-\dfrac{y^3}{x}\right)^2$　　(4) $\left(a+2+\dfrac{2}{a-1}\right)\div\left(a-2-\dfrac{6}{a-1}\right)$

(5) $\dfrac{(a-b)^2-c^2}{a^2-ab}\div\dfrac{a^2-(b-c)^2}{a^2-b^2}\div\dfrac{2a^2+4ab+2b^2}{a^2+ab-ac}$

★24 次の計算をせよ。

(1) $\dfrac{1}{x}+\dfrac{1}{x^2-x}-\dfrac{1}{x^2-1}$　　(2) $\dfrac{1}{x-y}+\dfrac{1}{x+y}+\dfrac{2x}{x^2+y^2}+\dfrac{4x^3}{x^4+y^4}$

(3) $\dfrac{2}{2x^2-7x-4}-\dfrac{4}{6x^2-x-2}-\dfrac{1}{3x^2-14x+8}$

(4) $\dfrac{x+6}{x+5}-\dfrac{x+8}{x+3}+\dfrac{x+7}{x+2}-\dfrac{x+1}{x}$

25 次の計算をせよ。

(1) $\dfrac{x-y}{xy}+\dfrac{y-z}{yz}+\dfrac{z-x}{zx}$　　(2) $\dfrac{a+b}{ab}-\dfrac{b+c}{bc}-\dfrac{c+a}{ca}$

(3) $\dfrac{a}{(a-b)(a-c)}+\dfrac{b}{(b-c)(b-a)}+\dfrac{c}{(c-a)(c-b)}$

(4) $\dfrac{a^2}{(a-b)(a-c)}+\dfrac{b^2}{(b-c)(b-a)}+\dfrac{c^2}{(c-a)(c-b)}$

〈分数式の値〉

26 次の分数式の値を求めよ。

(1) $\begin{cases}x=\sqrt{5}+\sqrt{2}\\ y=\sqrt{5}-\sqrt{2}\end{cases}$ のとき，$\dfrac{1}{x}+\dfrac{1}{y}$　　（足利工大）

(2) $\begin{cases}x=\sqrt{3}-\sqrt{2}\\ y=2\sqrt{3}+\sqrt{2}\\ z=4+\sqrt{6}\end{cases}$ のとき，$\dfrac{x}{yz}+\dfrac{y}{zx}+\dfrac{z}{xy}$　　（大同工大）

〈規則性のある約分〉

27　2つの自然数を m，n $(m<n)$ とするとき，

$$\left(1-\frac{1}{m}\right)\left(1-\frac{1}{m+1}\right)\left(1-\frac{1}{m+2}\right)\cdots\cdots\left(1-\frac{1}{n}\right)$$

を簡単にせよ。（東北学院大）

〈繁分数式〉

28　次の式を簡単にせよ。

(1)　$\dfrac{\frac{c}{a}}{\frac{b}{a}}$　(2)　$\dfrac{\frac{1}{a}-\frac{1}{b}}{1-\frac{b}{a}}$　(3)　$\dfrac{1-\frac{x-y}{x+y}}{1+\frac{x-y}{x+y}}$

★(4)　$\dfrac{x}{x-\dfrac{x+2}{x+2-\dfrac{x-1}{x}}}$

〈分数式の値の最大・最小〉

29　2次式 $x^2-6x+11$ は，x の値にかかわらず $\boxed{}$ 以上であるから，分数式 $\dfrac{2}{x^2-6x+11}$ の最大値は $\boxed{}$ であり，そのときの x の値は $x=\boxed{}$ である。

実戦編

解答⇨別冊 *p.8*

30　次の分数式の値を求めよ

(1)　$x+\dfrac{1}{x}=3$ のとき，$x^3+\dfrac{1}{x^3}$（神奈川大）

(2)　$x-\dfrac{1}{x}=2$ のとき，$x^3-2x^2-\dfrac{2}{x^2}-\dfrac{1}{x^3}$

★(3)　$a=\dfrac{2}{3-\sqrt{5}}$ のとき，$a+\dfrac{1}{a}$，$a^2+\dfrac{1}{a^2}$，$a^5+\dfrac{1}{a^5}$（鹿児島大）

Hint　**29**　$x^2-6x+11$ を平方完成して考える。

31 $x^3+x^2+\dfrac{1}{x^2}-\dfrac{1}{x^3}=-1$ のとき，$x-\dfrac{1}{x}$ の値を求めよ。ただし，x は実数とする。

★**32** $x^4+2x^3-3x^2+2x+1=0$ のとき，$x+\dfrac{1}{x}$ の値を求めよ。

★**33** $\dfrac{x+y}{6}=\dfrac{y+z}{4}=\dfrac{z+x}{3}$ $(xyz\neq0)$ のとき，$\dfrac{3x+5z}{2y+z}$ の値を求めよ。

34 $\dfrac{z}{x+y}=\dfrac{x}{y+z}=\dfrac{y}{z+x}=k$ のとき，k の値を求めよ。

★**35** $abc=-1$ のとき，$\dfrac{1}{ab-a+1}+\dfrac{1}{bc-b+1}+\dfrac{1}{ca-c+1}$ の値を求めよ。

36 次の式を簡単にせよ。

★(1) $\dfrac{1}{(x-1)(x+1)}+\dfrac{1}{(x+1)(x+3)}+\dfrac{1}{(x+3)(x+5)}+\dfrac{1}{(x+5)(x+7)}$
$+\dfrac{1}{(x+7)(x+9)}$

(2) $\dfrac{1}{1+x}+\dfrac{1}{1-x}+\dfrac{1}{(1+x)(1+2x)}+\dfrac{1}{(1-x)(1-2x)}+\dfrac{1}{(1+2x)(1+3x)}$
$+\dfrac{1}{(1-2x)(1-3x)}$

37 $x>0$，$y>0$ のとき，$\dfrac{2x^2-4xy+7y^2}{2x^2-4xy+5y^2}$ の最大値は □ （日本大）

Hint **32** $x\neq0$ より，両辺を x^2 で割って $x^2+2x-3+\dfrac{2}{x}+\dfrac{1}{x^2}=0$ と変形できる。

37 分母，分子を y^2 で割って，$\dfrac{x}{y}$ を t とおく。

5 恒等式

重要ポイント

☐❶ 恒等式

どんな x の値に対しても常に成り立つ等式を **x についての恒等式**という。

次の式が x についての恒等式のとき

・$\boldsymbol{ax^2+bx+c=a'x^2+b'x+c' \iff a=a',\ b=b',\ c=c'}$

・$\boldsymbol{ax^2+bx+c=0 \iff a=0,\ b=0,\ c=0}$

☐❷ 未定係数法

恒等式の未定の係数を決定する方法

係数比較法　辺々同じ次数の項の係数を比較して，係数を決定する方法

数値代入法　適当なあるいは特別な数値を代入して，係数を決定する方法

必修編

解答⇨別冊 *p.9*

〈恒等式の判定〉

38 次の等式のうち，恒等式はどれか。

(1) $(x+1)(x-3)+2(x+2)=x^2+1$　　(2) $(a+b)^2-(a-b)^2=4ab$

(3) $\sqrt{x^2}=x$　　(4) $\dfrac{1}{x}-\dfrac{1}{y}=\dfrac{x-y}{xy}$

〈未定係数法〉

★39 次の式が x についての恒等式となるように，定数 a, b, c, d の値を定めよ。

(1) $a(x-3)(x-1)+bx(x+1)+cx(x-1)=x^2+3$

(2) $x^3=a(x+1)^3+b(x+1)^2+c(x+1)+d$

(3) $(x^2+3x+4)(x+1)(x+2)+1=(x^2+ax+b)^2$　（甲南大）

(4) $x^4+x^2+b=(x^2+ax+1)(x^2+cx+d)$　（津田塾大改）

40 次の式が x, y についての恒等式となるように，定数 a, b, c, d の値を定めよ。

(1) $(x-ay)^2+(bx-2y)^2=5x^2-2xy+cy^2$

(2) $x^3+3x^2y+xy^2+3y^3-x^2-y^2-3x-9y+3=(x^2+ay^2+b)(x+cy+d)$

（埼玉大）

〈分数式の恒等式〉

41 次の式が x についての恒等式となるように，定数 A，B，C の値を定めよ。

(1) $\dfrac{x^2+4x+5}{x^2+3x+2}=1+\dfrac{A}{x+1}+\dfrac{B}{x+2}$ （名城大）

★(2) $\dfrac{3}{x^3+1}=\dfrac{A}{x+1}+\dfrac{Bx+C}{x^2-x+1}$ （東京都市大）

(3) $\dfrac{4}{1-x^4}=\dfrac{A}{1-x}+\dfrac{B}{1+x}+\dfrac{C}{1+x^2}$ （自治医大）

〈k についての恒等式〉

42 (1) $(k+1)x+(k-1)y-5k+1=0$ がすべての実数 k に対して成立するとき，x，y の値を求めよ。 （東京薬大）

(2) すべての実数 k について，等式 $kx^2+(1-7k)x-(k+1)y+19k+4=0$ が成り立つとき，$x=$□，$y=$□ または $x=$□，$y=$□ である。 （京都産大）

★(3) 等式 $(k^2+k+2)x-(2k^2+3k+4)y+(2k^2+3)z+4k^2+k=0$ がどのような k の値についても成り立つように，x，y，z の値を定めよ。 （福岡大）

実戦編

解答⇨別冊 p.11

★**43** $x+y=1$ を満たす x，y について，$ax^2+bxy+cy^2=1$ が常に成り立つように，a，b，c の値を定めよ。 （龍谷大）

難 **44** a，b，c，d，e を実数とする。多項式 $f(x)=ax^4+bx^3+cx^2+dx+e$ が次の式(A)，(B)，(C)をすべて満たすとき，a，b，c，d，e の値を求めよ。

(A) $x^4f\left(\dfrac{1}{x}\right)=f(x)$　(B) $f(1-x)=f(x)$　(C) $f(1)=1$ （東北大）

Hint **44** 条件(A)から，xについての恒等式をつくる。(B)，(C)の条件からは $x=1$，2 を代入して $f(0)=f(1)=1$，$f(-1)=f(2)$ の関係式が得られる。

6 等式の証明

重要ポイント

☐❶ **等式の証明**

等式 $A=B$ の証明法

(i) 左辺 A を変形して右辺 B を導く。
右辺 B を変形して左辺 A を導く。

(ii) 左辺 $A=C$，右辺 $B=C$ を導く。

(iii) 左辺－右辺＝$A-B=0$ を導く。

☐❷ **条件つき等式の証明**

(i) 条件式を用いて，1 文字を消去した等式を証明。

(ii) 条件式が $C=0$ のとき，$A-B$ を C が現れるように変形する。

☐❸ **比例式**

$$\boldsymbol{a:b:c=d:e:f \iff \frac{a}{d}=\frac{b}{e}=\frac{c}{f}=k}\ (k\neq 0)$$

$$\boldsymbol{\iff a=dk,\ b=ek,\ c=fk}$$

必修編

解答⇨別冊p.12

〈等式の証明〉

★45 次の等式を証明せよ。

(1) $(a^2+b^2)(c^2+d^2)=(ac+bd)^2+(ad-bc)^2$

(2) $(8a+b)^2+(a-8b)^2=(4a+7b)^2+(7a-4b)^2$

(3) $(a^2+ab+b^2)(a^2-ab+b^2)=a^4+a^2b^2+b^4$

(4) $(x^2-1)(y^2-1)-4xy=(xy+x+y-1)(xy-x-y-1)$

(5) $(a^2+b^2+c^2)(x^2+y^2+z^2)$
$=(ax+by+cz)^2+(ay-bx)^2+(bz-cy)^2+(cx-az)^2$

〈条件のついた等式の証明〉

46 次の等式を証明せよ。

(1) $2a-3b=0$ のとき，$a^2(2a+b)=9b^3$

★(2) $a+b=c$ のとき，$a^3+3abc+b^3=c^3$

(3) $a+b=1$ のとき，$a(a+1)+b(b+1)=2(1-ab)$

〈比例式〉

★**47** $a:b=c:d$ $(b>0,\ d>0)$ のとき，次の等式を証明せよ。

(i) $\dfrac{a+b}{a-b}=\dfrac{c+d}{c-d}$　　(ii) $\dfrac{pa+qc}{pb+qd}=\dfrac{ra+sc}{rb+sd}$

〈式の値〉

48 次の各式の値を求めよ。

(1) $a=\sqrt{3}$，$b=\dfrac{1-\sqrt{3}}{2}$ のとき，a^3，b^3，$\dfrac{(a+b)^3+a^3}{(a+b)^3+b^3}$　（日本工大）

(2) $x:y:z=3:4:5$ のとき，　(i) $\dfrac{x^2-y^2}{x^2+y^2}$　(ii) $\dfrac{xy+yz+zx}{x^2+y^2+z^2}$

実戦編

解答⇨別冊p.13

49 次の等式を証明せよ。

★(1) $a+b+c=0$ のとき，$a^3+b^3+c^3+3(a+b)(b+c)(c+a)=0$

(2) $a+b+c=0$ のとき，$a^4+b^4+c^4=2b^2c^2+2c^2a^2+2a^2b^2$

(3) $a(1+b^2)=b(1+a^2)$，$a \neq b$ のとき，$ab=1$

★(4) $2x+y+2z=0$，$x-2y-z=0$ のとき，$x^2+y^2=z^2$

(5) $x^2-yz=2$，$y^2-zx=2$，$x \neq y$ のとき，$z^2-xy=2$

50 $\dfrac{x}{b+c}=\dfrac{y}{c+a}=\dfrac{z}{a+b}$ のとき，次の等式を証明せよ。

(i) $a(y-z)+b(z-x)+c(x-y)=0$

(ii) $ab(x+y-z)=bc(y+z-x)=ca(z+x-y)$

51 次の各式の値を求めよ

★(1) $\dfrac{x+y}{5}=\dfrac{3y+2z}{4}=\dfrac{2z+3x}{3} \neq 0$ のとき，$\dfrac{x^2-y^2}{x^2-4z^2}$

(2) $x+y+z=1$，$x^2+y^2+z^2=2$，$x^3+y^3+z^3=3$ のとき，

(i) $xy+yz+zx$　(ii) $xy(x+y)+yz(y+z)+zx(z+x)$

Hint **49** (4)(5) z が定数である x，y の連立方程式とみて，x，y を z で表す。

50 (2) $\dfrac{x}{b+c}=\dfrac{y}{c+a}=\dfrac{z}{a+b}=k$ とおき，x，y，z を消去する。

7 不等式の証明

重要ポイント

☑❶ 不等式 $A>B$ の証明

$A>B \Longleftrightarrow A-B>0$ （$A-B=P$，$P>0$ を証明）

(i) 条件式から $P>0$ を導く。(ii) $P=c^2$ （c は実数，$c \neq 0$）を導く。

$A \geqq 0$，$B \geqq 0$ のとき　$A>B \Longleftrightarrow A^2>B^2 \Longleftrightarrow A^2-B^2>0$

☑❷ 相加平均と相乗平均の大小関係

$a>0$，$b>0$ のとき　$\dfrac{a+b}{2} \geqq \sqrt{ab}$ （等号は $a=b$ のとき成立）

必修編

解答⇨別冊 p.14

〈不等式の証明〉

52 次の不等式を証明せよ。また，等号が成り立つのはどのようなときか。

★(1) $a>0$，$b>0$ のとき，$a^3+b^3 \geqq a^2b+ab^2$

(2) $a>0$，$b>0$ のとき，$(a+b)(a^3+b^3) \geqq (a^2+b^2)^2$

(3) $x^2+y^2 \geqq xy$

★(4) $x^2+4xy+5y^2-6y+9 \geqq 0$

(5) $x^2+y^2+z^2+3 \geqq 2(x+y+z)$

★(6) $x^4+y^4 \geqq x^3y+xy^3$

〈$\sqrt{\quad}$ のある不等式の証明〉

53 次の不等式を証明せよ。ただし，文字はすべて正の数とする。

(1) $a+b>\sqrt{a^2+b^2}$

(2) $\sqrt{2}\sqrt{a+b} \geqq \sqrt{a}+\sqrt{b}$

★(3) $2\sqrt{a}+3\sqrt{b}>\sqrt{4a+9b}$

★(4) $\sqrt{3}\sqrt{a^2+b^2+c^2} \geqq a+b+c$

〈大小比較〉

54 次の大小を比較せよ。

★(1) $0<a<b$，$a+b=1$ のとき，$\dfrac{1}{2}$，$2ab$，a^2+b^2

(2) $a>0$，$b>0$ のとき，$\sqrt{ab}$，$\sqrt{\dfrac{a^2+b^2}{2}}$，$\dfrac{2ab}{a+b}$

〈相加平均と相乗平均の大小関係の利用〉

★55 次の不等式を証明せよ。ただし，文字はすべて正の数とする。

(1) $2x+\dfrac{6}{x}\geqq 4\sqrt{3}$ (滋賀大改)　(2) $(2a+b)\left(\dfrac{2}{a}+\dfrac{1}{b}\right)\geqq 9$

(3) $(b+c)(c+a)(a+b)\geqq 8abc$

(4) $xyz\geqq(y+z-x)(z+x-y)(x+y-z)$

〈絶対値記号を含む不等式〉

56 次の不等式を証明せよ。

(1) $|a+b|\leqq|a|+|b|$　★(2) $|a-b|\leqq|a|+|b|$

★(3) $|a-b|\leqq|a-c|+|b-c|$　(4) $|a+b+c|\leqq|a|+|b|+|c|$

(5) $|a|<1$ かつ $|b|<1$ のとき，$|a+b|+|a-b|<2$ (お茶の水女子大)

実戦編

解答⇨別冊 *p.17*

★57 次の不等式を証明せよ。

(1) $x<1$，$y<1$，$z<1$ のとき，$xyz+x+y+z<xy+yz+zx+1$ (鹿児島大)

(2) $|a|<1$，$|b|<1$，$|c|<1$ のとき，

(i) $ab+1>a+b$　難(ii) $abc+2>a+b+c$

難58 実数 a，b に対して，不等式 $\dfrac{|a+b|}{1+|a+b|}\leqq\dfrac{|a|}{1+|a|}+\dfrac{|b|}{1+|b|}$ が成り立つことを示せ。また，等号が成り立つための条件を求めよ。 (学習院大)

Hint

55 (4) (3)の式を利用する。$b+c=2x$，$c+a=2y$，$a+b=2z$ とおいてみる。

56 (2) $a-b=a+(-b)$ で(1)を適用。(3) $a-b=(a-c)-(b-c)$ で(2)を適用。
(4) (1)を適用して　$|a+b+c|=|(a+b)+c|\leqq|a+b|+|c|$

57 (2)(ii) (i)の式で a を ab とおいてみる。

58 $|a+b|\leqq|a|+|b|$ より $\dfrac{|a+b|}{1+|a+b|}\leqq\dfrac{|a|+|b|}{1+|a|+|b|}$ である。

59 次の不等式を証明せよ。

(1) $(a^2+b^2+c^2)(x^2+y^2+z^2)\geqq(ax+by+cz)^2$

(2) $x^2+y^2+z^2=3$ のとき，$x+y+z\leqq 3$

(3) $x+2y+3z=1$ のとき，$\dfrac{1}{14}\leqq x^2+y^2+z^2$

難 (4) $p>0$，$q>0$，$r>0$，$p+q+r=1$，$x\geqq 0$，$y\geqq 0$，$z\geqq 0$ のとき，
$p\sqrt{x}+q\sqrt{y}+r\sqrt{z}\leqq\sqrt{px+qy+rz}$

60 次の大小を比較せよ。

難 (1) $b^3<a^3$，$a^2<b^2$，$ab<b$ (a，b 実数)のとき，a，b，-1，0，1

(2) a，b，c，d は正で，$\sqrt{a}+\sqrt{b}<\sqrt{c}+\sqrt{d}$，$a+b=c+d$ のとき，

(i) ab と cd

(ii) さらに $a>b$ のとき，$\sqrt{a}-\sqrt{b}$ と $\sqrt{c}-\sqrt{d}$ (福岡大)

61 任意の正の数 a，b，x，y に対して，次の不等式が成り立つことを証明せよ。また，等号が成立する条件を求めよ。

$\sqrt{ax+by}\sqrt{x+y}\geqq\sqrt{a}\,x+\sqrt{b}\,y$ (甲南大)

★62 実数 a，b が不等式 $|a|<1<b$ を満たすとき $-1<\dfrac{ab+1}{a+b}<1$ が成り立つことを証明せよ。 (群馬大)

63 a，b は正の整数とする。$\sqrt{3}$ は $\dfrac{a}{b}$ と $\dfrac{a+3b}{a+b}$ の間にあることを証明せよ。

(慶應大)

Hint **59** (1)の不等式を，シュワルツの不等式という。(4)は，これを利用して
$\{(\sqrt{p})^2+(\sqrt{q})^2+(\sqrt{r})^2\}\{(\sqrt{px})^2+(\sqrt{qy})^2+(\sqrt{rz})^2\}\geqq(\sqrt{p}\sqrt{px}+\sqrt{q}\sqrt{qy}+\sqrt{r}\sqrt{rz})^2$ とできる。

60 (1) 1式より $a>b$，$0\leqq b<a$ とすると2式に矛盾，$b<0$ なら3式より $a>1$

63 $\sqrt{3}$ が α と β の間にあるとき，$(\sqrt{3}-\alpha)(\sqrt{3}-\beta)<0$ であることを利用する。

8 複素数

重要ポイント

❶ 虚数単位

平方すると -1 になる数を虚数単位といい，$\boldsymbol{i}$ で表す。

$i^2=-1$,　$a>0$ のとき　$\sqrt{-a}=\sqrt{a}\,i$

❷ 複素数の四則計算

実数のときの計算や文字計算とまったく同じ。

i^2 が出てくれば -1 におき換える。

❸ 複素数の相等

$a+bi=c+di \iff a=c,\ b=d$

$a+bi=0 \iff a=0,\ b=0$

（a，b，c，d は実数，i は虚数単位）

❹ 共役な複素数

$a+bi$ に対して $a-bi$ を共役な複素数という。

複素数 α に共役な複素数を $\overline{\alpha}$ で表す。

❺ 共役な複素数の性質

(i)　$\overline{\alpha+\beta}=\overline{\alpha}+\overline{\beta}$　　(ii)　$\overline{\alpha-\beta}=\overline{\alpha}-\overline{\beta}$

(iii)　$\overline{\alpha\beta}=\overline{\alpha}\,\overline{\beta}$　　(iv)　$\overline{\left(\dfrac{\alpha}{\beta}\right)}=\dfrac{\overline{\alpha}}{\overline{\beta}}$　$(\beta\neq 0)$

必修編

解答⇨別冊 *p.19*

〈複素数の四則計算〉

★**64** 次の計算をせよ。

(1)　$(2-i)(3+2i)$

(2)　$(1+i)^{16}$　（明治大）

(3)　$\dfrac{4}{1-\sqrt{3}i}+\dfrac{4}{1+\sqrt{3}i}$

(4)　$\left(\dfrac{1+i}{1-i}\right)^5$　（明治大）

(5)　$\left(\dfrac{1+i}{\sqrt{2}}\right)^{12}+\left(\dfrac{1-i}{\sqrt{2}}\right)^{12}$

(6)　$\left(\dfrac{3+\sqrt{7}i}{2}\right)^2-3\cdot\dfrac{3+\sqrt{7}i}{2}$

〈複素数の相等〉

★65 次の各問いの等式を満たす実数 a，b の値を求めよ。

(1) $(a+bi)(1-bi)=1+i$ （東京電機大改）

(2) $(\sqrt{3}-i)^2+a(\sqrt{3}+i)-b=0$ （北海道工大）

(3) $\left(\dfrac{1-i}{\sqrt{3}+i}\right)^3=a+bi$ （東北学院大）

〈共役な複素数〉

66 $\alpha=1+\sqrt{3}i$，$\beta=1-\sqrt{3}i$ のとき，次の式の値を求めよ。

(1) $\alpha^2+\beta^2$

(2) $\alpha^3+\beta^3$

(3) $\dfrac{4}{\alpha}+\dfrac{4}{\beta}$

(4) $\dfrac{\beta}{\alpha}+\dfrac{\alpha}{\beta}$

67 実数係数の2次方程式 $x^2+ax+b=0$ の解の1つが $1-2i$ であるという。このとき，a，b の値を求めよ。

実戦編

解答⇨別冊 ***p.20***

68 実数 x，y に対して，$(i^{30}+i^{65})(x+yi)=-2+6i$ が成り立つ。

(1) x，y の値を求めよ。

(2) $\dfrac{x+yi}{i}+\dfrac{x-yi}{x+yi}$ の値を求めよ。 （慶應大）

69 z を $z^2+z+1=0$ を満たす複素数とするとき，$z^3=1$ が成り立つことを示し，さらに $\dfrac{1}{(i-z^n)(i-z^{2n})}$ の値を求めよ。

ただし，i は虚数単位，n は自然数とする。 （琉球大）

★70 実数 a と r について，$(1+i)r^2+(a-i)r+2(1-ai)=0$ が成り立つとき，$a=\square$ かつ $r=-\square$ である。ただし，$i^2=-1$ とする。 （慶應大）

Hint **67** $1-2i$ は方程式の解であるから，与式に代入すると成り立つ。

69 $z^3=1$ であるから，z^n を $n=3k$，$3k-1$，$3k-2$ (k は自然数)の場合に分けて考える。

9 2次方程式

重要ポイント

☐❶ 2次方程式の解の公式

$ax^2+bx+c=0$ $(a\neq 0)$ の解は　$x=\dfrac{-b\pm\sqrt{b^2-4ac}}{2a}$

$ax^2+2b'x+c=0$ $(a\neq 0)$ の解は　$x=\dfrac{-b'\pm\sqrt{b'^2-ac}}{a}$

☐❷ 2次方程式の判別式

実数係数の2次方程式 $ax^2+bx+c=0$ $(a\neq 0)$ において $D=b^2-4ac$ をこの方程式の**判別式**という。

☐❸ 2次方程式の解の判別

$D>0 \iff$ 異なる2つの実数解　　$D=0 \iff$ 重解

$D<0 \iff$ 異なる2つの虚数解

必修編

解答⇨別冊*p.21*

〈2次方程式の解〉

★71 次の2次方程式を解け。

(1) $x^2+2x+3=0$　　(2) $x^2-\sqrt{2}x+1=0$

(3) $(x+1)^2-4(x+1)-5=0$　　(4) $4x^2+1=4(3x-2)$

(5) $3(x+1)^2=x+2-2x(x-1)$

72 a を正の整数とする。2次方程式 $x^2-(3+\sqrt{2})x+\sqrt{2}a-4=0$ の解の1つ α が整数のとき，a の値および2つの解 α，β を求めよ。

〈解の判別〉

★73 次の問いに答えよ。

(1) 3次方程式 $(x-1)(x^2+ax+4)=0$ が重解をもつときの a の値を求めよ。

(2) 2次方程式 $(k-1)x^2+4x+2k=0$ が，相異なる2つの実数解をもつとき，k の値の範囲を求めよ。　(拓殖大)

(3) a，b は実数とする。2次方程式 $x^2+ax+a^2+ab+2=0$ は，定数 a がどのような値であっても，決して実数解をもたないとする。このとき，実数 b の値の範囲を求めよ。　(龍谷大)

★74　2次方程式 $ax^2+(2+3i)x-2-i=0$ が実数解をもつように，実数 a の値を定めよ。

★75　$2x^2-xy-3y^2-5x+10y+a$ が x，y の1次式の積に因数分解されるように a の値を定めよ。　　（創価大）

実戦編

解答⇨別冊 p.22

76　方程式 $5x^3+px+q=0$，$5x^3+qx+p=0$（p，q は整数，$p>q$）が共通の実数解をもち，両方程式ともそれ以外に実数解をもたないという。p，q の値を求めよ。　　（日本医大改）

★77　a は実数の定数とする。x についての2つの方程式

$x^3+(1-a)x^2+(1-a)x-a=0$　…①，$x^2+(9a-7)x+1=0$　…②

について，次の問いに答えよ。

(1)　$a=0$，1のとき，それぞれ①の解を求めよ。

(2)　①，②が2つの解を共有するとき，a の値を求めよ。

(3)　①，②がただ1つの解を共有するとき，a の値を求めよ。　　（名城大）

★78　$x^2-8ax+8-8a=0$，$20x^2-12ax+5=0$，$2x^2-6ax-9a=0$ の3つの方程式について，次の条件を満たす a の値の範囲を求めよ。

(1)　3つの方程式の中の少なくとも1つが虚数解をもつ。

(2)　3つの方程式の中の1つだけが虚数解をもつ。　　（大東文化大）

Hint

74　実数係数の方程式ではないから，判別式は使えない。
実数解を α として $f(\alpha)+g(\alpha)i=0$ の形に導けば　$f(\alpha)=g(\alpha)=0$

75　与式$=0$ の判別式が y についての完全平方式になるようにする。

76　共通解を α とおく。

78　3つの方程式それぞれが虚数解をもつ a の値の範囲を数直線上にかいてみる。

10 2次方程式の解と係数の関係

重要ポイント

☐❶ **解と係数の関係**

2次方程式 $ax^2+bx+c=0$ の2つの解を α, β とすると

$$\boldsymbol{\alpha+\beta=-\frac{b}{a},\ \alpha\beta=\frac{c}{a}}$$

☐❷ **α, β を解とする2次方程式**

α, β を解とする2次方程式は

$$\boldsymbol{a\{x^2-(\alpha+\beta)x+\alpha\beta\}=0}\ (a\neq 0)$$

必修編

解答⇨別冊*p.23*

〈解と係数の関係〉

★79 2次方程式 $x^2-2x+3=0$ の2つの解を α, β とするとき，次の式の値を求めよ。

(1) $\alpha+\beta$　(2) $\alpha\beta$　(3) $\alpha^2+\beta^2$

(4) $\alpha-\beta$　(5) $\dfrac{1}{\alpha}+\dfrac{1}{\beta}$　(6) $\dfrac{1}{\alpha+1}+\dfrac{1}{\beta+1}$

★80 次の各問いの □ をうめよ。

(1) 2次方程式 $x^2+10x-5=0$ の2つの解を α, β とするとき，

$\dfrac{\beta^2}{\alpha}+\dfrac{\alpha^2}{\beta}=$ □ である。（明星大）

(2) 2次方程式 $x^2+ax+b=0$ の2つの解を α, β とする。$x^2+bx+a=0$ の2つの解が $\alpha+1$, $\beta+1$ であるとき $a=$ □，$b=$ □ であり，$x^2+ax+b=0$ の正の解は □ である。（東海大）

81 2次方程式 $ax^2+bx+b=0$ $(ab>0)$ の2つの解 α, β が $\alpha-\beta=\sqrt{5}$ を満たすとき，$\dfrac{b}{a}=$ □ であり，$\alpha=$ □，$\beta=$ □ である。（明治学院大）

Hint **79** (4) $(\alpha-\beta)^2=(\alpha+\beta)^2-4\alpha\beta$ を用いる。

★82　2次方程式 $x^2+2mx+15=0$ が次のような解をもつとき，定数 m の値を求めよ。

(1)　2つの解の差が2　　(2)　2つの解の比が1：3　（武蔵大）

83　2次方程式の2つの解が次の条件を満たすように a の値を定め，そのときの2つの解を求めよ。

(1)　$x^2+ax+a=0$ の2つの解の比が1：2である。

(2)　$x^2-(a-1)x+a=0$ の2つの解の比が2：3である。

〈解の範囲〉

84　k を定数とする2次方程式 $x^2-kx+k-2=0$ の2つの解を α，β とする。このとき，次の各問いに答えよ。

(1)　$\alpha+\beta$，$\alpha\beta$ をそれぞれ k を用いて表せ。

(2)　$\alpha^2+\beta^2$ を k を用いて表せ。

(3)　$\alpha>0$，$\beta>0$ となる k の値の範囲を求めよ。

(4)　$\alpha>-3$，$\beta>-3$ となる k の値の範囲を求めよ。　（足利工大）

〈2次方程式の作成〉

★85　2次方程式 $x^2-2x+3=0$ の2つの解を α，β とするとき，次の2数を解とする2次方程式を求めよ。ただし，すべての係数および定数項は整数で，特に x^2 の係数は正で最小の整数となるようにせよ。

(1)　$\dfrac{1}{\alpha}$，$\dfrac{1}{\beta}$　　(2)　$\alpha-\dfrac{1}{\beta}$，$\beta-\dfrac{1}{\alpha}$　　(3)　$\dfrac{1}{\alpha^2}$，$\dfrac{1}{\beta^2}$

★86　x の2次方程式 $x^2-m(m+1)x+2m+1=0$ について，1つの解が他の解の平方となるような整数 m の値を求めよ。また，そのときの方程式の解を求めよ。

Hint　**83**　(1) 2つの解を α，2α $(\alpha\neq0)$ とおく。(2) 2つの解を 2α，3α $(\alpha\neq0)$ とおく。

実戦編

解答⇨別冊 *p.25*

87　α，β を解とする2次方程式 $x^2+ax+b=0$ がある。α^2，β^2 もこの方程式の解であるような a，b をすべて求めよ。

88　x に関する2次方程式 $x^2-abx+(a-b)=0$ の2つの解 α，β が，$\alpha+\beta+\alpha\beta=0$ を満たすように整数 a，b を定めよ。　（関西大）

89　2次方程式 $x^2-2x+2=0$ の2つの解を α，β とするとき，$f(\alpha)=2\beta$，$f(\beta)=2\alpha$，$f(2)=2$ を満たす2次関数 $f(x)$ を求めよ。

90　実数係数の2次方程式 $x^2+2bx+c=0$ の解を α，β とする。この方程式が異なる2つの実数解をもたないとき，$\alpha+\beta+\alpha\beta$ の最小値を求めよ。　（大分大）

難 **91**　係数 a，b，c がすべての正の数である2次方程式 $ax^2+bx+c=0$ が実数解をもつとき，解の絶対値は $\dfrac{b}{a}$ よりも小さく，$\dfrac{c}{b}$ よりも大きいことを証明せよ。

（早稲田大改）

Hint
89　$f(x)=ax^2+bx+c$ とおき，$f(\alpha)$，$f(\beta)$ の条件を考える。
90　$D\leqq0$ と解と係数の関係から b についての不等式をつくる。
91　解 α が0以上と仮定すると，左辺>0 で α が解であることに矛盾。
よって　$\alpha<0$ より　$\alpha=-|\alpha|$

11 剰余の定理・因数定理

重要ポイント

☐❶ 剰余の定理

x の整式 $f(x)$ を $\boldsymbol{x-\alpha}$ で割ったときの余りは $\boldsymbol{f(\alpha)}$ である。

x の整式 $f(x)$ を $\boldsymbol{ax+b}$ $(\boldsymbol{a \neq 0})$ で割ったときの余りは $\boldsymbol{f\left(-\frac{b}{a}\right)}$ である。

☐❷ 因数定理

x の整式 $f(x)$ について　$\boldsymbol{f(\alpha)=0 \Longleftrightarrow f(x)}$ **は** $\boldsymbol{x-\alpha}$ **を因数にもつ**

$\boldsymbol{f\left(-\frac{b}{a}\right)=0 \Longleftrightarrow f(x)}$ **は** $\boldsymbol{ax+b}$ **を因数にもつ**

必修編

解答⇨別冊 *p.26*

〈剰余の定理〉

★92 次の各問いの定数 a, b の値を求めよ。

(1) x の整式 $f(x)=ax^4-3x^2+bx+4$ を $x-1$ で割っても $x+2$ で割っても余りは 4 である。

(2) 整式 ax^3+5x^2+bx+6 は x^2+x-2 で割ると余りが 12 である。 (北海学園大)

★93 次の各問いについて，(1)は定数 a, b の値を，(2)は定数 a, b, c の値を求めよ。

(1) 整式 $f(x)$ を $x-2$ で割ると 3 余り，$x+1$ で割ると -3 余る。
$f(x)$ を $(x-2)(x+1)$ で割ったときの余りは $ax+b$ である。 (日本大)

(2) $f(x)$ は x の 3 次式で，$x-1$ で割れば余りは 1，$x-2$ で割れば余りは 2，$x-3$ で割れば余りは 3 である。$f(x)$ を $(x-1)(x-2)(x-3)$ で割ったときの余りは ax^2+bx+c である。

94 次の各問いについて，(1)は定数 a, b の値を，(2)は定数 a, b, c の値を求めよ。

(1) $x^4+ax^3+ax^2+bx-6$ が整式 x^2-2x+1 で割り切れる。 (千葉大)

(2) $f(x)=x^4+ax^3+bx^2+c$ を $x-1$ で割ると 5 余り，x^2+1 で割ると $2x+1$ 余る。

Hint **93** (1) 商を $Q(x)$ とすると　$f(x)=(x-2)(x+1)Q(x)+ax+b$ とかける。
(2) 商を $Q(x)$ とすると，$f(x)=(x-1)(x-2)(x-3)Q(x)+ax^2+bx+c$ とかける。

95　x の多項式 $f(x)$ を $(x-1)^2$ で割ったときの商と余りはそれぞれ $g(x)$, $3x-1$ であり，$f(x)$ を $x-2$ で割ったときの余りは 6 であるという。このとき，$g(x)$ を $x-2$ で割ったときの余りは［ア］であり，$f(x)$ を $(x-1)(x-2)$ で割ったときの余りは［イ］$x-$［ウ］である。　（東京理大）

★96　x の整式 $f(x)$ を $(x+2)^2$ で割ると割り切れ，$x+4$ で割ると 3 余るという。$f(x)$ を $(x+2)^2(x+4)$ で割ったときの余りを求めよ。　（東京農大）

〈因数定理〉

★97　次の左の整式が，右の整式で割り切れるとき，定数 a, b の値を求めよ。

(1)　x^3+ax^2+bx+2, $(x-1)(x-2)$　　(2)　$3x^3+ax^2+bx+2$, $3x^2-4x+1$

(3)　x^3+ax^2+b, $(x-2)^2$

98　$f(x)=x^3+ax^2-b^2$, $g(x)=x^3+(a-3b)x+2(b-1)$ とする。

(1)　$f(x)$, $g(x)$ はいずれも因数 $x-1$ をもつという。a, b の値を求めよ。

(2)　(1)で求めた a, b の値に対し，$f(x)$ を因数分解せよ。　（九州産大）

実戦編

解答⇨別冊 *p.28*

★99　3 次の整式 $P(x)$ は，次の条件(A), (B), (C)を満たしている。

(A)　$P(x)$ の x^3 の係数は 1 である。

(B)　$P(x)$ は $(x-1)^2$ で割り切れる。

(C)　$P(x)$ を $x+1$ で割ったときの余りと，x^2-x-2 で割ったときの余りは等しい。

(1)　$P(x)$ を求めよ。

(2)　$\{P(x)\}^2$ を $(x+1)^2$ で割ったときの余りを求めよ。　（宮崎大）

100　n を正の整数とし，整式 $P(x)=x^{3n}+(3n-2)x^{2n}+(2n-3)x^n-n^2$ を考える。

(1)　$P(x)$ を x^2-1 で割ったときの余りを求めよ。

(2)　$P(x)$ が x^2-1 で割り切れるような n の値をすべて求めよ。　（愛知教育大）

Hint　**100**　$P(x)=(x-1)^2Q(x)+ax+b$ とおく。n が偶数のときと奇数のときで場合分けする。

12 高次方程式

重要ポイント

☐❶ 高次方程式の解法

3 次以上の方程式を**高次方程式**という。

$f(x)=0$ の形に整理し，$f(x)$ を**因数分解**する。

(i) 因数分解の公式の利用

(ii) 因数定理の利用

(iii) 既知の解を利用

☐❷ 高次方程式と共役な複素数

実数係数の方程式の解の 1 つが $\boldsymbol{a+bi}$ (a，b 実数，$b\neq0$) ならば，

$\boldsymbol{a-bi}$ **も解**である。

☐❸ 1 の虚数の 3 乗根

$x^3=1$ の虚数の 3 乗根の一方を $\boldsymbol{\omega}$ で表すと，

他方の虚数の 3 乗根は $\boldsymbol{\omega}$ と共役な $\boldsymbol{\omega^2}$ である。

☐❹ ω の性質

$\boldsymbol{\omega^3=1}$，$\boldsymbol{\omega^2+\omega+1=0}$

☐❺ 3 次方程式の解と係数の関係

3 次方程式 $ax^3+bx^2+cx+d=0$ ($a\neq0$) の解を α，β，γ とすると

$$\alpha+\beta+\gamma=-\frac{b}{a},\quad \alpha\beta+\beta\gamma+\gamma\alpha=\frac{c}{a},\quad \alpha\beta\gamma=-\frac{d}{a}$$

逆に，α，β，γ を解とする 3 次方程式は，

$$\boldsymbol{a\{x^3-(\alpha+\beta+\gamma)x^2+(\alpha\beta+\beta\gamma+\gamma\alpha)x-\alpha\beta\gamma\}=0}\quad (a\neq0)$$

必修編

解答⇨別冊 *p.28*

〈高次方程式〉

101 次の方程式を解け。

(1) $x^3-3x^2+4x-12=0$

★(2) $x^3-3x^2-6x+8=0$

(3) $2x^3-10x^2+x-5=0$

(4) $24x^3-26x^2+9x-1=0$

★(5) $x^4+3x^3-3x^2-7x+6=0$

(6) $2x^4+5x^3+3x^2-x-1=0$

(7) $x^4-7x^3+19x^2-23x+10=0$

(8) $x=1-3(1-3x^2)^2$

〈1 の 3 乗根〉

★**102** i を虚数単位とし，$\omega=\dfrac{-1+\sqrt{3}i}{2}$ とする。このとき自然数 n を［＊］で割った余りが［　］ならば，$(1+\omega)^n=\omega$ であり，n を［＊］で割った余りが［　］ならば，$(1+\omega)^n=-\omega$ となる。ただし，2 つの［＊］には同じ数が入る。

(東京理大)

〈高次方程式のいろいろな問題〉

★**103** a，b は実数とする。複素数 $z=1+i$ が 3 次方程式 $z^3+az+b=0$ の解であるとき，a，b は $a=-$［　］，$b=$［　］であり，他の 2 つの解は $z=$［　］$-$［　］i，$z=-$［　］である。

(慶應大)

実 戦 編

解答⇨別冊 p.30

104 n を自然数とし，ω を $x^3=1$ の虚数解の 1 つとするとき，$\omega^{2n}+\omega^n+1$ の値を求めよ。

105 整数を係数とする 3 次方程式 $x^3+ax^2+bx+2=0$ が $x=1-\sqrt{2}$ を解にもつとき，$a=$［　］，$b=$［　］である。

(拓殖大)

難 **106** 方程式 $x^4+(2m-1)x^3-(3m-3)x^2-(5m+17)x+(6m+14)=0$ の 4 つの解のうち，2 つだけが等しくなるように，m の値を定めよ

(茨城大)

Hint

105 係数が整数であるから，$1-\sqrt{2}$ が解のとき $1+\sqrt{2}$ も解である。解と係数の関係を利用するか，解 $1-\sqrt{2}$ を方程式に代入する。

106 与式を $f(x)$ とおくと，$f(1)=0$，$f(2)=0$ であるから，$f(x)$ は因数分解できる。

13 点の座標

重要ポイント

☐❶ 2点間の距離

平面上の2点 $A(x_1,\ y_1)$，$B(x_2,\ y_2)$ の距離 AB は

$$\mathbf{AB}=\sqrt{(x_2-x_1)^2+(y_2-y_1)^2}$$

☐❷ 線分を $m:n$ の比に分ける点の座標

$A(x_1,\ y_1)$，$B(x_2,\ y_2)$ とするとき，

線分 AB を $m:n$ の比に分ける点の座標は

$$\left(\frac{nx_1+mx_2}{m+n},\ \frac{ny_1+my_2}{m+n}\right)\ (m+n\neq 0)$$

$mn>0$ のとき**内分点**，$mn<0$ のとき**外分点**

特に，中点の座標は $\left(\dfrac{x_1+x_2}{2},\ \dfrac{y_1+y_2}{2}\right)$

☐❸ 三角形の重心の座標

$A(x_1,\ y_1)$，$B(x_2,\ y_2)$，$C(x_3,\ y_3)$ とするとき，△ABC の重心 G の座標は

$$G\left(\frac{x_1+x_2+x_3}{3},\ \frac{y_1+y_2+y_3}{3}\right)$$

必修編

解答⇨別冊 p.30

〈点の座標〉

★107 座標平面上の2点を A(−5, 3)，B(2, 6) とするとき，

(1) 2点 A，B の距離を求めよ。

(2) 線分 AB を 5：3 に内分する点 P の座標を求めよ。

(3) 線分 AB を 7：11 に外分する点 Q の座標を求めよ。

(4) 線分 PQ の中点 M の座標を求めよ。

★108 点 (−1, −3)，(5, −1)，(3, 3) を頂点とする平行四辺形の残りの頂点の座標を求めよ。 (日本歯大)

109 3点 O(0, 0)，A($\sqrt{3}$, 0)，B(0, 1) から等距離にある点 P の座標は，(☐, ☐) である。 (東海大)

★**110** 直線 $y=2x+3$ 上にあって，2 点 A$(-2,\ 1)$，B$(4,\ 3)$ から等距離にある点 P の座標を求めよ。

実戦編

解答⇨別冊 *p.31*

111 (1) 直角二等辺三角形 ABC で，AB＝AC，底辺 BC の中点を M とする。点 A，B，M の座標をそれぞれ $(5,\ 8)$，$(1,\ 2)$，$(6,\ a)$ とするとき，点 C の座標と a の値を求めよ。

(2) 平面上の 2 点を A$(-1,\ 2)$，B$(3,\ 4)$ とする。点 P は直線 $y=1$ の上を動く。△ABP が直角三角形となるような点 P の座標を求めよ。

（琉球大）

112 二等辺三角形 ABC の底辺 BC 上に点 D をとると，$AB^2-AD^2=BD\cdot DC$ が成り立つことを証明せよ。

★**113** △ABC の辺 BC 上に BD＝2CD であるように点 D をとるとき，次の等式が成り立つことを証明せよ。

$$AB^2+2AC^2=3AD^2+6CD^2$$

Hint

110 直線上の点を $(t,\ 2t+3)$ とおく。

111 (1) C$(x,\ y)$ として分点と距離の公式を利用する。

(2) 斜辺になるのは AB，AP，BP の場合がある。

112 4 点の座標を A$(0,\ a)$，B$(-b,\ 0)$，C$(b,\ 0)$，D$(x,\ 0)$ とおく。

113 3 点を A$(a,\ b)$，B$(0,\ 0)$，C$(3c,\ 0)$ とおく。

14 直線の方程式

重要ポイント

☐❶ 直線の方程式

① 傾き m, y 切片が n の直線　$\boldsymbol{y=mx+n}$

② 点 $(x_1,\ y_1)$ を通る傾き m の直線　$\boldsymbol{y-y_1=m(x-x_1)}$

③ 2 点 $(x_1,\ y_1)$, $(x_2,\ y_2)$ を通る直線

$$\boldsymbol{y-y_1=\frac{y_2-y_1}{x_2-x_1}(x-x_1)}\ (\boldsymbol{x_1 \neq x_2}\text{ のとき}),\ \boldsymbol{x=x_1}\ (\boldsymbol{x_1=x_2}\text{ のとき})$$

☐❷ 2 直線の平行条件と垂直条件

2 直線 $y=m_1x+n_1$, $y=m_2x+n_2$ が

平行(または一致) $\Longleftrightarrow$ $\boldsymbol{m_1=m_2}$　　**垂直** $\Longleftrightarrow$ $\boldsymbol{m_1m_2=-1}$

2 直線 $a_1x+b_1y+c_1=0$, $a_2x+b_2y+c_2=0$ が

平行(または一致) $\Longleftrightarrow$ $\boldsymbol{a_1b_2-a_2b_1=0}$　　**垂直** $\Longleftrightarrow$ $\boldsymbol{a_1a_2+b_1b_2=0}$

特に，点 $(x_1,\ y_1)$ を通り直線 $ax+by+c=0$ に

平行な直線　$\boldsymbol{a(x-x_1)+b(y-y_1)=0}$

垂直な直線　$\boldsymbol{b(x-x_1)-a(y-y_1)=0}$

☐❸ 切片方程式

2 点 $(\boldsymbol{a},\ \boldsymbol{0})$, $(\boldsymbol{0},\ \boldsymbol{b})$ $(ab \neq 0)$ を通る直線の方程式は　$\boldsymbol{\dfrac{x}{a}+\dfrac{y}{b}=1}$

☐❹ 2 直線の交点を通る直線

2 直線 $a_1x+b_1y+c_1=0$, $a_2x+b_2y+c_2=0$ の交点を通る直線の方程式は

$\boldsymbol{a_1x+b_1y+c_1+k(a_2x+b_2y+c_2)=0}$ (k は定数)

(ただし，直線 $a_2x+b_2y+c_2=0$ は除く)

☐❺ 点と直線の距離

点 $(x_1,\ y_1)$ と直線 $ax+by+c=0$ の距離 d は　$\boldsymbol{d=\dfrac{|ax_1+by_1+c|}{\sqrt{a^2+b^2}}}$

☐❻ 三角形の面積

3 点 $(0,\ 0)$, $(x_1,\ y_1)$, $(x_2,\ y_2)$ を頂点とする三角形の面積 S は

$$\boldsymbol{S=\frac{1}{2}\left|x_1y_2-x_2y_1\right|}$$

必修編

解答⇨別冊 p.32

〈直線の方程式〉

114 次の問いに答えよ。

(1) 点 $(-1,\ 2)$ を通り，直線 $2x+3y=6$ に平行な直線と垂直な直線の方程式を求めよ。

(2) 点 $(3,\ 1)$ を通り，2 点 $(-3,\ -3)$，$(5,\ 6)$ を結ぶ線分に平行な直線の方程式を求めよ。

(3) 平面上の相異なる 3 点 $\mathrm{A}(-2k-1,\ 5)$，$\mathrm{B}(1,\ k+3)$，$\mathrm{C}(k+1,\ k-1)$ が同一直線上にあるように k の値を定め，その k の値に対応する直線の方程式を示せ。 （東京女子医大）

★**115** 3 点 $\mathrm{A}(0,\ 0)$，$\mathrm{B}(6,\ 0)$，$\mathrm{C}(4,\ 5)$ を頂点とする $\triangle\mathrm{ABC}$ の 3 頂点から対辺に引いた各垂線の交点（垂心）の座標を求めよ。

★**116** 3 点 $\mathrm{A}(-2,\ 3)$，$\mathrm{B}(1,\ -4)$，$\mathrm{C}(5,\ 1)$ に対して，次の問いに答えよ。

(1) 直線 AB の方程式を求めよ。

(2) 点 C を通り，直線 AB に平行な直線の方程式を求めよ。

(3) 線分 AB の垂直二等分線の方程式を求めよ。

(4) 点 C と直線 AB の距離を求めよ。

(5) $\triangle\mathrm{ABC}$ の面積を求めよ。

★**117** (1) 2 直線 $x+ay+1=0$，$(a-3)x+(a+5)y-2=0$ が平行であるときの実数 a の値を求めよ。

(2) 2 直線 $(a-3)x+(a-1)y=10$，$(2a-1)x+6y=5$ が垂直であるとき，a の値を求めよ。

118 (1) 2 直線 $2x-y=2$，$2x+3y=3$ の交点と点 $(-1,\ 2)$ を通る直線の方程式を求めよ。

(2) 2 直線 $x+2y=3$，$ax+5y=7$ の交点を通る直線が 2 点 $(1,\ 0)$，$(0,\ 1)$ を通るとき，a の値は □ である。 （川崎医大）

〈線対称な点の座標，直線の方程式〉

119 次の点または直線に関して，点 $\mathrm{P}(x_1,\ y_1)$ と対称な点の座標を求めよ。

(1) 点 $\mathrm{A}(a,\ b)$　　(2) 直線 $x=a$

(3) 直線 $y=b$　　(4) 直線 $y=ax+b$ $(a\neq 0)$

★**120** 直線 $2x-y+3=0$ に関して，点 P(3, 12) と対称な点を Q とする。原点 O と Q を通る直線の傾きを求めよ。 (自治医大)

〈点と直線の距離〉

★**121** 直線 $x+2y+3=0$ を l とする。点 A$(-3, 4)$ から l に引いた垂線と l との交点を H とする。l 上の点 P を AP=2AH となるようにとるとき，三角形 AHP の面積を求めよ。 (摂南大)

実戦編

解答⇨別冊 p.34

★**122** (1) 2 直線 $ax+by-c=0$, $-(2a-3b)x+(a-4b)y+c=0$ が一致するとき，その直線の傾きを求めよ。 (日本大)

(2) 3 直線 $x-2y=-2$, $3x+2y=12$, $kx-y=k-1$ が三角形を作らないような k の値をすべて求めよ。 (南山大)

(3) $x+2y=a$, $2x+ay=1$, $ax+y=-16$ が表す 3 直線が 1 点で交わるとき，a の値を求めよ。ただし，a は実数とする。 (第一薬大)

123 異なる 3 直線 $x+y=1$, $2x+3y=1$, $ax+by=1$ が 1 点で交わるならば，3 点 (1, 1), (2, 3), (a, b) は同一直線上にあることを証明せよ。

124 点 P と直線 $y=2x$ に関して対称な点を Q とする。Q を x 軸方向に 1 だけ平行移動した点を R とすると，R と P は直線 $y=x$ に関して対称となる。このとき，P の座標を求めよ。 (東海大)

125 平行な 2 直線 $3x+4y=2$ と $3x+4y=12$ との距離は □ であり，この 2 直線と直線 $y=3x$ および x 軸で囲まれた図形の面積は □ である。 (近畿大)

126 (1) xy 平面上において，$3x^2+2xy-8y^2+11x+2y+k=0$ が 2 本の直線を表すとき，k の値を求めよ。

(2) 点 (1, 1) から(1)で求めた直線への距離の和を求めよ。 (日本大)

Hint **121** △AHP は内角が 30° と 60° の直角三角形となることに注意。
122 (1) 2 直線が一致 ⟺ 平行かつ切片が等しい

15 円と直線

重要ポイント

☐❶ **円の方程式(標準形と一般形)**

中心 $(a,\ b)$，半径 r の円の方程式は

標準形　$(\boldsymbol{x}-\boldsymbol{a})^2+(\boldsymbol{y}-\boldsymbol{b})^2=\boldsymbol{r}^2$

一般形　$\boldsymbol{x}^2+\boldsymbol{y}^2+\boldsymbol{lx}+\boldsymbol{my}+\boldsymbol{n}=0$　$(l^2+m^2-4n>0)$

☐❷ **接線の方程式**

① 円 $x^2+y^2=r^2$ 上の点 $(x_1,\ y_1)$ における接線の方程式は　$\boldsymbol{x_1x}+\boldsymbol{y_1y}=\boldsymbol{r}^2$

② 円 $(x-a)^2+(y-b)^2=r^2$ 上の点 $(x_1,\ y_1)$ における接線の方程式は

$(\boldsymbol{x_1}-\boldsymbol{a})(\boldsymbol{x}-\boldsymbol{a})+(\boldsymbol{y_1}-\boldsymbol{b})(\boldsymbol{y}-\boldsymbol{b})=\boldsymbol{r}^2$

☐❸ **円と直線の位置関係**

円の中心と直線の距離を d，円の半径を r，円と直線の方程式から y または x を消去した 2 次方程式の判別式を D とすると，円と直線が

2 点で交わる $\Leftrightarrow \boldsymbol{d}<\boldsymbol{r} \Leftrightarrow \boldsymbol{D}>0$

1 点で接する $\Leftrightarrow \boldsymbol{d}=\boldsymbol{r} \Leftrightarrow \boldsymbol{D}=0$

共有点なし　$\Leftrightarrow \boldsymbol{d}>\boldsymbol{r} \Leftrightarrow \boldsymbol{D}<0$

☐❹ **2 円の位置関係**

2 つの円の半径を $r,\ r'$，中心間の距離を d とすると

異なる 2 点で交わる $\Leftrightarrow |\boldsymbol{r}-\boldsymbol{r}'|<\boldsymbol{d}<\boldsymbol{r}+\boldsymbol{r}'$

1 点で接する　$\Leftrightarrow \boldsymbol{d}=\boldsymbol{r}+\boldsymbol{r}'$ (外接)，$\boldsymbol{d}=|\boldsymbol{r}-\boldsymbol{r}'|$ (内接)

共有点なし　$\Leftrightarrow \boldsymbol{d}>\boldsymbol{r}+\boldsymbol{r}'$，$\boldsymbol{d}<|\boldsymbol{r}-\boldsymbol{r}'|$

☐❺ **2 円の交点を通る円・直線**

2 円 $x^2+y^2+ax+by+c=0$，$x^2+y^2+a'x+b'y+c'=0$ が **2 点で交わるとき**，

$\boldsymbol{x}^2+\boldsymbol{y}^2+\boldsymbol{ax}+\boldsymbol{by}+\boldsymbol{c}+\boldsymbol{k}(\boldsymbol{x}^2+\boldsymbol{y}^2+\boldsymbol{a}'\boldsymbol{x}+\boldsymbol{b}'\boldsymbol{y}+\boldsymbol{c}')=0$ は

① $\boldsymbol{k}=-1$ のとき 2 円の交点を通る**直線**の方程式

② $\boldsymbol{k}\neq-1$ のとき 2 円の交点を通る**円**の方程式

(ただし，円 $x^2+y^2+a'x+b'y+c'=0$ は除く)

☐❻ **円と直線の交点を通る円**

円 $x^2+y^2+ax+by+c=0$ と直線 $lx+my+n=0$ が 2 点で交わるとき

$\boldsymbol{x}^2+\boldsymbol{y}^2+\boldsymbol{ax}+\boldsymbol{by}+\boldsymbol{c}+\boldsymbol{k}(\boldsymbol{lx}+\boldsymbol{my}+\boldsymbol{n})=0$ は交点を通る**円**の方程式

必修編

解答⇨別冊 p.36

〈円の方程式〉

★127 次の円の方程式を求めよ。

(1) 中心が(3, 1)で x 軸に接する円

(2) 両座標軸に接し，点(−3, 6)を通る円

(3) 2点(1, 2), (3, −4)を直径の両端とする円 (東海大)

(4) 3点(−3, 5), (−3, −1), (1, 3)を通る円

(5) 点(−1, −2)を中心とし，$(x-2)^2+y(y-4)=0$ に接する円

(6) 点(2, 3)を中心とし，直線 $y=2x-6$ に接する円

(7) 曲線 $y=x^2$ に接し，中心が(0, 2)である円 (長岡技術科学大)

★128 座標平面上の3点 O(0, 0), A(14, 0), B(5, 12)を頂点とする △OAB の外接円を円 C，内接円を円 I とする。

(1) 円 C の半径 R を求めよ。 (2) 円 I の半径 r を求めよ。 (法政大)

129 座標平面上の3点(0, 0), (1, 1), (α, $\alpha+1$)を通る円を C とする。次の問いに答えよ。

(1) 円 C の方程式を α を用いて表せ。

(2) 円 C の半径が $\sqrt{5}$ となるときの α の値と円 C の中心の座標を求めよ。

(信州大)

〈円と直線〉

★130 直線 $ax+y-a=0$ と円 $x^2+y^2-y=0$ が異なる2点 P, Q で交わるとする。次の問いに答えよ。

(1) 円の中心と半径をそれぞれ求めよ。 (2) a の値の範囲を求めよ。

(3) 線分 PQ の中点 M の座標を求めよ。

(4) 線分 PQ の長さが $\dfrac{1}{\sqrt{2}}$ となるような a の値を求めよ。 (高知大)

Hint **127** (7) 2曲線の方程式から x を消去して得た2次方程式の判別式が $D=0$ の場合の他，原点で接するものがある。

128 (2) 三角形の3辺の長さを a, b, c，内接円の半径を r とすると，三角形の面積 S は

$$S=\frac{1}{2}(a+b+c)r$$

131 2つの円 $(x-1)^2+y^2=1$ と $x^2+(y-1)^2=1$ の中心を通る直線の方程式は $\boxed{}$ である。

この直線を x 軸の負の方向に $\dfrac{\sqrt{2}}{2}$，y 軸の負の方向に $\boxed{}$ だけ平行移動することによって，これらの2つの円に接する直線が得られる。この接線の方程式は $y=\boxed{}$ である。 (埼玉工大)

〈円と接線〉

★**132** 次の問いに答えよ。

(1) 点 $(3,\ 2)$ から円 $x^2+y^2=1$ に引いた接線の傾きを求めよ。 (東京理大)

(2) 2直線 $y=-2x$，$y=\dfrac{1}{2}x$ に接し，点 $(3,\ 2)$ を通る円の方程式を求めよ。 (東海大)

133 次の条件を満たす円 $x^2+y^2=9$ の接線の方程式を求めよ。

(1) 円周上の点 $(2,\ -\sqrt{5})$ における接線

(2) 直線 $3x+4y=5$ に平行な接線

(3) 直線 $3x-2y=4$ に垂直な接線

(4) 点 $(3,\ 2)$ を通る接線

★**134** 次の2つの曲線の両方に接する直線の方程式を求めよ。

(1) 円 $x^2+y^2=4$，放物線 $y=x^2+8$ (東海大)

(2) 2円 $x^2+y^2=4$，$(x-5)^2+y^2=25$ (日本女子大)

〈2曲線の交点を通る円〉

135 (1) 円の方程式を $x^2+y^2+(a-1)x+ay-a=0$ とする。
定数 a がどのような値をとっても，この円は定点を通ることを示し，かつその定点を求めよ。

(2) 上の円と直線 $y=x+1$ との共有点の個数を求めよ。

Hint **132** (1) 傾きを m とすると接線の方程式は　$y-2=m(x-3)$
135 (2) y を消去した方程式で $D<0$…0個，$D=0$…1個，$D>0$…2個

〈円と円の関係〉

136 2つの円 $x^2+y^2=1$ と $(x-a)^2+\left(y-\dfrac{a+1}{2}\right)^2=1$ が接するのは $a=$□ のときであり，2つの円の中心が最も近くなるのは $a=$□ のときである。

（芝浦工大）

137 半径が等しい2つの円 $x^2+y^2+4x-6y-37=0$，
x^2+y^2-□$x-$□$y-$□$=0$ が2点 (3, □)，(−1, □) で交わり，これら2つの円の中心を通る直線の方程式は $x-3y+11=0$ である。（立命館大）

実戦編

解答⇨別冊 *p.41*

★**138** 円 $x^2+y^2=4$ …①，直線 $y=-x+1$ …② について

(1) 円①の，直線②に関して対称な円の方程式を求めよ。

(2) 円①と(1)で求められた円の交点と，原点を通る円の方程式を求めよ。

（大東文化大）

★**139** 円 C：$x^2+y^2=18$ に点 (5, 5) から2本の接線を引いたとき，接点の座標は，x 座標の大きい方から順に

$$\left(\frac{□}{□},\ \frac{□}{□}\right),\ \left(\frac{□}{□},\ \frac{□}{□}\right)$$

（順天堂大）

140 2つの円 $(x+a)^2+y^2=4$，$(x-1)^2+(y-a)^2=1$ の交点で2つの円の接線が直交するとき，a の値を求めよ。（九州国際大）

Hint **136** 2円の半径はどちらも1であるから，外接するときである。

138 (1) 円①の中心を直線②に関して対称に移動する。

(2) 2円の交点は，円①と直線②の交点である。

140 2円の中心と接点を結んでできる直角三角形に着目する。

16 軌　跡

重要ポイント

❶ 軌跡

与えられた条件を満たす点全体の集合を，その条件を満たす点の**軌跡**という。

❷ 軌跡の求め方

条件 C を満たす点の軌跡が図形 F である。

$\Longleftrightarrow$ ① 条件 C を満たすすべての点は図形 F 上にある。
② 図形 F 上のすべての点は，条件 C を満たす。

❸ 基本的な軌跡

① 2 定点 A，B から等距離にある点：**線分 AB の垂直二等分線**
② 定直線 l から一定の距離にある点：**l から一定の距離にある 2 つの平行線**
③ 交わる直線 l，m から等距離にある点：**l，m のなす角の二等分線**
④ 定点 C からの距離 r が一定の点：**中心 C，半径 r の円**

❹ アポロニウスの円

2 定点 A，B からの距離の比が $m:n$ $(m \neq n)$ である点の軌跡は，
線分 AB を $m:n$ に内分する点と外分する点を直径の両端とする円

必修編

解答⇨別冊 p.42

〈定点との距離に関する動点の軌跡〉

141 次の条件を満たす点 P の軌跡を求めよ。

★(1) 2 定点を A(0, 0)，B(5, 0) とするとき，PA：PB=3：2 である点 P

(2) 3 点 $\mathrm{A}(-a,\ 0)$，$\mathrm{B}(a,\ 0)$，$\mathrm{C}(0,\ \sqrt{3}a)$ $(a>0)$ と定める。
正三角形 ABC に対して，$\mathrm{AP}^2+\mathrm{BP}^2=2\mathrm{CP}^2$ を満たす点 P

(3) 異なる 2 点 $\mathrm{A}(-a,\ 0)$，$\mathrm{B}(a,\ 0)$ $(a>0)$ からの距離の比が $m:1$ $(m>0)$ となる点 P

〈定曲線上の動点と定点に関する点の軌跡〉

142 円 $x^2+y^2=4$ 上の 1 点 A(0, 2) を通るこの円の弦を AP とする。点 P が円周上を動くとき，弦 AP を 3：1 の比に内分する点の軌跡の方程式を求めよ。

（創価大）

★143 次の条件を満たす点Pの軌跡を求めよ。

(1) 点A(0, 2)を通り，x軸に接する円の中心P

(2) 点Qが直線$y=2x+1$上を動くとき，点A(2, 1)とQを結ぶ線分AQを2：1の比に外分する点P

(3) 点Qが円$x^2+y^2=9$上を動くとき，2点A(4, −2)，B(2, 5)とQを頂点とする△ABQの重心P

〈文字係数を含む曲線に関する軌跡〉

★144 2直線$y=k(x+2)$，$ky=2-x$の交点をPとする。
定数kを変化させたとき，Pはどのような曲線を描くか。 (中央大)

145 放物線$y=ax^2+x+1$について，aが正の値をとりながら動くとき，この放物線の頂点が描く曲線を求めよ。 (同志社大)

★146 平面上の2つの定点をA(1, 0)，B(2, 0)とし，直線$y=mx$ ($m\neq 0$)をlとする。

(1) 直線lに関する点Bの対称点を求めよ。

(2) 直線l上に点Pを，線分の長さの和AP+BPが最小になるようにとる。mが変化するとき，点Pの描く図形を求めよ。 (北海道大)

実戦編

解答⇨別冊*p.44*

147 tが任意の実数値をとって変わるとき，次の点Pの軌跡を求めよ。

(1) P$(2t,\ t-2)$　(2) P$(1-t,\ 1+t+t^2)$　(3) P$\left(\dfrac{1-t^2}{1+t^2},\ \dfrac{2t}{1+t^2}\right)$

148 原点をOとする。点Pが直線$x+y=5$の上を動くとき，OP·OQ=20を満たす半直線OP上の点Qの軌跡を求めよ。

Hint **146** (2) AP+BPが最小となるのは，点Bの直線lに関する対称点をB′とするとき，Pが線分AB′とlとの交点にきたときである。

147 P$(x,\ y)$として，媒介変数tを消去し，x，yの関係式にする。

148 P$(a,\ b)$，Q$(x,\ y)$とおくと，Qは半直線OP上にあるから　$a=kx$，$b=ky$ ($k>0$)

149 次の問いに答えよ。

(1) $a>0$ とする。放物線 $y=x^2$ 上の点 $\mathrm{A}(a,\ a^2)$ における接線 l の方程式を求めよ。

(2) ここで，直線 $x=a$ を m とする。m 上の任意の点 $\mathrm{P}(a,\ t)$ の直線 l に関する対称点を $\mathrm{Q}(X,\ Y)$ とするとき，$X,\ Y$ の関係を a で表せ。

(3) さらに，l に関して m と線対称になる直線を n とする。このとき，n は a の値によらず定点を通ることを示せ。（津田塾大改）

★**150** 直線 $y=mx$ と円 $(x-2)^2+y^2=1$ との交点を P，Q とし，弦 PQ の中点を R とする。

(1) R の座標を $(X,\ Y)$ とする。$X,\ Y$ を m で表せ。

(2) $(X-1)^2+Y^2$ の値を計算せよ。

(3) m を変化させるとき，R の軌跡を図示せよ。（成蹊大）

151 異なる 2 点 $\mathrm{A}(a,\ 0)$，$\mathrm{B}(-a,\ 0)$ がある。y 軸上の 2 点 $\mathrm{P}(0,\ p)$，$\mathrm{Q}(0,\ q)$ が $pq=a^2$ を満たしながら動くとき，2 直線 AP，BQ の交点の軌跡を求めよ。（関西大）

★**152** 実数 $x,\ y$ が $x^2+y^2+x+y=1$ を満たしながら変わるとき，点 $(x+y,\ xy)$ の描く図形を求めよ。（神戸学院大）

難**153** O を原点とする xy 平面上に円 $C:(x-1)^2+y^2=r^2$ $(r>0)$ がある。C 上の点 P(ただし，$r=1$ のときは，P は O でないとする)に対して，O を端点とし P を通る半直線上に $\mathrm{OP}\cdot\mathrm{OQ}=3$ を満たす点 Q を定める。P が C 上を(ただし，$r=1$ のときは O を除いて)動くとき，Q が描く軌跡を T とする。次の問いに答えよ。

(1) $r=1$ のときの T の方程式を求めよ。

(2) $r\neq1$ のとき，T は円であることを示し，その中心と半径を求めよ。

（横浜国大）

Hint

149 (2) PQ の中点 $\mathrm{M}\left(\dfrac{X+a}{2},\ \dfrac{Y+t}{2}\right)$ は l 上にあり，かつ $\mathrm{PQ}\perp l$

152 $X=x+y$，$Y=xy$ とおくと $x,\ y$ は $t^2-Xt+Y=0$ の実数解だから判別式 $D=X^2-4Y\geqq0$

153 この種の問題のテーマを反転という。$\mathrm{P}(x,\ y)$，$\mathrm{Q}(X,\ Y)$ とおく。点 Q は半直線 OP 上にあるから $\mathrm{OP}=k\mathrm{OQ}$ $(k\neq0)$ と表せる。

17 領域

重要ポイント

❶ 不等式の表す領域

次の各不等式の表す領域(いずれも境界を含まない)

① $y>ax+b$　直線 $y=ax+b$ の上側

② $y<ax+b$　直線 $y=ax+b$ の下側

③ $x^2+y^2<r^2$　円 $x^2+y^2=r^2$ の内部

④ $x^2+y^2>r^2$　円 $x^2+y^2=r^2$ の外部

❷ 一定の条件下での式の値の最大と最小

① 条件を満たす領域を図示する。

② 与式$=k$ のグラフが領域と共有点をもつ k の値の範囲を求める。

①，②より最大値，最小値およびそのときの $(x,\ y)$ の値を求める。

必修編

解答⇨別冊 p.47

〈不等式の表す領域〉

154 次の不等式の表す領域を図示せよ。

(1) $y\leqq 2x+1$　★(2) $x\geqq 2$

(3) $3x+4y-12<0$　(4) $y\geqq 2|x+1|$

★(5) $|x|+|y|<1$　(6) $|x+y|+|y|\leqq 1$

(7) $x^2+y^2+6x-2y+1<0$　(8) $y\geqq x^2-4x+3$

★**155** 次の不等式の表す領域を図示せよ。

(1) $-2\leqq 2x+y\leqq 2$　(2) $4x<x^2+y^2\leqq 4y$

(3) $(x-2)(x+y-1)\leqq 0$　(4) $(x^2+y^2-4)(x^2+y^2-4x-4y+4)\leqq 0$

Hint

154 (4) $x+1\geqq 0$ と $x+1<0$ で場合分け。

(5) $x\geqq 0$ かつ $y\geqq 0$，$x\geqq 0$ かつ $y<0$，$x<0$ かつ $y\geqq 0$，$x<0$ かつ $y<0$ で場合分け。

155 (1) $-2\leqq 2x+y$，$2x+y\leqq 2$ の連立不等式。

(3) $x-2\leqq 0$，$x+y-1\geqq 0$ または $x-2\geqq 0$，$x+y-1\leqq 0$ の2組の連立不等式。

156 次の問いに答えよ。

(1) $P=2x^2-7xy+6y^2+3x-4y-2$ とするとき

(i) P を因数分解せよ。

(ii) $P<0$ を満たす点 $(x,\ y)$ の存在する範囲を図示せよ。 (専修大)

(2) $z=x^3-x^2y+x^2-xy+y^2-y$ について

(i) 右辺を因数分解せよ。

(ii) $z\leqq 0$ を満たす点 $(x,\ y)$ の存在する範囲を図示せよ。 (追手門学院大)

〈不等式の表す領域の面積，最大・最小〉

★**157** 次の連立不等式の表す領域を D とする。

$$y\geqq -x+1,\quad y\leqq \frac{x}{2}+1,\quad y\leqq -x+4,\quad y\geqq x-1$$

このとき，次の各問いに答えよ。

(1) 領域 D の面積を求めよ。

(2) 点 $(x,\ y)$ が領域 D を動くとき，$x+2y$ の最大値を求めよ。

(3) 点 $(x,\ y)$ が領域 D を動くとき，x^2+y^2 の最大値，最小値を求めよ。

(東京電機大)

158 (1) 次の連立不等式の表す領域 D を図示せよ。

$$\begin{cases} 4y\geqq x^2+y^2\geqq 2x+4y-4 \\ 3y+\sqrt{3}x\geqq 6 \end{cases}$$

(2) 点 $(x,\ y)$ が領域 D を動くとき，$x+y$ の最大値と最小値を求めよ。

(埼玉大)

実戦編

解答⇨別冊p.49

★**159** 関数 $f(x)=|x^2+a|+b$ について，次の問いに答えよ。

(1) $a=-1,\ b=0$ のとき，$f(x)=x$ を x について解け。

(2) $a=-2,\ b=-1$ のとき，$y=f(x)$ のグラフをかけ。

(3) 座標平面上の点で，x 座標，y 座標がともに整数である点を格子点とよぶ。$a=-2,\ b=-1$ のとき，$y=f(x)$ のグラフと直線 $y=kx-2$ が交わり，かつ不等式 $f(x)\leqq y\leqq kx-2$ の表す領域に格子点が1つもないような k の値の範囲を求めよ。 (愛媛大)

160 xy 平面において，正三角形 ABC の頂点 A の座標を $\left(\dfrac{\sqrt{3}}{2},\ \dfrac{1}{2}\right)$，重心 G の座標を $\left(-\dfrac{\sqrt{3}}{6},\ \dfrac{1}{2}\right)$ とする。正三角形 ABC で囲まれた領域を D_1，不等式 $x^2+y^2-2y \leqq 0$ の表す領域を D_2 とする。次の問いに答えよ。

(1) 辺 BC の中点の座標を求めよ。

(2) D_1 と D_2 の共通部分の面積を求めよ。（富山大）

★161 $x^2+y^2=1$，$y-x \leqq 1$ のとき $k=\dfrac{y-2}{x-3}$ の最大値，最小値を求めよ。

（東京理大）

★162 xy 平面上の 2 点 P(1, 3)，Q(2, 3) を結ぶ線分 PQ（両端は除く）と放物線 $y=x^2+ax+b$ が 1 点で交わっているとき，

(1) a，b の間に成り立つ関係を求めよ。

(2) ab 平面上の点 $(a,\ b)$ の存在範囲を図示せよ。（近畿大）

163 x の 2 次方程式 $x^2-2ax+2-b^2=0$ が実数解 α，β をもち，α，β が不等式 $(\alpha-\beta)^2 \leqq 2(\alpha+\beta)$ を満たしている。

このとき，点 $(a,\ b)$ の存在範囲を図示せよ。（昭和女子大）

難 164 点 $(t^2,\ 0)$ で x 軸に接し，点 $(-1,\ 1+t^2)$ を通る放物線を考える。t が動くとき，この放物線の通り得る範囲を求め，図示せよ。（お茶の水女子大）

難 165 a を正の実数とする。次の 2 つの不等式を同時に満たす点 $(x,\ y)$ 全体からなる領域を D とする。

$y \geqq x^2$，　$y \leqq -2x^2+3ax+6a^2$

領域 D における $x+y$ の最大値，最小値を求めよ。（東京大）

Hint

162 放物線 $y=f(x)$ が 2 点 $(a,\ c)$，$(b,\ d)$ を結ぶ線分（両端は除く）と 1 点で交わる条件は $\{f(a)-c\}\{f(b)-d\}<0$

165 $x+y=k$ と $y=x^2$，$y=-2x^2+3ax+6a^2$ との接点の x 座標と，2 つの放物線の交点の x 座標の大小によって，最大値，最小値をとる x が異なってくる。

18 三角関数

重要ポイント

☐❶ **三角関数の値の範囲**

$-1 \leqq \sin\theta \leqq 1$，$-1 \leqq \cos\theta \leqq 1$，$\tan\theta$ は実数全体

☐❷ **三角関数の相互関係**

① $\tan\theta = \dfrac{\sin\theta}{\cos\theta}$　② $\sin^2\theta + \cos^2\theta = 1$　③ $1 + \tan^2\theta = \dfrac{1}{\cos^2\theta}$

☐❸ **$\theta + 2n\pi$ の三角関数**

θ の動径と $\theta + 2n\pi$（n は整数）の動径は**一致する。**

$\sin(\theta + 2n\pi) = \sin\theta$，$\cos(\theta + 2n\pi) = \cos\theta$

$\tan(\theta + 2n\pi) = \tan\theta$（$n$ は整数）

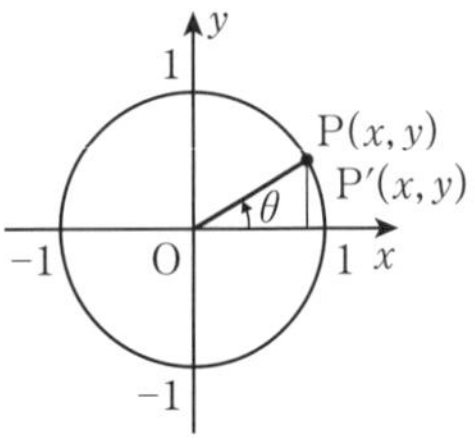

☐❹ **$-\theta$ の三角関数**

θ の動径と $-\theta$ の動径は **x 軸に関して対称**である。

$\sin(-\theta) = -\sin\theta$，$\cos(-\theta) = \cos\theta$

$\tan(-\theta) = -\tan\theta$

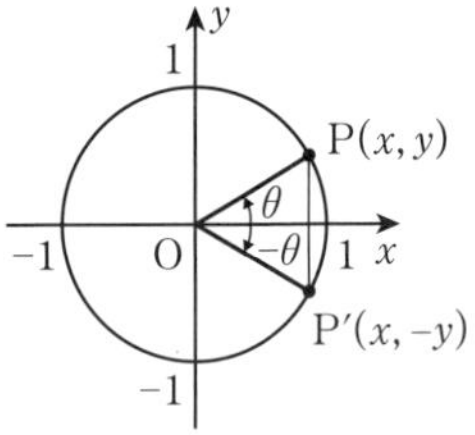

☐❺ **$\dfrac{\pi}{2} - \theta$ の三角関数**

θ の動径と $\dfrac{\pi}{2} - \theta$ の動径は**直線 $y = x$ に関して対称**である。

$\sin\left(\dfrac{\pi}{2} - \theta\right) = \cos\theta$，$\cos\left(\dfrac{\pi}{2} - \theta\right) = \sin\theta$，

$\tan\left(\dfrac{\pi}{2} - \theta\right) = \dfrac{1}{\tan\theta}$

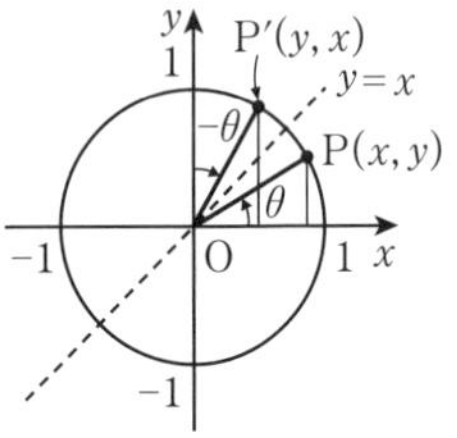

☐❻ **$\pi - \theta$ の三角関数**

θ の動径と $\pi - \theta$ の動径は **y 軸に関して対称**である。

$\sin(\pi - \theta) = \sin\theta$，$\cos(\pi - \theta) = -\cos\theta$

$\tan(\pi - \theta) = -\tan\theta$

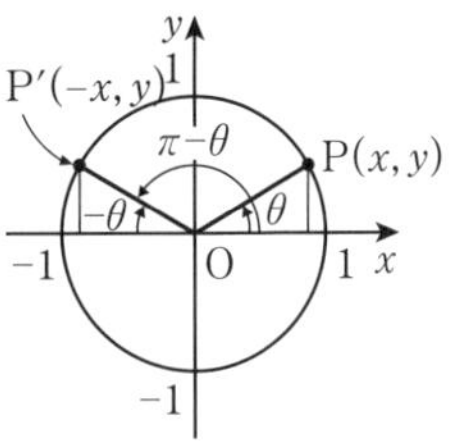

☐❼ **一般解**

三角方程式において，$0 \leqq \theta < 2\pi$ の範囲で得られた解が α，β のとき

一般解は　$\theta = \alpha + 2n\pi$，$\beta + 2n\pi$（n は整数）

必修編

解答⇨別冊 p.52

〈三角関数と動径の位置〉

166 次の条件を満たす角 θ は，第何象限の角か。

(1) $\sin\theta>0$，$\cos\theta>0$　　(2) $\cos\theta>0$，$\tan\theta<0$

(3) $\sin\theta<0$，$\cos\theta<0$　　(4) $\tan\theta<0$，$\sin\theta>0$

〈簡単な三角方程式〉

167 $0\leqq\theta<2\pi$ のとき，次の式を満たす θ を求めよ。

(1) $\sin\theta=0$　　★(2) $2\cos\theta+1=0$　　★(3) $\sqrt{3}\tan\theta+1=0$

(4) $2\sin\theta=\sqrt{3}$　　(5) $\sqrt{2}\cos\theta=1$　　(6) $\tan\theta=\sqrt{3}$

(7) $\cos\theta=\dfrac{\sqrt{3}}{2}$　　★(8) $2\sin\theta=\sqrt{2}$

〈簡単な三角不等式〉

★**168** $0\leqq\theta<2\pi$ のとき，次の不等式を満たす θ の値の範囲を求めよ。

(1) $\sin\theta>\dfrac{1}{2}$　　(2) $\cos\theta\leqq\dfrac{1}{\sqrt{2}}$　　(3) $\tan\theta\geqq1$

(4) $0\leqq\sin\theta\leqq\dfrac{\sqrt{3}}{2}$　　(5) $\begin{cases}\sqrt{3}\tan\theta+1<0\\ 2\sin\theta-\sqrt{2}\geqq0\end{cases}$

〈$\dfrac{n}{2}\pi\pm\theta$ の三角関数〉

169 次の式を簡単にせよ。

★(1) $\cos(-\theta)+\cos\left(\theta+\dfrac{\pi}{2}\right)+\cos(\theta+\pi)+\cos\left(\theta+\dfrac{3}{2}\pi\right)$

(2) $\sin^2(-\theta)+\sin^2\left(\dfrac{\pi}{2}+\theta\right)+\sin^2(\pi-\theta)+\sin^2\left(\dfrac{3}{2}\pi+\theta\right)$

★(3) $\sin\left(\theta+\dfrac{\pi}{2}\right)\tan(\theta+\pi)-\sin\left(\theta+\dfrac{3}{2}\pi\right)\tan(\theta-\pi)$

(4) $\dfrac{\sin(-\theta)}{\sin(\pi-\theta)}+\dfrac{\sin(\pi+\theta)}{\cos\left(\theta-\dfrac{\pi}{2}\right)}+\dfrac{1}{\tan\left(\dfrac{3}{2}\pi-\theta\right)\tan(2\pi-\theta)}$

170 次の式の値を求めよ。

★(1) $\sin\frac{26}{3}\pi\tan\left(-\frac{17}{6}\pi\right)+\cos\left(-\frac{4}{3}\pi\right)\tan\frac{11}{4}\pi$

(2) $\sin\left(\pi\times\cos\frac{2}{3}\pi\right)+\cos\left(\frac{3}{2}\pi+\pi\times\sin\frac{11}{6}\pi\right)$

★(3) $\cos\frac{\pi}{9}+\sin\frac{7}{18}\pi+\cos\frac{8}{9}\pi+\sin\frac{29}{18}\pi$

(4) $\cos\frac{5}{9}\pi\sin\frac{37}{18}\pi-\sin\frac{23}{9}\pi\cos\frac{73}{18}\pi$

〈三角関数の式の値〉

171 次の式の値を求めよ。

(1) $\sin\theta=\frac{\sqrt{6}-\sqrt{2}}{4}$，$\cos\theta<0$ のとき，$\tan\theta$ （芝浦工大）

(2) $\frac{\sin\theta+\cos\theta}{\sin\theta-\cos\theta}=3+2\sqrt{2}$ のとき，$\cos\theta$ （摂南大）

★(3) $\cos\theta=\tan\theta$ のとき，$\sin\theta$ （東海大）

(4) $\cos\theta+\cos^2\theta=1$ のとき，$\sin^2\theta+\sin^6\theta+\sin^8\theta$

難★(5) $\sin^3\theta-\cos^3\theta=1$ のとき，$\sin\theta-\cos\theta$

172 $\tan\theta+\frac{1}{\tan\theta}=3$ のとき，次の式の値を求めよ。

(1) $\sin\theta\cos\theta$　(2) $\frac{1}{\sin^2\theta}+\frac{1}{\cos^2\theta}$　(3) $\frac{1}{\sin^4\theta}+\frac{1}{\cos^4\theta}$

★**173** $0<\theta<\pi$ である θ に対して，$\sin\theta+\cos\theta=\frac{\sqrt{2}}{2}$ とする。

次の式の値を求めよ。

(1) $\sin\theta\cos\theta$　(2) $\sin\theta-\cos\theta$　(3) $\sin^3\theta+\cos^3\theta$

Hint **171** (2) 左辺の分母，分子を $\cos\theta$ $(\neq 0)$ で割って $\tan\theta$ で表す。

★**174** △ABC の内角を A, B, C とする。次の等式が成り立つことを証明せよ。

(1) $\sin(B+C)=\sin A$　　(2) $\cos(B+C)=-\cos A$

(3) $\cos\dfrac{B+C}{2}=\sin\dfrac{A}{2}$　　(4) $\tan\dfrac{A}{2}\tan\dfrac{B+C}{2}=1$

〈不等式の証明〉

175 $(\sin\theta+\cos\theta)^2+(\sin\theta-\cos\theta)^2\geqq 2\sin\theta$ を証明せよ。

〈三角方程式〉

176 $0\leqq x<2\pi$ のとき，次の方程式を解け。

(1) $\sin\left(x+\dfrac{\pi}{3}\right)=-\dfrac{1}{2}$　　(2) $\tan x=2\sin x$

(3) $\sin x=\cos^2 x-\sin^2 x$　　(4) $2\sin^2 x+(4-\sqrt{3})\cos x-2(1-\sqrt{3})=0$

〈三角不等式〉

★**177** $0\leqq\theta<2\pi$ のとき，次の不等式を解け。また，解を一般角で表せ。

(1) $2\cos^2\theta-\sin\theta-1\leqq 0$

(2) $\tan^2\theta-(\sqrt{3}+1)\tan\theta+\sqrt{3}\leqq 0$

(3) $\sin\theta>|\cos\theta|$

178 次の問いに答えよ。

(1) x がすべての実数値をとるとき，関数 $y=\cos^2 x+\sin x+1$ の最大値と最小値を求めよ。

★(2) 関数 $f(x)=\sin^2 x-\sqrt{3}\cos x$ について，$f(x)$ の最大値，最小値，並びにそのときの x の値を求めよ。ただし，$0\leqq x\leqq\pi$ とする。　(東京海洋大)

実戦編

解答⇨別冊 p.56

179 $\alpha=\dfrac{\pi}{5}$ とするとき，次の式の値を求めよ。

★(1) $\cos\alpha+\cos2\alpha+\cos3\alpha+\cos4\alpha$

(2) $\sin\alpha+\sin3\alpha+\sin5\alpha+\sin7\alpha+\sin9\alpha$

180 次の等式を証明せよ。

★(1) $\dfrac{\cos\theta}{1+\sin\theta}+\dfrac{1+\sin\theta}{\cos\theta}=\dfrac{2}{\cos\theta}$

(2) $\left(\sin\theta-\dfrac{1}{\sin\theta}\right)^2+\left(\cos\theta-\dfrac{1}{\cos\theta}\right)^2-\left(\tan\theta-\dfrac{1}{\tan\theta}\right)^2=1$

(3) $\sin^4\theta-\cos^4\theta=2\sin^2\theta-1$

(4) $\tan^2\theta-\sin^2\theta=\tan^2\theta\sin^2\theta$

★(5) $(1+\sin\theta+\cos\theta)^2=2(1+\sin\theta)(1+\cos\theta)$

★(6) $\dfrac{1}{\tan\theta}+\dfrac{1}{\sin\theta}=\dfrac{\tan\theta\sin\theta}{\tan\theta-\sin\theta}$

181 次の式の値を求めよ。ただし，$0\leqq\theta\leqq\pi$ とする。

(1) $\cos\theta=\dfrac{5}{13}$ のとき，$\dfrac{2\sin\theta-3\cos\theta}{4\sin\theta-9\cos\theta}$ （岡山商大改）

(2) $\tan\theta=2$ のとき，$\left(\dfrac{\cos\theta}{1+\sin\theta}+\dfrac{1+\sin\theta}{\cos\theta}\right)^2$ （神奈川大）

(3) $\sin\theta=\dfrac{\sqrt{6}-\sqrt{2}}{2}$ のとき，$\dfrac{\cos\theta-\sin\theta}{\cos\theta+\sin\theta}+\dfrac{\cos\theta+\sin\theta}{\cos\theta-\sin\theta}$

(4) $\tan\theta=-3$ のとき，$\dfrac{1}{1+\sin\theta-\cos\theta}+\dfrac{1}{1-\sin\theta+\cos\theta}$

182 $\alpha=\dfrac{11}{36}\pi$ のとき，$\sin\alpha$，$\sin2\alpha$，$\sin3\alpha$，$\sin4\alpha$ のうち，最大のもの，最小のものをそれぞれ求めよ。

Hint **182** $\sin x$ が $-\dfrac{\pi}{2}<x<\dfrac{\pi}{2}$ で単調増加であるので，α，2α，3α，4α をこの範囲で表す。

183 次の連立方程式を解け。ただし，$0<x<\pi$，$0<y<\pi$ とする。

★(1) $\begin{cases} \sin x+3\cos y=2 \\ \cos x+3\sin y=2\sqrt{3} \end{cases}$　　(2) $\begin{cases} \sin x=\sqrt{2}\sin y \\ \tan x=\sqrt{3}\tan y \end{cases}$

(3) $\begin{cases} \sin x-2\sin^2 y=0 \\ \cos x+2\sin y\cos y=1 \end{cases}$　　(4) $\begin{cases} \sin^2 x+\sin^2 y=\dfrac{1}{2} \\ \cos x\cos y=\dfrac{3}{4} \end{cases}$

（専修大，自治医大，東邦大）

★**184** $0\leqq\theta\leqq\pi$ のとき，方程式 $2\sin^2\theta+\cos\theta=a$ が解をもつように，定数 a の値の範囲を定めよ。（名古屋学院大）

185 次の問いに答えよ。

(1) $a>0$ のとき，$a+\dfrac{1}{a}\geqq 2$ であることを証明せよ。

(2) $0\leqq x<\dfrac{\pi}{2}$ のとき，$\cos^2 x+\tan^2 x$ の最小値と，そのときの x の値を求めよ。

（徳島文理大）

186 次の問いに答えよ。

(1) $2\sin\theta\cos\theta=(\sin\theta+\cos\theta)^2-1=1-(\sin\theta-\cos\theta)^2$ を示せ。

(2) $0\leqq\theta\leqq\pi$ のとき，$\sin\theta\cos\theta$ の最大値，最小値とそのときの θ を求めよ。

難 **187** 2 次方程式 $x^2+(a+\sin t)x+b+\sin t=0$ が，t のすべての値に対して実数解をもつような点の範囲を求め，図示せよ。

Hint **184** $\cos\theta=t$ とおくと，$2(1-t^2)+t=a$ となるから，$y=2(1-t^2)+t$ $(-1\leqq t\leqq 1)$ のグラフと直線 $y=a$ が共有点をもつ条件を求める。

185 (2) 相加・相乗の大小関係を用いる。

19 三角関数の加法定理

重要ポイント

☐❶ 加法定理

$$\sin(\alpha+\beta)=\sin\alpha\cos\beta+\cos\alpha\sin\beta$$
$$\sin(\alpha-\beta)=\sin\alpha\cos\beta-\cos\alpha\sin\beta$$
$$\cos(\alpha+\beta)=\cos\alpha\cos\beta-\sin\alpha\sin\beta$$
$$\cos(\alpha-\beta)=\cos\alpha\cos\beta+\sin\alpha\sin\beta$$
$$\tan(\alpha+\beta)=\frac{\tan\alpha+\tan\beta}{1-\tan\alpha\tan\beta}$$
$$\tan(\alpha-\beta)=\frac{\tan\alpha-\tan\beta}{1+\tan\alpha\tan\beta}$$

☐❷ 2 倍角の公式

$$\sin2\theta=2\sin\theta\cos\theta \qquad \tan2\theta=\frac{2\tan\theta}{1-\tan^2\theta}$$
$$\cos2\theta=\cos^2\theta-\sin^2\theta=2\cos^2\theta-1=1-2\sin^2\theta$$

☐❸ 半角の公式

$$\sin^2\frac{\theta}{2}=\frac{1-\cos\theta}{2} \qquad \tan^2\frac{\theta}{2}=\frac{1-\cos\theta}{1+\cos\theta}$$
$$\cos^2\frac{\theta}{2}=\frac{1+\cos\theta}{2}$$

☐❹ 3 倍角の公式

$$\sin3\theta=3\sin\theta-4\sin^3\theta$$
$$\cos3\theta=4\cos^3\theta-3\cos\theta \qquad \tan3\theta=\frac{3\tan\theta-\tan^3\theta}{1-3\tan^2\theta}$$

☐❺ 合成公式

$$a\sin\theta+b\cos\theta=\sqrt{a^2+b^2}\sin(\theta+\alpha)$$
$$\left(\cos\alpha=\frac{a}{\sqrt{a^2+b^2}},\ \sin\alpha=\frac{b}{\sqrt{a^2+b^2}}\right)$$

☐❻ 2 直線のなす角

2 直線 $y=mx+n$, $y=m'x+n'$ のなす角を θ $\left(0\leqq\theta<\frac{\pi}{2}\right)$ とすると

$$\tan\theta=\left|\frac{m-m'}{1+mm'}\right|$$

必修編

解答⇨別冊 p.60

〈加法定理〉

★188 次の式を加法定理の公式を使って簡単にせよ。

(1) $\sin\left(\theta+\frac{\pi}{3}\right)-\sin\left(\theta-\frac{\pi}{3}\right)$　　(2) $\tan\left(\frac{\pi}{4}-\theta\right)\tan\left(\frac{\pi}{4}+\theta\right)$

(3) $\cos^2\theta+\cos^2\left(\theta+\frac{2}{3}\pi\right)+\cos^2\left(\theta-\frac{2}{3}\pi\right)$

★189 α は第 1 象限の角で $\sin\alpha=\frac{4}{5}$，β は第 2 象限の角で $\sin\beta=\frac{15}{17}$ である。$\sin(\alpha+\beta)$，$\cos(\alpha+\beta)$，$\tan(\alpha-\beta)$ の値を求めよ。

★190 A，B，C は鋭角で $\tan A=2$，$\tan B=4$，$\tan C=13$ とするとき，次の値を求めよ。

(1) $\tan(A+B)$　　(2) $A+B+C$　　(東京海洋大)

191 $-\frac{\pi}{2}<\alpha<\frac{\pi}{2}$，$-\frac{\pi}{2}<\beta<\frac{\pi}{2}$ のとき，$\sin(\alpha+\beta)$ と $\cos\alpha+\cos\beta$ の大小を調べよ。

〈2 倍角・半角・3 倍角の公式〉

★192 $0<\theta<\pi$ のとき，$\sin\theta$，$2\sin\frac{\theta}{2}$，$\frac{1}{2}\sin2\theta$ を小さい順に並べよ。

193 $\pi<\theta<\frac{3}{2}\pi$，$\tan\theta=\frac{3}{4}$ のとき，次の式の値を求めよ。

(1) $\sin2\theta$　　(2) $\cos\frac{\theta}{2}$　　(3) $\tan\frac{\theta}{2}$

Hint **190** (2) (1) より $\tan(A+B)<0$，A，B は鋭角より $\frac{\pi}{2}<A+B<\pi$

よって　$\pi<A+B+C<\frac{3}{2}\pi$

194 次の値を求めよ。

(1) $\sin\frac{5}{12}\pi$　　(2) $\tan\frac{7}{12}\pi$　　(3) $\sin\frac{\pi}{24}$

★**195** $\sin\theta=\frac{3}{5}$ のとき $\square$ の中に数を入れなさい。

$\cos\theta=\square$ または $\square$，$\sin2\theta=\square$ または $\square$

$\cos2\theta=\square$，$\sin3\theta=\square$，$\cos3\theta=\square$ または $\square$　（東京女子大）

〈合成公式〉

196 $y=\sin x+\cos x$ は，$-\pi\leqq x\leqq\pi$ の範囲で

$x=\frac{\square}{\square}\pi$ のとき最大値 $\sqrt{\square}$ をもつ。　（順天堂大）

★**197** 次の関数の最大値と最小値を求めよ。

(1) $y=\sin x-\sqrt{3}\cos x-1$　　(2) $y=2\sin\left(x-\frac{\pi}{6}\right)+2\cos x$

(3) $y=3\sin^2x+4\sin x\cos x+5\cos^2x$

★**198** (1) 方程式 $\sqrt{3}\sin x+\cos x=\sqrt{2}$ を解け。

(2) 不等式 $\sqrt{3}\sin x+\cos x<\sqrt{2}$ を満たす x を $0\leqq x<2\pi$ の範囲で求めよ。

（東京女子大）

〈2 次関数〉

★**199** $-\frac{\pi}{2}<\theta<\frac{\pi}{2}$ とする。$f(\theta)=2\sin2\theta-3(\sin\theta+\cos\theta)+3$ について，

(1) $t=\sin\theta+\cos\theta$ とおくとき，$f(\theta)$ を t を用いて表せ。

(2) $f(\theta)=0$ を満たす θ について，$\tan\theta$ の値を求めよ。　（弘前大）

Hint

197 (2) 加法定理で分解してから合成する。

(3) 2 倍角の公式で $2x$ にしてから合成する。

198 (1) 一般角で答える。

199 (2) $\sin\theta+\cos\theta$ と $\sin\theta\cos\theta$ の値から $\sin\theta$，$\cos\theta$ を求めて $\tan\theta$ に代入する。

実戦編

解答⇨別冊 *p.63*

200　$\sin A+\sin B=1$，$\cos A+\cos B=1$ のとき，次の式の値を求めよ。

(1)　$\sin A+\cos A$　　(2)　$\sin(A-B)$　　（東京海洋大）

201　変数 x，y を任意の実数とするとき，次の問いに答えよ。

(1)　$\sin x-\cos y$ の値のとり得る範囲を求めよ。

(2)　$\sin x-\cos y=c$ のとき $\cos x-\sin y$ の値がとり得る範囲を c を用いて表せ。ただし，c は(1)で求めた範囲の値とする。　（鳥取大）

202　次の問いに答えよ。

(1)　$\alpha=\dfrac{\pi}{10}$ とすれば $2\alpha+3\alpha=\dfrac{\pi}{2}$ である。このことを利用して，$\sin\alpha$ の値を求めよ。

(2)　$\cos2\alpha-\cos^3 2\alpha$ の値を求めよ。　（東京電機大）

203　次の問いに答えよ。

(1)　$\tan\dfrac{\theta}{2}=t$ とおくとき，$\sin\theta$，$\cos\theta$ を t 用いて表せ。

(2)　$\sin\theta+\cos\theta=\dfrac{1}{5}$ のとき，$\tan\dfrac{\theta}{2}$ の値を求めよ。　（立教大）

204　$f(\theta)=\cos4\theta-4\sin^2\theta$ とする。$0\leqq\theta\leqq\dfrac{3}{4}\pi$ における $f(\theta)$ の最大値，最小値を求めよ。　（京都大）

205　$(\sin2\theta)^2$ を $\cos\theta$ を用いて表すと $(\sin2\theta)^2=4\cos^2\theta-\boxed{}$ である。この等式を利用して，方程式 $4\cos^4\theta+4\cos\theta\sin\theta-4\cos^2\theta-1=0$ $\left(0\leqq\theta\leqq\dfrac{\pi}{2}\right)$ を解くと，解 $\theta=\boxed{}$ が得られる。　（日本大）

Hint　**201**　(2) $\cos x-\sin y=t$ とおくと　$t^2+c^2=2-2\sin(x+y)$，$-1\leqq\sin(x+y)\leqq1$

★**206** 座標平面上に原点 O(0, 0), 点 A(1, 0), 点 B(0, 1) をとる。さらに 2 点 $P_1(\cos\theta,\ \sin\theta)$, $P_2(\cos 2\theta,\ \sin 2\theta)$ をとる。ただし, $0 \leqq \theta \leqq \dfrac{\pi}{4}$ とする。

$\theta > 0$ のとき $\triangle AP_1O$ の面積を S_1 ($\theta = 0$ のとき 0) とする。また, $\theta < \dfrac{\pi}{4}$ のとき $\triangle BP_2O$ の面積を S_2 $\left(\theta = \dfrac{\pi}{4}\ \text{のとき}\ 0\right)$ とする。$S = S_1 + \dfrac{1}{2}S_2$ とおく。このとき, 次の問いに答えよ。

(1) S を $\sin\theta$ で表せ。

(2) $0 \leqq \theta \leqq \dfrac{\pi}{4}$ のとき, S の最大値と最小値を求めよ。

難 **207** xy 平面の放物線 $y = x^2$ 上の 3 点 P, Q, R が, 次の条件を満たしている。
$\triangle PQR$ は 1 辺の長さ a の正三角形であり, 点 P, Q を通る直線の傾きは $\sqrt{2}$ である。

このとき, a の値を求めよ。 (東京大)

Hint **207** 点 P, Q の x 座標をそれぞれ α, β とおくと, 直線 PQ の傾きが $\sqrt{2}$ だから $\dfrac{\beta^2 - \alpha^2}{\beta - \alpha} = \sqrt{2}$ また, 直線 PQ と x 軸の正の方向のなす角を θ とすると, 直線 PR, RQ の傾きはそれぞれ $\tan\left(\theta + \dfrac{\pi}{3}\right)$, $\tan\left(\theta - \dfrac{\pi}{3}\right)$

20 加法定理の応用(発展)

重要ポイント

☑❶ 和→積の公式

$$\sin A+\sin B=2\sin\frac{A+B}{2}\cos\frac{A-B}{2}$$

$$\sin A-\sin B=2\cos\frac{A+B}{2}\sin\frac{A-B}{2}$$

$$\cos A+\cos B=2\cos\frac{A+B}{2}\cos\frac{A-B}{2}$$

$$\cos A-\cos B=-2\sin\frac{A+B}{2}\sin\frac{A-B}{2}$$

☑❷ 積→和の公式

$$\sin\alpha\cos\beta=\frac{1}{2}\{\sin(\alpha+\beta)+\sin(\alpha-\beta)\}$$

$$\cos\alpha\sin\beta=\frac{1}{2}\{\sin(\alpha+\beta)-\sin(\alpha-\beta)\}$$

$$\cos\alpha\cos\beta=\frac{1}{2}\{\cos(\alpha+\beta)+\cos(\alpha-\beta)\}$$

$$\sin\alpha\sin\beta=-\frac{1}{2}\{\cos(\alpha+\beta)-\cos(\alpha-\beta)\}$$

必修編

解答⇨別冊*p.66*

〈和→積の公式と積→和の公式〉

208 次の式を和→積の公式あるいは積→和の公式を使って簡単にせよ。

(1) $\sin\left(\frac{\pi}{3}+\theta\right)+\sin\left(\frac{\pi}{3}-\theta\right)$

(2) $\cos^2\theta+\cos^2\left(\theta+\frac{2}{3}\pi\right)+\cos^2\left(\theta-\frac{2}{3}\pi\right)$

(3) $\tan\left(\frac{\pi}{4}+\theta\right)\tan\left(\frac{\pi}{4}-\theta\right)$

Hint **208** (2) $\cos^2\alpha=\frac{1}{2}(1+\cos2\alpha)$ を利用して，次数を下げる。 (3) 与式$=\dfrac{\sin\left(\frac{\pi}{4}+\theta\right)\sin\left(\frac{\pi}{4}-\theta\right)}{\cos\left(\frac{\pi}{4}+\theta\right)\cos\left(\frac{\pi}{4}-\theta\right)}$

実戦編

解答⇨別冊p.66

209 A, Bが鋭角のとき，次の式を値の小さい順に並べよ。

$\sin\dfrac{A+B}{2}$, $\sin\dfrac{A}{2}+\sin\dfrac{B}{2}$, $\dfrac{\sin A+\sin B}{2}$ (神戸薬大改)

210 (1) $\sin2\theta+\sin3\theta+\sin4\theta=0$, $\pi<\theta<\dfrac{5}{3}\pi$ のとき $\theta=\square$ (東京薬大)

(2) $\cos\theta+\cos3\theta+\cos5\theta=0$, $0<\theta<\dfrac{\pi}{2}$ のとき $\theta=\square$, $\square$

211 $0\leqq\theta<2\pi$ のとき，不等式 $\sin\left(\theta+\dfrac{5}{12}\pi\right)+\sin\left(\theta+\dfrac{\pi}{12}\right)+\cos\left(\theta+\dfrac{\pi}{4}\right)\geqq1$ を満たすθの値の範囲を求めよ。 (徳島大改)

212 $\alpha+\beta+\gamma=\pi$ のとき，次の等式が成り立つことを証明せよ。

(1) $\sin\alpha+\sin\beta+\sin\gamma=4\cos\dfrac{\alpha}{2}\cos\dfrac{\beta}{2}\cos\dfrac{\gamma}{2}$

(2) $\cos\alpha+\cos\beta+\cos\gamma=1+4\sin\dfrac{\alpha}{2}\sin\dfrac{\beta}{2}\sin\dfrac{\gamma}{2}$

(3) $\sin2\alpha+\sin2\beta+\sin2\gamma=4\sin\alpha\sin\beta\sin\gamma$

213 △ABC において，次の問いに答えよ。

(1) 不等式 $\cos A+\cos B\leqq2\sin\dfrac{C}{2}$ を示せ。

(2) $\cos A+\cos B+\cos C$ が最大となるとき，△ABC の形状を決定せよ。

(和歌山大)

Hint **212** $\sin\dfrac{\alpha+\beta}{2}=\sin\left(\dfrac{\pi}{2}-\dfrac{\gamma}{2}\right)=\cos\dfrac{\gamma}{2}$, $\sin(\alpha+\beta)=\sin(\pi-\gamma)=\sin\gamma$ などを利用する。

213 (2)(1)より 左辺$\leqq2\sin\dfrac{C}{2}+\cos C=2\sin\dfrac{C}{2}+1-2\sin^2\dfrac{C}{2}$

21 累乗根と指数の拡張

重要ポイント

☐❶ 累乗根の定義

自然数 n に対して **n 乗して a になる数を a の n 乗根**といい，
2 乗根，3 乗根，…を総称して**累乗根**という。
(a の n 乗根は実数の範囲で考える。)

☐❷ a の n 乗根

n が偶数のとき

① $a>0 \Longrightarrow a$ の n 乗根は 2 つある。$\sqrt[n]{a}$ と $-\sqrt[n]{a}$ とかく。

② $a=0 \Longrightarrow a$ の n 乗根は 0 である。すなわち　$\sqrt[n]{0}=0$

③ $a<0 \Longrightarrow a$ の n 乗根は存在しない。(実数のものはない。)

n が奇数のとき

a の正負，0 にかかわらず，a の n 乗根は 1 つある。$\sqrt[n]{a}$ とかく。

☐❸ 累乗根の性質

a，b を正の数とし，m，n を自然数とするとき

$$\sqrt[n]{a}\sqrt[n]{b}=\sqrt[n]{ab},\quad \frac{\sqrt[n]{a}}{\sqrt[n]{b}}=\sqrt[n]{\frac{a}{b}},\quad (\sqrt[n]{a})^m=\sqrt[n]{a^m},\quad \sqrt[m]{\sqrt[n]{a}}=\sqrt[n]{\sqrt[m]{a}}=\sqrt[mn]{a}$$

☐❹ 指数法則の整数への拡張

$a^0=1$，$a^{-n}=\dfrac{1}{a^n}$ ($a \neq 0$，n は自然数) と定義すると

$a \neq 0$，$b \neq 0$ のとき，任意の整数 m，n に対して

[1] $a^m \times a^n = a^{m+n}$　　[2] $a^m \div a^n = a^{m-n}$　　[3] $(a^m)^n = a^{mn}$

[4] $(ab)^n = a^n b^n$　　[5] $\left(\dfrac{a}{b}\right)^n = \dfrac{a^n}{b^n}$

☐❺ 指数法則の有理数への拡張

$a>0$ で，m が任意の整数，n が自然数のとき

$a^{\frac{m}{n}}=\sqrt[n]{a^m}$ (特に $a^{\frac{1}{n}}=\sqrt[n]{a}$) と定義すると

$a>0$，$b>0$ のとき，任意の有理数 r，s に対して

[1] $a^r \times a^s = a^{r+s}$ (上の[1]，[2]はこの式 1 つで表される。)

[2] $(a^r)^s = a^{rs}$　　[3] $(ab)^r = a^r b^r$　　[4] $\left(\dfrac{a}{b}\right)^r = \dfrac{a^r}{b^r}$

必修編

解答⇨別冊 p.68

〈累乗根〉

★**214** 次のものを求めよ。

(1) 27 の 3 乗根　(2) $\sqrt[3]{27}$　(3) 16 の 4 乗根　(4) $\sqrt[4]{16}$

〈累乗根の計算〉

215 次の計算をせよ。

(1) $\sqrt[3]{\sqrt{64}}\times\sqrt[4]{16}\div\sqrt[3]{-8}$

(2) $(\sqrt[3]{2}+\sqrt[3]{4})^3+(\sqrt[3]{2}-\sqrt[3]{4})^3$

(3) $\sqrt[3]{125}+\sqrt[3]{-625}+\dfrac{25}{\sqrt[3]{25}}$

(4) $\sqrt[3]{9}+\sqrt[3]{3}-\dfrac{2}{\sqrt[3]{3}-1}$

(5) $\sqrt[5]{\dfrac{\sqrt[3]{a}}{\sqrt{a}}}\times\sqrt[3]{\dfrac{\sqrt{a}}{\sqrt[5]{a}}}\times\sqrt{\dfrac{\sqrt[5]{a}}{\sqrt[3]{a}}}$

(6) $\sqrt{4+\sqrt{15}}\times\sqrt{4-\sqrt{15}}$

〈指数計算〉

★**216** 次の式を簡単にせよ。ただし，$a>0$，$b>0$，$c>0$ とする。

(1) $\left\{\left(\dfrac{16}{81}\right)^{-\frac{3}{4}}\right\}^{\frac{2}{3}}$

(2) $\left(\dfrac{9}{25}\right)^{-\frac{1}{2}}\times\left(\dfrac{125}{27}\right)^{-\frac{1}{3}}$

(3) $a^{\frac{3}{2}}\times a^{\frac{3}{8}}\div a^{\frac{7}{4}}$

(4) $(a^{\frac{1}{2}}b^{-\frac{3}{2}})^{\frac{1}{2}}\times a^{\frac{3}{4}}\div b^{-\frac{3}{4}}$

(5) $(a^x)^{y-z}\cdot(a^y)^{z-x}\cdot(a^z)^{x-y}$

(6) $(a^{\frac{x}{x-y}})^{\frac{x}{z-x}}\cdot(a^{\frac{y}{y-z}})^{\frac{y}{x-y}}\cdot(a^{\frac{z}{z-x}})^{\frac{z}{y-z}}$

217 次の式を a の累乗の形で表せ。ただし，$a>0$ とする。

(1) $\dfrac{1}{\sqrt[7]{a^3}}$　(2) $\sqrt{\dfrac{a^{-3}}{\sqrt[3]{a}}}$　(3) $\sqrt{a\sqrt[3]{a\sqrt[4]{a}}}$

実戦編

解答⇨別冊 p.68

★**218** $a^{2x}=3$ のとき，$\dfrac{a^x+a^{-x}}{a^{3x}+a^{-3x}}$ の値を求めよ。（日本大）

★**219** $x^{\frac{1}{2}}+x^{-\frac{1}{2}}=a$ のとき，次の式を a で表せ。

(1) x^2+x^{-2}　(2) $x^{\frac{3}{2}}+x^{-\frac{3}{2}}$

220 方程式 $(\sqrt{4+\sqrt{15}})^x+(\sqrt{4-\sqrt{15}})^x=8$ を解け。

221 次の式の値を求めよ。ただし，$a>0$ とする。

(1) $x=\dfrac{1}{2}(a^{\frac{1}{n}}-a^{-\frac{1}{n}})$ のとき，$(x+\sqrt{1+x^2})^n$ の値

難(2) $x=\sqrt[3]{\sqrt{2}+1}+\sqrt[3]{\sqrt{2}-1}$ のとき，x^3-3x+2 の値

222 関数 $f(x)=3^{2x-1}-3\times3^x$ がある。

(1) $3^x=2$ のとき，$f(x)=-\dfrac{\square}{3}$ である。

(2) $\sqrt[3]{3^{2x}}=4$ のとき，$f(x)=-\dfrac{\square}{3}$ である。

(3) $f(x)=0$ の解を x とするとき，$\sqrt[3]{8^x}=\square$

(4) $3^x=t$ とおいたとき，関数 $f(x)$ は $t=\dfrac{\square}{2}$ で最小となり，最小値は $-\dfrac{\square}{4}$ である。 （東北工大）

223 次の方程式を解け。

★(1) $2^{2x+1}-2^{x+3}-64=0$

(2) $3^{2x+1}-3^{x+3}=3^x-9$

★(3) $\begin{cases}3^x+3^y=12\\3^{x+y}=27\end{cases}$

(4) $\begin{cases}x^{xy}=y^{100}\\y^{xy}=x^{100}\end{cases}$ （愛知工業大）
（ただし，$x>0$，$y>0$）

(5) $\begin{cases}x^y=z\\y^z=x\\z^x=y\end{cases}$ （東京農大）
（ただし，$x>0$，$y>0$，$z>0$）

難(6) $\begin{cases}x^y=y^x\\x^a=y^b\end{cases}$ （大東文化大）
（ただし，$x>0$，$y>0$，$a\neq b$）

Hint

221 (1) $\alpha=a^{\frac{1}{n}}$，$\beta=a^{-\frac{1}{n}}$ とおいて与式を変形する。
(2) $\alpha=\sqrt[3]{\sqrt{2}+1}$，$\beta=\sqrt[3]{\sqrt{2}-1}$ とおくと $\alpha\beta=1$，$\alpha+\beta=x$ となる。

222 $3^{2x-1}=\dfrac{1}{3}\cdot3^{2x}=\dfrac{1}{3}\cdot(3^x)^2$ と変形できる。

223 (5) 3つの式から $x^{xyz}=x$ を導く。
(6) 第1式の両辺を b 乗，第2式の両辺を x 乗して $x^{by}=x^{ax}$ を導く。

22 指数関数の応用

重要ポイント

☐❶ 指数関数

$y=a^x$ ($a>0$, $a\neq 1$) を a を底とする x の指数関数という。

(任意の実数 x に対して a^x を対応させる関数)

☐❷ 指数関数のグラフ

① **定義域…$\{x \mid x$ は実数全体$\}$**

② **値域…$\{y \mid y>0\}$**

③ **$a>1$ のとき，単調増加，右上がり**

$0<a<1$ のとき，単調減少，右下がり

④ **点 $(0,\ 1)$，$(1,\ a)$ を通る。x 軸を漸近線とする。**

$a>1$ のとき

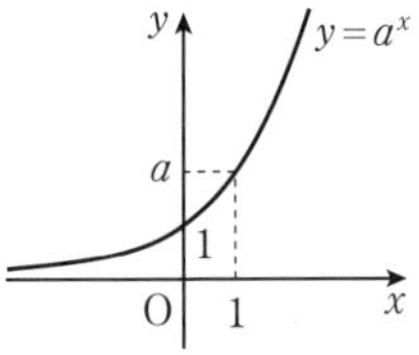

$0<a<1$ のとき

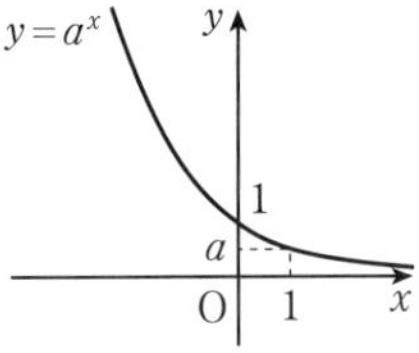

☐❸ 指数関数の性質

$y=a^x$ ($a>0$, $a\neq 1$) とすると

① **$a>1$ のとき，　$x_1<x_2 \iff a^{x_1}<a^{x_2}$**

$0<a<1$ のとき，$x_1<x_2 \iff a^{x_1}>a^{x_2}$

② **$x_1=x_2 \iff a^{x_1}=a^{x_2}$** ($a>1$, $0<a<1$ に関係なく)

☐❹ 累乗の大小関係

① **$a>1$ のとき**

$p<q \iff a^p<a^q$

$a>1$ のとき

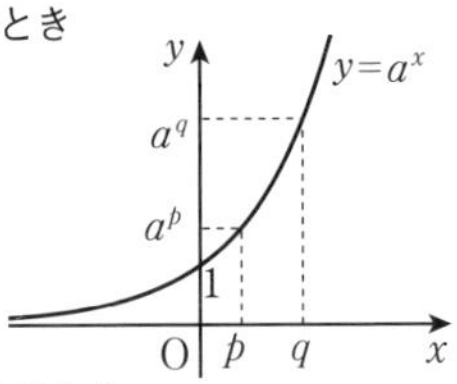

② **$0<a<1$ のとき**

$p<q \iff a^p>a^q$

$0<a<1$ のとき

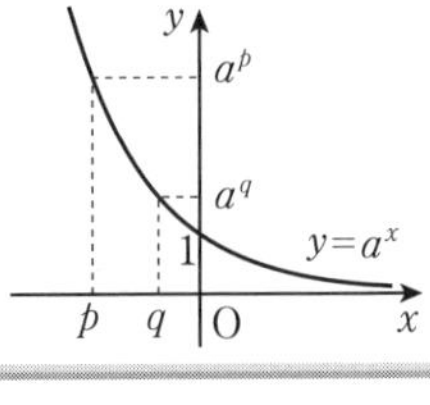

必修編

解答⇨別冊 p.70

〈指数関数のグラフ〉

224 次の関数のグラフをかけ。

(1) $y=3^x$　(2) $y=3^{x-1}$　(3) $y=3^{-x}-1$

★**225** $y=3^x$ のグラフをどのように移動すると次の関数のグラフになるか。

(1) $y=27\cdot 3^x$　(2) $y=3^{2-x}$　(3) $y=-3^{-x-2}+3$

〈指数方程式〉

★**226** 次の方程式を解け。

(1) $2^{x-2}=32$　(2) $3^{x+2}=3^{-2}$　(3) $3^x\cdot 2^{2-x}=6^x$

〈指数不等式〉

227 次の不等式を解け。

(1) $2^{2x+1}>16$　★(2) $3^{2x}-3^{x+1}-54<0$

(3) $\left(\dfrac{1}{3}\right)^x<3\sqrt{3}<\left(\dfrac{1}{9}\right)^{x-1}$　(4) $\left(\dfrac{1}{9}\right)^x+\left(\dfrac{1}{3}\right)^x>12$

★(5) $a^{2x}+1<a^{x+2}+a^{x-2}$ $(a>0,\ a\neq 1)$

(6) $a^{2x-2}-1<a^{x+1}-a^{x-3}$ $(a>0,\ a\neq 1)$

(7) $2^{x^2}>(2^x)^2$　(千葉大)　(8) $x>0$ のとき $x^x<(2x)^{2x}$

〈大小比較〉

★**228** 次の数の大小を比較して，小さい順に並べよ。

(1) 2^{40}，3^{30}，5^{20}　(2) $\sqrt{8}$，$\sqrt[3]{4}$，1，$\sqrt{\dfrac{1}{2}}$，$16^{\frac{1}{5}}$

(3) $\sqrt{3}$，$\sqrt[3]{7}$，$\sqrt[4]{12}$

Hint **227** (3)，(4) 底を 3 とする指数方程式に帰着させる。
(5)，(6) $a>1$，$0<a<1$ で場合分けする。

実戦編

解答⇨別冊 p.72

229 次の数の大小を比較して，小さい順に並べよ。

(1) $n>1$ の整数，$a>0$，$a\neq1$ のとき，$\sqrt[n]{a^{n+1}}$，$\sqrt[n]{a^{n-1}}$，$\sqrt[n-1]{a^n}$

(2) $2^x=3^y=5^z$，$x>0$，$y>0$，$z>0$ のとき，$2x$，$3y$，$5z$

(3) $a>0$，$b>0$ のとき，$a^{\frac{2}{3}}+b^{\frac{2}{3}}$，$(a+b)^{\frac{2}{3}}$

(4) $0<a<b$ のとき，a^ab^b，a^bb^a

230 $0<a<b<1$ とする。このとき，$a^{\frac{1}{a}}$，$b^{\frac{1}{b}}$，$(ab)^{\frac{1}{ab}}$，$\left(\dfrac{a+b}{2}\right)^{\frac{2}{a+b}}$ の大小を比較して，小さい順に並べよ。

231 $f(x)=-2^{2x-4}+2^{x-3}+\dfrac{15}{16}$ は，$x=$□ のとき最大値□をとる。また，$f(x)=a$ を満たす x の値が2つ存在するような定数 a の値の範囲は□である。（日本大）

★**232** t の関数 $y=\dfrac{1}{4}(4^t+4^{-t})-\dfrac{a}{2}(2^t+2^{-t}-2)+\dfrac{1}{2}$ について，次の問いに答えよ。ただし，a は定数とする。

(1) t の関数 $f(t)=2^t+2^{-t}$ の最小値を求めよ。

(2) $x=\dfrac{2^t+2^{-t}}{2}$ とおくとき，y を x と a の式で表せ。

(3) y の最小値を a で表せ。

(4) (3)で y の最小値が0となるとき，a の値を求めよ。（神奈川大）

Hint **230** 指数の逆数 a，b，ab，$\dfrac{a+b}{2}$ の大小関係をまず考える。

$0<a<b<1$ のとき $a^{\frac{1}{a}}<b^{\frac{1}{a}}<b^{\frac{1}{b}}$ から $a^{\frac{1}{a}}<b^{\frac{1}{b}}$ を利用する。

231 $t=2^x$ $(t>0)$ とおいて，t の2次関数のグラフで考える。

232 (1) 相加平均と相乗平均の大小関係を利用。

(2) 4^t+4^{-t} を 2^t+2^{-t} で表す。

(3) a の値により場合分けが必要。

23 対数とその性質

重要ポイント

❶ 対数関数の定義

$a>0$，$a \neq 1$，$N>0$ に対し，$N=a^x$ となるただ1つの x の値を

a を底とする N の対数といい，$\log_a N$ とかく。$N=a^n \Longleftrightarrow n=\log_a N$

関数 $y=\log_a x$ を a を底とする x の**対数関数**という。

❷ 対数の性質と底の変換公式

$a>0$，$b>0$，$a \neq 1$，$b \neq 1$，$M>0$，$N>0$ とする。

① $\log_a 1=0$　　② $\log_a a=1$

③ $\log_a MN=\log_a M+\log_a N$　　④ $\log_a \dfrac{M}{N}=\log_a M-\log_a N$

⑤ $\log_a M^n=n\log_a M$　　⑥ $\log_a b=\dfrac{\log_c b}{\log_c a}$　$(c>0,\ c \neq 1)$

必修編

解答⇨別冊 *p.73*

〈対数の定義と性質〉

233 次の値を求めよ。

(1) $\log_2 8$　(2) $\log_2 \sqrt[3]{4}$　(3) $\log_{\sqrt{2}} 32$　(4) $\log_{\frac{1}{4}} \sqrt{2}$

234 次の x の値を求めよ。

(1) $\log_x 5=1$　(2) $\log_x 2=\dfrac{2}{3}$　(3) $\log_{\frac{1}{3}} x=\dfrac{3}{2}$　(4) $\log_{\frac{1}{64}} 512=x$

★**235** $\log_{10} 2=a$，$\log_{10} 3=b$ とする。次の式を a，b を用いて表せ。

(1) $\log_{10} 6$　(2) $\log_{10} 5$　(3) $\log_2 3$　(4) $\log_6 10$

236 次の式の値を求めよ。

(1) $2^{\log_2 3}$　★(2) $8^{\log_2 5}$　(3) $(\sqrt{2})^{\log_2 3}$　(4) $2^{-\log_{\frac{1}{4}} 3}$

Hint **235** (3)，(4) 与式の底を 10 に変換する。
236 x=与式 とおいて，両辺の 2 を底とする対数をとる。

237 次の公式を証明せよ。ただし，文字はすべて正で，$a \neq 1$，$c \neq 1$ とする。

(1) $\log_a MN = \log_a M + \log_a N$　(2) $\log_a M^n = n\log_a M$　(3) $\log_a b = \dfrac{\log_c b}{\log_c a}$

〈対数計算〉

★**238** 次の式を計算せよ。（(1) 久留米工大）

(1) $\log_2 \dfrac{3}{4} + \log_2 \sqrt{12} - \dfrac{3}{2}\log_2 24$　(2) $\left(\log_2 5 + \log_4 \dfrac{1}{5}\right)\left(\log_5 2 + \log_{25} \dfrac{1}{2}\right)$

(3) $\log_2 3 \cdot \log_3 5 \cdot \log_5 7 \cdot \log_7 8$　(4) $\log_{16}(\sqrt{5+\sqrt{24}} - \sqrt{5-\sqrt{24}})$

239 $\log_2 3 = a$，$\log_3 5 = b$ とする。$\log_{10} 12$ を a，b で表せ。

実戦編

解答⇨別冊 *p.75*

240 $2^x = 3^y = 24^z = \sqrt[4]{6}$ を満たす x，y，z に対して，$\dfrac{1}{x} + \dfrac{1}{y} = \square$，$\dfrac{1}{x} - \dfrac{1}{y} - \dfrac{1}{z} = \square$ が成り立つ。（近畿大）

241 次の問いに答えよ。

(1) $2^{10} = 1024 > 1000$ を利用して $\log_{10} 2$ と 0.3 の大小を比べよ。

(2) (1)の結果を利用して，2^{21} と 5^9 の大小を比べよ。（大分大）

242 x の方程式 $6(9^x + 9^{-x}) - m(3^x + 3^{-x}) + 2m - 8 = 0$ の解の 1 つが 1 であるとき，定数 m の値を求めよ。また，このときの方程式の他の解を求めよ。（弘前大）

243 2 つの正の数 x，y が以下の 2 条件を満たすとき，$(\log_2 x)^3 + (\log_2 y)^3$ はいくらか。

(i) $xy = 64$　(ii) $(\log_2 x)(\log_3 y)(\log_2 3) = 8$（防衛医大）

Hint
239 $\log_3 5 = b$ と $\log_{10} 12$ を底が 2 の対数に変換する。
243 (i)の式の両辺の 2 を底とする対数をとる。
(ii)の $\log_3 y$ の底を 2 に変換する。

24 対数関数の応用

重要ポイント

☐❶ 対数関数の性質

$\boldsymbol{y=\log_a x} \Longleftrightarrow \boldsymbol{x=a^y}$ （$y=\log_a x$ は $y=a^x$ の逆関数である。）

① $\boldsymbol{a>1}$ のとき，　増加関数　$\boldsymbol{0<x_1<x_2 \Longleftrightarrow \log_a x_1<\log_a x_2}$

② $\boldsymbol{0<a<1}$ のとき，減少関数　$\boldsymbol{0<x_1<x_2 \Longleftrightarrow \log_a x_1>\log_a x_2}$

☐❷ 対数関数 $\boldsymbol{y=\log_a x}$ のグラフ

① 定義域＝$\{\boldsymbol{x} \mid \boldsymbol{x>0}\}$

② 値域＝$\{\boldsymbol{y} \mid \boldsymbol{y}$ は実数全体$\}$

③ 点 $(\boldsymbol{1},\ \boldsymbol{0})$，$(\boldsymbol{a},\ \boldsymbol{1})$ を通る。

④ 漸近線は $\boldsymbol{y}$ 軸 $(\boldsymbol{x=0})$

⑤ $\boldsymbol{y=\log_a x}$ のグラフは $\boldsymbol{y=a^x}$ のグラフと直線 $\boldsymbol{y=x}$ に関して対称である。

$a>1$ のとき

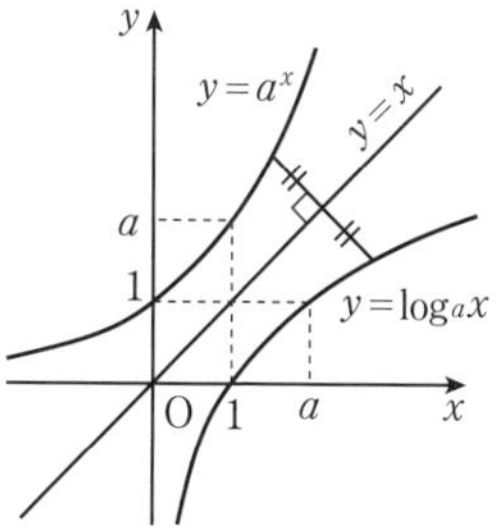

$0<a<1$ のとき

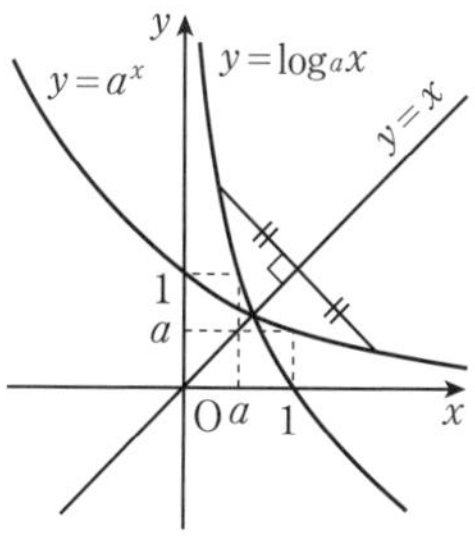

☐❸ 常用対数の定義と応用

底が 10 の対数 $\boldsymbol{\log_{10} N}$ を N の**常用対数**という。

① n を整数として

N の整数部分が $\boldsymbol{n}$ 桁 $\Longleftrightarrow \boldsymbol{10^{n-1} \leqq N<10^n} \Longleftrightarrow \boldsymbol{n-1 \leqq \log_{10} N<n}$

② 小数 N は**小数第 $\boldsymbol{n}$ 位に初めて 0 でない数字が現れる**

$\Longleftrightarrow \boldsymbol{10^{-n} \leqq N<10^{-n+1}} \Longleftrightarrow \boldsymbol{-n \leqq \log_{10} N<-n+1}$

☐❹ 真数条件と底の条件

$y=\log_a x$ の定義から $\boldsymbol{x>0}$ である。これを**真数条件**という。

また，**底 $\boldsymbol{a}$ は $\boldsymbol{a>0}$，$\boldsymbol{a \neq 1}$** である。これを**底の条件**という。

必修編

解答⇨別冊 p.76

〈グラフ〉

244 $y=\log_2 x$ のグラフとの位置関係を調べて，次のグラフをかけ。

★(1) $y=\log_2 4x$　(2) $y=\log_2(-x)$　★(3) $y=\log_{\frac{1}{2}}(x-1)$

(4) $y=\log_2\dfrac{4}{x}$　(5) $y=\log_{\frac{1}{2}}\dfrac{4}{x-1}$　(6) $y=\log_{\frac{1}{2}}(x-1)^2$

〈真数条件と底の条件〉

245 $y=\log_2(\log_2 x)$ について，次の問いに答えよ。

(1) この関数の定義域を求めよ。　(2) $y>0$ となる x の値の範囲を求めよ。

〈大小比較〉

246 次の数を，小さい順に並べよ。

(1) $\dfrac{1}{2}\log_7 2$，$\dfrac{1}{3}\log_7 3$，$\dfrac{1}{5}\log_7 5$，$\dfrac{1}{6}\log_7 6$　★(2) $\dfrac{3}{2}$，$\log_4 9$，$\log_9 25$

(3) $\log_{\frac{1}{3}}2$，$\log_{\frac{1}{3}}\dfrac{1}{2}$，$\log_{\frac{1}{2}}3$，$\log_{\frac{1}{2}}\dfrac{1}{3}$　★(4) $1<a<b$ のとき，$\log_a x$，$\log_b x$

(5) $1<a<b<a^2$ のとき，$\log_a b$，$\log_b a$，$\log_a ab$，$\log_b\dfrac{b}{a}$　(神戸薬大)

〈対数方程式〉

247 $\log_2(x-1)+\log_2(x-2)=2$ の解は $\boxed{}$ である。また，$(\log_2 x)^2+2\log_2 x-8=0$ の 2 つの解のうち，小さい方は $\boxed{}$ である。

(関西学院大)

〈対数不等式〉

★**248** 次の不等式を解け。

(1) $1+\log_9(1+x)(1-x)\leqq\log_3(3+x)$　(岡山理大)

(2) $2\log_{\frac{1}{9}}x+\log_{\frac{1}{3}}(2-x)-\log_{\frac{1}{3}}(2x-3)\leqq 0$　(東洋大)

(3) $0<a<1$ のとき，$\log_a(6x^2+x-26)<\log_a(2x+9)$　(日本大)

Hint **246** (3) $\log_2 3=A$ とおき，それぞれ A で表す。
(4)，(5) 条件式の各辺の a を底とする対数をとる。

〈常用対数〉

★249 $\log_{10}2=0.3010$，$\log_{10}3=0.4771$ を用いると

(1) 3^{60} は何桁の数か。

(2) $\left(\frac{1}{2}\right)^{60}$ は小数第何位に初めて 0 でない数字が現れるか。 （福岡大）

実戦編

解答⇨別冊 p.78

250 次の問いに答えよ。

(1) $\log_2 3$，$\log_3 4$，$\log_4 6$ のうち最大の数はどれか。 （神奈川大）

(2) $A=\log_{10}\frac{a+b}{2}$，$B=\frac{1}{2}(\log_{10}a+\log_{10}b)$，$C=\frac{1}{2}\log_{10}(a+b)$ とする。

(i) $2<a$，$2<b$ のとき，A，B，C を小さい順に並べよ。

(ii) $0<a\leqq 2$，$0<b\leqq 2$ のとき，A，B，C を小さい順に並べよ。

（北海道教育大）

251 $f(x)=4x^2+2x+4$，$g(x)=x^2-x+1$ とするとき，次の問いに答えよ。

(1) すべての実数 x に対して，$f(x)>0$，$g(x)>0$ が成り立つことを示せ。

(2) 不等式 $\log_a\frac{f(x)}{g(x)}<\log_a(2a+1)$ がすべての実数 x に対して成り立つような a の値の範囲を求めよ。ただし，$a>0$，$a\neq 1$ とする。 （大阪市大）

252 次の不等式を満たす点 $(x,\ y)$ の存在する領域を図示せよ。

(1) $\log_x y>\log_y x$ （武蔵工大）　(2) $\log_x y+\log_y x>\frac{5}{2}$ （日本女子大）

253 (1) 点 $(3,\ 3)$ における円 $x^2+y^2-4x-2y=0$ の接線の方程式を求めよ。

(2) 次の連立方程式の表す領域を図示せよ。

$$\begin{cases}\log_{\frac{1}{2}}(2x-3)\geqq\log_{\frac{1}{2}}y\\ \log_2(x^2+y^2-4x-2y+5)\leqq\log_2 5\end{cases}$$

(3) a を正の数とする。点 $(x,\ y)$ が(2)で求めた領域を動くとき $ax+y$ の最大値が 4 になるように a の値を定めよ。 （広島大）

Hint **250** (1) $\log_2 3>\frac{3}{2}$ であることを利用して $\log_2 3>\log_3 4$ を示す。

252 底を x でそろえる。$0<x<1$ と $x>1$ とで場合分けする。

253 (3) $ax+y=k$ とおいて直線 $y=-ax+k$ の切片で考える。

★254 次の不等式を証明せよ。

(1) $x>0$, $y>0$ のとき, $\dfrac{x+y}{2} \geqq \sqrt{xy}$

(2) $x>1$, $y>1$ のとき, $\left(\log_{10}\dfrac{x+y}{2}\right)^2 \geqq \log_{10}x\log_{10}y$

(3) $x>1$ のとき, $\log_x(1+x)>\log_{1+x}(2+x)$ (横浜国大)

255 年利率 8% の 1 年ごとの複利の預金がある。ある年の年初に 10 万円預け入れた。元利合計が初めて 30 万円以上になるのは, 何年後の年初か。
ただし, $\log_{10}2=0.3010$, $\log_{10}3=0.4771$ とする。 (立教大)

256 a, b, c は 1 でない正の数とし, 次の式が成り立つとする。

$$\log_b a+\log_c b+\log_a c=-\frac{11}{3}$$

$\alpha=\log_a b$, $\beta=\log_b c$, $\gamma=\log_c a$ とおくとき, 以下の問いに答えよ。

(1) $\alpha\beta\gamma$ の値を求めよ。

(2) $\alpha\beta+\beta\gamma+\gamma\alpha$ の値を求めよ。

(3) α, β, γ が $3x^3-5x^2+3(\alpha\beta+\beta\gamma+\gamma\alpha)x-3\alpha\beta\gamma=0$ の解であるとき, α, β, γ の値を求めよ。ただし, $\alpha<\beta<\gamma$ とする。 (佐賀大)

257 $\log_{10}2=0.3010$, $\log_{10}3=0.4771$, $\log_{10}7=0.8451$ とする。

(1) 2013^{25} の一の位の数を求めよ。

(2) 3^{2013} を 5 で割ったときの余りを求めよ。

(3) 3^{2013} は何桁の数か。

(4) 3^{2013} の最高位の数を求めよ。 (名古屋市大)

Hint

254 (2)は(1)の不等式を利用する。(3)は $y=x+2$ とおく。

255 1 年ごとの複利計算では, n 年後の年末には $(1+0.08)^n$ 倍になる。

256 (1), (2)は底を 10 にそろえて計算する。(3)は 3 次方程式の解を求める。

257 (1) 2013^{25} の一の位の数は 3^{25} の一の位の数に等しい。

(2) $3^{2013}=(3^4)^{503}\times3=81^{503}\times3$ と変形。二項定理を用いる。

(4) $3^{2013}=10^{\alpha}\times10^{n}$ ($0<\alpha<1$, nは整数) の形で表すと, 最高位の数は 10^{α} の最高位の数である。

25 関数と極限

重要ポイント

❶ 平均変化率

関数 $y=f(x)$ の $x=a$ から $x=b$ までの**平均変化率**は

$$\frac{f(b)-f(a)}{b-a}$$

❷ 微分係数

関数 $y=f(x)$ の $x=a$ における**微分係数** $f'(a)$ は

$$f'(a)=\lim_{x\to a}\frac{f(x)-f(a)}{x-a}=\lim_{h\to 0}\frac{f(a+h)-f(a)}{h}$$

必修編

解答⇨別冊 p.82

〈極限値〉

258 次の極限値を求めよ。

(1) $\displaystyle\lim_{x\to 1}\frac{x^3-x^2-x+1}{(x-1)^2}$　(2) $\displaystyle\lim_{x\to 1}\frac{\sqrt{1+x}-\sqrt{3-x}}{1-x}$　(3) $\displaystyle\lim_{h\to 0}\frac{1}{h}\left(\frac{1}{1+h}-1\right)$

259 次の等式が成り立つときの定数 a, b の値を求めよ。

(1) $\displaystyle\lim_{x\to 2}\frac{x^2+ax+b}{x-2}=\frac{7}{2}$　(日本大)　(2) $\displaystyle\lim_{x\to 2}\frac{x^2-bx+8}{x^2-(2+a)x+2a}=\frac{1}{5}$　(神奈川大)

〈微分係数〉

★**260** 関数 $f(x)=x^2-1$ において，x の値が 3 から $3+h$ $(h\neq 0)$ まで変化するときの平均変化率が 9 となるとき，h の値を求めよ。　(武庫川女子大)

261 関数 $y=f(x)$ の $x=a$ における微分係数 $f'(a)$ が存在するとき，次の極限値を a, $f(a)$, $f'(a)$ を用いて表せ。

(1) $\displaystyle\lim_{h\to 0}\frac{f(a+h)-f(a-h)}{h}$　(2) $\displaystyle\lim_{x\to a}\frac{a^2f(x)-x^2f(a)}{x-a}$

Hint **259** $x\to\alpha$ で分母 $\to 0$ なら，極限値が存在するためには $x\to\alpha$ で分子 $\to 0$ である。

26 導関数

重要ポイント

❶ 導関数の定義

微分係数 $f'(a)$ の a を変数 x におき換えた関数 $f'(x)$ を $f(x)$ **の導関数**という。

$$f'(x)=\lim_{h\to 0}\frac{f(x+h)-f(x)}{h}$$

$f'(x)$ は y', $\frac{dy}{dx}$, $\frac{d}{dx}f(x)$ で表すこともある。

❷ 微分の公式

導関数 $f'(x)$ を求めることを，関数 $f(x)$ を x について**微分**するという。

① $(x^n)'=nx^{n-1}$　② $c'=0$（c は定数）

③ $\{f(x)+g(x)\}'=f'(x)+g'(x)$

④ $\{kf(x)\}'=kf'(x)$

❸ 微分の公式（発展：数Ⅲ）

$\{(ax+b)^n\}'=na(ax+b)^{n-1}$

必修編

解答⇨別冊 p.83

〈導関数の定義〉

★262 導関数の定義にしたがって，関数 $f(x)=x^3-x$ の導関数を求めよ。

263 二項定理を用いて，関数 $f(x)=x^n$ の導関数を求めよ。

〈公式による微分〉

264 上の微分の公式を使って，次の関数を微分せよ。

(1) $y=-3x^2+x-2$　(2) $y=x^2(x-1)$

(3) $y=(x-1)(x^2+x+1)$　(4) $y=-\frac{1}{2}x^4+x^2-1$

(5) $y=(x+2)^3$　(6) $y=(x+1)(x+2)(x+3)$　（鳥取大）

〈導関数と整式の決定〉

265 次の条件 $f(0)=-5$, $f(1)=0$, $f'(0)=0$, $f'(-1)=0$ を満たす 3 次関数 $f(x)$ を求めよ。　（東京電機大）

実戦編

解答⇨別冊p.84

266 $f(x)=1+x+\dfrac{x^2}{2!}+\dfrac{x^3}{3!}+\cdots\cdots+\dfrac{x^{100}}{100!}$ とおく。$f'(x)$ を $f(x)$ の導関数とするとき，$99!\{f(1)-f'(1)\}$ を求めよ。 (東京都市大)

★**267** 整式で表された関数 $f(x)$ が $f'(x)-f(x)=x^2+1$ を満たすとき，$f(x)$ は □ 次関数であり，$f(x)=$ □ となる。 (大阪工大)

268 a，b は実数とする。関数 $f(x)=ax^3+bx^2$ において，
$f'(2)=pf(-1)+qf(1)$ が a，b のとり方に関係なく成立する定数 p，q は
$p=$ □，$q=$ □ である。 (関西学院大)

269 $f(x)$ は整式で $f(1)=0$ とする。すべての x に対して
$2f(x)-xf'(x)-1=0$ が成り立つとき，$f(x)$ を求めよ。 (山口大)

270 2 次関数 $f(x)=ax^2+bx-2$ がすべての x に対して次の式を満たすような実数 a，b の値を求めよ。

$$f(f'(x))=f'(f(x))$$

難 **271** いつでも正の値をとる関数 $f(x)$ が，任意の実数 x，y に対して常に

$$f(x+y)=2f(x)f(y)$$

を満たしている。

(1) $f(0)$ の値を求めよ。

(2) $f'(0)=a$ とするとき，$\dfrac{f'(x)}{f(x)}$ を a で表せ。 (北九州市大)

Hint
266 公式にしたがって $f'(x)$ を求める。
267 $f(x)$ を n 次関数として，次数を決定する。
269 $f(x)$ の最高次の項を ax^n $(a\neq 0)$ として次数を決定する。
271 (1) $f(0)=f(0+0)=2f(0)f(0)$，$f(0)>0$ (2) $a=f'(0)=\lim_{h\to 0}\dfrac{f(0+h)-f(0)}{h}$

27 接　線

重要ポイント

☐❶ 接線の方程式

曲線 $y=f(x)$ 上の点 $(a,\ f(a))$ における接線の方程式は

$$\boldsymbol{y-f(a)=f'(a)(x-a)}$$

☐❷ 法線の方程式

接点を通り接線に垂直な直線を，**法線**という。

曲線 $y=f(x)$ 上の点 $(a,\ f(a))$ における法線の方程式は

$$\boldsymbol{y-f(a)=-\frac{1}{f'(a)}(x-a)}\quad (f'(a)\neq 0)$$

必修編

解答⇨別冊 p.85

〈接線の傾き〉

★**272** $y=x^3+3x^2-6$ について，次の問いに答えよ。

(1) 曲線上の $x=2$ に対応する点における接線の傾きを求めよ。

(2) 接線が x 軸と平行になるような曲線上の点の座標を求めよ。

(3) 接線の傾きが最小となるような曲線上の点の座標と，接線の傾きを求めよ。

〈接線の方程式〉

273 次の各問いにおける接線の方程式をそれぞれ求めよ。

(1) 点 $(2,\ 5)$ における，曲線 $y=-x^2+5x-1$ の接線。

★(2) 曲線 $y=x^3$ 上の点 $(2,\ 8)$ を通る接線。

(3) 曲線 $y=x^3+2x^2+1$ 上の 2 点 $(1,\ 4)$，$(-2,\ 1)$ における 2 つの接線。

(4) 曲線 $y=x^4-3x^2+2x$ 上の異なる 2 点において，この曲線に接する接線。

（日本大）

274 曲線 $y=x^3-2x$ 上の点 $\mathrm{P}(a,\ a^3-2a)$，$\mathrm{Q}(b,\ b^3-2b)$ $(a>b)$ について，P，Q における接線の傾きが等しいとき，

(1) 2 点 P，Q を通る直線の方程式を b を用いず，a を用いて表せ。

(2) (1)で求めた直線と点 P における接線が直交するとき，点 P，Q の座標を求めよ。

（群馬大）

実戦編

解答⇨別冊 p.87

275 実数 a を $0<a<2$ とし，曲線 $C: y=1-x^2$ $(-1\leqq x\leqq 1)$，直線 $l: y=ax+a$ とする。次の問いに答えよ。

(1) 曲線 C の接線で，傾きが a となる直線の方程式を求めよ。

(2) (1)で求めた接線上の点と直線 l の距離を求めよ。

(3) 点 $(1,\ 0)$ と直線 l の距離が，(2)で求めた距離と等しくなるように a の値を定めよ。 (弘前大)

276 xy 平面上の放物線 $C: y=x^2$ を考える。原点を O とし，放物線 C 上の点 $\mathrm{P}(t,\ t^2)$ $(t>0)$ における接線を l とする。直線 OP と l のなす角を $\theta\left(0<\theta<\dfrac{\pi}{2}\right)$ とする。

(1) $\tan\theta$ を t を用いて表せ。

(2) 点 P を通り l とのなす角が θ であるような 2 本の直線のうち，直線 OP でない直線 m の方程式を求めよ。

(3) (2)で求めた直線 m が点 $\left(\dfrac{6}{7},\ 0\right)$ を通るとする。このとき，点 P の座標を求めよ。 (埼玉大)

★**277** 関数 $f(x)$ を $f(x)=\dfrac{\sqrt{2}}{6}x^3+\dfrac{9}{2}$ と定める。さらに，O を原点とする座標平面上の曲線 $C: y=f(x)$ を考える。

(1) 曲線 C 上の点 $(2,\ f(2))$ における接線を l_1 とおく。直線 l_1 の方程式を求めよ。

(2) l_1 を(1)で定めた直線とする。曲線 C と直線 l_1 は $(2,\ f(2))$ 以外にもう 1 つ共有点をもつ。その共有点の x 座標を求めよ。

(3) m を実数とし，原点 O を通る直線 $l_2: y=mx$ を考える。曲線 C と直線 l_2 が共有点をちょうど 2 個もつときの m の値を求めよ。 (東京理大)

278 放物線 C と C 上の点 A における C の接線 l に対し，A を通り l に直交する直線を A における法線という。

(1) 放物線 $y=x^2$ の法線で，点 $(3,\ 0)$ を通るものを求めよ。

(2) $t>0$ とする。放物線 $y=x^2$ の法線であり，同時に放物線 $y=x^2+t$ の接線となるものが存在するような t の値の範囲を求めよ。 (一橋大)

28 関数の増減・極値とグラフ

重要ポイント

❶ 関数の増減

関数 $y=f(x)$ の増減

$f'(x)>0$ なる区間で，$f(x)$ は**単調増加**

$f'(x)<0$ なる区間で，$f(x)$ は**単調減少**

❷ 極大・極小

関数 $y=f(x)$ の極値

$f'(a)=0$ かつ $x=a$ の前後で $f'(x)$ **が正から負**に変わる。

$\Longrightarrow$ $f(x)$ は $x=a$ のとき**極大で，極大値は** $f(a)$

$f'(a)=0$ かつ $x=a$ の前後で $f'(x)$ **が負から正**に変わる。

$\Longrightarrow$ $f(x)$ は $x=a$ のとき**極小で，極小値は** $f(a)$

必修編

解答⇨別冊p.89

〈関数の増減〉

279 次の関数の増減を調べよ。

(1) $y=-x^3+3x^2-3x+2$　　(2) $y=x^4-4x+1$

(3) $y=\frac{1}{4}x^4-\frac{1}{3}x^3-\frac{1}{2}x^2+x$　　(4) $y=|x-1|$

★**280** 次の関数が単調増加となるような a の値の範囲を求めよ。

$f(x)=x^3+ax^2+ax+a$　(防衛大)

281 関数 $f(x)=x^3+3kx^2-kx-1$ が極値をもたない実数 k の値の範囲を求めよ。

Hint **280** すべての x で $f'(x)\geqq 0$ となる条件を求める。
281 $f'(x)=0$ が異なる2つの実数解をもたない条件を求める。

〈極値とグラフ〉

282 次の関数の増減，極値を調べて，そのグラフをかけ。

★(1) $y=x^3-6x^2+9x$　　(2) $y=2x^3-9x^2+12x$

★(3) $y=\dfrac{1}{3}x^3-x^2+2x+1$

283 次の関数のグラフをかけ。また，極大値，極小値があれば求めよ。

(1) $y=x(x-2)^2$　　(2) $y=|x(x-2)^2|$

〈関数の決定〉

★**284** $f(x)=ax^3+bx^2+cx+d$ が $x=2$ で極大値 2 を，$x=1$ で極小値 1 をとるように a，b，c，d を定めよ。（東京経大）

〈最大・最小〉

285 関数 $f(x)=x^4-4x^3-8x^2$ について

(1) 極値，最大値，最小値があれば，それらを求めよ。

(2) 区間を $-1\leqq x\leqq 1$ としたときの最大値，最小値を求めよ。

★**286** 次の関数の最大値と最小値を求めよ。

(1) $f(x)=4x^3+3x^2-6x-2$ $(-1\leqq x\leqq 2)$

(2) 関数 $f(x)=kx^3-3k^2x$ $(0\leqq x\leqq 1)$　ただし，k は定数（神戸学院大）

★**287** 底面の半径 r，高さが h の円柱がある。$r+h=12$ のとき，体積が最大になるときの高さ h の値を求めよ。（鳥取大）

〈2 変数の関数の最大・最小〉

★**288** a は定数で $0<a<1$ とする。変数 x，y が $ax+y=1$，$x\geqq 0$，$y\geqq 0$ を満たしているとき，x^3+y^3 の最大値を求めよ。（埼玉大）

Hint **283** (2) (1)のグラフの $y<0$ の部分を x 軸で折り返したものである。

284 $f'(1)=f'(2)=0$，$f(1)=1$，$f(2)=2$ が成り立つ。

288 $y=1-ax$ を x^3+y^3 に代入して，x の 3 次関数として考える。変域に注意。

289 3次関数 $y=2x^3-3(a+2)x^2+12ax$ の極小値が0であるように，a の値を定めよ。また，この場合の y の極大値を求めよ。 (東京海洋大)

290 3次関数 $y=x^3+ax^2+bx+c$ が極大値と極小値をもち，その差が4のとき，次の問いに答えよ。

(1) a，b の関係式を求めよ。

(2) 極大値，極小値を与える x の値を，それぞれ a の式で表せ。 (宇都宮大)

★**291** 3次関数 $f(x)=x^3+ax^2+bx$ は極大値と極小値をもち，それらを区間 $-1\leqq x\leqq 1$ 内でとるものとする。この条件を満たすような実数の組 $(a,\ b)$ の範囲を ab 平面上に図示せよ。 (東京大)

292 $a\geqq 0$ とする。関数 $f(x)=3x^4+4(3-a)x^3+12(1-a)x^2$ について，$f(x)$ が極小となる x の値と，そのときの極小値を求めよ。 (千葉大)

実戦編

解答⇨別冊p.93

★**293** 3次関数 $f(x)=x^3+ax^2+bx+c$ は $x=\alpha$ で極大値，$x=\beta$ で極小値をとるとする。ただし，a，b，c は定数とする。このとき，次の問いに答えよ。

(1) $f(\alpha)+f(\beta)$ を a，b，c で表せ。

(2) $\dfrac{f(\alpha)+f(\beta)}{2}=f\left(\dfrac{\alpha+\beta}{2}\right)$ であることを示せ。

(3) 3次関数 $g(x)=x^3+3x^2+x+d$ について，極大値と極小値の和が8になるときの定数 d の値を求めよ。 (埼玉大)

294 3次関数 $f(x)=x^3+3ax^2+bx+c$ に関して，以下の問いに答えよ。

(1) $f(x)$ が極値をもつ条件を $f(x)$ の係数を用いて表せ。

(2) $f(x)$ が $x=\alpha$ で極大，$x=\beta$ で極小になるとき，点 $(\alpha,\ f(\alpha))$ と点 $(\beta,\ f(\beta))$ を結ぶ直線の傾き m を $f(x)$ の係数を用いて表せ。

(3) $y=f(x)$ のグラフは平行移動によって，$y=x^3+\dfrac{3}{2}mx$ のグラフに移ることを示せ。 (大阪大)

Hint **289**，**292** どちらも a の値による場合分けが必要。
290 (2) $f'(x)=0$ の異なる2つの解を α，β とおいて解と係数の関係を利用。

★295 次の関数の最大値と最小値を求めよ。

(1) $f(x)=8^x-4^{x+1}+2^{x+2}-2$ $(-2 \leqq x \leqq 1)$

(2) $y=-4\sin x\cos^2 x+9\cos^2 x-8\sin x-1$ $(0 \leqq x \leqq 2\pi)$ (弘前大改)

★296 変数 x が $0 \leqq x \leqq \pi$ の範囲を動くとき，
関数 $f(x)=5(\sin x-\cos x)^3-6\sin 2x$ について

(1) $t=\sin x-\cos x$ $(0 \leqq x \leqq \pi)$ のとり得る値の範囲を求めよ。

(2) $f(x)$ を t の式で表せ。

(3) $f(x)$ の最大値と最小値，およびそのときの x の値を求めよ。 (鹿児島大)

297 $a>0$，$a \neq 1$ とし，$f(x)=\log_a(2a+x)+\log_{a^2}(2a-x)$ とおく。
このとき，閉区間 $[-a,\ a]$ における $f(x)$ の最大値，最小値を $A=\log_a 2$ および $B=\log_a 3$ を用いて表せ。 (信州大)

298 関数 $y=(\sin x+\cos x)(4\sin 2x+1)$ (ただし，$0 \leqq x<\pi$ とする) について

(1) 最大値とそのときの x の値を求めよ。

(2) 最小値とそのときの $\cos\left(x+\dfrac{\pi}{4}\right)$ の値を求めよ。 (島根医大)

299 x，y，z は $x+y+z=0$，$x^2-x-1=yz$ を満たす実数とする。x のとり得る値の範囲は □ である。$x^3+y^3+z^3$ を x の関数として表すと □ となり，その最大値，最小値はそれぞれ □，□ となる。 (立命館大)

300 x，y，z が $x+y+z=10$，$xy+yz+zx=25$，$x \geqq 0$，$y \geqq 0$，$z \geqq 0$ を満たすとき，xyz の最大値を求めよ。 (学習院大)

Hint

299 $y+z=-x$，$yz=x^2-x-1$ だから，y，z は $t^2+xt+x^2-x-1=0$ の実数解。
よって，判別式 $D \geqq 0$

300 $y+z=10-x$，$yz=25-x(y+z)=25-x(10-x)=(x-5)^2$

29 方程式・不等式への応用

重要ポイント

☐❶ **方程式の実数解**

$f(x)=0$ の実数解は $\boldsymbol{y=f(x)}$ **のグラフと** $\boldsymbol{x}$ **軸との共有点の** $\boldsymbol{x}$ **座標**

$f(x)=g(x)$ の実数解は $\boldsymbol{f(x)-g(x)=0}$ **の実数解**

☐❷ **不等式の証明**

$\boldsymbol{f(x)>0 \Longleftrightarrow f(x)}$ **の最小値>0**　　$\boldsymbol{f(x)>g(x) \Longleftrightarrow f(x)-g(x)}$ **の最小値>0**

必修編

解答⇨別冊 *p.96*

〈方程式への応用〉

301 次の方程式の異なる実数解の個数(重解は1つと考える)を調べよ。

(1) $2x^3-3x^2+\frac{1}{2}=0$　　(2) $2x^3-3x^2+1=0$　　(3) $2x^3-3x^2+2=0$

302 a を実数とする。直線 $y=3x-a$ を l とし，曲線 $y=2x^3-3x$ を C とする。

(1) $a=0$ のとき，直線 l と曲線 C の共有点の座標を求めよ。

(2) 直線 l と曲線 C の共有点の個数が3個となるように，a の値の範囲を定めよ。 (大分大)

303 次の方程式の異なる実数解の個数を調べよ。

(1) $x^3-7x^2+(15-a)x-9=0$

(2) $x^3+3ax^2+3ax+a^3=0$ (a は実数) (横浜市大)

〈不等式への応用〉

304 2つの関数 $f(x)=x^3-3x^2-9x$，$g(x)=-9x^2+27x+k$ について，次の問いに答えよ。

(1) $x \geqq 0$ の範囲で $f(x)$ の増減表をかき，$f(x)$ の最小値とそのときの x の値を求めよ。

(2) $f(x)$ の $x \geqq 0$ での最小値を m，$g(x)$ の $x \geqq 0$ での最大値を M とする。$m \geqq M$ となるような k の値の範囲を求めよ。

(3) $x \geqq 0$ であるすべての x に対して，$f(x) \geqq g(x)$ となるような k の値の範囲を求めよ。 (関西学院大)

305 次の不等式を証明せよ。

(1) $0<x<1$ のとき　$\frac{1}{2}(1-x^2)+\frac{1}{4}(1-x^4)>\frac{2}{3}(1-x^3)$

(2) $x>0$，n は 4 以上の整数のとき

(i) $\frac{1}{4}x^3-x+1>0$　　難 (ii) $\frac{1}{4}x^n-x+1>0$　　(名古屋市大)

306 $x\geqq 0$ のとき，常に $x^3-ax+1\geqq 0$ が成り立つように，実数 a の値の範囲を定めよ。　　(東北大)

実戦編

解答⇨別冊 *p.98*

307 関数 $f(x)=\frac{1}{3}x^3-(2a-1)x^2+3a(a-2)x-a(a-10)$ を考える。ただし，a は正の実数とする。

(1) 不等式 $f(0)>0$ が成り立つような定数 a の値の範囲を求めよ。また，$f(x)$ の導関数 $f'(x)$ を求めよ。

(2) 関数 $f(x)$ の極小値を a を用いて表せ。

(3) 方程式 $f(x)=0$ が 2 つの異なる正の解と 1 つの負の解をもつような定数 a の値の範囲を求めよ。　　(北里大)

308 x についての 3 次方程式 $2x^3-3(a+b)x^2+6abx-2a^2b=0$ が 3 つの相異なる実数解をもつとする。このとき，点 $(a,\ b)$ の存在する範囲を求め，それを図示せよ。　　(東北大)

309 3 次関数 $f(x)=x^3-3x^2-4x+k$ について，次の問いに答えよ。ただし，k は定数とする。

(1) $f(x)$ が極値をとるときの x の値を求めよ。

(2) 方程式 $f(x)=0$ が異なる 3 つの整数解をもつとき，k の値およびその整数解を求めよ。　　(横浜国大)

難 **310** $a\geqq b>0$，n は自然数のとき，不等式 $a^n-b^n\leqq\frac{n}{2}(a-b)(a^{n-1}+b^{n-1})$ を証明せよ。　　(名古屋大)

30 不定積分と定積分

重要ポイント

❶ 不定積分の定義

$F'(x)=f(x)$ となる $F(x)$ を $f(x)$ の不定積分(または原始関数)という。

$$\int f(x)dx=F(x)+C \quad (C \text{ は積分定数})$$

❷ 不定積分の公式

n は0または正の整数，C は積分定数，h，k は定数とする。

① $\displaystyle\int x^n dx=\frac{1}{n+1}x^{n+1}+C$

② $\displaystyle\int (ax+b)^n dx=\frac{1}{a(n+1)}(ax+b)^{n+1}+C \quad (a\neq 0)$ （発展：数学Ⅲ）

③ $\displaystyle\int \{hf(x)+kg(x)\}dx=h\int f(x)dx+k\int g(x)dx$

❸ 定積分の計算

$f(x)$ の不定積分の1つを $F(x)$ とすると

$$\int_a^b f(x)dx=\Big[F(x)\Big]_a^b=F(b)-F(a)$$

❹ 定積分の公式

① $\displaystyle\int_a^a f(x)dx=0$

② $\displaystyle\int_a^b f(x)dx=-\int_b^a f(x)dx$

③ $\displaystyle\int_a^b f(x)dx=\int_a^c f(x)dx+\int_c^b f(x)dx$

④ $\displaystyle\int_a^b \{hf(x)+kg(x)\}dx=h\int_a^b f(x)dx+k\int_a^b g(x)dx$

$f(x)$ が奇関数($f(-x)=-f(x)$)のとき

$$\int_{-a}^a f(x)dx=0$$

$f(x)$ が偶関数($f(-x)=f(x)$)のとき

$$\int_{-a}^a f(x)dx=2\int_0^a f(x)dx$$

❺ 定積分で表された関数

$$\frac{d}{dx}\int_a^x f(t)dt=f(x) \quad (a \text{ は定数})$$

必修編

解答⇨別冊 *p.100*

〈不定積分の計算〉

311 次の不定積分を求めよ。

(1) $\int 3dx$　　(2) $\int (x^3-6x^2+4x-2)dx$

(3) $\int (t+1)(t^2-t+1)dt$　　(4) $\int (3x+5)^4 dx$

〈不定積分と関数の決定〉

★**312** 次の条件を満たす関数 $f(x)$ を求めよ。

(1) $f'(x)=x^2-2x+1$, $f(0)=-2$　　(2) $f'(x)=(x-1)(x-2)$, $f(1)=0$

★**313** 曲線 $y=f(x)$ 上の任意の点 $(x,\ y)$ における接線の傾きは x^3 に比例し，かつ，この曲線は $(1,\ -1)$，$(2,\ 14)$ を通る。この曲線の方程式を求めよ。

〈定積分の計算〉

314 次の定積分の値を求めよ。

(1) $\int_{-1}^{2}(3x^2+4x-2)dx$　　(2) $\int_{0}^{1}(t+1)(t^2-t+1)dt$

(3) $\int_{\frac{1}{2}}^{1}(2x-1)^4 dx$　　★(4) $\int_{-2}^{3}|x+1|dx$

★(5) $\int_{-3}^{3}(x^3+|x|+1)dx$　　(6) $\int_{-1}^{1}|x^2+x-1|dx$

315 次の等式を証明せよ。

★(1) $\int_{\alpha}^{\beta}(x-\alpha)(x-\beta)dx=-\dfrac{(\beta-\alpha)^3}{6}$　　(2) $\int_{\alpha}^{\beta}(x-\alpha)^2(x-\beta)dx=-\dfrac{(\beta-\alpha)^4}{12}$

Hint **311** *p.82* ❷②の公式を用いる。

314 (4) 絶対値記号の中の関数の符号の変わるところで積分区間を分けて計算する。

(6) $x^2+x-1=0$ の，積分区間内の解を α とおく。$\alpha^2+\alpha-1=0$ も用いる。

315 $\int (x-\alpha)^n dx=\dfrac{1}{n+1}(x-\alpha)^{n+1}+C$ が使えるように変形する (*p.82* ❷②)。

〈定積分で表された関数(1)〉

316 次の公式を証明せよ。

$$\frac{d}{dx}\int_a^x f(t)dt=f(x)$$

317 a, b は定数とする。x の関数 $f(x)=\int_0^x\{3at^2-2a(b+1)t+ab\}dt$ について

(1) 定積分 $f(1)$ を計算せよ。

(2) $f'(0)$ を a, b の式で表せ。 (群馬大)

★**318** 次の等式を満たす関数 $f(x)$ と定数 a の値を求めよ。

(1) $\int_1^x f(t)dt=x^3-x^2+ax+2$

(2) $\int_a^x f(t)dt=x^2-3x-10$ (ただし, $a>0$) (星薬大)

難 (3) $\int_a^{2x-1} f(t)dt=x^2-2x$ (埼玉大)

〈定積分で表された関数(2)〉

★**319** 次の等式を満たす関数 $f(x)$ を求めよ。

(1) $f(x)=x^2+\int_0^1 xf(t)dt+\int_0^2 f(t)dt$ (名城大)

(2) $f(x)=x^2+\int_0^1(x+t)f(t)dt$ (城西大)

Hint **316** $F(x)=\int f(x)dx$ とおく。

318 $\frac{d}{dx}\int_a^x f(t)dt=f(x)$ を利用する。

(2) $x=a$ を代入すると 0 となる。(3) $X=2x-1$ とおいて, X におき換える。

319 (1) $\int_0^1 f(t)dt=a$, $\int_0^2 f(t)dt=b$ とおく。

(2) $\int_0^1(x+t)f(t)dt=x\int_0^1 f(t)dt+\int_0^1 tf(t)dt$ として, $\int_0^1 f(t)dt=a$, $\int_0^1 tf(t)dt=b$ とおく。

〈最大・最小・極値〉

320 $f(x)=\int_{-2}^{x}(t^2+t-2)dt$ のとき，関数 $f(x)$ の極値と，それを与える x の値を求めよ。 (明治学院大)

★**321** $a \geqq 0$ とし，関数 $f(x)=3|x^2-1|$ について，$S(a)=\int_{a}^{a+1}f(x)dx$ とする。

(1) $S(0)$ を求めなさい。　(2) $S(a)$ を求めなさい。

(3) $S(a)$ を最小にする a の値を求めなさい。 (大分大)

322 関数 $f(x)$，$g(x)$ について，次の等式が成り立つとき，$f(x)$，$g(x)$ を求めよ。

$$f(x)=x+\int_{0}^{1}\{f(t)+g(t)\}dt,\quad g(x)=4x^3-x+\int_{0}^{1}f(t)g(t)dt$$ (日本大)

323 x の整式 $f(x)$，$g(x)$ が次の条件を満たすとき，$f(x)$，$g(x)$ と定数 a の値を求めよ。

$$\int_{1}^{x}f(t)dt=xg(x)+ax+1,\quad g(x)=x^2-x\int_{0}^{1}f(t)dt-1$$ (慶應大)

324 $a \geqq 0$ のとき，$S(a)=\int_{a}^{a+1}x(x-2)^2dx$ とおく。

(1) $S(a)$ を求めよ。

(2) $S(a)$ の最小値と，そのときの a の値を求めよ。 (横浜国大)

Hint

320 両辺を微分して $f'(x)$ を求め，増減表をかく。

321 $y=3|x^2-1|$ のグラフをかいて，積分区間 $a \leqq x \leqq a+1$ の変化とグラフの関係から場合分けをする。

322 $\int_{0}^{1}\{f(t)+g(t)\}dt=a$，$\int_{0}^{1}f(t)g(t)dt=b$ とおく。

323 $\int_{0}^{1}f(t)dt=k$ とおき，$g(x)=x^2-kx-1$ として代入する。

324 $S(a)$ の最小値は，$S'(a)=0$ の式を利用して，$S(a)$ の次数を下げてから a の値を代入する。

★325 関数 $f(t)$ を $f(t)=\int_0^2 |(x-t)^2-1|dx$ で定義するとき，区間 $0\leqq t\leqq 3$ における $f(t)$ の最大値と最小値を求めよ。 （富山大）

326 関数 $\int_0^1 |t^2-x^2|dt$ の $0\leqq x\leqq 2$ における最大値および最小値を求めよ。

（山梨大）

327 $f(x)=\int_0^2 |t^2-xt|dt$ で定義される関数 $f(x)$ の最小値，およびそのときの x の値を求めよ。 （九州東海大）

実戦編

解答⇨別冊 *p.106*

★328 x のどのような1次関数 $f(x)$ についても，等式

$$\int_0^a (x^2+x+b)f(x)dx=af(a)$$

が成り立つように定数 a，b の値を定めよ。ただし，$a\neq 0$ とする。

（お茶の水女子大）

329 p，q，r が定数のとき，次の等式が成り立つことを証明せよ。

(1) $f(x)=px+q$ のとき，

$$\int_a^b f(x)dx=\frac{b-a}{2}\{f(a)+f(b)\}$$

(2) $f(x)=px^2+qx+r$ のとき，

$$\int_a^b f(x)dx=\frac{b-a}{6}\left\{f(a)+4f\left(\frac{a+b}{2}\right)+f(b)\right\}$$

Hint **326** $0\leqq x<1$ と $1\leqq x\leqq 2$ の場合に分けて絶対値をはずす。
327 $x<0$，$0\leqq x<2$，$2\leqq x$ の場合に分ける。

330 任意の3次関数 $f(x)$ に対して，

$$\int_{-3}^{3} f(x)dx = sf(p) + tf(q)$$

を満たす p，q，s，t の値を求めよ。ただし，$p \leqq q$ とする。 (室蘭工大改)

331 実数 p，q について，$f(x) = px + q$ とする。$\int_0^1 f(x)(x^2 + a^2x + a)dx = 0$ が，ただ1つの実数 a に対して成立するとする。

(1) $p \neq 0$ であることを示せ。

(2) $\dfrac{q}{p}$ の値を求めよ。 (山口大)

332 $f(x)$ は整式で $x^4 - \int_{-x}^{x^2} f(t)dt$ が1次式となるとき

(1) $f(x)$ は何次式か。

(2) 関数 $f(x)$ を求めよ。 (工学院大)

333 x の整式 $f(x)$，$g(x)$ は条件 $\int_0^x \{f(t) + g(t)\}dt = x^3 + x^2 - 3x$，

$f'(x)g'(x) = 8x^2 + 2x - 3$，$f(0) = -6$，$g(0) = 3$，$g(2) = 5$ を満たす。

このとき，$f(x)$ と $g(x)$ を求めよ。 (西南学院大)

Hint **330** $f(x) = ax^3 + bx^2 + cx + d$ $(a \neq 0)$ として計算し，a，b，c，d についての恒等式と考える。

331 (1) $p = 0$ として背理法を用いる。

(2) a の(見かけ上の2次)方程式がただ1つの実数解をもつ条件。

332 (1) $f(x)$ を n 次式とすると，$\int_{-x}^{x^2} f(t)dt$ は $2(n+1)$ 次式になる。

333 第1式の両辺を2回続けて微分する。第2式の右辺は因数分解可能。

31 定積分と面積

重要ポイント

☐❶ 曲線と x 軸の間の面積

曲線 $y=f(x)$ と 2 直線 $x=a$, $x=b$ $(a<b)$ および x 軸で囲まれた図形の面積 S は

$$S=\int_a^b |f(x)|dx$$

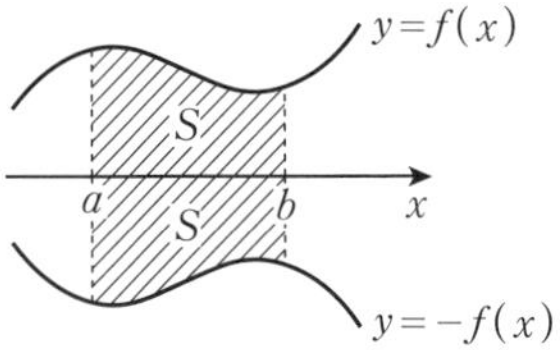

☐❷ 2 曲線の間の面積

2 曲線 $y=f(x)$, $y=g(x)$ および 2 直線 $x=a$, $x=b$ $(a<b)$ で囲まれた図形の面積 S は

$$S=\int_a^b |f(x)-g(x)|dx$$

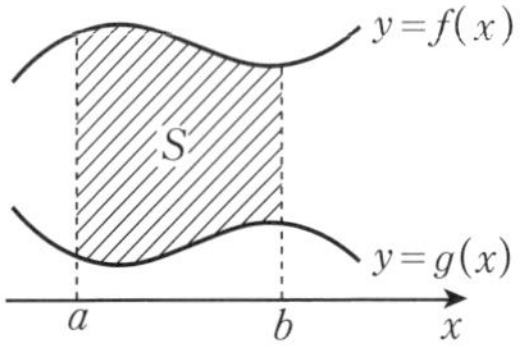

☐❸ 積分計算を簡単にする公式

(i) $\dfrac{1}{6}$ 公式

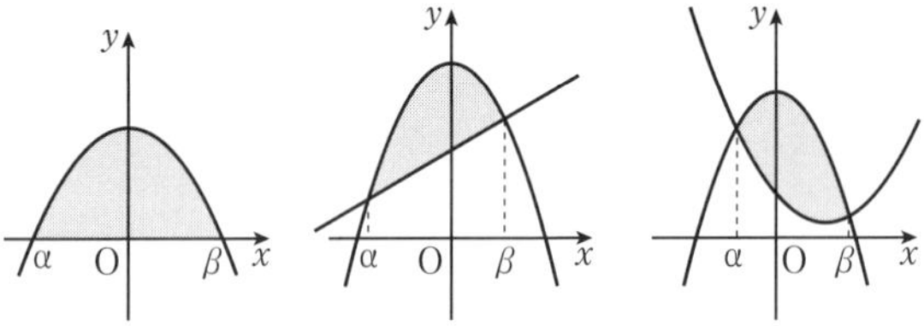

放物線と直線，または 2 つの放物線で囲まれる部分の面積 S は，2 つの曲線の式の 2 次の係数の差を a，交点の x 座標を α, β $(\alpha<\beta)$ とすると

$$S=-a\int_\alpha^\beta (x-\alpha)(x-\beta)dx=\frac{a}{6}(\beta-\alpha)^3 \quad (a>0)$$

└ この式を書いてから利用する。

(ii) $\dfrac{1}{3}$ 公式

$$\int (x-\alpha)^2dx=\frac{1}{3}(x-\alpha)^3+C$$

←公式 $\int (ax+b)^n dx=\dfrac{1}{a(n+1)}(ax+b)^{n+1}+C$ において，$a=1$, $b=-\alpha$, $n=2$ としたものである。
放物線と接線の関係する面積については $a(x-\alpha)^2$ の積分になるので便利である。

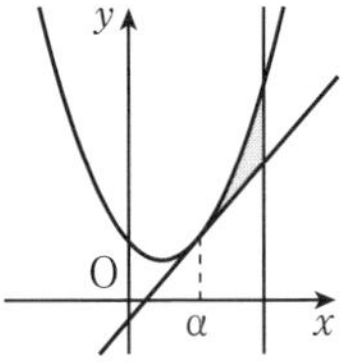

必修編

解答⇨別冊 p.108

〈面積〉

334 次の曲線と x 軸ではさまれた部分の面積を求めよ。

(1) $y=x^2-2x+3$ $(0\leqq x\leqq 3)$　(2) $y=x^3-1$ $(-1\leqq x\leqq 0)$

★(3) $y=x(x-1)(x-3)$ $(-1\leqq x\leqq 2)$　(4) $y=|x+1|$ $(-2\leqq x\leqq 1)$

335 次の曲線と x 軸で囲まれた図形の面積を求めよ。

(1) $y=(x-1)(x-2)$　★(2) $y=3x^2-5x+1$　(3) $y=x^3-6x^2+9x$

336 次の2組の曲線または直線によって囲まれた図形の面積を求めよ。

(1) $y=x^2-x+1$, $y=x+9$　(2) $y=x^3-3x^2$, $y=x-3$

(3) $y=2x^2-7x+8$, $y=-x^2+5x-1$

337 次の不等式を満たす点 $(x,\ y)$ の存在範囲を図示し，その面積を求めよ。

$y\geqq x^2$, $y\geqq -x+2$, $y\leqq x+6$

338 関数 $f(x)=x^2$, $g(x)=|2x^2-4|$ について，次の問いに答えよ。

(1) $f(x)=g(x)$ を満たす x の値を求めよ。

(2) $y=f(x)$ のグラフと $y=g(x)$ のグラフで囲まれた部分の面積を求めよ。

(熊本大)

〈接線と面積〉

★**339** 曲線 $y=x^3-4x$ に点 $(1,\ 1)$ から引いた接線を l とするとき

(1) l を表す式を求めよ。

(2) 曲線 $y=x^3-4x$ と l によって囲まれる部分の面積を求めよ。　(熊本大)

★**340** 放物線 $y=x^2+1$ の任意の接線と，放物線 $y=x^2$ で囲まれた部分の面積は常に一定であることを証明せよ。　(愛知大)

★**341** 2つの曲線 $C_1:y=x^2$, $C_2:y=x^2-4x$ に対して

(1) 曲線 C_1, C_2 の共通接線 l の方程式を求めよ。

(2) l が C_1, C_2 と接する点をそれぞれ A_1, A_2 とする。A_1, A_2 の座標を求めよ。

(3) C_1, C_2 および l で囲まれる部分の面積を求めよ。　(明治大)

〈面積に関する問題〉

342　$f(x)=x^3-x$，$g(x)=x^2-a$ とする。ただし，a は正の定数である。次の問いに答えよ。

(1)　$f(x)-g(x)$ の極値を求めよ。

(2)　2つの曲線 $y=f(x)$ と $y=g(x)$ の共有点はいくつあるか。定数 a の値により分類せよ。

(3)　2つの曲線 $y=f(x)$ と $y=g(x)$ の共有点が2点であるとき，これら2つの曲線で囲まれた部分の面積を求めよ。　（高知大）

343　曲線 $y=x^4-2x^2+a$ が相異なる2点で x 軸に接している。

(1)　a の値を求めよ。

(2)　この曲線と直線 $y=b$ $(0<b<a)$ で囲まれる3つの部分のうち，直線 $y=b$ より上にある部分の面積が他の2つの部分の面積の和に等しいとき，b の値を求めよ。　（東京電機大）

344　2つの3次関数 $f(x)=x^3+2x^2-1$ と $g(x)=x^3+ax^2+bx+c$ がある。方程式 $f(x)=0$ の解を α，β，γ とするとき，方程式 $g(x)=0$ の解は，α^2，β^2，γ^2 である。

(1)　a，b，c の値をそれぞれ求めよ。

(2)　曲線 $y=f(x)$ と $y=g(x)$ で囲まれる部分の面積を求めよ。　（横浜国大）

★**345**　放物線 $y=x^2$ 上の任意の点 $\mathrm{A}(a,\ a^2)$，$\mathrm{B}(b,\ b^2)$ における2つの接線とこの放物線で囲まれる図形の面積を S とする。次の問いに答えよ。ただし，$a>b$ とする。

(1)　S を a と b で表せ。

(2)　点A，Bにおける接線が直交するとき，S の最小値を求めよ。　（岡山大）

Hint　**343**　(2) 与えられた曲線 $y=f(x)$ は y 軸に関して対称だから，$y=f(x)$ と $y=b$ の共有点の x 座標のうち最大のものを p とすると，求める条件は $\int_0^p \{f(x)-b\}dx=0$

344　$x^3+2x^2-1=(x+1)(x^2+x-1)=0$ より，$\alpha=-1$，$x^2+x-1=0$ の解が β，γ である。

実戦編

解答⇨別冊 p.113

346 放物線 $C: y=x^2$ 上の3点 $\mathrm{A}(-1,\ 1)$，$\mathrm{B}(3,\ 9)$，$\mathrm{P}(a,\ a^2)$ をとる。ただし，$-1<a<3$ とする。このとき，次の問いに答えよ。

(1) $\triangle\mathrm{ABP}$ の面積 S_1 を a を用いて表せ。

(2) 点Aと点Pにおける放物線 C の2つの接線と放物線 C で囲まれた部分の面積 S_2 を，a を用いて表せ。

(3) $S_1=3S_2$ となるような a の値を求めよ。 (島根大)

347 曲線 $y=m-x^2$ $(m>1)$ と x 軸で囲まれた部分の面積が，曲線 $y=1-x^2$ と x 軸で囲まれた部分の面積の2倍となる定数 m の値を求めよ。 (小樽商大)

348 $0<t<1$ とする。放物線 $C: y=-x^2+1$ について，次の問いに答えよ。

(1) 放物線 C 上の4点 $\mathrm{P}(-1,\ 0)$，$\mathrm{Q}(-t,\ -t^2+1)$，$\mathrm{R}(t,\ -t^2+1)$，$\mathrm{S}(1,\ 0)$ を頂点とする四角形PQRSの面積が最大となるような t の値とそのときの面積を求めよ。

(2) (1)で求めた t の値を a とする。このとき，放物線 C と点 $(a,\ -a^2+1)$ における放物線 C の接線および x 軸によって囲まれた図形の面積を求めよ。

(島根大)

349 曲線 $A: y=x^4+ax^3+bx^2+cx+d$ と直線 $L: y=mx+n$ が2点PおよびQで接している。ここで，点PおよびQの x 座標は0および β である。ただし，$\beta>0$ とする。このとき，次の問いに答えよ。

(1) 定数 a，b，c，d を m，n，β で表せ。

(2) 線分PQと曲線 A で囲まれる図形の面積を求めよ。

(3) 直線 L に平行な直線 K が曲線 A と相異なる3点を共有し，その内1点で接している。このとき，3つの共有点のそれぞれの x 座標を求めよ。 (埼玉大)

Hint **346** 3点 $\mathrm{O}(0,\ 0)$，$\mathrm{A}(x_1,\ y_1)$，$\mathrm{B}(x_2,\ y_2)$ に対して $\triangle\mathrm{OAB}=\dfrac{1}{2}|x_1y_2-x_2y_1|$

349 接点の x 座標が $x=0$，β であることから，$x^4+ax^3+bx^2+cx+d-mx-n=x^2(x-\beta)^2$ となる。

★350 aを正の定数とする。関数 $f(x)=-x^2+ax$ について，次の問いに答えよ。

(1) 曲線 $y=f(x)$ 上の点 $\mathrm{P}(t,\ f(t))$ を通る接線の方程式を a，t を用いて表せ。

(2) 点 $\mathrm{A}(-a,\ 4a^2-5a+2)$ から曲線 $y=f(x)$ へ接線が2本引けることを示せ。

(3) その2本の接線のうち接点の x 座標が大きい方の接線を l，接点を $\mathrm{P}(t,\ f(t))$ とする。このとき，$0<t<a$ を満たすための a の値の範囲を求めよ。

(4) $a=1$ のとき直線 $x=-1$，接線 l と曲線 $y=f(x)$ で囲まれた図形の面積を求めよ。 (神戸大)

351 座標平面上の曲線 $C：y=kx^2+(2-k)x-2k$ について，次の問いに答えよ。

(1) k のどのような値に対しても曲線 C は2定点を通ることを証明せよ。

(2) 曲線 $y=x^2+x-2$ と曲線 C で囲まれた図形の面積が，この2定点を通る直線によって2等分されるとき，k の値を求めよ。 (福井大)

352 p，q，a，b は定数で，$p>0$，$q>0$ とする。

$f(x)=\dfrac{1}{2}(p+q)|x|+\dfrac{1}{2}(p-q)x$，$g(x)=x^2+ax+b$ とおく。

関数 $y=f(x)$ のグラフと関数 $y=g(x)$ のグラフは異なる2点で接するものとする。

(1) a，b を p，q を用いて表せ。

(2) $y=f(x)$ のグラフと $y=g(x)$ のグラフで囲まれる領域の面積を p，q を用いて表せ。 (愛媛大)

353 区間 $-1\leqq x\leqq 1$ で定義された関数 $f(x)$ が $f(-1)=f(0)=1$，$f(1)=-2$ を満たし，また，そのグラフが右の図のようになっているという。

このとき，$\displaystyle\int_{-1}^{1}f(x)dx\geqq -1$ を示せ。 (京都大)

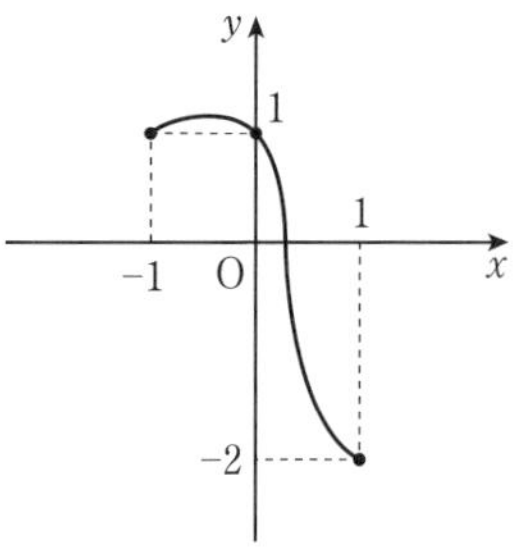

Hint **352** 接点を $(t,\ g(t))$ $(t>0)$，$(s,\ g(s))$ $(s<0)$ とおいて求めた接線の方程式が $y=f(x)$ と一致する。

353 グラフから $\displaystyle\int_{-1}^{0}f(x)dx\geqq 1$，$\displaystyle\int_{0}^{1}f(x)dx\geqq -2$ がいえる。

32 ベクトルとその演算

重要ポイント

☑❶ ベクトルの演算

相等：$\vec{a}$，$\vec{b}$ の大きさが等しく，向きが同じ $\Longleftrightarrow \vec{\boldsymbol{a}}=\vec{\boldsymbol{b}}$

加法：$\vec{\boldsymbol{a}}+\vec{\boldsymbol{b}}=\overrightarrow{\mathrm{AB}}+\overrightarrow{\mathrm{BC}}=\overrightarrow{\mathrm{AC}}$

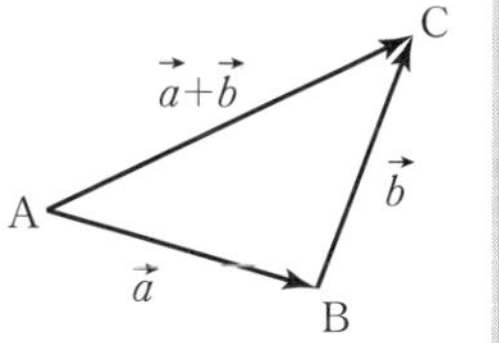

減法：$\vec{\boldsymbol{a}}-\vec{\boldsymbol{b}}=\vec{\boldsymbol{a}}+(-\vec{\boldsymbol{b}})$

実数倍　$\boldsymbol{k}\vec{\boldsymbol{a}}$

大きさ $|\vec{a}|$ の $|k|$ 倍

向き　$k>0$ なら $\vec{a}$ と同じ向き

$k<0$ なら $\vec{a}$ と逆の向き

特に　$\boldsymbol{0}\vec{\boldsymbol{a}}=\vec{\boldsymbol{0}}$，$\boldsymbol{k}\vec{\boldsymbol{0}}=\vec{\boldsymbol{0}}$

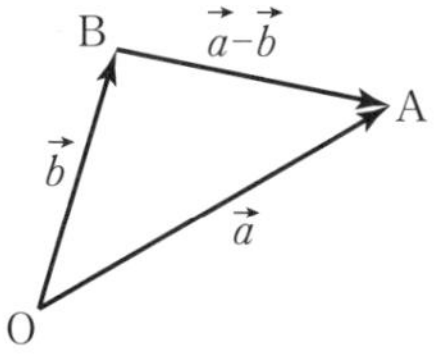

☑❷ ベクトルの計算法則

$\vec{\boldsymbol{a}}+\vec{\boldsymbol{b}}=\vec{\boldsymbol{b}}+\vec{\boldsymbol{a}}$

$(\vec{\boldsymbol{a}}+\vec{\boldsymbol{b}})+\vec{\boldsymbol{c}}=\vec{\boldsymbol{a}}+(\vec{\boldsymbol{b}}+\vec{\boldsymbol{c}})$

$\boldsymbol{k}(\vec{\boldsymbol{a}}+\vec{\boldsymbol{b}})=\boldsymbol{k}\vec{\boldsymbol{a}}+\boldsymbol{k}\vec{\boldsymbol{b}}$

$(\boldsymbol{k}+\boldsymbol{l})\vec{\boldsymbol{a}}=\boldsymbol{k}\vec{\boldsymbol{a}}+\boldsymbol{l}\vec{\boldsymbol{a}}$

$\boldsymbol{k}(\boldsymbol{l}\vec{\boldsymbol{a}})=\boldsymbol{l}(\boldsymbol{k}\vec{\boldsymbol{a}})=\boldsymbol{kl}\vec{\boldsymbol{a}}$（$\boldsymbol{k}$，$\boldsymbol{l}$ は実数）

☑❸ ベクトルの平行条件

$\vec{a}\neq\vec{0}$，$\vec{b}\neq\vec{0}$ のとき

$\vec{\boldsymbol{a}}\,/\!/\,\vec{\boldsymbol{b}} \Longleftrightarrow \vec{\boldsymbol{b}}=\boldsymbol{k}\vec{\boldsymbol{a}}$ となる実数 $\boldsymbol{k}$（$\neq\boldsymbol{0}$）が存在

必修編

解答⇨別冊 *p.116*

〈ベクトルの演算〉

★354 次の問いに答えよ。

(1) 点 P と四角形 ABCD が同じ平面上にあって，$\vec{a}=\overrightarrow{\mathrm{AB}}$，$\vec{b}=\overrightarrow{\mathrm{BC}}$，$\vec{c}=\overrightarrow{\mathrm{CD}}$ とする。$\overrightarrow{\mathrm{PA}}+\overrightarrow{\mathrm{PB}}+\overrightarrow{\mathrm{PC}}+\overrightarrow{\mathrm{PD}}=\overrightarrow{\mathrm{AD}}$ であるとき，$\overrightarrow{\mathrm{AP}}$ を $\vec{a}$，$\vec{b}$，$\vec{c}$ で表せ。

(2) $4\vec{x}+3\vec{y}=\vec{a}$，$3\vec{x}-5\vec{y}=\vec{b}$ を同時に満たす $\vec{x}$，$\vec{y}$ を $\vec{a}$，$\vec{b}$ で表せ。

(3) 平行四辺形 ABCD の辺 BC，CD の中点をそれぞれ E，F とする。$\overrightarrow{\mathrm{AB}}=\vec{a}$，$\overrightarrow{\mathrm{AD}}=\vec{b}$，$\overrightarrow{\mathrm{AE}}=\vec{u}$，$\overrightarrow{\mathrm{AF}}=\vec{v}$ とするとき，$\vec{a}$，$\vec{b}$ を $\vec{u}$，$\vec{v}$ で表せ。

355 四角形ABCDにおいて，辺ADを3等分する点を，Aに近い方からP_1，P_2，辺BCを3等分する点を，Bに近い方からQ_1，Q_2とする。このとき，次の問いに答えよ。

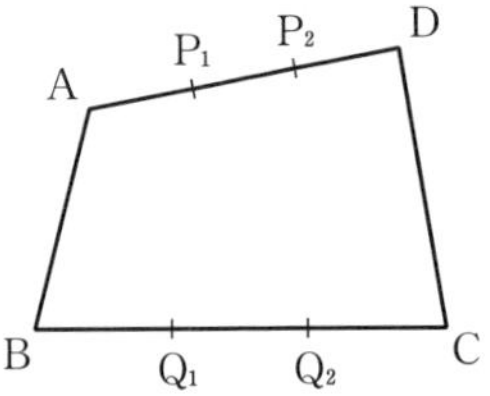

(1) $\overrightarrow{P_1Q_1}$を$\overrightarrow{AB}$，$\overrightarrow{DC}$を用いて表せ。

(2) $\overrightarrow{P_1Q_1}+\overrightarrow{P_2Q_2}=\overrightarrow{AB}+\overrightarrow{DC}$が成り立つことを示せ。

★**356** 右の図は，1辺が1の正八角形ABCDEFGHである。$\overrightarrow{AB}=\vec{a}$，$\overrightarrow{AH}=\vec{b}$として，次のベクトルを$\vec{a}$，$\vec{b}$で表せ。

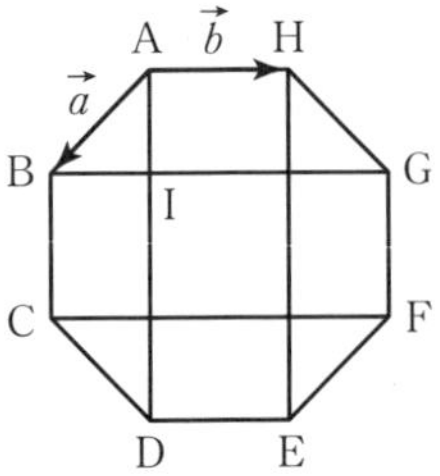

(1) $\overrightarrow{AI}$　(2) $\overrightarrow{BG}$　(3) $\overrightarrow{CG}$

実戦編

解答⇨別冊*p.117*

★**357** 正六角形ABCDEFにおいて辺CDの中点をPとする。また，$\overrightarrow{AC}=\vec{c}$，$\overrightarrow{AE}=\vec{e}$とおく。このとき，$\overrightarrow{FP}$を$\vec{c}$，$\vec{e}$を用いて表せ。（愛媛大）

358 1辺の長さ1の正五角形ABCDEを考える。

(1) 線分ACの長さを求めよ。

(2) $\vec{a}=\overrightarrow{AB}$，$\vec{b}=\overrightarrow{BC}$とするとき，$\overrightarrow{DE}$および$\overrightarrow{EA}$を$\vec{a}$と$\vec{b}$で表せ。

ただし，必要なら$\cos36^\circ=\dfrac{\sqrt{5}+1}{4}$，$\cos72^\circ=\dfrac{\sqrt{5}-1}{4}$を用いてもよい。

（津田塾大）

Hint
356 $|\vec{a}|=|\vec{b}|=1$なので，BIの長さを求める。
357 正六角形の中心をOとするとOは△ACEの重心になる。
358 (1)Bから辺ACに垂線BHを下ろす。
(2)$\overrightarrow{CA}$と同じ向きの単位ベクトルは$\dfrac{\overrightarrow{CA}}{|\overrightarrow{CA}|}$と表せる。

33 ベクトルの成分表示

重要ポイント

☑❶ 基本ベクトル

x 軸方向の単位ベクトル：$\overrightarrow{e_1}$　　y 軸方向の単位ベクトル：$\overrightarrow{e_2}$
を**基本ベクトル**という。

☑❷ 基本ベクトル表示と成分表示

点 $\mathrm{P}(a_1,\ a_2)$ に対して，$\vec{a}=\overrightarrow{\mathrm{OP}}$ とおくと
$\boldsymbol{\vec{a}=\overrightarrow{\mathrm{OP}}-a_1\overrightarrow{e_1}+a_2\overrightarrow{e_2}}$ と表せる。これを，$\vec{a}$ の**基本ベクトル表示**という。
$a_1,\ a_2$ をそれぞれ $\vec{a}$ の $\boldsymbol{x}$ 成分，$\boldsymbol{y}$ 成分といい，$\boldsymbol{\vec{a}=(a_1,\ a_2)}$ と書き表すとき，これを $\vec{a}$ の**成分表示**という。

☑❸ 成分表示による演算

$\vec{a}=(a_1,\ a_2)$，$\vec{b}=(b_1,\ b_2)$ とするとき

① **大きさ**：$\boldsymbol{|\vec{a}|=\sqrt{a_1^2+a_2^2}}$

② **相等**：$\boldsymbol{\vec{a}=\vec{b} \Longleftrightarrow a_1=b_1,\ a_2=b_2}$

③ **和・差**：$\boldsymbol{\vec{a}\pm\vec{b}=(a_1\pm b_1,\ a_2\pm b_2)}$ **（複号同順）**

④ **実数倍**：$\boldsymbol{k\vec{a}=k(a_1,\ a_2)=(ka_1,\ ka_2)}$ **（$\boldsymbol{k}$ は実数）**

必修編

解答⇨別冊 *p.118*

〈ベクトルの成分表示〉

359 $\vec{a}=(1,\ -4)$，$\vec{b}=(-3,\ 2)$ のとき，次のベクトルを成分表示し，その大きさを求めよ。

(1) $\vec{a}-\vec{b}$　　　　(2) $4\vec{a}+3\vec{b}$

★360 $\vec{a}=(2,\ 1)$，$\vec{b}=(-3,\ 2)$ のとき，$\vec{c}=(-9,\ 13)$ を $\vec{a}$，$\vec{b}$ で表せ。

★361 $\vec{a}=(-3,\ 2)$，$\vec{b}=(2,\ 1)$ とするとき，$|\vec{a}+t\vec{b}|$ を最小とする実数 t の値と，そのときの最小値を求めよ。

Hint **361** $|\vec{a}+t\vec{b}|^2$ を成分で表して，t についての2次関数で考える。

34 ベクトルの内積

重要ポイント

① 内積の定義と内積の成分表示

$\vec{a}=(a_1,\ a_2)$，$\vec{b}=(b_1,\ b_2)$ とし，$\vec{a}$，$\vec{b}$ のなす角を θ とすると

内積：$\vec{a}\cdot\vec{b}=|\vec{a}||\vec{b}|\cos\theta$

内積の成分表示　$\vec{a}\cdot\vec{b}=a_1b_1+a_2b_2$

② ベクトルのなす角

$\vec{a}$，$\vec{b}$ のなす角 θ は，$\vec{a}\neq\vec{0}$，$\vec{b}\neq\vec{0}$ のとき

$$\cos\theta=\frac{\vec{a}\cdot\vec{b}}{|\vec{a}||\vec{b}|}=\frac{a_1b_1+a_2b_2}{\sqrt{a_1^2+a_2^2}\sqrt{b_1^2+b_2^2}}$$

③ 内積の性質

基本性質：$\vec{a}\cdot\vec{a}=|\vec{a}|^2$，$-|\vec{a}||\vec{b}|\leqq\vec{a}\cdot\vec{b}\leqq|\vec{a}||\vec{b}|$

④ 垂直と内積

垂直：$\vec{a}\perp\vec{b}\iff\vec{a}\cdot\vec{b}=0$ $(\vec{a}\neq\vec{0},\ \vec{b}\neq\vec{0})$

⑤ 内積の計算法則と公式

交換法則：$\vec{a}\cdot\vec{b}=\vec{b}\cdot\vec{a}$

分配法則：$\vec{a}\cdot(\vec{b}+\vec{c})=\vec{a}\cdot\vec{b}+\vec{a}\cdot\vec{c}$　　$(\vec{a}+\vec{b})\cdot\vec{c}=\vec{a}\cdot\vec{c}+\vec{b}\cdot\vec{c}$

k（実数）倍：$(k\vec{a})\cdot\vec{b}=\vec{a}\cdot(k\vec{b})=k\vec{a}\cdot\vec{b}$

重要公式：$|\vec{a}+\vec{b}|^2=|\vec{a}|^2+2\vec{a}\cdot\vec{b}+|\vec{b}|^2$

$|\vec{a}-\vec{b}|^2=|\vec{a}|^2-2\vec{a}\cdot\vec{b}+|\vec{b}|^2$

$|k\vec{a}+l\vec{b}|^2=k^2|\vec{a}|^2+2kl\vec{a}\cdot\vec{b}+l^2|\vec{b}|^2$

必修編

解答⇨別冊 *p.118*

〈内積となす角〉

362 2つのベクトル $\vec{a}=(\sqrt{3},\ 1)$，$\vec{b}=(3,\ -\sqrt{3})$ について，

(1) 内積 $\vec{a}\cdot\vec{b}$ を求めよ。

(2) $\vec{a}$ と $\vec{b}$ のなす角 θ $(0^\circ\leqq\theta\leqq180^\circ)$ を求めよ。（日本大）

★363 2つのベクトル $\vec{a}=(1,\ x)$，$\vec{b}=(2,\ -1)$ について，次の問いに答えよ。

(1) $\vec{a}+\vec{b}$ と $2\vec{a}-3\vec{b}$ が垂直であるとき，x の値を求めよ。

(2) $\vec{a}+\vec{b}$ と $2\vec{a}-3\vec{b}$ が平行であるとき，x の値を求めよ。

(3) $\vec{a}$ と $\vec{b}$ のなす角が 60° であるとき，x の値を求めよ。 （静岡大）

364 平面上の3つのベクトル $\vec{a}=(1,\ 1)$，$\vec{b}=(1,\ -1)$，$\vec{c}=(1,\ 2)$ がある。

(1) $x\vec{a}+y\vec{b}$ で表されるベクトルが $\vec{c}$ に垂直であるとき，x と y の間に成り立つ関係式を求めよ。

(2) さらに，このベクトルの大きさが $2\sqrt{5}$ であるとき，$x\vec{a}+y\vec{b}$ を求めよ。

〈計算法則の活用〉

365 ベクトル $\vec{a}$，$\vec{b}$ が $|\vec{a}+\vec{b}|=2$，$|\vec{a}-\vec{b}|=1$ を満たすとき，$|2\vec{a}-\vec{b}|^2+|\vec{a}-2\vec{b}|^2$ の値を求めよ。 （近畿大）

実戦編

解答⇨別冊 *p.119*

★366 (1) 零ベクトルでない2つのベクトル $\vec{a}$，$\vec{b}$ について，$|\overrightarrow{2a+tb}|$ を最小にする実数 t の値を求めよ。

(2) (1)で求めた t の値に対して，$\overrightarrow{2a+tb}$ と $\vec{b}$ は垂直であることを証明せよ。

367 $\vec{0}$ でない2つのベクトル $\vec{a}$，$\vec{b}$ において，$\vec{a}+2\vec{b}$ と $\vec{a}-2\vec{b}$ が垂直で，$|\vec{a}+2\vec{b}|=2|\vec{b}|$ とする。

(1) $\vec{a}$ と $\vec{b}$ のなす角 θ $(0^\circ \leqq \theta \leqq 180^\circ)$ を求めよ。

(2) $|\vec{a}|=1$ のとき，$\left|t\vec{a}+\dfrac{1}{t}\vec{b}\right|$ $(t>0)$ の最小値を求めよ。 （群馬大）

Hint **363** (1) 2つのベクトルが垂直 ⟺ 内積$=0$

(2) 2つのベクトルが平行 ⟺ $\vec{a}=k\vec{b}$ (k は実数) と表せる。

367 (1) $(\vec{a}+2\vec{b})\cdot(\vec{a}-2\vec{b})=0$ と $|\vec{a}+2\vec{b}|=2|\vec{b}|$ から $|\vec{a}|$，$|\vec{b}|$，$\vec{a}\cdot\vec{b}$ の関係式を求める。

(2) $\left|t\vec{a}+\dfrac{1}{t}\vec{b}\right|^2$ を展開して，t についての関数にする。

368 3つのベクトルを $\vec{a}=(p,\ 2)$, $\vec{b}=(-1,\ 3)$, $\vec{c}=(1,\ q)$ とする。

(1) $\vec{a}-\vec{b}$ と $\vec{c}$ は平行で，$\vec{b}-\vec{c}$ と $\vec{a}$ が垂直であるとき，p, q の値を求めなさい。

(2) $\sqrt{2}|\vec{a}|=|\vec{b}|$ が成立し，$\vec{a}-\vec{b}$ と $\vec{c}$ のなす角が 60° であるとき，p, q の値を求めなさい。 (大分大)

★**369** 零ベクトルでない3つのベクトル $\vec{a}$, $\vec{b}$, $\vec{c}$ が $\vec{a}+2\vec{b}+3\vec{c}=\vec{0}$ かつ $\vec{a}\cdot\vec{b}=\vec{b}\cdot\vec{c}=\vec{c}\cdot\vec{a}=k$ を満たすとき，

(1) $|\vec{a}|$, $|\vec{b}|$, $|\vec{c}|$ を k で表せ。

(2) $\vec{b}$, $\vec{c}$ のなす鋭角を求めよ。 (千葉大)

370 平面上の相異なる3点O，A，Bに対して $\overrightarrow{OA}=\vec{a}$, $\overrightarrow{OB}=\vec{b}$, $\angle AOB=\theta$ $(0^\circ<\theta<180^\circ)$ とする。この平面上の点Pが $\overrightarrow{AP}\perp\overrightarrow{OA}$, $\overrightarrow{BP}\perp\overrightarrow{OB}$ を満たすとき，$\overrightarrow{OP}=h\vec{a}+k\vec{b}$ となる h, k を $|\vec{a}|$, $|\vec{b}|$, θ を用いて表せ。 (信州大)

371 △OAB（ただし，Oは原点とする）に対し，ベクトル $\overrightarrow{OA}$ を $\vec{a}$, $\overrightarrow{OB}$ を $\vec{b}$ とおくとき，$|\vec{a}|=2\sqrt{2}$, $|\vec{b}|=\sqrt{3}$, 内積 $\vec{a}\cdot\vec{b}=2$ とする。また，頂点Aから辺OBに引いた垂線の足をL，頂点Bから辺OAに引いた垂線の足をMとし，垂線ALとBMの交点をHとする。

(1) ベクトル $\overrightarrow{AL}$ を $\vec{a}$, $\vec{b}$ で表せ。　(2) ベクトル $\overrightarrow{BM}$ を $\vec{a}$, $\vec{b}$ で表せ。

(3) ベクトル $\overrightarrow{OH}$ を $\vec{a}$, $\vec{b}$ で表せ。 (東京農工大)

★**372** △OABの面積を S とする。$\overrightarrow{OA}=\vec{a}=(a_1,\ a_2)$, $\overrightarrow{OB}=\vec{b}=(b_1,\ b_2)$ とするとき，$S=\frac{1}{2}\sqrt{|\vec{a}|^2|\vec{b}|^2-(\vec{a}\cdot\vec{b})^2}=\frac{1}{2}|a_1b_2-a_2b_1|$ を証明せよ。

Hint **370** $\overrightarrow{AP}\cdot\overrightarrow{OA}=0$, $\overrightarrow{BP}\cdot\overrightarrow{OB}=0$ の条件から関係式を導き，h, k についての連立方程式を解く。
372 $S=\frac{1}{2}\sqrt{|\vec{a}|^2|\vec{b}|^2-(\vec{a}\cdot\vec{b})^2}$ を成分で表して計算する。

35 位置ベクトル

重要ポイント

☑❶ 位置ベクトルと点の座標

点 A$(a_1,\ a_2)$ の位置ベクトル $\vec{a}$ は　$\vec{a}=\overrightarrow{OA}=(a_1,\ a_2)$

点 A の位置ベクトルが $\vec{a}$ であるとき，A$(\vec{a})$ と表す。

2 点 A$(a_1,\ a_2)$，B$(b_1,\ b_2)$ の位置ベクトルを $\vec{a}$，$\vec{b}$ とすると

$$\overrightarrow{AB}=\overrightarrow{OB}-\overrightarrow{OA}=\vec{b}-\vec{a}=(b_1-a_1,\ b_2-a_2)$$

☑❷ 分点の位置ベクトル

A$(\vec{a})$，B$(\vec{b})$，C$(\vec{c})$，P$(\vec{p})$，Q$(\vec{q})$ に対し

線分 AB を $m:n$ の比に内分する点を P，外分する点を Q とすると

$$\vec{p}=\frac{n\vec{a}+m\vec{b}}{m+n},\quad \vec{q}=\frac{-n\vec{a}+m\vec{b}}{m-n}\ \text{（ただし，}m\neq n\text{）}$$

特に，中点を M$(\vec{m})$ とすると　$\vec{m}=\dfrac{\vec{a}+\vec{b}}{2}$

☑❸ 重心の位置ベクトル

△ABC の重心を G$(\vec{g})$ とすると　$\vec{g}=\dfrac{\vec{a}+\vec{b}+\vec{c}}{3}$

☑❹ 角の二等分線と辺の交点

∠AOB の二等分線と辺 AB の交点を P，OA$=m$，OB$=n$ とすると

AP：PB＝OA：OB＝$m:n$ だから　$\vec{p}=\dfrac{n\vec{a}+m\vec{b}}{m+n}$

☑❺ 共線条件

3 点 A，B，C が一直線上にある $\iff \overrightarrow{AC}=k\overrightarrow{AB}$

$\iff \vec{c}-\vec{a}=k(\vec{b}-\vec{a})$（$k$ は実数）

必修編

解答⇨別冊 *p.121*

〈分点・重心の位置ベクトル〉

373　△ABC において，AB を 1：2，BC を 1：3 の比に内分する点をそれぞれ D，E とし，$\overrightarrow{CA}=\vec{a}$，$\overrightarrow{CB}=\vec{b}$ とおくとき，次のベクトルを a，b で表せ。

(1)　$\overrightarrow{CD}$　　　(2)　$\overrightarrow{AE}$

★374 OA=4，OB=5，$\overrightarrow{OA}\cdot\overrightarrow{OB}=\dfrac{5}{2}$ である △OAB に対し，$\vec{a}=\overrightarrow{OA}$，$\vec{b}=\overrightarrow{OB}$ とおく。

(1) 辺 AB の長さを求めよ。

(2) ∠AOB の二等分線と辺 AB の交点を P，∠OAB の二等分線と辺 OB の交点を Q とする。$\overrightarrow{OP}$，$\overrightarrow{OQ}$ を $\vec{a}$，$\vec{b}$ を用いて表せ。

(3) △OAB の内心を I とする。$\overrightarrow{OI}$ を $\vec{a}$，$\vec{b}$ を用いて表せ。 (大阪市大)

375 上底 AD=4，下底 BC=6，辺 AB=2，∠B=60° の台形 ABCD がある。

(1) $\overrightarrow{BC}$ の向きの単位ベクトルを $\vec{u}$，$\overrightarrow{BA}$ の向きの単位ベクトルを $\vec{v}$ とする。次のベクトルを $\vec{u}$，$\vec{v}$ を用いて表せ。ただし，O は対角線の交点とする。

$\overrightarrow{AC}$，$\overrightarrow{AD}$，$\overrightarrow{BD}$，$\overrightarrow{CD}$，$\overrightarrow{OA}$

(2) $\overrightarrow{BD}$ の大きさを求めよ。 (大阪産大)

376 (1) △ABC の辺 BC，CA，AB 上にそれぞれ点 D，E，F をとって，BD：DC=CE：EA=AF：FB となるようにする。このとき，$\overrightarrow{AD}+\overrightarrow{BE}+\overrightarrow{CF}=\vec{0}$ であることを証明せよ。

(2) 逆に，$\overrightarrow{AD}+\overrightarrow{BE}+\overrightarrow{CF}=\vec{0}$ ならば，BD：DC=CE：EA=AF：FB であるかどうか調べよ。 (学習院大)

★377 △ABC の内部の点 P が $5\overrightarrow{PA}+3\overrightarrow{PB}+4\overrightarrow{PC}=\vec{0}$ を満たしている。

(1) 直線 AP と辺 BC の交点を E とするとき，BE：EC を求めよ。

(2) △BCP：△CAP：△ABP の面積をそれぞれ S_1，S_2，S_3 とするとき，$S_1：S_2：S_3$ を求めよ。 (東京農大)

Hint **374** (2)「角の二等分線と対辺の比」の関係を利用する。
(3) 内心は内角の二等分線の交点であるから(2)の結果が使える。

375 (1) $\overrightarrow{BC}=6\vec{u}$，$\overrightarrow{BA}=2\vec{v}$ と表せる。△OAD∽△OBC を利用する。

376 (1) すべて始点を C とするベクトルで表す。

377 (1) 始点を A にそろえて $\overrightarrow{AP}$ を $\overrightarrow{AB}$，$\overrightarrow{AC}$ で表す。

★378 △ABC の外心を O とし，$\overrightarrow{OA}=\vec{a}$，$\overrightarrow{OB}=\vec{b}$，$\overrightarrow{OC}=\vec{c}$ とおく。A を通るこの外接円の直径を AA′，BC の中点を D とし，点 D に関する A′ の対称点を H とする。

(1) $\vec{h}=\overrightarrow{OH}$ を $\vec{a}$，$\vec{b}$，$\vec{c}$ を用いて表せ。

(2) AH⊥BC，BH⊥AC であることを示せ。

(3) △ABC の重心を G とするとき，$\vec{g}=\overrightarrow{OG}$ を $\vec{a}$，$\vec{b}$，$\vec{c}$ で表すことにより，3 点 O，G，H の位置関係を調べよ。（順天堂大）

★379 △ABC において AB=4，BC=5，CA=6 とし，∠A の二等分線と辺 BC の交点を D，∠B の二等分線と辺 CA の交点を E，AD と BE の交点を F とする。$\overrightarrow{AB}=\vec{b}$，$\overrightarrow{AC}=\vec{c}$ とするとき，次のベクトルを $\vec{b}$，$\vec{c}$ で表せ。

(1) $\overrightarrow{AD}$　　(2) $\overrightarrow{BE}$　　(3) $\overrightarrow{AF}$

実戦編

解答⇨別冊 *p.123*

380 1 辺の長さが 1 の正三角形 ABC がある。辺 BC の中点を M とする。辺 AB 上に，A，B と異なる点 P をとり，線分 AM と線分 CP の交点を Q とする。$\vec{a}=\overrightarrow{AB}$，$\vec{b}=\overrightarrow{AC}$，$k=|\overrightarrow{AP}|$ とおく。このとき，次の問いに答えよ。

(1) $\overrightarrow{AQ}$，$\overrightarrow{PQ}$ を $\vec{a}$，$\vec{b}$，k で表せ。

(2) $|\overrightarrow{AQ}|$，$|\overrightarrow{PQ}|$ を k で表せ。

(3) △APQ が二等辺三角形となるとき，k を求めよ。（新潟大）

★381 平行四辺形 ABCD において，対角線 AC を 2：3 に内分する点を M，辺 AB を 2：3 に内分する点を N，辺 BC を $t:(1-t)$ に内分する点を L として，AL と CN の交点を P とする。次の問いに答えよ。

(1) $\overrightarrow{BA}=\vec{a}$，$\overrightarrow{BC}=\vec{c}$ とするとき，$\overrightarrow{BP}$ を $\vec{a}$，$\vec{c}$，t を用いて表せ。

(2) 3 点 P，M，D が一直線上にあるとき，t の値を求めよ。（神戸大）

Hint **380** (1) $\overrightarrow{AP}=k\vec{a}$ と表し，$\overrightarrow{AQ}=(1-s)\overrightarrow{AC}+s\overrightarrow{AP}$，$\overrightarrow{AQ}=t\overrightarrow{AM}$ とする。

381 (1) $\overrightarrow{AP}:\overrightarrow{PL}=s:(1-s)$ とおく。

(2) $\overrightarrow{PD}=k\overrightarrow{MD}$ と表せることから t の値を求める。

382 aを正の数とする。△ABCの辺BCを$a:1$の比に内分する点をDとし，線分AD上にA，Dと異なる点Eをとる。直線BEと辺ACの交点をFとする。BE：EF$=b:1$とおくとき，次の問いに答えよ。（秋田大）

(1) AE：ED，AF：FCをそれぞれaとbを用いて表せ。

(2) 点EがAE：ED$=1:a$を満たすとき，AF：FCをaを用いて表せ。

(3) 点Eが$\overrightarrow{AE}+2\overrightarrow{BE}+3\overrightarrow{CE}=\vec{0}$を満たすとき，$a$と$b$の値をそれぞれ求めよ。

★**383** ∠AOBが直角，OA：OB$=2:1$である△OABがある。sは$0<s<1$とし，辺ABを$s:(1-s)$に内分する点をPとし，OPを$s:(1-s)$に内分する点をQとする。また，線分AQの延長とOBの交点をRとする。
$\overrightarrow{OP}$と$\overrightarrow{BQ}$が直交するとき，次の問いに答えよ。

(1) sの値を求めよ。

(2) $\overrightarrow{AR}=t\overrightarrow{AQ}$とおくとき，$t$の値を求めよ。

(3) △OQRの面積と△BPQの面積の比を，最も簡単な整数の比で表せ。

（三重大）

384 △ABCの外心をO，AよりBCへ引いた垂線とCよりABへ引いた垂線の交点をH，BOの延長と△ABCの外接円との交点をDとする。

(1) $\overrightarrow{DC}$を$\overrightarrow{OB}$，$\overrightarrow{OC}$を用いて表せ。

(2) $\overrightarrow{OH}$を$\overrightarrow{OA}$，$\overrightarrow{OB}$，$\overrightarrow{OC}$を用いて表せ。（徳島大）

Hint **382** (1) AE：ED$=s:(1-s)$，AF：FC$=t:(1-t)$とおく。
(3) 与式の始点をすべてAにそろえて，$\overrightarrow{AE}$を$\overrightarrow{AB}$と$\overrightarrow{AC}$で表す。

383 (1) $\overrightarrow{OP}$，$\overrightarrow{OQ}$をs，$\vec{a}$，$\vec{b}$で表す。(2) $\overrightarrow{OR}$を$\vec{a}$，$\vec{b}$で表してみる。

384 (2) BDが外接円の直径だから　BC⊥DC，BA⊥DA
これから，DC∥AH，DA∥CHを示す。

36 ベクトル方程式

重要ポイント

☐❶ 直線のベクトル方程式

定点 $\mathrm{A}(\vec{a})$ を通り，$\vec{d}\,(\neq\vec{0})$ に平行な直線　$\vec{p}=\vec{a}+t\vec{d}$

2 定点 $\mathrm{A}(\vec{a})$，$\mathrm{B}(\vec{b})$ を通る直線

$$\vec{p}=\vec{a}+t(\vec{b}-\vec{a})=(1-t)\vec{a}+t\vec{b}$$

定点 $\mathrm{A}(\vec{a})$ を通り，$\vec{n}\,(\neq\vec{0})$ に垂直な直線　$\vec{n}\cdot(\vec{p}-\vec{a})=0$

☐❷ 座標による直線との関係

媒介変数表示：$\vec{d}=(a,\ b)$，$\mathrm{A}(x_0,\ y_0)$，$\mathrm{P}(x,\ y)$ として

$$\begin{cases} x=x_0+ta \\ y=y_0+tb \end{cases} \quad \Rightarrow t \text{ を消去} \quad a(y-y_0)=b(x-x_0)$$

直線 $ax+by+c=0$ の法線ベクトルは　$\vec{n}=(a,\ b)$

☐❸ 円のベクトル方程式

中心が $\mathrm{C}(\vec{c})$，半径が r の円

$$|\vec{p}-\vec{c}|=r \quad \text{または} \quad (\vec{p}-\vec{c})\cdot(\vec{p}-\vec{c})=r^2$$

2 定点 $\mathrm{A}(\vec{a})$，$\mathrm{B}(\vec{b})$ を直径の両端とする円　$(\vec{p}-\vec{a})\cdot(\vec{p}-\vec{b})=0$

☐❹ 軌跡・領域

$\overrightarrow{\mathrm{OP}}=s\overrightarrow{\mathrm{OA}}+t\overrightarrow{\mathrm{OB}}$ で表される点の軌跡・領域

$s+t=1 \iff$ 直線 AB

$s+t=1$，$s\geqq 0$，$t\geqq 0 \iff$ 線分 AB

$s\geqq 0$，$t\geqq 0$，$s+t\leqq 1 \iff \triangle\mathrm{ABC}$ の内部および周

$0\leqq s\leqq 1$，$0\leqq t\leqq 1 \iff$ OA，OB を 2 辺とする平行四辺形の内部および周

☐❺ 円の接線のベクトル方程式

円 $(\vec{p}-\vec{c})\cdot(\vec{p}-\vec{c})=r^2$ 上の点 $\mathrm{P}_0(\vec{p_0})$ における円の接線

$$(\vec{p_0}-\vec{c})\cdot(\vec{p}-\vec{c})=r^2$$

☐❻ 線分の垂直二等分線

線分 AB の垂直二等分線　$(\vec{b}-\vec{a})\cdot\left(\vec{p}-\dfrac{\vec{a}+\vec{b}}{2}\right)=0$

必修編

解答⇨別冊 p.126

〈直線の方程式〉

★385 一直線上にない3点O，A，Bがある。Oを位置ベクトルの始点にとり，$\overrightarrow{\mathrm{OA}}=\vec{a}$，$\overrightarrow{\mathrm{OB}}=\vec{b}$ とするとき，次の方程式を $\vec{a}$，$\vec{b}$ で表せ。

(1) Oを通り $\overrightarrow{\mathrm{AB}}$ に平行な直線　　(2) Aを通り $\overrightarrow{\mathrm{AB}}$ に垂直な直線

(3) 線分OAを3：1に外分する点Cと線分OBの中点Dを通る直線

386 次の条件を満たす直線の方程式を求めよ。

(1) 点A$(-2,\ 1)$を通り $\vec{d}=(3,\ -1)$ に平行

(2) 点A$(-2,\ 1)$を通り $\vec{d}=(-2,\ 0)$ に平行

(3) 点A$(1,\ 3)$を通り $\vec{n}=(-2,\ 5)$ に垂直

(4) 2点A$(1,\ 2)$，B$(3,\ 6)$を通る

★387 直線 $x-\sqrt{3}y+1=0$ …① について，次の問いに答えよ。

(1) 直線①に垂直な単位ベクトル $\vec{e}$ を求めよ。

(2) 直線①と直線 $\sqrt{3}x-y+2=0$ …② のなす鋭角を求めよ。

〈点と直線の距離〉

388 点 $\mathrm{P_1}(x_1,\ y_1)$ から直線 $l：ax+by+c=0$ に引いた垂線 $\mathrm{P_1H}$ の長さを h とするとき，次の問いに答えよ。

(1) 直線 l 上の1点をA$(x_0,\ y_0)$とし，l に垂直なベクトルを $\vec{n}=(a,\ b)$ とするとき，$h=\dfrac{|\vec{n}\cdot\overrightarrow{\mathrm{AP_1}}|}{|\vec{n}|}$ が成り立つことを示せ。

(2) $h=\dfrac{|ax_1+by_1+c|}{\sqrt{a^2+b^2}}$ となることを示せ。

Hint 388 (1) $\angle \mathrm{AP_1H}=\theta$ とおくと，$h=\mathrm{AP_1}\cos\theta$ と表せる。これと，$\vec{n}\cdot\overrightarrow{\mathrm{AP_1}}=|\vec{n}||\overrightarrow{\mathrm{AP_1}}|\cos\theta$ であることから与式を導く。
(2) (1)の式に成分を代入して計算する。点A$(x_0,\ y_0)$は直線上の点であることから $ax_0+by_0+c=0$ である。

〈軌跡と領域〉

★389 △OAB において，$\overrightarrow{OA}=\vec{a}$，$\overrightarrow{OB}=\vec{b}$ とする。$\overrightarrow{OP}=\vec{p}$ とするとき，$\vec{p}=s\vec{a}+t\vec{b}$ で表される点 P の存在範囲を，次の各場合について図示せよ。

(1) $\dfrac{1}{2}\leqq s\leqq 1$，$-1\leqq t\leqq \dfrac{1}{2}$　　(2) $s+t=1$，$s\geqq 0$，$t\geqq 0$

(3) $s+2t=1$　　(4) $1\leqq s+t\leqq 2$，$s\geqq 0$，$t\geqq 0$　　(5) $0\leqq s-2t\leqq 1$

〈円の方程式〉

390 中心 C の位置ベクトルが $\vec{c}$ で，半径が r の円の上の点 P_0 における接線について，次の問いに答えよ。

(1) P_0 の位置ベクトルを $\overrightarrow{p_0}$ とするとき，接線のベクトル方程式は，$(\overrightarrow{p_0}-\vec{c})\cdot(\vec{p}-\vec{c})=r^2$ であることを示せ。

(2) $\vec{c}=(a,\ b)$，$\overrightarrow{p_0}=(x_0,\ y_0)$，$\vec{p}=(x,\ y)$ として，この接線の方程式を成分で表せ。

〈ベクトル方程式〉

391 同一直線上にない 3 点 O，A，B に対して，$\overrightarrow{OA}=\vec{a}$，$\overrightarrow{OB}=\vec{b}$ とする。$\overrightarrow{OP}=\vec{x}$ とおくとき，次の式を満たす点 P の軌跡を求めよ。

(1) $|\vec{x}-\vec{a}|=|\vec{x}-\vec{b}|$　　(2) $(3\vec{x}-2\vec{a})\cdot(2\vec{x}-\vec{b})=0$　　(3) $2\vec{a}\cdot\vec{x}=|\vec{a}||\vec{x}|$

実戦編

解答⇨別冊 p.128

392 A(1, 2)，B(5, −1)，C(4, 6) がある。∠BAC の二等分線の方程式を求めたい。∠BAC の二等分線上の任意の点を P$(x,\ y)$ とするとき

(1) $\overrightarrow{AP}=t\left(\dfrac{\overrightarrow{AB}}{|\overrightarrow{AB}|}+\dfrac{\overrightarrow{AC}}{|\overrightarrow{AC}|}\right)$（$t$ は実数）が成り立つことを示せ。

(2) ∠BAC の二等分線の媒介変数表示および座標による方程式を求めよ。

Hint **390** 円の中心と接点を結ぶ半径は接線と垂直であることを使う。

392 (1) $\overrightarrow{BA}$，$\overrightarrow{BC}$ と同じ向きのそれぞれの単位ベクトルの和は ∠BAC の二等分線上にある。
(2) $\vec{p}=\overrightarrow{OA}+t\overrightarrow{AP}$ として，成分で計算する。

393 △ABC と定点 O について，$x\overrightarrow{OA}+y\overrightarrow{OB}+\frac{1}{2}\overrightarrow{OC}=\overrightarrow{OQ}$ を満たす点 Q はどのような図形上にあるか。ただし，$x+y=\frac{1}{2}$ とする。 (大阪歯大)

394 O を原点とする座標平面上に点 A(1, 2) と点 B(3, 1) がある。次の各場合について，$\overrightarrow{OP}=\alpha\overrightarrow{OA}+\beta\overrightarrow{OB}$ で表される点 P の存在範囲を図示せよ。

(1) $0\leqq\alpha\leqq3$，$\beta=0$　　(2) $\alpha=0$，$-1\leqq\beta\leqq0$

(3) $\alpha+\beta=1$，$\alpha\geqq0$，$\beta\geqq0$　　(4) $\alpha+\beta\leqq1$，$\alpha\geqq0$，$\beta\geqq0$

395 xy 平面上に 3 点 O(0, 0)，A(1, 3)，B(3, −1) がある。次の各式を満たす点 P，Q の存在範囲を，それぞれ図示せよ。

(1) $\overrightarrow{OP}=\overrightarrow{OA}\cos\alpha+\overrightarrow{OB}\sin\beta$，$0^\circ\leqq\alpha\leqq180^\circ$，$0^\circ\leqq\beta\leqq180^\circ$

(2) $\overrightarrow{OQ}=\overrightarrow{OA}\cos\alpha+\overrightarrow{OB}\sin\alpha$，$0^\circ\leqq\alpha\leqq180^\circ$ (関西大)

★**396** 座標平面上に 3 点 A(1, 3)，B(4, 1)，C(4, 3) がある。

(1) ベクトル $\overrightarrow{MA}+\overrightarrow{MB}+\overrightarrow{MC}=\vec{0}$ となる点 M の座標を求めよ。

(2) 動点 P が $|\overrightarrow{PA}+\overrightarrow{PB}+\overrightarrow{PC}|=9$ を満たしながら動くとき，P はどのような図形を描くか。

397 2 点 A(−3, 2)，B(1, −2) に対し，次の 2 つの条件①，②を同時に満たす点 P の存在範囲をいえ。

① $\overrightarrow{AP}\cdot\overrightarrow{BP}<0$　　② $\overrightarrow{AB}\cdot\overrightarrow{AP}<\overrightarrow{BA}\cdot\overrightarrow{BP}$ (東海大改)

Hint **395** (1) $\cos\alpha$ と $\sin\beta$ は互いに独立して $-1\leqq\cos\alpha\leqq1$，$0\leqq\sin\beta\leqq1$ の範囲の値をとる。
(2) $\overrightarrow{OP}=(x, y)$ として，x，y を α の媒介変数で表し，α を消去する。

396 M(x, y) とおき，成分で計算する。

397 P(x, y) とおいて，条件を成分で表す。

37 空間のベクトルと図形

重要ポイント

☐❶ 空間のベクトルと演算

空間の有向線分で表されるベクトルを**空間ベクトル**という。
相等，加法，減法，実数倍，内積の定義等は平面上のベクトルと同様。
したがって，演算も同様に行えばよい。

☐❷ 平行条件，垂直条件

$\vec{a} \neq \vec{0}$，$\vec{b} \neq \vec{0}$ のとき，

$\vec{a} /\!/ \vec{b} \Longleftrightarrow \vec{a} = k\vec{b}$ **となる実数 k ($\neq 0$) が存在する。**

$\vec{a} \perp \vec{b} \Longleftrightarrow \vec{a} \cdot \vec{b} = 0$

☐❸ 位置ベクトル

同一平面上にない 4 点 O，A，B，C があるとき，この空間内の任意の点 P は，次のようにただ 1 通りに表される。

$\overrightarrow{OP} = l\overrightarrow{OA} + m\overrightarrow{OB} + n\overrightarrow{OC}$ **(l，m，n は実数)**

($\overrightarrow{OA}$，$\overrightarrow{OB}$，$\overrightarrow{OC}$ は 1 次独立)

※ $\vec{a}$，$\vec{b}$，$\vec{c}$ の始点を一致させたとき，同一平面上になく，かつ $\vec{0}$ でないとき，$\vec{a}$，$\vec{b}$，$\vec{c}$ は 1 次独立であるという。

☐❹ 共面条件

点 P が同一直線上にない 3 点 A，B，C の定める平面上にある条件

$\overrightarrow{OP} = l\overrightarrow{OA} + m\overrightarrow{OB} + n\overrightarrow{OC}$ **($l + m + n = 1$)** なる実数 l，m，n が存在する。

$\overrightarrow{OP} = \overrightarrow{OA} + s\overrightarrow{AB} + t\overrightarrow{AC}$ **(s，t は実数)** となる実数 s，t が存在する。

($\overrightarrow{OA}$，$\overrightarrow{OB}$，$\overrightarrow{OC}$ は 1 次独立)

☐❺ 空間ベクトルの 1 次独立性

空間の 3 つのベクトル $\vec{a}$，$\vec{b}$，$\vec{c}$ が

$p\vec{a} + q\vec{b} + r\vec{c} = 0 \Longleftrightarrow p = q = r = 0$

を満たすとき，$\vec{a}$，$\vec{b}$，$\vec{c}$ は **1 次独立**であるという。

必修編

解答⇨別冊 p.130

〈空間のベクトルと演算〉

398 平行六面体 ABCD-EFGH において

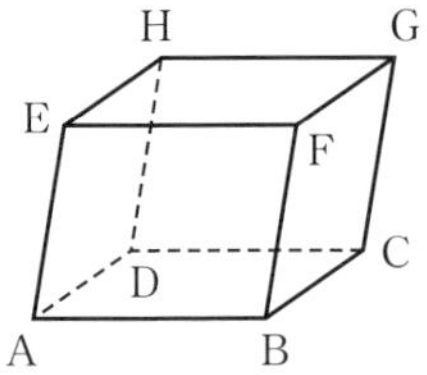

(1) $\overrightarrow{AD}$, $\overrightarrow{FE}$, $\overrightarrow{CG}$ に等しいベクトルを求めよ。

(2) $\overrightarrow{AG}$, $\overrightarrow{HB}$ を $\overrightarrow{AB}$, $\overrightarrow{DH}$, $\overrightarrow{GF}$ を用いて表せ。

(3) $|\overrightarrow{AB}|=2$, $|\overrightarrow{AE}|=1$, $\angle BAE=60°$ とするとき，内積 $\overrightarrow{AB}\cdot\overrightarrow{AE}$ を求めよ。

399 $|\vec{a}|=1$, $|\vec{b}|=2$, $|\vec{c}|=3$, $\vec{a}\cdot\vec{b}=-1$, $\vec{b}\cdot\vec{c}=1$, $\vec{c}\cdot\vec{a}=2$ のとき，次の式の値を求めよ。

(1) $|\vec{a}-2\vec{b}|$　　(2) $|3\vec{a}-\vec{b}+2\vec{c}|$　　(3) $(\vec{a}-\vec{c})\cdot(\vec{a}+2\vec{b})$

★400 四面体 OABC において，$\overrightarrow{OA}=\vec{a}$, $\overrightarrow{OB}=\vec{b}$, $\overrightarrow{OC}=\vec{c}$ とするとき，$\angle AOB=45°$, $\angle BOC=120°$, $\angle ABC=60°$, $|\vec{a}|=\sqrt{2}$, $|\vec{b}-\vec{c}|=2\sqrt{2}$, $\vec{a}\cdot\vec{b}=2$ である。

(1) 線分 OB の長さを求めよ。　　(2) 線分 OC の長さを求めよ。

(3) $\angle AOC$ を求めよ。　　（獨協医大）

〈位置ベクトルと図形〉

★401 平行六面体 OADB-CEFG において，$\overrightarrow{OA}=\vec{a}$, $\overrightarrow{OB}=\vec{b}$, $\overrightarrow{OC}=\vec{c}$ とするとき，次の各問いに答えよ。

(1) $\overrightarrow{OF}$ を $\vec{a}$, $\vec{b}$, $\vec{c}$ で表せ。

(2) $\triangle ABC$ の重心を M とするとき，$\overrightarrow{OM}$ を $\vec{a}$, $\vec{b}$, $\vec{c}$ で表せ。

(3) 対角線 OF は $\triangle ABC$ の重心 M を通ることを示せ。　　（摂南大）

Hint **400** (1) $\vec{a}\cdot\vec{b}=2$ より求める。(2) $|\vec{b}-\vec{c}|^2$ より求まる。
(3) $\cos\angle AOC$ から求める。

401 (3) $\overrightarrow{OF}=k\overrightarrow{OM}$ であることを示す。

402 次の等式を満たす点Pは，四面体OABCに対してどのような位置関係にあるか。

(1) $\overrightarrow{AP}+\overrightarrow{BP}+\overrightarrow{CP}=\vec{0}$　　(2) $6\overrightarrow{OP}+3\overrightarrow{AP}+2\overrightarrow{BP}+\overrightarrow{CP}=\vec{0}$

★**403** 四面体OABCにおいて，辺ABを2：1の比に内分する点をD，辺BCを1：3の比に内分する点をE，線分AEとCDの交点をFとする。$\overrightarrow{OA}=\vec{a}$，$\overrightarrow{OB}=\vec{b}$，$\overrightarrow{OC}=\vec{c}$として，$\overrightarrow{OF}$を$\vec{a}$，$\vec{b}$，$\vec{c}$を用いて表せ。

★**404** 四面体OABCにおいて，$\angle AOB=60°$，$\angle AOC=45°$，$\angle BOC=90°$，$OA=1$，$OB=2$，$OC=\sqrt{2}$とする。△ABCの重心をGとし，線分OGを$t:(1-t)$ $(0<t<1)$の比に内分する点をPとする。

(1) $\overrightarrow{OA}=\vec{a}$，$\overrightarrow{OB}=\vec{b}$，$\overrightarrow{OC}=\vec{c}$とおくとき，$\overrightarrow{AP}$を$\vec{a}$，$\vec{b}$，$\vec{c}$で表せ。

(2) $OP\perp AP$となるようなtの値を求めよ。　（徳島大）

実戦編

解答⇨別冊 p.132

405 平行六面体ABCD–EFGHにおいて，$\overrightarrow{AB}=\vec{b}$，$\overrightarrow{AD}=\vec{d}$，$\overrightarrow{AE}=\vec{e}$とする。辺CD，EFをそれぞれ2：1に内分する点をP，Qとし，辺DH，BFの中点をそれぞれR，Sとするとき，次の問いに答えよ。

(1) $\overrightarrow{PR}$を$\vec{b}$，$\vec{d}$，$\vec{e}$を用いて表せ。

(2) 四角形PRQSは平行四辺形であることを証明せよ。

406 同一平面上にない空間の4点O，A，B，Cに対して，$\overrightarrow{OA}=\vec{a}$，$\overrightarrow{OB}=\vec{b}$，$\overrightarrow{OC}=\vec{c}$とする，平面ABC上の任意の点をPとするとき，$l+m+n=1$を満たす実数$l$，$m$，$n$に対して，$\overrightarrow{OP}=l\vec{a}+m\vec{b}+n\vec{c}$が成り立つことを示せ。

Hint

402 始点をOにそろえて，$\overrightarrow{OP}$を$\overrightarrow{OA}$，$\overrightarrow{OB}$，$\overrightarrow{OC}$で表す。

403 $AF:FE=s:(1-s)$，$DF:FC=t:(1-t)$とおいて，$\overrightarrow{AF}$を2通りに表す。

404 (1) $\overrightarrow{OP}=t\overrightarrow{OG}$と表す。 (2) $\overrightarrow{OP}\cdot\overrightarrow{AP}=0$を計算する。

405 (2) $\overrightarrow{PR}=\overrightarrow{SQ}$であることを示す。

406 平面ABC上に点Pがあるとき，$\overrightarrow{AP}=s\overrightarrow{AB}+t\overrightarrow{AC}$と表せる。

407　平行六面体 OADB−CEGF において，$\overrightarrow{OA}=\vec{a}$，$\overrightarrow{OB}=\vec{b}$，$\overrightarrow{OC}=\vec{c}$ とする。辺 DG の延長上に DG＝GH となるように点 H をとる。直線 OH と面 ABC の交点を L とするとき，ベクトル $\overrightarrow{OL}$ を $\vec{a}$，$\vec{b}$，$\vec{c}$ を用いて表せ。　（宇都宮大）

408　1 辺の長さが 1 の立方体 ABCD−EFGH において，$\overrightarrow{AB}=\vec{b}$，$\overrightarrow{AE}=\vec{e}$，$\overrightarrow{AD}=\vec{d}$ とおく。また，線分 DF 上に 1 点 P を DF⊥AP となるようにとる。さらに，線分 AP の延長が平面 CDHG と交わる点を R とする。

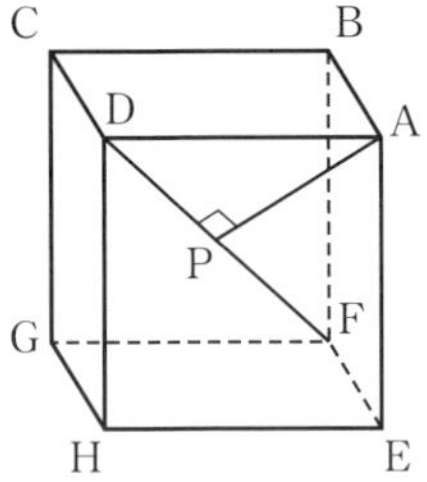

(1)　$\overrightarrow{AP}$，$\overrightarrow{AR}$ を $\vec{b}$，$\vec{e}$，$\vec{d}$ を用いて表せ。

(2)　点 R は面 CDHG 上のどのような位置にあるかを述べよ。　（埼玉大）

★409　四面体 OABC において，点 P を辺 AB の中点，点 Q を線分 PC の中点，点 R を線分 OQ の中点とする。直線 AR が 3 点 O，B，C を通る平面と交わる点を S とし，直線 OS と直線 BC の交点を T とする。$\overrightarrow{OA}=\vec{a}$，$\overrightarrow{OB}=\vec{b}$，$\overrightarrow{OC}=\vec{c}$ とするとき，

(1)　$\overrightarrow{OS}$ を $\vec{a}$，$\vec{b}$，$\vec{c}$ で表せ。　(2)　BT：CT を求めよ。　（神戸大）

★410　1 辺の長さが 1 の正方形 OABC を底面とし，点 P を頂点とする四角錐 POABC がある。ただし，点 P は内積に関する条件 $\overrightarrow{OA}\cdot\overrightarrow{OP}=\dfrac{1}{4}$，および $\overrightarrow{OC}\cdot\overrightarrow{OP}=\dfrac{1}{2}$ を満たす。辺 AP を 2：1 に内分する点を M とし，辺 CP の中点を N とする。さらに，点 P と直線 BC 上の点 Q を通る直線 PQ は，平面 OMN に垂直であるとする。このとき，長さの比 BQ：QC，および線分 OP の長さを求めよ。　（九州大）

Hint　**409**　$\overrightarrow{OS}$ を $\vec{a}$，$\vec{b}$，$\vec{c}$ で表す。平面 OBC 上にあるから，$\vec{a}$ の係数は 0 である。

410　$\overrightarrow{OA}=\vec{a}$，$\overrightarrow{OC}=\vec{c}$，$\overrightarrow{OP}=\vec{p}$ とする。$\overrightarrow{CQ}=t\overrightarrow{OA}$ として，平面 OMN⊥PQ ⟺ $\overrightarrow{OM}\perp\overrightarrow{PQ}$ かつ $\overrightarrow{ON}\perp\overrightarrow{PQ}$ の条件より求める。

38 空間のベクトルと成分

重要ポイント

☑❶ 成分表示によるベクトルの演算

$\vec{a}=(a_1,\ a_2,\ a_3)$，$\vec{b}=(b_1,\ b_2,\ b_3)$ のとき

大きさ：$|\vec{a}|=\sqrt{a_1{}^2+a_2{}^2+a_3{}^2}$

相等：$\vec{a}=\vec{b} \iff a_1=b_1,\ a_2=b_2,\ a_3=b_3$

加減：$\vec{a}\pm\vec{b}=(a_1\pm b_1,\ a_2\pm b_2,\ a_3\pm b_3)$ **（複号同順）**

実数倍：$k\vec{a}=(ka_1,\ ka_2,\ ka_3)$ **（k は実数）**

内積：$\vec{a}\cdot\vec{b}=a_1b_1+a_2b_2+a_3b_3$

☑❷ ベクトルと座標

$\mathrm{O}(0,\ 0,\ 0)$，$\mathrm{A}(a_1,\ a_2,\ a_3)$，$\mathrm{B}(b_1,\ b_2,\ b_3)$ のとき

$$\overrightarrow{\mathrm{AB}}=(b_1-a_1,\ b_2-a_2,\ b_3-a_3)$$

$$|\overrightarrow{\mathrm{AB}}|=\sqrt{(b_1-a_1)^2+(b_2-a_2)^2+(b_3-a_3)^2}$$ **（2 点間の距離の公式）**

分点公式：線分 AB を $m:n$ の比に分ける点を P とし，

$\mathrm{A}(\vec{a})$，$\mathrm{B}(\vec{b})$，$\mathrm{P}(\vec{p})$ とすると

$$\vec{p}=\frac{n\vec{a}+m\vec{b}}{m+n}=\left(\frac{na_1+mb_1}{m+n},\ \frac{na_2+mb_2}{m+n},\ \frac{na_3+mb_3}{m+n}\right)$$

特に，線分 AB の中点 $\mathrm{M}(\vec{m})$ は

$$\vec{m}=\left(\frac{a_1+b_1}{2},\ \frac{a_2+b_2}{2},\ \frac{a_3+b_3}{2}\right)$$

☑❸ ベクトルのなす角

$\vec{a}=(a_1,\ a_2,\ a_3)$，$\vec{b}=(b_1,\ b_2,\ b_3)$ のなす角を θ とすると

$$\cos\theta=\frac{\vec{a}\cdot\vec{b}}{|\vec{a}||\vec{b}|}=\frac{a_1b_1+a_2b_2+a_3b_3}{\sqrt{a_1{}^2+a_2{}^2+a_3{}^2}\sqrt{b_1{}^2+b_2{}^2+b_3{}^2}}\quad (\vec{a}\neq\vec{0},\ \vec{b}\neq\vec{0})$$

☑❹ ベクトルと三角形の面積

$\vec{a}=\overrightarrow{\mathrm{OA}}=(a_1,\ a_2,\ a_3)$，$\vec{b}=\overrightarrow{\mathrm{OB}}=(b_1,\ b_2,\ b_3)$ のとき

$$\triangle\mathrm{OAB}=\frac{1}{2}\sqrt{|\vec{a}|^2|\vec{b}|^2-(\vec{a}\cdot\vec{b})^2}$$

$$=\frac{1}{2}\sqrt{(a_1{}^2+a_2{}^2+a_3{}^2)(b_1{}^2+b_2{}^2+b_3{}^2)-(a_1b_1+a_2b_2+a_3b_3)^2}$$

必修編

解答⇨別冊 p.133

〈空間座標〉

411 (1) 点A(3, −2, 1)の xy 平面, yz 平面, zx 平面に関する対称点をそれぞれ求めよ。

(2) 点B(−1, 2, 3)の x 軸, y 軸, z 軸に関する対称点をそれぞれ求めよ。

(3) 点C(1, 2, 3)の原点に関する対称点を求めよ。

★**412** 3点A(2, −3, 1), B(−4, 0, 2), C(5, 3, 0)について

(1) 2点A, B間の距離を求めよ。

(2) 線分ABを3：2の比に内分する点の座標を求めよ。

(3) 線分ABを1：2の比に外分する点の座標を求めよ。

(4) △ABCの重心の座標を求めよ。

(5) 点Cの点Aに関する対称点を求めよ。

(6) 四角形ABCDが平行四辺形となるような点Dの座標を求めよ。

413 3点A(2, 2, 1), B(1, 3, −1), C(1, 1, −1)から等距離にあり，かつ原点に最も近い点の座標を求めよ。 (東京都市大)

〈ベクトルの演算〉

★**414** 3つのベクトル $\vec{a}=(1,\ 0,\ 1)$, $\vec{b}=(0,\ 1,\ 0)$, $\vec{c}=(1,\ 2,\ 3)$ に対して，

(1) $|2\vec{b}-3\vec{c}|=$ □ である。

(2) $\vec{a}-\vec{c}$ と同じ向きの単位ベクトルは □ である。

(3) $\vec{x}=(4,\ 0,\ 6)$ を $\vec{a}$, $\vec{b}$, $\vec{c}$ を用いて表すと，

$\vec{x}=$ □ $\vec{a}+$ □ $\vec{b}+$ □ $\vec{c}$ である。

Hint

412 (5) 点Aは点CとCの対称点の中点になる。

(6) 対角線の交点が一致することを利用する。

413 P(x, y, z)として距離を等しくおく。Pの座標を1文字で表して OP^2 の最小値を求める。

414 (2) $\vec{a}$ と同じ向きの単位ベクトルは $\dfrac{\vec{a}}{|\vec{a}|}$ (3) $\vec{x}=l\vec{a}+m\vec{b}+n\vec{c}$ とおく。

415 3つのベクトル $(x,\ 1,\ -7)$, $(2,\ y,\ 3)$, $(1,\ -1,\ z)$ が互いに垂直となるとき，$x=$□，$y=$□，$z=$□ である。 (愛知工業大)

実戦編

解答⇨別冊 p.135

★**416** 3つのベクトル $\vec{a}=(1,\ 0,\ 0)$, $\vec{b}=(1,\ 1,\ 1)$, $\vec{c}=(0,\ -1,\ 1)$ に対して，任意のベクトル $\vec{v}=(x,\ y,\ z)$ は □$\vec{a}$+□$\vec{b}$+□$\vec{c}$ と表される。

417 Oを原点とする座標空間に4点 A(1, 0, 0), B(0, $\sqrt{2}$, 0), C(0, 0, $\sqrt{2}$), D(1, 1, 1) がある。$\overrightarrow{OA}=\vec{a}$，$\overrightarrow{OB}=\vec{b}$，$\overrightarrow{OC}=\vec{c}$ とするとき，次の問いに答えよ。

(1) 線分BCの中点とAを結ぶ直線にOから垂線OHを下ろすとき，$\overrightarrow{OH}$ を $\vec{a}$，$\vec{b}$，$\vec{c}$ を用いて表せ。

(2) 3点A，B，Cで定まる平面と直線ODの交点をPとするとき，$\overrightarrow{OP}$ を $\vec{a}$，$\vec{b}$，$\vec{c}$ を用いて表せ。

(3) 内積 $\overrightarrow{OH}\cdot\overrightarrow{OP}$ を求めよ。 (宇都宮大)

418 空間における原点Oと3点 A(2, 2, 4), B(−1, 1, 2), C(4, 1, 1) について，次の問いに答えよ。

(1) 4点O，A，B，Cから等距離にある点Mの座標を求めよ。

(2) 直線OMと，3点A，B，Cを通る平面の交点の座標を求めよ。

★**419** A(2, 2, 0), B(2, 0, −2), C(0, 2, c), D(x, y, z) とする。4点A，B，C，Dが正四面体の頂点であるとき，x，y，z および c の値を求めよ。ただし，$x<2$ とする。 (東京農大)

Hint

415 2つのベクトルが垂直 ⟺ 内積=0 を用いる。

417 (1) BCの中点をMとすると，$\overrightarrow{OH}=(1-t)\overrightarrow{OA}+t\overrightarrow{OM}$ と表せる。
(2) 平面ABC上の点Pは $\overrightarrow{OP}=\overrightarrow{OA}+\alpha\overrightarrow{AB}+\beta\overrightarrow{AC}$，OD上の点Pは $\overrightarrow{OP}=k\overrightarrow{OD}$ と表せる。

418 (1) M(x, y, z) とおいて距離を等しくおく。
(2) 直線OM上の点Pは $\overrightarrow{OP}=k\overrightarrow{OM}$，平面ABC上の点Pは $\overrightarrow{OP}=\overrightarrow{OA}+\alpha\overrightarrow{AB}+\beta\overrightarrow{AC}$ と表せる。

419 正四面体の各面は正三角形であるから，辺の長さを等しくおく。

420　平行六面体OABC–DEFGにおいて，Oは原点，A$(2\sqrt{3},\ 0,\ 0)$，C$(\sqrt{3},\ 3,\ 0)$，D$(\sqrt{3},\ 1,\ 2\sqrt{2})$とするとき，この平行六面体の体積を求めよ。

★421　空間に2点A$(1,\ -1,\ 2)$とB$(-1,\ 1,\ 3)$があり，原点をOとする。次の問いに答えよ。

(1)　$f(x)=|(2x-1)\overrightarrow{\mathrm{OA}}+\overrightarrow{\mathrm{OB}}|$の最小値を求めよ。

(2)　xy平面上に動点Pがあるとき，$|\overrightarrow{\mathrm{AP}}|+|\overrightarrow{\mathrm{BP}}|$の最小値を求めよ。（東京経大）

★422　Oを原点とし，A$(2,\ 0,\ 0)$，B$(0,\ 1,\ 0)$，C$(0,\ 0,\ 3)$とする。

(1)　△ABCの面積を求めよ。

(2)　四面体OABCの体積を求めよ。

(3)　Oから平面ABCに引いた垂線の長さを求めよ。

★423　空間における3点A$(2,\ 2,\ 0)$，B$(2,\ -3,\ \sqrt{5})$，C$(x,\ -1,\ 0)$において，$\angle\mathrm{ACB}=\theta$とする。

(1)　$\cos\theta$をxで表せ。

(2)　△ABCが正三角形となるとき，点Cの座標を求めよ。（帯広畜産大）

424　空間内の2点P$(\cos\theta,\ \sin\theta,\ 0)$，Q$(\cos2\theta,\ \sin2\theta,\ \sqrt{1-\sin\theta})$と原点Oのつくる△OPQの面積の最大値および最小値を求めよ。ただし，$0^\circ\leqq\theta\leqq360^\circ$とする。（一橋大改）

Hint

420　図をかいて，底面と高さを明らかにする。

421　(1) 成分で表して，xの2次関数で考える。
(2) 点Aのxy平面に関する対称点をA′とするとAP+BPの最小値はA′Bである。

422　(1) $S=\dfrac{1}{2}\sqrt{|\vec{a}|^2|\vec{b}|^2-(\vec{a}\cdot\vec{b})^2}$の公式を用いる。

423　(1) $\cos\theta=\dfrac{\overrightarrow{\mathrm{CA}}\cdot\overrightarrow{\mathrm{CB}}}{|\overrightarrow{\mathrm{CA}}||\overrightarrow{\mathrm{CB}}|}$より求める。

424　$S=\dfrac{1}{2}\sqrt{|\vec{a}|^2|\vec{b}|^2-(\vec{a}\cdot\vec{b})^2}$の公式を用いる。

425 Oを原点とする xyz 空間に4点O，A，B，Cを頂点とする四面体がある。辺ABの中点をDとし，線分CDを1：2に内分する点をE，線分OEの中点をFとする。また，直線AFと平面OBCの交点をGとする。

$\overrightarrow{OA}=\vec{a}$，$\overrightarrow{OB}=\vec{b}$，$\overrightarrow{OC}=\vec{c}$ とおくとき，次の問いに答えよ。

(1) $\overrightarrow{AF}$ を $\vec{a}$，$\vec{b}$，$\vec{c}$ を用いて表せ。

(2) $\overrightarrow{OG}$ を $\vec{b}$，$\vec{c}$ を用いて表せ。

(3) $\vec{a}=(4,\ 2,\ 3)$，$\vec{b}=(3,\ 1,\ -4)$，$\vec{c}=(2,\ -3,\ 1)$ のとき，次の内積を求めよ。

(a) $\overrightarrow{GA}\cdot\overrightarrow{GO}$　　(b) $\overrightarrow{GA}\cdot\overrightarrow{GB}$

(4) $\vec{a}$，$\vec{b}$，$\vec{c}$ を(3)で与えたベクトルとする。このとき，四面体OABGの体積 V を求めよ。 (東京農大)

難 426 正八面体の3つの頂点を，O(0, 0, 0)，A(2, 0, 0)，B$(1,\ \sqrt{3},\ 0)$ としたとき，残りの3つの頂点の座標を求めよ。 (首都大東京)

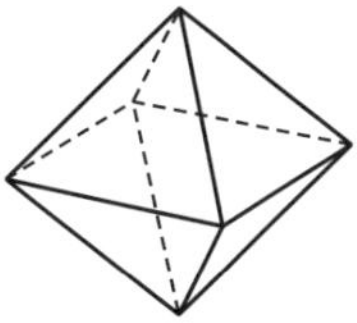

Hint **425** (1) $\overrightarrow{AF}=\overrightarrow{OF}-\overrightarrow{OA}$　(2) $\overrightarrow{OG}=\overrightarrow{OA}+t\overrightarrow{AF}$ と表せる。 (4) △OBGを底面とする三角錐で考える。

426 各面は正三角形であり，2つの四角錐に分けたときの底面は正方形であることに着目して図形の対称性を利用する。

39 空間ベクトルの応用

重要ポイント

☐❶ **直線のベクトル方程式**

点 A($\vec{a}$) を通り，方向ベクトル $\vec{d}$ の直線 l のベクトル方程式

① $\boldsymbol{l}:\vec{p}=\vec{a}+t\vec{d}$ （l 上の任意の点を P($\vec{p}$) とする）

② $\vec{a}=(x_1,\ y_1,\ z_1)$，$\vec{d}=(a,\ b,\ c)$，$\vec{p}=(x,\ y,\ z)$ とすると

$\boldsymbol{l}:(x,\ y,\ z)=(x_1,\ y_1,\ z_1)+t(a,\ b,\ c)$

$\iff (x,\ y,\ z)=(x_1+at,\ y_1+bt,\ z_1+ct)$

$\iff x=x_1+at,\ y=y_1+bt,\ z=z_1+ct$

☐❷ **球の方程式**

中心 C($\vec{c}$)，半径 r の球の方程式

$|\vec{p}-\vec{c}|=r$ または $(\vec{p}-\vec{c})\cdot(\vec{p}-\vec{c})=r^2$

$\vec{c}=(a,\ b,\ c)$，$\vec{p}=(x,\ y,\ z)$ とすると

$\vec{p}-\vec{c}=(x-a,\ y-b,\ z-c)$ であるから，$|\vec{p}-\vec{c}|^2=r^2$ より

$(x-a)^2+(y-b)^2+(z-c)^2=r^2$

必修編

解答⇨別冊 p.139

〈球の方程式〉

427 次のような球の方程式を求めよ。

★(1) 2 点 (3, −2, 1), (5, 4, −1) を直径の両端とする球

(2) 中心が (−4, 2, 3) で，点 (0, 1, −1) を通る球

★(3) 点 (1, 1, 2) を通り，3 つの座標平面に接する球

(4) 中心が x 軸上にあって，2 点 (−1, 2, 1), (3, 1, 0) を通る球

(5) 4 点 O(0, 0, 0), A(a, 0, 0), B(0, b, 0), C(0, 0, c) を通る球

428 次の球の中心と半径を求めよ。

(1) $x^2+y^2+z^2-2x-4y+6z-2=0$

(2) $x^2+y^2+z^2-2x+4y-4=0$

実戦編

解答⇨別冊 p.139

★429 中心が$(2,\ 0,\ 1)$，半径が$2\sqrt{5}$の球面がyz平面と交わってできる円をCとする。

(1) Cの中心の座標と半径を求めよ。

(2) 点PはC上を動き，点Qはxy平面上の直線$x=y$上を動くとする。線分PQの長さの最小値，およびそのときのP，Qの座標を求めよ。 (琉球大)

★430 Oを原点とする座標空間において，点A$(-4,\ 8,\ 2)$を通り，ベクトル$\vec{u}=(3,\ 0,\ 1)$に平行な直線をlとする。また，点B$(10,\ 3,\ -4)$を通り，ベクトル$\vec{v}=(-1,\ 3,\ 0)$に平行な直線をmとする。Pをl上の点とし，Qをm上の点とする。このとき，実数s，tを用いて，$\overrightarrow{\mathrm{AP}}=s\vec{u}$，$\overrightarrow{\mathrm{BQ}}=t\vec{v}$と表すことができる。

(1) ベクトル$\overrightarrow{\mathrm{OP}}$，$\overrightarrow{\mathrm{OQ}}$の成分を$s$，$t$を用いて表せ。

(2) 2直線lとmは共有点をもたないことを証明せよ。

(3) ベクトル$\overrightarrow{\mathrm{PQ}}$がベクトル$\vec{u}$，$\vec{v}$の両方に垂直になるとき，点Pおよび点Qの座標を求めよ。 (徳島大)

431 点A$(1,\ 0,\ 1)$を通り，ベクトル$\vec{n}=(2,\ 1,\ -1)$に垂直な平面αを考える。

(1) 平面α上の点P$(x,\ y,\ z)$に関して，$2x+y-z=1$が成り立つことを示せ。

(2) 平面αに関して点B$(3,\ 2,\ 1)$と対称な点Cの座標を求めよ。

(3) 点Bと点Q$(1,\ 4,\ 5)$と平面α上の点Rが正三角形の3頂点となるとき，点Rの座標を求めよ。 (津田塾大)

Hint

429 (1) yz平面と交わってできる円の方程式は$x=0$とおく。

430 (1) $\overrightarrow{\mathrm{OP}}=\overrightarrow{\mathrm{OA}}+\overrightarrow{\mathrm{AP}}$，$\overrightarrow{\mathrm{OQ}}=\overrightarrow{\mathrm{OB}}+\overrightarrow{\mathrm{BQ}}$

(2) $\overrightarrow{\mathrm{OP}}=\overrightarrow{\mathrm{OQ}}$を満たす$s$，$t$が存在しないことを示す。

(3) $\overrightarrow{\mathrm{PQ}}\perp\vec{u}$かつ$\overrightarrow{\mathrm{PQ}}\perp\vec{v}$の条件を考える。

431 (1) $\overrightarrow{\mathrm{AP}}\perp\vec{n}$となる条件をとる。

(2) $\overrightarrow{\mathrm{BC}}\perp$平面$\alpha$，かつ線分BCの中点は平面$\alpha$上にある。

★432 xyz 空間に点 P(0, 0, 5) がある。

(1) 球面 $x^2+y^2+(z-2)^2=9$ と平面 $x=\frac{1}{2}$ が交わってできる円を C とする。C の中心の座標と半径を求めよ。

(2) C 上の点 $\mathrm{Q}\left(\frac{1}{2},\ s,\ t\right)$ をとったとき，2 点 P，Q を通る直線と xy 平面との交点を R$(X,\ Y,\ 0)$ とする。X，Y をそれぞれ s，t の式で表せ。

(3) Q が C 上のすべての点を動くとき，R が描く曲線を C' とする。C' の長さ L を求めよ。 (東京農工大)

Hint **432** (2) $\overrightarrow{\mathrm{PR}}=k\overrightarrow{\mathrm{PQ}}$ (k は実数) より，X，Y，s，t の関係式を求める。

(3) $\mathrm{Q}\left(\frac{1}{2},\ s,\ t\right)$ が円 C 上の点であることから，s，t を消去して，X，Y の関係式を求める。

40 等差数列

重要ポイント

☐❶ 等差数列の一般項

初項を a, 公差を d とすると, 第 n 項(一般項) a_n は

$$a_n=a+(n-1)d$$

☐❷ 等差数列の和

初項から第 n 項までの和 S_n は

(i) $S_n=\dfrac{n\{2a+(n-1)d\}}{2}$

(ii) $S_n=\dfrac{n(a+l)}{2}$ (l は末項。$l=a_n=a+(n-1)d$)

☐❸ 等差数列となる条件

次のいずれかが成り立てば, 数列 $\{a_n\}$ は等差数列である。

(i) $a_{n+1}-a_n=d$ (等差数列の定義)　(ii) $a_{n+1}=\dfrac{a_n+a_{n+2}}{2}$ (a_{n+1} は等差中項)

(iii) $a_n=pn+q$ とかける。　(iv) $S_n=rn^2+sn$ とかける。

(ただし, d, p, q, r, s は定数, n は任意の自然数)

☐❹ 調和数列

各項の逆数が等差数列となる数列を調和数列という。

必修編

解答⇨別冊 *p.141*

〈等差数列の一般項〉

★433 次の等差数列の初項, 公差, 一般項を求めよ。

(1) 第 3 項が 11, 第 10 項が 39 の等差数列 $\{a_n\}$

(2) 第 6 項が 7, 第 30 項が -5 の等差数列 $\{a_n\}$

★434 等差数列 500, 492, 484, 476, …について, 次の問いに答えよ。

(1) 一般項 a_n を求めよ。

(2) 第何項で初めて負となるか。

(3) 正の数で 3 の倍数となる項はいくつあるか。

(4) この数列で -777 に最も近いのは第何項か。

435 第 n 項 a_n が $a_n=pn+q$ で表せる数列 $\{a_n\}$ は等差数列であることを証明せよ。ただし，p，n は定数である。

〈等差数列の和〉

★**436** 第 10 項が 15，第 20 項が 14 の等差数列がある。次の問いに答えよ。

(1) 一般項 a_n を求めよ。

(2) 第 20 項から第 100 項までの和を求めよ。 (上智大改)

★**437** 1 以上 100 以下の整数について，次のものの和を求めよ。

(1) 3 の倍数　(2) 3 または 5 の倍数

(3) 3 でも 5 でも割り切れない数

(4) 3 で割り切れないか，または 5 で割り切れない数

★**438** 初項から第 n 項までの和 S_n が次の式で表せるとき，それぞれの数列 $\{a_n\}$ は等差数列といえるか。

(1) $S_n=n^2+2n$　(2) $S_n=n^2+2n-3$

★**439** m，n は自然数で $m<n$ とする。m と n の間にあって，5 を分母とする既約分数の総和を求めよ。

実戦編

解答⇨別冊 *p.143*

★**440** 2 つの等差数列

4，7，10，13，16，19，…　…①　1000，995，990，985，980，…　…②

の共通項の個数を求めよ。また，それらの項の和を求めよ。 (東京女子大)

Hint **435** $a_{n+1}-a_n$ が一定であることを示す。
437 ベン図をかいて考える。

441 $\sum_{k=3}^{7} a_k=20$, $\sum_{k=4}^{7} a_k{}^2=120$ を満たす等差数列 $\{a_n\}$ の一般項を求めよ。ただし，公差は正とする。 （福島県医大）

442 t を $0<t<1$ の実数とし，初項 $1-t$，公差 $2t^2$ の等差数列を $\{p_n\}$，初項 1 公差 t^2 の等差数列を $\{q_n\}$，初項 $1+t$，公差 $t(1-t)$ の等差数列を $\{r_n\}$ とおく。座標平面上に点 $\mathrm{P}_n(p_n,\ 2t)$，$\mathrm{Q}_n(q_n,\ t)$，$\mathrm{R}_n(r_n,\ 1-t)$ をとるとき，次の問いに答えよ。

(1) $\triangle \mathrm{P}_n\mathrm{Q}_n\mathrm{R}_n$ の面積を S_n とおく。すべての自然数 n に対して，$S_n=S_1$ であることを示せ。

(2) S_1 の最大値とそのときの t の値を求めよ。 （山梨大）

難 **443** k を自然数とする。次の連立不等式を満たす整数の組 $(x,\ y)$ の個数を k で表せ。

$$y \leqq \frac{x}{2}+k, \quad y \geqq x-k^2, \quad x \geqq -k^2-k$$

（大阪府大）

難 **444** 等差数列 $\{a_n\}$ $(n=1,\ 2,\ \cdots)$ の初項から第 n 項までの和を S_n とする。S_n を大きい順に並べかえると第 3 項までがそれぞれ 22，21，20 となるとき，この数列の一般項 a_n を求めよ。 （群馬大）

Hint **441** $a_3=a-2d$，$a_4=a-d$，$a_5=a$，$a_6=a+d$，$a_7=a+2d$ とおいてみる。

442 $S=\frac{1}{2}|x_1y_2-x_2y_1|$ の公式が使えるように平行移動して面積を求める。

443 領域をかいて，直線 $x=-k^2-k$ 上にある点の数を数える。$y=\frac{x}{2}+k$ の傾きは $\frac{1}{2}$，$y=x-k^2$ の傾きは 1 であることに注意する。

444 初項を a，公差を d とおき，$S_n=\frac{1}{2}n\{2a+(n-1)d\}$ を $d>0$ のときと，$d\leqq 0$ のときに分けて調べる。$d\leqq 0$ のとき $0\geqq a_2\geqq a_3\geqq\cdots a_n\geqq a_{n+1}$ の場合と $a_m>0>a_{m+1}$ $(m\geqq 2)$ の場合がある。

41 等比数列

重要ポイント

❶ 等比数列の一般項

初項を a，公比を r とすると，一般項 a_n は

$$a_n=ar^{n-1}$$

❷ 等比数列の和

初項から第 n 項までの和 S_n は

$$S_n=\frac{a(1-r^n)}{1-r}=\frac{a(r^n-1)}{r-1}\quad(r\neq1)$$

$$S_n=na\quad(r=1)$$

❸ 等比数列となる条件

次のいずれかが成り立てば，数列 $\{a_n\}$ は**等比数列**である。

(i) $a_{n+1}=ra_n$

(ii) $a_n=pr^n$

(iii) $a_{n+1}{}^2=a_na_{n+2}$ （a_{n+1} は等比中項）

必修編

解答⇨別冊 p.145

〈等比数列の一般項〉

★445 等比数列について，次の問いに答えよ。

(1) 第 4 項が 12，第 7 項が 96 であるとき，一般項 a_n を求めよ。

(2) 初項が 3，公比が $\sqrt{2}$，末項が 48 のときの項数を求めよ。

(3) 初項が 3，公比が 2 の等比数列で，初めて 3000 より大きくなるのは第何項か。

〈等比数列となる条件〉

★446 (1) 等比数列をなす 3 つの正の数の和が 14 で，積が 64 であるという。この 3 数を求めよ。

(2) 1，a，b は等差数列，1，a，b^2 は等比数列である，$a\neq b$ のとき，この 2 数 a，b を求めよ。

447 三角形の 3 辺の長さが等比数列 a，ar，ar^2 をなすとき，公比 r のとり得る値の範囲を求めよ。

〈等比数列の和〉

448 次の等比数列の第 n 項 a_n を求めよ。また，初項から第 n 項までの和 S_n を求めよ。

(1) $\sqrt{3}$, 3, $3\sqrt{3}$, $\cdots$　　(2) 1, -1, 1, -1, $\cdots$

(3) a^{n-1}, $a^{n-2}b$, $a^{n-3}b^2$, $\cdots$（ただし，$ab \neq 0$）

★**449** 次の問いに答えよ

(1) 2^m（m は0または正の整数）のすべての約数の和を求めよ。ただし，ある整数の約数の中には1およびその数自身も含まれる。

(2) $2^m \cdot 3^n$（m, n は0または正の整数）のすべての約数の和を求めよ。

（慶應大）

450 (1) a 円をある年の初めに借り，その年の終わりから同額ずつ返済して，n 回で返済を完了したい。毎年返済する金額はいくらか。ただし，年利率を r，1年ごとの複利で計算するものとする。

(2) 毎月の初めに a 円ずつ積み立てると，n 年後には元利合計はいくらになるか。ただし，年利率を $12r$，1か月ごとの複利で計算するものとする。

★**451** 数列 $\{a_n\}$ の初項から第 n 項までの和 S_n が次の式で与えられるとき，一般項 a_n を求めよ。

(1) $S_n = 5^n - 1$　　(2) $S_1 = 2$，$n \geqq 2$ のとき $S_n = 2a_n$

〈等差数列・等比数列の混合問題〉

★**452** 次の問いに答えよ。

(1) 相異なる3つの実数 a, b, c が a, b, c の順に等比数列になっている。さらに，c, a, b の順に等差数列となっている。また，a, b, c の和が6である。このとき，a, b, c を求めよ。（埼玉大）

(2) 異なる3数 a, b, c がこの順に等差数列になっていて，これを並べかえた b, c, a が等比数列のとき，比 $a:b:c$ を求めよ。また数列 c, a, b は調和数列になることを示せ。

Hint **452** (2) 逆数にすると等差数列になる数列を調和数列という。

実戦編

解答⇨別冊 p.147

453 数列 $\{a_n\}$ は初項 $a_1=2$ で第 3 項 $a_3=-\dfrac{1}{2}$ である。

$S_n=\sum_{k=1}^{n}(-1)^{k-1}a_k$ $(n=1,\ 2,\ 3,\ \cdots)$ とするとき，数列 $\{S_n\}$ は等比数列となった。このとき，次の各問いに答えよ。

(1) S_n を n の式で表せ。

(2) 数列 $\{a_n\}$ の第 n 項 a_n を求めよ。 (鹿児島大)

★**454** 等差数列 $\{a_n\}$ と等比数列 $\{b_n\}$ が与えられている。次のおのおのの場合について，数列 $\{c_n\}$ の一般項を求めよ。ただし，$b_n \neq 0$ $(n=1,\ 2,\ 3,\ \cdots)$ とする。

(1) $c_n=a_n+b_n$, $c_1=2$, $c_2=4$, $c_3=7$, $c_4=12$

難 (2) $c_n=\dfrac{a_n}{b_n}$, $c_1=2$, $c_2=1$, $c_3=\dfrac{4}{9}$

455 a_1, a_2, $\cdots$, a_n を初項 1，公比 r の等比数列とし

$$b_k=a_k-(a_{k+1}+a_{k+2}+\cdots+a_n)\ (k=1,\ 2,\ \cdots,\ n-1)$$

とおく。ただし，$r \neq 0$, $n \geqq 4$ とする。

このとき，b_1, b_2, $\cdots$, b_{n-1} が等差数列となるような r の値とそのときの公差を求めよ。 (長崎大)

456 初項 a，公差 d である等差数列 $a_1=a$, a_2, a_3, $\cdots$, a_n, $\cdots$ は，第 4 項は 84 であり，第 n 項までの和 S_n は不等式 $S_{10}>0$ および $S_{11}<0$ を満たす。

(1) 公差 d の値の範囲を求めよ。

(2) $a_n<0$ となる最小の n の値を求めよ。

(3) $\{S_1,\ S_2,\ \cdots,\ S_n,\ \cdots\}$ の最大値を M とするとき，M の値の範囲を求めよ。 (山形大)

Hint **455** 数列 $\{b_n\}$ が等差数列になるとき，b_k-b_{k-1} が一定となる。

456 (2) d の値の範囲から $a_n<0$ となる項を見つける。

(3) $a_n>0$ となる項の和が最大になる。

42 いろいろな数列

重要ポイント

☐❶ Σ記号の定義

$$\sum_{k=1}^{n} a_k = a_1 + a_2 + a_3 + \cdots + a_{n-1} + a_n \quad (n \text{ は自然数})$$

☐❷ Σの性質

(i) $\displaystyle\sum_{k=1}^{n}(a_k \pm b_k) = \sum_{k=1}^{n} a_k \pm \sum_{k=1}^{n} b_k$ （複号同順）

(ii) $\displaystyle\sum_{k=1}^{n} ca_k = c\sum_{k=1}^{n} a_k$ （c は k に無関係な定数）

☐❸ 数列の和の公式

(i) $\displaystyle\sum_{k=1}^{n}\{a+(k-1)d\} = \frac{n}{2}\{2a+(n-1)d\}$ （等差数列の和）

(ii) $\displaystyle\sum_{k=1}^{n} ar^{k-1} = \begin{cases} \dfrac{a(1-r^n)}{1-r} = \dfrac{a(r^n-1)}{r-1} & (r \neq 1) \\ na & (r=1) \end{cases}$ （等比数列の和）

(iii) $\displaystyle\sum_{k=1}^{n} c = nc$ （c は定数）

(iv) $\displaystyle\sum_{k=1}^{n} k = \frac{1}{2}n(n+1)$

(v) $\displaystyle\sum_{k=1}^{n} k^2 = \frac{1}{6}n(n+1)(2n+1)$

(vi) $\displaystyle\sum_{k=1}^{n} k^3 = \left\{\frac{1}{2}n(n+1)\right\}^2$

☐❹ 階差数列の公式

数列 $\{a_n\}$ に対し，$b_n = a_{n+1} - a_n$ とおくとき，$\{b_n\}$ を $\{a_n\}$ の**階差数列**という。

$$a_n = a_1 + \sum_{k=1}^{n-1} b_k \quad (n \geqq 2)$$

☐❺ kx^{k-1} 型数列の和の求め方（$S-xS$ を利用。）

〔例〕 $S = 1 + 2x + 3x^2 + \cdots + nx^{n-1}$ $(x \neq 1)$ $\Longrightarrow$ $(1-x)S = \dfrac{1-x^n}{1-x} - nx^n$

☐❻ $\dfrac{1}{k(k+1)}$ 型数列の和の求め方（部分分数に分ける。）

〔例〕 $\displaystyle\sum_{k=1}^{n}\frac{1}{k(k+1)} = \left(1-\frac{1}{2}\right) + \left(\frac{1}{2}-\frac{1}{3}\right) + \cdots + \left(\frac{1}{n}-\frac{1}{n+1}\right) = 1 - \frac{1}{n+1}$

☐❼ 群数列

数列 $\{a_n\}$ を a_1 からいくつかずつまとめて群を作り，第 n 群の最初の項または最後の項に着目する。

必修編

解答⇨別冊 p.148

〈数列の和〉

457 次の和を求めよ。

(1) $\sum_{k=1}^{n}(2k+1)$　★(2) $\sum_{k=1}^{n}(k+1)(k+2)$　★(3) $\sum_{k=1}^{n}3\cdot\left(\frac{1}{2}\right)^{k-1}$

(4) $\sum_{m=1}^{n}\left(\sum_{k=1}^{m}k\right)$　(5) $\sum_{k=1}^{n}(2k-1)^2$　★(6) $\sum_{k=1}^{n}k(n-k+1)$

458 次の数列の初めの n 項の和を求めよ。

★(1) $1+(1+3)+(1+3+5)+\cdots+\{1+3+5+\cdots+(2n-1)\}$

(2) $1+\frac{1^2+2^2}{2}+\frac{1^2+2^2+3^2}{3}+\cdots+\frac{1^2+2^2+3^2+\cdots+n^2}{n}$

★(3) $1+(1+2)+(1+2+4)+(1+2+4+8)+\cdots$

(4) $1+\left(1-\frac{1}{2}\right)+\left(1-\frac{1}{2}+\frac{1}{4}\right)+\left(1-\frac{1}{2}+\frac{1}{4}-\frac{1}{8}\right)+\cdots$

難 (5) $18+1818+181818+18181818+1818181818+\cdots$（$n$ 項の和）

〈一般項と和の関係〉

★**459** 数列 $\{a_n\}$ の初項 a_1 から第 n 項 a_n までの和を S_n とする。
$S_n=\frac{3}{2}a_n-\frac{n}{2}$ $(n=1,\ 2,\ 3,\ \cdots)$ を満たすとき，a_n は n を用いて $a_n=$□と表される。 （日本獣医畜産大）

460 数列 $\{a_n\}$ の初項から第 n 項までの和を $S_n=-n^3+21n^2+65n$ $(n=1,\ 2,\ 3,\ \cdots)$ とする。

(1) 初項 a_1 を求めよ。　(2) 一般項 a_n を求めよ。

(3) $a_n>151$ を満たす自然数 n の値の範囲を求めよ。

(4) $a_n>151$ を満たす a_n について，それらの和を求めよ。 （大分大）

Hint **458** 第 k 項を a_k としてまず一般項を k で表す。

〈分数の和〉

461 次の和を求めよ。

(1) $\dfrac{1}{1\cdot 3}+\dfrac{1}{3\cdot 5}+\dfrac{1}{5\cdot 7}+\cdots+\dfrac{1}{(2n-1)(2n+1)}$

★(2) $\dfrac{1}{1\cdot 3}+\dfrac{1}{2\cdot 4}+\dfrac{1}{3\cdot 5}+\cdots+\dfrac{1}{n(n+2)}$

(3) $\dfrac{3}{1^2\cdot 2^2}+\dfrac{5}{2^2\cdot 3^2}+\dfrac{7}{3^2\cdot 4^2}+\cdots+\dfrac{2n+1}{n^2(n+1)^2}$

★(4) $1+\dfrac{1}{1+2}+\dfrac{1}{1+2+3}+\cdots+\dfrac{1}{1+2+3+\cdots+n}$

(5) $\dfrac{5}{1\cdot 2\cdot 3}+\dfrac{7}{2\cdot 3\cdot 4}+\dfrac{9}{3\cdot 4\cdot 5}+\cdots+\dfrac{2n+3}{n(n+1)(n+2)}$

★**462** 数列 $\dfrac{1}{1+\sqrt{2}},\ \dfrac{1}{\sqrt{2}+\sqrt{3}},\ \dfrac{1}{\sqrt{3}+\sqrt{4}},\ \cdots,\ \dfrac{1}{\sqrt{n}+\sqrt{n+1}}$ において，初めの3項までの和は□で，数列の和が10となるのは $n=$□の場合である。

（新潟薬大）

〈階差数列〉

★**463** 次の数列の第 n 項と，初項から第 n 項までの和を求めよ。

(1) 1, 2, 5, 10, 17, …　　(2) 1, 3, 7, 15, 31, …

(3) 7, 77, 777, 7777, …　　(4) 0, 1, 0, 1, 0, 1, …

（神戸大）

〈$S-xS$ の利用〉

464 次の和を求めよ。

★(1) $1+3x+5x^2+\cdots+(2n-1)x^{n-1}$　　(2) $1-2+3-4+\cdots+(-1)^{n-1}n$

Hint **462** 一般項を有理化して表す。
463 階差をとって，階差数列 $\{b_n\}$ を求める。

〈群数列〉

★465 次の数列において，下の問いに答えよ。

$\frac{1}{2}$, $\frac{1}{4}$, $\frac{3}{4}$, $\frac{1}{8}$, $\frac{3}{8}$, $\frac{5}{8}$, $\frac{7}{8}$, $\frac{1}{16}$, $\frac{3}{16}$, $\frac{5}{16}$, $\frac{7}{16}$, $\frac{9}{16}$, $\frac{11}{16}$, $\frac{13}{16}$, $\frac{15}{16}$,

$\frac{1}{32}$, $\frac{3}{32}$, $\frac{5}{32}$, …

(1) $\frac{7}{1024}$ は第何項か。

(2) $\frac{2n-1}{2^m}$ は第何項か。また，初項からその項までの和を求めよ。

ただし，m，n は正の整数で，$2^m>2n-1$ とする。　(名古屋市大)

実戦編

解答⇨別冊 p.152

466 数列 1，2，3，…，n において

(1) 異なる 2 項ずつの積の和を求めよ。

(2) (1)において，連続しない 2 整数の積の和を求めよ。　(東北大)

難★467 m が正の整数であるとき，曲線 $y=x^2-4x+2m+3$ と直線 $y=2mx$ で囲まれた部分(周を含む)に含まれる点 $(a,\ b)$ で，a，b がともに整数であるもの(格子点)の総数を求めよ。　(大阪府大)

468 正の数 a を初項とする公差 3 の等差数列を a_1，a_2，a_3，…とし，

$S_n=\frac{1}{a_1a_2}+\frac{1}{a_2a_3}+\frac{1}{a_3a_4}+\cdots+\frac{1}{a_{n-1}a_n}$ とする。

(1) 一般項 a_n を求めよ。　(2) $n\geqq 2$ のとき，S_n を a と n を用いて表せ。

(3) 100 以上のすべての n に対して，$S_n\geqq\frac{1}{3a+1}$ が成立する a の最大値を求めよ。　(千葉大)

Hint **466** (1) 例えば a，b，c について，異なる 2 項ずつの積は下の〰〰部分である。

$(a+b+c)^2=a^2+b^2+c^2+2(\underline{ab+bc+ca})$

(2) (1)の和から連続する 2 整数の積の和を引く。

467 図をかいて，直線 $x=k$ 上の格子点の数を k で表す。

469 自然数が図のように並んでいる。上から第 m 行，左から第 n 列にある数を $a_{m,\,n}$ で表す。

1	2	5	10	17	
4	3	6	11		
9	8	7	12		
16	15	14	13		

(1) $a_{1,\,n}$ と $a_{n,\,1}$ を求めよ。

(2) $a_{m,\,n}$ を求めよ。

(3) $a_{k,\,k}$ $(1 \leqq k \leqq n)$ のすべての和を求めよ。

〈図形への応用〉

470 座標平面上で不等式 $y \geqq x^2$ の表す領域を D とする。
D 内にあり，y 軸上に中心をもち原点を通る円のうち，最も半径の大きい円を C_1 とする。
自然数 n について，円 C_n が定まったとき，C_n の上部で C_n に外接する円で D 内にあり，y 軸上に中心をもつもののうち最も半径の大きい円を C_{n+1} とする。
C_n の半径を a_n とし，$b_n = a_1 + a_2 + \cdots + a_n$ とする。

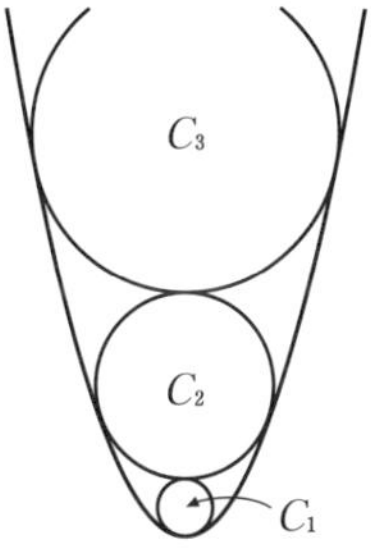

(1) a_1 を求めよ。

(2) $n \geqq 2$ のとき，a_n を b_{n-1} で表せ。

(3) a_n を n の式で表せ。 (大阪大)

★471 座標平面上に3点 O(0, 0), A(75, 75), B(50, 150) をとる。
$1 \leqq n \leqq 74$ を満たす自然数 n に対し，直線 $x = n$ が線分 OA と交わる点を C とおき，直線 $x = n$ が線分 OB あるいは BA と交わる点を D とおく。
このとき，次の問いに答えよ。

(1) 線分 CD 上にある格子点の個数 a_n を n で表せ。
ここで，格子点とは x 座標，y 座標がともに整数になる点のことである。

(2) $1 \leqq n \leqq 50$ のとき，△OCD 上の格子点の個数 β_n を n で表せ。
ここで，三角形上の格子点とはその周上および内部の格子点のことである。

(3) △OAB 上の格子点の個数 β を求めよ。

(4) $\dfrac{\beta}{2} < \beta_n$ を満たす最小の自然数 n を求めよ。 (香川大)

Hint **469** (1) $\{a_{n,\,1}\}$ は n 行1列の数列で　1, 4, 9, 16, …
$\{a_{1,\,n}\}$ は1行 n 列の数列で　$a_{1,\,n} = a_{n-1,\,1} + 1$
(2) $n \leqq m$ のときと $n > m$ のときに分ける。

470 (1) 円 C_1 の方程式を $x^2 + (y-r)^2 = r^2$ とおいて，C_1 が放物線 $y = x^2$ の内部にある条件を考える。

43 漸 化 式

重要ポイント

☐❶ 隣接 2 項間の漸化式

$\boldsymbol{a_{n+1}-a_n=f(n)}$ のとき（$f(n)$ が階差数列の一般項）

$\boldsymbol{a_n=a_1+\sum_{k=1}^{n-1}f(k)}$ $(\boldsymbol{n\geqq 2})$（$n=1$ のときの吟味をする）

$\boldsymbol{a_{n+1}=pa_n+q}$（$p\neq 1$，$p$，$q$ は定数）のとき

(i) $\boldsymbol{a_{n+1}-\alpha=p(a_n-\alpha)}$ と変形して，等比数列の公式を利用。
（**α は特性方程式 $\alpha=p\alpha+q$ の解**）

(ii) $a_{n+2}=pa_{n+1}+q$ より　$\boldsymbol{a_{n+2}-a_{n+1}=p(a_{n+1}-a_n)}$
$a_{n+1}-a_n=(a_2-a_1)p^{n-1}$ を求めて，階差数列の公式を利用。

☐❷ 分数型 2 項間の漸化式

$\boldsymbol{a_{n+1}=\dfrac{ra_n}{pa_n+q}}$（$pqr\neq 0$，$p$，$q$，$r$ は定数）

$ra_n\neq 0$ を確認してから，両辺の逆数をとる。

☐❸ 隣接 3 項間の漸化式

$\boldsymbol{a_{n+2}+pa_{n+1}+qa_n=0}$（$p$，$q$ は定数）

(i) $1+p+q=0$ のとき（**特性方程式 $x^2+px+q=0$ の解 $x=1$，q**）
$a_{n+2}-a_{n+1}=q(a_{n+1}-a_n)$ と変形して，階差数列の公式を利用。

(ii) $1+p+q\neq 0$ かつ $x^2+px+q=0$ が **2 解** α，β（$\alpha<\beta$）をもつとき

$\begin{cases}a_{n+2}-\alpha a_{n+1}=\beta(a_{n+1}-\alpha a_n)\\ a_{n+2}-\beta a_{n+1}=\alpha(a_{n+1}-\beta a_n)\end{cases}$ と 2 通りに変形して，等比数列の公式を利用し，$a_{n+1}-\alpha a_n$，$a_{n+1}-\beta a_n$ をそれぞれ求めて**差をとる**。

(ii)′ $1+p+q\neq 0$ かつ $x^2+px+q=0$ が**重解 $\alpha\neq 0$** をもつとき
$a_{n+2}-\alpha a_{n+1}=\alpha(a_{n+1}-\alpha a_n)$ と変形して　$a_{n+1}-\alpha a_n=(a_2-\alpha a_1)\alpha^{n-1}$
両辺を α^{n+1} で割ると　$\boldsymbol{\dfrac{a_{n+1}}{\alpha^{n+1}}-\dfrac{a_n}{\alpha^n}=\dfrac{a_2}{\alpha^2}-\dfrac{a_1}{\alpha}}$　数列 $\left\{\dfrac{a_n}{\alpha^n}\right\}$ は等差数列。

☐❹ 2 つの数列の連立漸化式

数列 $\{a_n\}$，$\{b_n\}$ の各項の関係が次の 2 式で与えられるとき

$\begin{cases}a_{n+1}=pa_n+qb_n\\ b_{n+1}=ra_n+sb_n\end{cases}$（$p$，$q$，$r$，$s$ は定数）

(i) $a_{n+1}+kb_{n+1}=h(a_n+kb_n)$ と変形し，等比数列の公式を利用。

(ii) b_n（または a_n）を消去して隣接 3 項間の漸化式に。

必修編

解答⇨別冊 p.155

⟨$a_{n+1}-a_n=f(n)$⟩

★472 次の数列 $\{a_n\}$ の一般項 a_n を求めよ。($n=1,\ 2,\ 3,\ \cdots$)

(1) $a_1=1,\ a_{n+1}=a_n+3$　　(2) $a_1=1,\ a_{n+1}=a_n+2^n$

(3) $a_1=1,\ a_{n+1}=a_n+(n+1)$

⟨$a_{n+1}=pa_n+q$⟩

★473 数列 $\{a_n\}$ が $a_1=0,\ a_{n+1}=3a_n+2$ ($n=1,\ 2,\ 3,\ \cdots$) …① で定められているとき，次の(1)，(2)の 2 通りの方法で a_n を求めよ。

(1) (あ) ①を $a_{n+1}-\alpha=3(a_n-\alpha)$ と変形できるように α を定めよ。

(い) 数列 $\{a_n-\alpha\}$ が等比数列であることを利用して，a_n を n の式で表せ。

(2) (あ) ①より $a_{n+1}-a_n=3(a_n-a_{n-1})$ ($n\geqq2$) を導け。

(い) 階差数列が公比 3 の等比数列であることを利用して，a_n を n の式で表せ。

★474 漸化式 $a_1=1,\ a_{n+1}=2a_n+n$ ($n=1,\ 2,\ 3,\ \cdots$) で定まる数列 $\{a_n\}$ について考える。

(1) $b_n=\dfrac{a_n}{2^n}$ とおき，数列 $\{b_n\}$ の階差数列を $\{c_n\}$ とする。すなわち，

$c_n=b_{n+1}-b_n$ と定める。数列 $\{c_n\}$ の一般項を求めよ。

(2) 数列 $\{a_n\}$ の一般項を求めよ。　(首都大東京)

⟨分数型 2 項間の漸化式⟩

★475 数列 $\{a_n\}$ が $a_1=1,\ a_{n+1}=\dfrac{a_n}{a_n+2}$ ($n=1,\ 2,\ 3,\ \cdots$) で与えられているとき，次の問いに答えよ。

(1) $b_n=\dfrac{1}{a_n}$ とおくことによって，$b_n,\ b_{n+1}$ の関係式を求めよ。

(2) a_n を n の式で表せ。

Hint
472 $a_{n+1}-a_n=f(n)$ 型の漸化式の公式を用いる。
473 $a_{n+1}=pa_n+q$ ($p\neq1$) 型の漸化式の求め方にしたがう。
474 (1) $b_n=b_1+\sum_{k=1}^{n-1}b_k$ ($n\geqq2$) を用いる。(2) $S-xS$ をつくる。
475 両辺の逆数をとる。

〈隣接 3 項間の漸化式〉

476 $a_1=0$, $a_2=1$, $2a_{n+2}-a_{n+1}-a_n=0$ ($n=1, 2, 3, \cdots$) において

(1) $b_n=a_{n+1}-a_n$ とおくとき，数列 $\{b_n\}$ は等比数列であることを示せ。

(2) a_n を n の式で表せ。

477 a_1, a_2, a_3, …は $a_{n+2}-3a_{n+1}+2a_n=0$ ($n=1, 2, 3, \cdots$) を満たすとする。$a_1=3$, $a_2=5$ であるとき，次の問いに答えよ。

(1) a_3, a_4 の値を求めよ。

(2) $a_{n+1}-a_n$ を n を用いて表せ。

(3) 数列 $\{a_n\}$ の一般項を求めよ。 (宇都宮大)

★**478** $a_1=0$, $a_2=1$, $a_{n+2}-5a_{n+1}+6a_n=0$ ($n=1, 2, 3, \cdots$) で定められる数列 $\{a_n\}$ について

(1) 数列 $\{a_{n+1}-2a_n\}$, $\{a_{n+1}-3a_n\}$ はそれぞれ等比数列であることを示せ。

(2) $a_{n+1}-2a_n$, $a_{n+1}-3a_n$ をそれぞれ n の式で表せ。

(3) (2)の結果を用いて，a_n を n の式で表せ。

479 $a_1=1$, $a_2=4$, $a_{n+2}-4a_{n+1}+4a_n=0$ ($n=1, 2, 3, \cdots$) となる数列 $\{a_n\}$ がある。

(1) $b_n=a_{n+1}-2a_n$ とおくとき，数列 $\{b_n\}$ は等比数列になることを示せ。

(2) a_n を求めよ。

(3) $S_n=a_1+a_2+\cdots+a_n$ を求めよ。

Hint **476** (1) $a_{n+2}-a_{n+1}=r(a_{n+1}-a_n)$ の形になる。
477 (2) $a_{n+2}-a_{n+1}=r(a_{n+1}-a_n)$ の形にする。
478 $a_{n+2}-\alpha a_{n+1}=\beta(a_{n+1}-\alpha a_n)$ の形に変形する。
479 (1) $a_{n+2}-2a_{n+1}=r(a_{n+1}-2a_n)$ の形にする。

実戦編

解答⇨別冊 p.157

480 次の漸化式で定まる数列 $\{a_n\}$ の第 n 項 a_n $(n=1,\ 2,\ 3,\ \cdots)$ を n の式で表せ。

(1) $a_1=1,\ a_{n+1}=\left(1+\dfrac{1}{n}\right)a_n$　　(2) $a_1=\dfrac{1}{4},\ a_{n+1}+a_n=n$

(3) $a_1=1,\ na_{n+1}=(n+1)a_n+1$　　難(4) $a_1=1,\ 2a_{n+1}=a_n+(-1)^{n+1}$

★**481** 数列 $\{a_n\}$ が $a_1=0,\ a_{n+1}=\dfrac{3a_n+2}{a_n+2}$ $(n=1,\ 2,\ 3,\ \cdots)$ で与えられている。

(1) $x=\dfrac{3x+2}{x+2}$ の2つの解を $\alpha,\ \beta$ $(\alpha<\beta)$ とする。$b_n=\dfrac{a_n-\beta}{a_n-\alpha}$ とするとき，数列 $\{b_n\}$ は等比数列となることを示せ。

(2) 一般項 a_n を求めよ。

482 b を0でない定数とし，次の漸化式で数列 $\{a_n\}$ を定義する。

$a_0=1,\ a_1=b,\ (n+1)a_{n+1}+ba_{n-1}=(n+b)a_n$ $(n=1,\ 2,\ 3,\ \cdots)$

(1) $(n+1)a_{n+1}=ba_n$ が成り立つことを証明し，一般項 a_n を求めよ。

(2) $\displaystyle\sum_{k=0}^{n}\frac{a_{k+2}}{a_k}$ を求めよ。　　（三重大）

483 数列 $\{a_n\}$ が $\begin{cases} a_3=7 \\ a_{2k-1}+a_{2k}=8k^2-4k-3 & (k=1,\ 2,\ 3,\ \cdots) \\ a_{2k}+a_{2k+1}=8k^2+4k-3 & (k=1,\ 2,\ 3,\ \cdots) \end{cases}$

を満たすとき，次の問いに答えよ。

(1) a_1 を求めよ。

(2) 数列 $\{a_n\}$ の一般項を求めよ。　　（和歌山大）

Hint
480 (3) 両辺を $n(n+1)$ で割る。
(4) 両辺に 2^n を掛けて 2^na_n を1つの項とみる。
481 $b_{n+1}=\dfrac{a_{n+1}-\beta}{a_{n+1}-\alpha}$ に $a_{n+1}=\dfrac{3a_n+2}{a_n+2}$ を代入する。
482 $(n+1)a_{n+1}-ba_n=na_n-ba_{n-1}$ と変形する。一般項 a_n は，$n!a_n=c_n$ とおいて求める。
483 (1) $k=1$ を与式に代入して，$a_3=7$ を代入する。

484 数列 $\{a_n\}$, $\{b_n\}$ が $\begin{cases} a_1=1 \\ b_1=5 \end{cases}$, $\begin{cases} a_{n+1}=2a_n+b_n \\ b_{n+1}=a_n+2b_n \end{cases}$ $(n=1, 2, 3, \cdots)$

で定められている。次の問いに答えよ。

(1) 数列 $\{a_n+b_n\}$, $\{a_n-b_n\}$ の一般項 a_n+b_n, a_n-b_n を求めよ。

(2) a_n, b_n を求めよ。

★**485** $\begin{cases} a_1=1 \\ b_1=1 \end{cases}$, $\begin{cases} a_{n+1}=a_n-2b_n \\ b_{n+1}=a_n+4b_n \end{cases}$ $(n=1, 2, 3, \cdots)$ で定められる数列 $\{a_n\}$, $\{b_n\}$

がある。

(1) $a_{n+1}+\alpha b_{n+1}=\beta(a_n+\alpha b_n)$ を満たす α, β の値を求めよ。

(2) a_n, b_n を求めよ。

486 2つの数列 $\{a_n\}$, $\{b_n\}$ は関係式

$$\begin{cases} a_{n+1}=\dfrac{4a_n+b_n}{6} \\ b_{n+1}=\dfrac{-a_n+2b_n}{6} \end{cases} \quad (n=1, 2, 3, \cdots)$$

を満たしており, $a_1=1$, $b_1=-2$ である。

(1) $\{a_n\}$ は $4a_{n+2}-4a_{n+1}+a_n=0$ を満たすことを示せ。

(2) $\{2^na_n\}$ は等差数列であることを示せ。

(3) $\{a_n\}$, $\{b_n\}$ の一般項を求めよ。 (愛媛大)

487 数列 $\{a_n\}$ を次のように定める。

$$a_1=2, \quad \begin{cases} a_n<100 \text{ のとき, } a_{n+1}=a_n+3 \\ a_n \geqq 100 \text{ のとき, } a_{n+1}=a_n-100 \end{cases}$$

(1) $a_n>a_{n+1}$ を満たす最小の自然数 n を m とおく。m, a_m および $\sum_{k=1}^{m} a_k$ を求めよ。

(2) a_{105} および $\sum_{k=1}^{105} a_k$ を求めよ。 (香川大)

Hint **484** (2)(1)で求めた一般項の和や差から a_n, b_n を求める。

485 (1) $a_{n+1}+\alpha b_{n+1}=\beta(a_n+\alpha b_n)$ を a_n と b_n だけの関係式にして, a_n, b_n についての恒等式とみる。

486 (1) 2式から b_n, b_{n+1} を消去して a_{n+2}, a_{n+1}, a_n だけの式にする。

44 数学的帰納法

重要ポイント

☑数学的帰納法

自然数 n について述べられた命題 P が $n \geqq n_0$ （n_0 は自然数）において成立することを証明するために,

Ⅰ　**命題 P は $n=n_0$ のとき成り立つ。**

Ⅱ　**命題 P が $n=k$ （$k \geqq n_0$）のとき成り立つと仮定すれば,**
$n=k+1$ のときも成り立つ。

の 2 つのことが成り立つことを示して証明する方法。

特に，すべての自然数について P が成り立つことを証明するときは，$n_0=1$ とする。

必修編

解答⇨別冊 p.160

〈数学的帰納法〉

488　次の等式，不等式を数学的帰納法で証明せよ。

★(1)　$1^2-2^2+3^2-4^2+\cdots+(2n-1)^2-(2n)^2=-n(2n+1)$

(2)　$\left(1-\dfrac{1}{2^2}\right)\left(1-\dfrac{1}{3^2}\right)\cdots\left\{1-\dfrac{1}{(n+1)^2}\right\}=\dfrac{n+2}{2(n+1)}$

(3)　$1-\dfrac{1}{2}+\dfrac{1}{3}-\dfrac{1}{4}+\cdots+\dfrac{1}{2n-1}-\dfrac{1}{2n}=\dfrac{1}{n+1}+\dfrac{1}{n+2}+\cdots+\dfrac{1}{2n}$　（中央大）

★(4)　$1+\dfrac{1}{2^2}+\dfrac{1}{3^2}+\cdots+\dfrac{1}{n^2} \leqq 2-\dfrac{1}{n}$

(5)　$1+\dfrac{1}{\sqrt{2}}+\dfrac{1}{\sqrt{3}}+\cdots+\dfrac{1}{\sqrt{n}}<2\sqrt{n}$

難 (6)　$(1+2+3+\cdots+n)\left(1+\dfrac{1}{2}+\dfrac{1}{3}+\cdots+\dfrac{1}{n}\right) \geqq n^2$

489　自然数 n に関する次の命題を数学的帰納法で証明せよ。

(1)　$n \geqq 4$ のとき，$2^n>n^2-n+2$

★(2)　n を自然数とするとき，$3^{n+1}+4^{2n-1}$ は 13 で割り切れる。

(3)　$n \geqq 2$，$x>0$ のとき，$(1+x)^n \geqq 1+nx+\dfrac{n(n-1)}{2}x^2$

実戦編

解答⇨別冊 p.162

★490 数列 $\{a_n\}$ を $a_1=1$，$a_{n+1}=\dfrac{{a_n}^2}{2a_n+3}$ $(n=1,\ 2,\ 3,\ \cdots)$ によって定める。

(1) $a_{n+1}<a_n$，$0<a_n\leqq 1$ を示せ。

(2) 数学的帰納法によって，$a_n\leqq \dfrac{1}{5^{n-1}}$ $(n=1,\ 2,\ 3,\ \cdots)$ を証明せよ。

（広島大）

★491 $a_1=\dfrac{3}{2}$，$a_{n+1}+2a_{n+1}a_n-3a_n=0$ $(n\geqq 1)$ で与えられている数列 $\{a_n\}$ について，a_2，a_3，a_4，a_5 の値を求めよ。また，一般項を推測し，その推測の結果が正しいことを数学的帰納法で証明せよ。（長崎大）

492 $a_1=1$，$na_{n+1}=2(a_1+a_2+\cdots+a_n)$ $(n=1,\ 2,\ 3,\ \cdots)$ で定められる数列 $\{a_n\}$ の一般項を推定し，その推定の正しいことを証明せよ。

493 $f(0)=1$ ですべての自然数 n に対して
$f(n)=f(0)+f(1)+f(2)+\cdots+f(n-1)$ が成り立つとき，$f(n)$ を推定し，その推定が正しいことを証明せよ。

494 $x=t+\dfrac{1}{t}$ とし，$P_n=t^n+\dfrac{1}{t^n}$ $(n=1,\ 2,\ 3,\ \cdots)$ とおく。

(1) P_2，P_3 を x の整式で表せ。

(2) P_n は x の n 次の整式で表されることを，数学的帰納法で示せ。（香川大）

★495 2次方程式 $x^2-3x+5=0$ の2つの解 α，β に対し，$\alpha^n+\beta^n-3^n$ はすべての正の整数 n について5の倍数となることを示せ。（東京工業大）

Hint

493 $f(1)$，$f(2)$，$f(3)$，…を求めて，$f(n)$ を推定し，数学的帰納法で証明する。

494 (2) $n=k$，$k+1$ のとき P_k，P_{k+1} がそれぞれ x の k 次式，$(k+1)$ 次式で表せると仮定して，$n=k+2$，すなわち P_{k+2} が x の $(k+2)$ 次式で表されることを示す。

495 解と係数の関係から $\alpha+\beta$，$\alpha\beta$ の値を求め，$n=k$，$k+1$ のとき成り立つと仮定して，$n=k+2$ のときに成り立つことを示す。

★496 n を自然数とするとき，次の問いに答えよ。

(1) $(2+\sqrt{3})^n$ は適当な自然数 a，b を用いて，$a+\sqrt{3}b$ と表されることを示せ。

(2) (1)のとき，$(2-\sqrt{3})^n$ は $a-\sqrt{3}b$ と表されることを示せ。

(3) $(2+\sqrt{3})^n$ の整数部分を求めよ。

難 497 数列 a_1，a_2，…，a_n，…が

$$a_1=a_2=1 \text{ かつ } a_{n+1}=a_n+2a_{n-1} \quad (n \geqq 2)$$

で定義されている。

(1) 次のことを証明せよ。

(あ) a_n $(n \geqq 1)$ は奇数である。　(い) $a_n{}^2-a_{n+1}a_{n-1}=(-2)^{n-1}$ $(n \geqq 2)$

(2) この数列の隣り合う2項は互いに素(2項の最大公約数が1)であることを証明せよ。

難 498 数列 $\{a_n\}$ を $a_1=\frac{\pi}{2}$，$a_{n+1}=\sin a_n$ で定める。

$n=1$，2，3，…に対して，$\frac{3}{\sqrt{3n}+1}<a_n<\sqrt{\frac{3}{n}}$ が成り立つことを示せ。

$\frac{3\theta}{\theta+\sqrt{3\theta^2+(3-\theta)^2}}<\sin\theta$ $(0<\theta \leqq 1)$，$\sin\theta<\sqrt{\frac{3\theta^2}{3+\theta^2}}$ $(\theta>0)$ を証明せず使ってよい。　(大阪府大)

Hint

496 (1) $n=k+1$ のとき $(2+\sqrt{3})^{k+1}=(2+\sqrt{3})(2+\sqrt{3})^k$ として $n=k$ のときの式を用いる。

497 (2) a_{n+1} と a_n が互いに素でない，すなわち最大公約数 g を用いて $a_{n+1}=g\alpha$，$a_n=g\beta$ $(g \neq 1)$ と表して矛盾を導く。

498 $n=1$ のときは $3<\pi<3.2$ であることを利用する。$n=k$ $(k \geqq 2)$ のときは，$0<\theta<\frac{\pi}{2}$ で $\sin\theta$ が単調増加であることと，条件式の θ を $\frac{3}{\sqrt{3k}+1}$ におき換えて考える。

45 確率分布

重要ポイント

❶ 確率分布

ある試行の結果により値が決まる変数 X があり，X がある値 x_i（$i=1$, 2, …, n）をとる場合の確率 p_i が定まり，$\sum_{i=1}^{n} p_i=1$ を満たすとき，X を**確率変数**といい，X のとる値とその確率の対応関係を**確率分布**という。

❷ 確率変数の平均（期待値）

確率変数 X のとる値が x_i（$i=1$, 2, …, n）のときの確率を p_i とするとき，$\sum_{i=1}^{n} x_i p_i$ を確率変数 X の**平均**（期待値）といい，$\boldsymbol{E(X)}$ で表す。

$$\boldsymbol{E(X)=\sum_{i=1}^{n} x_i p_i = x_1 p_1 + x_2 p_2 + \cdots + x_n p_n}$$

❸ 確率変数の分散と標準偏差

確率変数 X に対し，$E(X)=m$ のとき，$\sum_{i=1}^{n}(x_i-m)^2 p_i$ を X の**分散**といい，$\boldsymbol{V(X)}$ で表す。

$$\boldsymbol{V(X)=\sum_{i=1}^{n}(x_i-m)^2 p_i} = (x_1-m)^2 p_1 + (x_2-m)^2 p_2 + \cdots + (x_n-m)^2 p_n$$

$$=\boldsymbol{E(X^2)-\{E(X)\}^2}$$

$\sqrt{V(X)}$ を X の**標準偏差**といい，$\boldsymbol{\sigma(X)}$ で表す。

❹ $aX+b$ の平均と分散

X は確率変数，a, b は定数とするとき

$$\boldsymbol{E(aX+b)=aE(X)+b,\quad V(aX+b)=a^2V(X)}$$

❺ 独立な確率変数

2つの確率変数 X, Y について，

$$\boldsymbol{P(X=\alpha \text{ かつ } Y=\beta)=P(X=\alpha)\cdot P(Y=\beta)}$$

が成り立つとき，X と Y は互いに**独立**であるという。

❻ $X+Y$，XY の平均と分散

確率変数 X と Y に対し　$\boldsymbol{E(X+Y)=E(X)+E(Y)}$

確率変数 X と Y が互いに**独立**のとき

$$\boldsymbol{E(XY)=E(X)\cdot E(Y),\quad V(X+Y)=V(X)+V(Y)}$$

必修編

解答⇨別冊 p.167

〈確率分布と平均・分散〉

499 1枚の硬貨を3回続けて投げるとき，2回目までに表の出た回数 X と3回目までに表の出た回数 Y との積 $Z=XY$ の確率分布を求めよ。（愛知教育大）

★**500** 2個のさいころを投げて，出る目のうち小さくない方を X とする。

(1) X の確率分布表をつくれ。
(2) X の平均 $E(X)$ の値を求めよ。
(3) $E(X^2)$ の値を求めよ。
(4) X の標準偏差 $D(X)$ の値を求めよ。

（明星大）

〈$X+Y$，XY の平均・分散〉

501 0から9までの番号を順につけた10枚のカードの中から，1枚ずつ抜き取る。

(1) まず1枚を抜き取り，その番号を確率変数 X_1 とする。その1枚目をもとに戻してから，さらに1枚を抜き取り，その番号を確率変数 X_2 とする。
(a) $X_1=0$ であるときの $X_2=0$ である条件付き確率を求めよ。
(b) $X_1=0$ でないときの $X_2=0$ である条件付き確率を求めよ。
(c) $X_1=0$ でありかつ $X_2=0$ である確率を求めよ。
(d) $X_1=0$ であるかまたは $X_2=0$ である確率を求めよ。
(e) X_2 の平均を求めよ。
(f) X_2 の分散を求めよ。
(g) 2つの確率変数 X_1，X_2 の和 X_1+X_2 の平均を求めよ。
(h) 2つの確率変数 X_1，X_2 の積 X_1X_2 の平均を求めよ。

(2) まず1枚を抜き取り，その番号を確率変数 Y_1 とする。その1枚目をもとに戻さないで，さらに1枚を抜き取り，その番号を確率変数 Y_2 とする。
(a) $Y_1=0$ であるときの $Y_2=0$ である条件付き確率を求めよ。
(b) $Y_1=0$ でないときの $Y_2=0$ である条件付き確率を求めよ。
(c) $Y_1=0$ でありかつ $Y_2=0$ である確率を求めよ。
(d) $Y_1=0$ であるかまたは $Y_2=0$ である確率を求めよ。
(e) Y_2 の平均を求めよ。
(f) Y_2 の分散を求めよ。
(g) 2つの確率変数 Y_1，Y_2 の和 Y_1+Y_2 の平均を求めよ。
(h) 2つの確率変数 Y_1，Y_2 の積 Y_1Y_2 の平均を求めよ。（日本医大）

〈$aX+b$ の平均・分散〉

★**502** 赤玉3個と青玉2個が入っている袋から2個の玉を同時に取り出し，取り出した赤玉1個につき50円ずつもらえるゲームがある。このゲームをするのに1回30円かかるとすると，1回ゲームをするときの利益 Y 円の平均はいくらか。

503 確率変数 X の平均値を $E(X)$ とする。さいころを投げて出た目の数 X を確率変数とするとき $E(aX^2-1)=90$ となった。a の値を求めよ。 (日本大)

〈確率分布と数列の和〉

★**504** 1から n までの整数を1つずつ記入した n 枚のカードがある。この中から無作為に1枚のカードを抜き取り，記入してある数を X とする。X は確率変数である。$Y=3X+2$ とするとき，Y の平均 $E(Y)$ は ☐ であり，分散 $V(Y)$ は ☐ である。 (東京慈恵会医大)

505 n を自然数とし，0，1，2，…，$2n$ の数が1つずつ書かれたカードが合計 $(2n+1)$ 枚ある。

(1) この中から無作為にカードを1枚取り出し，そこに書かれた数を X とする。X の期待値を求めよ。

(2) (1)の X に対して，新たに Y を次の①，②により定めるとき，$k=0$，1，2，…，$2n$ として，$Y=k$ となる確率を求めよ。

① X が奇数ならば $Y=X$ とする。

② X が偶数(0も含む)ならば，そのカードを戻して新たにすべてのカードの中から無作為に1枚取り出し，そこに書かれた数を Y とする。

(3) (2)の Y の期待値を求めよ。 (山梨大)

実戦編

解答⇨別冊 *p.169*

★**506** 2つの壺A，Bがあり，Aには赤球3個と白球2個，Bには赤球2個と白球3個がそれぞれ入っている。Aから2個を取り出してBに入れ，さらにBから2個を取り出してAに戻すという操作を考える。

(1) 操作を1回行った後におけるAの赤球の個数を X_1 として，確率変数 X_1 の確率分布を示す表を作れ。また X_1 の平均を求めよ。

(2) 操作を2回続けて行った後におけるAの赤球の個数を X_2 として，$X_2=1$ となる事象の確率を求めよ。 (信州大)

Hint **505** $(2n+1)$ 枚のカードから1枚取り出すとき，その確率は $\dfrac{1}{2n+1}$ である。

507 xy 平面において，原点 $O(0,\ 0)$，点 $A(1,\ 0)$ を 2 頂点とする正三角形 OAB がある。この三角形の頂点の間を移動する点 P があり，点 P が 1 つの頂点に達した瞬間からちょうど 1 秒後に，他の 2 頂点のいずれかに等確率で $\left(\text{おのおの確率 } \dfrac{1}{2} \text{ で}\right)$ 移動しているものとする。原点 O に達した瞬間から 4 秒後の位置にある点 P について，x 座標の期待値は □ である。（奈良県医大）

508 袋の中に，1 の数字を書いたカードが 2 枚，2 の数字を書いたカードが 1 枚入っている。この袋の中から無作為に 1 枚カードを取り出す。このとき，取り出したカードの数字が 1 であればカードをもとに戻して，もう 1 枚カードを取り出すことができるが，カードの数字が 2 であればそこで試行を中止する。カードを取り出す回数は多くとも 4 回まで許されるとして，試行を中止するまでに取ったカードに書かれた数の合計を X で表す。次の問いに答えよ。

(1) $P(X=4)$ を求めよ。

(2) X の期待値 $E(X)$ を求めよ。

(3) 数字 1 が取り出されてもカードをもとに戻さない場合に，X の確率分布を求めよ。（和歌山大）

★**509** ある人がさいころを振る試行によって，部屋 A，B を移動する。さいころの目の数が 1，3 のときに限り部屋を移る。また各試行の結果，部屋 A に居る場合はその人の持ち点に 1 点を加え，部屋 B に居る場合は 1 点を減らす。持ち点は負になることもあるとする。第 n 試行の結果，部屋 A，B に居る確率をそれぞれ $P_A(n)$，$P_B(n)$ と表す。最初にその人は部屋 A に居るものとし（つまり，$P_A(0)=1$，$P_B(0)=0$ とする），持ち点は 1 とする。

(1) $P_A(1)$，$P_A(2)$，$P_A(3)$ および $P_B(1)$，$P_B(2)$，$P_B(3)$ を求めよ。また，第 3 試行の結果，その人が得る持ち点の期待値 $E(3)$ を求めよ。

(2) $P_A(n+1)$，$P_B(n+1)$ を $P_A(n)$，$P_B(n)$ を用いて表せ。

(3) $P_A(n)$，$P_B(n)$ を n を用いて表せ。

(4) 第 n 試行の結果，その人が得る持ち点の期待値 $E(n)$ を求めよ。（北海道大）

Hint **509** (3) $P_A(n)+P_B(n)=1$

(4) 第 k 試行の結果により得られる持ち点 X_k の期待値の和である。

46 二項分布

重要ポイント

❶ 二項分布

1回の試行において，事象 A の起こる確率を p とする。この試行を n 回行ったとき事象 A の起こる回数を X とすれば，X は確率変数となり，X の確率分布は　$\boldsymbol{P(X=r)={}_n\mathrm{C}_r p^r(1-p)^{n-r}}$　$(r=0,\ 1,\ \cdots,\ n)$

である。この確率分布を**二項分布**といい，$\boldsymbol{B(n,\ p)}$ で表す。

❷ 二項分布の平均・分散・標準偏差

確率変数 X が二項分布 $B(n,\ p)$ に従うとき，X の平均 $E(X)$ と分散 $V(X)$，標準偏差 $\sigma(X)$ は　$\boldsymbol{E(X)=np}$，$\boldsymbol{V(X)=npq}$，$\boldsymbol{\sigma(X)=\sqrt{npq}}$　$(q=1-p)$

必修編

解答⇨別冊*p.170*

〈二項分布〉

★**510**　5本のくじの中に当たりくじが2本入っているとする。このくじをA，Bの2人がこの順にくじを引いて最初に当たりくじを引いた人を勝ちとする。この勝負を10回行うときにAの勝つ回数 X の平均 $E(X)$ と分散 $V(X)$ を求めよ。ただし，1度取り出したくじはもとに戻さないものとする。

511　A君とB君はジャンケンを繰り返し行うものとする。1回あたりに「石」，「はさみ」，「紙」をA君は1：2：3の割合で，B君は2：1：2の割合で，過去の勝敗とは独立に出す。なおジャンケンの勝敗は以下のルールによるものとする。

(i)　「石」は「はさみ」に勝つ。

(ii)　「はさみ」は「紙」に勝つ。

(iii)　「紙」は「石」に勝つ。

(iv)　「石」と「石」，「はさみ」と「はさみ」，「紙」と「紙」のときは引き分けとする。

このとき，次の問い答えよ。

(1)　1回のジャンケンでA君が勝つ確率を求めよ。

(2)　6回のジャンケンを行ったとき，A君の勝ちが2回，B君の勝ちが2回，引き分けが2回である確率を求めよ。

(3)　900回ジャンケンを行うとき，A君が勝つ回数の期待値を求めよ。（宮崎大）

★512 Aの箱には赤球が2個，白球が1個，Bの箱には赤球が2個，白球が3個入っている。1枚の銅貨を投げて表が出ればAの箱から，裏が出ればBの箱から球を1つ取り出す，という試行を考える。1回の試行で赤球の出る確率は［　　］である。5回の独立試行で赤球の出る回数を値にとる確率変数をXとするとき，Xの平均$E(X)$と分散$V(X)$を既約分数で表せば，$E(X)=$［　　］，$V(X)=$［　　］である。 （東京慈恵会医大）

513 1回の試行で事象Aの起こる確率がpである試行をn回繰り返すとき，確率変数X_1，X_2，…，X_nを次のように定める。$i=1$，2，…，nに対し第i回目の試行でAが起これば$X_i=1$，起こらなければ$X_i=0$とする。

(1) $i=1$，2，…，nに対し，X_iの確率分布，平均$E(X_i)$，分散$V(X_i)$を求めよ。

(2) 変数$X=X_1+X_2+\cdots+X_n$とすると，$X=r$ $(0\leqq r\leqq n)$はどのような事象を表すか。また，変数Xの確率分布はどのような分布か。

(3) Xの平均$E(X)$，分散$V(X)$を求めよ。

514 赤玉r個，青玉b個，白玉w個合わせて100個入った袋がある。この袋から無作為に1個の玉を取り出し，色を調べてからもとに戻す操作をn回繰り返す。このとき，赤玉を取り出した回数をXとする。また，n回の操作でn回目に初めて青玉が出たとき，それまでに赤玉を取り出した回数をYとする。このとき，次の問いに答えよ。

(1) Xの平均と標準偏差をn，rを用いて表せ。

(2) Xの平均が$\dfrac{16}{5}$，標準偏差が$\dfrac{8}{5}$であるとき，袋の中の赤玉の個数rおよび回数nを求めよ。

(3) r，nは(2)で求めた値であり，Yの平均が$\dfrac{15}{4}$であるとき，袋の中の青玉の個数bを求めよ。 （鹿児島大）

Hint **510** 1回の勝負でAが勝つのは，1回目か3回目に当たりくじをひく場合である。
513 (1) X_iはi回目の確率だから事象Aが起こる確率はpである。
514 (3) (2)より何回目で初めて青玉が出たか，また，Yはどのような二項分布に従うかを考える。

■ 執筆　福島 國光
■ デザイン　福永 重孝
■ 図版　伊豆嶋 恵理

シグマベスト
実力強化問題集
数学Ⅱ＋B

編　者　文英堂編集部
発行者　益井英郎
印刷所　中村印刷株式会社
発行所　株式会社 文英堂

〒601-8121 京都市南区上鳥羽大物町28
〒162-0832 東京都新宿区岩戸町17
(代表)03-3269-4231

●落丁・乱丁はおとりかえします。

ΣBEST シグマベスト

実力強化問題集 数学Ⅱ＋B

解答集

文英堂

1 3次式の展開と因数分解

必修編

1

方針 展開公式を利用する。

解答 (1) $(2a+1)^3=\boldsymbol{8a^3+12a^2+6a+1}$

(2) $(3a-2b)^3=\boldsymbol{27a^3-54a^2b+36ab^2-8b^3}$

(3) $(x^2+5)^3=\boldsymbol{x^6+15x^4+75x^2+125}$

(4) $(4x-3y^2)^3=\boldsymbol{64x^3-144x^2y^2+108xy^4-27y^6}$

(5) $(x+2y)(x^2-2xy+4y^2)=\boldsymbol{x^3+8y^3}$

(6) $(3a-4b)(9a^2+12ab+16b^2)$

$=(3a-4b)\{(3a)^2+3a\cdot 4b+(4b)^2\}$

$=\boldsymbol{27a^3-64b^3}$

2

方針 展開する組合せを考えて，公式を適用する。

解答 (1) $(x+2)(x-2)(x^2+2x+4)(x^2-2x+4)$

$=(x+2)(x^2-2x+4)(x-2)(x^2+2x+4)$

$=(x^3+8)(x^3-8)=\boldsymbol{x^6-64}$

(2) $(a+b)^3(a-b)^3=\{(a+b)(a-b)\}^3$

$=(a^2-b^2)^3=\boldsymbol{a^6-3a^4b^2+3a^2b^4-b^6}$

(3) $\left(x+\dfrac{1}{x}\right)^3=x^3+3\cdot x^2\cdot\dfrac{1}{x}+3\cdot x\cdot\dfrac{1}{x^2}+\dfrac{1}{x^3}$

$=\boldsymbol{x^3+3x+\dfrac{3}{x}+\dfrac{1}{x^3}}$

(4) $\left(a-\dfrac{1}{a}\right)\left(a^2+1+\dfrac{1}{a^2}\right)=\boldsymbol{a^3-\dfrac{1}{a^3}}$

3

方針 因数分解の公式を利用する。

解答 (1) $8a^3+b^3=\boldsymbol{(2a+b)(4a^2-2ab+b^2)}$

(2) $27x^3-64y^3=\boldsymbol{(3x-4y)(9x^2+12xy+16y^2)}$

(3) $54x^3y+16y^4=2y(27x^3+8y^3)$

$=\boldsymbol{2y(3x+2y)(9x^2-6xy+4y^2)}$

(4) $x^6+26x^3y^3-27y^6=(x^3+27y^3)(x^3-y^3)$

$=\boldsymbol{(x+3y)(x^2-3xy+9y^2)(x-y)(x^2+xy+y^2)}$

(5) $(a+1)^3-b^3=(a+1-b)\{(a+1)^2+(a+1)b+b^2\}$

$=\boldsymbol{(a-b+1)(a^2+ab+b^2+2a+b+1)}$

実戦編

4

方針 因数分解の公式を利用する。

解答 (1) $x^3+9x^2+27x+27$

$=x^3+3\cdot x^2\cdot 3+3\cdot x\cdot 3^2+3^3$

$=\boldsymbol{(x+3)^3}$

(2) $x^3-6x^2y+12xy^2-8y^3$

$=x^3-3\cdot x^2\cdot 2y+3\cdot x\cdot(2y)^2-(2y)^3$

$=\boldsymbol{(x-2y)^3}$

5

方針 $a^3+b^3=(a+b)^3-3ab(a+b)$ から式変形を行う。

解答 $a^3+b^3+c^3-3abc$

$=(a+b)^3-3ab(a+b)+c^3-3abc$

$=(a+b)^3+c^3-3ab(a+b+c)$

$=(a+b+c)\{(a+b)^2-(a+b)c+c^2\}$

$\quad-3ab(a+b+c)$

$=(a+b+c)(a^2+2ab+b^2-ac-bc+c^2)$

$\quad-3ab(a+b+c)$

$=\boldsymbol{(a+b+c)(a^2+b^2+c^2-ab-bc-ca)}$

この式で $a=2x$，$b=3y$，$c=z$ とおくと

$8x^3+27y^3+z^3-18xyz$

$=\boldsymbol{(2x+3y+z)}$

$\quad\boldsymbol{\times(4x^2+9y^2+z^2-6xy-3yz-2zx)}$

2 二項定理

必修編

6

方針 二項定理の一般項にあてはめる。

解答 (1) 一般項は

${}_8C_r x^{8-r}(-2y)^r={}_8C_r(-2)^r x^{8-r}y^r$

x^5y^3 となるのは $r=3$ のときであるから

${}_8C_3(-2)^3=56\cdot(-8)=\boldsymbol{-448}$

(2) 一般項は

${}_9C_r(2x^2)^{9-r}\left(-\dfrac{1}{2x}\right)^r={}_9C_r\cdot 2^{9-r}\left(-\dfrac{1}{2}\right)^r x^{18-3r}$

x^3 となるのは $18-3r=3$ より，$r=5$ のときであるから

${}_9C_5\cdot 2^4\cdot\left(-\dfrac{1}{2}\right)^5=126\cdot\left(-\dfrac{1}{2}\right)=\boldsymbol{-63}$

(3) 一般項は ${}_7C_r(3x)^{7-r}\cdot 2^r={}_7C_r\cdot 3^{7-r}\cdot 2^r\cdot x^{7-r}$

各項の係数を

$a_r={}_7C_r\cdot 3^{7-r}\cdot 2^r$ ($r=0$, 1, 2, …, 7)

とおくと $a_r=\dfrac{7!}{r!(7-r)!}\cdot 3^{7-r}\cdot 2^r$

$$\frac{a_{r+1}}{a_r}=\frac{7!\cdot 3^{6-r}\cdot 2^{r+1}}{(r+1)!(6-r)!}\cdot\frac{r!(7-r)!}{7!\cdot 3^{7-r}\cdot 2^r}=\frac{2(7-r)}{3(r+1)}$$

$\dfrac{a_{r+1}}{a_r}>1$ となるとき　$\dfrac{2(7-r)}{3(r+1)}>1$

$14-2r>3r+3$　　$5r<11$　　$r<2.2$

よって　$a_2<a_3$

同様に，$\dfrac{a_{r+1}}{a_r}<1$ となるとき　$r>2.2$

よって　$a_3>a_4$

これより，$a_0<a_1<a_2<a_3>a_4>\cdots>a_7$ となる。

したがって，最大の係数は

$a_3=\dfrac{7!}{3!4!}\cdot 3^4\cdot 2^3=35\cdot 81\cdot 8=\mathbf{22680}$

7

方針　(1) $(\boldsymbol{2x+1})^4$ と $(\boldsymbol{x+3})^5$ の展開式の一般項を求め，その積をつくって $\boldsymbol{x}^3$ の項を考える。

(2) 各項の展開式における $\boldsymbol{x}^5$ の係数を求める。

(3) $\left(\boldsymbol{x}^2+\dfrac{\boldsymbol{y}}{\boldsymbol{x}}\right)^6$ と $(\boldsymbol{x+yz})^5$ の展開式の一般項の積をつくって $\boldsymbol{x}^5\boldsymbol{y}^6\boldsymbol{z}^3$ の項を考える。

解答　(1) $(2x+1)^4$ と $(x+3)^5$ の展開式における一般項は，それぞれ　${}_4C_r(2x)^{4-r}$，${}_5C_kx^{5-k}\cdot 3^k$ であるから，$(2x+1)^4(x+3)^5$ の展開式における一般項は

${}_4C_r(2x)^{4-r}\times{}_5C_kx^{5-k}\cdot 3^k$

$={}_4C_r\cdot{}_5C_k\cdot 2^{4-r}\cdot 3^k\cdot x^{9-r-k}$　$(0\leqq r\leqq 4,\ 0\leqq k\leqq 5)$

と表される。

x^3 となるとき，$9-r-k=3$ より　$r+k=6$

これを満たす $(r,\ k)$ の組は

$(r,\ k)=(4,\ 2),\ (3,\ 3),\ (2,\ 4),\ (1,\ 5)$ より

${}_4C_4\cdot{}_5C_2\cdot 2^0\cdot 3^2+{}_4C_3\cdot{}_5C_3\cdot 2\cdot 3^3$

$\quad+{}_4C_2\cdot{}_5C_4\cdot 2^2\cdot 3^4+{}_4C_1\cdot{}_5C_5\cdot 2^3\cdot 3^5$

$=90+2160+9720+7776=\mathbf{19746}$

(2) $(1+x)^n$ の展開式における x^5 の係数は，$n\geqq 5$ のとき ${}_nC_5$ であるから，求める係数は

${}_5C_5+{}_6C_5+{}_7C_5+{}_8C_5+{}_9C_5+{}_{10}C_5$

$=1+6+21+56+126+252=\mathbf{462}$

(3) $\left(x^2+\dfrac{y}{x}\right)^6$ と $(x+yz)^5$ の展開式における一般項は，それぞれ ${}_6C_r(x^2)^{6-r}\left(\dfrac{y}{x}\right)^r$，${}_5C_kx^{5-k}(yz)^k$

これらの積は　${}_6C_r\cdot{}_5C_k\cdot x^{17-3r-k}y^{r+k}z^k$

求めるものは $x^5y^6z^3$ の係数なので

$k=3,\ r=3$

求める係数は　${}_6C_3\cdot{}_5C_3=20\cdot 10=\mathbf{200}$

8

方針　$\mathbf{11^{13}=(1+10)^{13}}$ として二項定理で展開する。

解答　(1) $11^{13}=(1+10)^{13}$ であるから

$11^{13}={}_{13}C_0+{}_{13}C_1\cdot 10+{}_{13}C_2\cdot 10^2+\cdots+{}_{13}C_{13}\cdot 10^{13}$

$=1+130+7800+10^3({}_{13}C_3+\cdots+{}_{13}C_{13}\cdot 10^{10})$

$=7931+10^3({}_{13}C_3+\cdots+{}_{13}C_{13}\cdot 10^{10})$

$=931+1000(7+{}_{13}C_3+\cdots+{}_{13}C_{13}\cdot 10^{10})$

したがって，1000 で割ったときの余りは　**931**

(2) (1)より $11^{13}=1000X+931$（X：整数）と表せる。よって十の位の数は **3**

百の位の数は **9**

9

方針　(1) $(\boldsymbol{1+x})^n$ を二項定理で展開して，$\boldsymbol{x}$ に適当な値を代入する。

(2) ${}_n\mathrm{C}_k=\dfrac{n!}{k!(n-k)!}$ を使って，式を変形する。

そして，$(\boldsymbol{1+x})^{n-1}$ の展開式を利用する。

(3) $(\boldsymbol{1+x})^n$ の展開式と(2)の式を使う。

解答　(1) 二項定理

$(1+x)^n={}_nC_0+{}_nC_1x+{}_nC_2x^2+\cdots+{}_nC_nx^n$

において，$x=-1$ とすれば $1+x=0$ より，

${}_nC_0-{}_nC_1+{}_nC_2-\cdots+(-1)^n{}_nC_n=0$ ∎

(2) $k{}_nC_k=k\cdot\dfrac{n!}{k!(n-k)!}$

$=\dfrac{n\times(n-1)!}{(k-1)!(n-k)!}$

$=n{}_{n-1}C_{k-1}$

であるから与式は成立。∎

これを用いると

${}_nC_1+2{}_nC_2+3{}_nC_3+\cdots+n{}_nC_n$

$=n{}_{n-1}C_0+n{}_{n-1}C_1+n{}_{n-1}C_2+\cdots+n{}_{n-1}C_{n-1}$

$=n({}_{n-1}C_0+{}_{n-1}C_1+{}_{n-1}C_2+\cdots+{}_{n-1}C_{n-1})$

ここで，

$(1+x)^{n-1}={}_{n-1}C_0+{}_{n-1}C_1x+\cdots+{}_{n-1}C_{n-1}x^{n-1}$

であるから，$x=1$を代入すると

$(1+1)^{n-1}=2^{n-1}={}_{n-1}C_0+{}_{n-1}C_1+\cdots+{}_{n-1}C_{n-1}$

よって　与式$=n\cdot 2^{n-1}$ ∎

(3) $(1+x)^n={}_nC_0+{}_nC_1x+{}_nC_2x^2+\cdots+{}_nC_nx^n$ において，$x=1$ とおけば，

$2^n={}_nC_0+{}_nC_1+{}_nC_2+\cdots+{}_nC_n$　…①

また，(2)より

$n\cdot 2^{n-1}={}_nC_1+2{}_nC_2+3{}_nC_3+\cdots+n{}_nC_n$　…②

①，②の両辺をそれぞれ加えると

左辺$=2^n+n\cdot 2^{n-1}=(n+2)2^{n-1}$

右辺$={}_nC_0+2{}_nC_1+3{}_nC_2+\cdots+(n+1){}_nC_n$

よって

${}_nC_0+2{}_nC_1+3{}_nC_2+\cdots+(n+1){}_nC_n$

$=(n+2)2^{n-1}$ ∎

10

方針 $(\boldsymbol{a}+\boldsymbol{b}+\boldsymbol{c})^n=\{\boldsymbol{a}+(\boldsymbol{b}+\boldsymbol{c})\}^n$ として，まず二項定理で展開し，$\boldsymbol{a}^p$ の項を求める。さらに，$(\boldsymbol{b}+\boldsymbol{c})^{n-p}$ の $\boldsymbol{b}^q$ の項を求める。

解答 $(a+b+c)^n=\{a+(b+c)\}^n$ の展開式における a^p の項は，${}_n\mathrm{C}_p a^p(b+c)^{n-p}$ である。

また，$(b+c)^{n-p}$ の展開式における b^q の項は

${}_{n-p}\mathrm{C}_q b^q c^{n-p-q}$

ここで，$p+q+r=n$ より $r=n-p-q$ である。

よって，$a^pb^qc^r$ の係数は

$$ {}_n\mathrm{C}_p\cdot{}_{n-p}\mathrm{C}_q=\frac{n!}{p!(n-p)!}\times\frac{(n-p)!}{q!(n-p-q)!} $$
$$ =\frac{n!}{p!q!r!} $$ ∎

実戦編

11

方針 展開式の一般項から，条件を満たす $\boldsymbol{a}$ の値を求める。

解答 $\left(ax+\dfrac{2}{a^2x}\right)^{10}$ の展開式における一般項は

$$ {}_{10}\mathrm{C}_r(ax)^{10-r}\left(\frac{2}{a^2x}\right)^r={}_{10}\mathrm{C}_r a^{10-r}\left(\frac{2}{a^2}\right)^r x^{10-r}\cdot\left(\frac{1}{x}\right)^r $$
$$ ={}_{10}\mathrm{C}_r\cdot 2^r a^{10-3r}\cdot x^{10-2r} $$

x^2 となるのは，$10-2r=2$ より $r=4$ のときであるから ${}_{10}\mathrm{C}_4\cdot 2^4a^{-2}=210\cdot 16\cdot a^{-2}=560$ より　$a^2=6$

$a>0$ であるから　$a=\boxed{\sqrt{6}}$

x^{-6} となるのは，$10-2r=-6$ より $r=8$ のときである。よって，x^{-6}の係数は

$$ {}_{10}\mathrm{C}_8\cdot 2^8a^{-14}=45\cdot 2^8\cdot(\sqrt{6})^{-14}=\frac{45\cdot 2^8}{6^7}=\frac{5\cdot 3^2\cdot 2^8}{2^7\cdot 3^7} $$
$$ =\boxed{\frac{\mathbf{10}}{\mathbf{243}}} $$

12

方針 (1) $(\boldsymbol{1}+\boldsymbol{x})^n$ の展開式から導く。

(2) (1)の式において，$\boldsymbol{x}=\dfrac{\boldsymbol{1}}{\boldsymbol{n}}$ とおく。

解答 (1) $(1+x)^n$

$={}_n\mathrm{C}_0+{}_n\mathrm{C}_1x+{}_n\mathrm{C}_2x^2+{}_n\mathrm{C}_3x^3+\cdots+{}_n\mathrm{C}_nx^n$

$=1+nx+\dfrac{n(n-1)}{2}x^2+{}_n\mathrm{C}_3x^3+\cdots+{}_n\mathrm{C}_nx^n$

$x>0$ のとき，上の式の第 4 項以降はすべて正だから　$(1+x)^n\geqq 1+nx+\dfrac{n(n-1)}{2}x^2$

（等号は $n=2$ のときに成立）∎

(2) (1)において，$x=\dfrac{1}{n}$ とおくと

$$ \left(1+\frac{1}{n}\right)^n\geqq 1+n\cdot\frac{1}{n}+\frac{n(n-1)}{2}\cdot\frac{1}{n^2} $$
$$ =2+\frac{n-1}{2n}=\frac{5n-1}{2n} $$ ∎

13

方針 多項定理の一般項を利用する。

解答 (1) $(2x-y+z)^8$ の展開式における一般項は

$$ \frac{8!}{p!q!r!}(2x)^p\cdot(-y)^q\cdot z^r=\frac{8!}{p!q!r!}\cdot 2^p\cdot(-1)^qx^py^qz^r $$

ただし，p，q，r は $p+q+r=8$ を満たす 0 以上の整数とする。

$x^2y^3z^3$ は上式において $p=2$，$q=3$，$r=3$ のときであるから係数は

$$ \frac{8!}{2!3!3!}\cdot 2^2\cdot(-1)^3=560\cdot(-4)=\mathbf{-2240} $$

(2) $\left(x^2+x+\dfrac{1}{x}\right)^8$ の展開式における一般項は

$$ \frac{8!}{p!q!r!}(x^2)^p\cdot x^q\cdot\left(\frac{1}{x}\right)^r=\frac{8!}{p!q!r!}x^{2p+q-r} $$

ただし，p，q，r は，$p+q+r=8$　…①　を満たす 0 以上の整数とする。

x は，上式において$2p+q-r=1$　…②　のときであるから，①＋②より　$3p+2q=9$

これを満たす $(p,\ q)$ の組は

$(p,\ q)=(1,\ 3)$，$(3,\ 0)$

①より　$(p,\ q,\ r)=(1,\ 3,\ 4)$，$(3,\ 0,\ 5)$

よって，x の係数は

$$ \frac{8!}{1!3!4!}+\frac{8!}{3!0!5!}=280+56=\mathbf{336} $$

14

方針 多項定理の一般項を利用して $\boldsymbol{x}^4$ の係数を $\boldsymbol{a}$ で表す。この係数を，$\boldsymbol{a}$ についての 2 次関数と考えて，最小値を求める。

解答 $(1+x+ax^2)^6$ の展開式における一般項は

$$ \frac{6!}{p!q!r!}\cdot 1^p\cdot x^q\cdot(ax^2)^r=\frac{6!}{p!q!r!}a^rx^{q+2r} $$

ただし，p，q，r は $p+q+r=6$ を満たす 0 以上の整数とする。

x^4 は上式において $q+2r=4$ のときである。

これを満たす r は，$r=0$，1，2 だけなので

$(p,\ q,\ r)=(2,\ 4,\ 0)$，$(3,\ 2,\ 1)$，$(4,\ 0,\ 2)$

よって，x^4 の係数は

$$ \frac{6!}{2!4!0!}a^0+\frac{6!}{3!2!1!}a+\frac{6!}{4!0!2!}a^2 $$
$$ =15+60a+15a^2=15(a+2)^2-45 $$

ゆえに，$a=\boxed{\mathbf{-2}}$ のとき最小値 $\boxed{\mathbf{-45}}$ をとる。

3 整式の除法

必修編

15

方針 指数法則にしたがって計算する。

解答 (1) $\dfrac{-14a^3b^2}{7ab}=\boldsymbol{-2a^2b}$

(2) $\dfrac{(-a^4)^2}{(-3a^2)^3}=\dfrac{a^8}{-27a^6}=\boldsymbol{-\dfrac{1}{27}a^2}$

(3) $\dfrac{(2x^2y)^3\times9x^3y^2}{(-3x^4y^2)^2}=\dfrac{8x^6y^3\times9x^3y^2}{9x^8y^4}=\boldsymbol{8xy}$

(4) $\dfrac{4x^3y-2x^2y^2-6xy^3}{-2xy}=\dfrac{2xy(2x^2-xy-3y^2)}{-2xy}$

$=\boldsymbol{-2x^2+xy+3y^2}$

(5) $\dfrac{3a^4b^2-a^3b^3-4a^2b^4}{(2ab)^2}=\dfrac{a^2b^2(3a^2-ab-4b^2)}{4a^2b^2}$

$=\boldsymbol{\dfrac{3}{4}a^2-\dfrac{1}{4}ab-b^2}$

(6) $\left(\dfrac{6}{5}x^3y^5-\dfrac{4}{5}x^4y^3\right)\times\dfrac{5}{2x^3y^2}=\boldsymbol{3y^3-2xy}$

16

方針 割り算をして，除法の原理を適用する。**1** 次式で割る場合は，組立除法を用いると速い。

解答 (1)

$$\begin{array}{rrrr|l} 1 & 0 & 4 & -6 & 1 \\ & 1 & 1 & 5 & \\ \hline 1 & 1 & 5 & -1 & \end{array}$$

商：$\boldsymbol{x^2+x+5}$
余り：$\boldsymbol{-1}$

$\boldsymbol{x^3+4x-6=(x-1)(x^2+x+5)-1}$

(2)

$$\begin{array}{rrrr|l} 4 & 6 & -2 & 1 & -\frac{1}{2} \\ & -2 & -2 & 2 & \\ \hline 4 & 4 & -4 & 3 & \end{array}$$

$4a^3+6a^2-2a+1=\left(a+\dfrac{1}{2}\right)(4a^2+4a-4)+3$

$=(2a+1)(2a^2+2a-2)+3$

商：$\boldsymbol{2a^2+2a-2}$，余り：$\boldsymbol{3}$

$\boldsymbol{4a^3+6a^2-2a+1=(2a+1)(2a^2+2a-2)+3}$

(3) 2 次以上の式で割るときは，実際に割り算を行う。

$$\begin{array}{r|l} & x+3 \\ \hline x^2+x-1 & x^3+4x^2+4x-4 \\ & x^3+x^2-x \\ \hline & 3x^2+5x-4 \\ & 3x^2+3x-3 \\ \hline & 2x-1 \end{array}$$

係数だけ抜きだして，次のようにしてもよい。

$$\begin{array}{rrr|rrrr} & & & & & 1 & 3 \\ \hline 1 & 1 & -1 & 1 & 4 & 4 & -4 \\ & & & 1 & 1 & -1 & \\ \hline & & & & 3 & 5 & -4 \\ & & & & 3 & 3 & -3 \\ \hline & & & & & 2 & -1 \end{array}$$

商：$\boldsymbol{x+3}$，余り：$\boldsymbol{2x-1}$

$\boldsymbol{x^3+4x^2+4x-4=(x^2+x-1)(x+3)+2x-1}$

(4) 数式 A，数式 B とも降べきの順に整理してから割り算を行う。

$$\begin{array}{r|l} & a^2-a+3 \\ \hline a^2+a-1 & a^4+\qquad a^2+3a-1 \\ & a^4+a^3-a^2 \\ \hline & -a^3+2a^2+3a \\ & -a^3-a^2+a \\ \hline & 3a^2+2a-1 \\ & 3a^2+3a-3 \\ \hline & -a+2 \end{array}$$

商：$\boldsymbol{a^2-a+3}$，余り：$\boldsymbol{-a+2}$

$\boldsymbol{a^4+a^2+3a-1=(a^2+a-1)(a^2-a+3)-a+2}$

17

方針 $\boldsymbol{y}$ を定数とみて割り算をする。

解答 (1)

$$\begin{array}{r|l} & x^2+5yx+12y^2 \\ \hline x-2y & x^3+3yx^2+2y^2x-24y^3 \\ & x^3-2yx^2 \\ \hline & 5yx^2+2y^2x \\ & 5yx^2-10y^2x \\ \hline & 12y^2x-24y^3 \\ & 12y^2x-24y^3 \\ \hline & 0 \end{array}$$

商：$\boldsymbol{x^2+5xy+12y^2}$，余り：$\boldsymbol{0}$

(2)

$$\begin{array}{r|l} & 3x+(4y-5) \\ \hline 2x-(3y-1) & 6x^2-(y+7)x-12y^2+18y-3 \\ & 6x^2-(9y-3)x \\ \hline & (8y-10)x-12y^2+18y-3 \\ & (8y-10)x-(12y^2-19y+5) \\ \hline & -y+2 \end{array}$$

商：$3x+(4y-5)=\boldsymbol{3x+4y-5}$

余り：$\boldsymbol{-y+2}$

(3)　$x^2yz+xy+yz-xy^2-xz^2+z$

$=yzx^2-(y^2+z^2-y)x+yz+z$

$$\begin{array}{r|l} & zx\quad -(y-1) \\ \hline yx-z & yzx^2-(y^2+z^2-y)x+yz+z \\ & \underline{yzx^2\qquad\qquad -z^2x\qquad\qquad} \\ & \qquad -(y^2-y)x+yz+z \\ & \qquad \underline{-(y^2-y)x+yz-z} \\ & \qquad\qquad\qquad\qquad 2z \end{array}$$

商：$zx-(y-1)=\boldsymbol{xz-y+1}$

余り：$\boldsymbol{2z}$

(4)

$$\begin{array}{r|l} & x^2-(y+z)x+y^2-yz+z^2 \\ \hline x+y+z & x^3 \qquad\qquad -3yzx \qquad\qquad +y^3+z^3 \\ & \underline{x^3+(y+z)x^2} \\ & \quad -(y+z)x^2 \qquad -3yzx \\ & \quad \underline{-(y+z)x^2 \quad -(y+z)^2x} \\ & \qquad\qquad (y^2-yz+z^2)x \qquad +y^3+z^3 \\ & \qquad\qquad \underline{(y^2-yz+z^2)x+(y+z)(y^2-yz+z^2)} \\ & \qquad\qquad\qquad\qquad\qquad\qquad 0 \end{array}$$

商：$\boldsymbol{x^2+y^2+z^2-xy-yz-zx}$

余り：$\boldsymbol{0}$

18

方針　除法の原理にしたがって式をつくる。

解答　求める式を A とする。

(割られる式)＝(割る式)×(商)＋(余り) より

(1) $A=(x^2-2x-3)(x^2+1)+x-3$

$=x^4-2x^3-3x^2+x^2-2x-3+x-3$

$\boldsymbol{=x^4-2x^3-2x^2-x-6}$

(2) $3x^3-5x^2+6x+6-(x+8)=3x^3-5x^2+5x-2$

より，$A(3x-2)=3x^3-5x^2+5x-2$ が成り立つ。

$$\begin{array}{r|l} & x^2-\ \ x+1 \\ \hline 3x-2 & 3x^3-5x^2+5x-2 \\ & \underline{3x^3-2x^2} \\ & \quad -3x^2+5x \\ & \quad \underline{-3x^2+2x} \\ & \qquad\qquad 3x-2 \\ & \qquad\qquad \underline{3x-2} \\ & \qquad\qquad\quad 0 \end{array}$$

上の割り算より　$\boldsymbol{A=x^2-x+1}$

実戦編

19

方針　実際に割り算をして，余りが **0** になるように $\boldsymbol{a}$，$\boldsymbol{b}$ を決定する。

解答

$$\begin{array}{r|l} & x-2 \\ \hline x^2+2x+1 & x^3 \qquad\qquad +ax \qquad +b \\ & \underline{x^3+2x^2 \qquad +\ x\qquad\qquad} \\ & \quad -2x^2+(a-1)x \quad +b \\ & \quad \underline{-2x^2 \qquad -4x \quad -2} \\ & \qquad\qquad (a+3)x+b+2 \end{array}$$

上の割り算より，割り切れるとき，

余り $(a+3)x+b+2=0$ だから

$\boldsymbol{a=-3}$，$\boldsymbol{b=-2}$

20

方針　除法の原理から関係式をつくる。

解答　$A=(x+2)B-5$　…①

また　$B=(x+2)(x^2-4)+2$　…②

②を①に代入すると

$A=(x+2)\{(x+2)(x^2-4)+2\}-5$

$=(x+2)^2(x^2-4)+2x-1$

となるので，A を $(x+2)^2$ で割ると，余りは $\boldsymbol{2x-1}$ となる。

21

方針　除法の原理から関係式をつくる。$\boldsymbol{A}$ で割ったときの余りが **1** 次式であることに注意。

解答　$2x^3-4x^2+8x-7=AB+5x-1$ より

$AB=2x^3-4x^2+8x-7-(5x-1)$

$=2x^3-4x^2+3x-6$

$=2x^2(x-2)+3(x-2)=(x-2)(2x^2+3)$

$A+B=2x^2+x+1$

A で割ったときの余りが 1 次式だから，A の次数 2 以上である。また，AB の次数は 3 である。ここで，A が 3 次式とすると B は定数となり，これは $A+B$ が 2 次式であることに矛盾する。よって，A は 2 次式である。

ゆえに　$\boldsymbol{A=2x^2+3}$，$\boldsymbol{B=x-2}$

22

方針 (1)，(2)とも実際に割り算をして，余りの条件から a，b，c，d についての連立方程式をつくる。

解答 (1)

$$\begin{array}{rllll}
 & ax+(4a+b) & & & \\
x^3-4x^2+5x-2 \big) & ax^4 \quad +bx^3 & +cx^2 & -16x & +4 \\
 & ax^4 \quad -4ax^3 & +5ax^2 & -2ax & \\ \hline
 & (4a+b)x^3 & +(-5a+c)x^2 & +(2a-16)x & +4 \\
 & (4a+b)x^3 & -(16a+4b)x^2 & +(20a+5b)x & -(8a+2b) \\ \hline
 & & (11a+4b+c)x^2 & -(18a+5b+16)x & +8a+2b+4
\end{array}$$

上の割り算より，余りが 0 であるから

$11a+4b+c=0$ …①

$18a+5b+16=0$ …②

$8a+2b+4=0$ …③

②，③を解いて　$a=3$，$b=-14$

①に代入して　$c=23$

よって　$a-b-c=3+14-23=\boldsymbol{-6}$

(2)

$$\begin{array}{rllll}
 & ax+(2a+b) & & & \\
x^2-2x+1 \big) & ax^3 \quad +\ bx^2 & & +cx & +d \\
 & ax^3 \quad -2ax^2 & & +ax & \\ \hline
 & (2a+b)x^2 & +(-a+c)x & & +d \\
 & (2a+b)x^2 & -(4a+2b)x & & +2a+b \\ \hline
 & & (3a+2b+c)x & -2a-b+d &
\end{array}$$

上の割り算より，余りが -3 であるから

$3a+2b+c=0$ …①

$-2a-b+d=-3$ …②

$$\begin{array}{rllll}
 & ax+(-2a+b) & & & \\
x^2+2x+1 \big) & ax^3 \quad +\ bx^2 & & +cx & +d \\
 & ax^3 \quad +2ax^2 & & +ax & \\ \hline
 & (-2a+b)x^2 & +(-a+c)x & & +d \\
 & (-2a+b)x^2 & +(-4a+2b)x & & -2a+b \\ \hline
 & & (3a-2b+c)x & +2a-b+d &
\end{array}$$

上の割り算より，余りが 1 であるから

$3a-2b+c=0$ …③

$2a-b+d=1$ …④

②−④より　$-4a=-4$　$a=1$

①−③より　$4b=0$　$b=0$

①，②に代入して　$c=-3$，$d=-1$

よって　$\boldsymbol{a=1}$，$\boldsymbol{b=0}$，$\boldsymbol{c=-3}$，$\boldsymbol{d=-1}$

4 分数式の計算と式の値

必修編

23

方針 分母，分子を因数分解して約分する。

解答 (1) 与式 $=\dfrac{x+2}{2x}\times\dfrac{x(x-2)}{(x+2)(x-2)}=\boldsymbol{\dfrac{1}{2}}$

(2) 与式 $=\dfrac{(x+3)(x-2)}{(x-2)^2}\times\dfrac{(x+4)(x-2)}{(x-4)(x+3)}=\boldsymbol{\dfrac{x+4}{x-4}}$

(3) 与式 $=-\dfrac{8x^6}{y^3}\times\dfrac{x^2}{y^6}=\boldsymbol{-\dfrac{8x^8}{y^9}}$

(4) 与式 $=\dfrac{(a+2)(a-1)+2}{a-1}\div\dfrac{(a-2)(a-1)-6}{a-1}$

$=\dfrac{a^2+a}{a-1}\times\dfrac{a-1}{a^2-3a-4}$

$=\dfrac{a(a+1)}{a-1}\times\dfrac{a-1}{(a-4)(a+1)}=\boldsymbol{\dfrac{a}{a-4}}$

(5) 与式 $=\dfrac{(a-b+c)(a-b-c)}{a(a-b)}$

$\times\dfrac{(a+b)(a-b)}{(a+b-c)(a-b+c)}\times\dfrac{a(a+b-c)}{2(a+b)^2}$

$=\boldsymbol{\dfrac{a-b-c}{2(a+b)}}$

24

方針 (1)，(3)は分母を因数分解してから通分する。(2)は順序よく計算。(4)は分子を分母で割って分子の次数を下げてから計算する。

解答 (1) 与式 $=\dfrac{1}{x}+\dfrac{1}{x(x-1)}-\dfrac{1}{(x+1)(x-1)}$

$=\dfrac{(x+1)(x-1)+(x+1)-x}{x(x+1)(x-1)}$

$=\dfrac{x^2}{x(x+1)(x-1)}=\boldsymbol{\dfrac{x}{(x+1)(x-1)}}$

(2) $\dfrac{1}{x-y}+\dfrac{1}{x+y}=\dfrac{2x}{x^2-y^2}$

$\dfrac{2x}{x^2-y^2}+\dfrac{2x}{x^2+y^2}=\dfrac{2x(x^2+y^2+x^2-y^2)}{(x^2-y^2)(x^2+y^2)}$

$=\dfrac{2x\cdot 2x^2}{x^4-y^4}=\dfrac{4x^3}{x^4-y^4}$

よって，与式 $=\dfrac{4x^3}{x^4-y^4}+\dfrac{4x^3}{x^4+y^4}=\dfrac{4x^3\cdot 2x^4}{x^8-y^8}$

$=\boldsymbol{\dfrac{8x^7}{x^8-y^8}}$

(3) 与式 $=\dfrac{2}{(x-4)(2x+1)}-\dfrac{4}{(3x-2)(2x+1)}$

$-\dfrac{1}{(x-4)(3x-2)}$

$$=\frac{2(3x-2)-4(x-4)-(2x+1)}{(x-4)(3x-2)(2x+1)}$$

$$=\boldsymbol{\frac{11}{(x-4)(3x-2)(2x+1)}}$$

(4) 与式$=\left(1+\dfrac{1}{x+5}\right)-\left(1+\dfrac{5}{x+3}\right)$

$$+\left(1+\frac{5}{x+2}\right)-\left(1+\frac{1}{x}\right)$$

$$=\frac{1}{x+5}-\frac{1}{x}+\frac{5}{x+2}-\frac{5}{x+3}$$

$$=\frac{-5}{x(x+5)}+\frac{5}{(x+2)(x+3)}$$

$$=\frac{-5(x+2)(x+3)+5x(x+5)}{x(x+5)(x+2)(x+3)}$$

$$=\frac{-5(x^2+5x+6-x^2-5x)}{x(x+2)(x+3)(x+5)}$$

$$=-\boldsymbol{\frac{30}{x(x+2)(x+3)(x+5)}}$$

25

方針 通分して，分子を計算する。

解答 (1) 与式$=\dfrac{z(x-y)+x(y-z)+y(z-x)}{xyz}$

$$=\boldsymbol{0}$$

(2) 与式$=\dfrac{(a+b)c-(b+c)a-(c+a)b}{abc}$

$$=-\frac{2ab}{abc}=\boldsymbol{-\frac{2}{c}}$$

〔別解〕 $\dfrac{a+b}{ab}-\dfrac{b+c}{bc}-\dfrac{c+a}{ca}$

$$=\frac{a}{ab}+\frac{b}{ab}-\frac{b}{bc}-\frac{c}{bc}-\frac{c}{ca}-\frac{a}{ca}$$

$$=\frac{1}{b}+\frac{1}{a}-\frac{1}{c}-\frac{1}{b}-\frac{1}{a}-\frac{1}{c}=\boldsymbol{-\frac{2}{c}}$$

(3) 与式$=\dfrac{-a(b-c)-b(c-a)-c(a-b)}{(a-b)(b-c)(c-a)}=\boldsymbol{0}$

(4) 与式$=\dfrac{-a^2(b-c)-b^2(c-a)-c^2(a-b)}{(a-b)(b-c)(c-a)}$

$$=\frac{-a^2(b-c)-b^2c+ab^2-c^2a+c^2b}{(a-b)(b-c)(c-a)}$$

$$=\frac{-a^2(b-c)-bc(b-c)+a(b^2-c^2)}{(a-b)(b-c)(c-a)}$$

$$=-\frac{a^2(b-c)-a(b+c)(b-c)+bc(b-c)}{(a-b)(b-c)(c-a)}$$

$$=-\frac{(b-c)\{a^2-(b+c)a+bc\}}{(a-b)(b-c)(c-a)}$$

$$=-\frac{(b-c)(a-b)(a-c)}{(a-b)(b-c)(c-a)}=\boldsymbol{1}$$

26

方針 式を整理してから代入していく。

解答 (1) 与式$=\dfrac{y+x}{xy}$

$$=\frac{(\sqrt{5}-\sqrt{2})+(\sqrt{5}+\sqrt{2})}{(\sqrt{5}+\sqrt{2})(\sqrt{5}-\sqrt{2})}=\boldsymbol{\frac{2\sqrt{5}}{3}}$$

(2) 与式$=\dfrac{x^2+y^2+z^2}{xyz}$

$$=\frac{(\sqrt{3}-\sqrt{2})^2+(2\sqrt{3}+\sqrt{2})^2+(4+\sqrt{6})^2}{(\sqrt{3}-\sqrt{2})(2\sqrt{3}+\sqrt{2})(4+\sqrt{6})}$$

$$=\frac{5-2\sqrt{6}+14+4\sqrt{6}+22+8\sqrt{6}}{(4-\sqrt{6})(4+\sqrt{6})}$$

$$=\boldsymbol{\frac{41+10\sqrt{6}}{10}}$$

27

方針 (　)内の分数を計算して規則性をつかむ。

解答 与式$=\left(\dfrac{m-1}{m}\right)\left(\dfrac{m}{m+1}\right)\left(\dfrac{m+1}{m+2}\right)\cdots\left(\dfrac{n-1}{n}\right)$

$$=\boldsymbol{\frac{m-1}{n}}$$

28

方針 分母，分子に適当な因数を掛けて分母を払う。

解答 (1) 与式$=\dfrac{\dfrac{c}{a}\times a}{\dfrac{b}{a}\times a}=\boldsymbol{\dfrac{c}{b}}$

(2) 与式$=\dfrac{\left(\dfrac{1}{a}-\dfrac{1}{b}\right)\times ab}{\left(1-\dfrac{b}{a}\right)\times ab}=\dfrac{b-a}{ab-b^2}=\dfrac{-(a-b)}{b(a-b)}$

$$=\boldsymbol{-\frac{1}{b}}$$

(3) 与式$=\dfrac{\left(1-\dfrac{x-y}{x+y}\right)\times(x+y)}{\left(1+\dfrac{x-y}{x+y}\right)\times(x+y)}=\dfrac{x+y-x+y}{x+y+x-y}$

$$=\boldsymbol{\frac{y}{x}}$$

(4) 与式$=\dfrac{x}{x-\dfrac{(x+2)\times x}{\left(x+2-\dfrac{x-1}{x}\right)\times x}}$

$$=\frac{x}{x-\dfrac{x^2+2x}{x^2+2x-x+1}}$$

$$=\frac{x\times(x^2+x+1)}{\left(x-\dfrac{x^2+2x}{x^2+x+1}\right)\times(x^2+x+1)}$$

$$=\frac{x(x^2+x+1)}{x^3+x^2+x-x^2-2x}=\frac{x(x^2+x+1)}{x(x^2-1)}$$

$$=\boldsymbol{\frac{x^2+x+1}{x^2-1}}$$

29

方針 分母が最小になるときを考える。

解答 $x^2-6x+11=(x-3)^2+2\geqq 2$

よって，2 次式 $x^2-6x+11$ は，x の値にかかわらず $\boxed{2}$ 以上である。また

$$\frac{2}{x^2-6x+11}=\frac{2}{(x-3)^2+2}\leqq\frac{2}{2}=1$$

であるから，最大値は $\boxed{\mathbf{1}}$，そのときの x の値は $x=\boxed{3}$ である。

実戦編

30

方針 (1)，(2)は対称式の基本変形を利用する。(3)は，まず a の分母を有理化する。

$a^5+\dfrac{1}{a^5}=\left(a^3+\dfrac{1}{a^3}\right)\left(a^2+\dfrac{1}{a^2}\right)-\left(a+\dfrac{1}{a}\right)$ と変形する。

解答 (1) $x^3+\dfrac{1}{x^3}=\left(x+\dfrac{1}{x}\right)^3-3x\cdot\dfrac{1}{x}\left(x+\dfrac{1}{x}\right)$

$=3^3-3\cdot1\cdot3=27-9=\mathbf{18}$

(2) 与式 $=\left(x^3-\dfrac{1}{x^3}\right)-2\left(x^2+\dfrac{1}{x^2}\right)$

$=\left(x-\dfrac{1}{x}\right)^3+3\left(x-\dfrac{1}{x}\right)-2\left\{\left(x-\dfrac{1}{x}\right)^2+2\right\}$

$=2^3+3\cdot2-2(2^2+2)=8+6-12=\mathbf{2}$

(3) $a=\dfrac{2(3+\sqrt{5})}{(3-\sqrt{5})(3+\sqrt{5})}=\dfrac{3+\sqrt{5}}{2}$，$\dfrac{1}{a}=\dfrac{3-\sqrt{5}}{2}$ より

$a+\dfrac{1}{a}=\dfrac{3+\sqrt{5}}{2}+\dfrac{3-\sqrt{5}}{2}=\mathbf{3}$

$a^2+\dfrac{1}{a^2}=\left(a+\dfrac{1}{a}\right)^2-2=3^2-2=\mathbf{7}$

$a^3+\dfrac{1}{a^3}=\left(a+\dfrac{1}{a}\right)^3-3\left(a+\dfrac{1}{a}\right)=3^3-3^2=18$

$a^5+\dfrac{1}{a^5}=\left(a^3+\dfrac{1}{a^3}\right)\left(a^2+\dfrac{1}{a^2}\right)-\left(a+\dfrac{1}{a}\right)$

$=18\times7-3=\mathbf{123}$

31

方針 $x-\dfrac{1}{x}=X$ とおいて，条件式を X で表す。

解答 $x^3-\dfrac{1}{x^3}+x^2+\dfrac{1}{x^2}=-1$ より

$\left\{\left(x-\dfrac{1}{x}\right)^3+3\left(x-\dfrac{1}{x}\right)\right\}+\left\{\left(x-\dfrac{1}{x}\right)^2+2\right\}=-1$

$X=x-\dfrac{1}{x}$ とおくと　$X^3+3X+X^2+3=0$

$X(X^2+3)+X^2+3=0$　　$(X+1)(X^2+3)=0$

x は実数より，X も実数であるから　$X^2+3\neq0$

ゆえに　$X=-1$　　よって　$x-\dfrac{1}{x}=\mathbf{-1}$

32

方針 両辺を x^2 $(\neq0)$ で割って $x+\dfrac{1}{x}$ の 2 次方程式にする。

解答 $x=0$ は方程式の解ではないから両辺を x^2 で割ると

$x^2+2x-3+\dfrac{2}{x}+\dfrac{1}{x^2}=0$

$x^2+\dfrac{1}{x^2}+2\left(x+\dfrac{1}{x}\right)-3=0$

$\left(x+\dfrac{1}{x}\right)^2-2+2\left(x+\dfrac{1}{x}\right)-3=0$

$\left(x+\dfrac{1}{x}\right)^2+2\left(x+\dfrac{1}{x}\right)-5=0$

$x+\dfrac{1}{x}=X$ とおくと

$X^2+2X-5=0$

これより　$X=-1\pm\sqrt{1^2-1\cdot(-5)}$

$=-1\pm\sqrt{6}$

よって　$x+\dfrac{1}{x}=\mathbf{-1\pm\sqrt{6}}$

33

方針 条件式 $=k$ とおく。

解答 $\dfrac{x+y}{6}=\dfrac{y+z}{4}=\dfrac{z+x}{3}=k$ とおくと

$x+y=6k$　…①

$y+z=4k$　…②

$z+x=3k$　…③

(①＋②＋③)÷2 より　$x+y+z=\dfrac{13}{2}k$　…④

④－①より　$z=\dfrac{13}{2}k-6k=\dfrac{1}{2}k$

④－②より　$x=\dfrac{13}{2}k-4k=\dfrac{5}{2}k$

④－③より　$y=\dfrac{13}{2}k-3k=\dfrac{7}{2}k$

これらを $\dfrac{3x+5z}{2y+z}$ に代入して

$$\frac{3\cdot\frac{5}{2}k+5\cdot\frac{1}{2}k}{2\cdot\frac{7}{2}k+\frac{1}{2}k}=\frac{\frac{15+5}{2}k}{\frac{14+1}{2}k}=\frac{20}{15}=\mathbf{\frac{4}{3}}$$

34

方針 $\boldsymbol{z=(x+y)k,\ x=(y+z)k,\ y=(z+x)k}$ として，3つの式の左辺と右辺をそれぞれ加える。

解答 $z=(x+y)k,\ x=(y+z)k,\ y=(z+x)k$
3式を辺々加えて　$x+y+z=2(x+y+z)k$
ゆえに　$(2k-1)(x+y+z)=0$
$x+y+z\neq 0$ ならば　$k=\dfrac{1}{2}$
$x+y+z=0$ ならば　$x+y=-z$ だから

$$k=\frac{z}{x+y}=\frac{z}{-z}=-1$$
よって　$\boldsymbol{k=\dfrac{1}{2},\ -1}$

35

方針 $\boldsymbol{c=-\dfrac{1}{ab}}$ として与式に代入する。

解答 $abc=-1$ より，$c=-\dfrac{1}{ab}$ を与式に代入して

$$\text{与式}=\frac{1}{ab-a+1}+\frac{1}{b\cdot\left(-\frac{1}{ab}\right)-b+1}+\frac{1}{\left(-\frac{1}{ab}\right)a-\left(-\frac{1}{ab}\right)+1}$$
$$=\frac{1}{ab-a+1}+\frac{1}{-\frac{1}{a}-b+1}+\frac{1}{-\frac{1}{b}+\frac{1}{ab}+1}$$
$$=\frac{1}{ab-a+1}+\frac{a}{-1-ab+a}+\frac{ab}{-a+1+ab}$$
$$=\frac{1-a+ab}{ab-a+1}=\boldsymbol{1}$$

36

方針 各項を部分分数に分解する。

解答 (1) 与式$=\dfrac{1}{2}\left(\dfrac{1}{x-1}-\dfrac{1}{x+1}\right)$

$$+\frac{1}{2}\left(\frac{1}{x+1}-\frac{1}{x+3}\right)+\frac{1}{2}\left(\frac{1}{x+3}-\frac{1}{x+5}\right)$$
$$+\frac{1}{2}\left(\frac{1}{x+5}-\frac{1}{x+7}\right)+\frac{1}{2}\left(\frac{1}{x+7}-\frac{1}{x+9}\right)$$
$$=\frac{1}{2}\left(\frac{1}{x-1}-\frac{1}{x+9}\right)=\boldsymbol{\frac{5}{(x-1)(x+9)}}$$

(2) 与式$=\dfrac{1}{1+x}+\dfrac{1}{1-x}+\left(\dfrac{-1}{1+x}+\dfrac{2}{1+2x}\right)$
└ 部分分数に分解する

$$+\left(\frac{-1}{1-x}+\frac{2}{1-2x}\right)+\left(\frac{-2}{1+2x}+\frac{3}{1+3x}\right)$$
$$+\left(\frac{-2}{1-2x}+\frac{3}{1-3x}\right)$$
$$=\frac{3}{1+3x}+\frac{3}{1-3x}=\boldsymbol{\frac{6}{(1+3x)(1-3x)}}$$

37

方針 分母，分子を $\boldsymbol{y^2}$ で割り，$\boldsymbol{\dfrac{x}{y}=t}$ とおいて $\boldsymbol{t}$ の分数式として考える。

解答 与式の分母，分子を y^2 で割ると

$$\text{与式}=\frac{2\cdot\frac{x^2}{y^2}-4\cdot\frac{x}{y}+7}{2\cdot\frac{x^2}{y^2}-4\cdot\frac{x}{y}+5}$$

$t=\dfrac{x}{y}$　$(t>0)$ とおくと

$$\text{与式}=\frac{2t^2-4t+7}{2t^2-4t+5}=1+\frac{2}{2t^2-4t+5}$$
$$=1+\frac{2}{2(t-1)^2+3}\leqq 1+\frac{2}{3}=\frac{5}{3}$$

等号は $t=1$，すなわち $x=y$ のとき成立する。
ゆえに，求める最大値は $\boxed{\dfrac{5}{3}}$

5 恒等式

必修編

38

方針 展開して左辺と右辺を比べる。

解答 恒等式は(1)と(2)である。
(3)は $\sqrt{x^2}=|x|$ なので恒等式ではない。
(4)は $\dfrac{1}{x}-\dfrac{1}{y}=\dfrac{y-x}{xy}\neq\dfrac{x-y}{xy}$ なので恒等式ではない。

39

方針 係数比較法か代入法を用いる。
(2)は $\boldsymbol{X=x+1}$ とおく。(代入法を用いてもよい。)

解答 (1) $x=0$ を代入して　$3a=3$　　$a=1$
$x=1$ を代入して　$2b=4$　　$b=2$
$x=-1$ を代入して　$8a+2c=4$
この式に $a=1$ を代入して　$2c=-4$　　$c=-2$
逆にこのとき等式は成立する。
よって　$\boldsymbol{a=1,\ b=2,\ c=-2}$
〔別解〕 左辺を展開し，整理すると
$(a+b+c)x^2+(-4a+b-c)x+3a=x^2+3$
同じ次数の項を比較して
$a+b+c=1,\ -4a+b-c=0,\ 3a=3$
これを解いて
$\boldsymbol{a=1,\ b=2,\ c=-2}$

(2) $X=x+1$ とおくと $x=X-1$ だから
与えられた等式に代入して
$$aX^3+bX^2+cX+d=(X-1)^3$$
$$=X^3-3X^2+3X-1$$
X についての恒等式だから
$\boldsymbol{a=1,\ b=-3,\ c=3,\ d=-1}$
〔別解〕 $x=0,\ -1,\ 1,\ -2$ を代入して
$a+b+c+d=0,\ d=-1,$
$8a+4b+2c+d=1,\ -a+b-c+d=-8$
これを解いて
$\boldsymbol{a=1,\ b=-3,\ c=3,\ d=-1}$
逆にこのとき等式は成立する。

(3) 両辺を展開して整理すると
$$x^4+6x^3+15x^2+18x+9$$
$$=x^4+2ax^3+(a^2+2b)x^2+2abx+b^2$$
同じ次数の項を比較して
$2a=6,\ a^2+2b=15,\ 2ab=18,\ b^2=9$
これを解いて $\boldsymbol{a=3,\ b=3}$

(4) 右辺を展開すると
$$x^4+x^2+b$$
$$=x^4+(a+c)x^3+(d+1+ac)x^2+(ad+c)x+d$$
同じ次数の係数を比較して
$a+c=0$ …①
$d+1+ac=1$ より $ac+d=0$ …②
$ad+c=0$ …③ $d=b$ …④
①より $c=-a$ これを②，③に代入して
$-a^2+d=0,\ ad-a=0$
$d=a^2$ を $ad-a=0$ に代入して
$a^3-a=0$ $a(a+1)(a-1)=0$
よって $a=0,\ 1,\ -1$
$a=0$ のとき $b=0,\ c=0,\ d=0$
$a=1$ のとき $b=1,\ c=-1,\ d=1$
$a=-1$ のとき $b=1,\ c=1,\ d=1$
これより
$\boldsymbol{a=0,\ b=0,\ c=0,\ d=0}$
$\boldsymbol{a=1,\ b=1,\ c=-1,\ d=1}$
$\boldsymbol{a=-1,\ b=1,\ c=1,\ d=1}$

Check Point
係数比較法…求めた文字の値が解になる。(吟味不要)
数値代入法…x に特別な値を代入して，未定係数を求めた場合は，その値がもとの式を x についての恒等式にしていることを確かめておく。

40

方針 展開して x について整理し，同じ項の係数を比較する。

解答 (1) 左辺を展開して整理すると
$$(1+b^2)x^2-(2a+4b)xy+(a^2+4)y^2$$
$$=5x^2-2xy+cy^2$$
係数を比較して
$1+b^2=5$ …①，$2a+4b=2$ …②，
$a^2+4=c$ …③
①より $b=\pm2$
$b=2$ のとき $a=-3,\ c=13$
$b=-2$ のとき $a=5,\ c=29$
よって
$\boldsymbol{(a,\ b,\ c)=(-3,\ 2,\ 13),\ (5,\ -2,\ 29)}$

(2) 右辺 $=x^3+cx^2y+dx^2+axy^2+acy^3+ady^2+bx$
$+bcy+bd$
左辺と係数を比較して
$c=3,\ d=-1,\ a=1,\ ac=3,\ ad=-1,$
$b=-3,\ bc=-9,\ bd=3$
これを解いて
$\boldsymbol{(a,\ b,\ c,\ d)=(1,\ -3,\ 3,\ -1)}$

41

方針 分母を払って，整式の恒等式にする。

解答 (1) 両辺に $x^2+3x+2=(x+1)(x+2)$ を掛けて
$$x^2+4x+5=x^2+3x+2+A(x+2)+B(x+1)$$
$$=x^2+(A+B+3)x+2A+B+2$$
同じ次数の項を比較して
$A+B+3=4,\ 2A+B+2=5$
これを解いて $\boldsymbol{A=2,\ B=-1}$

〔別解〕 $\dfrac{x^2+4x+5}{x^2+3x+2}=1+\dfrac{x+3}{x^2+3x+2}$
$$=1+\frac{A}{x+1}+\frac{B}{x+2}$$
$$\frac{x+3}{x^2+3x+2}=\frac{A}{x+1}+\frac{B}{x+2}$$
両辺に $(x+1)(x+2)$ を掛けて
$$x+3=A(x+2)+B(x+1)$$
$$=(A+B)x+2A+B$$
同じ次数の項を比較して
$A+B=1,\ 2A+B=3$
これを解いて $\boldsymbol{A=2,\ B=-1}$

(2) 両辺に $x^3+1=(x+1)(x^2-x+1)$ を掛けて
$$3=A(x^2-x+1)+(Bx+C)(x+1)$$
$$=(A+B)x^2+(-A+B+C)x+A+C$$
同じ次数の項を比較して

$A+B=0,\ -A+B+C=0,\ A+C=3$

これを解いて　$\boldsymbol{A=1,\ B=-1,\ C=2}$

(3) 両辺に $1-x^4=(1-x)(1+x)(1+x^2)$ を掛けて

$4=A(1+x)(1+x^2)+B(1-x)(1+x^2)$
$\quad+C(1-x)(1+x)$
$\quad=(A-B)x^3+(A+B-C)x^2+(A-B)x$
$\quad+A+B+C$

同じ次数の項を比較して

$A-B=0,\ A+B-C=0,\ A+B+C=4$

これを解いて　$\boldsymbol{A=1,\ B=1,\ C=2}$

42

方針　$\boldsymbol{k}$ について整理して，各項の係数を $\boldsymbol{0}$ にする。

解答　(1) 与式を展開して k について整理すると　$(x+y-5)k+(x-y+1)=0$

これがすべての実数 k について成り立つとき

$x+y-5=0,\ x-y+1=0$

これを解いて　$\boldsymbol{x=2,\ y=3}$

(2) 与式より

$(x^2-7x-y+19)k+(x-y+4)=0$

これがすべての実数 k について成り立つとき

$x^2-7x-y+19=0$　…①

$x-y+4=0$　…②

②より　$y=x+4$　　これを①に代入して整理すると

$x^2-8x+15=0$　　$(x-3)(x-5)=0$

よって　$x=3,\ 5$

ゆえに　$x=\boxed{3},\ y=\boxed{7}$,

または　$x=\boxed{5},\ y=\boxed{9}$

(3) 与式より

$(x-2y+2z+4)k^2+(x-3y+1)k$
$\qquad+(2x-4y+3z)=0$

これがどのような k の値についても成り立つとき

$x-2y+2z+4=0,\ x-3y+1=0,$
$2x-4y+3z=0$

これを解いて　$\boldsymbol{x=38,\ y=13,\ z=-8}$

実戦編

43

方針　$\boldsymbol{y=1-x}$ を代入し，$\boldsymbol{x}$ についての恒等式と考える。

解答　$y=1-x$ を与式に代入して x について整理すると

$ax^2+bx(1-x)+c(1-x)^2=1$

$(a-b+c)x^2+(b-2c)x+c-1=0$

x についての恒等式になるから

$a-b+c=0,\ b-2c=0,\ c-1=0$

これを解いて　$\boldsymbol{a=1,\ b=2,\ c=1}$

Check Point

・すべての実数 $\boldsymbol{k}$ で成り立つ。
・どのような $\boldsymbol{k}$ の値でも成り立つ。
・任意の $\boldsymbol{k}$ の値で成り立つ。
これらはすべて，$\boldsymbol{k}$ についての恒等式

44

方針　条件(A)から，$\boldsymbol{x}$ についての恒等式をつくる。(B)，(C)の条件からは $\boldsymbol{x=1,\ 2}$ を代入して $\boldsymbol{f(0)=f(1)=1,\ f(-1)=f(2)}$ の関係式が得られる。

解答　(A)から，

$$x^4f\left(\frac{1}{x}\right)=x^4\left(\frac{a}{x^4}+\frac{b}{x^3}+\frac{c}{x^2}+\frac{d}{x}+e\right)$$
$$=a+bx+cx^2+dx^3+ex^4$$
$$=ax^4+bx^3+cx^2+dx+e$$

同じ次数の項の係数を比較して

$e=a,\ d=b$　…①

(C)より $f(1)=1$ だから，(B)に $x=1$ を代入すると

$f(0)=f(1)=1$

よって　$e=1,\ a+b+c+d+e=1$　…②

(B)に $x=2$ を代入すると，$f(-1)=f(2)$ だから

$a-b+c-d+e=16a+8b+4c+2d+e$

ゆえに　$15a+9b+3c+3d=0$　…③

①，②より　$a=e=1,\ 2b+c=-1$　…④

$a=1$ と①，③より　$12b+3c=-15$　…⑤

④，⑤を解いて　$b=-2,\ c=3$

これより　$f(x)=x^4-2x^3+3x^2-2x+1$

逆にこのとき，（十分条件で求めたので必要性を示す。）

(A)は $x^4f\left(\frac{1}{x}\right)=1-2x+3x^2-2x^3+x^4=f(x)$

(B)は $f(1-x)=(1-x)^4-2(1-x)^3+3(1-x)^2$
$\qquad-2(1-x)+1$
$\quad=(1-x)^2\{(1-x)^2-2(1-x)+3\}$
$\qquad+2x-1$
$\quad=(x^2-2x+1)(x^2+2)+2x-1$
$\quad=x^4-2x^3+3x^2-2x+1=f(x)$

(C)は $f(1)=1$ となり，(A)，(B)，(C)を満たす。

よって　$\boldsymbol{a=1,\ b=-2,\ c=3,\ d=-2,\ e=1}$

6 等式の証明

必修編

45

方針 等式 $A=B$ の証明方法にしたがって，**左辺＝右辺**を示す。

解答 (1) 左辺 $=a^2c^2+a^2d^2+b^2c^2+b^2d^2$

右辺 $=a^2c^2+2acbd+b^2d^2+a^2d^2-2adbc+b^2c^2$

$=a^2c^2+a^2d^2+b^2c^2+b^2d^2$

ゆえに　左辺＝右辺 ∎

(2) 左辺 $=(64a^2+16ab+b^2)+(a^2-16ab+64b^2)$

$=65(a^2+b^2)$

右辺 $=(16a^2+56ab+49b^2)+(49a^2-56ab+16b^2)$

$=65(a^2+b^2)$

ゆえに　左辺＝右辺 ∎

(3) 左辺 $=\{(a^2+b^2)+ab\}\{(a^2+b^2)-ab\}$

$=(a^2+b^2)^2-(ab)^2=a^4+2a^2b^2+b^4-a^2b^2$

$=a^4+a^2b^2+b^4=$ 右辺 ∎

(4) 左辺 $=x^2y^2-x^2-y^2+1-4xy$

$=x^2y^2-2xy+1-(x^2+y^2+2xy)$

$=(xy-1)^2-(x+y)^2$

$=\{(xy-1)+(x+y)\}\{(xy-1)-(x+y)\}$

$=(xy+x+y-1)(xy-x-y-1)=$ 右辺 ∎

(5) 左辺 $=a^2x^2+b^2x^2+c^2x^2+a^2y^2+b^2y^2+c^2y^2+a^2z^2+b^2z^2+c^2z^2$

右辺 $=a^2x^2+b^2y^2+c^2z^2+2ax\cdot by+2by\cdot cz+2cz\cdot ax+a^2y^2-2ay\cdot bx+b^2x^2+b^2z^2-2bz\cdot cy+c^2y^2+c^2x^2-2cx\cdot az+a^2z^2$

$=a^2x^2+b^2x^2+c^2x^2+a^2y^2+b^2y^2+c^2y^2+a^2z^2+b^2z^2+c^2z^2$

ゆえに　左辺＝右辺 ∎

46

方針 条件式より **1 文字を消去して**，**左辺＝右辺**を示す。

解答 (1) $a=\frac{3}{2}b$ を代入すると

左辺 $=\left(\frac{3}{2}b\right)^2\left(2\cdot\frac{3}{2}b+b\right)=\frac{9}{4}b^2\cdot 4b=9b^3=$ 右辺

よって　$a^2(2a+b)=9b^3$ ∎

(2) $c=a+b$ を代入すると

左辺 $=a^3+3ab(a+b)+b^3$

$=a^3+3a^2b+3ab^2+b^3=(a+b)^3=c^3$

＝右辺

よって　$a^3+3abc+b^3=c^3$ ∎

(3) $b=1-a$ を代入すると

左辺 $=a(a+1)+(1-a)(1-a+1)$

$=a^2+a+(1-a)(2-a)$

$=a^2+a+2-3a+a^2=2(a^2-a+1)$

右辺 $=2\{1-a(1-a)\}=2(a^2-a+1)$

よって　左辺＝右辺

したがって　$a(a+1)+b(b+1)=2(1-ab)$ ∎

〔別解〕

(2) $a+b=c$ より　$a+b-c=0$ だから

左辺－右辺

$=a^3+3abc+b^3-c^3$

$=a^3+b^3+(-c)^3-3ab(-c)$

$=(a+b-c)(a^2+b^2+c^2+bc+ca-ab)=0$

ゆえに　$a^3+3abc+b^3=c^3$ ∎

(3) $a+b=1$ より　$a+b-1=0$ だから

左辺－右辺

$=a(a+1)+b(b+1)-2(1-ab)$

$=a^2+2ab+b^2+a+b-2$

$=(a+b)^2-1+(a+b-1)$

$=(a+b+1)(a+b-1)+(a+b-1)$

$=(a+b-1)(a+b+2)=0$

ゆえに　$a(a+1)+b(b+1)=2(1-ab)$ ∎

47

方針 $a:b=c:d \Longleftrightarrow \frac{a}{b}=\frac{c}{d}=k$ とおく。

解答 $a:b=c:d$ $(b>0,\ d>0)$ から

$\frac{a}{b}=\frac{c}{d}=k$ とおくと　$a=bk,\ c=dk$

(i) 左辺 $=\frac{a+b}{a-b}=\frac{bk+b}{bk-b}=\frac{k+1}{k-1}$

右辺 $=\frac{c+d}{c-d}=\frac{dk+d}{dk-d}=\frac{k+1}{k-1}$

よって，等式は成立する。∎

(ii) 左辺 $=\frac{pa+qc}{pb+qd}=\frac{pbk+qdk}{pb+qd}=\frac{k(pb+qd)}{pb+qd}$

$=k$

右辺 $=\frac{ra+sc}{rb+sd}=\frac{rbk+sdk}{rb+sd}=\frac{k(rb+sd)}{rb+sd}$

$=k$

よって，等式は成立する。∎

Check Point

条件式が比例式のとき，**条件式＝k** とおく。

$\frac{x}{a}=\frac{y}{b}=\frac{z}{c}=k$

$\Longleftrightarrow x=ak,\ y=bk,\ z=ck$

48

方針 (1) 与式の分母，分子を因数分解して約分しておく。

(2) $x=3k$，$y=4k$，$z=5k$ とおく。

解答 (1) $a=\sqrt{3}$ より　$a^3=(\sqrt{3})^3=\mathbf{3\sqrt{3}}$

$b=\dfrac{1-\sqrt{3}}{2}$ より

$$b^3=\frac{1-3\sqrt{3}+3(\sqrt{3})^2-(\sqrt{3})^3}{8}$$

$$=\frac{1-3\sqrt{3}+9-3\sqrt{3}}{8}=\frac{10-6\sqrt{3}}{8}=\mathbf{\frac{5-3\sqrt{3}}{4}}$$

また　$(a+b)^3+a^3$

$=\{(a+b)+a\}\{(a+b)^2-(a+b)a+a^2\}$

$=(2a+b)(a^2+2ab+b^2-a^2-ab+a^2)$

$=(2a+b)(a^2+ab+b^2)$

同様にして

$(a+b)^3+b^3=(a+2b)(a^2+ab+b^2)$

よって　$\dfrac{(a+b)^3+a^3}{(a+b)^3+b^3}=\dfrac{2a+b}{a+2b}=\dfrac{2(2a+b)}{2(a+2b)}$　…①

└計算しやすいようにする

$2(2a+b)=4\sqrt{3}+1-\sqrt{3}=1+3\sqrt{3}$　…②

$2(a+2b)=2\sqrt{3}+2-2\sqrt{3}=2$　…③

①，②，③より　$\dfrac{(a+b)^3+a^3}{(a+b)^3+b^3}=\mathbf{\dfrac{1+3\sqrt{3}}{2}}$

(2) $x=3k$，$y=4k$，$z=5k$ $(k\neq 0)$ とおく。

(i) 与式$=\dfrac{x^2-y^2}{x^2+y^2}=\dfrac{9k^2-16k^2}{9k^2+16k^2}=\mathbf{-\dfrac{7}{25}}$

(ii) 与式$=\dfrac{xy+yz+zx}{x^2+y^2+z^2}=\dfrac{12k^2+20k^2+15k^2}{9k^2+16k^2+25k^2}$

$=\mathbf{\dfrac{47}{50}}$

実戦編

49

方針 (1) 条件式を代入して，因数分解する。

(2)，(3) 左辺－右辺 を因数分解する。

(4) 条件式から x，y を z で表す。

(5) 条件式の辺々を引いて $x+y+z=0$ であることを導く。

解答 (1) 条件式より

$a+b=-c$，$b+c=-a$，$c+a=-b$

だから

左辺$=a^3+b^3+c^3+3(-c)(-a)(-b)$

$=a^3+b^3+c^3-3abc$

$=(a+b+c)(a^2+b^2+c^2-ab-bc-ca)$

$a+b+c=0$ より　左辺$=0$

ゆえに　左辺＝右辺 ■

〔別解〕 $c=-a-b$ を代入して

左辺

$=a^3+b^3+(-a-b)^3+3ab(a+b)$

$=a^3+b^3-(a^3+3a^2b+3ab^2+b^3)+3a^2b+3ab^2$

$=0$ ■

(2)　$a^4+b^4+c^4-(2b^2c^2+2c^2a^2+2a^2b^2)$

$=a^4-2(b^2+c^2)a^2+b^4-2b^2c^2+c^4$

$=a^4-2(b^2+c^2)a^2+(b^2-c^2)^2$

$=a^4-2(b^2+c^2)a^2+(b+c)^2(b-c)^2$

1 ╲╱ $-(b+c)^2 \rightarrow -(b^2+2bc+c^2)$

1 ╱╲ $-(b-c)^2 \rightarrow -(b^2-2bc+c^2)$

$-2(b^2+c^2)$

$=\{a^2-(b+c)^2\}\{a^2-(b-c)^2\}$

$=\{a+(b+c)\}\{a-(b+c)\}$

$\times\{a+(b-c)\}\{a-(b-c)\}$

$=(a+b+c)(a-b-c)(a+b-c)(a-b+c)$

$=0$　($a+b+c=0$ より)

よって　$a^4+b^4+c^4=2b^2c^2+2c^2a^2+2a^2b^2$ ■

(3) $a(1+b^2)=b(1+a^2)$ より

$a(1+b^2)-b(1+a^2)=0$

$a+ab^2-b-a^2b=0$　　$a-b-ab(a-b)=0$

$(a-b)(1-ab)=0$

$a\neq b$ だから　$a-b\neq 0$

ゆえに　$1-ab=0$　　したがって　$ab=1$ ■

(4) 条件式より　$\begin{cases} 2x+y=-2z & \cdots① \\ x-2y=z & \cdots② \end{cases}$

①×2＋②より　$5x=-3z$　…③

①－2×②より　$5y=-4z$　…④

③，④より，$x=-\dfrac{3}{5}z$，$y=-\dfrac{4}{5}z$

これを代入して

$$x^2+y^2=\left(-\frac{3}{5}z\right)^2+\left(-\frac{4}{5}z\right)^2=z^2$$

よって　$x^2+y^2=z^2$ ■

(5) $x^2-yz=2$　…①，$y^2-zx=2$　…②

①－②より

$x^2-y^2+(x-y)z=0$　　$(x-y)(x+y+z)=0$

$x\neq y$ だから　$x+y+z=0$　…③

これより　$z=-(x+y)$

このとき①より　$x^2+y(x+y)=2$

$x^2+xy+y^2=2$　…④

よって　$z^2-xy=\{-(x+y)\}^2-xy$

$=x^2+xy+y^2$

④より　$z^2-xy=2$ ■

50

方針 与式$=k$ とおき，$\boldsymbol{x=(b+c)k}$，$\boldsymbol{y=(c+a)k}$，$\boldsymbol{z=(a+b)k}$ として代入する。

解答 $\dfrac{x}{b+c}=\dfrac{y}{c+a}=\dfrac{z}{a+b}=k$ とおくと

$x=(b+c)k$，$y=(c+a)k$，$z=(a+b)k$

(i) 左辺$=a(y-z)+b(z-x)+c(x-y)$

$=(c-b)x+(a-c)y+(b-a)z$

$=(c-b)(b+c)k+(a-c)(c+a)k$

$\quad+(b-a)(a+b)k$

$=\{(c^2-b^2)+(a^2-c^2)+(b^2-a^2)\}k=0$

よって，等式は成立する。▮

(ii) $ab(x+y-z)$

$=ab\{(b+c)+(c+a)-(a+b)\}k=2abck$

同様にして

$bc(y+z-x)$

$=bc\{(c+a)+(a+b)-(b+c)\}k=2abck$

$ca(z+x-y)$

$=ca\{(a+b)+(b+c)-(c+a)\}k=2abck$

よって，等式は成立する。▮

51

方針 (1) 与式$=k$ とおいて，x，y，z を k で表して代入する。

(2) $\boldsymbol{x^3+y^3+z^3-3xyz}$

$\boldsymbol{=(x+y+z)(x^2+y^2+z^2-xy-yz-zx)}$

を利用する。

解答 (1) 条件式$=k$ $(k\neq0)$ とおくと

$$\begin{cases}x+y=5k & \cdots① \\ 3y+2z=4k & \cdots② \\ 2z+3x=3k & \cdots③\end{cases}$$

(①＋②＋③)÷4 より　$x+y+z=3k$　…④

④－①より　$z=-2k$　…⑤

③，⑤より　$3x=7k$　　$x=\dfrac{7}{3}k$

②，⑤より　$3y=8k$　　$y=\dfrac{8}{3}k$

ゆえに

$$与式=\frac{x^2-y^2}{x^2-4z^2}=\frac{\frac{49}{9}k^2-\frac{64}{9}k^2}{\frac{49}{9}k^2-16k^2}$$

$$=\frac{49-64}{49-144}=\frac{-15}{-95}=\boldsymbol{\frac{3}{19}}$$

(2)(i) $x+y+z=1$ より　$(x+y+z)^2=1$

よって

$x^2+y^2+z^2+2(xy+yz+zx)=1$　…①

①に $x^2+y^2+z^2=2$ を代入して

$2+2(xy+yz+zx)=1$

ゆえに　$xy+yz+zx=\boldsymbol{-\dfrac{1}{2}}$　…②

(ii) $x+y+z=1$ より

$x+y=1-z$，$y+z=1-x$，$z+x=1-y$

また

$x^3+y^3+z^3-3xyz$

$=(x+y+z)(x^2+y^2+z^2-xy-yz-zx)$

与えられた条件と②より

$3-3xyz=1\cdot\left(2+\dfrac{1}{2}\right)$

これより　$xyz=\dfrac{1}{6}$

以上より

与式$=xy(1-z)+yz(1-x)+zx(1-y)$

$=xy+yz+zx-3xyz$

$=-\dfrac{1}{2}-3\cdot\dfrac{1}{6}=\boldsymbol{-1}$

7 不等式の証明

必修編

52

方針 左辺－右辺を因数分解したり，平方完成したりして，左辺－右辺>0 を示す。

解答 (1) 左辺－右辺

$=a^3+b^3-(a^2b+ab^2)$

$=a^3-a^2b-(ab^2-b^3)=a^2(a-b)-b^2(a-b)$

$=(a-b)(a^2-b^2)=(a+b)(a-b)^2$

$a>0$，$b>0$ より　$(a+b)(a-b)^2\geqq0$

よって　$a^3+b^3\geqq a^2b+ab^2$

等号は，$a-b=0$

すなわち $\boldsymbol{a=b}$ のとき成立する。▮

(2) 左辺－右辺

$=(a+b)(a^3+b^3)-(a^2+b^2)^2$

$=a^4+ba^3+ab^3+b^4-a^4-2a^2b^2-b^4$

$=ba^3-2a^2b^2+ab^3=ab(a^2-2ab+b^2)$

$=ab(a-b)^2$

$a>0$，$b>0$ より　$ab(a-b)^2\geqq0$

よって　$(a+b)(a^3+b^3)\geqq(a^2+b^2)^2$

等号は，$a-b=0$

すなわち $\boldsymbol{a=b}$ のとき成立する。▮

(3) 左辺－右辺

$=x^2+y^2-xy=x^2-xy+y^2$

$=x^2-xy+\dfrac{1}{4}y^2+\dfrac{3}{4}y^2=\left(x-\dfrac{y}{2}\right)^2+\dfrac{3}{4}y^2\geqq0$

よって　$x^2+y^2\geqq xy$

等号は，$x-\dfrac{y}{2}=y=0$

すなわち $\boldsymbol{x=y=0}$ のとき成立する。 ∎

(4) 左辺 $=x^2+4xy+4y^2+y^2-6y+9$

$=(x+2y)^2+(y-3)^2\geqq 0$

等号は，$x+2y=y-3=0$

すなわち $\boldsymbol{x=-6}$，$\boldsymbol{y=3}$ のとき成立する。 ∎

(5)　左辺－右辺

$=x^2+y^2+z^2+3-2(x+y+z)$

$=(x^2-2x+1)+(y^2-2y+1)+(z^2-2z+1)$

$=(x-1)^2+(y-1)^2+(z-1)^2\geqq 0$

よって　$x^2+y^2+z^2+3\geqq 2(x+y+z)$

等号は，$x-1=y-1=z-1=0$

すなわち $\boldsymbol{x=y=z=1}$ のとき成立する。 ∎

(6)　左辺－右辺

$=x^4+y^4-x^3y-xy^3$

$=x^4-x^3y-(xy^3-y^4)=x^3(x-y)-y^3(x-y)$

$=(x-y)(x^3-y^3)=(x-y)^2(x^2+xy+y^2)$

$=(x-y)^2\left\{\left(x+\dfrac{y}{2}\right)^2+\dfrac{3}{4}y^2\right\}\geqq 0$

等号は，$x-y=0$　または　$x+\dfrac{y}{2}=y=0$

すなわち $\boldsymbol{x=y}$ のとき成立する。 ∎

53

方針　両辺はともに正であるから，両辺を 2 乗して差をとる。$A>0$，$B>0$ のとき

$A>B \Longleftrightarrow A^2>B^2 \Longleftrightarrow A^2-B^2>0$

解答　(1) $(a+b)^2-(\sqrt{a^2+b^2})^2=2ab>0$

よって　$(a+b)^2>(\sqrt{a^2+b^2})^2$

ここで，$a>0$，$b>0$ より

$a+b>0$，$\sqrt{a^2+b^2}>0$

ゆえに　$a+b>\sqrt{a^2+b^2}$ ∎

(2)　$(\sqrt{2}\sqrt{a+b})^2-(\sqrt{a}+\sqrt{b})^2$

$=2(a+b)-(a+2\sqrt{a}\sqrt{b}+b)$

$=a-2\sqrt{a}\sqrt{b}+b=(\sqrt{a}-\sqrt{b})^2\geqq 0$

ゆえに　$(\sqrt{2}\sqrt{a+b})^2\geqq(\sqrt{a}+\sqrt{b})^2$

ここで，$a>0$，$b>0$ より $\sqrt{2}\sqrt{a+b}>0$，$\sqrt{a}+\sqrt{b}>0$ だから

$\sqrt{2}\sqrt{a+b}\geqq\sqrt{a}+\sqrt{b}$

等号は，$a=b$ のとき成立する。 ∎

(3)　$(2\sqrt{a}+3\sqrt{b})^2-(\sqrt{4a+9b})^2$

$=4a+12\sqrt{a}\sqrt{b}+9b-4a-9b$

$=12\sqrt{a}\sqrt{b}>0$

したがって　$(2\sqrt{a}+3\sqrt{b})^2>(\sqrt{4a+9b})^2$

ここで，$a>0$，$b>0$ より

$2\sqrt{a}+3\sqrt{b}>0$，$\sqrt{4a+9b}>0$

ゆえに　$2\sqrt{a}+3\sqrt{b}>\sqrt{4a+9b}$ ∎

(4)　$(\sqrt{3}\sqrt{a^2+b^2+c^2})^2-(a+b+c)^2$

$=3(a^2+b^2+c^2)$

$\quad-(a^2+b^2+c^2+2ab+2bc+2ca)$

$=2a^2+2b^2+2c^2-2ab-2bc-2ca$

$=a^2-2ab+b^2+b^2-2bc+c^2+c^2-2ca+a^2$

$=(a-b)^2+(b-c)^2+(c-a)^2\geqq 0$

これより　$(\sqrt{3}\sqrt{a^2+b^2+c^2})^2\geqq(a+b+c)^2$

ここで，a，b，c は正より

$\sqrt{3}\sqrt{a^2+b^2+c^2}>0$，$a+b+c>0$

ゆえに　$\sqrt{3}\sqrt{a^2+b^2+c^2}\geqq a+b+c$

等号は　$a-b=b-c=c-a=0$

すなわち $a=b=c$ のとき成立する。 ∎

54

方針　(1)，(2)は**適当な値を a，b に代入して大小の見当**をつけ，大きい方から小さい方を引いて示す。

解答　(1) 仮に $a=\dfrac{1}{3}$，$b=\dfrac{2}{3}$ とすると

$2ab=\dfrac{4}{9}$，$a^2+b^2=\dfrac{5}{9}$

よって，$2ab<\dfrac{1}{2}<a^2+b^2$ と予想できる。

$a+b=1$ から　$b=1-a$

また　$0<a<b$ より　$a<1-a$　　$2a<1$

ゆえに　$0<a<\dfrac{1}{2}$

これより

$\dfrac{1}{2}-2ab=\dfrac{1}{2}-2a(1-a)=2\left(a^2-a+\dfrac{1}{4}\right)$

$=2\left(a-\dfrac{1}{2}\right)^2>0$

$a^2+b^2-\dfrac{1}{2}=a^2+(1-a)^2-\dfrac{1}{2}=2\left(a^2-a+\dfrac{1}{4}\right)$

$=2\left(a-\dfrac{1}{2}\right)^2>0$

ゆえに　$\boldsymbol{2ab<\dfrac{1}{2}<a^2+b^2}$

(2) 仮に $a=1$，$b=2$ とすると　$\sqrt{ab}=\sqrt{2}$

$\sqrt{\dfrac{a^2+b^2}{2}}=\sqrt{\dfrac{5}{2}}$

$\dfrac{2ab}{a+b}=\dfrac{4}{3}=\sqrt{\dfrac{16}{9}}$

$\dfrac{16}{9}<2<\dfrac{5}{2}$ より，$\dfrac{2ab}{a+b}<\sqrt{ab}<\sqrt{\dfrac{a^2+b^2}{2}}$ と予

想できる。

$$(\sqrt{ab})^2-\left(\frac{2ab}{a+b}\right)^2=\frac{ab\{(a+b)^2-4ab\}}{(a+b)^2}$$

$$=\frac{ab(a-b)^2}{(a+b)^2}\geqq 0$$

$$\left(\sqrt{\frac{a^2+b^2}{2}}\right)^2-(\sqrt{ab})^2=\frac{a^2+b^2-2ab}{2}$$

$$=\frac{(a-b)^2}{2}\geqq 0$$

すべて正だから　$\boldsymbol{\frac{2ab}{a+b}\leqq\sqrt{ab}\leqq\sqrt{\frac{a^2+b^2}{2}}}$

等号は，$a=b$ のとき成立する。

55

方針　**相加平均と相乗平均の大小関係**を使う。
(4)は(3)の式を利用する。

解答　(1) $x>0$ だから　$2x>0$，$\frac{6}{x}>0$

よって，相加平均と相乗平均の大小関係により

$$2x+\frac{6}{x}\geqq 2\sqrt{2x\cdot\frac{6}{x}}=4\sqrt{3}$$

ゆえに　$2x+\frac{6}{x}\geqq 4\sqrt{3}$

等号は $2x=\frac{6}{x}$，すなわち $x^2=3$ で，

$x>0$ より $x=\sqrt{3}$ のとき成立。 ■

(2) $(2a+b)\left(\frac{2}{a}+\frac{1}{b}\right)-9=4+\frac{2a}{b}+\frac{2b}{a}+1-9$

$$=2\left(\frac{a}{b}+\frac{b}{a}\right)-4$$

ここで，$\frac{a}{b}>0$，$\frac{b}{a}>0$ だから，相加平均と相乗平均の大小関係により

$$2\left(\frac{a}{b}+\frac{b}{a}\right)-4\geqq 2\cdot 2\sqrt{\frac{a}{b}\cdot\frac{b}{a}}-4=0$$

ゆえに　$(2a+b)\left(\frac{2}{a}+\frac{1}{b}\right)\geqq 9$

等号は $\frac{a}{b}=\frac{b}{a}$，すなわち $a^2=b^2$ で，$a>0$，$b>0$ より $a=b$ のとき成立する。 ■

〔注意〕 以下のような間違いに注意。

$a>0$，$b>0$ より，$2a$，b，$\frac{2}{a}$，$\frac{1}{b}$ は正である。

ゆえに，相加平均と相乗平均の大小関係により

$2a+b\geqq 2\sqrt{2a\cdot b}=2\sqrt{2}\sqrt{ab}$　…①

$\frac{2}{a}+\frac{1}{b}\geqq 2\sqrt{\frac{2}{a}\cdot\frac{1}{b}}=2\sqrt{2}\cdot\frac{1}{\sqrt{ab}}$　…②

①×②より　$(2a+b)\left(\frac{2}{a}+\frac{1}{b}\right)\geqq 8$　…(誤)

これでは証明にならない。見かけは左辺≧8 であるが，①，②で等号が成立するのは，

$2a=b$ …③　かつ　$\frac{2}{a}=\frac{1}{b}$ より　$a=2b$ …④

③，④は $a=b=0$ のとき以外は同時に成り立たないから，$(2a+b)\left(\frac{2}{a}+\frac{1}{b}\right)=8$ となることはない。

(3) a，b，c は正だから，相加平均と相乗平均の大小関係により

$b+c\geqq 2\sqrt{bc}$（等号成立は $b=c$ のとき），

$c+a\geqq 2\sqrt{ca}$（等号成立は $c=a$ のとき），

$a+b\geqq 2\sqrt{ab}$（等号成立は $a=b$ のとき）

3 式の両辺はすべて正で $a=b=c$ のとき等号が成り立つから，3 式の辺々を掛けて

$(b+c)(c+a)(a+b)\geqq 8\sqrt{bc}\sqrt{ca}\sqrt{ab}$

ゆえに　$(b+c)(c+a)(a+b)\geqq 8abc$

等号は $a=b=c$ のとき成立する。 ■

Check Point

$A>B>0$，$C>D>0\Rightarrow AC>BD$

（ただし，逆はいえない。）

(4) (3)より　$(b+c)(c+a)(a+b)\geqq 8abc$　…①

$2x=b+c$，$2y=c+a$，$2z=a+b$ とおくと，

a，b，c は正より，x，y，z は正

3 式を加えると　$2(x+y+z)=2(a+b+c)$

ゆえに　$x+y+z=a+b+c$

この式から上の各式を引くと

$y+z-x=a$，$z+x-y=b$，$x+y-z=c$

以上の結果を①に代入して

$8xyz\geqq 8(y+z-x)(z+x-y)(x+y-z)$

ゆえに　$xyz\geqq(y+z-x)(z+x-y)(x+y-z)$

等号は，$a=b=c$ のとき，すなわち

$x=y=z$ のとき成立する。 ■

56

方針　(1) 両辺はともに正であるから，2 乗して差をとる。

(2)は(1)の不等式を利用する。$\boldsymbol{b}$ を $\boldsymbol{-b}$ とおく。

(3)は(2)の不等式を利用する。$\boldsymbol{a}$ を $\boldsymbol{a-c}$，$\boldsymbol{b}$ を $\boldsymbol{b-c}$ とおく。等号成立条件は，(2)で示した

$|\boldsymbol{a}+(-\boldsymbol{b})|\leqq|\boldsymbol{a}|+|-\boldsymbol{b}|$ の

等号成立条件

$\boldsymbol{a}\cdot(-\boldsymbol{b})\geqq 0$（$\boldsymbol{a}$ と $(-\boldsymbol{b})$ は同符号）

を用いる。

(4)は(1)の不等式を利用する。$\boldsymbol{a}$ を $\boldsymbol{a+b}$，$\boldsymbol{b}$ を $\boldsymbol{c}$ とおく。

(5) $\boldsymbol{p}=|\boldsymbol{a}+\boldsymbol{b}|+|\boldsymbol{a}-\boldsymbol{b}|$ とおいて，$\boldsymbol{p}^2$ を計算する。

解答　(1) 両辺ともに正であるので2乗して差をとると

$(|a|+|b|)^2-|a+b|^2$

$=a^2+2|ab|+b^2-(a^2+2ab+b^2)$

$=2(|ab|-ab)\geqq 0$

よって　$|a+b|^2\leqq(|a|+|b|)^2$

ここで，$|a+b|\geqq 0$，$|a|+|b|\geqq 0$ であるので

$|a+b|\leqq|a|+|b|$

等号は，$|ab|=ab$，すなわち $ab\geqq 0$ のとき成立する。 ■

(2) (1)の b に $(-b)$ をあてはめると

$|a+(-b)|\leqq|a|+|-b|$

よって　$|a-b|\leqq|a|+|b|$

等号は，$a\cdot(-b)\geqq 0$　すなわち　$ab\leqq 0$ のとき成立する。 ■

(3) (2)の a に $(a-c)$ を，b に $(b-c)$ をあてはめると　$|(a-c)-(b-c)|\leqq|a-c|+|b-c|$

ゆえに　$|a-b|\leqq|a-c|+|b-c|$

等号は，$(a-c)(b-c)\leqq 0$ のとき成立する。 ■

(4) (1)の a に $(a+b)$ を，b に c をあてはめると

$|(a+b)+c|\leqq|a+b|+|c|$

すなわち　$|a+b+c|\leqq|a+b|+|c|$　…①

また，(1)の結果より　$|a+b|\leqq|a|+|b|$

したがって　$|a+b|+|c|\leqq|a|+|b|+|c|$　…②

①，②より　$|a+b+c|\leqq|a|+|b|+|c|$

等号は，$(a+b)c\geqq 0$ かつ $ab\geqq 0$

すなわち $a\geqq 0$，$b\geqq 0$，$c\geqq 0$

または $a\leqq 0$，$b\leqq 0$，$c\leqq 0$ のとき成立する。 ■

(5) $p=|a+b|+|a-b|$ とおくと

$p^2=2a^2+2b^2+2|a^2-b^2|$

(i) $a^2\geqq b^2$ のとき　$p^2=4a^2$

$p\geqq 0$ より　$p=2|a|<2$

(ii) $a^2<b^2$ のとき　$p^2=4b^2$

$p\geqq 0$ より　$p=2|b|<2$

したがって　$|a+b|+|a-b|<2$ ■

実戦編

57

方針　(1) 左辺−右辺を因数分解する。
(2) (i) 左辺−右辺>0 を示す。(ii) (i) の式で a を ab とおいて，(i)の不等式を利用する。

解答　(1) 右辺−左辺

$=xy+yz+zx+1-(xyz+x+y+z)$

$=1-x-y+xy-z(1-x-y+xy)$

$=(1-x-y+xy)(1-z)$

$=\{(1-x)-y(1-x)\}(1-z)$

$=(1-x)(1-y)(1-z)>0$

よって　$xyz+x+y+z<xy+yz+zx+1$ ■

(2)　(i) $ab+1-(a+b)=(1-a)-b(1-a)$

$=(1-a)(1-b)>0$　ゆえに　$ab+1>a+b$ ■

(ii) $|a|<1$，$|b|<1$ より　$|ab|<1$　かつ　$|c|<1$

ゆえに(i)より　$ab\cdot c+1>ab+c$

したがって　$abc+2>(ab+c)+1=(ab+1)+c$

一方(i)より，$ab+1>a+b$ だから

$(ab+1)+c>(a+b)+c=a+b+c$

ゆえに　$abc+2>a+b+c$ ■

58

方針　$|\boldsymbol{a}+\boldsymbol{b}|\leqq|\boldsymbol{a}|+|\boldsymbol{b}|$ より

$$\frac{|\boldsymbol{a}+\boldsymbol{b}|}{1+|\boldsymbol{a}+\boldsymbol{b}|}\leqq\frac{|\boldsymbol{a}|+|\boldsymbol{b}|}{1+|\boldsymbol{a}|+|\boldsymbol{b}|}$$

であることを示し，この式を利用する。

解答　a，b が実数のとき　$|a+b|\leqq|a|+|b|$
(等号は $ab\geqq 0$ のとき) であるから

$$\frac{1}{|a+b|}\geqq\frac{1}{|a|+|b|}$$

$$1+\frac{1}{|a+b|}\geqq 1+\frac{1}{|a|+|b|}$$

$$\frac{1+|a+b|}{|a+b|}\geqq\frac{1+|a|+|b|}{|a|+|b|}$$

両辺ともに正であるので，逆数をとると

$$\frac{|a+b|}{1+|a+b|}\leqq\frac{|a|+|b|}{1+|a|+|b|}$$

(等号は，$ab\geqq 0$ のとき成立。)

ここで

$$\frac{|a|+|b|}{1+|a|+|b|}=\frac{|a|}{1+|a|+|b|}+\frac{|b|}{1+|a|+|b|}$$

$$\leqq\frac{|a|}{1+|a|}+\frac{|b|}{1+|b|}$$

(等号は，$a=b=0$ のとき成立。)

よって　$\dfrac{|a+b|}{1+|a+b|}\leqq\dfrac{|a|}{1+|a|}+\dfrac{|b|}{1+|b|}$

等号は，$\dfrac{|a|}{1+|a|+|b|}=\dfrac{|a|}{1+|a|}$

かつ $\dfrac{|b|}{1+|a|+|b|}=\dfrac{|b|}{1+|b|}$ より，$a=b=0$ のとき成立する。 ■

59

方針 (1) 左辺−右辺≧0を示す。

(2) (1)の式で $a=b=c=1$ とおく。

(3) (1)の式で $a=1$, $b=2$, $c=3$ とおく。

(4) (1)の式で $a=\sqrt{p}$, $b=\sqrt{q}$, $c=\sqrt{r}$, $x=\sqrt{px}$, $y=\sqrt{qy}$, $z=\sqrt{rz}$ とおく。

解答 (1) 左辺−右辺

$=a^2x^2+b^2x^2+c^2x^2+a^2y^2+b^2y^2+c^2y^2$
$\quad +a^2z^2+b^2z^2+c^2z^2-(a^2x^2+b^2y^2+c^2z^2$
$\quad +2abxy+2bcyz+2cazx)$

$=b^2x^2-2abxy+a^2y^2+c^2y^2-2bcyz+b^2z^2$
$\quad +a^2z^2-2cazx+c^2x^2$

$=(bx-ay)^2+(cy-bz)^2+(az-cx)^2\geqq 0$

ゆえに

$(a^2+b^2+c^2)(x^2+y^2+z^2)\geqq(ax+by+cz)^2$

等号は，$bx-ay=cy-bz=az-cx=0$ のとき成立する。 ▮

〔注意〕 $abc\neq 0$ ならば“等号成立は $\dfrac{x}{a}=\dfrac{y}{b}=\dfrac{z}{c}$ のとき”とかき直しておく。

(2) (1)で $a=b=c=1$ として

$(1^2+1^2+1^2)(x^2+y^2+z^2)\geqq(1\cdot x+1\cdot y+1\cdot z)^2$

$x^2+y^2+z^2=3$ を代入して　$3\cdot 3\geqq(x+y+z)^2$

$|x+y+z|\leqq 3$　　$x+y+z\leqq 3$

等号は，$x=y=z=1$ のとき成立する。 ▮

(3) (1)で $a=1$, $b=2$, $c=3$ として

$(1^2+2^2+3^2)(x^2+y^2+z^2)\geqq(x+2y+3z)^2$

$x+2y+3z=1$ を代入して　$14(x^2+y^2+z^2)\geqq 1$

すなわち　$\dfrac{1}{14}\leqq x^2+y^2+z^2$

等号は，$\dfrac{x}{1}=\dfrac{y}{2}=\dfrac{z}{3}$ のとき　すなわち

$x=\dfrac{1}{14}$, $y=\dfrac{1}{7}$, $z=\dfrac{3}{14}$ のとき成立する。 ▮

(4) $p>0$, $q>0$, $r>0$, $x\geqq 0$, $y\geqq 0$, $z\geqq 0$ だから

(1)において $a=\sqrt{p}$, $b=\sqrt{q}$, $c=\sqrt{r}$, $x=\sqrt{px}$, $y=\sqrt{qy}$, $z=\sqrt{rz}$ とおくと

$\{(\sqrt{p})^2+(\sqrt{q})^2+(\sqrt{r})^2\}$
$\quad\times\{(\sqrt{px})^2+(\sqrt{qy})^2+(\sqrt{rz})^2\}$

$\geqq(\sqrt{p}\sqrt{px}+\sqrt{q}\sqrt{qy}+\sqrt{r}\sqrt{rz})^2$

よって　$(p+q+r)(px+qy+rz)$
$\quad\geqq(p\sqrt{x}+q\sqrt{y}+r\sqrt{z})^2$

$p+q+r=1$ を代入して

$px+qy+rz\geqq(p\sqrt{x}+q\sqrt{y}+r\sqrt{z})^2$

$p>0$, $q>0$, $r>0$, $x\geqq 0$, $y\geqq 0$, $z\geqq 0$ より

$\sqrt{px+qy+rz}\geqq 0$, $p\sqrt{x}+q\sqrt{y}+r\sqrt{z}\geqq 0$

したがって　$p\sqrt{x}+q\sqrt{y}+r\sqrt{z}\leqq\sqrt{px+qy+rz}$

等号は，$\dfrac{\sqrt{px}}{\sqrt{p}}=\dfrac{\sqrt{qy}}{\sqrt{q}}=\dfrac{\sqrt{rz}}{\sqrt{r}}$ すなわち

$x=y=z$ のとき成立する。 ▮

Check Point

(1), (2)と続く不等式では，(1)の不等式を利用して(2)を証明するパターンがよくある。
式の形が似ている不等式の証明では，前問の不等式の活用を考える。

60

方針 (1) まず，$b^3<a^3$, $a^2<b^2$ から $b<0$ であることを示す。

(2) $\sqrt{\ }$ を含む式は両辺を2乗する。

解答 (1) $b^3<a^3$ より　$a^3-b^3>0$

$(a-b)(a^2+ab+b^2)>0$

$(a-b)\left\{\left(a+\dfrac{b}{2}\right)^2+\dfrac{3}{4}b^2\right\}>0$

$a\neq b$ だから　$\left(a+\dfrac{b}{2}\right)^2+\dfrac{3}{4}b^2>0$

よって　$a>b$

$0\leqq b<a$ とすると　$b^2<a^2$

これは，$a^2<b^2$ に矛盾　ゆえに　$b<0$

このとき，$ab<b$ より　$a>1$

$a^2<b^2$ より　$(b+a)(b-a)>0$

$a>b$ だから　$b-a<0$

よって　$b+a<0$

$b<-a<-1$

ゆえに　$b<-1<0<1<a$

(2) (i) $(\sqrt{a}+\sqrt{b})^2<(\sqrt{c}+\sqrt{d})^2$ より

$a+2\sqrt{ab}+b<c+2\sqrt{cd}+d$

$a+b=c+d$ だから　$\sqrt{ab}<\sqrt{cd}$

よって　$ab<cd$

(ii) $a>b>0$ より　$\sqrt{a}-\sqrt{b}>0$

$\sqrt{c}-\sqrt{d}\leqq 0$ のとき　$\sqrt{a}-\sqrt{b}>\sqrt{c}-\sqrt{d}$

$\sqrt{c}-\sqrt{d}>0$ のとき

$(\sqrt{a}-\sqrt{b})^2-(\sqrt{c}-\sqrt{d})^2$

$=(a-2\sqrt{ab}+b)-(c-2\sqrt{cd}+d)=(\mathrm{A})$

$a+b=c+d$ であるから

$(\mathrm{A})=-2(\sqrt{ab}-\sqrt{cd})>0$

((i)より $ab<cd$ であるから　$\sqrt{ab}<\sqrt{cd}$)

よって，$(\sqrt{a}-\sqrt{b})^2>(\sqrt{c}-\sqrt{d})^2$ より

$\sqrt{a}-\sqrt{b}>\sqrt{c}-\sqrt{d}$

以上より　$\sqrt{a}-\sqrt{b}>\sqrt{c}-\sqrt{d}$

61

方針 両辺がともに正であることを確認し，2 乗して差をとる。

解答 任意の正の実数 a, b, x, y に対して
$\sqrt{ax+by}>0$, $\sqrt{x+y}>0$, $\sqrt{a}x+\sqrt{b}y>0$
このとき
$(\sqrt{ax+by}\sqrt{x+y})^2-(\sqrt{a}x+\sqrt{b}y)^2$
$=\{ax^2+(a+b)xy+by^2\}-(ax^2+2\sqrt{a}\sqrt{b}xy+by^2)$
$=(a-2\sqrt{a}\sqrt{b}+b)xy=(\sqrt{a}-\sqrt{b})^2xy\geqq 0$
よって　$(\sqrt{ax+by}\sqrt{x+y})^2\geqq(\sqrt{a}x+\sqrt{b}y)^2$
ゆえに　$\sqrt{ax+by}\sqrt{x+y}\geqq\sqrt{a}x+\sqrt{b}y$
等号が成立する条件は　$\boldsymbol{a=b}$ ▮

62

方針 大きい方から小さい方を引き，条件を利用して正であることを示す。

解答 $|a|<1<b$ より　$-1<a<1$, $1<b$　…①
$1-\dfrac{ab+1}{a+b}=\dfrac{a+b-ab-1}{a+b}=-\dfrac{(a-1)(b-1)}{a+b}$
①より，$a+b>0$, $-(a-1)(b-1)>0$ であるから
$1-\dfrac{ab+1}{a+b}>0$　　よって　$\dfrac{ab+1}{a+b}<1$
次に
$\dfrac{ab+1}{a+b}-(-1)=\dfrac{ab+1+a+b}{a+b}=\dfrac{(a+1)(b+1)}{a+b}$
①より，$a+b>0$, $(a+1)(b+1)>0$ であるから
$\dfrac{ab+1}{a+b}-(-1)>0$　　よって　$-1<\dfrac{ab+1}{a+b}$
したがって　$-1<\dfrac{ab+1}{a+b}<1$ ▮

63

方針 $\sqrt{3}$ が α と β の間にあるとき，$(\sqrt{3}-\alpha)(\sqrt{3}-\beta)<0$ であることを利用する。

解答 $\left(\sqrt{3}-\dfrac{a}{b}\right)\left(\sqrt{3}-\dfrac{a+3b}{a+b}\right)$
$=\dfrac{\sqrt{3}b-a}{b}\cdot\dfrac{\sqrt{3}(a+b)-a-3b}{a+b}$
$=\dfrac{(\sqrt{3}b-a)}{b}\cdot\dfrac{(\sqrt{3}-1)a-(3-\sqrt{3})b}{a+b}$
$=\dfrac{\sqrt{3}b-a}{b}\cdot\dfrac{(\sqrt{3}-1)(a-\sqrt{3}b)}{a+b}$
$=-\dfrac{(\sqrt{3}-1)(a-\sqrt{3}b)^2}{b(a+b)}<0$
(a, b は正の整数で，$\sqrt{3}$ は無理数であるから $a-\sqrt{3}b\neq 0$ であるから)
よって，$\sqrt{3}$ は $\dfrac{a}{b}$ と $\dfrac{a+3b}{a+b}$ の間にある。▮

8 複素数

必修編

64

方針 複素数の計算規則にしたがって計算する。

解答 (1) 与式$=6+i-2i^2=\boldsymbol{8+i}$
(2) $(1+i)^2=1+2i+i^2=2i$ より
$(1+i)^4=4i^2=-4$
ゆえに　与式$=\{(1+i)^4\}^4=(-4)^4=\boldsymbol{256}$
(3) 与式$=\dfrac{4\{(1+\sqrt{3}i)+(1-\sqrt{3}i)\}}{1-3i^2}=\dfrac{8}{4}=\boldsymbol{2}$
(4) $\dfrac{1+i}{1-i}=\dfrac{(1+i)^2}{1-i^2}=\dfrac{2i}{2}=i$
ゆえに　与式$=i^5=i^4\cdot i=\boldsymbol{i}$
(5) $\left(\dfrac{1\pm i}{\sqrt{2}}\right)^2=\dfrac{\pm 2i}{2}=\pm i$（複号同順）
よって
与式$=i^6+(-i)^6=2i^6=2(i^2)^3=2(-1)^3=\boldsymbol{-2}$
(6) 与式$=\dfrac{3+\sqrt{7}i}{2}\left(\dfrac{3+\sqrt{7}i}{2}-3\right)$
$=\dfrac{\sqrt{7}i+3}{2}\cdot\dfrac{\sqrt{7}i-3}{2}=\dfrac{7i^2-9}{4}=\dfrac{-16}{4}$
$=\boldsymbol{-4}$

65

方針 $a+bi$ の形に変形して，両辺の実部どうし，虚部どうしが等しいとする。

解答 (1) $(a+bi)(1-bi)=1+i$ より
$a+b^2+b(1-a)i=1+i$
ここで $a+b^2$, $b(1-a)$ は実数だから
$a+b^2=1$　…①
$b(1-a)=1$　　すなわち　$-ab+b=1$　…②
①×b より　$ab+b^3=b$　…③
②＋③より　$b^3+b=b+1$　　よって　$b^3=1$
ここで，b は実数であるから　$b=1$　…④
④を①に代入して　$a=0$
よって　$\boldsymbol{a=0,\ b=1}$
(2) 与式より
$3-2\sqrt{3}i+i^2+\sqrt{3}a+ai-b=0$
$(\sqrt{3}a-b+2)+(a-2\sqrt{3})i=0$
$\sqrt{3}a-b+2$, $a-2\sqrt{3}$ は実数であるから
$\begin{cases}\sqrt{3}a-b+2=0\\ a-2\sqrt{3}=0\end{cases}$
これを解いて
$\boldsymbol{a=2\sqrt{3},\ b=8}$

(3) $\left(\dfrac{1-i}{\sqrt{3}+i}\right)^3=\dfrac{1-3i+3i^2-i^3}{3\sqrt{3}+3\cdot3i+3\sqrt{3}i^2+i^3}$

$=\dfrac{1-3i-3+i}{3\sqrt{3}+9i-3\sqrt{3}-i}=\dfrac{-2-2i}{8i}$

$=-\dfrac{1+i}{4i}=-\dfrac{(1+i)i}{4i^2}=-\dfrac{i-1}{-4}$

$=-\dfrac{1}{4}+\dfrac{1}{4}i=a+bi$

a, b は実数だから　$\boldsymbol{a=-\frac{1}{4}}$, $\boldsymbol{b=\frac{1}{4}}$

Check Point

a, b, c, d が実数のとき

$a+bi=c+di \iff a=c$ かつ $b=d$

66

方針　$\alpha+\beta$, $\alpha\beta$ の値を求め，基本対称式を用いて表し，代入する。

解答　$\alpha+\beta=2$, $\alpha\beta=1+3=4$

(1) $\alpha^2+\beta^2=(\alpha+\beta)^2-2\alpha\beta=2^2-2\cdot4=4-8=\boldsymbol{-4}$

(2) $\alpha^3+\beta^3=(\alpha+\beta)^3-3\alpha\beta(\alpha+\beta)=2^3-3\cdot4\cdot2$
$=8-24=\boldsymbol{-16}$

(3) $\dfrac{4}{\alpha}+\dfrac{4}{\beta}=\dfrac{4(\alpha+\beta)}{\alpha\beta}=\dfrac{4\cdot2}{4}=\boldsymbol{2}$

(4) $\dfrac{\beta}{\alpha}+\dfrac{\alpha}{\beta}=\dfrac{\beta^2+\alpha^2}{\alpha\beta}=\dfrac{-4}{4}=\boldsymbol{-1}$

67

方針　$\boldsymbol{1-2i}$ は方程式の解であるから与式に代入すると成り立つ。

解答　$1-2i$ を与式に代入して

$(1-2i)^2+a(1-2i)+b=0$

$1-4i-4+a-2ai+b=0$

$(a+b-3)-(2a+4)i=0$

$a+b-3$, $2a+4$ は実数であるから

$a+b-3=0$, $2a+4=0$ より　$\boldsymbol{a=-2}$, $\boldsymbol{b=5}$

〔別解〕 実数係数の方程式の解の 1 つが $1-2i$ だから $1+2i$ も解，よって，解と係数の関係により

$\begin{cases}(1+2i)+(1-2i)=-a & \cdots① \\ (1+2i)(1-2i)=b & \cdots②\end{cases}$

①, ②より　$\boldsymbol{a=-2}$, $\boldsymbol{b=5}$

実戦編

68

方針　$\boldsymbol{i^2=-1}$ を用いて $\boldsymbol{i^{30}}$, $\boldsymbol{i^{65}}$ を初めに計算しておく。

解答　(1) $i^{30}=(i^2)^{15}=(-1)^{15}=-1$,

$i^{65}=i^{64}\cdot i=(i^2)^{32}\cdot i=(-1)^{32}\cdot i=i$ であるから

$(-1+i)(x+yi)=-2+6i$ となる。

よって　$-(x+y)+(x-y)i=-2+6i$

$x+y$, $x-y$ は実数であるから

$x+y=2$　…①, $x-y=6$　…②

①, ②より　$\boldsymbol{x=4}$, $\boldsymbol{y=-2}$

(2) 与式に $x=4$, $y=-2$ を代入して

$\dfrac{4-2i}{i}+\dfrac{4+2i}{4-2i}$

$=\dfrac{-i(4-2i)}{-i^2}+\dfrac{(4+2i)^2}{(4-2i)(4+2i)}$

$=-4i-2+\dfrac{12+16i}{16+4}=-4i-2+\dfrac{3}{5}+\dfrac{4}{5}i$

$=\boldsymbol{-\dfrac{7}{5}-\dfrac{16}{5}i}$

69

方針　$\boldsymbol{z^2+z+1}$ は $\boldsymbol{z^3-1}$ の因数である。
$\boldsymbol{z^3=1}$ であるから $\boldsymbol{z^n}$ は $\boldsymbol{n=3k}$, $\boldsymbol{3k-1}$, $\boldsymbol{3k-2}$ （$\boldsymbol{k}$ は自然数）の場合に分けて考える。

解答　$z^2+z+1=0$ より

$(z-1)(z^2+z+1)=0$　　$z^3-1=0$

よって　$z^3=1$

また，k を自然数として，

$n=3k$ のとき

$z^n=z^{3k}=(z^3)^k=1$, $z^{2n}=(z^n)^2=1$

与式$=\dfrac{1}{(i-1)(i-1)}=\dfrac{1}{-1-2i+1}=-\dfrac{1}{2i}$

$=-\dfrac{i}{2i^2}=\dfrac{i}{2}$

$n=3k-1$ のとき

$z^n=z^{3k-1}=\dfrac{z^{3k}}{z}=\dfrac{1}{z}=\dfrac{z^2}{z^3}=z^2$

$z^{2n}=(z^n)^2=z^4=z^3\cdot z=z$ だから

与式$=\dfrac{1}{(i-z^2)(i-z)}=\dfrac{1}{i^2-z^2i-zi+z^3}$

$=\dfrac{1}{-1-i(z^2+z)+1}=-\dfrac{1}{i(z^2+z)}$

$=-\dfrac{1}{i(-1)}=\dfrac{1}{i}=\dfrac{i}{i^2}=-i$

└ $\boldsymbol{z^2+z+1=0}$ より　$\boldsymbol{z^2+z=-1}$

$n=3k-2$ のとき

$z^n=z^{3k-2}=\dfrac{z^{3k}}{z^2}=\dfrac{1}{z^2}=\dfrac{z}{z^3}=z$

$z^{2n}=(z^n)^2=z^2$

与式$=\dfrac{1}{(i-z)(i-z^2)}=\dfrac{1}{-1-i(z+z^2)+z^3}$

$=\dfrac{1}{i}=-i$

したがって

$$\frac{\boldsymbol{1}}{\boldsymbol{(i-z^n)(i-z^{2n})}}=\begin{cases}\boldsymbol{\frac{1}{2}i} & (\boldsymbol{n=3k}) \\ \boldsymbol{-i} & (\boldsymbol{n=3k-1},\ \boldsymbol{3k-2})\end{cases}$$

（$\boldsymbol{k}$ は自然数）

70

方針 $A+Bi=0$ の形に変形して，$A=0$ かつ $B=0$ とする。

解答 与式より

$(r^2+ar+2)+(r^2-r-2a)i=0$

r^2+ar+2，r^2-r-2a は実数だから

$\begin{cases} r^2+ar+2=0 & \cdots① \\ r^2-r-2a=0 & \cdots② \end{cases}$

②より　$2a=r^2-r$　…②′

①×2 より　$2r^2+2ar+4=0$

これに②′を代入して　$2r^2+(r^2-r)r+4=0$

$r^3+r^2+4=0$　　$(r+2)(r^2-r+2)=0$

r は実数だから　$r=-2$

②′に代入すると

$2a=(-2)^2-(-2)$　　よって　$a=3$

ゆえに　$a=\boxed{3}$，$r=\boxed{-2}$

Check Point

$\boldsymbol{a+bi=0}$ （$\boldsymbol{a}$，$\boldsymbol{b}$ は実数）$\Longrightarrow \boldsymbol{a=b=0}$

9 2次方程式

必修編

71

方針 解の公式を用いて解く。

解答 (1) $\boldsymbol{x}=-1\pm\sqrt{1^2-1\cdot3}=\boldsymbol{-1\pm\sqrt{2}i}$

(2) $x=\dfrac{\sqrt{2}\pm\sqrt{(\sqrt{2})^2-4\cdot1\cdot1}}{2}=\boldsymbol{\dfrac{\sqrt{2}\pm\sqrt{2}i}{2}}$

(3) $\{(x+1)+1\}\{(x+1)-5\}=0$

$(x+2)(x-4)=0$　　よって　$\boldsymbol{x=-2,\ 4}$

(4) $4x^2+1=12x-8$　　$4x^2-12x+9=0$

$(2x-3)^2=0$　　ゆえに　$\boldsymbol{x=\dfrac{3}{2}}$

(5) $3(x^2+2x+1)=x+2-2x^2+2x$

$5x^2+3x+1=0$

$x=\dfrac{-3\pm\sqrt{3^2-4\cdot5\cdot1}}{2\cdot5}=\boldsymbol{\dfrac{-3\pm\sqrt{11}i}{10}}$

72

方針 A，B が整数のとき

$\boldsymbol{A+B\sqrt{2}=0 \Longleftrightarrow A=0}$ かつ $\boldsymbol{B=0}$

$\boldsymbol{\alpha}$ を与式に代入すると成り立つ。

解答 α は解だから

$\alpha^2-(3+\sqrt{2})\alpha+\sqrt{2}a-4=0$

よって　$(\alpha^2-3\alpha-4)-\sqrt{2}(\alpha-a)=0$

α，a は整数だから，$\alpha^2-3\alpha-4$，$\alpha-a$ も整数。

ゆえに　$\begin{cases} \alpha^2-3\alpha-4=0 & \cdots① \\ \alpha-a=0 & \cdots② \end{cases}$

②より　$\alpha=a$ （＝正の整数）　…③

①より　$(\alpha+1)(\alpha-4)=0$　　$\alpha=-1,\ 4$

③より，α は正の整数だから　$\alpha=4$

よって　$a=4$

このとき，与えられた方程式は

$x^2-(3+\sqrt{2})x+4(\sqrt{2}-1)=0$

整理して　$(x-4)\{x-(\sqrt{2}-1)\}=0$

よって　$x=4,\ \sqrt{2}-1$

ゆえに，求める β は　$\beta=\sqrt{2}-1$

したがって　$\boldsymbol{a=4,\ \alpha=4,\ \beta=\sqrt{2}-1}$

73

方針 (1) $\boldsymbol{x=1}$ を重解にもつときと，$\boldsymbol{D=0}$ のときを考える。

(2) $\boldsymbol{k\neq1}$ に注意。

(3) 判別式を $\boldsymbol{D_1}$ としたとき，任意の $\boldsymbol{a}$ で $\boldsymbol{D_1<0}$ となる条件を求める。

解答 (1) $x^2+ax+4=0$ の判別式 D は

$D=a^2-16=(a+4)(a-4)$ だから

$f(x)=x^2+ax+4$ とおくと

(i) $x=1$ が重解のとき

$f(1)=a+5=0$　　よって　$a=-5$

(ii) $x=1$ 以外の重解のとき

$D=0$ より　$a^2-16=0$　　$a=\pm4$

また　$f(1)=a+5\neq0$　　ゆえに　$a=\pm4$

したがって　$\boldsymbol{a=4,\ -4,\ -5}$

(2) 題意より，$k\neq1$ かつ判別式を D とおくと

$\dfrac{D}{4}=4-(k-1)\cdot2k=-2(k^2-k-2)$

$=-2(k+1)(k-2)>0$

$(k+1)(k-2)<0$　　よって　$-1<k<2$

すなわち　$\boldsymbol{-1<k<1,\ 1<k<2}$

(3) 判別式を D_1 とおくと，題意より任意の a について

$D_1=a^2-4(a^2+ab+2)<0$

$3a^2+4ab+8>0$ が成り立つから

$3a^2+4ab+8=0$ の判別式を D_2 とすると

$\dfrac{D_2}{4}=4b^2-3\cdot8=4(b+\sqrt{6})(b-\sqrt{6})<0$

ゆえに　$\boldsymbol{-\sqrt{6}<b<\sqrt{6}}$

74

方針 方程式を $A+Bi=0$ の形に変形する。
$A=0$，$B=0$ の共通解を求める。

解答 実数解を α とおくと

$a\alpha^2+(2+3i)\alpha-2-i=0$

ゆえに $(a\alpha^2+2\alpha-2)+(3\alpha-1)i=0$

$a\alpha^2+2\alpha-2$，$3\alpha-1$ は実数だから

$$\begin{cases} a\alpha^2+2\alpha-2=0 \\ 3\alpha-1=0 \end{cases}$$

これより $\alpha=\dfrac{1}{3}$，$\dfrac{a}{9}+\dfrac{2}{3}-2=0$ より $\boldsymbol{a=12}$

75

方針 x，y の 1 次式の積とは
$(ax+by+c)(a'x+b'y+c')$ の形になることである。与式$=0$ として，x についての 2 次方程式が有理数の解をもつ条件を考える。

解答 $2x^2-(y+5)x-3y^2+10y+a=0$ として，x についての判別式を D_1 とすると

$D_1=(y+5)^2-8(-3y^2+10y+a)$

$\quad=25y^2-70y+25-8a$

これが y についての完全平方式となればよいから，$D_1=0$ の判別式を D_2 とすると

$\dfrac{D_2}{4}=35^2-25(25-8a)=600+200a=0$

よって $\boldsymbol{a=-3}$

実戦編

76

方針 共通解を α とおいて，2 つの方程式に代入。α^3 を消去して $\alpha=1$ を導く。

解答 共通解を α とすると

$$\begin{cases} 5\alpha^3+p\alpha+q=0 & \cdots① \\ 5\alpha^3+q\alpha+p=0 & \cdots② \end{cases}$$

①−②より $(p-q)\alpha-(p-q)=0$

$(p-q)(\alpha-1)=0$

$p>q$ だから $p-q\neq0$ 　よって $\alpha=1$

このとき，①，②より $p+q+5=0$

よって，2 つの方程式は

$$\begin{cases} 5x^3+px-(p+5)=0 \\ 5x^3-(p+5)x+p=0 \end{cases}$$

すなわち $\begin{cases} (x-1)(5x^2+5x+p+5)=0 \\ (x-1)(5x^2+5x-p)=0 \end{cases}$

題意より $\begin{cases} 5x^2+5x+p+5=0 & \cdots③ \\ 5x^2+5x-p=0 & \cdots④ \end{cases}$

のいずれも実数解をもたないから，③，④の判別式をそれぞれ D_1，D_2 とすると

$D_1=5^2-4\cdot5(p+5)<0$ より $p>-\dfrac{15}{4}$

$D_2=5^2+4\cdot5p<0$ より $p<-\dfrac{5}{4}$

すなわち $-\dfrac{15}{4}<p<-\dfrac{5}{4}$

p は整数であるから $p=-3$，-2

$p+q+5=0$，$p>q$ より

$\boldsymbol{p=-2}$，$\boldsymbol{q=-3}$

77

方針 (2)，(3)は①の式を因数分解して考える。

解答 (1) $a=0$ のとき

$x^3+x^2+x=0$ 　$x(x^2+x+1)=0$

よって $\boldsymbol{x=0}$，$\boldsymbol{\dfrac{-1\pm\sqrt{3}i}{2}}$

$a=1$ のとき

$x^3-1=0$ 　$(x-1)(x^2+x+1)=0$

よって $\boldsymbol{x=1}$，$\boldsymbol{\dfrac{-1\pm\sqrt{3}i}{2}}$

(2) $x^3+(1-a)x^2+(1-a)x-a=0$ より

$-a(x^2+x+1)+x^3+x^2+x=0$

$-a(x^2+x+1)+x(x^2+x+1)=0$

$(x-a)(x^2+x+1)=0$

これより，①の解は $x=a$，$\dfrac{-1\pm\sqrt{3}i}{2}$

①，②が 2 つの解を共有するとき，②は $x^2+x+1=0$ と一致するから

$9a-7=1$ より $\boldsymbol{a=\dfrac{8}{9}}$

(3) ①，②がただ 1 つの解を共有するとき，その解は $x=a$ であるから，②に代入して

$a^2+(9a-7)a+1=0$ 　$10a^2-7a+1=0$

$(2a-1)(5a-1)=0$ 　よって $\boldsymbol{a=\dfrac{1}{2}}$，$\boldsymbol{\dfrac{1}{5}}$

78

方針 3 つの方程式の判別式をとり，数直線上に範囲を表して求める。

解答 3 つの方程式の判別式を順に D_1，D_2，D_3 とする。

$\dfrac{D_1}{4}=(4a)^2-(8-8a)=8(a+1)(2a-1)$

$\dfrac{D_2}{4}=(6a)^2-20\cdot5=4(3a+5)(3a-5)$

$\dfrac{D_3}{4}=(3a)^2-2(-9a)=9a(a+2)$

(1) $D_1<0$ より　$-1<a<\frac{1}{2}$　…①

$D_2<0$ より　$-\frac{5}{3}<a<\frac{5}{3}$　…②

$D_3<0$ より　$-2<a<0$　…③

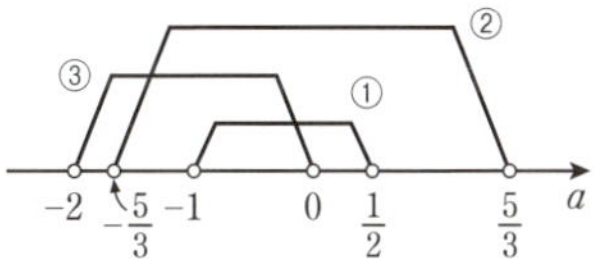

上の図より　$\boldsymbol{-2<a<\frac{5}{3}}$

(2) 1 つだけ虚数解をもつのは，前出の図より

$\boldsymbol{-2<a\leqq-\frac{5}{3},\ \frac{1}{2}\leqq a<\frac{5}{3}}$

10　2次方程式の解と係数の関係

必修編

79

方針　解と係数の関係により $\alpha+\beta$ と $\alpha\beta$ の値を求め，基本対称式による変形を利用する。

解答　解と係数の関係により

(1) $\alpha+\beta=\boldsymbol{2}$

(2) $\alpha\beta=\boldsymbol{3}$

(3) $\alpha^2+\beta^2=(\alpha+\beta)^2-2\alpha\beta=2^2-2\cdot3=\boldsymbol{-2}$

(4) $(\alpha-\beta)^2=(\alpha+\beta)^2-4\alpha\beta=2^2-4\cdot3=-8$

ゆえに　$\alpha-\beta=\pm\sqrt{-8}=\boldsymbol{\pm2\sqrt{2}i}$

(5) $\frac{1}{\alpha}+\frac{1}{\beta}=\frac{\alpha+\beta}{\alpha\beta}=\boldsymbol{\frac{2}{3}}$

(6) $\frac{1}{\alpha+1}+\frac{1}{\beta+1}=\frac{\alpha+\beta+2}{\alpha\beta+\alpha+\beta+1}$

$=\frac{2+2}{3+2+1}=\boldsymbol{\frac{2}{3}}$

80

方針　(1) 前問と同様にする。

(2) 解と係数の関係により a，b，α，β の関係式を求め，連立方程式を解く。

解答　(1) 解と係数の関係により

$\alpha+\beta=-10$，$\alpha\beta=-5$

ゆえに

与式$=\frac{\beta^3+\alpha^3}{\alpha\beta}=\frac{(\alpha+\beta)^3-3\alpha\beta(\alpha+\beta)}{\alpha\beta}$

$=\frac{(-10)^3-3\cdot(-5)\cdot(-10)}{-5}=\boxed{\boldsymbol{230}}$

(2) 2 つの方程式において，解と係数の関係により

$\begin{cases}\alpha+\beta=-a\\ \alpha\beta=b\end{cases}$ かつ $\begin{cases}(\alpha+1)+(\beta+1)=-b\\ (\alpha+1)(\beta+1)=a\end{cases}$

すなわち $\begin{cases}\alpha+\beta+2=-b\\ \alpha\beta+(\alpha+\beta)+1=a\end{cases}$

α，β を消去して

$\begin{cases}-a+2=-b\\ b-a+1=a\end{cases}$　よって $\begin{cases}a-b=2\\ 2a-b=1\end{cases}$

これを解いて　$a=\boxed{\boldsymbol{-1}}$，$b=\boxed{\boldsymbol{-3}}$

このとき，$x^2+ax+b=0$ は　$x^2-x-3=0$

よって，正の解は　$x=\boxed{\boldsymbol{\frac{1+\sqrt{13}}{2}}}$

81

方針　解と係数の関係により a，b，α，β の関係式を導く。$(\alpha-\beta)^2=(\alpha+\beta)^2-4\alpha\beta$ を使う。

解答　$(\alpha-\beta)^2=(\alpha+\beta)^2-4\alpha\beta$ に

$\alpha-\beta=\sqrt{5}$，$\alpha+\beta=-\frac{b}{a}$，$\alpha\beta=\frac{b}{a}$ を代入して

$5=\left(-\frac{b}{a}\right)^2-4\cdot\frac{b}{a}$

$\left(\frac{b}{a}\right)^2-4\left(\frac{b}{a}\right)-5=0$　　$\left(\frac{b}{a}+1\right)\left(\frac{b}{a}-5\right)=0$

ここで，$ab>0$ より　$\frac{b}{a}>0$　　よって　$\frac{b}{a}=\boxed{\boldsymbol{5}}$

ゆえに $\begin{cases}\alpha+\beta=-5 & \cdots①\\ \alpha-\beta=\sqrt{5} & \cdots②\end{cases}$

①＋②より　$2\alpha=-5+\sqrt{5}$

よって　$\alpha=\boxed{\boldsymbol{\frac{-5+\sqrt{5}}{2}}}$

①－②より　$2\beta=-5-\sqrt{5}$

よって　$\beta=\boxed{\boldsymbol{\frac{-5-\sqrt{5}}{2}}}$

82

方針　(1)は 2 つの解を α，$\alpha+2$ とおき，(2)は 2 つの解を α，3α とおく。解と係数の関係を使う。

解答　(1) 2 つの解を α，$\alpha+2$ とおくと

$\alpha+(\alpha+2)=-2m$ …①，$\alpha(\alpha+2)=15$ …②

②より　$\alpha^2+2\alpha-15=0$

$(\alpha+5)(\alpha-3)=0$　　$\alpha=-5,\ 3$

①より，$m=-\alpha-1$ であるから

$\alpha=-5$ のとき　$m=4$，$\alpha=3$ のとき　$m=-4$

ゆえに　$\boldsymbol{m=\pm4}$

(2) 2 つの解を α，3α $(\alpha\neq0)$ とおくと

$\alpha+3\alpha=-2m$，$\alpha\cdot3\alpha=15$　　$\alpha=\pm\sqrt{5}$

このとき　$m=\mp2\sqrt{5}$（複号同順）

ゆえに　$\boldsymbol{m=\pm2\sqrt{5}}$

83

方針 前問と同様に，(1)は 2 つの解を α，2α，(2)は 2α，3α とおいて解と係数の関係を用いる。

解答 (1) 2 つの解を α，2α $(\alpha \neq 0)$ とおくと，

解と係数の関係により $\begin{cases} \alpha+2\alpha=-a & \cdots① \\ \alpha\cdot 2\alpha=a & \cdots② \end{cases}$

②+①より $2\alpha^2+3\alpha=0$ $\alpha(2\alpha+3)=0$

ここで，$\alpha \neq 0$ であるから $\alpha=-\dfrac{3}{2}$

したがって $2\alpha=-3$

また，②より $a=2\cdot\left(-\dfrac{3}{2}\right)^2=\dfrac{9}{2}$

よって $\boldsymbol{a=\dfrac{9}{2}}$，**解は** $\boldsymbol{-\dfrac{3}{2},\ -3}$

(2) 2 つの解を 2α，3α $(\alpha \neq 0)$ とおくと

解と係数の関係により $\begin{cases} 2\alpha+3\alpha=a-1 & \cdots① \\ 2\alpha\cdot 3\alpha=a & \cdots② \end{cases}$

②−①より $6\alpha^2-5\alpha=1$ $6\alpha^2-5\alpha-1=0$

$(\alpha-1)(6\alpha+1)=0$ ゆえに $\alpha=1,\ -\dfrac{1}{6}$

$\alpha=1$ のとき，解は $2\alpha=2$，$3\alpha=3$

②より $a=6$

$\alpha=-\dfrac{1}{6}$ のとき，解は $2\alpha=-\dfrac{1}{3}$，$3\alpha=-\dfrac{1}{2}$

②より $a=\dfrac{1}{6}$

よって $\boldsymbol{a=6}$ **のとき解は** $\boldsymbol{2,\ 3}$

$\boldsymbol{a=\dfrac{1}{6}}$ **のとき解は** $\boldsymbol{-\dfrac{1}{3},\ -\dfrac{1}{2}}$

84

方針 解と係数の関係から k についての不等式をつくる。

解答 (1) 解と係数の関係により

$\boldsymbol{\alpha+\beta=k,\ \alpha\beta=k-2}$

(2) $\alpha^2+\beta^2=(\alpha+\beta)^2-2\alpha\beta=k^2-2(k-2)$

$\boldsymbol{=k^2-2k+4}$

(3) 求める条件は

$D=k^2-4(k-2)=k^2-4k+8=(k-2)^2+4>0$

これは常に成立する。

さらに $\alpha+\beta=k>0$，$\alpha\beta=k-2>0$

よって $\boldsymbol{k>2}$

(4) $D>0$ は常に成立する。$\alpha>-3$，$\beta>-3$ がともに成り立つとき，

$(\alpha+3)+(\beta+3)>0$ かつ $(\alpha+3)(\beta+3)>0$

よって

$\alpha+\beta+6>0$ かつ $\alpha\beta+3(\alpha+\beta)+9>0$

ゆえに $k+6>0$ かつ

$k-2+3k+9>0$ すなわち $4k+7>0$

したがって $\boldsymbol{k>-\dfrac{7}{4}}$

85

方針 2 つの解の和と積を求めて，2 次方程式をつくる。解と係数の関係により $\alpha+\beta$，$\alpha\beta$ を求めておく。

解答 解と係数の関係により，$\alpha+\beta=2$，$\alpha\beta=3$ である。

(1) $\dfrac{1}{\alpha}+\dfrac{1}{\beta}=\dfrac{\alpha+\beta}{\alpha\beta}=\dfrac{2}{3}$，$\dfrac{1}{\alpha}\cdot\dfrac{1}{\beta}=\dfrac{1}{3}$

よって，求める方程式は $x^2-\dfrac{2}{3}x+\dfrac{1}{3}=0$

ゆえに $\boldsymbol{3x^2-2x+1=0}$

(2) $\left(\alpha-\dfrac{1}{\beta}\right)+\left(\beta-\dfrac{1}{\alpha}\right)=\alpha+\beta-\dfrac{\alpha+\beta}{\alpha\beta}=2-\dfrac{2}{3}=\dfrac{4}{3}$

$\left(\alpha-\dfrac{1}{\beta}\right)\left(\beta-\dfrac{1}{\alpha}\right)=\alpha\beta-2+\dfrac{1}{\alpha\beta}=3-2+\dfrac{1}{3}=\dfrac{4}{3}$

ゆえに，$x^2-\dfrac{4}{3}x+\dfrac{4}{3}=0$ より $\boldsymbol{3x^2-4x+4=0}$

(3) $\dfrac{1}{\alpha^2}+\dfrac{1}{\beta^2}=\dfrac{\alpha^2+\beta^2}{\alpha^2\beta^2}=\dfrac{(\alpha+\beta)^2-2\alpha\beta}{(\alpha\beta)^2}=\dfrac{2^2-2\cdot 3}{3^2}$

$=-\dfrac{2}{9}$

$\dfrac{1}{\alpha^2}\cdot\dfrac{1}{\beta^2}=\dfrac{1}{(\alpha\beta)^2}=\dfrac{1}{9}$

したがって，$x^2+\dfrac{2}{9}x+\dfrac{1}{9}=0$ より

$\boldsymbol{9x^2+2x+1=0}$

Check Point

$\alpha+\beta=u$，$\alpha\beta=v$ のとき
α，β を解とする 2 次方程式は
$\boldsymbol{x^2-ux+v=0}$

86

方針 2 つの解を α，α^2 とおいて解と係数の関係を用いる。m と α の連立方程式と考える。

解答 2 つの解を α，α^2 とおくと

$\alpha+\alpha^2=m(m+1)$ $\cdots①$，$\alpha\cdot\alpha^2=2m+1$ $\cdots②$

①より $\alpha^2+\alpha-m(m+1)=0$

$(\alpha+m+1)(\alpha-m)=0$

よって $\alpha=-m-1,\ m$

m は整数だから，α も整数である。

$m=-\alpha-1$ のとき，②より $\alpha^3=-2\alpha-1$

ゆえに $\alpha(\alpha^2+2)=-1$

α は整数だからこの等式を満たす条件は
$(\alpha,\ \alpha^2+2)=(\pm 1,\ \mp 1)$（複号同順）であるが
$\alpha^2+2 \geqq 2$ だから不適。
$m=\alpha$ のとき，②より　$\alpha^3=2\alpha+1$
したがって　$\alpha(\alpha^2-2)=1$
同様にして　$(\alpha,\ \alpha^2-2)=(\pm 1,\ \pm 1)$（複号同順）
$\alpha=1$ のとき，$\alpha^2-2=-1$ となり不適。
$\alpha=-1$ のとき　$\alpha^2-2=-1$ で適。
以上より　$\alpha=-1$　　これより　$\boldsymbol{m=-1}$
このとき，2 つの解 α，α^2 は $\mathbf{-1,\ 1}$

実戦編

87

方針　解と係数の関係を用いて $\boldsymbol{a}$，$\boldsymbol{b}$，α，β の関係式を導く。

解答　条件と解と係数の関係により

$\alpha+\beta=\alpha^2+\beta^2=-a$　…①

$\alpha\beta=b,\ \alpha^2\beta^2=b$　…②

②より　$b=b^2$　　よって　$b=0,\ 1$
①より　$\alpha+\beta=(\alpha+\beta)^2-2\alpha\beta$
ゆえに　$-a=a^2-2b$
$b=0$ のとき　$-a=a^2$　　$a^2+a=0$　　$a(a+1)=0$
　これより　$a=0,\ -1$
$b=1$ のとき　$-a=a^2-2$　　$a^2+a-2=0$
　$(a+2)(a-1)=0$　これより　$a=-2,\ 1$
よって
　$(\boldsymbol{a},\ \boldsymbol{b})=(\mathbf{0},\ \mathbf{0}),\ (\mathbf{-1},\ \mathbf{0}),\ (\mathbf{-2},\ \mathbf{1}),\ (\mathbf{1},\ \mathbf{1})$

88

方針　前問と同様であるが，$\boldsymbol{a}$，$\boldsymbol{b}$ が整数であることに注意する。

解答　$\alpha+\beta=ab,\ \alpha\beta=a-b$ より
　$\alpha+\beta+\alpha\beta=ab+a-b=0$
ゆえに　$(a-1)(b+1)=-1$
a，b は整数だから
　$(a-1,\ b+1)=(1,\ -1),\ (-1,\ 1)$
これより　$(\boldsymbol{a},\ \boldsymbol{b})=(\mathbf{2},\ \mathbf{-2}),\ (\mathbf{0},\ \mathbf{0})$

89

方針　$\boldsymbol{f(x)=ax^2+bx+c}$ とおき，$\boldsymbol{f(\alpha)}$，$\boldsymbol{f(\beta)}$ の条件を考える。

解答　解と係数の関係により
　$\alpha+\beta=2,\ \alpha\beta=2$
$f(x)=ax^2+bx+c$ とおくと
　$f(\alpha)=a\alpha^2+b\alpha+c=2\beta$　…①
　$f(\beta)=a\beta^2+b\beta+c=2\alpha$　…②
①＋②より
　$a(\alpha^2+\beta^2)+b(\alpha+\beta)+2c=2(\alpha+\beta)$
$\alpha^2+\beta^2=(\alpha+\beta)^2-2\alpha\beta=2^2-2\cdot 2=0$ であるから
　$2b+2c=4$　　ゆえに　$b+c=2$　…①′
①－②より
　$a(\alpha^2-\beta^2)+b(\alpha-\beta)=2(\beta-\alpha)$
　$a(\alpha+\beta)(\alpha-\beta)+b(\alpha-\beta)=2(\beta-\alpha)$
$\alpha \neq \beta$（重解にならない）であるから
　$\alpha-\beta \neq 0$　　よって　$a(\alpha+\beta)+b=-2$
ゆえに　$2a+b=-2$　…②′
$f(2)=2$ より　$4a+2b+c=2$　…③′
①′，②′，③′ を解いて　$a=1,\ b=-4,\ c=6$
よって　$\boldsymbol{f(x)=x^2-4x+6}$

90

方針　$\boldsymbol{D \leqq 0}$ と解と係数の関係から $\boldsymbol{b}$ についての不等式をつくる。

解答　解と係数の関係により
　$\alpha+\beta=-2b,\ \alpha\beta=c$
異なる 2 つの実数解をもたないから

$$\frac{D}{4}=b^2-c \leqq 0 \quad \cdots①$$

　$\alpha+\beta+\alpha\beta=-2b+c$
①より，$c \geqq b^2$ であるから
　$-2b+c \geqq -2b+b^2=(b-1)^2-1 \geqq -1$
よって，$\alpha+\beta+\alpha\beta \geqq -1$ であり，等号は $b=c=1$ のとき成立するので，最小値は $\mathbf{-1}$

91

方針　実数解を $\boldsymbol{\alpha}$ とおくと $\boldsymbol{a\alpha^2+b\alpha+c=0}$ であり，$\boldsymbol{a}$，$\boldsymbol{b}$，$\boldsymbol{c}$ が正であるから　$\boldsymbol{\alpha<0}$
したがって，$\boldsymbol{|\alpha|=-\alpha}$ と表せる。

解答　実数解を α とおく。$\alpha \geqq 0$ とすると
a，b，c は正より　$a\alpha^2+b\alpha+c>0$
これは，α が解であることに矛盾する。
よって，$\alpha<0$ であるので　$|\alpha|=-\alpha$
したがって　$\alpha=-|\alpha|$　　…①
また　$a\alpha^2+b\alpha+c=0$　　…②
①を②に代入して　$a|\alpha|^2-b|\alpha|+c=0$
　$a|\alpha|^2=b|\alpha|-c$
ここで，$a|\alpha|>0$ であるので両辺を $a|\alpha|$ で割って

$$|\alpha|=\frac{b}{a}-\frac{c}{a|\alpha|}<\frac{b}{a}$$

また　$b|\alpha|=a|\alpha|^2+c$
$b \neq 0$ であるので両辺を b で割って

$$|\alpha|=\frac{a}{b}|\alpha|^2+\frac{c}{b}>\frac{c}{b}$$

ゆえに　$\dfrac{c}{b}<|\alpha|<\dfrac{b}{a}$ ∎

11 剰余の定理・因数定理

必修編

92

方針 剰余の定理を利用。

解答 (1) $f(1)=a+b+1=4$ …①

$f(-2)=16a-2b-8=4$ …②

①，②を解いて $\boldsymbol{a=1,\ b=2}$

(2) $x^2+x-2=(x+2)(x-1)$ だから $f(x)$ を $x+2$ で割っても $x-1$ で割っても余りは 12

よって $f(-2)=-8a-2b+26=12$ …①

$f(1)=a+b+11=12$ …②

①，②を解いて $\boldsymbol{a=2,\ b=-1}$

93

方針 2 次式で割ったときの余りは $ax+b$ とおき，3 次式で割ったときの余りは ax^2+bx+c とおく。

解答 (1) $f(x)$ を $(x-2)(x+1)$ で割ったときの商を $Q(x)$ とおくと

$f(x)=(x-2)(x+1)Q(x)+ax+b$ とかける。

よって $\begin{cases} f(2)=2a+b=3 & \cdots① \\ f(-1)=-a+b=-3 & \cdots② \end{cases}$

①，②を解いて $\boldsymbol{a=2,\ b=-1}$

(2) $f(x)$ を $(x-1)(x-2)(x-3)$ で割ったときの商を $Q(x)$ とおくと

$f(x)=(x-1)(x-2)(x-3)Q(x)+ax^2+bx+c$ とおける。

条件より $\begin{cases} f(1)=a+b+c=1 & \cdots① \\ f(2)=4a+2b+c=2 & \cdots② \\ f(3)=9a+3b+c=3 & \cdots③ \end{cases}$

①，②，③を解いて $\boldsymbol{a=0,\ b=1,\ c=0}$

94

方針 (1) $\boldsymbol{x^2-2x+1=(x-1)^2}$ で割り切れるから $\boldsymbol{x-1}$ で割り切れる。

(2) $\boldsymbol{x^2+1}$ で割った余りは実際に割り算をして求める。

解答 (1) $f(x)=x^4+ax^3+ax^2+bx-6$ とおく。

$f(x)$ は $x-1$ で割り切れるから因数定理により

$f(1)=2a+b-5=0$

ゆえに $b=-2a+5$ …①

これより

$f(x)=x^4+ax^3+ax^2-(2a-5)x-6$

$=x^4+5x-6+a(x^3+x^2-2x)$

$=(x-1)(x^3+x^2+x+6)$

$\quad +ax(x-1)(x+2)$

$=(x-1)\{x^3+x^2+x+6+ax(x+2)\}$

$f(x)$ は $(x-1)^2$ で割り切れるから

$g(x)=x^3+x^2+x+6+ax(x+2)$ とおくと

$g(x)$ は $x-1$ で割り切れる。

すなわち $g(1)=0$

よって $9+3a=0$ ゆえに $\boldsymbol{a=-3}$ …②

②を①に代入して $\boldsymbol{b=11}$

〔別解〕

$$
\begin{array}{r|l}
 & x^2+(a+2)x+(3a+3) \\
\hline
x^2-2x+1 & x^4 \quad +ax^3 \quad +ax^2 \quad +bx \quad -6 \\
 & x^4 \quad -2x^3 \quad +x^2 \\
\cline{2-2}
 & (a+2)x^3 +(a-1)x^2 \quad +bx \\
 & (a+2)x^3-2(a+2)x^2 \quad +(a+2)x \\
\cline{2-2}
 & (3a+3)x^2+(-a+b-2)x \quad -6 \\
 & (3a+3)x^2 \quad -2(3a+3)x+(3a+3) \\
\cline{2-2}
 & (5a+b+4)x \quad -3a-9
\end{array}
$$

上の割り算より，余りが 0 であるから

$5a+b+4=0$，$-3a-9=0$

これを解いて $\boldsymbol{a=-3,\ b=11}$

(2) $f(1)=5$ だから $1+a+b+c=5$

$a+b+c=4$ …①

割り算を実行し

$$
\begin{array}{r|l}
 & x^2+ax+(b-1) \\
\hline
x^2+1 & x^4+ax^3 \quad +bx^2 \quad +c \\
 & x^4 \quad +x^2 \\
\cline{2-2}
 & ax^3+(b-1)x^2 \\
 & ax^3 \quad +ax \\
\cline{2-2}
 & (b-1)x^2-ax \quad +c \\
 & (b-1)x^2 \quad +b-1 \\
\cline{2-2}
 & -ax+c-b+1
\end{array}
$$

$f(x)=(x^2+1)(x^2+ax+b-1)-ax+c-b+1$

とかけることがわかるから，題意より

$-a=2$ …②，$c-b+1=1$ …③

①，②，③を解いて $\boldsymbol{a=-2,\ b=c=3}$

95

方針 除法の原理から，$\boldsymbol{f(x)}$ と $\boldsymbol{g(x)}$ の関係式をつくる。

解答 $f(x)$ を $x-2$ で割ったときの商を $h(x)$ とおくと $f(x)=(x-1)^2g(x)+3x-1$

$=(x-2)h(x)+6$

よって $f(2)=g(2)+5=6$

ゆえに $g(2)=$ ア **1**

また，$f(1)=2$

ここで，$f(x)$ を $(x-1)(x-2)$ で割ったときの商を $Q(x)$，余りを $ax+b$ とおくと

$f(x)=(x-1)(x-2)Q(x)+ax+b$

これより　$\begin{cases} f(1)=a+b=2 & \cdots② \\ f(2)=2a+b=6 & \cdots③ \end{cases}$

これを解いて　$a=4,\ b=-2$

よって，余りは　${}^{イ}\boxed{4}\,x-{}^{ウ}\boxed{2}$

96

方針　$\boldsymbol{f(x)}$ は $\boldsymbol{(x+2)^2}$ で割り切れるから，$\boldsymbol{(x+2)^2(x+4)}$ で割った余りは $\boldsymbol{a(x+2)^2}$ と表せる。

解答　$f(x)$ が $(x+2)^2$ で割り切れるから
$f(x)$ を $(x+2)^2(x+4)$ で割ったときの余りは
$a(x+2)^2$ とかける。すなわち，商を $Q(x)$ とおくと　$f(x)=(x+2)^2(x+4)Q(x)+a(x+2)^2$
$f(x)$ を $x+4$ で割ると 3 余るから

$f(-4)=4a=3$　　ゆえに　$a=\dfrac{3}{4}$

よって，求める余りは　$\boldsymbol{\dfrac{3}{4}(x+2)^2}$

97

方針　$\boldsymbol{f(x)}$ が $\boldsymbol{(x-\alpha)(x-\beta)}$ で割り切れるとき，$\boldsymbol{f(\alpha)=0,\ f(\beta)=0}$ である。(3)は $\boldsymbol{f(2)=0}$ から，$\boldsymbol{b}$ を消去して $\boldsymbol{f(x)=(x-2)g(x)}$ とする。

解答　(1) $(x-1)(x-2)$ で割り切れるから，
$x-1,\ x-2$ で割り切れる。左の整式を $f(x)$ とおくと

$f(1)=a+b+3=0,\ f(2)=4a+2b+10=0$

これを解いて　$\boldsymbol{a=-2,\ b=-1}$

〔参考〕　x^3の係数と定数項に着目すると

$x^3+ax^2+bx+2=(x-1)(x-2)(x+1)$

と因数分解される。展開して係数を比較してもよい。

(2) $3x^2-4x+1=(x-1)(3x-1)$ で割り切れるから，
左の整式を $f(x)$ とおくと

$f(1)=a+b+5=0$

$f\left(\dfrac{1}{3}\right)=\dfrac{1}{9}+\dfrac{a}{9}+\dfrac{b}{3}+2=0$

これを解いて　$\boldsymbol{a=2,\ b=-7}$

〔参考〕　x^3の係数と定数項に着目すると

$3x^3+ax^2+bx+2=(3x^2-4x+1)(x+2)$

と因数分解される。展開して係数を比較してもよい。

(3) 左の整式を $f(x)$ とおくと，$f(x)$ は $(x-2)^2$ で割り切れるから，$f(x)$ は $x-2$ で割り切れる。
よって　$f(2)=8+4a+b=0$　　$b=-4a-8$
このとき

$f(x)=x^3+ax^2-4a-8=x^3-8+a(x^2-4)$
$\quad=(x-2)(x^2+2x+4)+a(x-2)(x+2)$
$\quad=(x-2)\{x^2+2x+4+a(x+2)\}$

$g(x)=x^2+2x+4+a(x+2)$ とおくと，$f(x)$ は $(x-2)^2$ で割り切れるから，$g(x)$ は $x-2$ で割り切れる。
よって　$g(2)=12+4a=0$　　$a=-3$
$a=-3$ のとき　$b=-4\cdot(-3)-8=4$
したがって　$\boldsymbol{a=-3,\ b=4}$

〔別解〕　組立除法を 2 回適用する。

1	a	0	b	⌊2
	2	$2a+4$	$4a+8$	
1	$a+2$	$2a+4$	$4a+b+8$	⌊2
	2	$2a+8$		
1	$a+4$	$4a+12$		

与式が $(x-2)^2$ で割り切れるから

$4a+b+8=0,\ 4a+12=0$

これを解いて　$\boldsymbol{a=-3,\ b=4}$

〔参考〕　x^3 の係数と定数項に着目すると

$x^3+ax^2+b=(x-2)^2\left(x+\dfrac{b}{4}\right)$

と因数分解される。展開して係数を比較してもよい。

98

方針　$\boldsymbol{f(x),\ g(x)}$ は $\boldsymbol{x-1}$ で割り切れるから
$\boldsymbol{f(1)=0,\ g(1)=0}$

解答　(1) $f(1)=1+a-b^2=0$　$\cdots①$
$g(1)=a-b-1=0$　$\cdots②$
の 2 式が成立するから，②－①より
$b^2-b-2=0$　　$(b+1)(b-2)=0$
よって　$b=-1,\ 2$
②より，$b=-1$ のとき　$a=0$
　　　$b=2$ のとき　$a=3$
したがって
　$\boldsymbol{a=0,\ b=-1}$ または $\boldsymbol{a=3,\ b=2}$

(2) $\boldsymbol{a=0,\ b=-1}$ のとき

$f(x)=x^3-1=\boldsymbol{(x-1)(x^2+x+1)}$

$\boldsymbol{a=3,\ b=2}$ のとき

$f(x)=x^3+3x^2-4=(x-1)(x^2+4x+4)$
$\quad=\boldsymbol{(x-1)(x+2)^2}$

実戦編

99

方針 (1) $P(x)$ は 3 次式で x^3 の係数が 1 であるから $P(x)=(x-1)^2(x+a)$ と表せる。
(2) $P(x)$ を x^2-x-2 で割ったときの式を用いる。

解答 (1) (A), (B)の条件より

$P(x)=(x-1)^2(x+a)$ …① とおける。

(C)より $x+1$ で割った余りは $P(-1)=4a-4$

$P(x)$ を x^2-x-2 で割った余りが $P(-1)$ であるから

$P(x)=(x^2-x-2)(x+b)+4a-4$

$=(x-2)(x+1)(x+b)+4a-4$ …②

とおける。

①，②より $P(2)=2+a=4a-4$

よって $a=2$

したがって $\boldsymbol{P(x)=(x-1)^2(x+2)}$

(2) このとき②は，$P(x)=(x-2)(x+1)(x+b)+4$ となる。

ここで，$P(1)=0$ であるから

$P(1)=-2(1+b)+4=-2-2b+4=0$

ゆえに $b=1$

$P(x)=(x-2)(x+1)^2+4$ となるから

$\{P(x)\}^2=\{(x-2)(x+1)^2+4\}^2$

$=(x-2)^2(x+1)^4+8(x-2)(x+1)^2+16$

これを $(x+1)^2$ で割ると余りは **16** である。

100

方針 $P(x)=(x-1)^2Q(x)+ax+b$ とおく。n が偶数のときと奇数のときで場合分けする。

解答 (1) $P(x)$ を x^2-1 で割ったときの商を $Q(x)$，余りを $ax+b$ とおくと

$P(x)=(x^2-1)Q(x)+ax+b$

$=(x+1)(x-1)Q(x)+ax+b$

とおける。

$P(1)=1+(3n-2)\cdot1+(2n-3)\cdot1-n^2$

$=-n^2+5n-4$

$P(-1)=(-1)^{3n}+(3n-2)\cdot(-1)^{2n}$

$+(2n-3)\cdot(-1)^n-n^2$

(i) n が偶数のとき

$P(1)=a+b=-n^2+5n-4$ …①

$P(-1)=-a+b=1+3n-2+2n-3-n^2$

$=-n^2+5n-4$ …②

①より $-n^2+5n-4-a-b=0$ …①′

②より $-n^2+5n-4+a-b=0$ …②′

①′，②′を解いて $a=0$，$b=-n^2+5n-4$

(ii) n が奇数のとき

$P(1)=a+b=-n^2+5n-4$ …③

$P(-1)=-a+b$

$=-1+3n-2-(2n-3)-n^2$

$=-n^2+n$ …④

③より $-n^2+5n-4-a-b=0$ …③′

④より $-n^2+n+a-b=0$ …④′

③′，④′を解いて $a=2n-2$，

$b=-n^2+3n-2$

(i)，(ii)より余りは

$$\begin{cases}-n^2+5n-4 & (n\text{は偶数})\\(2n-2)x-n^2+3n-2 & (n\text{は奇数})\end{cases}$$

(2) n が偶数のとき

$-n^2+5n-4=0$ より $n^2-5n+4=0$

$(n-1)(n-4)=0$ で，n は偶数より $n=4$

n が奇数のとき

$2n-2=0$ かつ $-n^2+3n-2=0$

これより $n=1$

よって $\boldsymbol{n=1,\ 4}$

12 高次方程式

必修編

101

方針 共通因数を見つけるか，因数定理を利用して因数分解をする。

解答 (1) $x^3-3x^2+4x-12=0$

$x^2(x-3)+4(x-3)=0$ $(x-3)(x^2+4)=0$

$(x-3)(x+2i)(x-2i)=0$

$\boldsymbol{x=3,\ \pm2i}$

(2) $f(x)=x^3-3x^2-6x+8$ とおけば $f(1)=0$

よって $f(x)=(x-1)(x^2-2x-8)$

$=(x-1)(x-4)(x+2)$

$f(x)=0$ より $\boldsymbol{x=1,\ 4,\ -2}$

(3) $2x^3-10x^2+x-5=0$ $2x^2(x-5)+(x-5)=0$

$(x-5)(2x^2+1)=0$

$(x-5)(\sqrt{2}x+i)(\sqrt{2}x-i)=0$

$x=5,\ \pm\dfrac{i}{\sqrt{2}}$ よって $\boldsymbol{x=5,\ \pm\dfrac{\sqrt{2}}{2}i}$

(4) $f(x)=24x^3-26x^2+9x-1$ とおくと

$f\left(\dfrac{1}{2}\right)=3-\dfrac{13}{2}+\dfrac{9}{2}-1=0$ だから

$f(x)=\left(x-\dfrac{1}{2}\right)(24x^2-14x+2)$

$=(2x-1)(12x^2-7x+1)$

$=(2x-1)(3x-1)(4x-1)$

$f(x)=0$ より　$\boldsymbol{x=\frac{1}{2},\ \frac{1}{3},\ \frac{1}{4}}$

(5) $f(x)=x^4+3x^3-3x^2-7x+6$ とおくと

$f(1)=1+3-3-7+6=0$ より

$f(x)=(x-1)(x^3+4x^2+x-6)$

$g(x)=x^3+4x^2+x-6$ とおくと

$g(1)=1+4+1-6=0$ より

$g(x)=(x-1)(x^2+5x+6)$

$=(x-1)(x+2)(x+3)$

ゆえに　$f(x)=(x-1)^2(x+2)(x+3)$

$f(x)=0$ より　$\boldsymbol{x=1}$**(重解), $\boldsymbol{-2,\ -3}$**

(6) $f(x)=2x^4+5x^3+3x^2-x-1$ とおくと

$f(-1)=2-5+3+1-1=0$ より

$f(x)=(x+1)(2x^3+3x^2-1)$

$=(x+1)\{2x^2(x+1)+(x^2-1)\}$

$=(x+1)\{2x^2(x+1)+(x+1)(x-1)\}$

$=(x+1)^2(2x^2+x-1)$

$=(x+1)^2(x+1)(2x-1)$

$=(x+1)^3(2x-1)$

$f(x)=0$ より　$\boldsymbol{x=-1}$**(3重解), $\boldsymbol{\frac{1}{2}}$**

(7) $f(x)=x^4-7x^3+19x^2-23x+10$ とおくと

$f(1)=f(2)=0$ より

$f(x)=(x-1)(x-2)(x^2-4x+5)$

$x^2-4x+5=0$ より

$x=2\pm i$

ゆえに　$\boldsymbol{x=1,\ 2,\ 2\pm i}$

(8) $x=1-3(1-3x^2)^2$　　$3(1-3x^2)^2+x-1=0$

$27x^4-18x^2+x+2=0$

$f(x)=27x^4-18x^2+x+2$ とおくと

$f\left(-\frac{1}{3}\right)=0$ より

$f(x)=\left(x+\frac{1}{3}\right)(27x^3-9x^2-15x+6)$

$=(3x+1)(9x^3-3x^2-5x+2)$

$g(x)=9x^3-3x^2-5x+2$ とおくと

$g\left(\frac{2}{3}\right)=0$ より

$g(x)=\left(x-\frac{2}{3}\right)(9x^2+3x-3)$

$=(3x-2)(3x^2+x-1)$

ゆえに　$f(x)=(3x+1)(3x-2)(3x^2+x-1)$

$3x^2+x-1=0$ より

$$x=\frac{-1\pm\sqrt{1^2-4\cdot3\cdot(-1)}}{2\cdot3}=\frac{-1\pm\sqrt{13}}{6}$$

ゆえに　$\boldsymbol{x=-\frac{1}{3},\ \frac{2}{3},\ \frac{-1\pm\sqrt{13}}{6}}$

102

方針　$\omega=\frac{-1+\sqrt{3}i}{2}$ は $x^3=1$ の虚数の立方根であるから $\omega^2+\omega+1=0$, $\omega^3=1$ を利用する。

解答　$\omega=\frac{-1+\sqrt{3}i}{2}$ だから　$2\omega=-1+\sqrt{3}i$

$2\omega+1=\sqrt{3}i$　　ゆえに　$(2\omega+1)^2=(\sqrt{3}i)^2$

$4\omega^2+4\omega+1=-3$　　$4\omega^2+4\omega+4=0$

$\omega^2+\omega+1=0$　…①

これより　$1+\omega=-\omega^2$　…②

また①より　$(\omega-1)(\omega^2+\omega+1)=0$

$\omega^3-1=0$　　$\omega^3=1$　…③

②, ③より　$(1+\omega)^2=(-\omega^2)^2=\omega^4=\omega$

$(1+\omega)^3=(-\omega^2)^3=-\omega^6=-1$

$(1+\omega)^4=\{(1+\omega)^2\}^2=\omega^2$

$(1+\omega)^5=(1+\omega)^3(1+\omega)^2=-1\cdot\omega=-\omega$

$(1+\omega)^6=\{(1+\omega)^3\}^2=(-1)^2=1$

以上より，自然数 n を [6] で割った余りが [2] ならば $(1+\omega)^n=\omega$, n を 6 で割った余りが [5] ならば $(1+\omega)^n=-\omega$ である。

〔注意〕　正式には，k を自然数として，$n=6k-5,\ 6k-4,\ 6k-3,\ 6k-2,\ 6k-1,\ 6k$ の各場合に上のことを証明する。

103

方針　実係数の方程式で $1+i$ が解ならば $1-i$ も解である。3 つの解を $1+i$, $1-i$, α として 3 次方程式の解と係数の関係を利用する。

解答　3 次方程式 $z^3+az+b=0$　…①

の係数は実数であり，$1+i$ が①の解だから $1-i$ も①の解である。ゆえに，残りの解を α とすると，解と係数の関係により

$$\begin{cases}(1+i)+(1-i)+\alpha=0 & \cdots② \\ (1+i)(1-i)+(1-i)\alpha+(1+i)\alpha=a & \cdots③ \\ (1+i)(1-i)\alpha=-b & \cdots④\end{cases}$$

②より　$\alpha=-2$　　③に代入して

$2+2\cdot(-2)=a$　　よって　$a=-2$

④に代入して　$2\cdot(-2)=-b$　　ゆえに　$b=4$

したがって，$a=-$[2]，$b=$[4]，

他の解は　[1]$-$[1]i，$-$[2]

〔別解〕　$1+i$ を方程式に代入して

$(1+i)^3+a(1+i)+b=0$ より

$(a+b-2)+(a+2)i=0$

a, b は実数であるから　$a+b-2=0$ かつ $a+2=0$

これより　$a=-2$, $b=4$

このとき　$z^3-2z+4=0$　　$(z+2)(z^2-2z+2)=0$

これより　$z=-2,\ 1\pm i$

よって，他の解は　[1]$-$[1]i と $-$[2]

実戦編

104

方針 $n=3m$, $3m+1$, $3m+2$ に場合分けする。

解答 $x^3=1$ より　$(x-1)(x^2+x+1)=0$

ω は $x^2+x+1=0$ の解だから

$\omega^2+\omega+1=0$, $\omega^3=1$

(i) $n=3m$（m は自然数）のとき，

$$\omega^{2n}+\omega^n+1=\omega^{2\cdot 3m}+\omega^{3m}+1=(\omega^3)^{2m}+(\omega^3)^m+1$$
$$=1+1+1=3$$

(ii) $n=3m+1$（m は 0 以上の整数）のとき

$$\omega^{2n}+\omega+1=\omega^{2(3m+1)}+\omega^{3m+1}+1$$
$$=(\omega^3)^{2m}\cdot\omega^2+(\omega^3)^m\cdot\omega+1$$
$$=\omega^2+\omega+1=0$$

(iii) $n=3m+2$（m は 0 以上の整数）のとき

$$\omega^{2n}+\omega^n+1=\omega^{2(3m+2)}+\omega^{3m+2}+1$$
$$=(\omega^3)^{2m+1}\cdot\omega+(\omega^3)^m\cdot\omega^2+1$$
$$=\omega+\omega^2+1=0$$

よって，**$n=3m$ のとき 3，$n\neq 3m$ のとき 0**

（ただし m は自然数）

105

方針 係数が整数であるから，$1-\sqrt{2}$ が解のとき $1+\sqrt{2}$ も解である。103と同様，解と係数の関係を利用するか，103の別解のように解 $1-\sqrt{2}$ を方程式に代入する。

解答 係数が整数，すなわち有理数で，

$x=1-\sqrt{2}$ が解だから $x=1+\sqrt{2}$ も解である。

残りの解を α とすると解と係数の関係により

$$\begin{cases}(1-\sqrt{2})+(1+\sqrt{2})+\alpha=-a & \cdots① \\ (1-\sqrt{2})(1+\sqrt{2}) & \\ \quad +\alpha(1-\sqrt{2})+\alpha(1+\sqrt{2})=b & \cdots② \\ (1-\sqrt{2})(1+\sqrt{2})\alpha=-2 & \cdots③\end{cases}$$

③より　$-\alpha=-2$　　よって　$\alpha=2$

①に代入して　$4=-a$　　ゆえに　$a=\boxed{-4}$

②に代入して　$-1+2\cdot 2=b$

したがって　$b=\boxed{3}$

Check Point

2 次以上の有理数係数の方程式

$f(x)=0$ の解の 1 つが $a+b\sqrt{m}$

（a，b は有理数，$b\neq 0$，$\sqrt{m}$ は無理数）

ならば，$a-b\sqrt{m}$ も解である。

106

方針 与式を $f(x)$ とおくと，$f(1)=0$，$f(2)=0$ であるから，$f(x)$ は因数分解できる。

解答 $f(x)=x^4+(2m-1)x^3-(3m-3)x^2$
$-(5m+17)x+(6m+14)$ とおくと

$f(1)=0$，$f(2)=0$ より

$$f(x)=(x-1)(x-2)\{x^2+2(m+1)x+3m+7\}$$

ゆえに，$f(x)=0$ の 4 つの解のうち 2 つだけが等しくなるのは次の 3 つの場合である。

(i) $f(x)=0$ が 1，2 でない重解をもつ

(ii) $f(x)=0$ が 1 を重解にもつ

(iii) $f(x)=0$ が 2 を重解にもつ

そこで，$g(x)=x^2+2(m+1)x+3m+7$ とし，$g(x)=0$ の判別式を D とすると

(i)のとき　$\dfrac{D}{4}=(m+1)^2-(3m+7)$

$$=m^2+2m+1-3m-7$$
$$=m^2-m-6=(m-3)(m+2)=0$$

かつ　$g(1)=5(m+2)\neq 0$，$g(2)=7m+15\neq 0$

よって　$m=3$

(ii)のとき　$\dfrac{D}{4}=(m-3)(m+2)\neq 0$

かつ　$g(1)=5(m+2)=0$，$g(2)=7m+15\neq 0$

以上の条件を同時に満たす m は存在しない。

(iii)のとき　$\dfrac{D}{4}=(m-3)(m+2)\neq 0$

かつ　$g(1)=5(m+2)\neq 0$，$g(2)=7m+15=0$

ゆえに　$m=-\dfrac{15}{7}$

(i)〜(iii)より　$\boldsymbol{m=3,\ -\dfrac{15}{7}}$

13 点の座標

必修編

107

方針 公式にしたがって求める。

解答 (1) $\sqrt{\{2-(-5)\}^2+(6-3)^2}=\boldsymbol{\sqrt{58}}$

(2) $\left(\dfrac{3\cdot(-5)+5\cdot 2}{5+3},\ \dfrac{3\cdot 3+5\cdot 6}{5+3}\right)=\boldsymbol{\left(-\dfrac{5}{8},\ \dfrac{39}{8}\right)}$

(3) $\left(\dfrac{11\cdot(-5)-7\cdot 2}{-7+11},\ \dfrac{11\cdot 3-7\cdot 6}{-7+11}\right)=\boldsymbol{\left(-\dfrac{69}{4},\ -\dfrac{9}{4}\right)}$

(4) $\left(\dfrac{-\dfrac{5}{8}+\left(-\dfrac{69}{4}\right)}{2},\ \dfrac{\dfrac{39}{8}+\left(-\dfrac{9}{4}\right)}{2}\right)$

$=\boldsymbol{\left(-\dfrac{143}{16},\ \dfrac{21}{16}\right)}$

108

方針 残りの頂点を $(x,\ y)$ として**平行四辺形の対角線の中点が一致する**ことを利用。

解答 $A(-1,\ -3)$, $B(5,\ -1)$, $C(3,\ 3)$ とし，残りの頂点を $D(x,\ y)$ とする。

(i) AB，CD が対角線のとき

$$\frac{x+3}{2}=\frac{-1+5}{2},\quad \frac{y+3}{2}=\frac{-3-1}{2}$$

$x+3=4$, $y+3=-4$　　$\mathbf{D(1,\ -7)}$

(ii) AC，BD が対角線のとき

$$\frac{x+5}{2}=\frac{-1+3}{2},\quad \frac{y-1}{2}=\frac{-3+3}{2}$$

$x+5=2$, $y-1=0$　　$\mathbf{D(-3,\ 1)}$

(iii) BC，AD が対角線のとき

$$\frac{x-1}{2}=\frac{5+3}{2},\quad \frac{y-3}{2}=\frac{-1+3}{2}$$

$x-1=8$, $y-3=2$　　$\mathbf{D(9,\ 5)}$

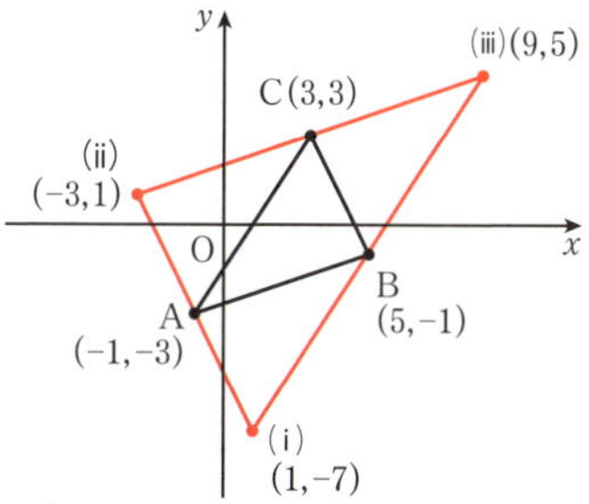

Check Point

定められた **3** 点に第 **4** 点を付け加えて，平行四辺形をつくるとき，第 **4** の頂点の選び方は **3** 通りある。

109

方針 $\mathbf{P(x,\ y)}$ とおいて，距離を等しくおく。

解答 $P(x,\ y)$ とすると $OP=AP=BP$ だから

$$\sqrt{x^2+y^2}=\sqrt{(x-\sqrt{3})^2+y^2}=\sqrt{x^2+(y-1)^2}$$

ゆえに

$$x^2+y^2=x^2-2\sqrt{3}x+3+y^2=x^2+y^2-2y+1$$

$x^2+y^2=x^2-2\sqrt{3}x+3+y^2$ より　$x=\dfrac{\sqrt{3}}{2}$

$x^2+y^2=x^2+y^2-2y+1$ より　$y=\dfrac{1}{2}$

よって　$\mathbf{\left(\dfrac{\sqrt{3}}{2},\ \dfrac{1}{2}\right)}$

〔注意〕 点 P は △OAB の外心であるから，OA，OB の垂直二等分線の交点として求めることもできる。

110

方針 直線上の点 **P** を $\mathbf{(t,\ 2t+3)}$ とおく。

解答 点 P は直線 $y=2x+3$ 上にあるから，$P(t,\ 2t+3)$ とおける。

条件から　$AP=BP$　　よって　$AP^2=BP^2$

したがって

$$(t+2)^2+\{(2t+3)-1\}^2=(t-4)^2+\{(2t+3)-3\}^2$$

$$(t+2)^2+(2t+2)^2=(t-4)^2+(2t)^2$$

$$t^2+4t+4+4t^2+8t+4=t^2-8t+16+4t^2$$

$20t=8$　　$t=\dfrac{2}{5}$

ゆえに点 P の座標は $\mathbf{\left(\dfrac{2}{5},\ \dfrac{19}{5}\right)}$

実戦編

111

方針 (1) $\mathbf{C(x,\ y)}$ として分点と距離の公式を利用。

(2) 斜辺になるのは **AB**，**AP**，**BP** の場合がある。

解答 (1) M は直角二等辺三角形 ABC の底辺 BC の中点であるから，△ABM は AM=BM の直角二等辺三角形である。よって，$AM^2=BM^2$ より

$$(6-5)^2+(a-8)^2=(6-1)^2+(a-2)^2$$

$$a^2-16a+65=a^2-4a+29\qquad 12a=36$$

ゆえに　$\boldsymbol{a=3}$

すなわち　$M(6,\ 3)$

このとき，2 直線 AM，BM の傾きの積は

$$\frac{3-8}{6-5}\cdot\frac{3-2}{6-1}=(-5)\cdot\frac{1}{5}=-1$$

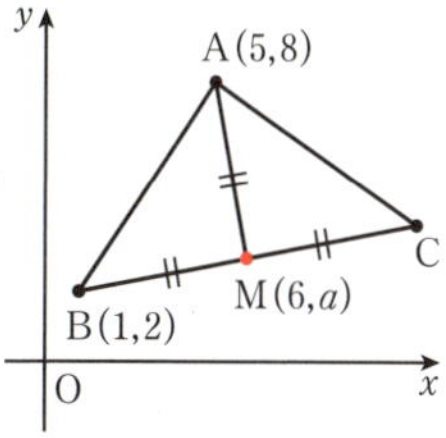

となり，確かに $AM\perp BM$ である。

点 C の座標を $(x,\ y)$ とすると，M は BC の中点であるから　$\dfrac{1+x}{2}=6$, $\dfrac{2+y}{2}=3$

よって　$x=11$, $y=4$ より　$\mathbf{C(11,\ 4)}$

〔注意〕 AM=BM だけで a の値が求められているので，△ABM が二等辺三角形になるのは $a=3$ のときであることしかいえない。そこで，$AM\perp BM$ を確かめている。

(2) $P(x,\ 1)$ とおく。

$$AB^2=(3+1)^2+(4-2)^2=20$$

$$AP^2=(x+1)^2+(1-2)^2=x^2+2x+2$$

$$BP^2=(x-3)^2+(1-4)^2=x^2-6x+18$$

AB が斜辺となるとき，$AB^2=AP^2+BP^2$ より

$20=2x^2-4x+20$

$2x^2-4x=0$

$x(x-2)=0$

よって

$x=0,\ 2$

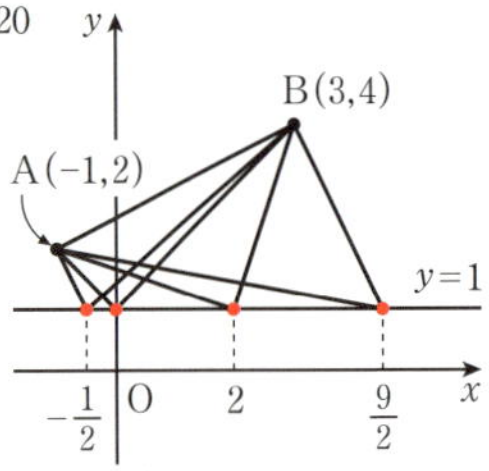

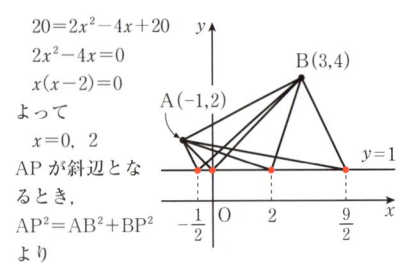

AP が斜辺となるとき，

$AP^2=AB^2+BP^2$

より

$x^2+2x+2=x^2-6x+38$

$8x=36$　　よって　$x=\frac{9}{2}$

BP が斜辺になるとき，$BP^2=AB^2+AP^2$ より

$x^2-6x+18=x^2+2x+22$　　$8x=-4$

よって　$x=-\frac{1}{2}$

ゆえにPの座標は

$\mathbf{(0,\ 1),\ (2,\ 1),\ \left(\frac{9}{2},\ 1\right),\ \left(-\frac{1}{2},\ 1\right)}$

112

方針　**4 点の座標を A(0, a), B($-b$, 0), C(b, 0), D(x, 0) とおいて示す。**

解答　4 点 A, B, C, D の各座標を A(0, a), B($-b$, 0), C(b, 0), D(x, 0)

($b>0$, $-b\leqq x\leqq b$) とおいても一般性は失われない。

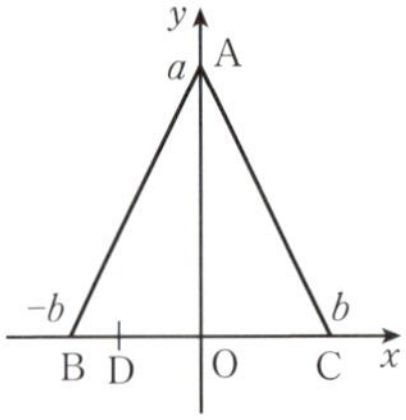

AB^2-AD^2

$=(-b-0)^2+(0-a)^2-\{(x-0)^2+(0-a)^2\}$

$=b^2+a^2-x^2-a^2$

$=b^2-x^2$

$BD\cdot DC=(x+b)(b-x)=b^2-x^2$

ゆえに　$AB^2-AD^2=BD\cdot BC$ ▮

113

方針　**3 点を A(a, b), B(0, 0), C($3c$, 0) とおいて示す。**

解答　A(a, b), B(0, 0), C($3c$, 0) とおいても一般性は失われない。

BD=2CD だから D($2c$, 0) とおける。

このとき

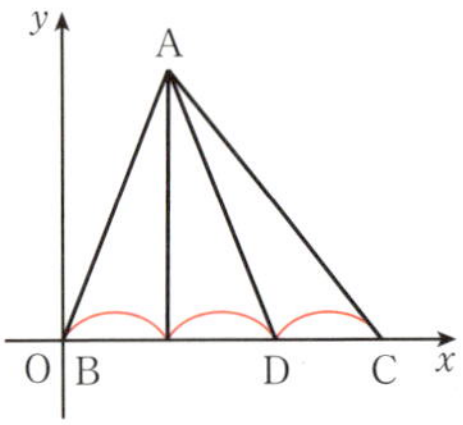

AB^2+2AC^2

$=(a^2+b^2)+2\{(a-3c)^2+b^2\}$

$=3a^2+3b^2+18c^2-12ac$

$3AD^2+6CD^2=3\{(a-2c)^2+b^2\}+6c^2$

$=3a^2+3b^2+18c^2-12ac$

ゆえに　$AB^2+2AC^2=3AD^2+6CD^2$ ▮

14 直線の方程式

必修編

114

方針　(1), (2) 直線の方程式の公式により求める。

(3) 直線 AB の方程式を求め，点 C の座標を直線の方程式に代入する。

解答　(1) 平行な直線は　$2(x+1)+3(y-2)=0$

よって　$\mathbf{2x+3y=4}$

垂直な直線は　$3(x+1)-2(y-2)=0$

よって　$\mathbf{3x-2y=-7}$

〔別解〕　平行な直線の傾きは $-\frac{2}{3}$ であるから

$y-2=-\frac{2}{3}(x+1)$　　よって　$\mathbf{y=-\frac{2}{3}x+\frac{4}{3}}$

垂直な直線の傾きは $\frac{3}{2}$ であるから

$y-2=\frac{3}{2}(x+1)$　　よって　$\mathbf{y=\frac{3}{2}x+\frac{7}{2}}$

Check Point

点 $(x_1,\ y_1)$ を通り，
直線 $ax+by+c=0$ に
平行な直線の方程式は
$a(x-x_1)+b(y-y_1)=0$
垂直な直線の方程式は
$b(x-x_1)-a(y-y_1)=0$

(2) $y-1=\frac{6+3}{5+3}(x-3)$ より　$8(y-1)=9(x-3)$

よって　$\mathbf{9x-8y=19}$

(3) $-2k-1=1$，すなわち $k=-1$ のとき，A(1, 5), B(1, 2), C(0, -2) であるから，直線 AB の式は $x=1$ となり，この直線上に点 C はない。

よって，$k\neq-1$ である。

このとき，直線 AB の式は

$y-5=\frac{(k+3)-5}{1-(-2k-1)}\{x-(-2k-1)\}$

すなわち　$y-5=\frac{k-2}{2k+2}(x+2k+1)$　…①

点 C がこの直線上にあるから

$(k-1)-5=\frac{k-2}{2k+2}\{(k+1)+2k+1\}$

これより　$(k-6)\cdot 2(k+1)=(k-2)(3k+2)$

$2k^2-10k-12=3k^2-4k-4$

$k^2+6k+8=0$　　$(k+2)(k+4)=0$

よって　$k=-2,\ -4$

$\boldsymbol{k=-2}$ **のとき**，①より　$y-5=\frac{-4}{-2}(x-3)$

すなわち　$\boldsymbol{y=2x-1}$

$\boldsymbol{k=-4}$ **のとき**，①より　$y-5=\frac{-6}{-6}(x-7)$

すなわち　$\boldsymbol{y=x-2}$

115

方針　垂直条件 $\boldsymbol{mm'=-1}$ から傾きがわかる。

解答　点 C(4, 5) を通り AB に垂直な直線は

$x=4$　…①

点 A(0, 0) を通り BC に垂直な直線の方程式は，直線 BC の傾きが $-\frac{5}{2}$ だから

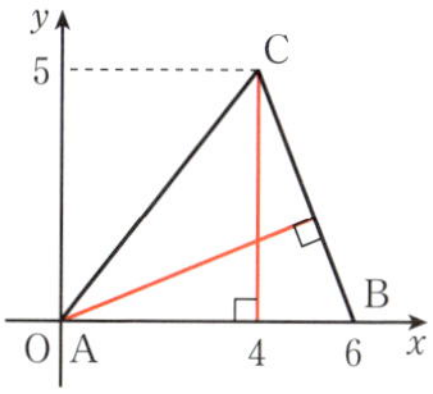

$y=\frac{2}{5}x$　…②

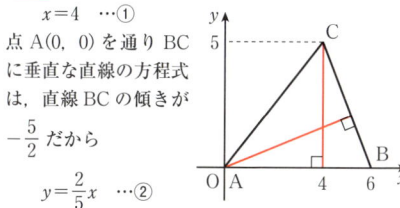

①，②より，求める垂心の座標は　$\left(\boldsymbol{4,\ \frac{8}{5}}\right)$

116

方針　平行，垂直な直線の方程式，点と直線の距離の公式を利用。

解答　(1) $y-3=\frac{-4-3}{1-(-2)}\{x-(-2)\}$

$y-3=\frac{-7}{3}(x+2)$　　$3y-9=-7x-14$

よって　$\boldsymbol{7x+3y+5=0}$

(2) C(5, 1) を通り，傾き $-\frac{7}{3}$ の直線だから

$y-1=-\frac{7}{3}(x-5)$　　$3y-3=-7x+35$

ゆえに　$\boldsymbol{7x+3y-38=0}$

(3) AB の中点の座標は $\left(-\frac{1}{2},\ -\frac{1}{2}\right)$，AB の傾き $-\frac{7}{3}$ より，垂直二等分線の傾きは $\frac{3}{7}$ である。

よって　$y+\frac{1}{2}=\frac{3}{7}\left(x+\frac{1}{2}\right)$

ゆえに　$\boldsymbol{3x-7y-2=0}$

(4) C(5, 1)，AB：$7x+3y+5=0$ だから，求める距離 d は　$d=\frac{|7\cdot5+3\cdot1+5|}{\sqrt{7^2+3^2}}=\frac{43}{\sqrt{58}}=\boldsymbol{\frac{43\sqrt{58}}{58}}$

(5) $\mathrm{AB}=\sqrt{\{1-(-2)\}^2+(-4-3)^2}=\sqrt{3^2+(-7)^2}=\sqrt{58}$

ゆえに，面積 S は

$S=\frac{1}{2}\mathrm{AB}\cdot d=\frac{1}{2}\sqrt{58}\cdot\frac{43}{\sqrt{58}}=\boldsymbol{\frac{43}{2}}$

117

方針　直線の平行条件，垂直条件を使う。

解答　(1) $1\cdot(a+5)-(a-3)a=0$ より

$a^2-4a-5=0$　　$(a+1)(a-5)=0$

$\boldsymbol{a=-1,\ 5}$

(2) $(a-3)(2a-1)+(a-1)\cdot6=0$ より

$2a^2-a-3=0$　　$(a+1)(2a-3)=0$

よって　$\boldsymbol{a=-1,\ \frac{3}{2}}$

118

方針　交わる 2 直線の交点を通る直線の方程式は $\boldsymbol{ax+by+c+k(a'x+b'y+c')=0}$ とかける。

解答　(1) $2x-y-2=0$　…①

$2x+3y-3=0$　…②

②は点 (−1, 2) を通らないから，求める直線の方程式は，$2x-y-2+k(2x+3y-3)=0$ とかける。

これが (−1, 2) を通るから　$-6+k=0$

よって，$k=6$ であるから

$2x-y-2+6(2x+3y-3)=0$

ゆえに　$\boldsymbol{14x+17y-20=0}$

(2) $x+2y-3=0$　…①　$ax+5y-7=0$　…②

とおくと，①，②が交わるから平行ではない。

よって　$1\cdot5-a\cdot2\neq0$　　よって　$a\neq\frac{5}{2}$　…③

また，①は 2 点 (1, 0)，(0, 1) のいずれも通らないから，求める直線の方程式は

$ax+5y-7+k(x+2y-3)=0$ とかける。

この直線は，(1, 0)，(0, 1) を通るから

$\begin{cases}a-7+k(1-3)=0\\5-7+k(2-3)=0\end{cases}$

よって　$\begin{cases}a-7-2k=0 & \cdots④\\-2-k=0 & \cdots⑤\end{cases}$

⑤より　$k=-2$　…⑥

⑥を④に代入　$a-7+4=0$　　$a=3$

これは③を満たすから　$\boldsymbol{a=}\boxed{3}$

Check Point

2 直線の交点を通る直線

2 直線 $\begin{cases}\boldsymbol{ax+by+c=0}\\\boldsymbol{a'x+b'y+c'=0}\end{cases}$ が交わるとき

交点を通る直線の方程式は

$\boldsymbol{ax+by+c+k(a'x+b'y+c')=0}$

とかける。

（ただし，直線 $\boldsymbol{a'x+b'y+c'=0}$ を除く）

119

方針 (1), (2), (3)は内分点の座標で考える。(4)は，P と対称な点を Q とすると，PQ は直線に垂直で，PQ の中点が直線上にあることから求める。

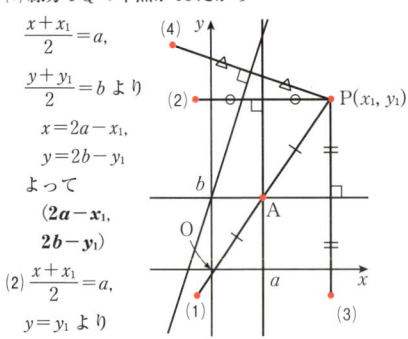

解答 求める対称点を $Q(x,\ y)$ とする。

(1) 線分 PQ の中点が A だから

$\dfrac{x+x_1}{2}=a$,

$\dfrac{y+y_1}{2}=b$ より

$x=2a-x_1$,

$y=2b-y_1$

よって

$(\boldsymbol{2a-x_1},\ \boldsymbol{2b-y_1})$

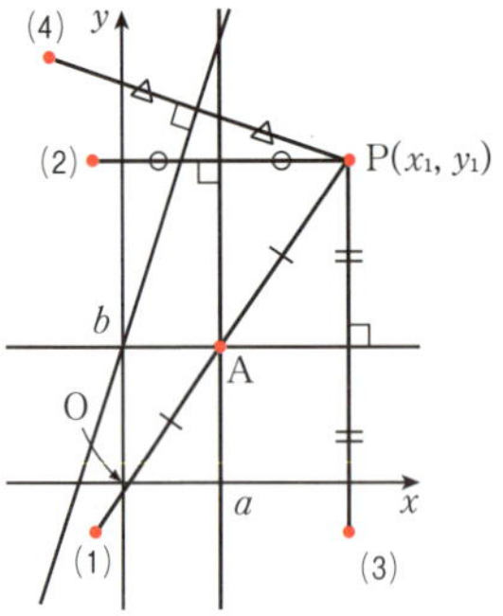

(2) $\dfrac{x+x_1}{2}=a$,

$y=y_1$ より

$x=2a-x_1$

よって $(\boldsymbol{2a-x_1},\ \boldsymbol{y_1})$

(3) $x=x_1$, $\dfrac{y+y_1}{2}=b$ より $y=2b-y_1$

よって $(\boldsymbol{x_1},\ \boldsymbol{2b-y_1})$

(4) 線分 PQ の中点 $\left(\dfrac{x+x_1}{2},\ \dfrac{y+y_1}{2}\right)$ が直線 $y=ax+b$ 上にあり，直線 PQ と直線 $y=ax+b$ が直交する。

すなわち

$$\frac{y+y_1}{2}=\frac{a(x+x_1)}{2}+b,\quad a\cdot\frac{y-y_1}{x-x_1}=-1$$

これより $\begin{cases}-ax+y=ax_1-y_1+2b & \cdots① \\ x+ay=x_1+ay_1 & \cdots②\end{cases}$

①×a−②より

$$-(a^2+1)x=(a^2-1)x_1-2ay_1+2ab$$

$$x=\frac{-(a^2-1)x_1+2ay_1-2ab}{a^2+1}$$

①+②×aより

$$(a^2+1)y=2ax_1+(a^2-1)y_1+2b$$

$$y=\frac{2ax_1+(a^2-1)y_1+2b}{a^2+1}$$

よって

$$\left(\boldsymbol{\frac{-(a^2-1)x_1+2ay_1-2ab}{a^2+1}},\ \boldsymbol{\frac{2ax_1+(a^2-1)y_1+2b}{a^2+1}}\right)$$

120

方針 対称点を $Q(a,\ b)$ とおいて，PQ の中点が直線上にあることから求める。OQ の傾きは $\boldsymbol{\dfrac{b}{a}}$ である。

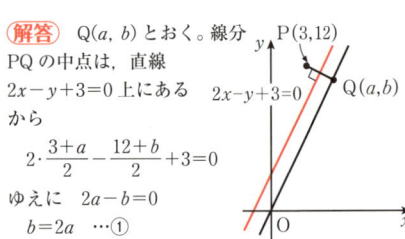

解答 $Q(a,\ b)$ とおく。線分 PQ の中点は，直線 $2x-y+3=0$ 上にあるから

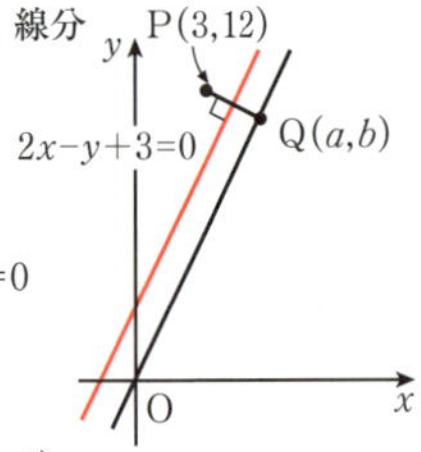

$$2\cdot\frac{3+a}{2}-\frac{12+b}{2}+3=0$$

ゆえに $2a-b=0$

$b=2a$ …①

よって 原点 O と $Q(a,\ b)$ を通る直線の傾きは

$$\frac{b}{a}=\frac{2a}{a}=\boldsymbol{2}$$

121

方針 点と直線の距離の公式を用いる。

解答 $AH=\dfrac{|(-3)+2\times4+3|}{\sqrt{1^2+2^2}}=\dfrac{8}{\sqrt{5}}$

このとき △APH は ∠A=60° の直角三角形になるので

$PH=\sqrt{3}AH$

ゆえに $\triangle AHP=\dfrac{1}{2}\times\dfrac{8}{\sqrt{5}}\times\dfrac{8\sqrt{3}}{\sqrt{5}}=\boldsymbol{\dfrac{32\sqrt{3}}{5}}$

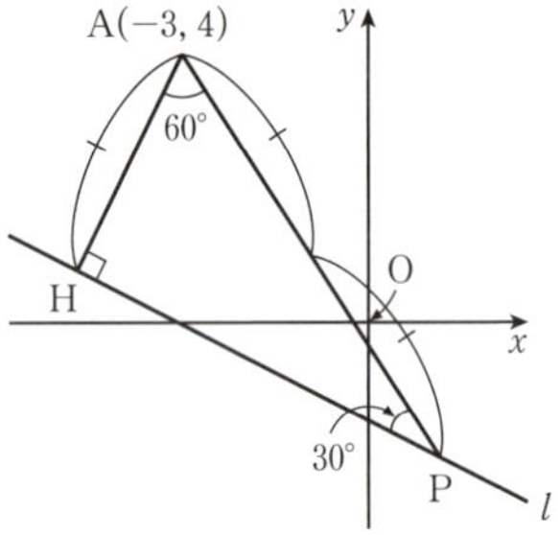

Check Point

点 $(\boldsymbol{x_1},\ \boldsymbol{y_1})$ と直線 $\boldsymbol{ax+by+c=0}$ の距離 $\boldsymbol{d}$ は

$$\boldsymbol{d=\frac{|ax_1+by_1+c|}{\sqrt{a^2+b^2}}}$$

実戦編

122

方針 (1) まずは，平行となる条件をおさえる。
(2) 3 直線が 1 点で交わるとき，または 2 直線が平行のとき，三角形はできない。
(3) 2 直線の交点を残りの直線が通ると考える。

解答 (1) 2 直線が平行となるためには

$a(a-4b)-\{-(2a-3b)\}b=0$ より

$a^2-2ab-3b^2=0$ $(a-3b)(a+b)=0$

よって $a=3b,\ -b$

$b=0$ とすると，$a=b=0$ となり直線を表さないから　$b \neq 0$

$a=3b$ のとき，2 直線は $3bx+by-c=0$ で一致し，傾きは　$-\dfrac{3b}{b}=-3$

$a=-b$ のとき，2 直線は $-bx+by-c=0$，$5bx-5by+c=0$ で，一致するためには

$c=0$　　このとき直線の傾きは　$\dfrac{b}{b}=1$

よって，傾きは **−3** または **1**

(2) (i) 3 直線が 1 点で交わるとき

2 直線 $x-2y=-2$，$3x+2y=12$ の交点は

$\left(\dfrac{5}{2},\ \dfrac{9}{4}\right)$

この点を直線 $kx-y=k-1$ が通るから

$\dfrac{5}{2}k-\dfrac{9}{4}=k-1$　　$\dfrac{3}{2}k=\dfrac{5}{4}$　　$k=\dfrac{5}{6}$

次に，第 1 式の直線と第 2 式の直線が平行になることはないから

(ii) 第 1 式の直線が第 3 式の直線と平行のとき

$1\cdot(-1)-k\cdot(-2)=0$　　よって　$k=\dfrac{1}{2}$

(iii) 第 2 式の直線が第 3 式の直線と平行のとき

$3\cdot(-1)-k\cdot2=0$　　ゆえに　$k=-\dfrac{3}{2}$

これより　$\boldsymbol{k=-\dfrac{3}{2},\ \dfrac{1}{2},\ \dfrac{5}{6}}$

(3) 直線 $x+2y=a$ と直線 $2x+ay=1$ の交点は

$a \neq 4$ のとき　$\left(\dfrac{a^2-2}{a-4},\ \dfrac{1-2a}{a-4}\right)$

この点が $ax+y=-16$ 上にあるから

$a\times\dfrac{a^2-2}{a-4}+\dfrac{1-2a}{a-4}=-16$

$a(a^2-2)+(1-2a)=-16(a-4)$

$a^3+12a-63=0$　　$(a-3)(a^2+3a+21)=0$

a は実数だから　$a=3$

$a=4$ のとき，2 直線 $x+2y=a$ と $2x+ay=1$ は平行となり不適。

ゆえに　$\boldsymbol{a=3}$

123

方針　まずは，**3** 直線の交点の座標を求め，***a***，***b*** の条件をおさえる。

解答　$x+y=1$，$2x+3y=1$ の交点 $(2,\ -1)$ で，これを $ax+by=1$ が通るから

$2a-b=1$　　$b=2a-1$　…①

2 点 $(1,\ 1)$，$(2,\ 3)$ を通る直線は

$y-1=\dfrac{3-1}{2-1}(x-1)$　　$y=2x-1$　…②

①は，点 $(a,\ b)$ が直線②上にあることを示す。

すなわち，3 点 $(1,\ 1)$，$(2,\ 3)$，$(a,\ b)$ は同一直線上にある。■

〔別解〕 3 直線の交点を $(x_1,\ y_1)$ とすると，3 直線はこの点を通るから，次の 3 式が成立する。

$$\begin{cases} x_1+y_1=1 & \cdots① \\ 2x_1+3y_1=1 & \cdots② \\ ax_1+by_1=1 & \cdots③ \end{cases}$$

①，②，③より　$\begin{cases} x_1\cdot1+y_1\cdot1=1 & \cdots①' \\ x_1\cdot2+y_1\cdot3=1 & \cdots②' \\ x_1\cdot a+y_1\cdot b=1 & \cdots③' \end{cases}$

①′，②′，③′ より，直線 $x_1x+y_1y=1$ は 3 点 $(1,\ 1)$，$(2,\ 3)$，$(a,\ b)$ を通る。

すなわち，3 点は同一直線上にある。■

124

方針　**P(*a*，*b*)，Q(*x*，*y*)** とおくと，**R(*x*+1，*y*)** と表せる。

Check Point の考え方を用いる。

解答　点 $\mathrm{P}(a,\ b)$，$\mathrm{Q}(x,\ y)$ とおくと，$\mathrm{R}(x+1,\ y)$ であり，2 点 P，Q は $y=2x$ に関して対称だから　$\dfrac{y+b}{2}=2\cdot\dfrac{x+a}{2}$，$2\cdot\dfrac{y-b}{x-a}=-1$

ゆえに　$\begin{cases} y+b=2x+2a & \cdots① \\ 2y-2b=-x+a & \cdots② \end{cases}$

また，2 点 P，R は $y=x$ に対して対称だから

$\dfrac{y+b}{2}=\dfrac{(x+1)+a}{2}$，$1\cdot\dfrac{y-b}{(x+1)-a}=-1$

ゆえに　$\begin{cases} y+b=x+1+a & \cdots③ \\ y-b=a-1-x & \cdots④ \end{cases}$

①，③より　$2x+2a=x+1+a$

よって　$x=1-a$　…⑤

②，④より　$-x+a=2a-2-2x$

ゆえに　$x=a-2$　…⑥

⑤，⑥より　$x=-\dfrac{1}{2}$，$a=\dfrac{3}{2}$

これを①，②に代入して整理すると　$\begin{cases} y+b=2 \\ y-b=1 \end{cases}$

これより　$y=\dfrac{3}{2}$，$b=\dfrac{1}{2}$

ゆえに，P の座標は　$\left(\boldsymbol{\dfrac{3}{2},\ \dfrac{1}{2}}\right)$

Check Point

2 点 P，Q が直線 *l* に関して対称であるときの条件式は

(i) **PQ⊥*l***　　(ii) **PQ の中点は *l* 上**

125

方針 直線上の適当な1点をとって，その点からの距離を考える。後半は図をかいて求める部分を明らかにする。

解答 $3x+4y=12$ 上の点 $(4,\ 0)$ から
$3x+4y=2$ に引いた垂線の長さ d は

$$d=\frac{|3\cdot4+4\cdot0-2|}{\sqrt{3^2+4^2}}=\frac{10}{5}=2$$

よって，距離は $\boxed{2}$

$y=3x$ …①，$3x+4y=12$ …②，
$3x+4y=2$ …③，$y=0$ (x 軸) …④
とおくと

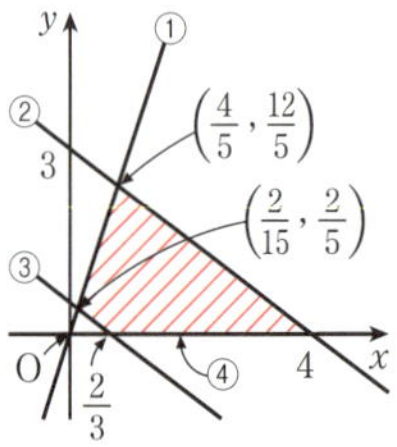

①，②の交点 $\left(\frac{4}{5},\ \frac{12}{5}\right)$，
①，③の交点 $\left(\frac{2}{15},\ \frac{2}{5}\right)$
②，④の交点 $(4,\ 0)$，
③，④の交点 $\left(\frac{2}{3},\ 0\right)$
だから，求める面積 S は

$$S=\frac{1}{2}\times4\times\frac{12}{5}-\frac{1}{2}\times\frac{2}{3}\times\frac{2}{5}=\boxed{\frac{14}{3}}$$

126

方針 (1) 与式を1次式の積の形に因数分解する(問題**75**参照)。
(2)は点と直線の距離の公式を利用。

解答 (1) 与式が x，y の1次式の積に因数分解できればよい。x について整理すると

$$3x^2+(2y+11)x-8y^2+2y+k=0 \quad \cdots①$$

この x に関する2次方程式の判別式 D_1 が y に関する1次式の完全平方式となればよいから，
$D_1=0$ の判別式を D_2 とすると　$D_2=0$

$$D_1=(2y+11)^2-4\cdot3\cdot(-8y^2+2y+k)$$
$$=4y^2+44y+121+96y^2-24y-12k$$
$$=100y^2+20y+121-12k$$
$$\frac{D_2}{4}=100-100(121-12k)=100(1-121+12k)$$
$$=100(12k-120)=100\times12(k-10)=0$$

ゆえに　$\boldsymbol{k=10}$

(2) $k=10$ のとき①より

$$3x^2+(2y+11)x-8y^2+2y+10=0$$
$$3x^2+(2y+11)x-2(4y^2-y-5)=0$$
$$3x^2+(2y+11)x-2(y+1)(4y-5)=0$$
$$\{3x-(4y-5)\}\{x+2(y+1)\}=0$$
$$(3x-4y+5)(x+2y+2)=0$$

ゆえに，点 $(1,\ 1)$ から2直線への距離の和は

$$\frac{|3-4+5|}{\sqrt{3^2+(-4)^2}}+\frac{|1+2+2|}{\sqrt{1^2+2^2}}=\frac{4}{5}+\frac{5}{\sqrt{5}}$$
$$=\boldsymbol{\frac{4+5\sqrt{5}}{5}}$$

15 円と直線

必修編

127

方針 条件から座標平面上でどのような円かを考えて標準形 $(x-a)^2+(y-b)^2=r^2$
または一般形 $x^2+y^2+lx+my+n=0$ を使う。

解答 (1) 中心と x 軸との距離が x 軸に接する円の半径となるので
半径$=1$　　よって　$\boldsymbol{(x-3)^2+(y-1)^2=1}$

(2) 通る点 $(-3,\ 6)$ は第2象限の点であるので，中心も第2象限にある。
半径 $r>0$ とおくと　$(x+r)^2+(y-r)^2=r^2$
これが点 $(-3,\ 6)$ を通るので

$$(-3+r)^2+(6-r)^2=r^2$$
$$r^2-18r+45=0 \qquad (r-3)(r-15)=0$$
$$r=3,\ 15$$

よって　$\boldsymbol{(x+3)^2+(y-3)^2=9}$，
$\boldsymbol{(x+15)^2+(y-15)^2=225}$

(3) 円の中心は　$\left(\frac{1+3}{2},\ \frac{2-4}{2}\right)=(2,\ -1)$
半径は　$\sqrt{(2-1)^2+(-1-2)^2}=\sqrt{10}$
よって　$\boldsymbol{(x-2)^2+(y+1)^2=10}$

(4) $x^2+y^2+ax+by+c=0$ とおいて，3点の座標を代入すると

$$\begin{cases}-3a+5b+c+34=0 & \cdots①\\ -3a-b+c+10=0 & \cdots②\\ a+3b+c+10=0 & \cdots③\end{cases}$$

①，②，③を解いて　$a=4$，$b=-4$，$c=-2$
よって　$\boldsymbol{x^2+y^2+4x-4y-2=0}$

(5) $(x-2)^2+y(y-4)=0$ より
$(x-2)^2+(y-2)^2=2^2$
2円の中心は $(-1,\ -2)$，$(2,\ 2)$ だから，
中心間の距離は　$\sqrt{\{2-(-1)\}^2+\{2-(-2)\}^2}=5$
求める円の半径を r とすると
(i) 外接するとき　$r+2=5$　　よって　$r=3$
(ii) 内接するとき　$r-2=5$　　よって　$r=7$
よって　$\boldsymbol{(x+1)^2+(y+2)^2=9}$ または
$\boldsymbol{(x+1)^2+(y+2)^2=49}$

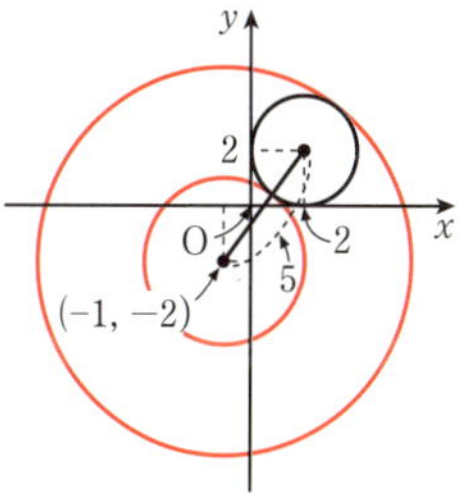

(6) (2, 3) から直線 $y=2x-6$ への距離が求める円の半径である。
直線の式を $2x-y-6=0$ と変形すると，半径は

$$\frac{|2\cdot2-3-6|}{\sqrt{2^2+(-1)^2}}=\sqrt{5}$$

よって　$(\boldsymbol{x}-\mathbf{2})^2+(\boldsymbol{y}-\mathbf{3})^2=\mathbf{5}$

(7) 半径を r とすると　$x^2+(y-2)^2=r^2$　…①
これに，$y=x^2$　…②　を代入すると

$y+(y-2)^2=r^2$

$y^2-3y-r^2+4=0$　…③

①，②が接することから，③の判別式 $D=0$
すなわち

$D=(-3)^2-4\cdot1\cdot(-r^2+4)=4r^2-7=0$

$r>0$ より　$r=\sqrt{\dfrac{7}{4}}=\dfrac{\sqrt{7}}{2}$

このとき　$\boldsymbol{x}^2+(\boldsymbol{y}-\mathbf{2})^2=\dfrac{\mathbf{7}}{\mathbf{4}}$

また，①，②が x 軸を共通接線にするとき
①に $x=0$，$y=0$ を代入して　$r=2$

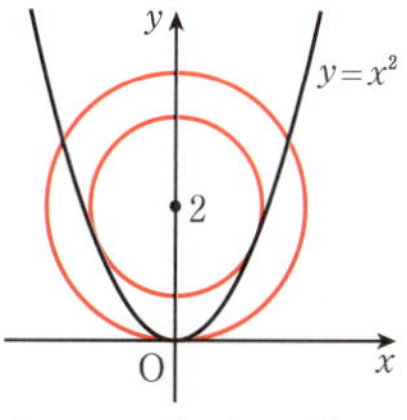

よって　$\boldsymbol{x}^2+(\boldsymbol{y}-\mathbf{2})^2=\mathbf{4}$

128

方針 (1) 中心を $\mathrm{C}(a,\ b)$ とおいて，
CO=CA=CB の条件より求める。
(2) $S=\dfrac{1}{2}(a+b+c)r$ **の関係式を用いる。**

解答 (1) 中心を $\mathrm{C}(a,\ b)$ とおくと

$R=\mathrm{CO}=\mathrm{CA}=\mathrm{CB}$

よって　$R^2=a^2+b^2=(a-14)^2+b^2$
$=(a-5)^2+(b-12)^2$

$a^2+b^2=(a-14)^2+b^2$ より　$-28a+196=0$

$a^2+b^2=(a-5)^2+(b-12)^2$ より

$-10a-24b+169=0$

ゆえに　$a=7$，$b=\dfrac{33}{8}$　　これより　$\boldsymbol{R}=\dfrac{\mathbf{65}}{\mathbf{8}}$

(2) △OAB の面積 S は

$S=\dfrac{1}{2}\times14\times12=84$

また　$\mathrm{OA}=14$，$\mathrm{OB}=\sqrt{5^2+12^2}=13$，
$\mathrm{AB}=\sqrt{9^2+12^2}=15$

$S=\dfrac{1}{2}(\mathrm{OA}+\mathrm{OB}+\mathrm{AB})r$ であるから

$84=\dfrac{1}{2}(14+13+15)r$　　$\boldsymbol{r}=\mathbf{4}$

129

方針 円の方程式を $x^2+y^2+lx+my+n=0$ と
おく。

解答 (1) 円 C の方程式を
$x^2+y^2+lx+my+n=0$ とおくと，3 点 (0, 0)，(1, 1)，(α, α+1) を通るから

$$\begin{cases}n=0\\2+l+m+n=0\\\alpha^2+(\alpha+1)^2+l\alpha+m(\alpha+1)+n=0\end{cases}$$

$n=0$ を代入して

$$\begin{cases}l+m=-2 & \cdots①\\l\alpha+m(\alpha+1)=-2\alpha^2-2\alpha-1 & \cdots②\end{cases}$$

①より　$l=-m-2$　…③
これを②に代入して

$(-m-2)\alpha+m\alpha+m=-2\alpha^2-2\alpha-1$

$-2\alpha+m=-2\alpha^2-2\alpha-1$

よって　$m=-2\alpha^2-1$

③より　$l=-(-2\alpha^2-1)-2=2\alpha^2-1$

ゆえに，円 C の方程式は

$\boldsymbol{x}^2+\boldsymbol{y}^2+(2\alpha^2-1)\boldsymbol{x}-(2\alpha^2+1)\boldsymbol{y}=\mathbf{0}$

(2) (1)より　$\left(x+\dfrac{2\alpha^2-1}{2}\right)^2+\left(y-\dfrac{2\alpha^2+1}{2}\right)^2$

$$=\left(\frac{2\alpha^2-1}{2}\right)^2+\left(\frac{2\alpha^2+1}{2}\right)^2=\frac{(2\alpha^2)^2+1}{2}$$

円の半径は $\sqrt{5}$ だから　$\dfrac{4\alpha^4+1}{2}=5$　　$4\alpha^4=9$

$\alpha^2=\dfrac{3}{2}$　　$\alpha=\pm\sqrt{\dfrac{3}{2}}=\pm\dfrac{\sqrt{\mathbf{6}}}{\mathbf{2}}$

円の中心の座標は $\left(-\dfrac{2\alpha^2-1}{2},\ \dfrac{2\alpha^2+1}{2}\right)$ より

(−1, 2)

130

方針 (2) 交わる条件は
(円の中心から直線までの距離)<(半径) である。
点と直線の距離の公式を利用する。
(3) 円と直線の方程式から y を消去して得られる
2 次方程式において，解と係数の関係を利用する。
(4) 円の中心から弦に垂線を下ろし，直角三角形で考える。

解答 (1) $x^2+y^2-y=0$ より　$x^2+\left(y-\frac{1}{2}\right)^2=\frac{1}{4}$

ゆえに　中心 $\left(\mathbf{0},\ \frac{\mathbf{1}}{\mathbf{2}}\right)$，半径 $\frac{\mathbf{1}}{\mathbf{2}}$

(2) 円の中心 $\left(0,\ \frac{1}{2}\right)$ と直線 $ax+y-a=0$ との距離 d は　$d=\frac{\left|a\times0+1\times\frac{1}{2}-a\right|}{\sqrt{a^2+1}}=\frac{\left|\frac{1}{2}-a\right|}{\sqrt{a^2+1}}$

異なる 2 点で交わるから d は半径より小さい。

よって　$\frac{\left|\frac{1}{2}-a\right|}{\sqrt{a^2+1}}<\frac{1}{2}$　　$|1-2a|<\sqrt{a^2+1}$

両辺とも正だから 2 乗して　$(1-2a)^2<a^2+1$

$3a^2-4a<0$　　$a(3a-4)<0$

ゆえに　$\mathbf{0<a<\frac{4}{3}}$

(3) 直線と円の方程式から y を消去すると

$x^2+(-ax+a)^2-(-ax+a)=0$

$(a^2+1)x^2-(2a^2-a)x+a^2-a=0$　…①

ここで，$\mathrm{P}(\alpha,\ -a\alpha+a)$，$\mathrm{Q}(\beta,\ -a\beta+a)$ とおくと，$\alpha,\ \beta$ は①の解だから解と係数の関係により

$\alpha+\beta=\frac{2a^2-a}{a^2+1}$，$\alpha\beta=\frac{a^2-a}{a^2+1}$

よって，線分 PQ の中点 M は

$\left(\frac{\alpha+\beta}{2},\ \frac{-a(\alpha+\beta)+2a}{2}\right)$ より

$\left(\mathbf{\frac{2a^2-a}{2(a^2+1)},\ \frac{a^2+2a}{2(a^2+1)}}\right)$

(4) 右の図のように，直角三角形 CPH を考えると

$\mathrm{PH}=\frac{1}{2\sqrt{2}}$

$\mathrm{CP}^2=\mathrm{PH}^2+\mathrm{CH}^2$ より

$\frac{1}{4}=\left(\frac{\left|\frac{1}{2}-a\right|}{\sqrt{a^2+1}}\right)^2+\left(\frac{1}{2\sqrt{2}}\right)^2$

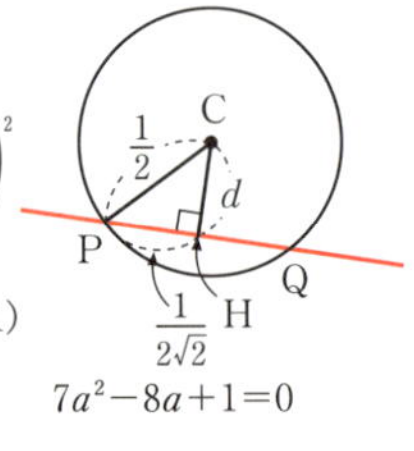

$a^2-a+\frac{1}{4}=\frac{1}{8}(a^2+1)$

$8a^2-8a+2=a^2+1$　　$7a^2-8a+1=0$

$(a-1)(7a-1)=0$

よって　$\mathbf{a=1,\ \frac{1}{7}}$ $\left(0<a<\frac{4}{3}\ を満たす\right)$

131

方針 接する条件は
(円の中心から直線までの距離)＝(半径)

解答 $(x-1)^2+y^2=1$　…①
$x^2+(y-1)^2=1$　…②

2 円①，②の中心はそれぞれ $\mathrm{C_1}(1,\ 0)$，$\mathrm{C_2}(0,\ 1)$ であるから，2 円の中心を通る直線の方程式は

$y-0=\frac{1-0}{0-1}(x-1)$　　よって　$\boxed{\mathbf{y=-x+1}}$

この直線を x 軸の負の方向に $\frac{\sqrt{2}}{2}$，y 軸の負の方向に k ($k>0$) だけ平行移動した直線の方程式は，

$y+k=-\left(x+\frac{\sqrt{2}}{2}\right)+1$ より

$x+y+k-1+\frac{\sqrt{2}}{2}=0$　…④

④が①に接する条件は①の中心 $\mathrm{C_1}(1,\ 0)$ と④との距離が 1 となることだから

$\frac{\left|1+0+k-1+\frac{\sqrt{2}}{2}\right|}{\sqrt{1^2+1^2}}=1$　　$\left|k+\frac{\sqrt{2}}{2}\right|=\sqrt{2}$

よって　$k+\frac{\sqrt{2}}{2}=\pm\sqrt{2}$　　$k>0$ だから　$k=\frac{\sqrt{2}}{2}$

このとき，方程式④は　$y=-x+1-\sqrt{2}$

したがって，y 軸の負の方向に $\boxed{\frac{\sqrt{2}}{2}}$ だけ平行移動して得られる 2 つの円の接する接線の方程式は

$y=\boxed{\mathbf{-x+1-\sqrt{2}}}$

132

方針 (1) 直線の方程式を $\mathbf{y=m(x-3)+2}$ とおく。
(2) $\mathbf{(x-a)^2+(y-b)^2=r^2}$ とおいて，条件より，$\mathbf{a,\ b,\ r}$ の連立方程式をつくる。点と直線の距離を利用。

解答 (1) $x=3$ は接線ではないから，求める接線の方程式を $y-2=m(x-3)$ とおくと
$mx-y-3m+2=0$ とかける。円 $x^2+y^2=1$ に接するから，円の中心 $(0,\ 0)$ とこの直線の距離は円の半径 1 に等しい。

$\frac{|-3m+2|}{\sqrt{m^2+1}}=1$　　$|-3m+2|=\sqrt{m^2+1}$

$(-3m+2)^2=m^2+1$　　$8m^2-12m+3=0$

よって　$m=\frac{6\pm\sqrt{36-24}}{8}=\frac{6\pm2\sqrt{3}}{8}=\mathbf{\frac{3\pm\sqrt{3}}{4}}$

(2) 円の方程式を $(x-a)^2+(y-b)^2=r^2$ とおくと，点 (3, 2) を通るから

$(3-a)^2+(2-b)^2=r^2$ …①

また，r は円の中心 $(a,\ b)$ と 2 直線 $2x+y=0$，$x-2y=0$ との距離でもあるから

$$r=\frac{|2a+b|}{\sqrt{2^2+1^2}}=\frac{|a-2b|}{\sqrt{1^2+(-2)^2}}$$

$$\frac{|2a+b|}{\sqrt{5}}=\frac{|a-2b|}{\sqrt{5}} \quad \cdots②$$

$|2a+b|=|a-2b|$ より　$2a+b=\pm(a-2b)$

$a=-3b$　または　$b=3a$

$a=-3b$ のとき，①，②より

$$r^2=(3+3b)^2+(2-b)^2=\frac{|-3b-2b|^2}{5}$$

$10b^2+14b+13=5b^2$

$5b^2+14b+13=0$

判別式を D とすると

$\dfrac{D}{4}=7^2-5\cdot13=49-65=-16<0$ だから

上の方程式を満たす実数 b は存在しない。

$b=3a$ のとき，①，②より

$$r^2=(3-a)^2+(2-3a)^2=\frac{|a-6a|^2}{5}$$

$10a^2-18a+13=5a^2$

$5a^2-18a+13=0$　　$(a-1)(5a-13)=0$

$a=1,\ \dfrac{13}{5}$

$a=1$ のとき　$b=3,\ r=\sqrt{5}$

$a=\dfrac{13}{5}$ のとき　$b=\dfrac{39}{5},\ r=\dfrac{13}{\sqrt{5}}$

よって，求める方程式は

$\boldsymbol{(x-1)^2+(y-3)^2=5}$

または　$\boldsymbol{\left(x-\dfrac{13}{5}\right)^2+\left(y-\dfrac{39}{5}\right)^2=\dfrac{169}{5}}$

133

方針　(1) 公式 $\boldsymbol{x_1x+y_1y=r^2}$ を利用。

(2)，(3) 点と直線の距離を利用。

(4) 接点を $(\boldsymbol{x_1},\ \boldsymbol{y_1})$ とおくか傾きを $\boldsymbol{m}$ とおく。

解答　(1) 円 $x^2+y^2=9$ 上の点 $(2,\ -\sqrt{5})$ における接線なので　$\boldsymbol{2x-\sqrt{5}y=9}$

(2) 求める接線を，$3x+4y=k$ …①　とおく。

円 $x^2+y^2=9$ に接するから，O(0, 0) と①との距離は半径 3 に等しい。

よって　$\dfrac{|-k|}{\sqrt{3^2+4^2}}=3$　　ゆえに　$k=\pm15$

したがって　$\boldsymbol{3x+4y=\pm15}$

(3) 求める接線を，$2x+3y=k$ …①　とおく。

(2)と同様にして

$\dfrac{|-k|}{\sqrt{2^2+3^2}}=3$　　よって　$k=\pm3\sqrt{13}$

ゆえに　$\boldsymbol{2x+3y=\pm3\sqrt{13}}$

(4) 接点を $(x_1,\ y_1)$ とおくと，接線の方程式は

$x_1x+y_1y=9$

これが (3, 2) を通るから　$3x_1+2y_1=9$ …①

また　${x_1}^2+{y_1}^2=9$　　$9x_1^2+9y_1^2=81$

①より　$3x_1=9-2y_1$ であるので，$(3x_1)^2=9{x_1}^2$ より

$(9-2y_1)^2+9{y_1}^2=81$

$81-36y_1+4{y_1}^2+9{y_1}^2=81$

$13{y_1}^2-36y_1=0$　　$y_1(13y_1-36)=0$

$y_1=0,\ \dfrac{36}{13}$

$y_1=0$ のとき，①より　$x_1=3$

このとき，接線の方程式は　$\boldsymbol{x=3}$

$y_1=\dfrac{36}{13}$ のとき，①より

$3x_1=9-\dfrac{72}{13}$　　$x_1=\dfrac{15}{13}$

このとき接線の方程式は

$\dfrac{15}{13}x+\dfrac{36}{13}y=9$　　$\boldsymbol{5x+12y=39}$

〔別解 1〕　$\boldsymbol{x=3}$ は明らかに求める接線。

他は，$y-2=m(x-3)$ とかける。

すなわち　$mx-y-3m+2=0$

題意より (0, 0) とこの直線の距離が 3 だから

$\dfrac{|-3m+2|}{\sqrt{m^2+(-1)^2}}=3$　　$|-3m+2|=3\sqrt{m^2+1}$

$(-3m+2)^2=9m^2+9$

$9m^2-12m+4=9m^2+9$　　$m=-\dfrac{5}{12}$

よって，求める接線の方程式は

$y=-\dfrac{5}{12}(x-3)+2$

$y=-\dfrac{5}{12}x+\dfrac{15}{12}+2$　　$\boldsymbol{5x+12y=39}$

〔別解 2〕　(3, 2) を通る 2 接線の接点を通る直線（極線）の方程式は　$3x+2y=9$ …①

一方　$x^2+y^2=9$　$4x^2+4y^2=36$ …②

①，②より　$4x^2+(9-3x)^2=36$

$4x^2+81-54x+9x^2=36$　　$13x^2-54x+45=0$

$(x-3)(13x-15)=0$　　$x=3,\ \dfrac{15}{13}$

$x=3$ のとき，①より　$y=0$

$x=\dfrac{15}{13}$ のとき，①より　$\dfrac{45}{13}+2y=9$　　$y=\dfrac{36}{13}$

よって，接点 (3, 0)，$\left(\dfrac{15}{13},\ \dfrac{36}{13}\right)$

ゆえに，接線の方程式は，$3x+0\cdot y=9$ より
$\boldsymbol{x=3}$

$\frac{15}{13}x+\frac{36}{13}y=9$ より　$\boldsymbol{5x+12y=39}$

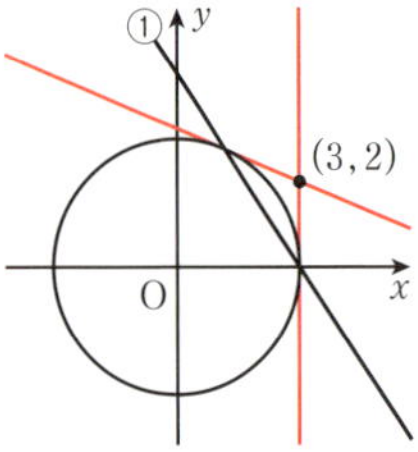

Check Point

$ax+by+c=0$ に
平行な直線　$ax+by+c'=0$
垂直な直線　$bx-ay+d=0$
円 $x^2+y^2=r^2$ 上の点 $(x_1,\ y_1)$ における
接線の方程式　$x_1x+y_1y=r^2$
円外の点 $(x_1,\ y_1)$（極点）から円 $x^2+y^2=r^2$
に引いた 2 接線の接点を通る直線（極線）
の方程式　$x_1x+y_1y=r^2$

134

方針　直線の方程式を $y=ax+b$ とおいて接する条件から連立方程式をつくる。

解答　(1) 求める接線は y 軸に平行でないから
$y=ax+b$，すなわち $ax-y+b=0$ とおく。
中心 (0, 0)，半径 2 の円に接するから
$\frac{|b|}{\sqrt{a^2+1}}=2$　　$b^2=4(a^2+1)$　…①
$y=x^2+8$ に接するから　$x^2+8=ax+b$
$x^2-ax-b+8=0$ の判別式を D とおくと
$D=(-a)^2-4\cdot(-b+8)=0$
$a^2=-4b+32$　…②
②を①に代入して　$b^2=4(-4b+32+1)$
$b^2+16b-132=0$　　$(b-6)(b+22)=0$
$b=6,\ -22$
②より
$b=6$ のとき　$a^2=8$　　$a=\pm2\sqrt{2}$
$b=-22$ のとき　$a^2=120$　　$a=\pm2\sqrt{30}$
よって，求める接線の方程式は
$\boldsymbol{y=\pm2\sqrt{2}x+6,\ y=\pm2\sqrt{30}x-22}$

(2) 求める接線は原点を通らないから，$ax+by=1$ とおくと，中心 (0, 0)，半径 2，および中心 (5, 0)，半径 5 の 2 円に接するから
$\frac{|-1|}{\sqrt{a^2+b^2}}=2$　…①　　$\frac{|5a-1|}{\sqrt{a^2+b^2}}=5$　…②

①，②より　$\frac{1}{2}=\frac{|5a-1|}{5}$　　$5a-1=\pm\frac{5}{2}$
$a=\frac{1}{5}\left(1\pm\frac{5}{2}\right)$ より　$a=\frac{7}{10},\ -\frac{3}{10}$
①より　$a^2+b^2=\frac{1}{4}$　…③
$a=\frac{7}{10}$ のとき
$b^2=\frac{1}{4}-\frac{49}{100}=\frac{25-49}{100}<0$（不適）
$a=-\frac{3}{10}$ のとき
$b^2=\frac{1}{4}-\frac{9}{100}=\frac{16}{100}$　　$b=\pm\frac{2}{5}$
ゆえに，求める接線の方程式は
$-\frac{3}{10}x\pm\frac{2}{5}y=1$ より　$\boldsymbol{3x\pm4y+10=0}$

135

方針　(1) a についての恒等式と考える。
(2) y を消去して，x についての 2 次方程式の解の個数で考える。

解答　(1) $x^2+y^2+(a-1)x+ay-a=0$ から
$(x+y-1)a+x^2+y^2-x=0$
これが a についての恒等式となるとき
$x+y-1=0$　…①　　$x^2+y^2-x=0$　…②
①より　$y=1-x$
これを②に代入して　$x^2+(1-x)^2-x=0$
$2x^2-3x+1=0$　　$(2x-1)(x-1)=0$
よって　$x=\frac{1}{2},\ 1$
$x=\frac{1}{2}$ のとき $y=\frac{1}{2}$，$x=1$ のとき $y=0$
よって，与えられた円は a がどのような値をとっても定点 $(\boldsymbol{1,\ 0})$，$\left(\boldsymbol{\frac{1}{2},\ \frac{1}{2}}\right)$ を通る。∎

(2) $y=x+1$ を代入して
$x^2+(x+1)^2+(a-1)x+a(x+1)-a=0$
$2x^2+(2a+1)x+1=0$
この 2 次方程式の判別式を D とおくと
$D=(2a+1)^2-8<0$ のとき 0 個
$D=(2a+1)^2-8=0$ のとき 1 個
$D=(2a+1)^2-8>0$ のとき 2 個
よって，
$\boldsymbol{\frac{-1-2\sqrt{2}}{2}<a<\frac{-1+2\sqrt{2}}{2}}$ **のとき 0 個**
$\boldsymbol{a=\frac{-1\pm2\sqrt{2}}{2}}$ **のとき 1 個**
$\boldsymbol{a<\frac{-1-2\sqrt{2}}{2},\ \frac{-1+2\sqrt{2}}{2}<a}$ **のとき 2 個**

136

方針 **2 円の半径はどちらも 1 であるから，外接するときである。**

解答 2 円の中心 (0, 0)，$\left(a,\ \dfrac{a+1}{2}\right)$ 間の距離を d とおくと

$$d^2=a^2+\left(\frac{a+1}{2}\right)^2=\frac{1}{4}(5a^2+2a+1)$$

2 円の半径はどちらも 1 だから，2 円が接するのは外接するときのみで，d が 2 円の半径の和 2 に等しいときである。すなわち

$$\frac{1}{4}(5a^2+2a+1)=2^2$$

$$5a^2+2a-15=0$$

よって　$a=\dfrac{-1\pm\sqrt{76}}{5}=\boxed{\dfrac{-1\pm2\sqrt{19}}{5}}$

また，中心が最も近くなるのは

$$d^2=\frac{5}{4}\left(a^2+\frac{2}{5}a\right)+\frac{1}{4}$$

$$=\frac{5}{4}\left(a+\frac{1}{5}\right)^2-\frac{5}{4}\cdot\frac{1}{25}+\frac{1}{4}$$

$$=\frac{5}{4}\left(a+\frac{1}{5}\right)^2+\frac{1}{5}$$

よって，$a=\boxed{-\dfrac{1}{5}}$ のときである。

137

方針 **2 つの円の中心を A，B，2 つの交点を C，D とすると，半径が等しいことより，四角形 ACBD はひし形となるから，線分 AB，CD の中点は一致する。**

解答 $x^2+y^2+4x-6y-37=0$ より

$$(x+2)^2+(y-3)^2=50$$

これは，中心 (−2, 3)，半径 $5\sqrt{2}$ の円である。
2 つの円は，2 つの円の中心を通る直線 $x-3y+11=0$，すなわち $y=\dfrac{1}{3}x+\dfrac{11}{3}$ に関して対称であるから，この直線は 2 つの交点を結ぶ線分の垂直二等分線である。よって，2 つの交点を通る直線の傾きは −3 であるから，その式を $y=-3x+k$ とおく。このとき，交点の座標は $(3,\ k-9)$，$(-1,\ k+3)$ であり，2 つの交点を結ぶ線分の中点 M は，直線 $x-3y+11=0$ 上にあるから　$\dfrac{3+(-1)}{2}-3\cdot\dfrac{(k-9)+(k+3)}{2}+11=0$

$$1-3(k-3)+11=0 \qquad -3k+21=0$$

よって，$k=7$ であるから，交点の座標は

$(3,\ \boxed{-2})$，$(-1,\ \boxed{10})$

このとき，M(1, 4) である。

求める円の中心は，直線 $x-3y+11=0$ 上にあるから，$(3t-11,\ t)$ とおく。2 つの円の半径が等しいから，中心を結ぶ線分の中点が M である。

よって　$\dfrac{3t-11+(-2)}{2}=1$，$\dfrac{t+3}{2}=4$

これより，$t=5$ となり，求める円の中心は (4, 5) であるから，その方程式は　$(x-4)^2+(y-5)^2=50$

すなわち　$x^2+y^2-\boxed{8}x-\boxed{10}y-\boxed{9}=0$

実戦編

138

方針 **(1) 円①の中心を直線②に関して対称に移動する。**
(2) 2 円の交点は，円①と直線②の交点であることを利用する。

解答

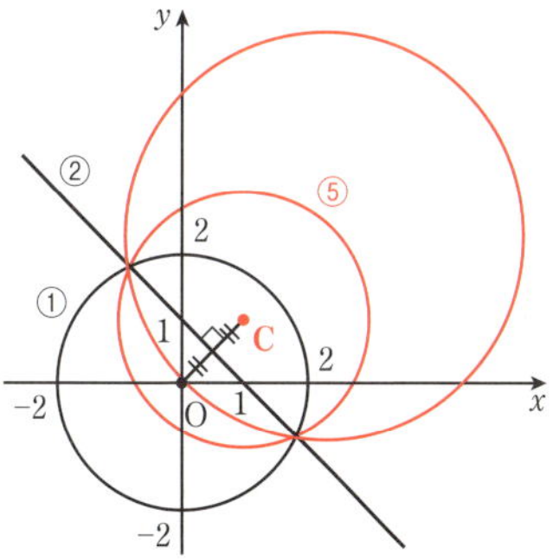

(1) 求める円の中心を C$(a,\ b)$ とおくと，円①の中心 O と C は，直線②に関して対称である。
OC の中点は直線②上にあるから

$$\frac{0+b}{2}=-\frac{0+a}{2}+1 \qquad a+b=2 \quad \cdots③$$

OC⊥直線②より　$\dfrac{b-0}{a-0}\cdot(-1)=(-1)$

これより　$b=a$　…④

③，④より　$a=b=1$

ゆえに，C(1, 1) で，対称移動によって半径は変わらないから，求める円の方程式は

$$\boldsymbol{(x-1)^2+(y-1)^2=4} \quad \cdots⑤$$

(2) 円①と円⑤の交点は，円①と直線②の交点であるから，求める円の方程式は

$$x^2+y^2-4+k(x+y-1)=0 \quad \cdots⑥$$

とかける。原点を通るとき

$$-4-k=0 \qquad すなわち \quad k=-4$$

これを⑥に代入して

$$x^2+y^2-4-4(x+y-1)=0$$

ゆえに，求める円の方程式は

$$\boldsymbol{x^2+y^2-4x-4y=0}$$

139

方針　接点の座標を $(x_1,\ y_1)$ として接線の方程式を求める。

解答　接点を $(x_1,\ y_1)$ とすると接線の方程式は $x_1x+y_1y=18$ である。これが点 $(5,\ 5)$ を通るから

$5x_1+5y_1=18$　…①

また，接点は円周上の点であるから

$x_1{}^2+y_1{}^2=18$　…②

①，②を解くと　$x_1{}^2+\left(-x_1+\dfrac{18}{5}\right)^2=18$

$50x_1{}^2-180x_1-126=0$

$25x_1{}^2-90x_1-63=0$

$(5x_1+3)(5x_1-21)=0$

$x_1=-\dfrac{3}{5},\ \dfrac{21}{5}$

$x_1=-\dfrac{3}{5}$ のとき　$y_1=\dfrac{21}{5}$

$x_1=\dfrac{21}{5}$ のとき　$y_1=-\dfrac{3}{5}$

よって，接点の座標は x 座標の大きい順に

$\left(\dfrac{\boxed{21}}{\boxed{5}},\ \dfrac{\boxed{-3}}{\boxed{5}}\right),\ \left(\dfrac{\boxed{-3}}{\boxed{5}},\ \dfrac{\boxed{21}}{\boxed{5}}\right)$

140

方針　2円の中心と接点を結んでできる直角三角形に着目する。

解答　円

$(x+a)^2+y^2=4$，

$(x-1)^2+(y-a)^2=1$ の中心をそれぞれ A，B，

2つの円の交点を T とする。

点 T において 2つの円の接線が直交するとき，

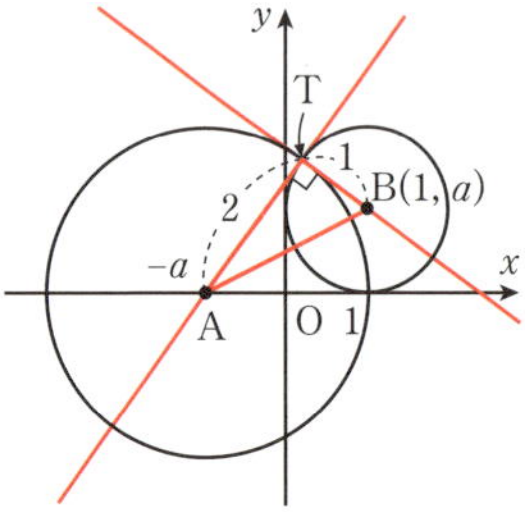

半径 AT が点 T における円 A の接線に垂直であることから，直線 AT は点 T における円 B の接線である。同様に，直線 BT は点 T における円 A の接線である。

よって，△ABT は ∠ATB＝90° の直角三角形であるから，三平方の定理により

$AB^2=AT^2+BT^2$

$A(-a,\ 0)$，$B(1,\ a)$，$AT=2$，$BT=1$ より

$\{1-(-a)\}^2+(a-0)^2=2^2+1^2$

$2a^2+2a+1=5$　　$a^2+a-2=0$

$(a+2)(a-1)=0$　　よって　$\boldsymbol{a=-2,\ 1}$

16 軌　跡

必修編

141

方針　**$P(x,\ y)$ とおいて，2点間の距離の公式から関係式を求める。**

解答　$P(x,\ y)$ とする。

(1) $PA:PB=3:2$ より　$3PB=2PA$

よって，$9PB^2=4PA^2$ より

$9\{(x-5)^2+y^2\}=4(x^2+y^2)$

$5x^2+5y^2-90x+225=0$

$x^2+y^2-18x+45=0$

$(x-9)^2+y^2=36$

ゆえに，中心 $(9,\ 0)$，半径 6 の円。

(2) $AP^2+BP^2=2CP^2$ より

$\{(x+a)^2+y^2\}+\{(x-a)^2+y^2\}$

$=2\{x^2+(y-\sqrt{3}a)^2\}$

$2(x^2+a^2)+2y^2=2x^2+2y^2-4\sqrt{3}ay+6a^2$

$4\sqrt{3}ay=4a^2$　　ゆえに　$y=\dfrac{a}{\sqrt{3}}=\dfrac{\sqrt{3}}{3}a$

ゆえに，△ABC の重心 $G\left(0,\ \dfrac{\sqrt{3}}{3}a\right)$ を通る，辺 AB に平行な直線。

(3) $AP:BP=m:1$ より　$mBP=AP$

これより　$m^2BP^2=AP^2$

$m^2\{(x-a)^2+y^2\}=(x+a)^2+y^2$

$m^2x^2-2am^2x+m^2a^2+m^2y^2$

$\quad=x^2+2ax+a^2+y^2$

$(m^2-1)x^2-2a(m^2+1)x+(m^2-1)y^2$

$\quad=(1-m^2)a^2$

$m=1$ のとき　$x=0$

ゆえに，線分 AB の垂直二等分線。

$m\neq1$ のとき，$m^2-1(\neq0)$ で上式の両辺を割って

$x^2-2a\cdot\dfrac{m^2+1}{m^2-1}x+y^2=-a^2$

$\left(x-\dfrac{m^2+1}{m^2-1}a\right)^2+y^2=-a^2+\left(\dfrac{m^2+1}{m^2-1}\right)^2a^2$

$\left(x-\dfrac{m^2+1}{m^2-1}a\right)^2+y^2=\left(\dfrac{2ma}{m^2-1}\right)^2$

ゆえに，中心 $\left(\dfrac{m^2+1}{m^2-1}a,\ 0\right)$，半径 $\left|\dfrac{2ma}{m^2-1}\right|$ の円。

〔注意〕 点 P の軌跡は線分 AB を $m:1$ に内分する点と外分する点を直径の両端とする円（アポロニウスの円）である。

142

方針 円周上の点を $\mathbf{P}(\boldsymbol{p},\ \boldsymbol{q})$，3：1 の比に内分する点を $\mathbf{Q}(\boldsymbol{x},\ \boldsymbol{y})$ として求める。

解答 $P(p,\ q)$ とおき，弦 AP を 3：1 の比に内分する点を $Q(x,\ y)$ とする。P は円周上にあるから

$p^2+q^2=4$ …①

かつ　$x=\dfrac{3}{4}p,\ y=\dfrac{3q+2}{4}$

これより　$p=\dfrac{4}{3}x$ …②，$q=\dfrac{4y-2}{3}$ …③

②，③を①に代入して

$$\frac{16}{9}x^2+\frac{16\left(y-\frac{1}{2}\right)^2}{9}=4$$

$$x^2+\left(y-\frac{1}{2}\right)^2=\frac{9}{4}$$

ここで，P は A と異なる点だから（AP は弦），$Q(x,\ y)$ も $A(0,\ 2)$ と異なる点。

すなわち，点 $(0,\ 2)$ は除く。

ゆえに　$\boldsymbol{x^2+\left(y-\frac{1}{2}\right)^2=\frac{9}{4}}$

ただし，点 $(\mathbf{0},\ \mathbf{2})$ を除く。

143

方針 点 P を $\mathbf{P}(\boldsymbol{x},\ \boldsymbol{y})$ とおく。(2)，(3)は $\mathbf{Q}(\boldsymbol{p},\ \boldsymbol{q})$ とおいて，$\boldsymbol{x}$，$\boldsymbol{y}$ と $\boldsymbol{p}$，$\boldsymbol{q}$ の関係式をつくる。

解答 各条件を満たす点 P を $P(x,\ y)$ とおく。

(1) AP，P の y 座標がともに円の半径に等しい。

よって，$AP=y$ より　$x^2+(y-2)^2=y^2$

ゆえに，放物線 $\boldsymbol{y=\frac{1}{4}x^2+1}$

(2) $Q(p,\ q)$ とおくと，Q は $y=2x+1$ 上の点だから　$q=2p+1$ …①

点 Q は線分 AP の中点だから

$p=\dfrac{x+2}{2},\ q=\dfrac{y+1}{2}$

これを①に代入して　$\dfrac{y+1}{2}=2\cdot\dfrac{x+2}{2}+1$

$y+1=2(x+2)+2$

よって，直線 $\boldsymbol{y=2x+5}$

(3) $Q(p,\ q)$ とおくと，Q は $x^2+y^2=9$ 上の点だから　$p^2+q^2=9$ …①

△ABQ の重心が P だから

$x=\dfrac{p+4+2}{3}=\dfrac{p+6}{3},\ y=\dfrac{q-2+5}{3}=\dfrac{q+3}{3}$

$p=3x-6,\ q=3y-3$

これを①に代入して　$(3x-6)^2+(3y-3)^2=9$

すなわち，円 $\boldsymbol{(x-2)^2+(y-1)^2=1}$

144

方針 2 式から $\boldsymbol{k}$ を消去して，$\boldsymbol{x}$，$\boldsymbol{y}$ の関係式を導く。交点を求める必要はない。ただし，除く点に注意する。

解答 $P(x,\ y)$ とおくと

$y=k(x+2)$ …①，$ky=2-x$ …②

$x+2=0$ のとき，①より　$y=0$

$x=-2,\ y=0$ は②を満たさない。

よって　$x\neq-2$

このとき，①より　$k=\dfrac{y}{x+2}$

②に代入して　$\dfrac{y^2}{x+2}=2-x$　　$y^2=4-x^2$

よって　円 $\boldsymbol{x^2+y^2=4}$

ただし，$(\mathbf{-2},\ \mathbf{0})$ は除く。

145

方針 頂点を $(\boldsymbol{x},\ \boldsymbol{y})$ として，$\boldsymbol{x}$，$\boldsymbol{y}$ を $\boldsymbol{a}$ で表す。$\boldsymbol{a}$ を消去して $\boldsymbol{x}$，$\boldsymbol{y}$ の関係式を求める。

解答 $y=ax^2+x+1=a\left(x^2+\dfrac{1}{a}x\right)+1$

$=a\left(x+\dfrac{1}{2a}\right)^2-\dfrac{1}{4a}+1$

ゆえに，頂点を $(x,\ y)$ とすると

$x=-\dfrac{1}{2a},\ y=-\dfrac{1}{4a}+1$

a を消去すると　$\boldsymbol{y=\frac{1}{2}x+1}$

ただし，$a>0$ より　$\boldsymbol{x<0}$

146

方針 (1) 対称点を $\mathbf{B'}(\boldsymbol{X},\ \boldsymbol{Y})$ として，$\boldsymbol{X}$，$\boldsymbol{Y}$ を $\boldsymbol{m}$ で表す。

(2) P は AB′ と $\boldsymbol{l}$ との交点になる。

解答 (1) 対称点を $B'(X,\ Y)$ とすると

$\dfrac{Y+0}{2}=m\cdot\dfrac{X+2}{2},\ m\cdot\dfrac{Y-0}{X-2}=-1$ より

$Y=mX+2m$,

$X-2=-mY$ より　$X=2-mY$

ゆえに　$Y=m(2-mY)+2m$

$(1+m^2)Y=4m$　　$Y=\dfrac{4m}{1+m^2}$

これより　$X=2-m\cdot\frac{4m}{1+m^2}$

$=\frac{2+2m^2-4m^2}{1+m^2}=\frac{2-2m^2}{1+m^2}$

$X=\frac{2(1-m^2)}{1+m^2}$，$Y=\frac{4m}{1+m^2}$

ゆえに　$\left(\boldsymbol{\frac{2(1-m^2)}{1+m^2}},\ \boldsymbol{\frac{4m}{1+m^2}}\right)$

(2) AP＋BP が最小となる点 P は AB′ と l との交点である。

A(1, 0)，$B'\left(\frac{2(1-m^2)}{1+m^2},\ \frac{4m}{1+m^2}\right)$ を通る直線

AB′ の方程式は

$$y=\frac{\frac{4m}{1+m^2}-0}{\frac{2(1-m^2)}{1+m^2}-1}(x-1)$$

$$\left\{\frac{2(1-m^2)}{1+m^2}-1\right\}y=\frac{4m}{1+m^2}(x-1)$$

よって　$(1-3m^2)y=4m(x-1)$　…①

P は l 上の点でもあり，y 軸上にはないから

$y=mx$　…②，$x\neq0$

①，②から m を消去して

$$\left(1-\frac{3y^2}{x^2}\right)y=\frac{4y}{x}(x-1)$$

$m\neq0$，$x\neq0$ だから②より　$y\neq0$

ゆえに　$x^2-3y^2=4x(x-1)$

$3x^2-4x+3y^2=0$　　$x^2-\frac{4}{3}x+y^2=0$

よって　円 $\boldsymbol{\left(x-\frac{2}{3}\right)^2+y^2=\frac{4}{9}}$

ただし，**(0, 0)**，$\boldsymbol{\left(\frac{4}{3},\ 0\right)}$ を除く。

Check Point

2 点 $(x_1,\ y_1)$，$(x_2,\ y_2)$ を通る直線

$y-y_1=\frac{y_2-y_1}{x_2-x_1}(x-x_1)$　$(x_1\neq x_2)$

$(x_2-x_1)(y-y_1)=(y_2-y_1)(x-x_1)$

($x_1=x_2$ のときも可)

実戦編

147

方針　**P(x, y) として，媒介変数 t を消去し，x，y の関係式にする。**

解答　P(x, y) とする。

(1) $x=2t$　…①，$y=t-2$　…②

②より　$t=y+2$

これを①に代入して　$x=2(y+2)$

よって　直線 $\boldsymbol{x-2y-4=0}$

(2) $x=1-t$　…①，$y=1+t+t^2$　…②

①より　$t=1-x$　　これを②に代入して

$y=1+(1-x)+(1-x)^2=x^2-3x+3$

よって　放物線 $\boldsymbol{y=x^2-3x+3}$

(3) $x=\frac{1-t^2}{1+t^2}$，$y=\frac{2t}{1+t^2}$

$$x^2+y^2=\left(\frac{1-t^2}{1+t^2}\right)^2+\left(\frac{2t}{1+t^2}\right)^2=\frac{(1+t^2)^2}{(1+t^2)^2}=1$$

$x=-1+\frac{2}{1+t^2}\neq-1$ より，点 $(-1,\ 0)$ は除く。

よって　円 $\boldsymbol{x^2+y^2=1}$

(ただし (−1, 0) を除く。)

148

方針　**P(a, b)，Q(x, y) とし，Q が半直線 OP 上にあるから $a=kx$，$b=ky$ ($k>0$) とおける。**

解答　P(a, b)，Q(x, y) とおくと，題意より

$a+b=5$　…①　$a=kx$，$b=ky$ $(k>0)$　…②

①，②より　$k(x+y)=5$　…③

また，OP・OQ＝20 より　$\sqrt{a^2+b^2}\sqrt{x^2+y^2}=20$

②より　$k(x^2+y^2)=20$

ゆえに　$k=\frac{20}{x^2+y^2}>0$，$x^2+y^2\neq0$

③に代入して　$\frac{20(x+y)}{x^2+y^2}=5$　　$4x+4y=x^2+y^2$

よって，求める軌跡は

円 $\boldsymbol{(x-2)^2+(y-2)^2=8}$ (ただし，原点を除く)

149

方針　**(1) $y=m(x-a)+a^2$ とおいて $D=0$ を利用。**

(2) 問題119参照。

(3) a についての恒等式と考える。

解答　(1) 直線 $x=a$ は接線ではないから，求める接線の方程式を $y=m(x-a)+a^2$ とおく。

$y=x^2$ を代入して，$x^2=mx-ma+a^2$ より，

$x^2-mx+ma-a^2=0$ の判別式を D とおくと

$D=m^2-4(ma-a^2)=m^2-4ma+4a^2$

$=(m-2a)^2=0$　　よって　$m=2a$

ゆえに，求める接線の方程式は

$y=2a(x-a)+a^2$

すなわち　$\boldsymbol{y=2ax-a^2}$

〔別解〕(後で学ぶ微分を使う)

$f(x)=x^2$ とおくと　$f'(x)=2x$

よって，接線の傾

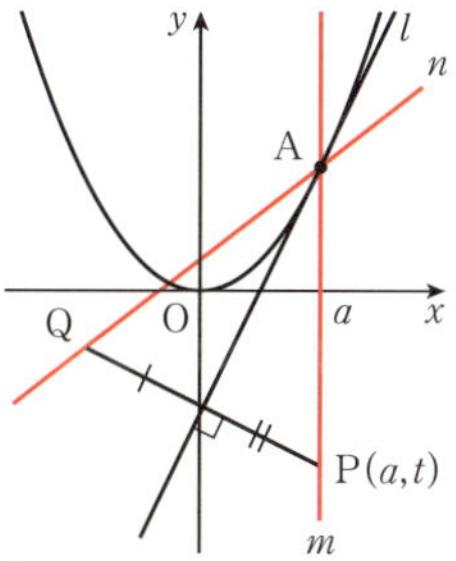

きは　$f'(a)=2a$
ゆえに，接線の方程式は
$y-a^2=2a(x-a)$
すなわち
$\boldsymbol{y=2ax-a^2}$

(2) 2 点 P，Q が l に対して対称だから，線分 PQ の中点 M は l 上にあり，直線 PQ と l は直交する。

$M\left(\dfrac{X+a}{2},\ \dfrac{Y+t}{2}\right)$ だから

$$\frac{Y+t}{2}=2a\cdot\frac{X+a}{2}-a^2 \quad \cdots①$$

$$\frac{Y-t}{X-a}\cdot 2a=-1 \quad \cdots②$$

①より　$Y+t=2aX$　…③
$a>0$ だから，②より

$$Y-t=-\frac{1}{2a}(X-a) \quad \cdots④$$

③+④ より　$2Y=\left(2a-\dfrac{1}{2a}\right)X+\dfrac{1}{2}$

よって　$\boldsymbol{Y=\dfrac{4a^2-1}{4a}X+\dfrac{1}{4}}$　…⑤

(3) (2)より，直線 n の方程式が式⑤である。
⑤を a について整理すると
$4Xa^2-(4Y-1)a-X=0$　…⑥
$4X=0$，$-(4Y-1)=0$，$-X=0$，すなわち
$X=0$，$Y=\dfrac{1}{4}$ のとき，a の値によらず⑥の等式は成り立つ。よって，直線 n は a の値によらず定点 $\left(0,\ \dfrac{1}{4}\right)$ を通る。 ■

〔参考〕 直線 n の y 切片は a の値によらず $\dfrac{1}{4}$ であるから，定点 $\left(0,\ \dfrac{1}{4}\right)$ を通る。

150

方針 (1) $\mathbf{P(\alpha,\ m\alpha)}$，$\mathbf{Q(\beta,\ m\beta)}$ とおき，**解と係数の関係**を利用して中点を求める。
(3) **交わる条件 $D>0$** が必要になる。

解答 (1) $y=mx$ を $(x-2)^2+y^2=1$ に代入して
$(x-2)^2+m^2x^2=1$
$(m^2+1)x^2-4x+3=0$　…①
$P(\alpha,\ m\alpha)$，$Q(\beta,\ m\beta)$ $(\alpha\neq\beta)$ とおくと，α，β は方程式①の解だから，解と係数の関係により

$$\alpha+\beta=\frac{4}{m^2+1}$$

また　$X=\dfrac{\alpha+\beta}{2}$，$Y=\dfrac{m\alpha+m\beta}{2}$

よって　$\boldsymbol{X=\dfrac{2}{m^2+1}}$，$\boldsymbol{Y=\dfrac{2m}{m^2+1}}$

(2) (1)より
$(X-1)^2+Y^2$

$$=\left(\frac{2}{m^2+1}-1\right)^2+\left(\frac{2m}{m^2+1}\right)^2$$

$$=\left(\frac{2-m^2-1}{m^2+1}\right)^2+\left(\frac{2m}{m^2+1}\right)^2$$

$$=\frac{(1-m^2)^2+4m^2}{(m^2+1)^2}$$

$$=\frac{1-2m^2+m^4+4m^2}{(m^2+1)^2}=\frac{m^4+2m^2+1}{(m^2+1)^2}$$

$$=\frac{(m^2+1)^2}{(m^2+1)^2}=\mathbf{1}$$

(3) (2)より，$(x-1)^2+y^2=1$ が R の軌跡の方程式である。ただし，①が異なる 2 つの実数解をもつから，①の判別式を D とおくと

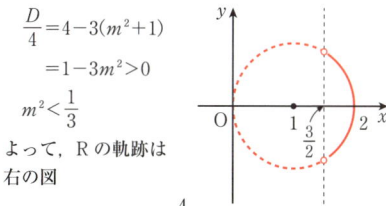

$$\frac{D}{4}=4-3(m^2+1)$$
$$=1-3m^2>0$$
$$m^2<\frac{1}{3}$$

よって，R の軌跡は右の図

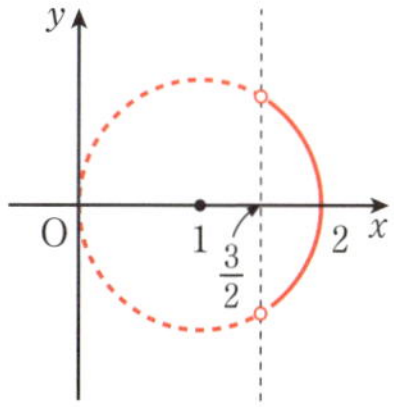

ただし，$0<m^2+1<\dfrac{4}{3}$ より
$x=\dfrac{2}{m^2+1}>\dfrac{3}{2}$ の範囲
よって，上の図の実線部分。

151

方針 直線 **AP**，**BQ** の方程式から $\boldsymbol{p}$，$\boldsymbol{q}$ を消去して $\boldsymbol{x}$，$\boldsymbol{y}$ の関係式を導く。必ずしも **AP** と **BQ** の交点を求める必要はない。

解答 $a\neq0$ より直線 AP：$y=-\dfrac{p}{a}(x-a)$　…①

直線 BQ：$y=\dfrac{q}{a}(x+a)$　…②

$x=a$ のとき，①，②より　$y=0$，$q=0$
$x=-a$ のとき，①，②より　$y=0$，$p=0$
となり，ともに $pq=a^2\neq0$ を満たさないので
$x\neq\pm a$

このとき，①，②より　$p=-\dfrac{ay}{x-a}$，$q=\dfrac{ay}{x+a}$

$pq=a^2$ に代入して　$-\dfrac{a^2y^2}{x^2-a^2}=a^2$

$a^2 \neq 0$ より，求める軌跡は　円 $\boldsymbol{x^2+y^2=a^2}$

$x \neq \pm a$ だから，**2** 点 $(\boldsymbol{\pm a},\ \boldsymbol{0})$ は除く。

〔参考〕 2 直線 AP，BQ の傾きの積は

$$-\frac{p}{a}\cdot\frac{q}{a}=-\frac{a^2}{a^2}=-1$$

であるから　AP⊥BQ

よって，2 直線の交点は，2 点 A，B を直径の両端とする円周上にある。

ただし，A，B は除く。

152

方針　$\boldsymbol{X=x+y}$，$\boldsymbol{Y=xy}$ とおいて，$\boldsymbol{X}$，$\boldsymbol{Y}$ の関係式を導く。$\boldsymbol{x}$，$\boldsymbol{y}$ が $\boldsymbol{t^2-Xt+Y=0}$ **の実数解**である条件を忘れない。

解答　$X=x+y$，$Y=xy$ とおく。

与式は，$(x+y)^2-2xy+x+y=1$ となるから

$$X^2-2Y+X=1$$

よって　$Y=\dfrac{1}{2}(X^2+X-1)$　…①

また，x，y は $t^2-Xt+Y=0$ の実数解で x，y は実数だから，判別式を D とおくと

$$D=X^2-4Y \geqq 0$$

よって　$Y \leqq \dfrac{X^2}{4}$　…②

①，②より　$\dfrac{1}{2}(X^2+X-1) \leqq \dfrac{X^2}{4}$

$$\frac{X^2}{4}+\frac{X}{2}-\frac{1}{2} \leqq 0$$

$$X^2+2X-2 \leqq 0$$

ゆえに　$-1-\sqrt{3} \leqq X \leqq -1+\sqrt{3}$

したがって　放物線 $\boldsymbol{y=\dfrac{1}{2}(x^2+x-1)}$ の

$\boldsymbol{-1-\sqrt{3} \leqq x \leqq -1+\sqrt{3}}$ の部分。

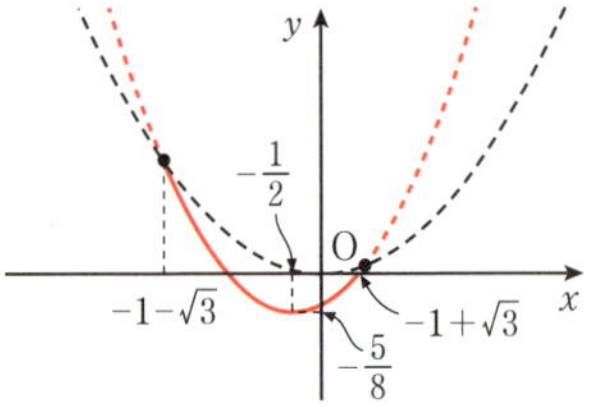

153

方針　$\boldsymbol{\mathrm{P}(x,\ y)}$，$\boldsymbol{\mathrm{Q}(X,\ Y)}$ とおく。点 **Q** は半直線 **OP** 上にあるから **OP**$\boldsymbol{=k}$**OQ** と表せる。

解答　(1) $\mathrm{P}(x,\ y)$，$\mathrm{Q}(X,\ Y)$ とおくと，$k>0$ として $\mathrm{OP}=k\mathrm{OQ}$ と表せるから

$x=kX$，$y=kY$ とかける。

$\mathrm{OP}\cdot\mathrm{OQ}=3$ より　$k\mathrm{OQ}^2=3$

P は O ではないから　$\mathrm{OQ} \neq 0$

$X^2+Y^2 \neq 0$ より　$k=\dfrac{3}{\mathrm{OQ}^2}=\dfrac{3}{X^2+Y^2}$

したがって

$$x=\frac{3X}{X^2+Y^2},\quad y=\frac{3Y}{X^2+Y^2}\quad \cdots①$$

$r=1$ のとき，円 C の方程式は

$$x^2+y^2-2x=0$$

①を代入して

$$\frac{9X^2}{(X^2+Y^2)^2}+\frac{9Y^2}{(X^2+Y^2)^2}-\frac{6X}{X^2+Y^2}=0$$

$$\frac{9(X^2+Y^2)}{(X^2+Y^2)^2}-\frac{6X}{X^2+Y^2}=0$$

$$\frac{9}{X^2+Y^2}-\frac{6X}{X^2+Y^2}=0$$

$$3-2X=0$$

よって　$X=\dfrac{3}{2}$

ゆえに T は直線で，その方程式は　$\boldsymbol{x=\dfrac{3}{2}}$

(2) $r \neq 1$ のとき，円 C の方程式に①を代入して，

$$\left(\frac{3X}{X^2+Y^2}-1\right)^2+\left(\frac{3Y}{X^2+Y^2}\right)^2=r^2$$

$$\frac{\{3X-(X^2+Y^2)\}^2}{(X^2+Y^2)^2}+\frac{9Y^2}{(X^2+Y^2)^2}=r^2$$

$$9X^2-6X(X^2+Y^2)+(X^2+Y^2)^2+9Y^2=r^2(X^2+Y^2)^2$$

$$9(X^2+Y^2)-6X(X^2+Y^2)=(r^2-1)(X^2+Y^2)^2$$

$$\frac{9}{X^2+Y^2}-\frac{6X}{X^2+Y^2}=r^2-1$$

ここで，$r \neq 1$ であるから

$$\frac{9}{r^2-1}-\frac{6X}{r^2-1}=X^2+Y^2$$

$$X^2+\frac{6X}{r^2-1}+Y^2=\frac{9}{r^2-1}$$

$$\left(X+\frac{3}{r^2-1}\right)^2+Y^2=\frac{9}{r^2-1}+\left(\frac{3}{r^2-1}\right)^2$$

$$\left(X+\frac{3}{r^2-1}\right)^2+Y^2=\frac{9r^2-9+9}{(r^2-1)^2}$$

$$\left(X+\frac{3}{r^2-1}\right)^2+Y^2=\frac{9r^2}{(r^2-1)^2}$$

ゆえに，T は円 $\left(x+\dfrac{3}{r^2-1}\right)^2+y^2=\dfrac{9r^2}{(r^2-1)^2}$

$(r>0)$ である。

中心 $\left(\boldsymbol{-\dfrac{3}{r^2-1}},\ \boldsymbol{0}\right)$，半径 $\boldsymbol{\dfrac{3r}{|r^2-1|}}$

17 領　域

必修編

154

方針　まず，境界線をかく。**絶対値記号は場合分け**をしてはずす。不等式を満たす点の座標を含む領域を図示する。

解答　グラフは図のようになる。

(1) 直線 $y=2x+1$ の下側。境界を含む。

(2) 直線 $x=2$ の右側，境界を含む。

(3) $y<-\dfrac{3}{4}x+3$ より，直線 $y=-\dfrac{3}{4}x+3$ の下側。
境界は含まない。

(4) $x+1\geqq 0$，すなわち $x\geqq -1$ のとき
$y\geqq 2(x+1)=2x+2$
$x+1<0$，すなわち $x<-1$ のとき
$y\geqq -2x-2$

(5) $x\geqq 0$，$y\geqq 0$ のとき
$x+y<1$　　すなわち　$y<-x+1$
$x\geqq 0$，$y<0$ のとき
$x-y<1$　　すなわち　$y>x-1$
$x<0$，$y\geqq 0$ のとき
$-x+y<1$　　すなわち　$y<x+1$
$x<0$，$y<0$ のとき
$-x-y<1$　　すなわち　$y>-x-1$

(6) $x+y\geqq 0$ かつ $y\geqq 0$ のとき
$x+y+y\leqq 1$　　すなわち　$y\leqq -\dfrac{1}{2}x+\dfrac{1}{2}$
$x+y\geqq 0$ かつ $y<0$ のとき
$x+y-y\leqq 1$　　すなわち　$x\leqq 1$
$x+y<0$ かつ $y>0$ のとき
$-(x+y)+y\leqq 1$　　すなわち　$x\geqq -1$
$x+y<0$ かつ $y<0$ のとき
$-(x+y)-y\leqq 1$　　すなわち　$y\geqq -\dfrac{1}{2}x-\dfrac{1}{2}$

(7) $(x+3)^2+(y-1)^2<9$ と変形できるので円 $(x+3)^2+(y-1)^2=9$ の内側。ただし，境界は含まない。

(8) $y=x^2-4x+3=(x-2)^2-1$ のグラフの上側。

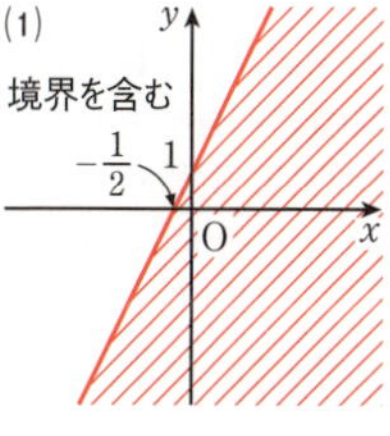

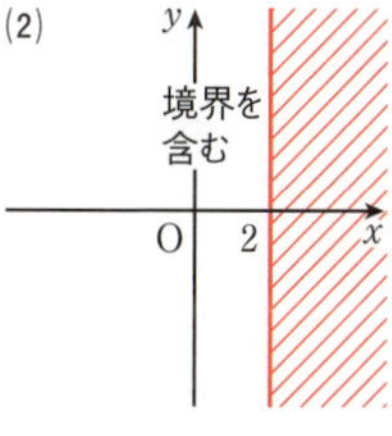

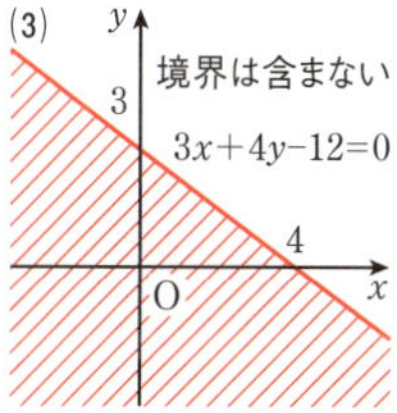

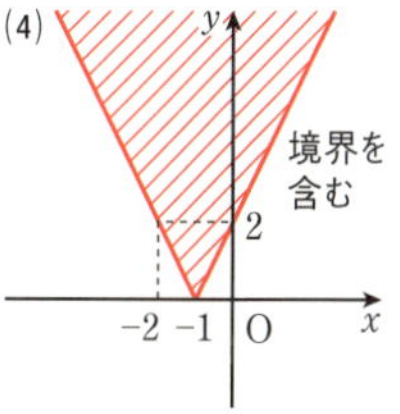

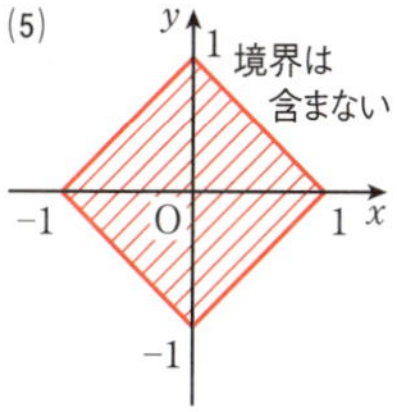

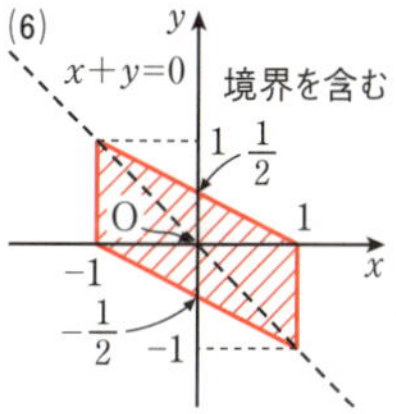

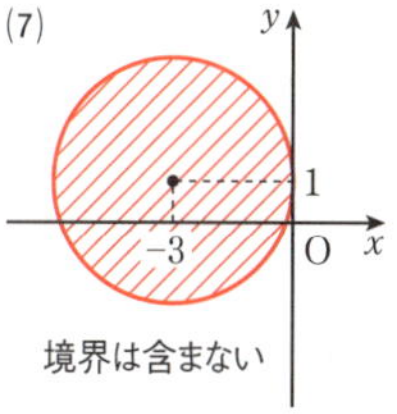

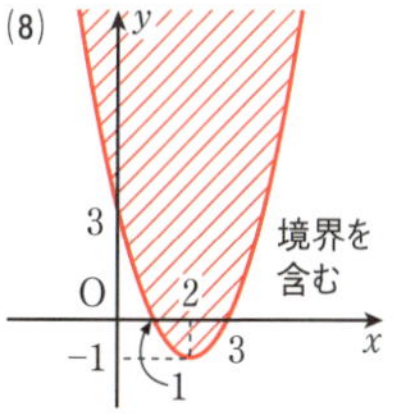

155

方針　連立不等式として表して，その共通部分を示す。

解答　グラフは下の図のようになる。

(1) $-2\leqq 2x+y$ と $2x+y\leqq 2$ の共通部分。

(2) $4x<x^2+y^2$ より　$(x-2)^2+y^2>4$
$x^2+y^2\leqq 4y$ より　$x^2+(y-2)^2\leqq 4$
境界は $(x-2)^2+y^2=4$ は含まず，
$x^2+(y-2)^2=4$ は含む。

(3) $x-2\geqq 0$，$x+y-1\leqq 0$ または $x-2\leqq 0$，
$x+y-1\geqq 0$ の連立不等式の満たす部分。

(4) $x^2+y^2-4\geqq 0$，$x^2+y^2-4x-4y+4\leqq 0$ または
$x^2+y^2-4\leqq 0$，$x^2+y^2-4x-4y+4\geqq 0$
ゆえに「$x^2+y^2\geqq 4$ かつ $(x-2)^2+(y-2)^2\leqq 4$」
または「$x^2+y^2\leqq 4$ かつ $(x-2)^2+(y-2)^2\geqq 4$」
を満たす領域。

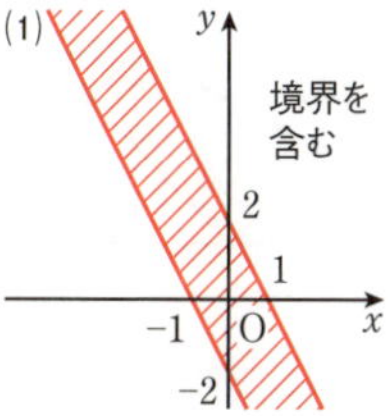

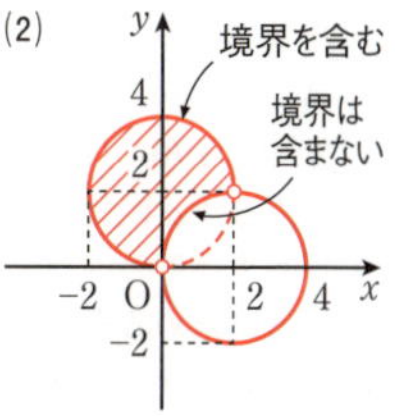

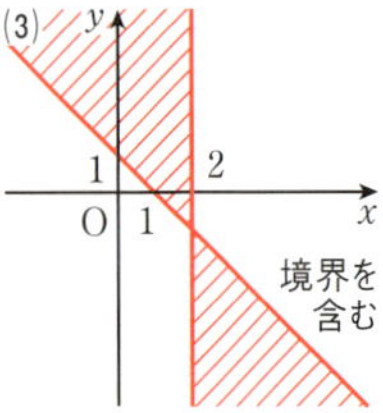

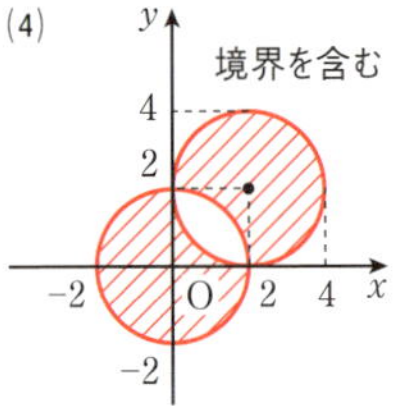

156

方針 (1) **x の 2 次式とみて因数分解する。**
(2) **y の 2 次式とみて因数分解する。**

解答 図は下の図。

(1)(i) $P=2x^2-(7y-3)x+2(y-1)(3y+1)$
$=\{x-2(y-1)\}\{2x-(3y+1)\}$
$=\boldsymbol{(x-2y+2)(2x-3y-1)}$

(ii)「$x-2y+2>0$ かつ $2x-3y-1<0$」
または 「$x-2y+2<0$ かつ $2x-3y-1>0$」
を満たす領域。図は下の通り。

(2)(i) $z=y^2-(x^2+x+1)y+x^2(x+1)$
$=\boldsymbol{(y-x-1)(y-x^2)}$

(ii)「$y-x-1\geqq 0$ かつ $y-x^2\leqq 0$」
または 「$y-x-1\leqq 0$ かつ $y-x^2\geqq 0$」
を満たす領域。図は下の通り。

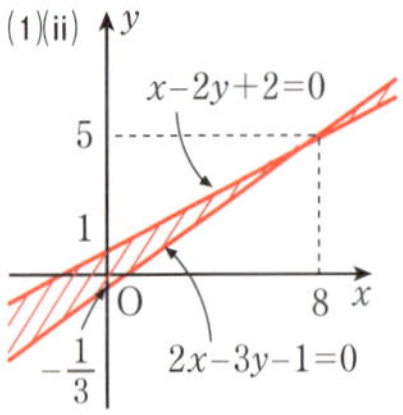

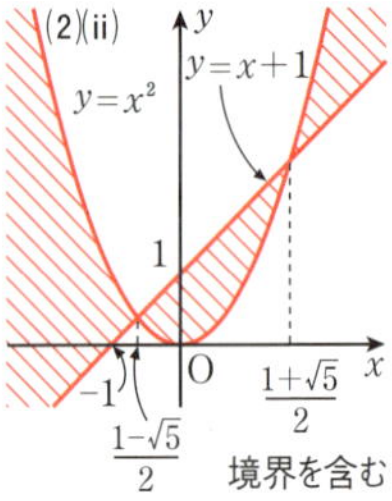

157

方針 (1) 境界線をかいて境界の交点を求める。
(2) **$x+2y=k$** とおいて直線の切片で考える。
(3) **$x^2+y^2=k$** とおいて円の半径で考える。

解答 (1) D は図のように 4 点
E$(1,\ 0)$, F$\left(\frac{5}{2},\ \frac{3}{2}\right)$,
G$(2,\ 2)$, H$(0,\ 1)$
を頂点とする四角形の周およびその内部である。求める面積 S は，長方形の面積から四隅の三角形の面積を除いて

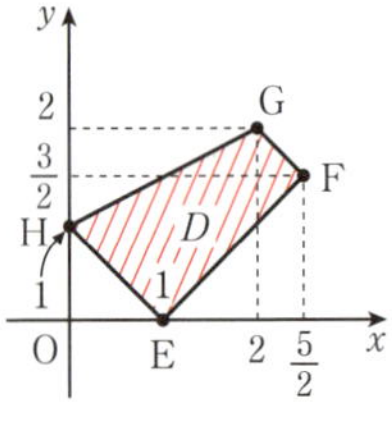

$$S=\frac{5}{2}\cdot 2-\frac{1}{2}\left\{1^2+\left(\frac{3}{2}\right)^2+\left(\frac{1}{2}\right)^2+2\cdot 1\right\}=\boldsymbol{\frac{9}{4}}$$

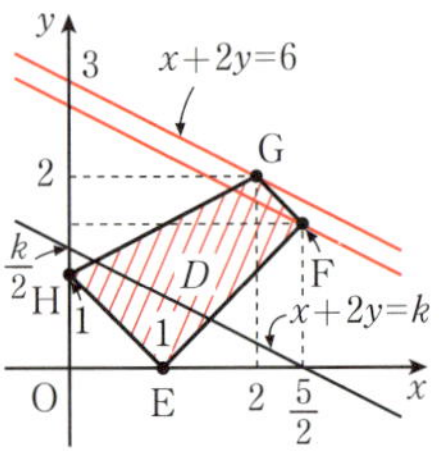

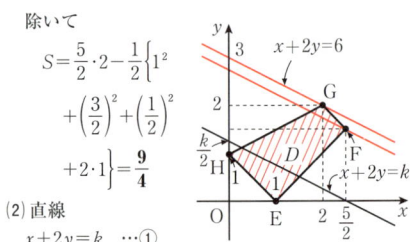

(2) 直線
$x+2y=k$ …①
が領域 D と共有点を持つときの k の最大値が求めるもので，①の y 切片 $\frac{k}{2}$ が最大のとき k も最大。
つまり，①が G$(2,\ 2)$ を通るとき，すなわち
$x=2,\ y=2$ のとき，$x+2y$ の最大値
$k=2+2\cdot 2=\boldsymbol{6}$

(3) 円 $x^2+y^2=k$ が領域 D と共有点をもつときの k の最大値，最小値が求めるもので円の半径 $\sqrt{k}$ が最大(最小)のとき k も最大(最小)だから円が，F を通るとき最大。

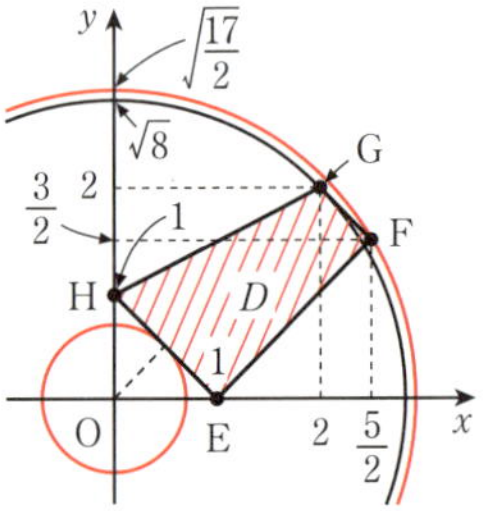

最大値は $\left(\frac{5}{2}\right)^2+\left(\frac{3}{2}\right)^2=\boldsymbol{\frac{17}{2}}$

円が直線 EH：$x+y-1=0$ に接するとき $\sqrt{k}$ が最小。
そのときの $\sqrt{k}$ は，円の中心 O と $x+y-1=0$ の距離だから，$\sqrt{k}$ の最小値は

$$\frac{|0+0-1|}{\sqrt{1^2+1^2}}=\frac{1}{\sqrt{2}}$$

よって，k の最小値は $\left(\frac{1}{\sqrt{2}}\right)^2=\boldsymbol{\frac{1}{2}}$

このとき，接点の座標は $\left(\frac{1}{2},\ \frac{1}{2}\right)$ である。

158

方針 (1) **$4y\geqq x^2+y^2$ と $x^2+y^2\geqq 2x+4y-4$ と $3y+\sqrt{3}x\geqq 6$** が表す領域の共通部分を図示する。
(2) **$x+y=k$** とおいて直線の切片で考える。

解答 (1) $4y\geqq x^2+y^2$ より $x^2+(y-2)^2\leqq 4$
$x^2+y^2\geqq 2x+4y-4$ より $(x-1)^2+(y-2)^2\geqq 1$
$3y+\sqrt{3}x\geqq 6$ より $y\geqq -\frac{\sqrt{3}}{3}x+2$

よって　$C_1: x^2+(y-2)^2=4$

$C_2: (x-1)^2+(y-2)^2=1$

$C_3: y=-\dfrac{\sqrt{3}}{3}x+2$

とおくと，D は C_1 の内部 D_1，C_2 の外部 D_2，C_3 の上側 D_3（いずれも境界を含む）の共通部分より，次の図のようになる。

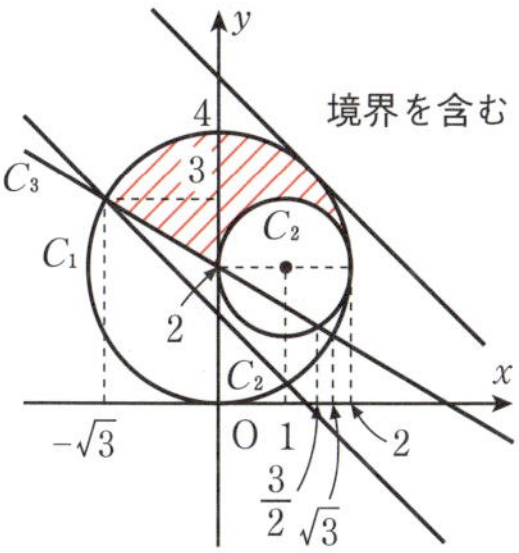

(2) $x+y=k$ とおくと　$y=-x+k$　…①

直線①が領域 D と共有点をもつとき，k が最大となるのはグラフより，①が C_1 に第1象限で接するとき。よって，C_1 の中心 $(0,\ 2)$ と①の距離が円 C_1 の半径2に等しい。

ゆえに　$\dfrac{|0+2-k|}{\sqrt{1^2+1^2}}=2$

よって　$|k-2|=2\sqrt{2}$

$k-2=\pm 2\sqrt{2}$　　$k=2\pm 2\sqrt{2}$

接点は第1象限にあるから　$k=2+2\sqrt{2}$

ゆえに　$y=-x+2+2\sqrt{2}$

これを C_1 の方程式に代入して

$x^2+(-x+2\sqrt{2})^2=4$　　$x^2-2\sqrt{2}x+2=0$

$(x-\sqrt{2})^2=0$　　これより　$x=\sqrt{2}$

よって　$y=2+\sqrt{2}$

したがって，$x+y$ の**最大値 $2+2\sqrt{2}$**

（$x=\sqrt{2}$，$y=2+\sqrt{2}$ のとき）

k が最小になるのは，①が点 $(-\sqrt{3},\ 3)$ を通るときだから　$-\sqrt{3}+3=k$

したがって，$x+y$ の**最小値 $3-\sqrt{3}$**

（$x=-\sqrt{3}$，$y=3$ のとき）

実戦編

159

方針　(1) $\boldsymbol{x^2-1\geqq 0}$ と $\boldsymbol{x^2-1<0}$ で場合分けする。

(2) $\boldsymbol{x^2-2\geqq 0}$ と $\boldsymbol{x^2-2<0}$ で分けてグラフをかく。

(3) $\boldsymbol{y=kx-2}$ は点 $(\boldsymbol{0,\ -2})$ を通る直線である。

k の変化と不等式の表す領域を考える。

解答　(1) $|x^2-1|=x$

$x\leqq -1,\ 1\leqq x$　…①　のとき

$x^2-1=x$　　$x^2-x-1=0$

よって　$x=\dfrac{1\pm\sqrt{5}}{2}$　　①より　$x=\dfrac{1+\sqrt{5}}{2}$

$-1<x<1$　…②　のとき

$-(x^2-1)=x$　　$x^2+x-1=0$

ゆえに　$x=\dfrac{-1\pm\sqrt{5}}{2}$　　②より　$x=\dfrac{-1+\sqrt{5}}{2}$

以上より　$\boldsymbol{x=\dfrac{\sqrt{5}\pm 1}{2}}$

(2) $y=|x^2-2|-1$

$x\leqq -\sqrt{2}$，$\sqrt{2}\leqq x$ のとき

$y=(x^2-2)-1=x^2-3$

$-\sqrt{2}<x<\sqrt{2}$ のとき

$y=-(x^2-2)-1=-x^2+1$

これを図示すると，次の図のようになる。

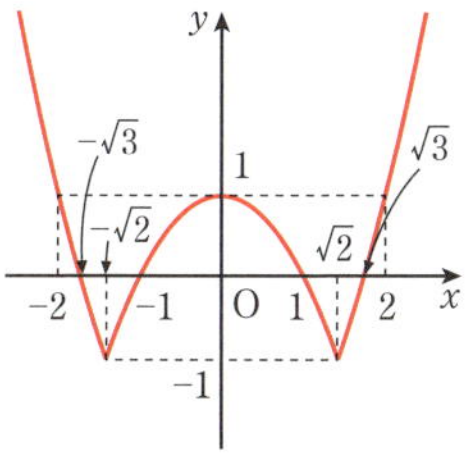

(3) $k\geqq 0$ のとき，$y=kx-2$ が

点 $(2,\ 1)$ を通るのは，$1=2k-2$ より

$k=\dfrac{3}{2}$ のとき。

点 $(\sqrt{2},\ -1)$ を通るのは，$-1=\sqrt{2}k-2$ より

$k=\dfrac{\sqrt{2}}{2}$ のとき。

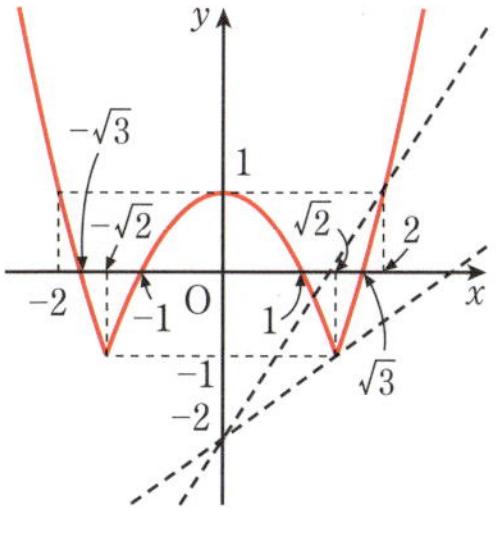

よって，グラフより

$\dfrac{\sqrt{2}}{2}\leqq k<\dfrac{3}{2}$

$k\leqq 0$ のときは，$k\geqq 0$ のときと y 軸に関するグラフの対称性から　$-\dfrac{3}{2}<k\leqq -\dfrac{\sqrt{2}}{2}$

よって　$\boldsymbol{-\dfrac{3}{2}<k\leqq -\dfrac{\sqrt{2}}{2}}$，$\boldsymbol{\dfrac{\sqrt{2}}{2}\leqq k<\dfrac{3}{2}}$

160

方針 (1) G は △ABC の重心だから
AG：GM＝2：1 である。
(2) 共通部分を求め，分割して面積を求める。

解答 (1) 辺 BC の中点を M$(x,\ y)$ とおくと，G は線分 AM を 2：1 の比に内分する点であるから

$$\frac{1\cdot\frac{\sqrt{3}}{2}+2x}{2+1}=-\frac{\sqrt{3}}{6} \text{ より } \quad x=-\frac{\sqrt{3}}{2}$$

$$\frac{1\cdot\frac{1}{2}+2y}{2+1}=\frac{1}{2} \text{ より } \quad y=\frac{1}{2}$$

よって　$\mathrm{M}\left(-\frac{\sqrt{3}}{2},\ \frac{1}{2}\right)$

(2) $x^2+y^2-2y\leqq 0$ より　$x^2+(y-1)^2\leqq 1$
円の中心を K(0, 1) とおくと，
2 つの領域 D_1，D_2 の共通部分の面積 S は
S＝△KBM
　＋扇形 KOM
　＋△KOA
となる。

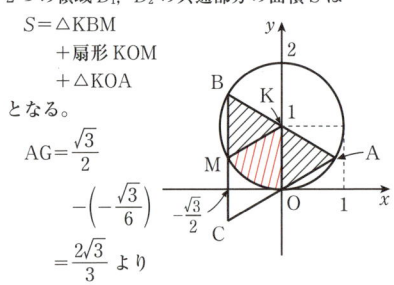

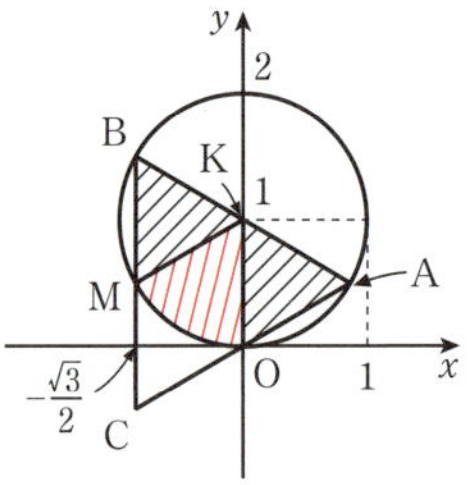

$$\mathrm{AG}=\frac{\sqrt{3}}{2}-\left(-\frac{\sqrt{3}}{6}\right)=\frac{2\sqrt{3}}{3} \text{ より}$$

$$\mathrm{AM}=\frac{2\sqrt{3}}{3}\times\frac{3}{2}=\sqrt{3},\ \mathrm{AB}=2$$

ゆえに △KBM，△KOA は 1 辺が 1 の正三角形，扇形 KOM は半径 1，中心角 $\frac{\pi}{3}$ であることから

$$S=2\cdot\frac{1}{2}\cdot1^2\cdot\sin60^\circ+\pi\cdot1^2\cdot\frac{1}{6}$$
$$=\frac{\sqrt{3}}{2}+\frac{\pi}{6}$$

161

方針 $\frac{y-2}{x-3}=k$ を **$y-2=k(x-3)$** として点 **(3, 2)** を通る直線で考える。

解答 $k=\frac{y-2}{x-3}$ より

$y-2=k(x-3)\ (x\neq3)$　…①

よって，次のグラフより直線①が円と第 4 象限で接するとき最大となる。
原点から直線①までの距離は 1 であるから

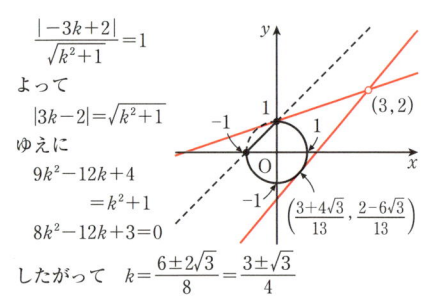

$$\frac{|-3k+2|}{\sqrt{k^2+1}}=1$$

よって
$|3k-2|=\sqrt{k^2+1}$
ゆえに
$9k^2-12k+4$
$\quad=k^2+1$
$8k^2-12k+3=0$

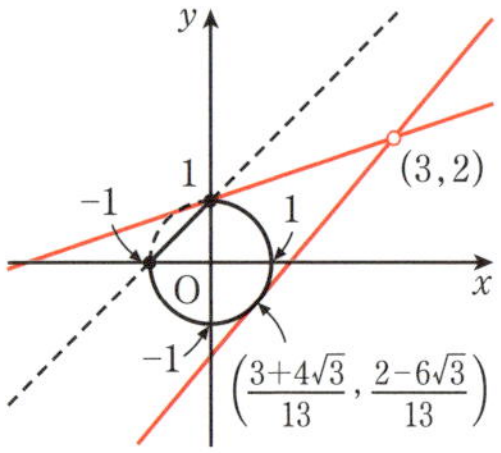

したがって　$k=\frac{6\pm2\sqrt{3}}{8}=\frac{3\pm\sqrt{3}}{4}$

最大値は　$k=\frac{3+\sqrt{3}}{4}$

このときの接点の座標を求める。接線は，接点を通る半径に垂直であり，接線の傾きは k であるから，この半径の傾きは $-\frac{1}{k}$ である。

よって，接点は，①と直線 $y=-\frac{1}{k}x$ の交点である。y を消去して

$$-\frac{1}{k}x-2=k(x-3) \qquad (k^2+1)x=3k^2-2k$$

$$x=\frac{3k^2-2k}{k^2+1}=\frac{3\left(\frac{3+\sqrt{3}}{4}\right)^2-2\cdot\frac{3+\sqrt{3}}{4}}{\left(\frac{3+\sqrt{3}}{4}\right)^2+1}$$

$$=\frac{3(12+6\sqrt{3})-8(3+\sqrt{3})}{(12+6\sqrt{3})+16}=\frac{12+10\sqrt{3}}{28+6\sqrt{3}}$$

$$=\frac{(6+5\sqrt{3})(14-3\sqrt{3})}{(14+3\sqrt{3})(14-3\sqrt{3})}=\frac{39+52\sqrt{3}}{169}$$

$$=\frac{3+4\sqrt{3}}{13}$$

$y=-\frac{1}{k}x$ に代入して

$$y=-\frac{4}{3+\sqrt{3}}\cdot\frac{3+4\sqrt{3}}{13}$$

$$=-\frac{4(3+4\sqrt{3})(3-\sqrt{3})}{13(3+\sqrt{3})(3-\sqrt{3})}=-\frac{4(-3+9\sqrt{3})}{13\cdot6}$$

$$=\frac{2-6\sqrt{3}}{13}$$

よって，接点の座標は　$\left(\frac{3+4\sqrt{3}}{13},\ \frac{2-6\sqrt{3}}{13}\right)$

また，k が最小となるのは直線①が点 (0, 1) を通るときだから，最小値　$k=\frac{1-2}{0-3}=\frac{1}{3}$

よって，

最大値 $\boldsymbol{\frac{3+\sqrt{3}}{4}}$ $\left(\boldsymbol{x=\frac{3+4\sqrt{3}}{13},\ y=\frac{2-6\sqrt{3}}{13}}\right)$

最小値 $\boldsymbol{\frac{1}{3}}$ $(\boldsymbol{x=0,\ y=1})$

162

方針 「交わる」とあるので接する場合を考えない。放物線を $\boldsymbol{y=f(x)}$ とすると線分 **PQ** と交わる条件は　$\boldsymbol{3>f(1)}$ かつ $\boldsymbol{3<f(2)}$
または $\boldsymbol{3<f(1)}$ かつ $\boldsymbol{3>f(2)}$
どちらも $\boldsymbol{\{f(1)-3\}\{f(2)-3\}<0}$ となる。

解答 (1) 線分 PQ と放物線が，両端の点とは異なる 1 点を共有する条件は，P(1, 3)，Q(2, 3) だから，$f(x)=x^2+ax+b$ とおくと

$\{f(1)-3\}\{f(2)-3\}<0$

$\boldsymbol{(a+b-2)(2a+b+1)<0}$　…①

(2) ①より，$a+b-2>0$ かつ $2a+b+1<0$，または，$a+b-2<0$ かつ $2a+b+1>0$

よって，$b>-a+2$ かつ $b<-2a-1$，または，$b<-a+2$ かつ $b>-2a-1$

よって，右の図のようになる。境界を含まない。

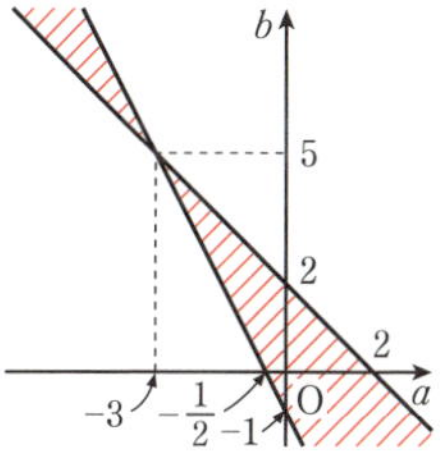

163

方針 判別式，解と係数の関係を利用して条件式を求める。

解答 $x^2-2ax+2-b^2=0$ が実数解をもつから，判別式を D とおくと

$$\frac{D}{4}=a^2-(2-b^2)=a^2+b^2-2\geqq0$$

よって　$a^2+b^2\geqq2$　…①

また，解と係数の関係により

$\alpha+\beta=2a,\ \alpha\beta=2-b^2$

よって，条件 $(\alpha-\beta)^2\leqq2(\alpha+\beta)$ より

$(\alpha+\beta)^2-4\alpha\beta\leqq2(\alpha+\beta)$

ゆえに　$(2a)^2-4(2-b^2)\leqq2\cdot2a$

$a^2-2+b^2\leqq a$

$a^2-a+b^2\leqq2$

$\left(a-\frac{1}{2}\right)^2+b^2\leqq\frac{9}{4}$

…②

よって，右の図の斜線部分が求める領域である。境界を含む。

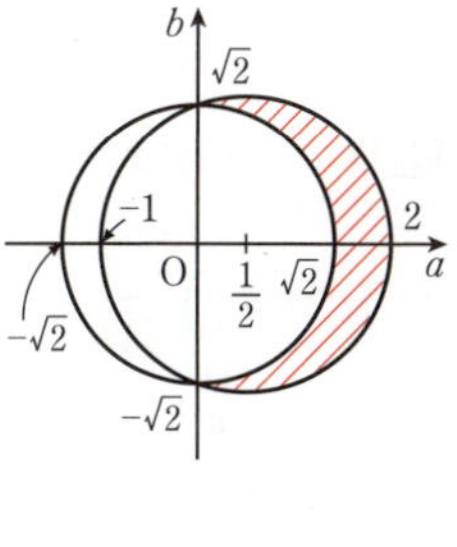

164

方針 放物線の方程式を $\boldsymbol{y=a(x-t^2)^2}$ とおいて，点 $\boldsymbol{(-1,\ 1+t^2)}$ を通ることから $\boldsymbol{a}$ を $\boldsymbol{t}$ で表す。それから $\boldsymbol{t}$ の実数条件を考える。

解答 求める放物線の方程式は，$y=a(x-t^2)^2$ $(a\neq0)$ とかける。点 $(-1,\ 1+t^2)$ を通るから，

$1+t^2=a(-1-t^2)^2=a(1+t^2)^2$

ここで，$1+t^2\neq0$ であるから　$a=\dfrac{1}{1+t^2}$

よって　$y=\dfrac{1}{1+t^2}(x-t^2)^2$

$(1+t^2)y=x^2-2xt^2+t^4$

$t^4-(2x+y)t^2+x^2-y=0$

ここで，$t^2=X$ とおくと

$X\geqq0$ かつ $X^2-(2x+y)X+x^2-y=0$

この X に関する 2 次方程式が 0 以上の実数解をもつ条件を調べる。

2 つの解を α，β とおくと，解と係数の関係により

$\alpha+\beta=2x+y,\ \alpha\beta=x^2-y$

(i) 2 つの解がともに 0 以上のとき

判別式を D とおくと

$D=(2x+y)^2-4(x^2-y)$

$=4x^2+4xy+y^2-4x^2+4y=y^2+4xy+4y$

$=y(y+4x+4)\geqq0$　…①

$\alpha+\beta\geqq0,\ \alpha\beta\geqq0$ より

$2x+y\geqq0$　…②

$x^2-y\geqq0$　…③

(ii) 1 つの解が 0 以上，もう 1 つの解が 0 以下のとき

$\alpha\beta\leqq0$ より

$x^2-y\leqq0$　…④

(i)，(ii)より，求める領域は，①，②，③の共通部分と④を合わせた右の図の斜線部分である。

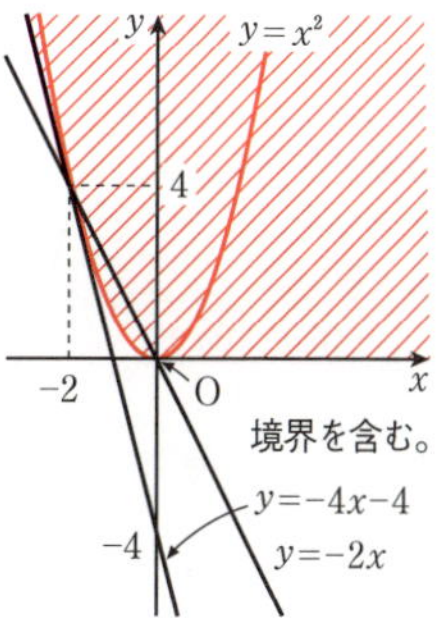

境界を含む。

165

方針 $\boldsymbol{x+y=k}$ とおく。直線 $\boldsymbol{y=-x+k}$ と放物線の接点（$\boldsymbol{x}$ 座標）の位置と放物線と放物線の交点（$\boldsymbol{x}$ 座標）の位置の違いで最大，最小が変わる。

解答 $f(x)=x^2,\ g(x)=-2x^2+3ax+6a^2$ とおくと，$f(x)=g(x)$ のとき

$3x^2-3ax-6a^2=0$　　$x^2-ax-2a^2=0$

$(x+a)(x-2a)=0$　　よって　$x=-a,\ 2a$

よって，$y=f(x)$，$y=g(x)$ の交点の座標は
$(-a,\ a^2)$ と $(2a,\ 4a^2)$ $(a>0)$
また，$x+y=k$ …① とおく。
①と $y=f(x)$ が接するとき，両式より y を消去して $-x+k=x^2$ $x^2+x-k=0$ …②
判別式を D_1 とおくと，$D_1=1+4k=0$ より

$k=-\dfrac{1}{4}$

このとき②より $\left(x+\dfrac{1}{2}\right)^2=0$

よって，①と $y=f(x)$ が接するときの接点の x 座標は $x=-\dfrac{1}{2}$

①が $y=g(x)$ に接するとき

$-x+k=-2x^2+3ax+6a^2$

$2x^2-(3a+1)x-(6a^2-k)=0$ …③

判別式を D_2 とおくと

$D_2=(3a+1)^2+8(6a^2-k)$
$=9a^2+6a+1+48a^2-8k$
$=57a^2+6a+1-8k=0$

よって $k=\dfrac{57a^2+6a+1}{8}$ ③に代入して

$2x^2-(3a+1)x-6a^2+\dfrac{57a^2+6a+1}{8}$

$2x^2-(3a+1)x+\dfrac{9a^2+6a+1}{8}=0$

$2\left(x-\dfrac{3a+1}{4}\right)^2=0$ よって $x=\dfrac{3a+1}{4}$

〔最大値について〕

$\dfrac{3a+1}{4}\leqq 2a$ つまり $a\geqq\dfrac{1}{5}$ のとき

$x+y=k$ と $y=g(x)$ が接するときに k は最大。

最大値

$k=\dfrac{57a^2+6a+1}{8}$

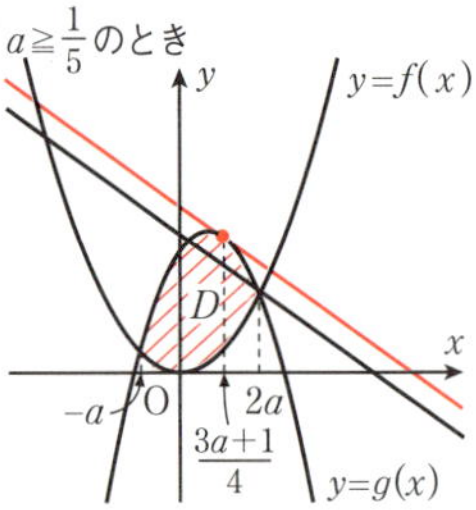

$2a<\dfrac{3a+1}{4}$ つまり

$0<a<\dfrac{1}{5}$ のとき

$x+y=k$ と $y=g(x)$ の接点は領域 D 上にないから $x+y=k$ が交点 $(2a,\ 4a^2)$ を通るときに k は最大。
最大値 $k=2a+4a^2$

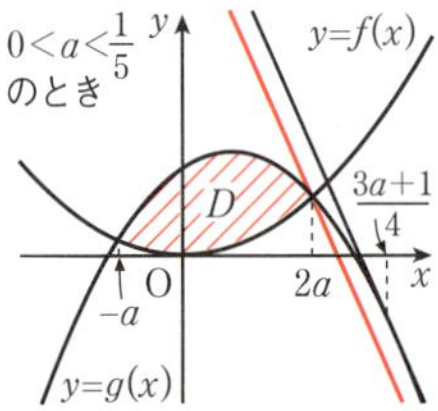

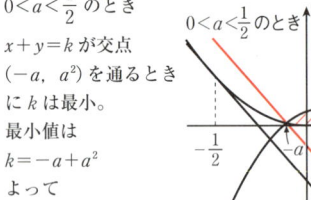

〔最小値について〕

$-a\leqq-\dfrac{1}{2}$ つまり

$a\geqq\dfrac{1}{2}$ のとき

$x+y=k$ と $y=f(x)$ が接するときに k は最小。

最小値 $k=-\dfrac{1}{4}$

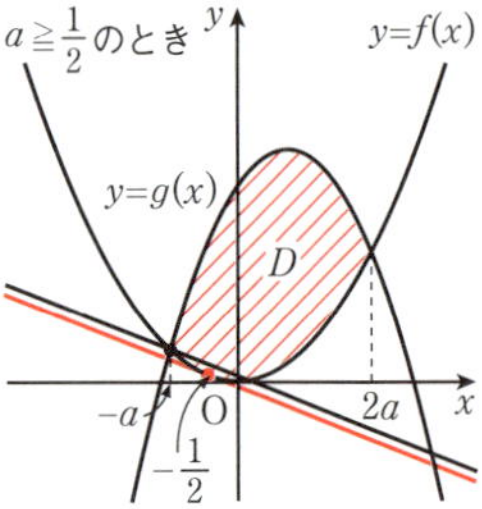

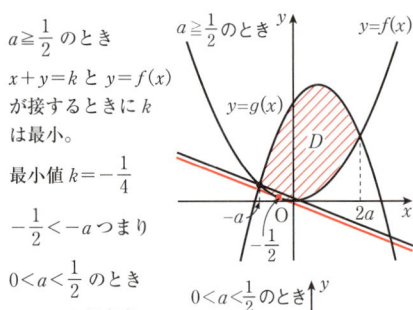

$-\dfrac{1}{2}<-a$ つまり

$0<a<\dfrac{1}{2}$ のとき

$x+y=k$ が交点 $(-a,\ a^2)$ を通るときに k は最小。
最小値は
$k=-a+a^2$

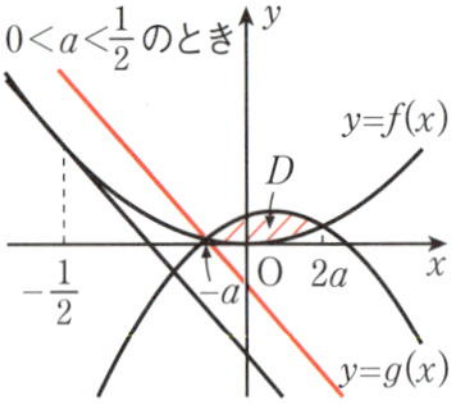

よって

最大値 $\boldsymbol{0<a<\dfrac{1}{5}}$ のとき $\boldsymbol{2a+4a^2}$

$\boldsymbol{a\geqq\dfrac{1}{5}}$ のとき $\boldsymbol{\dfrac{57a^2+6a+1}{8}}$

最小値 $\boldsymbol{0<a<\dfrac{1}{2}}$ のとき $\boldsymbol{-a+a^2}$

$\boldsymbol{a\geqq\dfrac{1}{2}}$ のとき $\boldsymbol{-\dfrac{1}{4}}$

18 三角関数

必修編

166

方針 三角関数の定義にしたがって判断する。

解答 (1) 第 **1** 象限 (2) 第 **4** 象限
(3) 第 **3** 象限 (4) 第 **2** 象限

167

方針 単位円をかいて，三角関数の定義にしたがって求める。

解答 (1) $\boldsymbol{\theta=0}$，π (2) $\boldsymbol{\theta=\dfrac{2}{3}\pi}$，$\boldsymbol{\dfrac{4}{3}\pi}$

(3) $\boldsymbol{\theta=\dfrac{5}{6}\pi}$，$\boldsymbol{\dfrac{11}{6}\pi}$ (4) $\boldsymbol{\theta=\dfrac{\pi}{3}}$，$\boldsymbol{\dfrac{2}{3}\pi}$

(5) $\boldsymbol{\theta=\dfrac{\pi}{4}}$，$\boldsymbol{\dfrac{7}{4}\pi}$ (6) $\boldsymbol{\theta=\dfrac{\pi}{3}}$，$\boldsymbol{\dfrac{4}{3}\pi}$

(7) $\boldsymbol{\theta=\dfrac{\pi}{6}}$，$\boldsymbol{\dfrac{11}{6}\pi}$ (8) $\boldsymbol{\theta=\dfrac{\pi}{4}}$，$\boldsymbol{\dfrac{3}{4}\pi}$

168

方針 単位円を用いて，三角関数の定義にしたがって求める。

解答

(1) $\sin\theta>\frac{1}{2}$

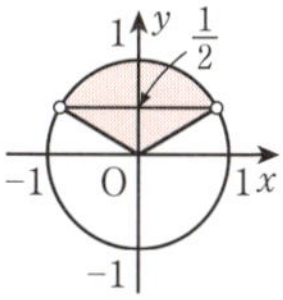

(2) $\cos\theta\leqq\frac{1}{\sqrt{2}}$

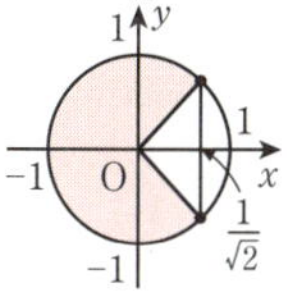

(3) $\tan\theta\geqq 1$

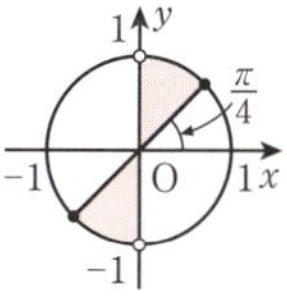

(4) $0\leqq\sin\theta\leqq\frac{\sqrt{3}}{2}$

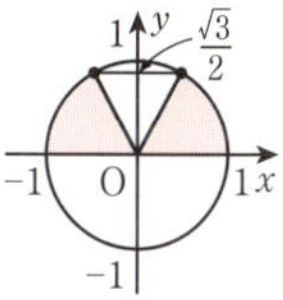

(5)

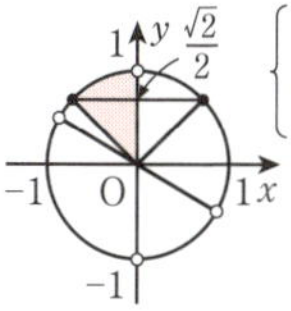

$\begin{cases}\tan\theta<-\frac{1}{\sqrt{3}}\\ \sin\theta\geqq\frac{\sqrt{2}}{2}\end{cases}$

(1) $\boldsymbol{\frac{\pi}{6}<\theta<\frac{5}{6}\pi}$　　(2) $\boldsymbol{\frac{\pi}{4}\leqq\theta\leqq\frac{7}{4}\pi}$

(3) $\boldsymbol{\frac{\pi}{4}\leqq\theta<\frac{\pi}{2}}$，$\boldsymbol{\frac{5}{4}\pi\leqq\theta<\frac{3}{2}\pi}$

(4) $\boldsymbol{0\leqq\theta\leqq\frac{\pi}{3}}$，$\boldsymbol{\frac{2}{3}\pi\leqq\theta\leqq\pi}$

(5) $\boldsymbol{\frac{\pi}{2}<\theta\leqq\frac{3}{4}\pi}$

169

方針 三角関数の性質を使い，すべて $\sin\theta$，$\cos\theta$，$\tan\theta$ に直す。

解答 (1) $\cos(-\theta)=\cos\theta$,

$\cos\left(\frac{\pi}{2}+\theta\right)=-\sin\theta$，$\cos(\pi+\theta)=-\cos\theta$

$\cos\left(\frac{3}{2}\pi+\theta\right)=\cos\left\{\pi+\left(\frac{\pi}{2}+\theta\right)\right\}$

$=-\cos\left(\frac{\pi}{2}+\theta\right)=\sin\theta$

ゆえに　与式$=\mathbf{0}$

(2) 与式$=\sin^2\theta+\cos^2\theta+\sin^2\theta+\cos^2\theta=\mathbf{2}$

←$\sin\left(\frac{3}{2}\pi+\theta\right)=-\sin\left\{2\pi-\left(\frac{3}{2}\pi+\theta\right)\right\}$

$=-\sin\left(\frac{\pi}{2}-\theta\right)=-\cos\theta$

(3) 与式$=\cos\theta\tan\theta+\cos\theta\tan\theta=2\cos\theta\cdot\frac{\sin\theta}{\cos\theta}$

$=\boldsymbol{2\sin\theta}$

(4) 与式$=\frac{-\sin\theta}{\sin\theta}+\frac{-\sin\theta}{\sin\theta}+\frac{1}{\frac{1}{\tan\theta}\cdot(-\tan\theta)}$

$=\mathbf{-3}$

←$\tan\left(\frac{3}{2}\pi-\theta\right)=\tan\left\{\pi+\left(\frac{\pi}{2}-\theta\right)\right\}$

$=\tan\left(\frac{\pi}{2}-\theta\right)=\frac{1}{\tan\theta}$

170

方針 $0\leqq\theta<2\pi$ の範囲の三角関数で表す。

(3)は $\frac{\pi}{9}$，(4)は $\frac{\pi}{18}$ の三角関数で表す。

解答 (1) $\sin\frac{26}{3}\pi=\sin\left(\frac{2}{3}\pi+8\pi\right)=\sin\frac{2}{3}\pi$

$\tan\left(-\frac{17}{6}\pi\right)=\tan\left(3\pi-\frac{17}{6}\pi\right)=\tan\frac{\pi}{6}$

$\cos\left(-\frac{4}{3}\pi\right)=\cos\left(2\pi-\frac{4}{3}\pi\right)=\cos\frac{2}{3}\pi$

$\tan\frac{11}{4}\pi=\tan\left(-3\pi+\frac{11}{4}\pi\right)=\tan\left(-\frac{\pi}{4}\right)$

$=-\tan\frac{\pi}{4}$

与式$=\frac{\sqrt{3}}{2}\cdot\frac{1}{\sqrt{3}}+\left(-\frac{1}{2}\right)\cdot(-1)=\mathbf{1}$

(2) $\cos\frac{2}{3}\pi=-\frac{1}{2}$，$\sin\frac{11}{6}\pi=\sin\left(-\frac{\pi}{6}\right)=-\frac{1}{2}$

だから

与式$=\sin\left(-\frac{\pi}{2}\right)+\cos\left(\frac{3}{2}\pi-\frac{\pi}{2}\right)=-1-1$

$=\mathbf{-2}$

(3) 与式$=\cos\frac{\pi}{9}+\sin\left(\frac{\pi}{2}-\frac{\pi}{9}\right)$

$+\cos\left(\pi-\frac{\pi}{9}\right)+\sin\left(\frac{3}{2}\pi+\frac{\pi}{9}\right)$

$=\cos\frac{\pi}{9}+\cos\frac{\pi}{9}-\cos\frac{\pi}{9}-\cos\frac{\pi}{9}=\mathbf{0}$

(4) 与式$=\cos\left(\frac{\pi}{2}+\frac{\pi}{18}\right)\sin\left(2\pi+\frac{\pi}{18}\right)$

$-\sin\left(\frac{5}{2}\pi+\frac{\pi}{18}\right)\cos\left(4\pi+\frac{\pi}{18}\right)$

$=-\sin^2\frac{\pi}{18}-\cos^2\frac{\pi}{18}=\mathbf{-1}$

171

方針 三角関数の相互関係を用いる。

(2)は分母，分子を $\cos\theta$ で割って $\tan\theta$ で表す。

(3)は与式を $\sin\theta$ だけで表し，

(5)は $\sin\theta-\cos\theta=k$ とおいて k についての方程式をつくる。

解答 (1) $\sin^2\theta+\cos^2\theta=1$ より

$\left(\frac{\sqrt{6}-\sqrt{2}}{4}\right)^2+\cos^2\theta=1$

$\cos^2\theta=1-\left(\frac{\sqrt{6}-\sqrt{2}}{4}\right)^2=\frac{8+2\sqrt{12}}{16}$

$\cos\theta<0$ であるから

$$\cos\theta=-\frac{\sqrt{8+2\sqrt{12}}}{4}=-\frac{\sqrt{6}+\sqrt{2}}{4}$$

よって　$\tan\theta=\dfrac{\sin\theta}{\cos\theta}=-\dfrac{\sqrt{6}-\sqrt{2}}{\sqrt{6}+\sqrt{2}}=\mathbf{-2+\sqrt{3}}$

(2) 左辺の分母，分子を $\cos\theta$ ($\neq 0$) で割って

$$\frac{\tan\theta+1}{\tan\theta-1}=3+2\sqrt{2}$$

$$\tan\theta+1=(3+2\sqrt{2})(\tan\theta-1)$$

$$2(1+\sqrt{2})\tan\theta=2\sqrt{2}(1+\sqrt{2})$$

これより　$\tan\theta=\sqrt{2}$

ゆえに　$\cos^2\theta=\dfrac{1}{1+\tan^2\theta}=\dfrac{1}{1+(\sqrt{2})^2}=\dfrac{1}{3}$

よって　$\cos\theta=\pm\dfrac{\mathbf{1}}{\mathbf{\sqrt{3}}}$

(3) $\cos\theta=\tan\theta$ から　$\cos\theta=\dfrac{\sin\theta}{\cos\theta}$　　$\cos^2\theta=\sin\theta$

$\sin^2\theta+\cos^2\theta=1$ に代入して

$$\sin^2\theta+\sin\theta-1=0$$

$-1\leqq\sin\theta\leqq1$ より　$\sin\theta=\dfrac{\mathbf{-1+\sqrt{5}}}{\mathbf{2}}$

(4) $\cos\theta+\cos^2\theta=1$

よって　$\cos\theta=1-\cos^2\theta=\sin^2\theta$

ゆえに

$$\sin^2\theta+\sin^6\theta+\sin^8\theta$$
$$=\cos\theta+\cos^3\theta+\cos^4\theta$$
$$=\cos\theta+\cos^2\theta(\cos\theta+\cos^2\theta)$$
$$=\cos\theta+\cos^2\theta=\mathbf{1}$$ （$\cos\theta+\cos^2\theta=1$ より）

(5) $\sin^2\theta+\cos^2\theta=1$ より

$$(\sin\theta-\cos\theta)^2+2\sin\theta\cos\theta=1$$

$\sin\theta-\cos\theta=k$　…①　とおくと

$$k^2+2\sin\theta\cos\theta=1$$

よって　$\sin\theta\cos\theta=\dfrac{1-k^2}{2}$　…②

条件より　$\sin^3\theta-\cos^3\theta=1$

したがって

$$(\sin\theta-\cos\theta)(\sin^2\theta+\sin\theta\cos\theta+\cos^2\theta)=1$$
$$(\sin\theta-\cos\theta)(1+\sin\theta\cos\theta)=1$$

これに①，②を代入して　$k\left(1+\dfrac{1-k^2}{2}\right)=1$

よって　$k^3-3k+2=0$

ゆえに　$(k-1)^2(k+2)=0$

また，$\sin^3\theta-\cos^3\theta>0$ より

$$\sin\theta-\cos\theta=k>0$$

したがって　$k=\mathbf{1}$

Check Point

〔三角関数の相互関係〕

$\boldsymbol{\tan\theta=\dfrac{\sin\theta}{\cos\theta}}$

$\boldsymbol{\sin^2\theta+\cos^2\theta=1}$

$\boldsymbol{1+\tan^2\theta=\dfrac{1}{\cos^2\theta}}$

172

方針　$\tan\theta=\dfrac{\sin\theta}{\cos\theta}$ に直して $\sin\theta$ と $\cos\theta$ の関係式をつくる。

解答　(1) 条件式より　$\dfrac{\sin\theta}{\cos\theta}+\dfrac{\cos\theta}{\sin\theta}=3$

両辺に $\cos\theta\sin\theta$ を掛けて

$$\sin^2\theta+\cos^2\theta=3\sin\theta\cos\theta$$

よって　$1=3\sin\theta\cos\theta$

ゆえに　$\sin\theta\cos\theta=\dfrac{\mathbf{1}}{\mathbf{3}}$

(2) 与式$=\dfrac{\cos^2\theta+\sin^2\theta}{\sin^2\theta\cos^2\theta}=\dfrac{1}{\sin^2\theta\cos^2\theta}=\mathbf{9}$

(3) $\dfrac{1}{\sin^4\theta}+\dfrac{1}{\cos^4\theta}$

$$=\left(\frac{1}{\sin^2\theta}+\frac{1}{\cos^2\theta}\right)^2-\frac{2}{\sin^2\theta\cos^2\theta}$$
$$=9^2-2\cdot9=\mathbf{63}$$

173

方針　$\sin\theta+\cos\theta=\dfrac{\sqrt{2}}{2}$ の両辺を 2 乗する。

解答　(1) $\sin\theta+\cos\theta=\dfrac{\sqrt{2}}{2}$ より

$$(\sin\theta+\cos\theta)^2=\left(\frac{\sqrt{2}}{2}\right)^2=\frac{1}{2}$$

$1+2\sin\theta\cos\theta=\dfrac{1}{2}$　　$\sin\theta\cos\theta=-\dfrac{\mathbf{1}}{\mathbf{4}}$

(2) $(\sin\theta-\cos\theta)^2=(\sin\theta+\cos\theta)^2-4\sin\theta\cos\theta$

$$=\frac{1}{2}-4\cdot\left(-\frac{1}{4}\right)=\frac{3}{2}$$ （(1)より）

(1)の結果から　$\sin\theta\cos\theta<0$

$0<\theta<\pi$ より　$\sin\theta>0$　　よって　$\cos\theta<0$

ゆえに　$\sin\theta-\cos\theta>0$

したがって　$\sin\theta-\cos\theta=\sqrt{\dfrac{3}{2}}=\dfrac{\mathbf{\sqrt{6}}}{\mathbf{2}}$

(3) $\sin^3\theta+\cos^3\theta$

$$=(\sin\theta+\cos\theta)(\sin^2\theta-\sin\theta\cos\theta+\cos^2\theta)$$
$$=(\sin\theta+\cos\theta)(1-\sin\theta\cos\theta)$$
$$=\frac{\sqrt{2}}{2}\left\{1-\left(-\frac{1}{4}\right)\right\}=\mathbf{\frac{5\sqrt{2}}{8}}$$

Check Point

$\boldsymbol{\sin\theta\pm\cos\theta=k}$ のとき，両辺を 2 乗して

$\boldsymbol{\sin\theta\cos\theta=\pm\dfrac{k^2-1}{2}}$（複号同順）

はよく使われる変形。

174

方針 $A+B+C=\pi$ であることと三角関数の性質を用いる。

解答 (1) $\sin(B+C)=\sin(\pi-A)=\sin A$ ■

(2) $\cos(B+C)=\cos(\pi-A)=-\cos A$ ■

(3) $\cos\dfrac{B+C}{2}=\cos\dfrac{\pi-A}{2}=\cos\left(\dfrac{\pi}{2}-\dfrac{A}{2}\right)=\sin\dfrac{A}{2}$ ■

(4) $\tan\dfrac{A}{2}\tan\dfrac{B+C}{2}=\tan\dfrac{A}{2}\tan\dfrac{\pi-A}{2}$

$=\tan\dfrac{A}{2}\tan\left(\dfrac{\pi}{2}-\dfrac{A}{2}\right)$

$=\tan\dfrac{A}{2}\cdot\dfrac{1}{\tan\dfrac{A}{2}}=1$ ■

175

方針 三角関数の基本性質を用いる。

解答 左辺−右辺$=2(\sin^2\theta+\cos^2\theta-\sin\theta)$

$=2(1-\sin\theta)\geqq 0$

($-1\leqq\sin\leqq 1$ より)

ゆえに $(\sin\theta+\cos\theta)^2+(\sin\theta-\cos\theta)^2\geqq 2\sin\theta$

(等号成立は，$\sin\theta=1$ のとき。つまり n を整数として $\theta=\dfrac{\pi}{2}+2n\pi$ のとき。) ■

176

方針 (1) $x+\dfrac{\pi}{3}$ の範囲をおさえる。

(3) $\sin\theta$ に統一する。

(4) $\cos\theta$ に統一する。

解答 (1) $0\leqq x<2\pi$ のとき $\dfrac{\pi}{3}\leqq x+\dfrac{\pi}{3}<\dfrac{7}{3}\pi$

$\sin\left(x+\dfrac{\pi}{3}\right)=-\dfrac{1}{2}$ より

$x+\dfrac{\pi}{3}=\dfrac{7}{6}\pi,\ \dfrac{11}{6}\pi$

よって $\boldsymbol{x=\dfrac{5}{6}\pi,\ \dfrac{3}{2}\pi}$

(2) $\tan x=2\sin x$ より $\dfrac{\sin x}{\cos x}=2\sin x$

$\sin x=2\sin x\cos x$ $\sin x(2\cos x-1)=0$

ゆえに $\sin x=0,\ \cos x=\dfrac{1}{2}$

$0\leqq x<2\pi$ だから

$\sin x=0$ のとき $x=0,\ \pi$

$\cos x=\dfrac{1}{2}$ のとき $x=\dfrac{\pi}{3},\ \dfrac{5}{3}\pi$

よって $\boldsymbol{x=0,\ \dfrac{\pi}{3},\ \pi,\ \dfrac{5}{3}\pi}$

(3) $\sin x=\cos^2x-\sin^2x$

$\sin x=(1-\sin^2x)-\sin^2x$

$2\sin^2x+\sin x-1=0$

$(\sin x+1)(2\sin x-1)=0$

ゆえに $\sin x=-1,\ \dfrac{1}{2}$

$0\leqq x<2\pi$ だから $\boldsymbol{x=\dfrac{3}{2}\pi,\ \dfrac{\pi}{6},\ \dfrac{5}{6}\pi}$

(4) $2(1-\cos^2x)+(4-\sqrt{3})\cos x-2(1-\sqrt{3})=0$

よって $2\cos^2x-(4-\sqrt{3})\cos x-2\sqrt{3}=0$

ゆえに $(\cos x-2)(2\cos x+\sqrt{3})=0$

$-1\leqq\cos x\leqq 1$ より $\cos x-2\neq 0$ であるので

$\cos x=-\dfrac{\sqrt{3}}{2}$

$0\leqq x<2\pi$ だから $\boldsymbol{x=\dfrac{5}{6}\pi,\ \dfrac{7}{6}\pi}$

177

方針 三角関数の性質を使って変形し，適する θ の範囲を単位円をかいて求める。

解答 (1) $2\cos^2\theta-\sin\theta-1\leqq 0$

$2(1-\sin^2\theta)-\sin\theta-1\leqq 0$

$2\sin^2\theta+\sin\theta-1\geqq 0$

$(\sin\theta+1)(2\sin\theta-1)\geqq 0$

よって $\sin\theta\leqq -1,\ \dfrac{1}{2}\leqq\sin\theta$

$0\leqq\theta<2\pi$ だから

$\sin\theta\leqq -1$ のとき $\theta=\dfrac{3}{2}\pi$

$\sin\theta\geqq\dfrac{1}{2}$ のとき $\dfrac{\pi}{6}\leqq\theta\leqq\dfrac{5}{6}\pi$

よって，$\boldsymbol{\theta=\dfrac{3}{2}\pi,\ \dfrac{\pi}{6}\leqq\theta\leqq\dfrac{5}{6}\pi}$ である。

これを一般角で表すと

$\boldsymbol{\theta=-\dfrac{\pi}{2}+2n\pi,\ \dfrac{\pi}{6}+2n\pi\leqq\theta\leqq\dfrac{5}{6}\pi+2n\pi}$

(2) $(\tan\theta-1)(\tan\theta-\sqrt{3})\leqq 0$

ゆえに

$1\leqq\tan\theta\leqq\sqrt{3}$

$0\leqq\theta<2\pi$ だから

$\boldsymbol{\dfrac{\pi}{4}\leqq\theta\leqq\dfrac{\pi}{3},}$

$\boldsymbol{\dfrac{5}{4}\pi\leqq\theta\leqq\dfrac{4}{3}\pi}$

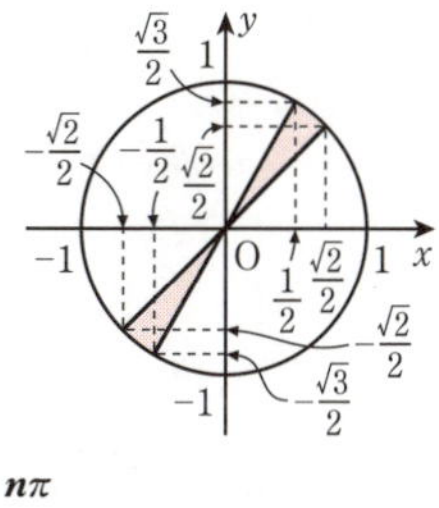

一般角で表すと

$\boldsymbol{\dfrac{\pi}{4}+n\pi\leqq\theta\leqq\dfrac{\pi}{3}+n\pi}$

(3) $|\cos\theta|\geqq 0$ だから　$\sin\theta>0$

これより　$0<\theta<\pi$

(i) $\cos\theta>0$，すなわち $0<\theta<\dfrac{\pi}{2}$ のとき

不等式は $\sin\theta>\cos\theta$ となるから

$\tan\theta>1$ より　$\dfrac{\pi}{4}<\theta<\dfrac{\pi}{2}$

(ii) $\cos\theta=0$，すなわち $\theta=\dfrac{\pi}{2}$ のとき

不等式は成り立つ。

(iii) $\cos\theta<0$，すなわち $\dfrac{\pi}{2}<\theta<\pi$ のとき

不等式は $\sin\theta>-\cos\theta$ となるから

$\tan\theta<-1$ より　$\dfrac{\pi}{2}<\theta<\dfrac{3}{4}\pi$

(i)，(ii)，(iii)より　$\boldsymbol{\dfrac{\pi}{4}<\theta<\dfrac{3}{4}\pi}$

一般角で表すと　$\boldsymbol{\dfrac{\pi}{4}+2n\pi<\theta<\dfrac{3}{4}\pi+2n\pi}$

178

方針　(1) **$\sin x$ に統一して，$\sin x=t$ とおく。**
(2) **$\cos x$ に統一して，$\cos x=s$ とおく。**
どちらも t や s の 2 次関数として考える。ただし，定義域は $-1\leqq t\leqq 1$ である。

解答　(1) 与式を変形して

$y=(1-\sin^2x)+\sin x+1$

$=-\sin^2x+\sin x+2$

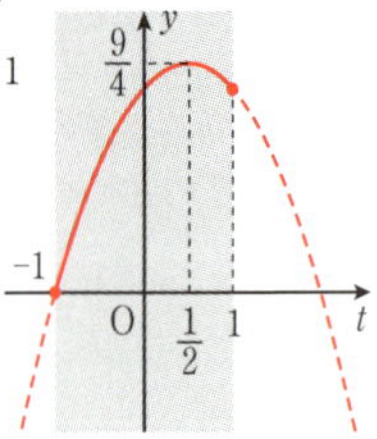

$\sin x=t$ とおくと

$y=-t^2+t+2$

$=-(t^2-t)+2$

$=-\left(t-\dfrac{1}{2}\right)^2+\dfrac{1}{4}+2$

$=-\left(t-\dfrac{1}{2}\right)^2+\dfrac{9}{4}$

$-1\leqq t\leqq 1$ より

$t=\dfrac{1}{2}$，すなわち $\sin x=\dfrac{1}{2}$ のとき**最大値 $\dfrac{9}{4}$**，

$t=-1$，すなわち $\sin x=-1$ のとき**最小値 0**

(2) 与式を変形して

$f(x)=(1-\cos^2x)-\sqrt{3}\cos x$

$=-\cos^2x-\sqrt{3}\cos x+1$

$\cos x=s$ とおくと

$y=-s^2-\sqrt{3}s+1$

$=-(s^2+\sqrt{3}s)+1$

$=-\left(s+\dfrac{\sqrt{3}}{2}\right)^2+\dfrac{3}{4}+1$

$=-\left(s+\dfrac{\sqrt{3}}{2}\right)^2+\dfrac{7}{4}$

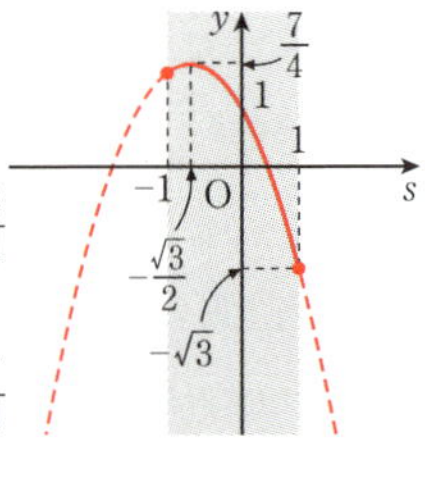

$0\leqq x\leqq\pi$ より，$-1\leqq s\leqq 1$ であるから，

$s=-\dfrac{\sqrt{3}}{2}$，すなわち $\cos x=-\dfrac{\sqrt{3}}{2}$ のとき

最大値 $\dfrac{7}{4}$ $\left(\text{このとき } \boldsymbol{x=\dfrac{5}{6}\pi}\right)$，

$s=1$，すなわち $\cos x=1$ のとき

最小値 $-\sqrt{3}$（このとき $\boldsymbol{x=0}$）

実戦編

179

方針　**$\alpha=\dfrac{\pi}{5}$ より $5\alpha=\pi$，$10\alpha=2\pi$ となることを利用する。**

解答　(1) $5\alpha=\pi$ だから

$\cos3\alpha=\cos(\pi-2\alpha)=-\cos2\alpha$

$\cos4\alpha=\cos(\pi-\alpha)=-\cos\alpha$

よって　与式$=\cos\alpha+\cos2\alpha-\cos2\alpha-\cos\alpha=\boldsymbol{0}$

(2) $\sin5\alpha=\sin\pi=0$

$\sin7\alpha=\sin(10\alpha-3\alpha)=\sin(2\pi-3\alpha)=-\sin3\alpha$

$\sin9\alpha=\sin(10\alpha-\alpha)=\sin(2\pi-\alpha)=-\sin\alpha$

よって　与式$=\sin\alpha+\sin3\alpha+0-\sin3\alpha-\sin\alpha$

$=\boldsymbol{0}$

180

方針　**三角関数の相互関係を用いる。**

解答　(1) 左辺

$=\dfrac{\cos^2\theta+(1+\sin\theta)^2}{(1+\sin\theta)\cos\theta}$

$=\dfrac{\cos^2\theta+1+\sin^2\theta+2\sin\theta}{(1+\sin\theta)\cos\theta}$

$=\dfrac{2+2\sin\theta}{(1+\sin\theta)\cos\theta}$

$=\dfrac{2(1+\sin\theta)}{(1+\sin\theta)\cos\theta}=\dfrac{2}{\cos\theta}=$右辺 ■

(2) 左辺$=\sin^2\theta-2+\dfrac{1}{\sin^2\theta}+\cos^2\theta-2+\dfrac{1}{\cos^2\theta}$

$-\left(\tan^2\theta-2+\dfrac{1}{\tan^2\theta}\right)$

$=\left(\dfrac{1}{\cos^2\theta}-\tan^2\theta\right)+\left(\dfrac{1}{\sin^2\theta}-\dfrac{1}{\tan^2\theta}\right)-1$

$=\dfrac{1-\sin^2\theta}{\cos^2\theta}+\dfrac{1-\cos^2\theta}{\sin^2\theta}-1$

$=\dfrac{\cos^2\theta}{\cos^2\theta}+\dfrac{\sin^2\theta}{\sin^2\theta}-1$

$=1+1-1=1=$右辺 ■

(3) 左辺$=(\sin^2\theta+\cos^2\theta)(\sin^2\theta-\cos^2\theta)$

$=\sin^2\theta-\cos^2\theta=\sin^2\theta-(1-\sin^2\theta)$

$=2\sin^2\theta-1=$右辺 ■

(4) 左辺$=\dfrac{\sin^2\theta}{\cos^2\theta}-\sin^2\theta=\dfrac{\sin^2\theta(1-\cos^2\theta)}{\cos^2\theta}$

$=\dfrac{\sin^2\theta\cdot\sin^2\theta}{\cos^2\theta}=\tan^2\theta\sin^2\theta=$右辺 ▮

〔別解〕 左辺$=\sin^2\theta\left(\dfrac{1}{\cos^2\theta}-1\right)$

$=\sin^2\theta\{(1+\tan^2\theta)-1\}$

$=\tan^2\theta\sin^2\theta=$右辺 ▮

(5) 左辺$=1+\sin^2\theta+\cos^2\theta+2\sin\theta+2\sin\theta\cos\theta$

$+2\cos\theta$

$=2(1+\sin\theta+\cos\theta+\sin\theta\cos\theta)$

$=2(1+\sin\theta)(1+\cos\theta)=$右辺 ▮

(6) 左辺$=\dfrac{\cos\theta}{\sin\theta}+\dfrac{1}{\sin\theta}=\dfrac{1+\cos\theta}{\sin\theta}$

$=\dfrac{(1+\cos\theta)(1-\cos\theta)}{\sin\theta(1-\cos\theta)}=\dfrac{1-\cos^2\theta}{\sin\theta(1-\cos\theta)}$

$=\dfrac{\sin^2\theta}{\sin\theta(1-\cos\theta)}=\dfrac{\sin\theta}{1-\cos\theta}$

$=\dfrac{\tan\theta\sin\theta}{\tan\theta(1-\cos\theta)}=\dfrac{\tan\theta\sin\theta}{\tan\theta-\sin\theta}=$右辺 ▮

181

方針 三角関数の相互関係を用いる。
(1)は，分母，分子を $\cos\theta$ で割って $\tan\theta$ で表す。
(3)，(4)は与式を始めに変形しておく。

解答 (1) $1+\tan^2\theta=\dfrac{1}{\cos^2\theta}$ より

$\tan^2\theta=\dfrac{1}{\cos^2\theta}-1=\dfrac{1}{\left(\frac{5}{13}\right)^2}-1=\dfrac{144}{25}$

$0\leqq\theta\leqq\pi$ かつ $\cos\theta=\dfrac{5}{13}>0$ より $0<\theta<\dfrac{\pi}{2}$

$\tan\theta>0$ より $\tan\theta=\dfrac{12}{5}$

与式の分母，分子を $\cos\theta$ で割ると

与式$=\dfrac{2\tan\theta-3}{4\tan\theta-9}=\dfrac{2\cdot\frac{12}{5}-3}{4\cdot\frac{12}{5}-9}=\dfrac{24-15}{48-45}=\mathbf{3}$

(2) $\tan\theta=2$ より $\dfrac{1}{\cos^2\theta}=1+\tan^2\theta=5$

与式$=\left\{\dfrac{\cos^2\theta+(1+\sin\theta)^2}{\cos\theta(1+\sin\theta)}\right\}^2$

$=\left\{\dfrac{\cos^2\theta+1+\sin^2\theta+2\sin\theta}{\cos\theta(1+\sin\theta)}\right\}^2$

$=\left\{\dfrac{2(1+\sin\theta)}{\cos\theta(1+\sin\theta)}\right\}^2$

$=\left(\dfrac{2}{\cos\theta}\right)^2$

$=4\cdot5=\mathbf{20}$

(3) 与式$=\dfrac{(\cos\theta-\sin\theta)^2+(\cos\theta+\sin\theta)^2}{(\cos\theta+\sin\theta)(\cos\theta-\sin\theta)}$

$=\dfrac{2}{\cos^2\theta-\sin^2\theta}=\dfrac{2}{1-2\sin^2\theta}$

$1-2\sin^2\theta=1-\dfrac{(\sqrt{6}-\sqrt{2})^2}{2}=2\sqrt{3}-3$

ゆえに 与式$=\dfrac{2}{2\sqrt{3}-3}=\dfrac{2(2\sqrt{3}+3)}{(2\sqrt{3}-3)(2\sqrt{3}+3)}$

$=\mathbf{\dfrac{4\sqrt{3}+6}{3}}$

(4) 与式$=\dfrac{1}{1+\sin\theta-\cos\theta}+\dfrac{1}{1-(\sin\theta-\cos\theta)}$

$=\dfrac{2}{1-(\sin\theta-\cos\theta)^2}=\dfrac{2}{1-(1-2\sin\theta\cos\theta)}$

$=\dfrac{1}{\sin\theta\cos\theta}$

ここで，$\sin\theta=\tan\theta\cos\theta$ より

与式$=\dfrac{1}{\tan\theta\cos^2\theta}=\dfrac{1}{\tan\theta}(1+\tan^2\theta)$

$=-\dfrac{1}{3}(1+9)=\mathbf{-\dfrac{10}{3}}$

182

方針 $\sin x$ は $-\dfrac{\pi}{2}<x<\dfrac{\pi}{2}$ で**単調に増加**することから求める。

解答 $\sin\alpha=\sin\dfrac{11}{36}\pi$

$\sin2\alpha=\sin\dfrac{11}{18}\pi=\sin\left(\pi-\dfrac{7}{18}\pi\right)=\sin\dfrac{7}{18}\pi$

$\sin3\alpha=\sin\dfrac{11}{12}\pi=\sin\left(\pi-\dfrac{\pi}{12}\right)=\sin\dfrac{\pi}{12}$

$\sin4\alpha=\sin\dfrac{11}{9}\pi=\sin\left(\pi+\dfrac{2}{9}\pi\right)=-\sin\dfrac{2}{9}\pi$

$=\sin\left(-\dfrac{2}{9}\pi\right)$

$-\dfrac{\pi}{2}<x<\dfrac{\pi}{2}$ で $\sin x$ は単調に増加する。

$-\dfrac{\pi}{2}<-\dfrac{2}{9}\pi<\dfrac{\pi}{12}<\dfrac{11}{36}\pi<\dfrac{7}{18}\pi<\dfrac{\pi}{2}$ だから

$\sin\left(-\dfrac{2}{9}\pi\right)<\sin\dfrac{\pi}{12}<\sin\dfrac{11}{36}\pi<\sin\dfrac{7}{18}\pi$

これより $\sin4\alpha<\sin3\alpha<\sin\alpha<\sin2\alpha$

よって **最小は $\sin4\alpha$，最大は $\sin2\alpha$**

183

方針 $\sin^2\theta+\cos^2\theta=1$ を使って，x か y だけの三角関数で表すことを考える。

解答 (1) $3\cos y=2-\sin x$ …①

$3\sin y=2\sqrt{3}-\cos x$ …②

①^2+②^2 より

$9(\cos^2 y+\sin^2 y)=(2-\sin x)^2+(2\sqrt{3}-\cos x)^2$

$9=4-4\sin x+\sin^2 x+12-4\sqrt{3}\cos x+\cos^2 x$

$-4\sin x-4\sqrt{3}\cos x+8=0$

よって　$\sqrt{3}\cos x=2-\sin x$ …③

両辺を平方して　$3\cos^2 x=4-4\sin x+\sin^2 x$

$3(1-\sin^2 x)=4-4\sin x+\sin^2 x$

$4\sin^2 x-4\sin x+1=0$　　$(2\sin x-1)^2=0$

ゆえに　$\sin x=\dfrac{1}{2}$ …④

③，④より　$\cos x=\dfrac{\sqrt{3}}{2}$ …⑤

$0<x<\pi$ だから，④，⑤より　$x=\dfrac{\pi}{6}$

①，②より　$\cos y=\dfrac{1}{2}$，$\sin y=\dfrac{\sqrt{3}}{2}$

$0<y<\pi$ だから　$y=\dfrac{\pi}{3}$

よって　$(\boldsymbol{x},\ \boldsymbol{y})=\left(\dfrac{\pi}{\mathbf{6}},\ \dfrac{\pi}{\mathbf{3}}\right)$

(2) $\sin x=\sqrt{2}\sin y$ …①

$\tan x=\sqrt{3}\tan y$ より　$\dfrac{\sin x}{\cos x}=\dfrac{\sqrt{3}\sin y}{\cos y}$ …②

$0<x<\pi$，$0<y<\pi$ より

$\sin x\neq 0$，$\sin y\neq 0$ …③

①を②に代入　$\dfrac{\sqrt{2}\sin y}{\cos x}=\dfrac{\sqrt{3}\sin y}{\cos y}$ …④

③，④より　$\dfrac{\sqrt{2}}{\cos x}=\dfrac{\sqrt{3}}{\cos y}$

したがって　$\sqrt{3}\cos x=\sqrt{2}\cos y$ …⑤

①^2+⑤^2 より　$\sin^2 x+3\cos^2 x=2(\sin^2 y+\cos^2 y)$

$1-\cos^2 x+3\cos^2 x=2$　　$2\cos^2 x=1$

$\cos^2 x=\dfrac{1}{2}$　　よって　$\cos x=\pm\dfrac{\sqrt{2}}{2}$

$0<x<\pi$ より　$x=\dfrac{\pi}{4}$，$\dfrac{3}{4}\pi$

$x=\dfrac{\pi}{4}$ のとき

①より　$\sin y=\dfrac{1}{2}$，⑤より　$\cos y=\dfrac{\sqrt{3}}{2}$

$0<y<\pi$ より　$y=\dfrac{\pi}{6}$

$x=\dfrac{3}{4}\pi$ のとき

①より　$\sin y=\dfrac{1}{2}$，⑤より　$\cos y=-\dfrac{\sqrt{3}}{2}$

$0<y<\pi$ より　$y=\dfrac{5}{6}\pi$

以上より　$(\boldsymbol{x},\ \boldsymbol{y})=\left(\dfrac{\pi}{\mathbf{4}},\ \dfrac{\pi}{\mathbf{6}}\right)$，$\left(\dfrac{\mathbf{3}}{\mathbf{4}}\pi,\ \dfrac{\mathbf{5}}{\mathbf{6}}\pi\right)$

(3) $2\sin^2 y=\sin x$ …①

$2\sin y\cos y=1-\cos x$ より

$4\sin^2 y\cos^2 y=(1-\cos x)^2$

$2\sin^2 y(2-2\sin^2 y)=1-2\cos x+\cos^2 x$

①より　$\sin x(2-\sin x)=1-2\cos x+\cos^2 x$

$2\sin x-\sin^2 x=1-2\cos x+\cos^2 x$

$2(\sin x+\cos x)=1+\sin^2 x+\cos^2 x$

$2(\sin x+\cos x)=2$　　$\sin x+\cos x=1$

よって　$(\sin x+\cos x)^2=1$

$\sin^2 x+2\sin x\cos x+\cos^2 x=1$　　$2\sin x\cos x=0$

$0<x<\pi$ より　$\sin x\neq 0$

ゆえに　$\cos x=0$　　これより　$x=\dfrac{\pi}{2}$ …②

②を①に代入　$2\sin^2 y=1$

$0<y<\pi$ より　$\sin y>0$

よって　$\sin y=\dfrac{\sqrt{2}}{2}$　　ゆえに　$y=\dfrac{\pi}{4}$，$\dfrac{3}{4}\pi$

$(x,\ y)=\left(\dfrac{\pi}{2},\ \dfrac{3}{4}\pi\right)$ は，$\cos x+2\sin y\cos y=1$ を満たさないから不適。よって　$\left(\dfrac{\pi}{\mathbf{2}},\ \dfrac{\pi}{\mathbf{4}}\right)$

(4) 第1式より　$(1-\cos^2 x)+(1-\cos^2 y)=\dfrac{1}{2}$

$\cos^2 x+\cos^2 y=\dfrac{3}{2}$

よって　$(\cos x+\cos y)^2-2\cos x\cos y=\dfrac{3}{2}$ …①

①に第2式を代入　$(\cos x+\cos y)^2-2\cdot\dfrac{3}{4}=\dfrac{3}{2}$

$(\cos x+\cos y)^2=3$

ゆえに　$\cos x+\cos y=\pm\sqrt{3}$ …②

②と第2式より，$\cos x$，$\cos y$ は

$t^2\mp\sqrt{3}t+\dfrac{3}{4}=0$ の2つの解である。

これより　$4t^2\mp4\sqrt{3}t+3=0$　　$(2t\mp\sqrt{3})^2=0$

ゆえに　$t=\pm\dfrac{\sqrt{3}}{2}$

したがって

$(\cos x,\ \cos y)=\left(\pm\dfrac{\sqrt{3}}{2},\ \pm\dfrac{\sqrt{3}}{2}\right)$（複号同順）

$0<x<\pi$，$0<y<\pi$ より

$(\boldsymbol{x},\ \boldsymbol{y})=\left(\dfrac{\pi}{\mathbf{6}},\ \dfrac{\pi}{\mathbf{6}}\right)$，$\left(\dfrac{\mathbf{5}}{\mathbf{6}}\pi,\ \dfrac{\mathbf{5}}{\mathbf{6}}\pi\right)$

184

方針 $\boldsymbol{\cos\theta}$ に統一して，$\boldsymbol{\cos\theta = t}$ とおき，$\boldsymbol{f(t)=a}$ とする。$\boldsymbol{y=f(t)}$ と $\boldsymbol{y=a}$ のグラフの共有点で考える。

解答 $\cos\theta = t$ とおくと　$-1 \leqq t \leqq 1$　…①

与式は

$2(1-t^2)+t=a$

$-2t^2+t+2=a$

$-2\left(t^2-\frac{1}{2}t\right)+2=a$

$-2\left(t-\frac{1}{4}\right)^2+2\cdot\frac{1}{16}+2=a$

$-2\left(t-\frac{1}{4}\right)^2+\frac{17}{8}=a$

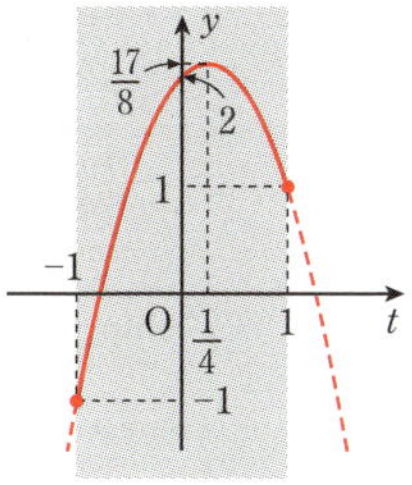

ゆえに，与式が解をもつ条件は $y=-2\left(t-\frac{1}{4}\right)^2+\frac{17}{8}$ のグラフと直線 $y=a$ が①の範囲で共有点をもつことで，グラフより　$\boldsymbol{-1 \leqq a \leqq \frac{17}{8}}$

185

方針 (2)は，相互関係を用いると，(1)の結果が利用できる。

解答 (1) $a+\frac{1}{a}-2=\frac{(a-1)^2}{a} \geqq 0$ （$a>0$ より）

よって　$a+\frac{1}{a} \geqq 2$ （等号成立は $a=1$ のとき） ■

(2) $0 \leqq x < \frac{\pi}{2}$ より　$\cos^2 x > 0$

よって，(1)より

$\cos^2 x+\tan^2 x=\cos^2 x+\frac{1}{\cos^2 x}-1$

$\geqq 2\sqrt{\cos^2 x\cdot\frac{1}{\cos^2 x}}-1=2-1=1$

よって，最小値 1

等号成立は，$\cos^2 x=\frac{1}{\cos^2 x}$ より $\cos^2 x=1$，

つまり $x=0$ のとき。

よって，$\boldsymbol{x=0}$ のとき最小値 **1** ■

186

方針 (2) $\boldsymbol{0 \leqq (\sin\theta-\cos\theta)^2 \leqq 2}$ であることから求める。

解答 (1) $(\sin\theta+\cos\theta)^2=1+2\sin\theta\cos\theta$，

$(\sin\theta-\cos\theta)^2=1-2\sin\theta\cos\theta$ より

$2\sin\theta\cos\theta=(\sin\theta+\cos\theta)^2-1$

$=1-(\sin\theta-\cos\theta)^2$ ■

(2) (1)より $\sin\theta-\cos\theta=0$ のとき最大であるので

$\sin\theta=\cos\theta$ より　$\tan\theta=1$

$0 \leqq \theta \leqq \pi$ より　$\boldsymbol{\theta=\frac{\pi}{4}}$ のとき，最大値 $\boldsymbol{\frac{1}{2}}$

$\sin\theta+\cos\theta=0$ のとき最小であるので

$\sin\theta=-\cos\theta$ より　$\tan\theta=-1$

$\boldsymbol{\theta=\frac{3}{4}\pi}$ のとき最小値 $\boldsymbol{-\frac{1}{2}}$

187

方針 **2 次方程式が実数解をもつ ⟺ 判別式 $\boldsymbol{D \geqq 0}$ の条件から求める。$\boldsymbol{-1 \leqq \sin x \leqq 1}$ であることに注意する。**

解答 判別式を D_1 とおくと

$D_1=(a+\sin t)^2-4(b+\sin t)$

$=a^2+2a\sin t+\sin^2 t-4b-4\sin t$

$=\sin^2 t+2(a-2)\sin t+a^2-4b$

$X=\sin t$，$f(X)=X^2+2(a-2)X+a^2-4b$ とおくと，$-1 \leqq X \leqq 1$ のとき，常に $f(X) \geqq 0$ となる条件は $y=f(X)$ の軸が $X=2-a$ であることから

(i) $2-a<-1$，すなわち $a>3$ のとき

$f(-1)=a^2-2a+5-4b \geqq 0$

よって　$b \leqq \frac{1}{4}a^2-\frac{1}{2}a+\frac{5}{4}$　…①

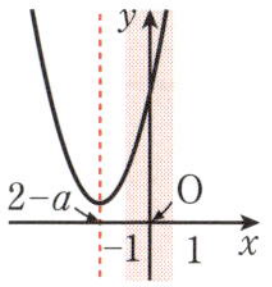

(ii) $-1 \leqq 2-a \leqq 1$，すなわち $1 \leqq a \leqq 3$ のとき

$f(X)=0$ の判別式を D_2 とおくと

$\frac{D_2}{4}=(a-2)^2-(a^2-4b)$

$=4(b-a+1) \leqq 0$

よって　$b \leqq a-1$　…②

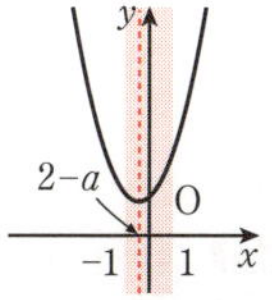

(iii) $2-a>1$，すなわち $a<1$ のとき

$f(1)=a^2+2a-3-4b \geqq 0$

よって　$b \leqq \frac{1}{4}a^2+\frac{1}{2}a-\frac{3}{4}$　…③

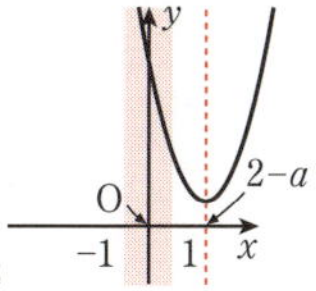

以上より，①，②，③を合わせた部分は下の図の斜線部分で，境界を含む。

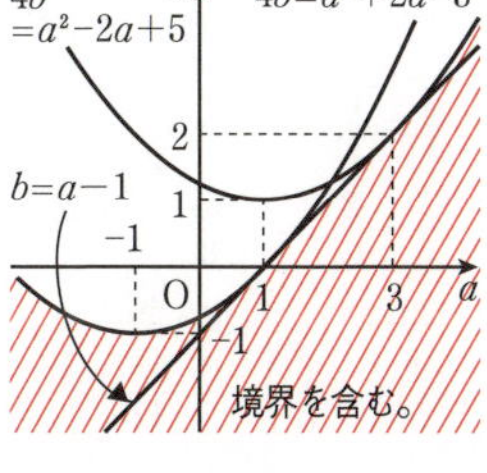

19 三角関数の加法定理

必修編

188

方針 加法定理の公式で各項を分解する。

解答 (1) 与式$=\sin\theta\cos\frac{\pi}{3}+\cos\theta\sin\frac{\pi}{3}$

$$-\left(\sin\theta\cos\frac{\pi}{3}-\cos\theta\sin\frac{\pi}{3}\right)$$

$$=2\cos\theta\sin\frac{\pi}{3}$$

$$=2\cos\theta\cdot\frac{\sqrt{3}}{2}=\sqrt{3}\,\boldsymbol{\cos\theta}$$

(2) 与式$=\dfrac{\tan\frac{\pi}{4}-\tan\theta}{1+\tan\frac{\pi}{4}\tan\theta}\cdot\dfrac{\tan\frac{\pi}{4}+\tan\theta}{1-\tan\frac{\pi}{4}\tan\theta}$

$$=\frac{1-\tan\theta}{1+\tan\theta}\cdot\frac{1+\tan\theta}{1-\tan\theta}=\mathbf{1}$$

(3) $\cos\left(\theta\pm\frac{2}{3}\pi\right)=\cos\theta\cos\frac{2}{3}\pi\mp\sin\theta\sin\frac{2}{3}\pi$

$$=-\frac{1}{2}\cos\theta\mp\frac{\sqrt{3}}{2}\sin\theta$$ （複号同順）

ゆえに

与式

$=\cos^2\theta$

$$+\frac{(-\cos\theta-\sqrt{3}\sin\theta)^2+(-\cos\theta+\sqrt{3}\sin\theta)^2}{4}$$

$$=\cos^2\theta+\frac{2(\cos^2\theta+3\sin^2\theta)}{4}$$

$$=\frac{3}{2}(\cos^2\theta+\sin^2\theta)=\boldsymbol{\frac{3}{2}}$$

189

方針 $\cos\alpha$，$\cos\beta$ の値を求めて，与式を加法定理で分解した式に代入する。

解答 α は第 1 象限，β は第 2 象限の角より

$\cos\alpha>0$，$\cos\beta<0$

$$\cos\alpha=\sqrt{1-\sin^2\alpha}=\sqrt{1-\left(\frac{4}{5}\right)^2}=\frac{3}{5}$$

$$\cos\beta=-\sqrt{1-\sin^2\beta}=-\sqrt{1-\left(\frac{15}{17}\right)^2}=-\frac{8}{17}$$

よって　$\tan\alpha=\frac{4}{5}\div\frac{3}{5}=\frac{4}{3}$，

$$\tan\beta=\frac{15}{17}\div\left(-\frac{8}{17}\right)=-\frac{15}{8}$$

ゆえに　$\sin(\alpha+\beta)=\sin\alpha\cos\beta+\cos\alpha\sin\beta$

$$=\frac{4}{5}\cdot\left(-\frac{8}{17}\right)+\frac{3}{5}\cdot\frac{15}{17}=\frac{13}{85}$$

$\cos(\alpha+\beta)=\cos\alpha\cos\beta-\sin\alpha\sin\beta$

$$=\frac{3}{5}\cdot\left(-\frac{8}{17}\right)-\frac{4}{5}\cdot\frac{15}{17}=-\frac{84}{85}$$

$$\tan(\alpha-\beta)=\frac{\tan\alpha-\tan\beta}{1+\tan\alpha\tan\beta}=\frac{\frac{4}{3}-\left(-\frac{15}{8}\right)}{1+\frac{4}{3}\cdot\left(-\frac{15}{8}\right)}$$

$$=\frac{\frac{8\cdot 4}{24}+\frac{3\cdot 15}{24}}{\frac{24-60}{24}}=-\frac{77}{36}$$

したがって　$\boldsymbol{\sin(\alpha+\beta)=\frac{13}{85}}$，$\boldsymbol{\cos(\alpha+\beta)=-\frac{84}{85}}$，

$\boldsymbol{\tan(\alpha-\beta)=-\frac{77}{36}}$

190

方針 (1) 加法定理で分解して値を代入する。

(2) $\tan((A+B)+C)$ として加法定理で分解する。

A，B，C が鋭角であることから

$A+B+C$ の範囲をおさえる。

解答 (1) $\tan(A+B)=\dfrac{\tan A+\tan B}{1-\tan A\tan B}=\dfrac{6}{1-8}$

$$=\boldsymbol{-\frac{6}{7}}$$

(2) $\tan(A+B+C)=\dfrac{\tan(A+B)+\tan C}{1-\tan(A+B)\tan C}$

$$=\frac{-\frac{6}{7}+13}{1-\left(-\frac{6}{7}\right)\times 13}=\frac{-6+91}{7+78}=1$$

A，B，C は鋭角だから

$0<A+B+C<\frac{3}{2}\pi$

(1)より，$\tan(A+B)<0$ であるから

$\frac{\pi}{2}<A+B<\pi$

さらに，$\tan(A+B+C)=1>0$ だから

$\pi<A+B+C<\frac{3}{2}\pi$

よって　$A+B+C=\boldsymbol{\frac{5}{4}}\pi$

191

方針 $\boldsymbol{\cos\alpha+\cos\beta-\sin(\alpha+\beta)>0}$ を示す。$\boldsymbol{\sin(\alpha+\beta)}$ は加法定理で分解する。

解答 $\cos\alpha+\cos\beta-\sin(\alpha+\beta)$

$=\cos\alpha+\cos\beta-\sin\alpha\cos\beta-\cos\alpha\sin\beta$

$=\cos\alpha(1-\sin\beta)+\cos\beta(1-\sin\alpha)$

$-\frac{\pi}{2}<\alpha<\frac{\pi}{2}$，$-\frac{\pi}{2}<\beta<\frac{\pi}{2}$ だから

$\cos\alpha>0$，$\cos\beta>0$，$\sin\alpha<1$，$\sin\beta<1$

ゆえに　$\cos\alpha(1-\sin\beta)+\cos\beta(1-\sin\alpha)>0$

よって　$\boldsymbol{\sin(\alpha+\beta)<\cos\alpha+\cos\beta}$

192

方針 2 倍角，半角の公式を利用。適当な θ の値(例えば $\theta=\frac{\pi}{3}$ など)を代入して見当をつけておくとよい。

解答 $2\sin\frac{\theta}{2}-\sin\theta=2\sin\frac{\theta}{2}-\sin\left(2\cdot\frac{\theta}{2}\right)$

$$=2\sin\frac{\theta}{2}-2\sin\frac{\theta}{2}\cos\frac{\theta}{2}$$

$$=2\sin\frac{\theta}{2}\left(1-\cos\frac{\theta}{2}\right)>0$$

$(0<\theta<\pi$ より)

$$\sin\theta-\frac{1}{2}\sin2\theta=\sin\theta-\sin\theta\cos\theta$$

$$=\sin\theta(1-\cos\theta)>0$$

$(0<\theta<\pi$ より)

よって $\mathbf{\frac{1}{2}\sin2\theta,\ \sin\theta,\ 2\sin\frac{\theta}{2}}$

Check Point

〔2 倍角の公式〕

$\sin2\alpha=2\sin\alpha\cos\alpha$，$\cos2\alpha=\cos^2\alpha-\sin^2\alpha$

193

方針 2 倍角，半角の公式を利用。$\pi<\theta<\frac{3}{2}\pi$ であることに注意。

解答 (1) $\sin2\theta=2\sin\theta\cos\theta=2\frac{\sin\theta}{\cos\theta}\cdot\cos^2\theta$

$$=2\tan\theta\cdot\frac{1}{1+\tan^2\theta}=\frac{2\cdot\frac{3}{4}}{1+\left(\frac{3}{4}\right)^2}$$

$1+\tan^2\theta=\frac{1}{\cos^2\theta}$

$$=\mathbf{\frac{24}{25}}$$

(2) $\cos^2\theta=\frac{1}{1+\tan^2\theta}$

また，θ は第 3 象限の角だから　$\cos\theta<0$

ゆえに

$$\cos\theta=-\sqrt{\frac{1}{1+\tan^2\theta}}=-\sqrt{\frac{1}{1+\left(\frac{3}{4}\right)^2}}=-\frac{4}{5}$$

また，$\pi<\theta<\frac{3}{2}\pi$ より　$\frac{\pi}{2}<\frac{\theta}{2}<\frac{3}{4}\pi$

よって　$\cos\frac{\theta}{2}<0$

$\cos^2\frac{\theta}{2}=\frac{1+\cos\theta}{2}$ より

$$\cos\frac{\theta}{2}=-\sqrt{\frac{1+\cos\theta}{2}}=-\sqrt{\frac{1-\frac{4}{5}}{2}}=\mathbf{-\frac{\sqrt{10}}{10}}$$

(3) $\frac{\pi}{2}<\frac{\theta}{2}<\frac{3}{4}\pi$ より　$\tan\frac{\theta}{2}<0$

よって

$$\tan\frac{\theta}{2}=-\sqrt{\frac{\sin^2\frac{\theta}{2}}{\cos^2\frac{\theta}{2}}}=-\sqrt{\frac{\frac{1-\cos\theta}{2}}{\frac{1+\cos\theta}{2}}}$$

$$=-\sqrt{\frac{1-\cos\theta}{1+\cos\theta}}=-\sqrt{\frac{1-\left(-\frac{4}{5}\right)}{1-\frac{4}{5}}}$$

$$=-\sqrt{\frac{5+4}{5-4}}=\mathbf{-3}$$

194

方針 (1)，(2)は値が求められる角に分解して加法定理を用いる。(3)は $\sin\frac{\pi}{12}$ を求めて，半角の公式を用いる。

解答 (1) $\sin\frac{5}{12}\pi=\sin\left(\frac{\pi}{4}+\frac{\pi}{6}\right)$

$$=\sin\frac{\pi}{4}\cos\frac{\pi}{6}+\cos\frac{\pi}{4}\sin\frac{\pi}{6}$$

$$=\frac{\sqrt{2}}{2}\cdot\frac{\sqrt{3}}{2}+\frac{\sqrt{2}}{2}\cdot\frac{1}{2}$$

$$=\mathbf{\frac{\sqrt{6}+\sqrt{2}}{4}}$$

(2) $\tan\frac{7}{12}\pi=\tan\left(\frac{\pi}{3}+\frac{\pi}{4}\right)=\frac{\tan\frac{\pi}{3}+\tan\frac{\pi}{4}}{1-\tan\frac{\pi}{3}\tan\frac{\pi}{4}}$

$$=\frac{\sqrt{3}+1}{1-\sqrt{3}}=\frac{(1+\sqrt{3})^2}{(1-\sqrt{3})(1+\sqrt{3})}=\mathbf{-2-\sqrt{3}}$$

(3) $\sin^2\frac{\pi}{24}=\frac{1-\cos\frac{\pi}{12}}{2}=\frac{1-\cos\left(\frac{\pi}{2}-\frac{5}{12}\pi\right)}{2}$

$$=\frac{1-\sin\frac{5}{12}\pi}{2}=\frac{1-\frac{\sqrt{6}+\sqrt{2}}{4}}{2}$$

$$=\frac{4-\sqrt{6}-\sqrt{2}}{8}$$

$\sin\frac{\pi}{24}>0$ より　$\sin\frac{\pi}{24}=\sqrt{\mathbf{\frac{4-\sqrt{6}-\sqrt{2}}{8}}}$

Check Point

〔半角の公式〕

$\sin^2\frac{\alpha}{2}=\frac{1-\cos\alpha}{2}$，$\cos^2\frac{\alpha}{2}=\frac{1+\cos\alpha}{2}$

195

方針 2 倍角，3 倍角の公式を用いる。

解答 以下，複号同順とする。

$\cos\theta=\pm\sqrt{1-\sin^2\theta}=\pm\frac{4}{5}$

$\sin2\theta=2\sin\theta\cos\theta=2\cdot\frac{3}{5}\cdot\left(\pm\frac{4}{5}\right)=\pm\frac{24}{25}$

$\cos2\theta=1-2\sin^2\theta=1-\frac{18}{25}=\frac{7}{25}$

$\sin3\theta=3\sin\theta-4\sin^3\theta=3\cdot\frac{3}{5}-4\cdot\left(\frac{3}{5}\right)^3=\frac{117}{125}$

$\cos3\theta=4\cos^3\theta-3\cos\theta=\pm\left\{4\cdot\left(\frac{4}{5}\right)^3-3\cdot\frac{4}{5}\right\}=\mp\frac{44}{125}$

すなわち　$\cos\theta=\boxed{\frac{4}{5}}$ または $\boxed{-\frac{4}{5}}$

$\sin2\theta=\boxed{\frac{24}{25}}$ または $\boxed{-\frac{24}{25}}$，$\cos2\theta=\boxed{\frac{7}{25}}$

$\sin3\theta=\boxed{\frac{117}{125}}$，$\cos3\theta=\boxed{\frac{44}{125}}$ または $\boxed{-\frac{44}{125}}$

Check Point

〔3 倍角の公式〕

$\sin3\alpha=3\sin\alpha-4\sin^3\alpha$

$\cos3\alpha=4\cos^3\alpha-3\cos\alpha$

196

方針 三角関数の合成公式を用いる。

解答 $y=\sin x+\cos x=\sqrt{2}\sin\left(x+\frac{\pi}{4}\right)$

$-\pi\leqq x\leqq\pi$ より，$-\frac{3}{4}\pi\leqq x+\frac{\pi}{4}\leqq\frac{5}{4}\pi$ だから

$x+\frac{\pi}{4}=\frac{\pi}{2}$，すなわち $x=\frac{\pi}{4}$ のとき最大値 $\sqrt{2}$

これより，$x=\frac{\boxed{1}}{\boxed{4}}\pi$ のとき最大値 $\sqrt{\boxed{2}}$ をもつ。

197

方針 (1) 三角関数の合成公式を用いる。

(2) 加法定理で分解してから合成する。

(3) 2 倍角の公式で $2x$ にしてから合成する。

解答 (1) $y=2\sin\left(x-\frac{\pi}{3}\right)-1$

$-1\leqq\sin\left(x-\frac{\pi}{3}\right)\leqq1$ より

最大値 1，最小値 −3

(2) $y=2\left(\sin x\cos\frac{\pi}{6}-\cos x\sin\frac{\pi}{6}\right)+2\cos x$

$=\sqrt{3}\sin x-\cos x+2\cos x$

$=\sqrt{3}\sin x+\cos x=2\sin\left(x+\frac{\pi}{6}\right)$

$-1\leqq\sin\left(x+\frac{\pi}{6}\right)\leqq1$ より

最大値 2，最小値 −2

(3) $y=3\cdot\frac{1-\cos2x}{2}+2\sin2x+5\cdot\frac{1+\cos2x}{2}$

$=2\sin2x+\cos2x+4=\sqrt{5}\sin(2x+\alpha)+4$

ただし，$\cos\alpha=\frac{2}{\sqrt{5}}$，$\sin\alpha=\frac{1}{\sqrt{5}}$

$-1\leqq\sin(2x+\alpha)\leqq1$ より

最大値 $4+\sqrt{5}$，最小値 $4-\sqrt{5}$

198

方針 左辺を合成する。(1)は一般角で答える。

解答 (1) $\sqrt{3}\sin x+\cos x=\sqrt{2}$ より

$2\sin\left(x+\frac{\pi}{6}\right)=\sqrt{2}$　　よって　$\sin\left(x+\frac{\pi}{6}\right)=\frac{\sqrt{2}}{2}$

$x+\frac{\pi}{6}=\frac{\pi}{4}+2n\pi$，$\frac{3}{4}\pi+2n\pi$（$n$ は整数）

ゆえに　$\boldsymbol{x=\frac{\pi}{12}+2n\pi}$，$\boldsymbol{\frac{7}{12}\pi+2n\pi}$（**$n$ は整数**）

(2) (1)と同様にして　$\sin\left(x+\frac{\pi}{6}\right)<\frac{\sqrt{2}}{2}$

$0\leqq x<2\pi$ のとき，$\frac{\pi}{6}\leqq x+\frac{\pi}{6}<\frac{13}{6}\pi$ だから

$\frac{\pi}{6}\leqq x+\frac{\pi}{6}<\frac{\pi}{4}$，$\frac{3}{4}\pi<x+\frac{\pi}{6}<\frac{13}{6}\pi$

したがって　$\boldsymbol{0\leqq x<\frac{\pi}{12}}$，$\boldsymbol{\frac{7}{12}\pi<x<2\pi}$

199

方針 (1) $\sin\theta\cos\theta$ を t で表す。t の変域は合成して求める。

(2) $\sin\theta+\cos\theta$ と $\sin\theta\cos\theta$ の値から $\sin\theta$，$\cos\theta$ を求めて $\tan\theta$ に代入。

解答 (1) $t=\sin\theta+\cos\theta$ より

$t^2=1+2\sin\theta\cos\theta=1+\sin2\theta$

よって　$\sin2\theta=t^2-1$

ゆえに　$f(\theta)=2(t^2-1)-3t+3=2t^2-3t+1$

また　$t=\sqrt{2}\sin\left(\theta+\frac{\pi}{4}\right)$

$-\frac{\pi}{2}<\theta<\frac{\pi}{2}$ のとき，$-\frac{\pi}{4}<\theta+\frac{\pi}{4}<\frac{3}{4}\pi$ だから

$-\frac{1}{\sqrt{2}}<\sin\left(\theta+\frac{\pi}{4}\right)\leqq1$

したがって　$-1<t\leqq\sqrt{2}$　…①

$\boldsymbol{f(\theta)=2t^2-3t+1\ (-1<t\leqq\sqrt{2})}$

(2) $f(\theta)=0$ のとき　$2t^2-3t+1=0$

$(t-1)(2t-1)=0$　ゆえに　$t=1,\ \frac{1}{2}$（①に適）

$t=1$ のとき　$\sin2\theta=0$

$-\frac{\pi}{2}<\theta<\frac{\pi}{2}$ のとき，$-\pi<2\theta<\pi$ だから

$\theta=0$　ゆえに　$\tan\theta=0$

$t=\frac{1}{2}$ のとき　$\sin\theta+\cos\theta=\frac{1}{2}$

$\sin^2\theta+\cos^2\theta+2\sin\theta\cos\theta=\frac{1}{4}$ より

$\sin\theta\cos\theta=\frac{1}{2}\left(\frac{1}{4}-1\right)$　　$\sin\theta\cos\theta=-\frac{3}{8}$

$\sin\theta$，$\cos\theta$ は $X^2-\frac{1}{2}X-\frac{3}{8}=0$ の解なので

これを解くと

$\sin\theta=\frac{1\pm\sqrt{7}}{4}$，$\cos\theta=\frac{1\mp\sqrt{7}}{4}$　（複号同順）

$-\frac{\pi}{2}<\theta<\frac{\pi}{2}$ より，$\cos\theta>0$ なので

$\sin\theta=\frac{1-\sqrt{7}}{4}$，$\cos\theta=\frac{1+\sqrt{7}}{4}$

ゆえに　$\tan\theta=\frac{\sin\theta}{\cos\theta}=\frac{1-\sqrt{7}}{1+\sqrt{7}}=\frac{-4+\sqrt{7}}{3}$

以上より　$\boldsymbol{\tan\theta=0,\ \frac{-4+\sqrt{7}}{3}}$

実戦編

200

方針　(1) $\sin^2B+\cos^2B=1$ に代入して，$\sin A$，$\cos A$ の式にする。

(2) (1)の $\sin A+\cos A$ を 2 乗して $\sin A\cos A$ の値を求める。

解答　(1) $\sin B=1-\sin A$，$\cos B=1-\cos A$ を $\sin^2B+\cos^2B=1$ に代入して

$(1-\sin A)^2+(1-\cos A)^2=1$

$2-2(\sin A+\cos A)+\sin^2A+\cos^2A=1$

すなわち　$\sin A+\cos A=\mathbf{1}$

(2) (1)より　$(\sin A+\cos A)^2=1$

$\sin^2A+2\sin A\cos A+\cos^2A=1$

よって　$\sin A\cos A=0$

ゆえに　$\sin A=0$　または　$\cos A=0$

与えられた条件と(1)の結果から

$\sin A=0$ のとき　$\sin B=1$，$\cos A=1$，$\cos B=0$

$\sin(A-B)=\sin A\cos B-\cos A\sin B$

$=0\cdot0-1\cdot1=-1$

$\cos A=0$ のとき　$\cos B=1$，$\sin A=1$，$\sin B=0$

$\sin(A-B)=1\cdot1-0\cdot0=1$

よって　$\sin(A-B)=\boldsymbol{\pm1}$

〔別解〕

$(\sin A+\sin B)^2+(\cos A+\cos B)^2=1+1$

$(\sin^2A+\cos^2A)+(\sin^2B+\cos^2B)$

$+2(\cos A\cos B+\sin A\sin B)=2$

よって　$1+1+2\cos(A-B)=2$　$\cos(A-B)=0$

ゆえに　$\sin(A-B)=\pm\sqrt{1-\cos^2(A-B)}=\boldsymbol{\pm1}$

201

方針　(1) 変数 x，y はそれぞれ独立して値をとれる。

(2) $t=\cos x-\sin y$ とおき，t^2+c^2 を考える。

解答　(1) $-1\leqq\sin x\leqq1$，$-1\leqq\cos y\leqq1$ で，x と y は独立に任意の実数値をとるから

$\boldsymbol{-2\leqq\sin x-\cos y\leqq2}$

(2) $t=\cos x-\sin y$ とおくと

$t^2+c^2=(\cos x-\sin y)^2+(\sin x-\cos y)^2$

$=2-2(\sin x\cos y+\cos x\sin y)$

$=2-2\sin(x+y)$

$-1\leqq\sin(x+y)\leqq1$ より　$0\leqq t^2+c^2\leqq4$

(1)より，$c^2\leqq4$ だから　$0\leqq t^2\leqq4-c^2$

よって　$-\sqrt{4-c^2}\leqq t\leqq\sqrt{4-c^2}$

すなわち　$\boldsymbol{-\sqrt{4-c^2}\leqq\cos x-\sin y\leqq\sqrt{4-c^2}}$

202

方針　(1) $2\alpha=\frac{\pi}{2}-3\alpha$ として，

$\sin2\alpha=\sin\left(\frac{\pi}{2}-3\alpha\right)$ より関係式をつくる。

(2) $\cos\alpha$ の値を求めて与式に代入する。

解答　(1) $2\alpha=\frac{\pi}{2}-3\alpha$

よって　$\sin2\alpha=\sin\left(\frac{\pi}{2}-3\alpha\right)=\cos3\alpha$　…①

①の左辺に 2 倍角の公式を，

右辺に 3 倍角の公式を適用して

$2\sin\alpha\cos\alpha=4\cos^3\alpha-3\cos\alpha$

$\cos\alpha=\cos\frac{\pi}{10}\neq0$ より　$2\sin\alpha=4\cos^2\alpha-3$

$2\sin\alpha=4(1-\sin^2\alpha)-3$

$4\sin^2\alpha+2\sin\alpha-1=0$

$\sin\alpha>0$ より　$\sin\alpha=\boldsymbol{\frac{-1+\sqrt{5}}{4}}$

(2) (1)より　$\sin^2\alpha=\frac{3-\sqrt{5}}{8}$

したがって

$\cos2\alpha=1-2\sin^2\alpha=1-2\cdot\frac{3-\sqrt{5}}{8}=\frac{1+\sqrt{5}}{4}$

与式$=\cos2\alpha(1-\cos^22\alpha)$

$=\frac{1+\sqrt{5}}{4}\left\{1-\left(\frac{1+\sqrt{5}}{4}\right)^2\right\}$

$=\frac{1+\sqrt{5}}{4}\cdot\frac{10-2\sqrt{5}}{16}$

$=\frac{1+\sqrt{5}}{4}\cdot\frac{\sqrt{5}(\sqrt{5}-1)}{8}=\boldsymbol{\frac{\sqrt{5}}{8}}$

203

方針 半角の公式で α を $\frac{\alpha}{2}$ に変換する。

解答 (1) $\sin\theta=\sin 2\cdot\frac{\theta}{2}=2\sin\frac{\theta}{2}\cos\frac{\theta}{2}$

$=2\cdot\dfrac{\sin\frac{\theta}{2}}{\cos\frac{\theta}{2}}\cdot\cos^2\frac{\theta}{2}$

$=2\tan\frac{\theta}{2}\cdot\dfrac{1}{1+\tan^2\frac{\theta}{2}}=\dfrac{2t}{1+t^2}$

$\cos\theta=\cos 2\cdot\frac{\theta}{2}=\cos^2\frac{\theta}{2}-\sin^2\frac{\theta}{2}$

$=\cos^2\frac{\theta}{2}\left(1-\dfrac{\sin^2\frac{\theta}{2}}{\cos^2\frac{\theta}{2}}\right)$

$=\dfrac{1}{1+\tan^2\frac{\theta}{2}}\left(1-\tan^2\frac{\theta}{2}\right)=\dfrac{1-\tan^2\frac{\theta}{2}}{1+\tan^2\frac{\theta}{2}}$

$=\dfrac{1-t^2}{1+t^2}$

(2) (1)より　$\dfrac{2t}{1+t^2}+\dfrac{1-t^2}{1+t^2}=\dfrac{1}{5}$

$10t+5-5t^2=1+t^2$　　$6t^2-10t-4=0$

$3t^2-5t-2=0$　　$(t-2)(3t+1)=0$

これより　$t=2,\ -\frac{1}{3}$

よって　$\tan\frac{\theta}{2}=2,\ -\frac{1}{3}$

Check Point

$t=\tan\frac{\theta}{2}$ とおくと

$\sin\theta=\dfrac{2t}{1+t^2}$，$\cos\theta=\dfrac{1-t^2}{1+t^2}$

204

方針 2倍角と半角の公式を用いて $\cos 2\theta$ で表す。

解答 $f(\theta)$

$=\cos 4\theta-4\sin^2\theta$

$=2\cos^2 2\theta-1$

$\quad-4\cdot\dfrac{1-\cos 2\theta}{2}$

$=2\cos^2 2\theta-2(1-\cos 2\theta)-1$

$=2\cos^2 2\theta+2\cos 2\theta-3$

$=2(\cos^2 2\theta+\cos 2\theta)-3$

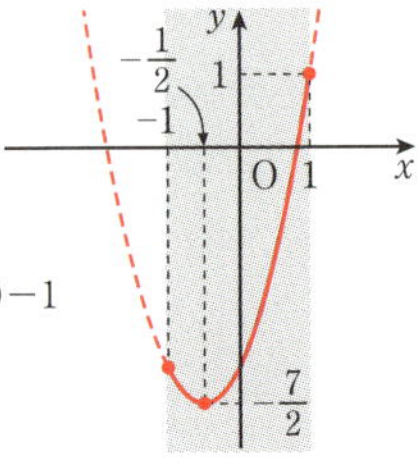

$=2\left(\cos 2\theta+\frac{1}{2}\right)^2-2\cdot\frac{1}{4}-3$

$=2\left(\cos 2\theta+\frac{1}{2}\right)^2-\frac{7}{2}$

$0\leqq\theta\leqq\frac{3}{4}\pi$ より　$0\leqq 2\theta\leqq\frac{3}{2}\pi$

よって　$-1\leqq\cos 2\theta\leqq 1$

よって，$f(\theta)$ は $\cos 2\theta=1$，すなわち $2\theta=0$ より

$\theta=0$ のとき最大値 1

$\cos 2\theta=-\frac{1}{2}$，すなわち $2\theta=\frac{2}{3}\pi,\ \frac{4}{3}\pi$ より

$\theta=\frac{\pi}{3},\ \frac{2}{3}\pi$ のとき最小値 $-\frac{7}{2}$

すなわち，**最大値 1 $(\theta=0)$**

最小値 $-\frac{7}{2}$ $\left(\theta=\frac{\pi}{3},\ \frac{2}{3}\pi\right)$

205

方針 2倍角の公式 $\sin 2\theta=2\sin\theta\cos\theta$ を用いる。

解答 $(\sin 2\theta)^2=(2\sin\theta\cos\theta)^2$

$=4\sin^2\theta\cos^2\theta=4(1-\cos^2\theta)\cos^2\theta$

$=4\cos^2\theta-\boxed{4\cos^4\theta}$

$4\cos^4\theta+4\cos\theta\sin\theta-4\cos^2\theta-1=0$ より

$4\cos^4\theta-4\cos^2\theta+4\cos\theta\sin\theta-1=0$

$\quad 4\cos^2\theta(\cos^2\theta-1)$

$\quad =4\cos^2\theta(-\sin^2\theta)=-(\sin 2\theta)^2$

$-(\sin 2\theta)^2+2\sin 2\theta-1=0$

$(\sin 2\theta-1)^2=0$

よって　$\sin 2\theta=1$

$0\leqq 2\theta\leqq\pi$ より　$2\theta=\frac{\pi}{2}$　　ゆえに　$\theta=\boxed{\frac{\pi}{4}}$

206

方針 (1) 面積の公式 $S=\frac{1}{2}xy\sin\theta$ を利用。

(2) $\sin\theta=t$ とおいて，t の2次関数の問題に帰着させる。ただし，$0\leqq\theta\leqq\frac{\pi}{4}$ であることに注意。

解答 (1) $\angle \mathrm{AOP_1}=\theta$，$\angle \mathrm{P_2OB}=\frac{\pi}{2}-2\theta$ だから

$S_1=\frac{1}{2}\mathrm{OA}$

$\quad\cdot\mathrm{OP_1}\sin\theta$

$=\frac{1}{2}\sin\theta$

$S_2=\frac{1}{2}\mathrm{OP_2}$

$\quad\cdot\mathrm{OB}\sin\left(\frac{\pi}{2}-2\theta\right)$

$=\frac{1}{2}\cos 2\theta$

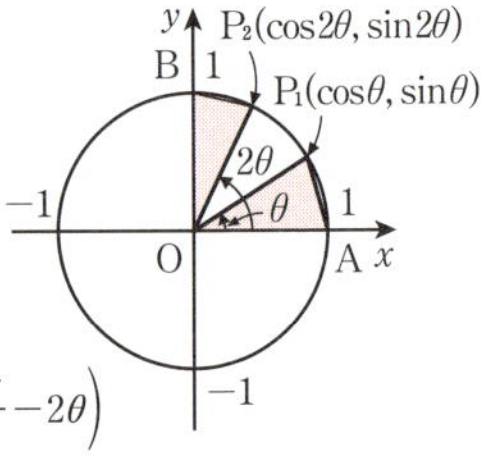

よって

$$\boldsymbol{S}=S_1+\frac{1}{2}S_2$$
$$=\frac{1}{2}\sin\theta+\frac{1}{2}\cdot\frac{1}{2}\cos2\theta$$
$$=\frac{1}{2}\sin\theta+\frac{1}{4}(1-2\sin^2\theta)$$
$$=\boldsymbol{-\frac{1}{2}\sin^2\theta+\frac{1}{2}\sin\theta+\frac{1}{4}}$$

(2) $t=\sin\theta$ とおくと $0\leqq\theta\leqq\frac{\pi}{4}$ より　$0\leqq t\leqq\frac{1}{\sqrt{2}}$

$$S=-\frac{1}{2}t^2+\frac{1}{2}t+\frac{1}{4}=-\frac{1}{2}\left(t^2-t\right)+\frac{1}{4}$$
$$=-\frac{1}{2}\left(t-\frac{1}{2}\right)^2+\frac{1}{8}+\frac{1}{4}=-\frac{1}{2}\left(t-\frac{1}{2}\right)^2+\frac{3}{8}$$

よって，S は $t=\frac{1}{2}$ のとき最大，$t=0$ のとき最小となる。

ゆえに

$\sin\theta=\frac{1}{2}$ すなわち

$\boldsymbol{\theta=\frac{\pi}{6}}$ **のとき　最大値 $\frac{3}{8}$**

$\sin\theta=0$ すなわち

$\boldsymbol{\theta=0}$ **のとき　最小値 $\frac{1}{4}$**

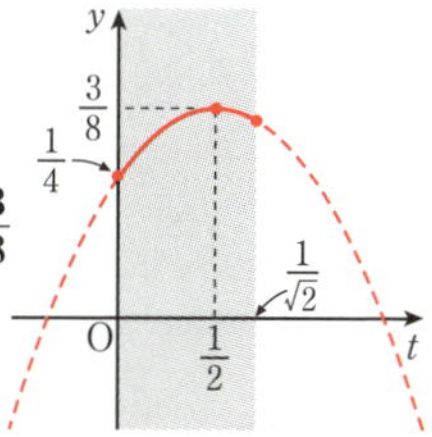

207

方針　放物線上の点を $\mathbf{P}(\alpha,\ \alpha^2)$，$\mathbf{Q}(\beta,\ \beta^2)$，$\mathbf{R}(\gamma,\ \gamma^2)$ とおいて条件を $\alpha,\ \beta,\ \gamma$ で表す。
線分 **PQ** の傾きが $\sqrt{2}$ であるから x 軸の正の方向となす角を θ とすると $\tan\theta=\sqrt{2}$ である。

解答　図のように
$P(\alpha,\ \alpha^2)$，$Q(\beta,\ \beta^2)$，$R(\gamma,\ \gamma^2)$ とおくと，
直線 PQ の傾きは

$$\frac{\beta^2-\alpha^2}{\beta-\alpha}=\alpha+\beta$$

同様に，直線 QR，RP の傾きもそれぞれ $\beta+\gamma$，$\gamma+\alpha$ である。また，直線 PQ と x 軸の正の方向となす角を θ とすると $\tan\theta=\sqrt{2}$，QR，RP と x 軸の正の方向のなす角はそれぞれ $\theta-\frac{\pi}{3}$，$\theta+\frac{\pi}{3}$ となる。

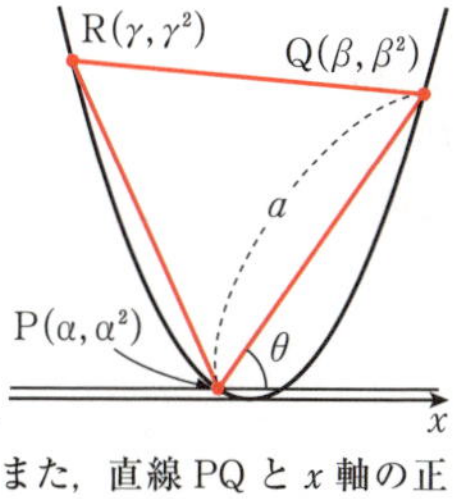

$$\tan\left(\theta\pm\frac{\pi}{3}\right)=\frac{\tan\theta\pm\tan\frac{\pi}{3}}{1\mp\tan\theta\tan\frac{\pi}{3}}=\frac{\sqrt{2}\pm\sqrt{3}}{1\mp\sqrt{6}}\ (\text{複号同順})$$

だから

$$\begin{cases}\alpha+\beta=\sqrt{2} & \cdots① \\ \beta+\gamma=\dfrac{\sqrt{2}-\sqrt{3}}{1+\sqrt{6}} & \cdots② \\ \gamma+\alpha=\dfrac{\sqrt{2}+\sqrt{3}}{1-\sqrt{6}} & \cdots③\end{cases}$$

③－②より

$$\alpha-\beta=\frac{(\sqrt{2}+\sqrt{3})(1+\sqrt{6})-(\sqrt{2}-\sqrt{3})(1-\sqrt{6})}{(1-\sqrt{6})(1+\sqrt{6})}$$
$$=\frac{2(\sqrt{2}\sqrt{6}+\sqrt{3})}{1-6}=-\frac{6\sqrt{3}}{5}$$

ゆえに　$a^2=PQ^2=(\alpha-\beta)^2+(\alpha^2-\beta^2)^2$
$$=(\alpha-\beta)^2+(\alpha+\beta)^2(\alpha-\beta)^2$$
$$=(\alpha-\beta)^2\{1+(\alpha+\beta)^2\}$$
$$=\left(-\frac{6\sqrt{3}}{5}\right)^2\{1+(\sqrt{2})^2\}=\left(\frac{6}{5}\cdot3\right)^2$$

よって　$\boldsymbol{a}=\frac{6}{5}\cdot3=\boldsymbol{\frac{18}{5}}$

20 加法定理の応用(発展)

必修編

208

方針 188では加法定理を用いたが，ここでは和→積，積→和の公式を用いる。

解答 (1) 与式$=2\sin\frac{\pi}{3}\cos\theta=2\cdot\frac{\sqrt{3}}{2}\cos\theta$

$=\boldsymbol{\sqrt{3}\cos\theta}$

(2) 与式$=\frac{1}{2}(1+\cos2\theta)+\frac{1}{2}\left\{1+\cos\left(2\theta+\frac{4}{3}\pi\right)\right\}$

$+\frac{1}{2}\left\{1+\cos\left(2\theta-\frac{4}{3}\pi\right)\right\}$

$=\frac{3}{2}+\frac{1}{2}\cos2\theta$

$+\frac{1}{2}\left\{\cos\left(2\theta+\frac{4}{3}\pi\right)+\cos\left(2\theta-\frac{4}{3}\pi\right)\right\}$

$=\frac{3}{2}+\frac{1}{2}\left(\cos2\theta+2\cos2\theta\cos\frac{4}{3}\pi\right)$

$=\frac{3}{2}+\frac{1}{2}\left\{\cos2\theta+2\cos2\theta\cdot\left(-\frac{1}{2}\right)\right\}=\boldsymbol{\frac{3}{2}}$

(3) 与式$=\dfrac{\sin\left(\frac{\pi}{4}+\theta\right)\sin\left(\frac{\pi}{4}-\theta\right)}{\cos\left(\frac{\pi}{4}+\theta\right)\cos\left(\frac{\pi}{4}-\theta\right)}$

$=\dfrac{-\frac{1}{2}\left(\cos\frac{\pi}{2}-\cos2\theta\right)}{\frac{1}{2}\left(\cos\frac{\pi}{2}+\cos2\theta\right)}=\dfrac{\cos2\theta}{\cos2\theta}=\boldsymbol{1}$

実戦編

209

方針 和→積の公式を用いる。

解答 $\frac{\sin A+\sin B}{2}=\frac{1}{2}(\sin A+\sin B)$

$=\frac{1}{2}\cdot2\sin\frac{A+B}{2}\cos\frac{A-B}{2}=\sin\frac{A+B}{2}\cos\frac{A-B}{2}$

$0<A<\frac{\pi}{2}$，$0<B<\frac{\pi}{2}$ より　$-\frac{\pi}{4}<\frac{A-B}{2}<\frac{\pi}{4}$

ゆえに　$\frac{\sqrt{2}}{2}<\cos\frac{A-B}{2}\leqq1$

したがって　$\frac{\sin A+\sin B}{2}\leqq\sin\frac{A+B}{2}$

また　$\sin\frac{A+B}{2}=\sin\left(\frac{A}{2}+\frac{B}{2}\right)$

$=\sin\frac{A}{2}\cos\frac{B}{2}+\cos\frac{A}{2}\sin\frac{B}{2}$

$<\sin\frac{A}{2}+\sin\frac{B}{2}$

$\left(\frac{\sqrt{2}}{2}<\cos\frac{B}{2}<1,\ \frac{\sqrt{2}}{2}<\cos\frac{A}{2}<1 \text{ より}\right)$

よって　$\boldsymbol{\frac{\sin A+\sin B}{2}<\sin\frac{A+B}{2}}$

$\boldsymbol{<\sin\frac{A}{2}+\sin\frac{B}{2}}$

210

方針 和→積の公式を用いる。

解答 (1) $\sin3\theta+(\sin4\theta+\sin2\theta)=0$

$\sin3\theta+2\sin3\theta\cos\theta=0$

$\sin3\theta(1+2\cos\theta)=0$

よって　$\sin3\theta=0$，$\cos\theta=-\frac{1}{2}$

$\pi<\theta<\frac{5}{3}\pi$ より　$3\pi<3\theta<5\pi$

$\sin3\theta=0$ より　$3\theta=4\pi$　　$\theta=\frac{4}{3}\pi$

$\cos\theta=-\frac{1}{2}$ より　$\theta=\frac{4}{3}\pi$

ゆえに　$\theta=\boxed{\boldsymbol{\frac{4}{3}}\pi}$

(2) $\cos3\theta+(\cos\theta+\cos5\theta)=0$

$\cos3\theta+(\cos5\theta+\cos\theta)=0$

$\cos3\theta+2\cos3\theta\cos2\theta=0$

$\cos3\theta(1+2\cos2\theta)=0$

ゆえに　$\cos3\theta=0$，$\cos2\theta=-\frac{1}{2}$

$0<\theta<\frac{\pi}{2}$ より　$0<2\theta<\pi$，$0<3\theta<\frac{3}{2}\pi$

よって　$3\theta=\frac{\pi}{2}$，$2\theta=\frac{2}{3}\pi$

したがって　$\theta=\boxed{\frac{\pi}{\boldsymbol{6}}}$，$\boxed{\frac{\pi}{\boldsymbol{3}}}$

211

方針 和→積の公式を適用した後，合成公式を用いる。

解答 $\sin\left(\theta+\frac{5}{12}\pi\right)+\sin\left(\theta+\frac{\pi}{12}\right)+\cos\left(\theta+\frac{\pi}{4}\right)$

$\geqq1$

$2\sin\left\{\dfrac{\left(\theta+\frac{5}{12}\pi\right)+\left(\theta+\frac{\pi}{12}\right)}{2}\right\}$

$\times\cos\left\{\dfrac{\left(\theta+\frac{5}{12}\pi\right)-\left(\theta+\frac{\pi}{12}\right)}{2}\right\}+\cos\left(\theta+\frac{\pi}{4}\right)\geqq1$

$2\sin\left(\theta+\frac{\pi}{4}\right)\cos\frac{\pi}{6}+\cos\left(\theta+\frac{\pi}{4}\right)\geqq1$

$\sqrt{3}\sin\left(\theta+\frac{\pi}{4}\right)+\cos\left(\theta+\frac{\pi}{4}\right)\geqq1$

$2\sin\left\{\left(\theta+\frac{\pi}{4}\right)+\frac{\pi}{6}\right\}\geqq1$

よって　$\sin\left(\theta+\frac{5}{12}\pi\right)\geqq\frac{1}{2}$

$0\leqq\theta<2\pi$ より

$\frac{5}{12}\pi\leqq\theta+\frac{5}{12}\pi<\frac{29}{12}\pi$

よって

$\frac{5}{12}\pi\leqq\theta+\frac{5}{12}\pi\leqq\frac{5}{6}\pi$,

$\frac{13}{6}\pi\leqq\theta+\frac{5}{12}\pi<\frac{29}{12}\pi$

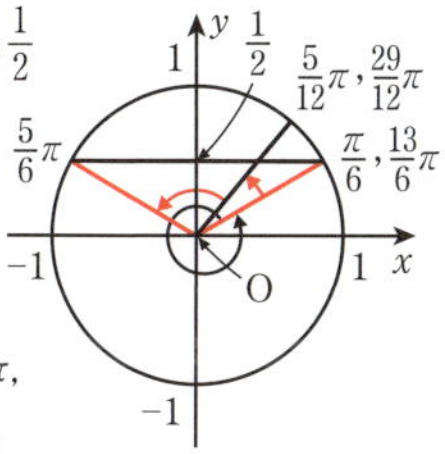

ゆえに　$\boldsymbol{0\leqq\theta\leqq\frac{5}{12}\pi,\ \frac{7}{4}\pi\leqq\theta<2\pi}$

212

方針　(1), (2) 和→積の公式を適用し,
$\frac{\alpha+\beta}{2}=\frac{\pi}{2}-\frac{\gamma}{2}$ を代入する。
(3) $\alpha+\beta=\pi-\gamma$ を代入する。

解答　(1) 左辺

$=2\sin\frac{\alpha+\beta}{2}\cos\frac{\alpha-\beta}{2}+\sin2\cdot\frac{\gamma}{2}$

$=2\sin\left(\frac{\pi}{2}-\frac{\gamma}{2}\right)\cos\frac{\alpha-\beta}{2}+2\sin\frac{\gamma}{2}\cos\frac{\gamma}{2}$

$=2\cos\frac{\gamma}{2}\cos\frac{\alpha-\beta}{2}+2\sin\left(\frac{\pi}{2}-\frac{\alpha+\beta}{2}\right)\cos\frac{\gamma}{2}$

$=2\cos\frac{\gamma}{2}\left(\cos\frac{\alpha-\beta}{2}+\cos\frac{\alpha+\beta}{2}\right)$

$=2\cos\frac{\gamma}{2}\cdot2\cos\frac{\alpha}{2}\cos\frac{\beta}{2}$

$=4\cos\frac{\alpha}{2}\cos\frac{\beta}{2}\cos\frac{\gamma}{2}=$右辺 ∎

(2)　左辺

$=2\cos\frac{\alpha+\beta}{2}\cos\frac{\alpha-\beta}{2}+\cos2\cdot\frac{\gamma}{2}$

$=2\cos\left(\frac{\pi}{2}-\frac{\gamma}{2}\right)\cos\frac{\alpha-\beta}{2}+1-2\sin^2\frac{\gamma}{2}$

$=2\sin\frac{\gamma}{2}\cos\frac{\alpha-\beta}{2}-2\sin\frac{\gamma}{2}\sin\left(\frac{\pi}{2}-\frac{\alpha+\beta}{2}\right)+1$

$=2\sin\frac{\gamma}{2}\left(\cos\frac{\alpha-\beta}{2}-\cos\frac{\alpha+\beta}{2}\right)+1$

$=2\sin\frac{\gamma}{2}\left\{-2\sin\frac{\alpha}{2}\sin\left(-\frac{\beta}{2}\right)\right\}+1$

$=1+4\sin\frac{\alpha}{2}\sin\frac{\beta}{2}\sin\frac{\gamma}{2}=$右辺 ∎

(3)　左辺

$=2\sin(\alpha+\beta)\cos(\alpha-\beta)+\sin2\gamma$

$=2\sin(\pi-\gamma)\cos(\alpha-\beta)+2\sin\gamma\cos\gamma$

$=2\sin\gamma\cos(\alpha-\beta)+2\sin\gamma\cos\{\pi-(\alpha+\beta)\}$

$=2\sin\gamma\{\cos(\alpha-\beta)-\cos(\alpha+\beta)\}$

$=2\sin\gamma\{-2\sin\alpha\sin(-\beta)\}$

$=4\sin\alpha\sin\beta\sin\gamma=$右辺 ∎

213

方針　和→積の公式を用いる。$A+B+C=\pi$ であることを用いる。(2)は(1)の不等式を利用して $\sin\frac{C}{2}$ の 2 次関数にする。

解答　(1) 左辺$=2\cos\frac{A+B}{2}\cos\frac{A-B}{2}$

$=2\cos\left(\frac{\pi}{2}-\frac{C}{2}\right)\cos\frac{A-B}{2}$

$=2\sin\frac{C}{2}\cos\frac{A-B}{2}$

$0<\frac{C}{2}<\frac{\pi}{2}$ より　$\sin\frac{C}{2}>0$

$-\frac{\pi}{2}<\frac{A-B}{2}<\frac{\pi}{2}$ より　$0<\cos\frac{A-B}{2}\leqq1$

したがって　$2\sin\frac{C}{2}\cos\frac{A-B}{2}\leqq2\sin\frac{C}{2}$

よって　$\cos A+\cos B\leqq2\sin\frac{C}{2}$

（$A=B$ のとき等号成立） ∎

(2) (1)より

$\cos A+\cos B+\cos C$

$\leqq2\sin\frac{C}{2}+\cos C$

$=2\sin\frac{C}{2}+\cos2\cdot\frac{C}{2}$

$=2\sin\frac{C}{2}+1-2\sin^2\frac{C}{2}$

$=-2\left(\sin^2\frac{C}{2}-\sin\frac{C}{2}\right)+1$

$=-2\left(\sin\frac{C}{2}-\frac{1}{2}\right)^2+\frac{3}{2}\leqq\frac{3}{2}$

よって，与式は $\sin\frac{C}{2}=\frac{1}{2}$ かつ $A=B$ のとき最大となる。

$0<\frac{C}{2}<\frac{\pi}{2}$ より　$\frac{C}{2}=\frac{\pi}{6}$

よって　$C=\frac{\pi}{3}$ かつ $A=B$

ゆえに，△ABC は**正三角形**である。

21 累乗根と指数の拡張

必修編

214

方針 a の n 乗根は n 乗して a になる数で，$\sqrt[n]{a}$ とかく。

解答 (1) $x^3=27$ の実数解であるから　**3**

(2) $\sqrt[3]{27}=\sqrt[3]{3^3}=\mathbf{3}$

(3) $x^4=16$ の実数解であるから　**±2**

(4) $\sqrt[4]{16}=\sqrt[4]{2^4}=\mathbf{2}$

215

方針 累乗根の性質にしたがって計算する。

解答 (1) 与式 $=\sqrt[6]{2^6}\times\sqrt[4]{2^4}\div\sqrt[3]{(-2)^3}$
$=2\times2\div(-2)=\mathbf{-2}$

(2) 与式 $=\{(\sqrt[3]{2})^3+3\cdot(\sqrt[3]{2})^2\cdot\sqrt[3]{4}+3\cdot(\sqrt[3]{2})\cdot(\sqrt[3]{4})^2+(\sqrt[3]{4})^3\}$
$+\{(\sqrt[3]{2})^3-3\cdot(\sqrt[3]{2})^2\cdot\sqrt[3]{4}+3\cdot(\sqrt[3]{2})\cdot(\sqrt[3]{4})^2-(\sqrt[3]{4})^3\}$
$=(2+3\sqrt[3]{16}+3\sqrt[3]{32}+4)$
$+(2-3\sqrt[3]{16}+3\sqrt[3]{32}-4)$
$=4+6\cdot2\sqrt[3]{4}=\mathbf{4+12\sqrt[3]{4}}$

(3) 与式 $=\sqrt[3]{5^3}-\sqrt[3]{5^4}+\dfrac{25\sqrt[3]{5}}{\sqrt[3]{5^3}}=5-5\sqrt[3]{5}+5\sqrt[3]{5}=\mathbf{5}$

(4) 与式 $=\sqrt[3]{9}+\sqrt[3]{3}-\dfrac{2(\sqrt[3]{9}+\sqrt[3]{3}+1)}{(\sqrt[3]{3}-1)(\sqrt[3]{9}+\sqrt[3]{3}+1)}$
$=\sqrt[3]{9}+\sqrt[3]{3}-\dfrac{2(\sqrt[3]{9}+\sqrt[3]{3}+1)}{(\sqrt[3]{3})^3-1}$
$=\sqrt[3]{9}+\sqrt[3]{3}-(\sqrt[3]{9}+\sqrt[3]{3}+1)=\mathbf{-1}$

(5) 与式 $=\dfrac{\sqrt[15]{a}}{\sqrt[10]{a}}\times\dfrac{\sqrt[6]{a}}{\sqrt[15]{a}}\times\dfrac{\sqrt[10]{a}}{\sqrt[6]{a}}=\dfrac{a^{\frac{1}{15}}\cdot a^{\frac{1}{6}}\cdot a^{\frac{1}{10}}}{a^{\frac{1}{10}}\cdot a^{\frac{1}{15}}\cdot a^{\frac{1}{6}}}$
$=\dfrac{a^{\frac{1}{15}+\frac{1}{6}+\frac{1}{10}}}{a^{\frac{1}{15}+\frac{1}{6}+\frac{1}{10}}}=\mathbf{1}$

(6) 与式 $=\sqrt{(4+\sqrt{15})(4-\sqrt{15})}=\sqrt{16-15}=\mathbf{1}$

216

方針 指数法則を使って計算する。

解答 (1) $\left(\dfrac{16}{81}\right)^{-\frac{1}{2}}=\left(\dfrac{81}{16}\right)^{\frac{1}{2}}=\left\{\left(\dfrac{9}{4}\right)^2\right\}^{\frac{1}{2}}=\left(\dfrac{9}{4}\right)^{2\times\frac{1}{2}}$
$=\mathbf{\dfrac{9}{4}}$

(2) $\left(\dfrac{25}{9}\right)^{\frac{1}{2}}\times\left(\dfrac{27}{125}\right)^{\frac{1}{3}}=\dfrac{5}{3}\times\dfrac{3}{5}=\mathbf{1}$

(3) $a^{\frac{3}{2}+\frac{3}{8}-\frac{7}{4}}=a^{\frac{12+3-14}{8}}=\boldsymbol{a^{\frac{1}{8}}}$

(4) $a^{\frac{1}{4}+\frac{3}{4}}\cdot b^{-\frac{3}{4}+\frac{3}{4}}=ab^0=\boldsymbol{a}$

(5) $a^{x(y-z)+y(z-x)+z(x-y)}=a^0=\mathbf{1}$

(6) 与式 $=a^{\frac{x^2}{(x-y)(z-x)}+\frac{y^2}{(y-z)(x-y)}+\frac{z^2}{(z-x)(y-z)}}$

ここで指数について

$\dfrac{x^2}{(x-y)(z-x)}+\dfrac{y^2}{(y-z)(x-y)}$
$+\dfrac{z^2}{(z-x)(y-z)}$
$=\dfrac{x^2(y-z)+y^2(z-x)+z^2(x-y)}{(x-y)(y-z)(z-x)}$

さらにその分子は

$(y-z)x^2-(y^2-z^2)x+y^2z-yz^2$
$=(y-z)x^2-(y+z)(y-z)x+yz(y-z)$
$=(y-z)\{x^2-(y+z)x+yz\}$
$=(y-z)(x-y)(x-z)$
$=-(x-y)(y-z)(z-x)$

よって　与式 $=a^{-1}=\boldsymbol{\dfrac{1}{a}}$

217

方針 指数法則を使って計算する。

解答 (1) 与式 $=\dfrac{1}{a^{\frac{3}{7}}}=\boldsymbol{a^{-\frac{3}{7}}}$

(2) 与式 $=\left(\dfrac{a^{-3}}{a^{\frac{1}{3}}}\right)^{\frac{1}{2}}=(a^{-3-\frac{1}{3}})^{\frac{1}{2}}=a^{\frac{-10}{3}\times\frac{1}{2}}=\boldsymbol{a^{-\frac{5}{3}}}$

(3) 与式 $=\left\{a\cdot\left(a^{\frac{5}{4}}\right)^{\frac{1}{3}}\right\}^{\frac{1}{2}}=(a\cdot a^{\frac{5}{4}\times\frac{1}{3}})^{\frac{1}{2}}=(a^{1+\frac{5}{4}\times\frac{1}{3}})^{\frac{1}{2}}$
$=a^{\frac{17}{12}\times\frac{1}{2}}=\boldsymbol{a^{\frac{17}{24}}}$

実戦編

218

方針 $a^{3x}+a^{-3x}=(a^x)^3+(a^{-x})^3$ とみて因数分解する。

解答 与式 $=\dfrac{a^x+a^{-x}}{(a^x+a^{-x})(a^{2x}-1+a^{-2x})}$
$=\dfrac{1}{a^{2x}-1+\dfrac{1}{a^{2x}}}=\dfrac{1}{3-1+\dfrac{1}{3}}=\dfrac{1}{\dfrac{7}{3}}$
$=\mathbf{\dfrac{3}{7}}$

219

方針 $x^{\frac{1}{2}}=p$，$x^{-\frac{1}{2}}=q$ とおくと，$pq=1$，$x^2=p^4$，$x^{-2}=q^4$，$x^{\frac{3}{2}}=p^3$，$x^{-\frac{3}{2}}=q^3$ と表せる。

解答 $x^{\frac{1}{2}}=p$，$x^{-\frac{1}{2}}=q$ とおくと　$p+q=a$，$pq=1$

(1) 与式 $=p^4+q^4=(p^2+q^2)^2-2p^2q^2$
$=\{(p+q)^2-2pq\}^2-2(pq)^2=(a^2-2)^2-2$
$=\boldsymbol{a^4-4a^2+2}$

(2) 与式 $=p^3+q^3=(p+q)^3-3pq(p+q)$
$=\boldsymbol{a^3-3a}$

220

方針 $u=(\sqrt{4+\sqrt{15}})^x$, $v=(\sqrt{4-\sqrt{15}})^x$ とおくと $u+v=8$, $uv=1$ となる。

解答 $u=(\sqrt{4+\sqrt{15}})^x$, $v=(\sqrt{4-\sqrt{15}})^x$ とおくと条件より $\sqrt{4+\sqrt{15}}\times\sqrt{4-\sqrt{15}}=\sqrt{16-15}=1$ であるから　$u+v=8$　かつ　$uv=1$
よって，u, v は $t^2-8t+1=0$ の解である。
解の公式により　$t=4\pm\sqrt{15}$
$(u,\ v)=(4\pm\sqrt{15},\ 4\mp\sqrt{15})$　（複号同順）
すなわち　$(\sqrt{4+\sqrt{15}})^x=4\pm\sqrt{15}$
ここで，

$$4-\sqrt{15}=\frac{(4-\sqrt{15})(4+\sqrt{15})}{4+\sqrt{15}}=\frac{1}{4+\sqrt{15}}=(4+\sqrt{15})^{-1}$$

より
$(\sqrt{4+\sqrt{15}})^x=(4+\sqrt{15})^{\pm1}$
$(4+\sqrt{15})^{\frac{1}{2}x}=(4+\sqrt{15})^{\pm1}$　　$\frac{x}{2}=\pm1$
したがって　$\boldsymbol{x=\pm2}$

221

方針 (1) $\alpha=a^{\frac{1}{n}}$, $\beta=a^{-\frac{1}{n}}$ とおいて与式を変形する。
(2) $\alpha=\sqrt[3]{\sqrt{2}+1}$, $\beta=\sqrt[3]{\sqrt{2}-1}$ とおくと $\alpha\beta=1$, $\alpha+\beta=x$ となる。$\alpha^3+\beta^3$ を $\alpha+\beta$, $\alpha\beta$ で表すことを考える。

解答 (1) $\alpha=a^{\frac{1}{n}}$, $\beta=a^{-\frac{1}{n}}$ とおくと
$\alpha\beta=1$, $x=\frac{\alpha-\beta}{2}$ より

$$1+x^2=\alpha\beta+\frac{(\alpha-\beta)^2}{4}=\frac{4\alpha\beta+\alpha^2-2\alpha\beta+\beta^2}{4}=\frac{(\alpha+\beta)^2}{4}$$

よって　$(x+\sqrt{1+x^2})^n=\left(\frac{\alpha-\beta}{2}+\frac{\alpha+\beta}{2}\right)^n=\alpha^n=(a^{\frac{1}{n}})^n=\boldsymbol{a}$

〔別解〕
$$1+x^2=1+\left\{\frac{1}{2}(a^{\frac{1}{n}}-a^{-\frac{1}{n}})\right\}^2=1+\frac{1}{4}\{(a^{\frac{1}{n}})^2-2\cdot a^{\frac{1}{n}}\cdot a^{-\frac{1}{n}}+(a^{-\frac{1}{n}})^2\}$$
$$=\frac{1}{4}\{(a^{\frac{1}{n}})^2+2+(a^{-\frac{1}{n}})^2\}=\left\{\frac{1}{2}(a^{\frac{1}{n}}+a^{-\frac{1}{n}})\right\}^2$$

$$与式=\left[\frac{1}{2}(a^{\frac{1}{n}}-a^{-\frac{1}{n}})+\sqrt{\left\{\frac{1}{2}(a^{\frac{1}{n}}+a^{-\frac{1}{n}})\right\}^2}\right]^n$$
$$=\left\{\frac{1}{2}(a^{\frac{1}{n}}-a^{-\frac{1}{n}})+\frac{1}{2}(a^{\frac{1}{n}}+a^{-\frac{1}{n}})\right\}^n=(a^{\frac{1}{n}})^n=\boldsymbol{a}$$

(2) $\alpha=\sqrt[3]{\sqrt{2}+1}$, $\beta=\sqrt[3]{\sqrt{2}-1}$ とおくと　$\alpha\beta=1$
$x=\alpha+\beta$ だから
$\alpha^3+\beta^3=(\alpha+\beta)^3-3\alpha\beta(\alpha+\beta)=x^3-3\cdot1\cdot x$
$(\sqrt{2}+1)+(\sqrt{2}-1)=x^3-3x$
$x^3-3x=2\sqrt{2}$　　ゆえに　$x^3-3x+2=\boldsymbol{2\sqrt{2}+2}$

222

方針 指数法則を使って変形する。
$3^{2x-1}=\frac{1}{3}\cdot3^{2x}=\frac{1}{3}\cdot(3^x)^2$ と変形できる。

解答 (1) $f(x)=\frac{(3^x)^2}{3}-3\cdot3^x=\frac{2^2}{3}-3\cdot2=-\frac{\boxed{14}}{3}$

(2) $\sqrt[3]{3^{2x}}=4$ より　$3^{\frac{2x}{3}}=2^2$
よって　$3^{\frac{x}{3}}=2$　　両辺を 3 乗して　$3^x=8$
このとき

$$f(x)=\frac{(3^x)^2}{3}-3\cdot3^x=\frac{8^2}{3}-3\cdot8=-\frac{\boxed{8}}{3}$$

(3) $f(x)=\frac{(3^x)^2}{3}-3\cdot3^x=0$　　$3^x(3^x-9)=0$
$3^x\neq0$ より　$3^x=9$　　$3^x=3^2$　　よって　$x=2$
$\sqrt[3]{8^2}=\sqrt[3]{(2^3)^2}=\sqrt[3]{(2^2)^3}=2^2=\boxed{4}$

(4) $f(x)=\frac{1}{3}t^2-3t=\frac{1}{3}(t^2-9t)=\frac{1}{3}\left(t-\frac{9}{2}\right)^2-\frac{27}{4}$

ゆえに　$t=\frac{\boxed{9}}{2}$ のとき最小値 $-\frac{\boxed{27}}{4}$

223

方針 指数法則を使って変形する。
(1)は 2^x, (2)は 3^x の 2 次方程式にする。
(3) $3^{x+y}=27$ から　$x+y=3$
(4) 2 式の辺々を掛けて $(xy)^{\circ}=(xy)^{\triangle}$ となるようにする。
(5) 3 つの式から $x^{xyz}=x$ を導く。
(6) 第 1 式の両辺を b 乗，第 2 式の両辺を x 乗して $x^{by}=x^{ax}$ を導く。

解答 (1) $2\cdot(2^x)^2-8\cdot2^x-64=0$
$(2^x)^2-4\cdot2^x-32=0$　　$(2^x+4)(2^x-8)=0$
$2^x>0$ より　$2^x=8$　　$2^x=2^3$　　よって　$\boldsymbol{x=3}$
(2) $3\cdot(3^x)^2-27\cdot3^x=3^x-9$　　$3\cdot(3^x)^2-28\cdot3^x+9=0$
$(3^x-9)(3\cdot3^x-1)=0$
よって　$3^x=9$　または　$3\cdot3^x=1$
$3^x=9$ より　$3^x=3^2$　　これより　$x=2$
$3\cdot3^x=1$ より　$3^x=3^{-1}$　　これより　$x=-1$
したがって　$\boldsymbol{x=2,\ -1}$

(3) $3^{x+y}=27=3^3$　よって　$x+y=3$　$y=3-x$

第1式に代入して　$3^x+3^{3-x}=12$

両辺に 3^x を掛けて　$(3^x)^2+3^3=12\cdot3^x$

$(3^x)^2-12\cdot3^x+27=0$　$(3^x-3)(3^x-9)=0$

よって　$3^x=3,\ 9$　ゆえに　$x=1,\ 2$

$x=1$ のとき $y=2$，$x=2$ のとき $y=1$

よって　$(\boldsymbol{x},\ \boldsymbol{y})=(\mathbf{1},\ \mathbf{2}),\ (\mathbf{2},\ \mathbf{1})$

(4) 2式を辺々掛けると　$(xy)^{xy}=xy^{100}$

ゆえに　$xy=1$　または　$xy=100$

$xy=1$ のとき　$x=y^{100}$，$y=x^{100}$

よって　$x=(x^{100})^{100}=x^{10000}$

これより　$x=1,\ y=1$

$xy=100$ のとき　$x^{100}=y^{100}$　よって　$x=y$

ゆえに与式の指数を比べて　$x^2=y^2=100$

$x>0,\ y>0$ より　$x=y=10$

よって　$(\boldsymbol{x},\ \boldsymbol{y})=(\mathbf{1},\ \mathbf{1}),\ (\mathbf{10},\ \mathbf{10})$

(5) $y^z=x$，$y=z^x$ より　$(z^x)^z=x$

すなわち　$z^{xz}=x$

$z=x^y$ より　$(x^y)^{xz}=x$　よって　$x^{xyz}=x$

よって　$x=1$　または　$xyz=1$

$x=1$ のとき3式は　$1^y=z,\ y^z=1,\ z=y$

$y^z=1$ より　$y=1$ または $z=0$

$z=0$ とすると　$1^y=z$ を満たす $y,\ z$ は存在しないので不適。ゆえに　$y=1$

よって　$z=1,\ y=1$

$xyz=1$ のとき $x,\ y,\ z$ のいずれかが1のとき，上と同様にして　$x=y=z=1$

いずれも1でないとき，$x\leqq y\leqq z$ としても一般性を失わない。このとき　$x<1<z$

これに $x^y=z$ を代入すると　$1<x^y$

いま，$0<x<1$ より　$y<0$

これは $y>0$ の条件に反する。よって，不適。

よって　$\boldsymbol{x=y=z=1}$

(6) 第1式の両辺を b 乗すると　$x^{by}=y^{bx}$

第2式の両辺を x 乗すると　$x^{ax}=y^{bx}$

よって　$x^{ax}=x^{by}$

ゆえに　$x=1$　または　$ax=by$

$x=1$ のとき，第1式より　$y=1$

$ax=by$ のとき

$a=0$ とすると　$by=0$　$y>0$ より　$b=0$

これは $a\neq b$ に矛盾。ゆえに　$a\neq0$

同様にして　$b\neq0$

よって，$\dfrac{x}{b}=\dfrac{y}{a}=k$ とおくと　$x=bk,\ y=ak$

第2式に代入して　$b^ak^a=a^bk^b$

$\dfrac{k^a}{k^b}=\dfrac{a^b}{b^a}$　よって　$k^{a-b}=\dfrac{a^b}{b^a}$

$a\neq b$ より　$k=\left(\dfrac{a^b}{b^a}\right)^{\frac{1}{a-b}}=\dfrac{a^{\frac{b}{a-b}}}{b^{\frac{a}{a-b}}}$

よって

$$x=b\cdot\frac{a^{\frac{b}{a-b}}}{b^{\frac{a}{a-b}}}=\frac{a^{\frac{b}{a-b}}}{b^{\frac{a}{a-b}-1}}=\frac{a^{\frac{b}{a-b}}}{b^{\frac{b}{a-b}}}=\left(\frac{a}{b}\right)^{\frac{b}{a-b}}$$

$$y=a\cdot\frac{a^{\frac{b}{a-b}}}{b^{\frac{a}{a-b}}}=\frac{a^{1+\frac{b}{a-b}}}{b^{\frac{a}{a-b}}}=\frac{a^{\frac{a}{a-b}}}{b^{\frac{a}{a-b}}}=\left(\frac{a}{b}\right)^{\frac{a}{a-b}}$$

よって　$(\boldsymbol{x},\ \boldsymbol{y})=(\mathbf{1},\ \mathbf{1}),\ \left(\left(\dfrac{\boldsymbol{a}}{\boldsymbol{b}}\right)^{\frac{b}{a-b}},\ \left(\dfrac{\boldsymbol{a}}{\boldsymbol{b}}\right)^{\frac{a}{a-b}}\right)$

Check Point

$\boldsymbol{a^x=a^y}$ $(\boldsymbol{a>0})$ のとき

$\boldsymbol{a=1}$ または $\boldsymbol{x=y}$

22 指数関数の応用

必修編

224

方針　平行移動，対称移動の考え方からグラフの形を予想し，いくつか点をとってかく。

解答　(2) $y=3^x$ のグラフを x 軸方向に1だけ平行移動したもの。

(3) $y=3^x$ のグラフを y 軸に関して対称移動すると $y=3^{-x}$ のグラフになり，さらに y 軸方向に -1 だけ平行移動したものが $y=3^{-x}-1$ のグラフ。

$y=-1$ が漸近線。これより次の図のようになる。

(1)
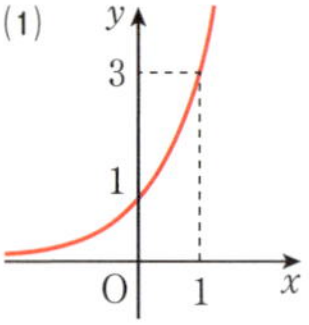

(2)
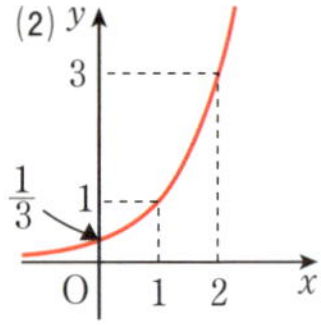

(3)
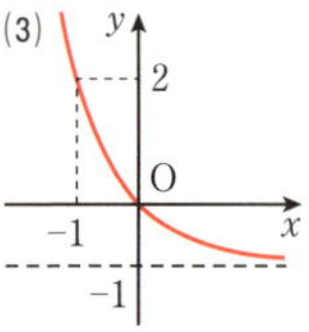

Check Point

$\boldsymbol{y=f(x)}$ のグラフを
$\boldsymbol{x}$ 軸方向に $\boldsymbol{a}$，$\boldsymbol{y}$ 軸方向に $\boldsymbol{b}$ だけ平行移動したグラフの方程式　$\boldsymbol{y-b=f(x-a)}$
$\boldsymbol{x}$ 軸に関して対称移動したグラフの方程式
　$\boldsymbol{y=-f(x)}$
$\boldsymbol{y}$ 軸に関して対称移動したグラフの方程式
　$\boldsymbol{y=f(-x)}$
原点に関して対称移動したグラフの方程式
　$\boldsymbol{y=-f(-x)}$

225

方針　$\boldsymbol{y=3^{x-a}+b}$ の形に変形する。

解答　(1) $y=3^3\cdot 3^x=3^{x+3}=3^{x-(-3)}$
よって，$\boldsymbol{x}$ 軸方向に $\boldsymbol{-3}$ だけ平行移動する。
(2) $y=3^{2-x}=3^{-(x-2)}$
よって，$\boldsymbol{y}$ 軸に関して対称移動し，さらに $\boldsymbol{x}$ 軸方向に **2** だけ平行移動する。
(3) $y=-3^{-x-2}+3$ より　$y-3=-3^{-(x+2)}$
したがって原点に関して対称移動し，さらに $\boldsymbol{x}$ 軸方向に $\boldsymbol{-2}$，$\boldsymbol{y}$ 軸方向に **3** だけ平行移動する。

226

方針　$\boldsymbol{a^{\circ}=a^{\triangle}}$ の形に変形して ○＝△ とおく。

解答　(1) $2^{x-2}=2^5$ より　$x-2=5$
よって　$\boldsymbol{x=7}$
(2) $3^{x+2}=3^{-2}$ より　$x+2=-2$
よって　$\boldsymbol{x=-4}$
(3) $2^{2-x}=\dfrac{6^x}{3^x}$　　$2^{2-x}=2^x$　　$2-x=x$
よって　$\boldsymbol{x=1}$

227

方針　$\boldsymbol{a^x=t}$ (>0) とおき，$\boldsymbol{t}$ の **2** 次不等式にする。(8)は $\boldsymbol{x^x<(4x^2)^x}$ として底を比較する。

解答　(1) $2^{2x+1}>2^4$　　$2>1$ より $2x+1>4$
ゆえに　$\boldsymbol{x>\dfrac{3}{2}}$
(2) $t=3^x$ (>0) とおくと　$t^2-3t-54<0$
　$(t-9)(t+6)<0$
　$t+6>0$ より　$t-9<0$　　$t<9$
すなわち　$3^x<3^2$　　$3>1$ より　$\boldsymbol{x<2}$
(3) $\left(\dfrac{1}{3}\right)^x=3^{-x}$，$3\sqrt{3}=3^{\frac{3}{2}}$，$\left(\dfrac{1}{9}\right)^{x-1}=3^{-2(x-1)}$
ゆえに　$3^{-x}<3^{\frac{3}{2}}<3^{-2(x-1)}$
$3>1$ より　$-x<\dfrac{3}{2}<-2x+2$
ゆえに　$\boldsymbol{-\dfrac{3}{2}<x<\dfrac{1}{4}}$
(4) 両辺に $(3^x)^2$ を掛けて　$1+3^x>12\cdot(3^x)^2$
　$12\cdot(3^x)^2-3^x-1<0$　　$(4\cdot 3^x+1)(3\cdot 3^x-1)<0$
$3^x>0$ だから　$0<3^x<\dfrac{1}{3}$　　$3>1$ より　$\boldsymbol{x<-1}$
(5) $t=a^x$ (>0) とおくと　$t^2-(a^2+a^{-2})t+1<0$
　$(t-a^2)(t-a^{-2})<0$
(i) $a>1$ のとき　$a^{-2}<a^2$ であるので　$a^{-2}<t<a^2$
　よって　$a^{-2}<a^x<a^2$　　ゆえに　$-2<x<2$
(ii) $0<a<1$ のとき　$a^2<a^{-2}$ であるので
　$a^2<t<a^{-2}$
　よって　$a^2<a^x<a^{-2}$　　ゆえに　$-2<x<2$
よって　$\boldsymbol{-2<x<2}$
(6) $t=a^x$ (>0) とおくと　$\dfrac{t^2}{a^2}-1<at-\dfrac{t}{a^3}$
両辺に $a^3(>0)$ を掛けて t について整理すると
　$at^2+(1-a^4)t-a^3<0$　　$(at+1)(t-a^3)<0$
$at+1>0$ だから　$t<a^3$　　ゆえに　$a^x<a^3$
よって　$\boldsymbol{a>1}$ **のとき**　$\boldsymbol{x<3}$，
　　　$\boldsymbol{0<a<1}$ **のとき**　$\boldsymbol{x>3}$
(7) $2^{x^2}>2^{2x}$，$2>1$ より　$x^2>2x$　　$x(x-2)>0$
よって　$\boldsymbol{x<0}$，$\boldsymbol{2<x}$
(8) $x>0$ だから，$x^x<\{(2x)^2\}^x$ より　$x^x<(4x^2)^x$
よって　$x<4x^2$　　$4x^2-x>0$　　$x(4x-1)>0$
$x>0$ より　$\boldsymbol{x>\dfrac{1}{4}}$

Check Point

〔指数の式の大小比較〕
$\boldsymbol{a>1}$ のとき　　$\boldsymbol{x_1<x_2\Longrightarrow a^{x_1}<a^{x_2}}$
$\boldsymbol{0<a<1}$ のとき　$\boldsymbol{x_1<x_2\Longrightarrow a^{x_1}>a^{x_2}}$
$\boldsymbol{x>0}$ のとき　$\boldsymbol{0<a<b\Longrightarrow a^x<b^x}$
$\boldsymbol{x<0}$ のとき　$\boldsymbol{0<a<b\Longrightarrow a^x>b^x}$
$\boldsymbol{a>0}$，$\boldsymbol{x_1>0}$，$\boldsymbol{x_2>0}$ のとき
$\boldsymbol{x_1{}^a<x_2{}^a\Longrightarrow x_1<x_2}$

228

方針　底をそろえて，指数を比較するか，指数を同じにして，底を比較する。

解答　(1) $2^{40}=(2^4)^{10}=16^{10}$，$3^{30}=(3^3)^{10}=27^{10}$，
　$5^{20}=(5^2)^{10}=25^{10}$　　よって　$\boldsymbol{2^{40}<5^{20}<3^{30}}$
〔別解〕　各項 $\dfrac{1}{10}$ 乗して　$(2^{40})^{\frac{1}{10}}=2^4=16$，
　$(3^{30})^{\frac{1}{10}}=3^3=27$，$(5^{20})^{\frac{1}{10}}=5^2=25$
よって　$\boldsymbol{2^{40}<5^{20}<3^{30}}$

(2) $\sqrt{8}=2^{\frac{3}{2}}$, $\sqrt[3]{4}=2^{\frac{2}{3}}$, $1=2^0$, $\sqrt{\frac{1}{2}}=2^{-\frac{1}{2}}$, $16^{\frac{1}{5}}=2^{\frac{4}{5}}$

よって　$\boldsymbol{\sqrt{\frac{1}{2}}<1<\sqrt[3]{4}<16^{\frac{1}{5}}<\sqrt{8}}$

(3) $a=\sqrt{3}$, $b=\sqrt[3]{7}$, $c=\sqrt[4]{12}$ とおく。

$a^{12}=(\sqrt{3})^{12}=3^6=729$, $b^{12}=(\sqrt[3]{7})^{12}=7^4=2401$,

$c^{12}=(\sqrt[4]{12})^{12}=12^3=1728$

よって　$a^{12}<c^{12}<b^{12}$　　ゆえに　$a<c<b$

よって　$\boldsymbol{\sqrt{3}<\sqrt[4]{12}<\sqrt[3]{7}}$

実戦編

229

方針 (1) $\boldsymbol{a>1}$, $\boldsymbol{0<a<1}$ で場合分け。

(3) $\boldsymbol{a^{\frac{1}{3}}=A}$, $\boldsymbol{b^{\frac{1}{3}}=B}$ とおく。

(4) $\boldsymbol{a^ab^b-a^bb^a}$ を計算する。

解答 (1) $\sqrt[n]{a^{n+1}}=a^{\frac{n+1}{n}}$, $\sqrt[n]{a^{n-1}}=a^{\frac{n-1}{n}}$,

$\sqrt[n-1]{a^n}=a^{\frac{n}{n-1}}$

いま, $n>1$ より

$$\frac{n}{n-1}-\frac{n+1}{n}=\frac{1}{n(n-1)}>0$$

$$\frac{n+1}{n}-\frac{n-1}{n}=\frac{2}{n}>0$$

ゆえに　$\dfrac{n-1}{n}<\dfrac{n+1}{n}<\dfrac{n}{n-1}$

よって, $\boldsymbol{a>1}$ のとき　$\boldsymbol{\sqrt[n]{a^{n-1}}<\sqrt[n]{a^{n+1}}<\sqrt[n-1]{a^n}}$

$\boldsymbol{0<a<1}$ のとき　$\boldsymbol{\sqrt[n-1]{a^n}<\sqrt[n]{a^{n+1}}<\sqrt[n]{a^{n-1}}}$

(2) $2^x=3^y$ の両辺を 6 乗すると　$(2^x)^6=(3^y)^6$

$(2^3)^{2x}=(3^2)^{3y}$　　$8^{2x}=9^{3y}$

$y>0$ より　$9^{3y}>8^{3y}$

ゆえに　$8^{2x}>8^{3y}$　　したがって　$2x>3y$

$2^x=5^z$ の両辺を 10 乗すると　$(2^5)^{2x}=(5^2)^{5z}$

$32^{2x}=25^{5z}$

$x>0$ より　$32^{2x}>25^{2x}$　　よって　$25^{5z}>25^{2x}$

ゆえに　$5z>2x$　　以上より　$\boldsymbol{3y<2x<5z}$

〔別解〕 $2^x=3^y=5^z=k$ $(k>1)$ とおいて, 各辺の常用対数をとると

$x\log_{10}2=y\log_{10}3=z\log_{10}5=\log_{10}k$

$x=\dfrac{\log_{10}k}{\log_{10}2}$, $y=\dfrac{\log_{10}k}{\log_{10}3}$, $z=\dfrac{\log_{10}k}{\log_{10}5}$

$$2x-3y=\frac{2\log_{10}k}{\log_{10}2}-\frac{3\log_{10}k}{\log_{10}3}=\frac{\log_{10}k(2\log_{10}3-3\log_{10}2)}{\log_{10}2\log_{10}3}=\frac{\log_{10}k(\log_{10}9-\log_{10}8)}{\log_{10}2\log_{10}3}>0$$

よって　$2x>3y$

$$5z-2x=\frac{5\log_{10}k}{\log_{10}5}-\frac{2\log_{10}k}{\log_{10}2}=\frac{\log_{10}k(5\log_{10}2-2\log_{10}5)}{\log_{10}5\log_{10}2}=\frac{\log_{10}k(\log_{10}32-\log_{10}25)}{\log_{10}5\log_{10}2}>0$$

よって　$5z>2x$

したがって　$\boldsymbol{3y<2x<5z}$

(3) $A=a^{\frac{1}{3}}$, $B=b^{\frac{1}{3}}$ とおくと　$A>0$, $B>0$

$a^{\frac{2}{3}}+b^{\frac{2}{3}}=A^2+B^2$, $(a+b)^{\frac{2}{3}}=(A^3+B^3)^{\frac{2}{3}}$

$(a^{\frac{2}{3}}+b^{\frac{2}{3}})^3-\{(a+b)^{\frac{2}{3}}\}^3$

$=(A^2+B^2)^3-\{(A^3+B^3)^{\frac{2}{3}}\}^3$

$=A^6+3A^4B^2+3A^2B^4+B^6-(A^3+B^3)^2$

$=A^6+3A^4B^2+3A^2B^4+B^6-(A^6+2A^3B^3+B^6)$

$=3A^4B^2+3A^2B^4-2A^3B^3$

$=3A^2B^2\left(A^2+B^2-\dfrac{2}{3}AB\right)$

$=3A^2B^2\left\{\left(A-\dfrac{1}{3}B\right)^2-\dfrac{B^2}{9}+B^2\right\}$

$=3A^2B^2\left\{\left(A-\dfrac{1}{3}B\right)^2+\dfrac{8}{9}B^2\right\}>0$

よって　$(a^{\frac{2}{3}}+b^{\frac{2}{3}})^3>\{(a+b)^{\frac{2}{3}}\}^3$

ゆえに　$\boldsymbol{a^{\frac{2}{3}}+b^{\frac{2}{3}}>(a+b)^{\frac{2}{3}}}$

(4) $a^ab^b-a^bb^a=a^ab^a(b^{b-a}-a^{b-a})$

$0<a<b$ だから　$b^{b-a}-a^{b-a}>0$

よって　$\boldsymbol{a^ab^b>a^bb^a}$

〔別解〕 $\dfrac{a^ab^b}{a^bb^a}=\dfrac{b^{b-a}}{a^{b-a}}=\left(\dfrac{b}{a}\right)^{b-a}$

$0<a<b$ より　$\dfrac{b}{a}>1$, $b-a>0$

よって　$\left(\dfrac{b}{a}\right)^{b-a}>1$　　すなわち　$\boldsymbol{a^ab^b>a^bb^a}$

230

方針 $\boldsymbol{0<ab<a<\frac{a+b}{2}<b<1}$ となることを使う。

解答 $0<a<b<1$ だから

$$0<ab<a<\frac{a+b}{2}<b<1$$

$0<x<y<1$ のとき　$x^{\frac{1}{x}}<y^{\frac{1}{x}}<y^{\frac{1}{y}}$

すなわち, $x^{\frac{1}{x}}<y^{\frac{1}{y}}$ であることから

$$\boldsymbol{(ab)^{\frac{1}{ab}}<a^{\frac{1}{a}}<\left(\frac{a+b}{2}\right)^{\frac{2}{a+b}}<b^{\frac{1}{b}}}$$

231

方針 $t=2^x$ $(t>0)$ とおいて，t の2次関数のグラフで考える。

解答 $t=2^x$ とおくと　$t>0$

$$f(x)=-\frac{1}{16}t^2+\frac{1}{8}t+\frac{15}{16}=-\frac{1}{16}(t-1)^2+1$$

よって，$t=1$ のとき最大値 $\boxed{1}$

$t=1$ のとき　$2^x=1$　　よって　$x=\boxed{0}$

$f(x)=a$ を満たす x の値が2つ存在する条件は，

$-\frac{1}{16}t^2+\frac{1}{8}t+\frac{15}{16}=a$ が $t>0$ において相異なる2つの実数解をもつこと。

すなわち，$y=-\frac{1}{16}t^2+\frac{1}{8}t+\frac{15}{16}$ と $y=a$ のグラフが $t>0$ において，2つの共有点をもつことだから，右の図より

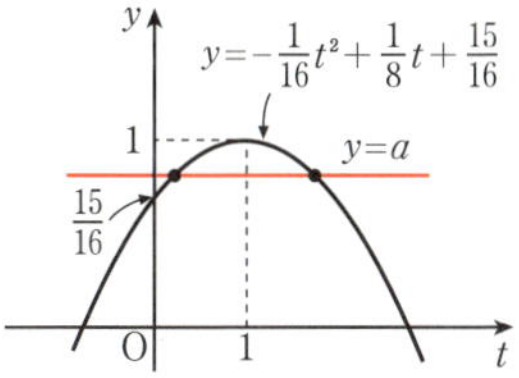

$\boxed{\frac{15}{16}<a<1}$

232

方針 (1) 相加平均と相乗平均の大小関係を利用。
(2) $4^t+4^{-t}=(2^t+2^{-t})^2-2$ と表せる。
(3) a の値により場合分けが必要。

解答 (1) $2^t>0$，$2^{-t}>0$ であるから，相加平均と相乗平均の大小関係により

$$2^t+2^{-t}\geqq 2\sqrt{2^t\cdot 2^{-t}}=2$$

等号は $2^t=2^{-t}$，すなわち $t=0$ のとき成立する。
よって，$t=0$ のとき最小値 **2** をとる。

(2) $与式=\frac{1}{4}\{(2^t+2^{-t})^2-2\}-\frac{a}{2}(2^t+2^{-t}-2)+\frac{1}{2}$

$$=\left(\frac{2^t+2^{-t}}{2}\right)^2-a\left(\frac{2^t+2^{-t}}{2}\right)+a$$

よって　$\boldsymbol{y=x^2-ax+a}$

(3) $y=\left(x-\frac{a}{2}\right)^2-\frac{a^2}{4}+a$

ここで　$x=\frac{2^t+2^{-t}}{2}\geqq\frac{2}{2}=1$

すなわち　$x\geqq 1$

(i) $\frac{a}{2}\geqq 1$，すなわち
$a\geqq 2$ のとき
右のグラフより
最小値は
$x=\frac{a}{2}$ のとき
$-\frac{a^2}{4}+a$

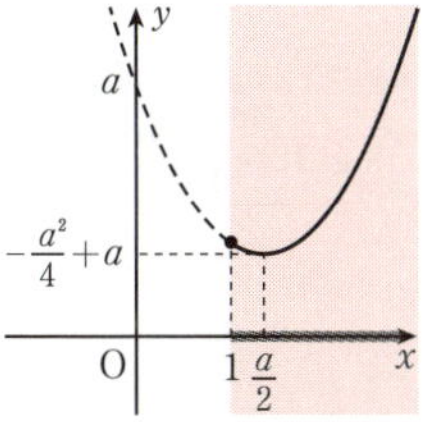

(ii) $\frac{a}{2}<1$，すなわち
$a<2$ のとき
右のグラフより
$x=1$ のとき
最小値1

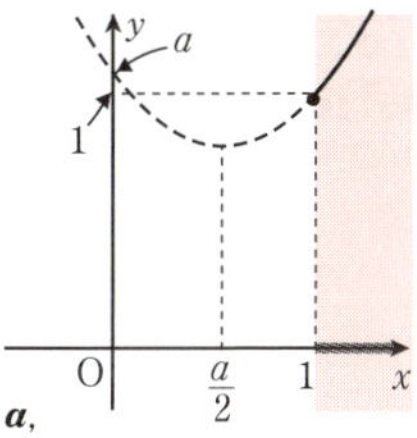

よって，

$a\geqq 2$ のとき　$\boldsymbol{-\frac{a^2}{4}+a}$，

$a<2$ のとき　**1**

(4) (3)で(i)のときであるから

$-\frac{a^2}{4}+a=0$　　$a^2-4a=0$　　$a(a-4)=0$

$a>2$ より　$\boldsymbol{a=4}$

23 対数とその性質

必修編

233

方針 $n=\log_a a^n$ と底の変換を利用。

解答 (1) $与式=\log_2 2^3=3\log_2 2=\boldsymbol{3}$

(2) $与式=\log_2 4^{\frac{1}{3}}=\log_2(2^2)^{\frac{1}{3}}=\log_2 2^{\frac{2}{3}}=\frac{2}{3}\log_2 2=\boldsymbol{\frac{2}{3}}$

(3) $与式=\frac{\log_2 32}{\log_2\sqrt{2}}=\frac{\log_2 2^5}{\log_2 2^{\frac{1}{2}}}=\frac{5\log_2 2}{\frac{1}{2}\log_2 2}=\boldsymbol{10}$

(4) $与式=\frac{\log_2\sqrt{2}}{\log_2\frac{1}{4}}=\frac{\log_2 2^{\frac{1}{2}}}{\log_2 2^{-2}}=\frac{\frac{1}{2}\log_2 2}{-2\log_2 2}=\boldsymbol{-\frac{1}{4}}$

234

方針 $\log_a N=n \Longleftrightarrow N=a^n$ を使う。

解答 (1) $\log_x 5=1$　　$5=x^1$　　$\boldsymbol{x=5}$

(2) $\log_x 2=\frac{2}{3}$　　$2=x^{\frac{2}{3}}$

両辺を $\frac{3}{2}$ 乗して　$x=2^{\frac{3}{2}}=\boldsymbol{2\sqrt{2}}$

(3) $\log_{\frac{1}{3}}x=\frac{3}{2}$　　$x=\left(\frac{1}{3}\right)^{\frac{3}{2}}=3^{-\frac{3}{2}}=\frac{1}{3\sqrt{3}}=\boldsymbol{\frac{\sqrt{3}}{9}}$

(4) $\log_{\frac{1}{64}}512=x$　　$512=\left(\frac{1}{64}\right)^x$　　$2^9=(2^{-6})^x$

$2^{-6x}=2^9$　　$-6x=9$　　$\boldsymbol{x=-\frac{3}{2}}$

235

方針 対数の性質を使う。(3)，(4)は与式の底を10に変換する。

解答 (1) $\log_{10}6=\log_{10}(2\cdot3)=\log_{10}2+\log_{10}3$

$=\boldsymbol{a+b}$

(2) $\log_{10}5=\log_{10}\dfrac{10}{2}=\log_{10}10-\log_{10}2=\boldsymbol{1-a}$

(3) $\log_2 3=\dfrac{\log_{10}3}{\log_{10}2}=\dfrac{\boldsymbol{b}}{\boldsymbol{a}}$

(4) $\log_6 10=\dfrac{\log_{10}10}{\log_{10}6}=\dfrac{\boldsymbol{1}}{\boldsymbol{a+b}}$ ((1)より)

236

方針 (1)～(4)とも x=与式とおいて，両辺の2を底とする対数をとる。

解答 (1) $x=2^{\log_2 3}$ とおくと

$\log_2 x=\log_2 2^{\log_2 3}=\log_2 3\cdot\log_2 2=\log_2 3$

よって $\boldsymbol{x=3}$

(2) $x=8^{\log_2 5}$ とおくと

$\log_2 x=\log_2 8^{\log_2 5}=\log_2 5\cdot\log_2 8=3\log_2 5$

$=\log_2 5^3=\log_2 125$

よって $\boldsymbol{x=125}$

(3) $x=(\sqrt{2})^{\log_2 3}$ とおくと

$\log_2 x=\log_2(\sqrt{2})^{\log_2 3}=\log_2 3\cdot\log_2\sqrt{2}$

$=\log_2 3\cdot\log_2 2^{\frac{1}{2}}=\dfrac{1}{2}\log_2 3=\log_2\sqrt{3}$

よって $\boldsymbol{x=\sqrt{3}}$

(4) $x=2^{-\log_{\frac{1}{4}}3}$ とおくと

$\log_2 x=\log_2 2^{-\log_{\frac{1}{4}}3}=-\log_{\frac{1}{4}}3\cdot\log_2 2$

$=-\dfrac{\log_2 3}{\log_2\frac{1}{4}}=-\dfrac{\log_2 3}{-2}=\dfrac{1}{2}\log_2 3=\log_2\sqrt{3}$

よって $\boldsymbol{x=\sqrt{3}}$

237

方針 $\boldsymbol{m=\log_a M}$，$\boldsymbol{n=\log_a N}$ とおいて示す。

解答 $m=\log_a M$，$n=\log_a N$ とおくと

$M=a^m$，$N=a^n$

(1) $MN=a^m a^n=a^{m+n}$

よって $\log_a MN=\log_a a^{m+n}$

$=m+n=\log_a M+\log_a N$ ∎

(2) $M^n=(a^m)^n=a^{mn}$

よって $\log_a M^n=\log_a a^{mn}=nm=n\log_a M$ ∎

(3) $t=\log_a b$ とおくと $b=a^t$

よって $\log_c b=\log_c a^t=t\log_c a$

ゆえに $t=\dfrac{\log_c b}{\log_c a}$ $\log_a b=\dfrac{\log_c b}{\log_c a}$ ∎

238

方針 対数の性質，底の変換公式を利用して計算する。(4)は2重根号をはずす。

解答 (1) 与式

$=\log_2 3-\log_2 4+\dfrac{1}{2}\log_2 3\cdot4-\dfrac{3}{2}\log_2 3\cdot2^3$

$=\log_2 3-\log_2 2^2+\dfrac{1}{2}(\log_2 3+\log_2 4)$

$-\dfrac{3}{2}(\log_2 3+\log_2 2^3)$

$=\log_2 3-2+\dfrac{1}{2}(\log_2 3+2)-\dfrac{3}{2}(\log_2 3+3)$

$=\boldsymbol{-\dfrac{11}{2}}$

(2) 与式$=\left(\log_2 5+\dfrac{\log_2\frac{1}{5}}{\log_2 4}\right)\left(\log_5 2+\dfrac{\log_5\frac{1}{2}}{\log_5 25}\right)$

$=\left(\log_2 5-\dfrac{1}{2}\log_2 5\right)\left(\log_5 2-\dfrac{1}{2}\log_5 2\right)$

$=\left(\dfrac{1}{2}\log_2 5\right)\left(\dfrac{1}{2}\log_5 2\right)=\dfrac{1}{4}\log_2 5\cdot\log_5 2$

$=\dfrac{1}{4}\log_2 5\cdot\dfrac{\log_2 2}{\log_2 5}=\boldsymbol{\dfrac{1}{4}}$

(3) 与式$=\log_2 3\cdot\dfrac{\log_2 5}{\log_2 3}\cdot\dfrac{\log_2 7}{\log_2 5}\cdot\dfrac{\log_2 8}{\log_2 7}=\log_2 8=\boldsymbol{3}$

〔別解〕 与式$=\dfrac{\log_{10}3}{\log_{10}2}\cdot\dfrac{\log_{10}5}{\log_{10}3}\cdot\dfrac{\log_{10}7}{\log_{10}5}\cdot\dfrac{\log_{10}8}{\log_{10}7}$

$=\dfrac{\log_{10}8}{\log_{10}2}=\dfrac{3\log_{10}2}{\log_{10}2}=\boldsymbol{3}$

(4) 与式$=\log_{16}(\sqrt{5+2\sqrt{6}}-\sqrt{5-2\sqrt{6}})$

$=\log_{16}\{(\sqrt{3}+\sqrt{2})-(\sqrt{3}-\sqrt{2})\}=\log_{16}2\sqrt{2}$

$=\dfrac{\log_2 2\sqrt{2}}{\log_2 16}=\dfrac{\log_2 2^{\frac{3}{2}}}{\log_2 2^4}=\boldsymbol{\dfrac{3}{8}}$

239

方針 すべて2を底とする対数に変換する。

解答 $\log_{10}12=\dfrac{\log_2 12}{\log_2 10}=\dfrac{\log_2 4\cdot3}{\log_2 2\cdot5}$

$=\dfrac{\log_2 4+\log_2 3}{\log_2 2+\log_2 5}=\dfrac{2+\log_2 3}{1+\log_2 5}$

ここで $b=\log_3 5=\dfrac{\log_2 5}{\log_2 3}$

よって，$\log_2 5=b\log_2 3=ab$ より

$\boldsymbol{\log_{10}12=\dfrac{2+a}{1+ab}}$

実戦編

240

方針 各辺の 6 を底とする対数をとって変形する。

解答 各辺の 6 を底とする対数をとると

$\log_6 2^x=\log_6 3^y=\log_6 24^z=\log_6 6^{\frac{1}{4}}=\frac{1}{4}$

すなわち

$x\log_6 2=\frac{1}{4},\ y\log_6 3=\frac{1}{4},\ z\log_6 24=\frac{1}{4}$ より

$x=\frac{1}{4\log_6 2},\ y=\frac{1}{4\log_6 3},\ z=\frac{1}{4\log_6 24}$

$\frac{1}{x}+\frac{1}{y}=4\log_6 2+4\log_6 3=4(\log_6 2+\log_6 3)$

$=4\log_6 6=\boxed{4}$

$\frac{1}{x}-\frac{1}{y}-\frac{1}{z}=4\log_6 2-4\log_6 3-4\log_6 24$

$=4(\log_6 2-\log_6 3-\log_6 24)$

$=4\log_6\frac{2}{3\cdot 24}$

$=4\log_6\frac{1}{36}=4\log_6 6^{-2}=\boxed{-8}$

(2 を底とする対数をとって変形してもよい。)

241

方針 (1) $2^{10}>10^3$ の両辺の 10 を底とする対数をとる。
(2) 10 を底とする対数をとって考える。

解答 (1) $2^{10}=1024,\ 10^3=1000$ より　$2^{10}>10^3$

したがって　$\log_{10}2^{10}>\log_{10}10^3$

$10\log_{10}2>3$　　よって　$\boldsymbol{\log_{10}2>0.3}$

(2) $\log_{10}5=\log_{10}\frac{10}{2}=1-\log_{10}2$

よって　$\log_{10}2^{21}-\log_{10}5^9$

$=21\log_{10}2-9(1-\log_{10}2)$

$=30\log_{10}2-9>30\times 0.3-9=0$

ゆえに　$\log_{10}2^{21}>\log_{10}5^9$

したがって　$\boldsymbol{2^{21}>5^9}$

242

方針 $t=3^x+3^{-x}$ とおいて，t の 2 次方程式にして考える。

解答 $6(9^x+9^{-x})-m(3^x+3^{-x})+2m-8=0$

$t=3^x+3^{-x}$ とおくと

$6\{(3^x+3^{-x})^2-2\}-m(3^x+3^{-x})+2m-8=0$

$6t^2-mt+2m-20=0$　…①

$x=1$ のとき $t=\frac{10}{3}$ より，①は $t=\frac{10}{3}$ を解にもつ。

よって　$6\cdot\left(\frac{10}{3}\right)^2-m\cdot\frac{10}{3}+2m-20=0$

$200-10m+6m-60=0$　　ゆえに　$m=35$

このとき①は　$6t^2-35t+50=0$

$(3t-10)(2t-5)=0$　　よって　$t=\frac{10}{3},\ \frac{5}{2}$

$t=\frac{10}{3}$ のとき　$3^x+3^{-x}=\frac{10}{3}$

$3\cdot 3^{2x}-10\cdot 3^x+3=0$　　$(3^x-3)(3\cdot 3^x-1)=0$

よって $3^x=3,\ \frac{1}{3}$ より　$x=1,\ -1$

$t=\frac{5}{2}$ のとき　$3^x+3^{-x}=\frac{5}{2}$　　$2\cdot 3^{2x}-5\cdot 3^x+2=0$

$(3^x-2)(2\cdot 3^x-1)=0$　　よって　$3^x=2,\ \frac{1}{2}$

$3^x=2$ より　$x=\log_3 2$

$3^x=\frac{1}{2}$ より　$x=\log_3\frac{1}{2}=-\log_3 2$

よって　$\boldsymbol{m=35}$，他の解は $\boldsymbol{x=-1,\ \pm\log_3 2}$

243

方針 (i) 式の両辺の 2 を底とする対数をとる。
(ii)の $\log_3 y$ の底を 2 に変換する。

解答 (i)の両辺の 2 を底とする対数をとると

$\log_2 xy=\log_2 64=\log_2 2^6=6$　　$\log_2 x+\log_2 y=6$

(ii)より　$\log_2 x\left(\frac{\log_2 y}{\log_2 3}\right)\log_2 3=8$

よって　$\log_2 x\cdot\log_2 y=8$

$(\log_2 x)^3+(\log_2 y)^3$

$=(\log_2 x+\log_2 y)^3-3\log_2 x\log_2 y(\log_2 x+\log_2 y)$

$=6^3-3\cdot 8\cdot 6=6(36-24)=\boldsymbol{72}$

24 対数関数の応用

必修編

244

方針 与式を変形して，平行移動，対称移動の考えを適用する。底が $\frac{1}{2}$ であるものは底を 2 に変換する。

解答 $y=\log_2 x$ のグラフを C とする。

(1) $y=\log_2 4x=\log_2 4+\log_2 x=\log_2 x+2$

よって，C を y 軸方向に 2 だけ平行移動したもの。

(2) C を y 軸に関して対称移動したもの。

(3) $y=\log_{\frac{1}{2}}(x-1)=\dfrac{\log_2(x-1)}{\log_2\frac{1}{2}}=-\log_2(x-1)$

よって，C を x 軸に関して対称移動した後，x 軸方向に 1 だけ平行移動したもの。

(4) $y=\log_2\dfrac{4}{x}=\log_2 4-\log_2 x=-\log_2 x+2$

よって，C を x 軸に関して対称移動し，さらに y 軸方向に 2 だけ平行移動したもの。

(5) $y=\log_{\frac{1}{2}}\dfrac{4}{x-1}=\dfrac{\log_2\frac{4}{x-1}}{\log_2\frac{1}{2}}=-\log_2\dfrac{4}{x-1}$

$=-\{\log_2 4-\log_2(x-1)\}$

$=\log_2(x-1)-2$

よって，C を x 軸方向に 1，y 軸方向に -2 だけ平行移動したもの。

(6) $y=\log_{\frac{1}{2}}(x-1)^2=\dfrac{\log_2(x-1)^2}{\log_2\frac{1}{2}}=-2\log_2|x-1|$

よって，C を x 軸方向に -2 倍に拡大したものを x 軸方向に 1 だけ平行移動した C_1 と，C_1 を $x=1$ に関して対称移動した C_2 とを合わせたもの。

(1)
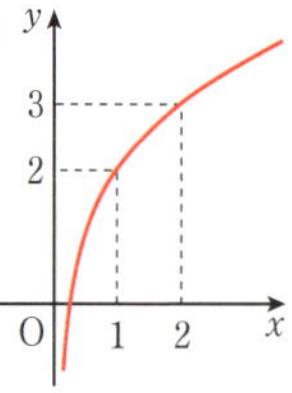

(2)
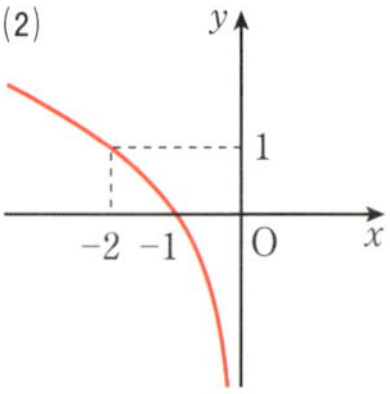

(3)
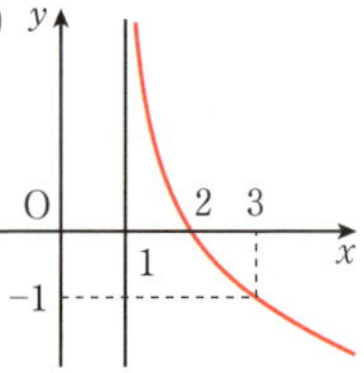

(4)
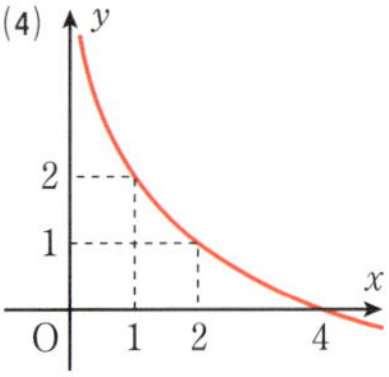

(5)
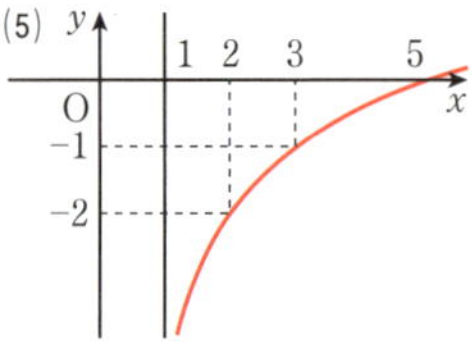

(6)
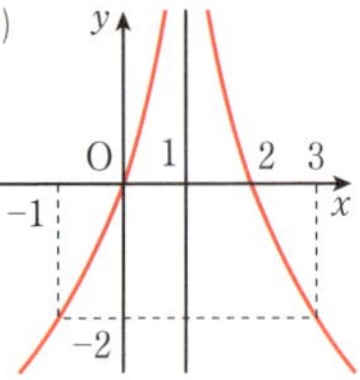

Check Point

$y=\log_2 x$ と $y=\log_{\frac{1}{2}}x$ のグラフ

$y=\log_{\frac{1}{2}}x=-\log_2 x$ となるから x 軸に関して対称。

Check Point

$y=\log_2(x-a)+b$ のグラフは $y=\log_2 x$ のグラフを x 軸方向に a，y 軸方向に b だけ平行移動したもの。

245

方針 (1)は真数 >0，(2)は $y>0$ となるのは真数 >1 となるときであることに注意する。

解答 (1) $\log_2 x$ において，真数条件より

$x>0$ …①

$\log_2(\log_2 x)$ において真数条件より

$\log_2 x>0$ 　よって　$x>1$ …②

①，②より　求める定義域は　$x>1$

(2) $\log_2(\log_2 x)>0$ より　$\log_2 x>1$

ゆえに　$x>2$

246

方針 底をそろえて真数を比較または，真数を同じにして底を比較する。

解答 (1) まずは，$\frac{1}{2}\log_7 2$，$\frac{1}{3}\log_7 3$，$\frac{1}{6}\log_7 6$ を比べる。

$\frac{1}{2}\log_7 2=\frac{1}{6}\log_7 2^3=\frac{1}{6}\log_7 8$

$\frac{1}{3}\log_7 3=\frac{1}{6}\log_7 3^2=\frac{1}{6}\log_7 9$

底 $7>1$ より　$\frac{1}{6}\log_7 6<\frac{1}{2}\log_7 2<\frac{1}{3}\log_7 3$

次に $\frac{1}{2}\log_7 2$ と $\frac{1}{5}\log_7 5$ を比べる。

$\frac{1}{2}\log_7 2=\frac{1}{10}\log_7 2^5=\frac{1}{10}\log_7 32$

$\frac{1}{5}\log_7 5=\frac{1}{10}\log_7 5^2=\frac{1}{10}\log_7 25$

底 $7>1$ より　$\frac{1}{5}\log_7 5<\frac{1}{2}\log_7 2$

さらに $\frac{1}{5}\log_7 5$ と $\frac{1}{6}\log_7 6$ を比べる。

$\frac{1}{5}\log_7 5=\frac{1}{30}\log_7 5^6=\frac{1}{30}\log_7 15625$

$\frac{1}{6}\log_7 6=\frac{1}{30}\log_7 6^5=\frac{1}{30}\log_7 7776$

底 $7>1$ より　$\frac{1}{6}\log_7 6<\frac{1}{5}\log_7 5$

よって　$\boldsymbol{\frac{1}{6}\log_7 6<\frac{1}{5}\log_7 5<\frac{1}{2}\log_7 2<\frac{1}{3}\log_7 3}$

(2) $\frac{3}{2}=\log_4 4^{\frac{3}{2}}=\log_4 8<\log_4 9$（底$4>1$ より）

$\frac{3}{2}=\log_9 9^{\frac{3}{2}}=\log_9 27>\log_9 25$（底$9>1$ より）

よって　$\boldsymbol{\log_9 25<\frac{3}{2}<\log_4 9}$

(3) $A=\log_2 3$ とおくと，底 $2>1$より　$A>1$　…①

$\log_{\frac{1}{3}} 2=\frac{\log_2 2}{\log_2 \frac{1}{3}}=\frac{\log_2 2}{-\log_2 3}=-\frac{1}{A}$

$\log_{\frac{1}{3}} \frac{1}{2}=\frac{\log_2 \frac{1}{2}}{\log_2 \frac{1}{3}}=\frac{-\log_2 2}{-\log_2 3}=\frac{1}{A}$

$\log_{\frac{1}{2}} 3=\frac{\log_2 3}{\log_2 \frac{1}{2}}=\frac{\log_2 3}{-\log_2 2}=-A$

$\log_{\frac{1}{2}} \frac{1}{3}=\frac{\log_2 \frac{1}{3}}{\log_2 \frac{1}{2}}=\frac{-\log_2 3}{-\log_2 2}=A$

①より　$-A<-1<-\frac{1}{A}<0<\frac{1}{A}<1<A$

よって　$\boldsymbol{\log_{\frac{1}{2}} 3<\log_{\frac{1}{3}} 2<\log_{\frac{1}{3}} \frac{1}{2}<\log_{\frac{1}{2}} \frac{1}{3}}$

(4) $1<a<b$ の各辺の，a を底とする対数をとると，$a>1$ だから　$0<1<\log_a b$

よって　$\log_a b-1>0$　…①

$\log_a x-\log_b x=\log_a x-\frac{\log_a x}{\log_a b}$

$=\left(1-\frac{1}{\log_a b}\right)\cdot\log_a x$

$=\frac{\log_a b-1}{\log_a b}\cdot\log_a x$

①より　$\frac{\log_a b-1}{\log_a b}>0$

よって　$\log_a x>0$ のとき　$\log_a x>\log_b x$

$\log_a x<0$ のとき　$\log_a x<\log_b x$

ゆえに　$x>1$ のとき　$\boldsymbol{\log_b x<\log_a x}$

$0<x<1$ のとき　$\boldsymbol{\log_a x<\log_b x}$

（$x=1$ のとき　$\boldsymbol{\log_b x=\log_a x}$）

(5) $a<b<a^2$ の各辺の，a を底とする対数をとると，底 a は 1 より大きいから

$\log_a a<\log_a b<\log_a a^2$

すなわち　$1<\log_a b<2$　…①

$\log_b a=\frac{\log_a a}{\log_a b}=\frac{1}{\log_a b}$

①より　$\frac{1}{2}<\frac{1}{\log_a b}<1$　…②

$\log_a ab=\log_a a+\log_a b=1+\log_a b$　…③

$\log_b \frac{b}{a}=\log_b b-\log_b a=1-\frac{1}{\log_a b}$

②より　$-1<-\frac{1}{\log_a b}<-\frac{1}{2}$

$0<1-\frac{1}{\log_a b}<\frac{1}{2}$　…④

①～④より

$1-\frac{1}{\log_a b}<\frac{1}{2}<\frac{1}{\log_a b}<1<\log_a b<1+\log_a b$

$\log_b b-\log_b a<\log_b a<\log_a b<\log_a a+\log_a b$

すなわち　$\boldsymbol{\log_b \frac{b}{a}<\log_b a<\log_a b<\log_a ab}$

247

方針　**真数>0 に注意し，対数をはずして方程式を解く。**
後半は $\log_2 x$ の 2 次方程式とみる。

解答　真数条件より　$x-1>0$ かつ $x-2>0$

すなわち　$x>2$　…①

$\log_2(x-1)(x-2)=\log_2 4$

$(x-1)(x-2)=4$ から　$x^2-3x-2=0$

$x=\frac{3\pm\sqrt{17}}{2}$　①より　$x=\boxed{\frac{3+\sqrt{17}}{2}}$

また，$(\log_2 x)^2+2\log_2 x-8=0$ より

$(\log_2 x+4)(\log_2 x-2)=0$

$\log_2 x=-4,\ 2$

$\log_2 x=\log_2 2^{-4}=\log_2 \frac{1}{16}$ から　$x=\frac{1}{16}$

$\log_2 x=\log_2 2^2=\log_2 4$ から　$x=4$

よって，小さい方は　$\boxed{\frac{1}{16}}$

248

方針　底をそろえて，$\log_a M<\log_a N$ の形に変形。真数条件，底の条件に注意する。(3)は $0<a<1$ に注意する。

解答　(1) 真数条件より

$(1+x)(1-x)>0$　かつ　$3+x>0$

すなわち　$-1<x<1$　…①

このとき　$1+\dfrac{\log_3(1+x)(1-x)}{\log_3 3^2}\leqq\log_3(3+x)$

$1+\dfrac{\log_3(1+x)(1-x)}{2}\leqq\log_3(3+x)$

$2+\log_3(1+x)(1-x)\leqq 2\log_3(3+x)$

$2\log_3 3+\log_3(1+x)(1-x)\leqq\log_3(3+x)^2$

$\log_2 3^2+\log_3(1+x)(1-x)\leqq\log_3(3+x)^2$

$\log_3 9(1+x)(1-x)\leqq\log_3(3+x)^2$

底 $3>1$ より　$9(1-x^2)\leqq 9+6x+x^2$

$10x^2+6x\geqq 0$　　$x(5x+3)\geqq 0$

よって　$x\leqq-\dfrac{3}{5}$，$0\leqq x$　…②

①，②より　$\boldsymbol{-1<x\leqq-\dfrac{3}{5}}$，$\boldsymbol{0\leqq x<1}$

(2) 真数条件より　$x>0$，$2-x>0$，$2x-3>0$

すなわち　$\dfrac{3}{2}<x<2$　…①

$2\cdot\dfrac{\log_3 x}{\log_3\frac{1}{9}}+\dfrac{\log_3(2-x)}{\log_3\frac{1}{3}}-\dfrac{\log_3(2x-3)}{\log_3\frac{1}{3}}\leqq 0$

$2\dfrac{\log_3 x}{\log_3 3^{-2}}+\dfrac{\log_3(2-x)}{\log_3 3^{-1}}-\dfrac{\log_3(2x-3)}{\log_3 3^{-1}}\leqq 0$

$-\log_3 x-\log_3(2-x)+\log_3(2x-3)\leqq 0$

$\log_3(2x-3)\leqq\log_3 x(2-x)$

底 $3>1$ より　$2x-3\leqq x(2-x)$　　$x^2-3\leqq 0$

$(x+\sqrt{3})(x-\sqrt{3})\leqq 0$

よって　$-\sqrt{3}\leqq x\leqq\sqrt{3}$　…②

①，②より　$\boldsymbol{\dfrac{3}{2}<x\leqq\sqrt{3}}$

(3) 真数条件より　$6x^2+x-26>0$，$2x+9>0$

$(6x+13)(x-2)>0$ より

$x<-\dfrac{13}{6}$，$2<x$

$2x+9>0$ より　$x>-\dfrac{9}{2}$

すなわち　$-\dfrac{9}{2}<x<-\dfrac{13}{6}$，$2<x$　…①

$\log_a(6x^2+x-26)<\log_a(2x+9)$

$0<a<1$ より　$6x^2+x-26>2x+9$

$6x^2-x-35>0$　　$(3x+7)(2x-5)>0$

よって　$x<-\dfrac{7}{3}$，$\dfrac{5}{2}<x$　…②

①，②より　$\boldsymbol{-\dfrac{9}{2}<x<-\dfrac{7}{3}}$，$\boldsymbol{\dfrac{5}{2}<x}$

Check Point

対数不等式は

$a>1$ のとき　$\log_a M<\log_a N\iff M<N$

$0<a<1$ のとき　$\log_a M<\log_a N\iff M>N$

249

方針　常用対数をとって，その値を整数ではさむ。

解答　(1) $N=3^{60}$ とおくと

$\log_{10}N=\log_{10}3^{60}=60\times 0.4771=28.626$

よって　$28<\log_{10}N<29$

ゆえに　$10^{28}<N<10^{29}$　　これより　**29 桁**

(2) $N=\left(\dfrac{1}{2}\right)^{60}$ とおくと

$\log_{10}N=\log_{10}\left(\dfrac{1}{2}\right)^{60}=-60\times 0.3010=-18.06$

よって　$-19<\log_{10}N<-18$

ゆえに，$10^{-19}<N<10^{-18}$ より　**小数第 19 位**

Check Point

N が n 桁の整数 $\iff n-1\leqq\log_{10}N<n$

N が小数第 n 位に初めて 0 でない数字が現れる $\iff -n\leqq\log_{10}N<-n+1$

実戦編

250

方針　(1) $\boldsymbol{\log_2 3>\dfrac{3}{2}}$ であることを利用する。

(2) A，B，C の真数 $\dfrac{a+b}{2}$，$\sqrt{ab}$，$\sqrt{a+b}$ の大小を比較する。

解答　(1) $\log_2 3>\log_2 2\sqrt{2}=\log_2 2^{\frac{3}{2}}=\dfrac{3}{2}$ であるから

$\log_2 3-\log_3 4=\log_2 3-\dfrac{\log_2 4}{\log_2 3}=\log_2 3-\dfrac{2}{\log_2 3}$

$>\dfrac{3}{2}-\dfrac{2}{3}\cdot 2=\dfrac{1}{6}>0$

よって　$\log_2 3>\log_3 4$

$\log_2 3-\log_4 6=\log_2 3-\dfrac{\log_2 6}{\log_2 4}=\log_2 3-\dfrac{\log_2 6}{2}$

$=\log_2 3-\dfrac{1}{2}\log_2 6=\log_2 3-\log_2\sqrt{6}$

>0

よって　$\log_2 3>\log_4 6$

したがって，最大の数は　$\boldsymbol{\log_2 3}$

(2) $A=\log_{10}\dfrac{a+b}{2}$，$B=\dfrac{1}{2}\log_{10}ab=\log_{10}\sqrt{ab}$，

$C=\log_{10}\sqrt{a+b}$

$\dfrac{a+b}{2}$，$\sqrt{ab}$，$\sqrt{a+b}$ の大小を調べる。

$a>0$，$b>0$ のとき，相加平均と相乗平均の大小関係により

$\dfrac{a+b}{2}\geqq\sqrt{ab}$　(等号は $a=b$ のとき成立)　…①

(i) さらに，$2<a$，$2<b$ のとき

$$(\sqrt{ab})^2-(\sqrt{a+b})^2=ab-(a+b)$$
$$=(a-1)(b-1)-1$$
$$>1-1=0$$

$\sqrt{ab}>0$, $\sqrt{a+b}>0$ より　$\sqrt{ab}>\sqrt{a+b}$　…②

①，②より　$\sqrt{a+b}<\sqrt{ab}\leqq\dfrac{a+b}{2}$

底 $10>1$ より

$$\log_{10}\sqrt{a+b}<\log_{10}\sqrt{ab}\leqq\log_{10}\frac{a+b}{2}$$

したがって，$C<B\leqq A$ より　$\boldsymbol{C}$，$\boldsymbol{B}$，$\boldsymbol{A}$

(ii) $0<a\leqq2$，$0<b\leqq2$ のとき

$$(\sqrt{a+b})^2-\left(\frac{a+b}{2}\right)^2=\frac{a+b}{4}(4-a-b)$$
$$=\frac{a+b}{4}\{(2-a)+(2-b)\}$$
$$\geqq0$$

$\sqrt{a+b}>0$，$\dfrac{a+b}{2}>0$ より

$\dfrac{a+b}{2}\leqq\sqrt{a+b}$　…③

①，③より　$\sqrt{ab}\leqq\dfrac{a+b}{2}\leqq\sqrt{a+b}$

底 $10>1$ より

$$\log_{10}\sqrt{ab}\leqq\log_{10}\frac{a+b}{2}\leqq\log_{10}\sqrt{a+b}$$

したがって，$B\leqq A\leqq C$ より　$\boldsymbol{B}$，$\boldsymbol{A}$，$\boldsymbol{C}$

251

方針 (1) 平方完成する。

(2) $\boldsymbol{0<a<1}$ のときと $\boldsymbol{a>1}$ のときに分けて，2 次不等式がすべての $\boldsymbol{x}$ で成り立つ条件を求める。

解答 (1) $f(x)=4x^2+2x+4=4\left(x^2+\dfrac{1}{2}x\right)+4$

$$=4\left(x+\frac{1}{4}\right)^2+\frac{15}{4}>0$$

$g(x)=x^2-x+1=\left(x-\dfrac{1}{2}\right)^2+\dfrac{3}{4}>0$

よって，すべての x に対して，$f(x)>0$，$g(x)>0$ である。 ■

(2) $\log_a\dfrac{4x^2+2x+4}{x^2-x+1}<\log_a(2a+1)$

(i) $0<a<1$　…①のとき　$\dfrac{4x^2+2x+4}{x^2-x+1}>2a+1$

$4x^2+2x+4>(2a+1)(x^2-x+1)$

$(2a-3)x^2-(2a+3)x+2a-3<0$

これがすべての実数 x で成り立つ条件は

$2a-3<0$

$a<\dfrac{3}{2}$　…②

かつ x についての 2 次方程式

$(2a-3)x^2-(2a+3)x+2a-3=0$ の判別式を

D としたとき　$D=(2a+3)^2-4(2a-3)^2<0$

ゆえに　$-12a^2+60a-27<0$　$4a^2-20a+9>0$

すなわち　$(2a-1)(2a-9)>0$

$a<\dfrac{1}{2}$，$\dfrac{9}{2}<a$　…③

①，②，③より　$0<a<\dfrac{1}{2}$

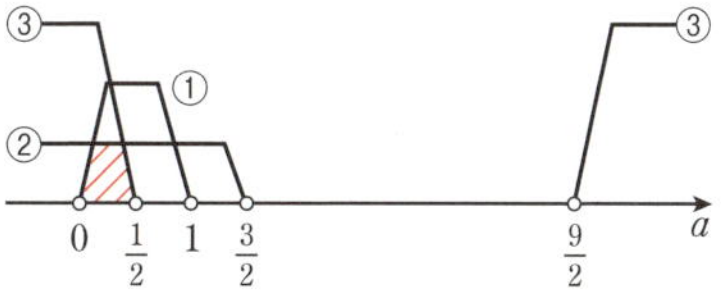

(ii) $a>1$　…①′ のとき　$\dfrac{4x^2+2x+4}{x^2-x+1}<2a+1$

$4x^2+2x+4<(2a+1)(x^2-x+1)$

$(2a-3)x^2-(2a+3)x+(2a-3)>0$

これがすべての実数 x で成り立つ条件は

$a=\dfrac{3}{2}$ のとき $-6x>0$ となり不適。

$2a-3>0$ かつ $D=-12a^2+60a-27<0$

$a>\dfrac{3}{2}$　…②′，③より　$a<\dfrac{1}{2}$，$\dfrac{9}{2}<a$　…③′

①′，②′，③′ より　$a>\dfrac{9}{2}$

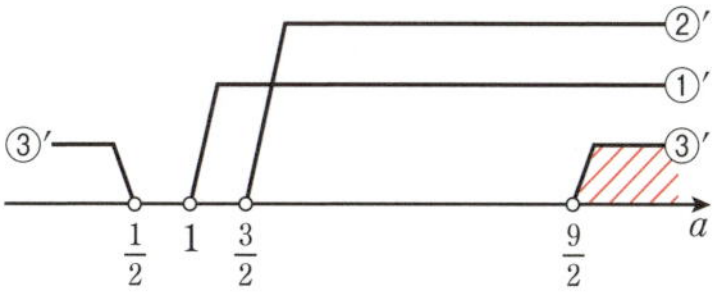

(i)，(ii)から　$\boldsymbol{0<a<\dfrac{1}{2}}$，$\boldsymbol{a>\dfrac{9}{2}}$

252

方針 底を x でそろえる。$0<x<1$ と $x>1$ の場合に分ける。

解答 (1) 真数条件と底の条件より

$x>0,\ y>0,\ x\neq1,\ y\neq1$

与式より　$\log_x y>\dfrac{1}{\log_x y}$

$\log_x y=t$ とおくと　$t>\dfrac{1}{t}$　…①

$t>0$ のとき

①より　$t^2>1$　　よって　$t<-1,\ t>1$

$t>0$ であるから　$t>1$

$t<0$ のとき

①より　$t^2<1$　　よって　$-1<t<1$

$t<0$ であるから　$-1<t<0$

以上より　$-1<\log_x y<0,\ \log_x y>1$

すなわち　$\log_x\dfrac{1}{x}<\log_x y<\log_x 1,\ \log_x y>\log_x x$

よって，$0<x<1$ のとき　$\dfrac{1}{x}>y>1,\ y<x$

$x>1$ のとき　$\dfrac{1}{x}<y<1,\ y>x$

ゆえに，求める領域は，図の斜線部分で境界は含まない。

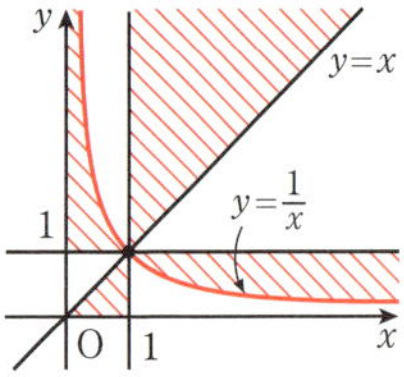

境界は含まない

(2) 真数条件と底の条件より

$x>0,\ y>0,\ x\neq1,\ y\neq1$

与式より　$\log_x y+\dfrac{1}{\log_x y}>\dfrac{5}{2}$

$\log_x y=t$ とおくと　$t+\dfrac{1}{t}>\dfrac{5}{2}$　…①

$t>0$ のとき

①より　$2t^2-5t+2>0$　　$(2t-1)(t-2)>0$

よって　$t<\dfrac{1}{2},\ t>2$

$t>0$ であるから　$0<t<\dfrac{1}{2},\ t>2$

$t<0$ のとき

①より　$2t^2-5t+2<0$　　$(2t-1)(t-2)<0$

よって　$\dfrac{1}{2}<t<2$

$t<0$ であるから　解なし

以上より　$0<\log_x y<\dfrac{1}{2},\ \log_x y>2$

すなわち　$\log_x 1<\log_x y<\log_x\sqrt{x},\ \log_x y>\log_x x^2$

よって，$0<x<1$ のとき　$1>y>\sqrt{x},\ y<x^2$

$x>1$ のとき　$1<y<\sqrt{x},\ y>x^2$

ゆえに，求める領域は，図の斜線部分で境界は含まない。

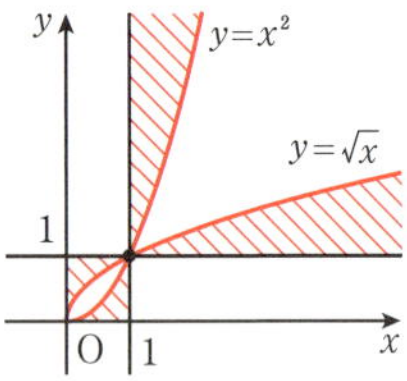

境界は含まない

253

方針 (1) 公式

$(x_1-a)(x-a)+(y_1-b)(y-b)=r^2$ に代入する。

(2) log をはずして，$x,\ y$ の不等式を求めて図示する。

(3) $ax+y=k$ とおいて，直線 $y=-ax+k$ の切片で考える

解答 (1) 円の方程式は $(x-2)^2+(y-1)^2=5$ だから，点 $(3,\ 3)$ における接線の方程式は

$(3-2)(x-2)+(3-1)(y-1)=5$

よって　$\boldsymbol{x+2y-9=0}$

〔別解〕 接線の傾きを m とすると，円の中心と接点を結ぶ線分に垂直だから

$\dfrac{3-1}{3-2}\cdot m=-1$ より　$m=-\dfrac{1}{2}$

よって，$y-3=-\dfrac{1}{2}(x-3)$ より

$\boldsymbol{y=-\dfrac{1}{2}x+\dfrac{9}{2}}$

(2) 連立不等式における真数条件は

$2x-3>0,\ y>0,$

$x^2+y^2-4x-2y+5=(x-2)^2+(y-1)^2>0$

すなわち

$x>\dfrac{3}{2},\ y>0,\ (x,\ y)\neq(2,\ 1)$　…①

第2の不等式より，底 $2>1$ だから

$x^2+y^2-4x-2y+5\leqq5$

よって　$(x-2)^2+(y-1)^2\leqq5$　…②

第1式の不等式より，底 $\dfrac{1}{2}<1$ だから

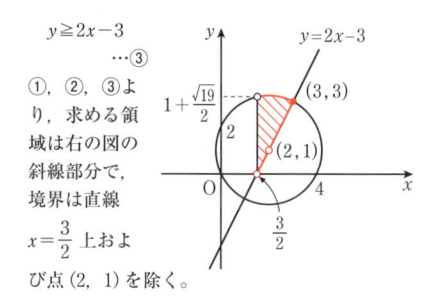

$y \geqq 2x-3$ 　…③

①，②，③より，求める領域は右の図の斜線部分で，境界は直線 $x=\dfrac{3}{2}$ 上および点 $(2,\ 1)$ を除く。

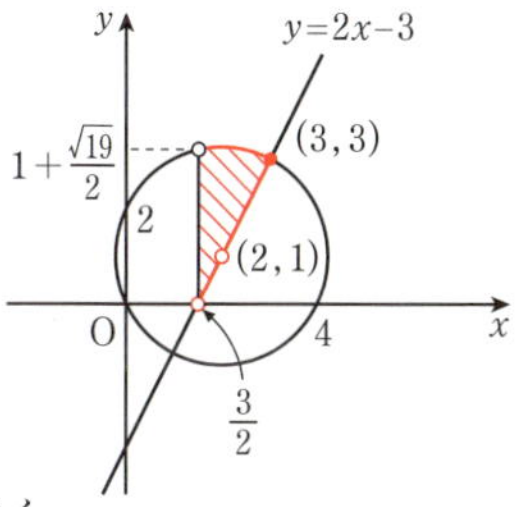

(3) $ax+y=k$ とおくと　$y=-ax+k$ $(a>0)$

この直線の傾きは負。

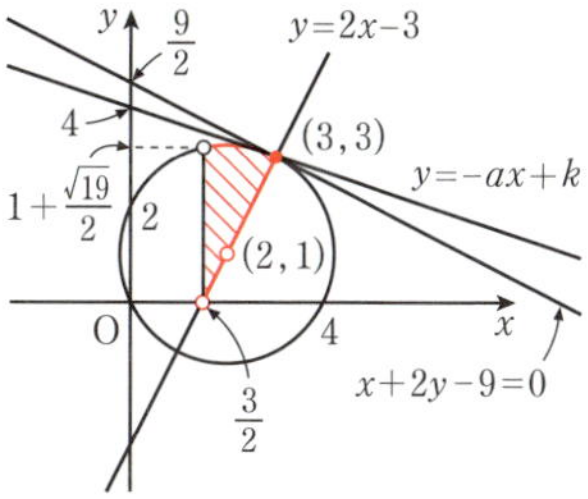

一方(1)で求めた接線は傾きが負で y 切片は

$\dfrac{9}{2}>4$

したがって，k の最大値が 4 となるのは，上の直線が領域の境界の円弧と接するときである。

このとき，円の中心 $(2,\ 1)$ と直線

$ax+y-4=0$ の距離が $\sqrt{5}$ だから

$\dfrac{|a\cdot 2+1-4|}{\sqrt{a^2+1}}=\sqrt{5}$　　$|2a-3|=\sqrt{5}\sqrt{a^2+1}$

$4a^2-12a+9=5(a^2+1)$　　$a^2+12a-4=0$

$a>0$ より　$\boldsymbol{a=-6+2\sqrt{10}}$

254

方針 (1) 左辺−右辺≧0 を示す。(2)は(1)の不等式を利用する。(3)は $y=x+2$ とおく。

解答 (1) $x>0$，$y>0$ だから

$x+y-2\sqrt{xy}=(\sqrt{x}-\sqrt{y})^2 \geqq 0$

よって　$\dfrac{x+y}{2} \geqq \sqrt{xy}$

（等号は $x=y$ のとき成立）∎

(2) $x>1$，$y>1$ より，

$x>0$，$y>0$ だから，(1)より

$\log_{10}\dfrac{x+y}{2} \geqq \log_{10}\sqrt{xy}=\dfrac{\log_{10}x+\log_{10}y}{2}$　…①

また，$x>1$，$y>1$ より　$\log_{10}x>0$，$\log_{10}y>0$

ゆえに(1)より

$\dfrac{\log_{10}x+\log_{10}y}{2} \geqq \sqrt{\log_{10}x\log_{10}y}$　…②

①，②より　$\log_{10}\dfrac{x+y}{2} \geqq \sqrt{\log_{10}x\log_{10}y}$

よって　$\left(\log_{10}\dfrac{x+y}{2}\right)^2 \geqq \log_{10}x\log_{10}y$

（等号は $x=y$ のとき成立）∎

(3) $y=x+2$ とおくと，$x>1$ だから　$y>1$

(2)より　$\left\{\log_{10}\dfrac{x+(x+2)}{2}\right\}^2>\log_{10}x\log_{10}(x+2)$

$\{\log_{10}(x+1)\}^2>\log_{10}x\log_{10}(x+2)$

$x+1>1$，$x>1$ より

$\log_{10}(x+1)>0$，$\log_{10}x>0$

よって　$\dfrac{\log_{10}(1+x)}{\log_{10}x}>\dfrac{\log_{10}(2+x)}{\log_{10}(1+x)}$

ここで　$\dfrac{\log_{10}(1+x)}{\log_{10}x}=\log_x(1+x)$,

$\dfrac{\log_{10}(2+x)}{\log_{10}(1+x)}=\log_{1+x}(2+x)$ であるから

←底の変換公式

$\log_x(1+x)>\log_{1+x}(2+x)$ ∎

255

方針 **1 年ごとの複利計算では n 年後は $(1+0.08)^n$ 倍になる。**

解答 n 年後の年末には $10(1+0.08)^n$ 万円となるので，これが 30 万円以上になるとき

$10(1+0.08)^n \geqq 30$ となる。

$\log_{10}(10\cdot 1.08^n) \geqq \log_{10}30$

$\log_{10}10+n\log_{10}1.08 \geqq \log_{10}3+\log_{10}10$

$1+n\log_{10}1.08 \geqq \log_{10}3+1$

$\log_{10}1.08>0$ より

$n \geqq \dfrac{\log_{10}3}{\log_{10}1.08}=\dfrac{\log_{10}3}{\log_{10}\dfrac{2^2\cdot 3^3}{100}}$

$=\dfrac{\log_{10}3}{2\log_{10}2+3\log_{10}3-2}$

$=\dfrac{0.4771}{0.0333}=14.3\cdots$

よって　**15 年後**

256

方針 (1), (2)は底を 10 にそろえて計算する。
(3)は 3 次方程式の解を求める。

解答 (1) $\alpha\beta\gamma=\log_a b\cdot\log_b c\cdot\log_c a$

$$=\frac{\log_{10}b}{\log_{10}a}\cdot\frac{\log_{10}c}{\log_{10}b}\cdot\frac{\log_{10}a}{\log_{10}c}=\mathbf{1}$$

(2) $\alpha\beta+\beta\gamma+\gamma\alpha$

$$=\frac{\log_{10}b}{\log_{10}a}\cdot\frac{\log_{10}c}{\log_{10}b}+\frac{\log_{10}c}{\log_{10}b}\cdot\frac{\log_{10}a}{\log_{10}c}+\frac{\log_{10}a}{\log_{10}c}\cdot\frac{\log_{10}b}{\log_{10}a}$$

$$=\frac{\log_{10}c}{\log_{10}a}+\frac{\log_{10}a}{\log_{10}b}+\frac{\log_{10}b}{\log_{10}c}$$

$$=\log_a c+\log_b a+\log_c b=-\frac{\mathbf{11}}{\mathbf{3}}$$

(3) (1), (2)より α, β, γ は $3x^3-5x^2-11x-3=0$ の解である。

$(3x+1)(x+1)(x-3)=0$

よって　$x=-1,\ -\dfrac{1}{3},\ 3$

$\alpha<\beta<\gamma$ より　$\boldsymbol{\alpha=-1,\ \beta=-\dfrac{1}{3},\ \gamma=3}$

257

方針 (1) $\mathbf{2013^{25}}$ の一の位の数は $\mathbf{3^{25}}$ の一の位の数に等しい。
(2) $\mathbf{3^{2013}=(3^4)^{503}\times3=81^{503}\times3}$ と変形して二項定理を用いる。
(3) 常用対数をとる。
(4) $\mathbf{3^{2013}=10^{\alpha}\times10^{n}}$ ($\mathbf{0<\alpha<1}$, $\boldsymbol{n}$ は整数) の形に表すと最高位の数は $\mathbf{10^{\alpha}}$ である。$\mathbf{10^{\alpha}}$ を自然数ではさむ。

解答 (1) 2013^{25} の一の位の数は 3^{25} の一の位の数に等しく，$3^1=3$, $3^2=9$, $3^3=27$, $3^4=81$, $3^5=243$ から，一の位の数は 3, 9, 7, 1, …と 4 個ごとに繰り返される。
$25=4\times6+1$ から一の位の数は，**3**

(2) $3^{2013}=(3^4)^{503}\times3=81^{503}\times3=(80+1)^{503}\times3$
$=({}_{503}C_0\cdot80^{503}+{}_{503}C_1\cdot80^{502}+\cdots+{}_{503}C_{502}\cdot80+{}_{503}C_{503})\times3$

80^n ($1\leqq n\leqq503$) の項はすべて 5 で割り切れるから余りは　${}_{503}C_{503}\times3=\mathbf{3}$

〔別解〕 $2013=4\times503+1$ より，
3^{2013} の一の位の数は 3 であるから，
3^{2013} を 5 で割ったときの余りは　**3**

(3) $N=3^{2013}$ とおくと

$\log_{10}N=\log_{10}3^{2013}=2013\times0.4771=960.4023$

よって，$960<\log_{10}N<961$ であるから

$10^{960}<3^{2013}<10^{961}$

したがって，3^{2013} は **961** 桁の数。

(4) $3^{2013}=10^{960.4023}=10^{0.4023}\times10^{960}$

ここで，$\log_{10}2=0.3010 \Longleftrightarrow 2=10^{0.3010}$,
$\log_{10}3=0.4771 \Longleftrightarrow 3=10^{0.4771}$ であるから

$10^{0.3010}<10^{0.4023}<10^{0.4771}$

よって　$2<10^{0.4023}<3$

したがって，3^{2013} の最高位の数は　**2**

25 関数と極限

必修編

258

方針 (1) 分子を因数分解する。
(2) 分母，分子に $\sqrt{1+x}+\sqrt{3-x}$ を掛ける。
(3) ( ) 内を計算する。

解答 (1) 与式$=\displaystyle\lim_{x\to1}\frac{(x-1)^2(x+1)}{(x-1)^2}=\lim_{x\to1}(x+1)$
$=\mathbf{2}$

(2) 与式$=\displaystyle\lim_{x\to1}\frac{(\sqrt{1+x}-\sqrt{3-x})(\sqrt{1+x}+\sqrt{3-x})}{(1-x)(\sqrt{1+x}+\sqrt{3-x})}$

$$=\lim_{x\to1}\frac{(1+x)-(3-x)}{(1-x)(\sqrt{1+x}+\sqrt{3-x})}$$

$$=\lim_{x\to1}\frac{-2(1-x)}{(1-x)(\sqrt{1+x}+\sqrt{3-x})}$$

$$=\lim_{x\to1}\frac{-2}{\sqrt{1+x}+\sqrt{3-x}}=-\frac{2}{2\sqrt{2}}=-\frac{\sqrt{2}}{2}$$

(3) 与式$=\displaystyle\lim_{h\to0}\left(\frac{1}{h}\cdot\frac{1-1-h}{1+h}\right)=\lim_{h\to0}\frac{-1}{1+h}=\mathbf{-1}$

Check Point
〔不定形の極限の調べ方〕
(i) 因数分解する。
(ii) 無理式を含むものは有理化する。

259

方針 $\boldsymbol{x\to\alpha}$ で分母 $\mathbf{\to0}$ なら，極限値が存在するためには $\boldsymbol{x\to\alpha}$ で分子 $\mathbf{\to0}$ である。

解答 (1) $x\to2$ のとき分母 $\to0$ だから，極限値が存在するためには　分子 $\to0$ が必要である。

よって　$\displaystyle\lim_{x\to2}(x^2+ax+b)=0$

ゆえに　$4+2a+b=0$

したがって　$b=-2a-4$　…①

このとき

$$\lim_{x\to2}\frac{x^2+ax+b}{x-2}=\lim_{x\to2}\frac{x^2+ax-2a-4}{x-2}$$
$$=\lim_{x\to2}\frac{x^2-4+a(x-2)}{x-2}$$
$$=\lim_{x\to2}\frac{(x-2)\{(x+2)+a\}}{x-2}$$
$$=\lim_{x\to2}(x+2+a)=4+a$$

これより　$4+a=\frac{7}{2}$　　$a=-\frac{1}{2}$

①より　$b=-2\cdot\left(-\frac{1}{2}\right)-4=-3$

これらは条件を満たす。

したがって　$\boldsymbol{a=-\frac{1}{2},\ b=-3}$

(2) $x\to2$ のとき分母 $\to0$ だから，極限値が存在するためには　分子 $\to0$ が必要である。

よって　$\lim_{x\to2}(x^2-bx+8)=0$

ゆえに　$4-2b+8=0$　　$b=6$

このとき

$$\lim_{x\to2}\frac{x^2-bx+8}{x^2-(2+a)x+2a}=\lim_{x\to2}\frac{x^2-6x+8}{(x-2)(x-a)}$$
$$=\lim_{x\to2}\frac{(x-2)(x-4)}{(x-2)(x-a)}$$
$$=\lim_{x\to2}\frac{x-4}{x-a}=-\frac{2}{2-a}$$

よって　$-\frac{2}{2-a}=\frac{1}{5}$　　ゆえに　$a=12$

これらは条件を満たす。

したがって　$\boldsymbol{a=12,\ b=6}$

260

方針　平均変化率の定義にしたがって求める。

解答　$\frac{f(3+h)-f(3)}{(3+h)-3}=\frac{\{(3+h)^2-1\}-(3^2-1)}{h}$

$$=\frac{6h+h^2}{h}=\frac{h(6+h)}{h}=6+h$$

$6+h=9$ より　$\boldsymbol{h=3}$

261

方針　微分係数の定義式の形にする。

解答　微分係数の定義を使う。

(1)　$\lim_{h\to0}\frac{f(a+h)-f(a-h)}{h}$

$$=\lim_{h\to0}\frac{\{f(a+h)-f(a)\}-\{f(a-h)-f(a)\}}{h}$$
$$=\lim_{h\to0}\left\{\frac{f(a+h)-f(a)}{h}+\frac{f(a+(-h))-f(a)}{-h}\right\}$$
$$=f'(a)+f'(a)=\boldsymbol{2f'(a)}$$

(2)　$\lim_{x\to a}\frac{a^2f(x)-x^2f(a)}{x-a}$

$$=\lim_{x\to a}\frac{a^2\{f(x)-f(a)\}-(x^2-a^2)f(a)}{x-a}$$
$$=\lim_{x\to a}\left\{a^2\cdot\frac{f(x)-f(a)}{x-a}-(x+a)f(a)\right\}$$
$$=\boldsymbol{a^2f'(a)-2af(a)}$$

26　導関数

必修編

262

方針　導関数の定義にしたがって $f'(x)$ を求める。

解答　$f'(x)=\lim_{h\to0}\frac{(x+h)^3-(x+h)-(x^3-x)}{h}$

$$=\lim_{h\to0}\frac{3x^2h+3xh^2+h^3-h}{h}$$
$$=\lim_{h\to0}(3x^2+3xh+h^2-1)=\boldsymbol{3x^2-1}$$

263

方針　$(x+h)^n$ を二項定理で展開する。

解答　$f'(x)$

$$=\lim_{h\to0}\frac{(x+h)^n-x^n}{h}$$
$$=\lim_{h\to0}\frac{{}_n\mathrm{C}_0x^n+{}_n\mathrm{C}_1x^{n-1}h+{}_n\mathrm{C}_2x^{n-2}h^2+\cdots+{}_n\mathrm{C}_nh^n-x^n}{h}$$
$$=\lim_{h\to0}\frac{h({}_n\mathrm{C}_1x^{n-1}+{}_n\mathrm{C}_2x^{n-2}h+\cdots+{}_n\mathrm{C}_nh^{n-1})}{h}$$
$$={}_n\mathrm{C}_1x^{n-1}=\boldsymbol{nx^{n-1}}$$

264

方針　微分の公式を用いて微分する。積の形は一度展開してから微分する。

解答　(1) $\boldsymbol{y'=-6x+1}$

(2) $y=x^3-x^2$ より　$\boldsymbol{y'=3x^2-2x}$

(3) $y=x^3-1$ より　$\boldsymbol{y'=3x^2}$

(4) $\boldsymbol{y'=-2x^3+2x}$

(5) $y=x^3+6x^2+12x+8$ より　$\boldsymbol{y'=3x^2+12x+12}$

(6) $y=x^3+6x^2+11x+6$ より　$\boldsymbol{y'=3x^2+12x+11}$

265

方針 $\boldsymbol{f(x)=ax^3+bx^2+cx+d}$ とおいて，条件より連立方程式をつくる。

解答 $f(x)=ax^3+bx^2+cx+d$ とおくと，

$f'(x)=3ax^2+2bx+c$

条件より

$f(0)=d=-5$，$f(1)=a+b+c+d=0$

$f'(x)=3ax^2+2bx+c$ より

$f'(0)=c=0$　　$f'(-1)=3a-2b+c=0$

これを解いて　$a=2$，$b=3$，$c=0$，$d=-5$

よって　$\boldsymbol{f(x)=2x^3+3x^2-5}$

実戦編

266

方針 公式にしたがって $\boldsymbol{f'(x)}$ を求める。$\boldsymbol{n!=n(n-1)!}$ である。

解答 $f'(x)=1+\dfrac{2x}{2!}+\dfrac{3x^2}{3!}+\cdots\cdots+\dfrac{100x^{99}}{100!}$

$=1+\dfrac{x}{1}+\dfrac{x^2}{2!}+\dfrac{x^3}{3!}+\cdots\cdots+\dfrac{x^{99}}{99!}$

$99!\{f(1)-f'(1)\}$

$=99!\left\{\left(1+1+\dfrac{1}{2!}+\dfrac{1}{3!}+\cdots+\dfrac{1}{100!}\right)-\left(1+\dfrac{1}{1}+\dfrac{1}{2!}+\dfrac{1}{3!}+\cdots\cdots+\dfrac{1}{99!}\right)\right\}$

$=99!\cdot\dfrac{1}{100!}=\boldsymbol{\dfrac{1}{100}}$

267

方針 $\boldsymbol{f(x)}$ を $\boldsymbol{n}$ 次関数として，次数を決定する。

解答 $f(x)$ を n 次関数とすると $f'(x)-f(x)$ は n 次関数であり，右辺が2次関数なので $f(x)$ は $\boxed{\mathbf{2}}$ 次関数である。

$f(x)=ax^2+bx+c$ $(a\neq0)$ とおくと

$f'(x)=2ax+b$

$f'(x)-f(x)=-ax^2+(2a-b)x+b-c=x^2+1$ より

$a=-1$，$2a-b=0$，$b-c=1$

よって　$a=-1$，$b=-2$，$c=-3$

したがって　$f(x)=\boxed{\boldsymbol{-x^2-2x-3}}$

268

方針 条件を代入して，$\boldsymbol{a}$，$\boldsymbol{b}$ についての恒等式とみる。

解答 $f'(x)=3ax^2+2bx$

$f'(2)=12a+4b$　…①

$pf(-1)+qf(1)=p(-a+b)+q(a+b)$

$=(q-p)a+(p+q)b$　…②

①，②より，$f'(2)=pf(-1)+qf(1)$ が任意の a，b に対して成立する条件は

$12a+4b=(q-p)a+(p+q)b$ より

$q-p=12$　かつ　$p+q=4$

ゆえに　$p=\boxed{\mathbf{-4}}$，$q=\boxed{\mathbf{8}}$

269

方針 $\boldsymbol{f(x)}$ の最高次の項を $\boldsymbol{ax^n}$ $(\boldsymbol{a\neq0})$ として次数を決定する。

解答 $f(x)$ の最高次の項を ax^n $(a\neq0)$ とおく。

$n=0$ のとき，$f(1)=a=0$ となり不適。

$n\geqq1$ のとき，$2f(x)-xf'(x)-1$ の(みかけ上の)最高次の項は　$(2-n)ax^n$

$a\neq0$，$n\geqq1$ だから　$n=2$

ゆえに，$f(x)=ax^2+bx+c$ $(a\neq0)$ とおける。

このとき，$2f(x)-xf'(x)-1=0$ より

$2(ax^2+bx+c)-x(2ax+b)-1=0$

これより　$bx+(2c-1)=0$

x についての恒等式だから　$b=0$，$c=\dfrac{1}{2}$

よって　$f(x)=ax^2+\dfrac{1}{2}$

$f(1)=0$ より　$a=-\dfrac{1}{2}$

よって　$\boldsymbol{f(x)=-\dfrac{1}{2}x^2+\dfrac{1}{2}}$

270

方針 $\boldsymbol{f(f'(x))}$ は合成関数(数学Ⅲ：発展)という。$\boldsymbol{f(x)}$ の $\boldsymbol{x}$ に $\boldsymbol{f'(x)}$ を入れればよい。$\boldsymbol{f(f'(x))=a\{f'(x)\}^2+bf'(x)-2}$ である。

解答 $f'(x)=2ax+b$

ゆえに　$f(f'(x))=a(2ax+b)^2+b(2ax+b)-2$

$=4a^3x^2+2ab(2a+1)x+ab^2+b^2-2$　…①

$f'(f(x))=2a(ax^2+bx-2)+b$

$=2a^2x^2+2abx+b-4a$　…②

①，②の係数を比較して　$4a^3=2a^2$，$2ab(2a+1)=2ab$，$ab^2+b^2-2=b-4a$

また，$a\neq0$　　以上より　$\boldsymbol{a=\dfrac{1}{2}}$，$\boldsymbol{b=0}$

271

方針 (1) 任意の実数 x, y で成り立つから $x=0$, $y=0$ を代入しても成り立つ。

(2) $f'(x)=\lim_{h\to 0}\frac{f(x+h)-f(x)}{h}$ を $f(x+y)=2f(x)f(y)$ を用いて微分係数 $f'(0)$ を表すように変形する。

解答 (1) $x=y=0$ を代入すると

$f(0+0)=2f(0)f(0)$

よって　$f(0)=2\{f(0)\}^2$

$f(0)>0$ より　両辺を $f(0)$ で割って

$$\boldsymbol{f(0)=\frac{1}{2}}$$

(2) $$f'(x)=\lim_{h\to 0}\frac{f(x+h)-f(x)}{h}$$
$$=\lim_{h\to 0}\frac{2f(x)f(h)-f(x)}{h}$$
$$=\lim_{h\to 0}\frac{f(h)-\frac{1}{2}}{h}\cdot 2f(x)$$
$$=\lim_{h\to 0}\frac{f(h)-f(0)}{h}\cdot 2f(x)$$
$$=f'(0)\cdot 2f(x)=2af(x)$$

よって　$\boldsymbol{\frac{f'(x)}{f(x)}=2a}$

27 接　線

必修編

272

方針 $y=f(x)$ とおくと, $f'(x)$ は傾きを表す関数である。

解答 $f(x)=x^3+3x^2-6$ とおくと

$f'(x)=3x^2+6x$

(1) $f'(2)=3\cdot 2^2+6\cdot 2=12+12=\boldsymbol{24}$

(2) $f'(x)=0$ のときだから　$3x^2+6x=0$

$3x(x+2)=0$　　$x=0,\ -2$

$f(0)=-6$,　$f(-2)=-8+12-6=-2$

ゆえに　$\boldsymbol{(0,\ -6)}$, $\boldsymbol{(-2,\ -2)}$

(3) $f'(x)=3(x^2+2x)=3(x+1)^2-3$

よって, $x=-1$のとき傾きは最小値で

$f'(-1)=-3$

$f(-1)=-1+3-6=-4$

よって　$\boldsymbol{(-1,\ -4)}$, **傾き** $\boldsymbol{-3}$

273

方針 (1), (3)は $y-f(a)=f'(a)(x-a)$ に代入する。(2)は接点を $(t,\ t^3)$ とおく。(4)は 2 つの接点を $(\alpha,\ \alpha^4-3\alpha^2+2\alpha)$, $(\beta,\ \beta^4-3\beta^2+2\beta)$ $(\alpha\neq\beta)$ とおく。

解答 (1) $f(x)=-x^2+5x-1$ とおくと

$f'(x)=-2x+5$　　よって　$f'(2)=1$

ゆえに, 求める接線の方程式は　$y-5=x-2$

すなわち　$\boldsymbol{y=x+3}$

(2) $f(x)=x^3$ とおくと　$f'(x)=3x^2$

よって, 接点を $(t,\ t^3)$ とおくと,

接線の方程式は　$y-t^3=3t^2(x-t)$

これが点 $(2,\ 8)$ を通るから

$8-t^3=3t^2(2-t)$　　$2t^3-6t^2+8=0$

$2(t+1)(t-2)^2=0$　　これより　$t=-1,\ 2$

よって, 求める接線の方程式は

$y=3(x+1)+(-1)^3$, $y=12(x-2)+2^3$

すなわち

$\boldsymbol{y=3x+2}$, $\boldsymbol{y=12x-16}$

(3) $f(x)=x^3+2x^2+1$ とおくと　$f'(x)=3x^2+4x$

よって　$f'(1)=7$, $f'(-2)=4$

ゆえに, 求める 2 つの接線の方程式は

$y-4=7(x-1)$, $y-1=4(x+2)$

すなわち　$\boldsymbol{y=7x-3}$, $\boldsymbol{y=4x+9}$

(4) 接点を $(\alpha,\ \alpha^4-3\alpha^2+2\alpha)$, $(\beta,\ \beta^4-3\beta^2+2\beta)$ $(\alpha \neq \beta)$ とし，$y=f(x)$ とおくと　$f'(x)=4x^3-6x+2$

接線の方程式は

$y-(\alpha^4-3\alpha^2+2\alpha)=(4\alpha^3-6\alpha+2)(x-\alpha)$

$y=(4\alpha^3-6\alpha+2)x-3\alpha^4+3\alpha^2$　…①

同様に　$y=(4\beta^3-6\beta+2)x-3\beta^4+3\beta^2$　…②

①と②が等しいから

$4\alpha^3-6\alpha+2=4\beta^3-6\beta+2$　…③

$-3\alpha^4+3\alpha^2=-3\beta^4+3\beta^2$　…④

③より　$2(\alpha-\beta)(\alpha^2+\alpha\beta+\beta^2)-3(\alpha-\beta)=0$

$(\alpha-\beta)(2\alpha^2+2\alpha\beta+2\beta^2-3)=0$

$\alpha \neq \beta$ であるので

$2\alpha^2+2\alpha\beta+2\beta^2-3=0$　…③′

④より　$-3\alpha^4+3\alpha^2+3\beta^4-3\beta^2=0$

$-3(\alpha^4-\beta^4)+3(\alpha^2-\beta^2)=0$

$-3(\alpha^2-\beta^2)\{(\alpha^2+\beta^2)-1\}=0$

$(\alpha+\beta)(\alpha-\beta)(\alpha^2+\beta^2-1)=0$

$\alpha \neq \beta$ であるので

$\alpha+\beta=0$ または $\alpha^2+\beta^2=1$　…④′

(i) $\alpha+\beta=0$ のとき，

③′より　$(\alpha+\beta)^2+\alpha^2+\beta^2-3=0$

$\beta=-\alpha$ と $\alpha+\beta=0$ より

$2\alpha^2=3$　　よって　$\alpha=\pm\dfrac{\sqrt{6}}{2}$

これを①に代入すると，どちらの場合も

$y=2x-\dfrac{9}{4}$

(ii) $\alpha^2+\beta^2=1$ のとき，③′に代入して　$2\alpha\beta=1$

$\beta=\dfrac{1}{2\alpha}$ を代入して　$\alpha^2+\dfrac{1}{4\alpha^2}=1$

$\dfrac{4\alpha^4-4\alpha^2+1}{4\alpha^2}=0$　　$(2\alpha^2-1)^2=0$

よって　$\alpha=\pm\dfrac{\sqrt{2}}{2}$

このとき　$\beta=\pm\dfrac{\sqrt{2}}{2}$（複号同順）

このとき，$\alpha=\beta$ となるので不適。

よって，接線の方程式は　$\boldsymbol{y=2x-\dfrac{9}{4}}$

〔別解〕 求める直線の方程式を $y=ax+b$, 2つの接点の x 座標を $\alpha,\ \beta$ $(\alpha \neq \beta)$ とすると

$x^4-3x^2+2x-(ax+b)$

$=(x-\alpha)^2(x-\beta)^2=\{x^2-(\alpha+\beta)x+\alpha\beta\}^2$

$=x^4-2(\alpha+\beta)x^3+\{(\alpha+\beta)^2+2\alpha\beta\}x^2-2\alpha\beta(\alpha+\beta)x+\alpha^2\beta^2$

これは x に関する恒等式だから係数を比較して

$\alpha+\beta=0$　…①　　$(\alpha+\beta)^2+2\alpha\beta=-3$　…②

$2\alpha\beta(\alpha+\beta)=a-2$　…③　　$\alpha^2\beta^2=-b$　…④

①，②より　$\alpha\beta=-\dfrac{3}{2}$　…⑤

①，③より　$a=2$　　④，⑤より　$b=-\dfrac{9}{4}$

よって，接線の方程式は　$\boldsymbol{y=2x-\dfrac{9}{4}}$

Check Point

曲線 $y=f(x)$ 上の点 $(a,\ f(a))$ における接線の方程式は

$y-f(a)=f'(a)(x-a)$

274

方針 (1) $f'(b)=f'(a)$ から a と b の関係が出てくる。

(2) 垂直条件 $mm'=-1$ を利用する。

解答 (1) $f(x)=x^3-2x$ とおくと

$f'(x)=3x^2-2$

$f'(b)=f'(a)$ だから　$3b^2-2=3a^2-2$

$(b+a)(b-a)=0$　　$b \neq a$ より　$b=-a$

直線 PQ の方程式は

$y-(a^3-2a)=\dfrac{(b^3-2b)-(a^3-2a)}{b-a}(x-a)$

$=\dfrac{(b^3-a^3)-2(b-a)}{b-a}(x-a)$

$=\{(b^2+ab+a^2)-2\}(x-a)$

$=\{(a^2-a^2+a^2)-2\}(x-a)$

$=(a^2-2)(x-a)$

$=(a^2-2)x-(a^3-2a)$

すなわち　$\boldsymbol{y=(a^2-2)x}$

(2) 直線 PQ と点 P における接線が直交するから

$(3a^2-2)(a^2-2)=-1$

よって　$3a^4-8a^2+5=0$　　$(a^2-1)(3a^2-5)=0$

ゆえに　$a^2=1,\ \dfrac{5}{3}$　したがって　$a=\pm1,\ \pm\dfrac{\sqrt{15}}{3}$

$a>b$, $b=-a$ より，$a=1$ のとき　$b=-1$

$a=\dfrac{\sqrt{15}}{3}$ のとき　$b=-\dfrac{\sqrt{15}}{3}$

$f(1)=1-2=-1$, $f(-1)=-1+2=1$

$f\left(\dfrac{\sqrt{15}}{3}\right)=\dfrac{15\sqrt{15}}{27}-\dfrac{2\sqrt{15}}{3}=-\dfrac{\sqrt{15}}{9}$,

$f\left(-\dfrac{\sqrt{15}}{3}\right)=-\dfrac{15\sqrt{15}}{27}-2\cdot\left(-\dfrac{\sqrt{15}}{3}\right)=\dfrac{\sqrt{15}}{9}$

よって　$\boldsymbol{P(1,\ -1),\ Q(-1,\ 1)}$;

$\boldsymbol{P\left(\dfrac{\sqrt{15}}{3},\ -\dfrac{\sqrt{15}}{9}\right),\ Q\left(-\dfrac{\sqrt{15}}{3},\ \dfrac{\sqrt{15}}{9}\right)}$

実戦編

275

方針 (1) $\boldsymbol{f'(x)=a}$ とおいて接点の $\boldsymbol{x}$ 座標を求める。

(2) 点と直線の距離の公式を用いる。

解答 (1) $f(x)=1-x^2$ とおくと　$f'(x)=-2x$

$f'(x)=a$ のとき

$$-2x=a \qquad x=-\frac{a}{2}$$

このとき　$f\left(-\frac{a}{2}\right)=1-\frac{a^2}{4}$

ゆえに，求める接線の方程式は

$$y-\left(1-\frac{a^2}{4}\right)=a\left(x+\frac{a}{2}\right)$$

すなわち　$\boldsymbol{y=ax+1+\frac{a^2}{4}}$　…①

(2) 求める距離 d は直線 $y=ax+a$ 上の点 $(-1,\ 0)$ と(1)で求めた接線の距離に等しい。

①を変形して　$ax-y+1+\frac{a^2}{4}=0$

ゆえに　$d=\dfrac{\left|-a+1+\frac{a^2}{4}\right|}{\sqrt{a^2+1}}=\boldsymbol{\dfrac{(a-2)^2}{4\sqrt{a^2+1}}}$

(3) 点 $(1,\ 0)$ と直線 l の距離 d' は

$$d'=\frac{|a+a|}{\sqrt{a^2+1}}=\frac{2a}{\sqrt{a^2+1}} \quad (0<a<2 \text{ より})$$

$d=d'$ より　$\dfrac{(a-2)^2}{4\sqrt{a^2+1}}=\dfrac{2a}{\sqrt{a^2+1}}$

これより　$(a-2)^2=8a$　　$a^2-12a+4=0$

ゆえに　$a=6\pm4\sqrt{2}$

$0<a<2$ より　$\boldsymbol{a=6-4\sqrt{2}}$

276

方針 (1)，(2)は tan の加法定理を利用する。

(3) 通る点の座標 $\left(\frac{6}{7},\ 0\right)$ を代入して接点を求める。

解答 (1) 2 直線 OP，l と x 軸の正の方向とのなす角をそれぞれ α，β とする。

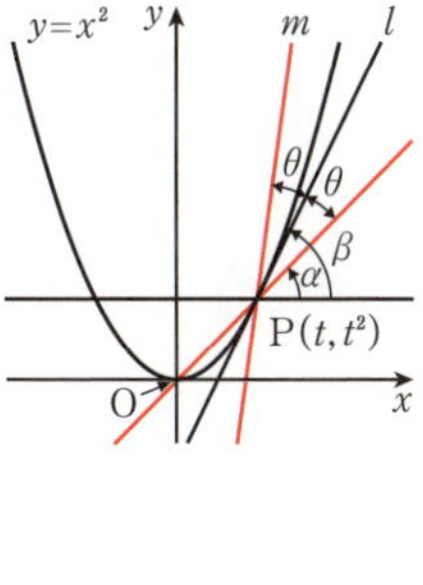

$$\tan\alpha=\frac{t^2}{t}=t$$

$y=x^2$ より　$y'=2x$

ゆえに　$\tan\beta=2t$

$\boldsymbol{\tan\theta}=\tan(\beta-\alpha)$

$$=\frac{\tan\beta-\tan\alpha}{1+\tan\beta\tan\alpha}$$

$$=\frac{2t-t}{1+2t\cdot t}$$

$$=\boldsymbol{\frac{t}{2t^2+1}}$$

(2) 直線 m と x 軸の正の方向とのなす角を γ とすると，題意より $\gamma=\beta+\theta$ だから

$$\tan\gamma=\tan(\beta+\theta)=\frac{\tan\beta+\tan\theta}{1-\tan\beta\tan\theta}$$

$$=\frac{2t+\frac{t}{2t^2+1}}{1-2t\cdot\frac{t}{2t^2+1}}=4t^3+3t$$

これが m の傾きだから，求める m の方程式は

$$y-t^2=(4t^3+3t)(x-t)$$

すなわち　$\boldsymbol{y=(4t^3+3t)x-4t^4-2t^2}$

(3) 直線 m が $\left(\frac{6}{7},\ 0\right)$ を通るから

$$0=(4t^3+3t)\cdot\frac{6}{7}-4t^4-2t^2$$

$$0=3(4t^3+3t)-7\cdot2t^4-7t^2$$

$$14t^4-12t^3+7t^2-9t=0$$

$$t(t-1)(14t^2+2t+9)=0$$

$14t^2+2t+9=0$ の判別式 D について

$\frac{D}{4}=1^2-14\cdot9<0$ より　$14t^2+2t+9=0$ を満たす実数 t はない。

$t>0$ より　$t=1$　ゆえに　$\boldsymbol{\mathrm{P}(1,\ 1)}$

Check Point

直線 $\boldsymbol{y=mx+n}$ と $\boldsymbol{x}$ 軸の正の向きのなす角を $\boldsymbol{\theta}$ とすると

$\boldsymbol{m=\tan\theta}$

277

方針　(1) $\boldsymbol{y-f(a)=f'(a)(x-a)}$ にあてはめる。

(2) $\boldsymbol{l_1}$と $\boldsymbol{C}$ の方程式から $\boldsymbol{y}$ を消去して解く。

(3) **3** 次関数のグラフ $\boldsymbol{C}$ と直線 $\boldsymbol{l_1}$ の共有点が **2** 個だから $\boldsymbol{C}$ と $\boldsymbol{l_2}$ は接している。

解答　(1) $f(x)=\dfrac{\sqrt{2}}{6}x^3+\dfrac{9}{2}$ より　$f'(x)=\dfrac{\sqrt{2}}{2}x^2$

$f'(2)=2\sqrt{2}$，$f(2)=\dfrac{4\sqrt{2}}{3}+\dfrac{9}{2}$

l_1 の方程式は　$y-\left(\dfrac{4\sqrt{2}}{3}+\dfrac{9}{2}\right)=2\sqrt{2}(x-2)$

よって　$\boldsymbol{y=2\sqrt{2}x+\dfrac{9}{2}-\dfrac{8\sqrt{2}}{3}}$

(2) $\dfrac{\sqrt{2}}{6}x^3+\dfrac{9}{2}=2\sqrt{2}x+\dfrac{9}{2}-\dfrac{8\sqrt{2}}{3}$ より

$\dfrac{\sqrt{2}}{6}x^3-2\sqrt{2}x+\dfrac{8\sqrt{2}}{3}=0$

$\dfrac{x^3}{6}-2x+\dfrac{8}{3}=0$

$x^3-12x+16=0$　　$(x-2)^2(x+4)=0$

よって，$x=2$，-4 であるから，接点以外の共有点の x 座標は　$\boldsymbol{x=-4}$

(3) 曲線 C と $y=mx$ の共有点が 2 個ということは，右の図のように接するときである。

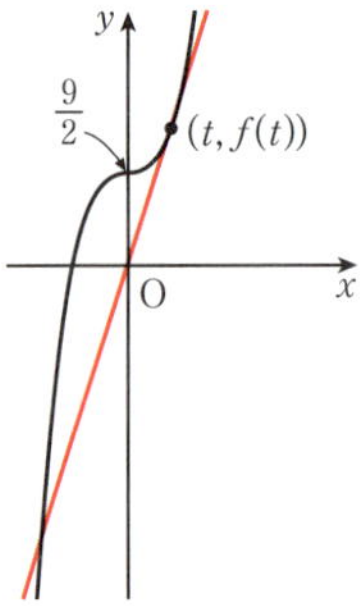

接点を $\left(t,\ \dfrac{\sqrt{2}}{6}t^3+\dfrac{9}{2}\right)$ とおくと，接線の方程式は

$y-\left(\dfrac{\sqrt{2}}{6}t^3+\dfrac{9}{2}\right)$

$=\dfrac{\sqrt{2}}{2}t^2(x-t)$

$y=\dfrac{\sqrt{2}}{2}t^2x-\dfrac{\sqrt{2}}{3}t^3+\dfrac{9}{2}$

これが $y=mx$ と等しいから

$m=\dfrac{\sqrt{2}}{2}t^2$，$-\dfrac{\sqrt{2}}{3}t^3+\dfrac{9}{2}=0$

これから　$t^3=\dfrac{9\cdot 3}{2\cdot\sqrt{2}}=\left(\dfrac{3}{\sqrt{2}}\right)^3$

t は実数であるから　$t=\dfrac{3}{\sqrt{2}}$

よって　$\boldsymbol{m=\dfrac{9\sqrt{2}}{4}}$

278

方針　(1) $\mathbf{A}(\boldsymbol{s},\ \boldsymbol{s^2})$ とおいて，法線の方程式を求める。法線の方程式は

$$\boldsymbol{y-f(a)=-\frac{1}{f'(a)}(x-a)}$$

(2) 法線の方程式と放物線 $\boldsymbol{y=x^2+t}$ が接する条件を求める。$\boldsymbol{t>0}$ であることに注意。

解答　(1) $y=x^2$ より　$y'=2x$

C 上の点 $(s,\ s^2)$　$(s\neq 0)$ における法線の方程式は

$y-s^2=-\dfrac{1}{2s}(x-s)$　　$y=-\dfrac{1}{2s}x+\dfrac{1}{2}+s^2$

点 $(3,\ 0)$ を通るから　$-\dfrac{3}{2s}+\dfrac{1}{2}+s^2=0$

$2s^3+s-3=0$　　$(s-1)(2s^2+2s+3)=0$

$2s^2+2s+3=2\left(s+\dfrac{1}{2}\right)^2+\dfrac{5}{2}>0$

s は実数より　$s=1$

よって，求める法線の方程式は

$\boldsymbol{y=-\dfrac{1}{2}x+\dfrac{3}{2}}$

(2) 題意より，$x^2+t=-\dfrac{1}{2s}x+\dfrac{1}{2}+s^2$ の判別式 $D=0$ となればよい。

$x^2+\dfrac{1}{2s}x+t-s^2-\dfrac{1}{2}=0$

$2sx^2+x+2ts-2s^3-s=0$

$D=1-8s(2ts-2s^3-s)=0$

$16s^4-8(2t-1)s^2+1=0$

$s^2=u$ とおくと　$16u^2-8(2t-1)u+1=0$

$s\neq 0$ より，条件はこれが正の解をもつことである。

$16u^2-8(2t-1)u+1=0$　…①　の判別式 D_1 について

$\dfrac{D_1}{4}=\{4(2t-1)\}^2-16\geqq 0$

$(2t-1)^2-1\geqq 0$

$4t^2-4t\geqq 0$

$4t(t-1)\geqq 0$

よって　$t\leqq 0$ または $t\geqq 1$　…②

①の 2 解 α，β について

$\alpha+\beta=\dfrac{8(2t-1)}{16}>0$ より　$t>\dfrac{1}{2}$　…③

$\alpha\beta=\dfrac{1}{16}$　(>0)　…④

よって，②，③，④より　$\boldsymbol{t\geqq 1}$

28 関数の増減・極値とグラフ

必修編

279

方針 y' の正・負から判断する。(4)は絶対値記号をはずして場合分けをする。

解答 (1) $y'=-3x^2+6x-3=-3(x-1)^2 \leqq 0$

よって，すべての実数 $\boldsymbol{x}$ で減少する。

(2) $y'=4x^3-4=4(x-1)(x^2+x+1)$

$$=4(x-1)\left\{\left(x+\frac{1}{2}\right)^2+\frac{3}{4}\right\}$$

よって，$\boldsymbol{x<1}$ のとき減少，$\boldsymbol{x>1}$ のとき増加

(3) $y'=x^3-x^2-x+1=(x-1)^2(x+1)$

よって，

$\boldsymbol{x<-1}$ のとき減少，$\boldsymbol{x>-1}$ のとき増加

(4) $x \leqq 1$ のとき $y=-x+1$，$x \geqq 1$ のとき $y=x-1$

よって，$\boldsymbol{x<1}$ のとき減少，$\boldsymbol{x>1}$ のとき増加

280

方針 すべての $\boldsymbol{x}$ で $\boldsymbol{f'(x) \geqq 0}$ となる条件を求める。

解答 $f'(x)=3x^2+2ax+a \geqq 0$ が常に成立すればよい。よって，$f'(x)=0$ の判別式を D とおくと $\dfrac{D}{4}=a^2-3a=a(a-3) \leqq 0$

ゆえに　$\boldsymbol{0 \leqq a \leqq 3}$

281

方針 $\boldsymbol{f'(x)=0}$ が異なる **2** つの実数解をもたない条件を求める。

解答 $f'(x)=3x^2+6kx-k=0$ が異なる 2 つの実数解をもたなければよい。

よって，$f'(x)=0$ の判別式を D とおくと

$$\frac{D}{4}=9k^2+3k=3k(3k+1) \leqq 0$$

ゆえに　$\boldsymbol{-\dfrac{1}{3} \leqq k \leqq 0}$

Check Point

3 次関数 $f(x)=ax^3+bx^2+cx+d$ が極値をもたない条件は $f'(x)=3ax^2+2bx+c=0$ が異なる 2 つの実数解をもたない，すなわち $D \leqq 0$ であればよい。

282

方針 $\boldsymbol{f'(x)}$ を求めて，増減表をかく。

解答 (1) $y'=3x^2-12x+9=3(x-1)(x-3)$

x	…	1	…	3	…
y'	+	0	−	0	+
y	↗	4 極大	↘	0 極小	↗

(2) $y'=6x^2-18x+12=6(x-1)(x-2)$

x	…	1	…	2	…
y'	+	0	−	0	+
y	↗	5 極大	↘	4 極小	↗

(3) $y'=x^2-2x+2=(x-1)^2+1>0$　(単調増加)

グラフは下の通り。

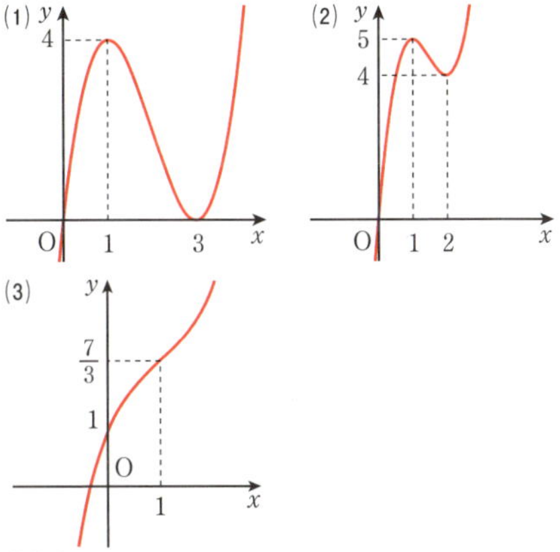

283

方針 (2)のグラフは(1)のグラフの $\boldsymbol{y<0}$ の部分を $\boldsymbol{x}$ 軸で折り返したものである。

解答 (1) $y=x(x-2)^2=x^3-4x^2+4x$

$y'=3x^2-8x+4=(3x-2)(x-2)$

x	…	$\frac{2}{3}$	…	2	…
y'	+	0	−	0	+
y	↗	$\frac{32}{27}$	↘	0	↗

これより，グラフは下の図のようになる。

(2) (1)のグラフの $y<0$ の部分を x 軸で折り返せばよいから，グラフは下の図のようになる。

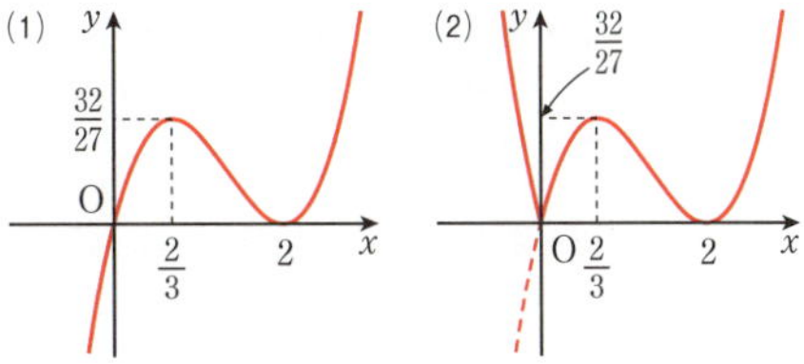

(1) 極大値 $\boldsymbol{\dfrac{32}{27}}$ $\left(\boldsymbol{x=\dfrac{2}{3}}\right)$，

極小値 **0** $(\boldsymbol{x=2})$

(2) 極大値 $\boldsymbol{\dfrac{32}{27}}$ $\left(\boldsymbol{x=\dfrac{2}{3}}\right)$，

極小値 **0** $(\boldsymbol{x=0,\ 2})$

284

方針 $f'(2)=0$ かつ $f(2)=2$，$f'(1)=0$ かつ $f(1)=1$ である。

解答 $f(x)=ax^3+bx^2+cx+d$ より

$f'(x)=3ax^2+2bx+c$

$x=2$ で極大値 2，$x=1$ で極小値 1 をとるから

$f'(2)=12a+4b+c=0$ …①

$f'(1)=3a+2b+c=0$ …②

$f(2)=8a+4b+2c+d=2$ …③

$f(1)=a+b+c+d=1$ …④

①〜④の連立方程式を解いて

$a=-2$，$b=9$，$c=-12$，$d=6$

逆にこのとき，$f(x)=-2x^3+9x^2-12x+6$ は条件を満たす。

ゆえに　$\boldsymbol{a=-2}$，$\boldsymbol{b=9}$，$\boldsymbol{c=-12}$，$\boldsymbol{d=6}$

Check Point

284の①，②式は，$f'(2)=0$，$f'(1)=0$ といっているだけだから，実際に極値をとるのか，極値でも，極大値なのか極小値なのかは，確かめてみなくてはわからない。①〜④を解いて得た a，b，c，d の値は条件を満たす必要条件ではあるが，十分条件については述べていない。したがって，求めた a，b，c，d の値が条件を満たしているかどうか調べなければならない。

285

方針 $f'(x)$ を求め，増減表をかく。

解答 (1) $f'(x)=4x^3-12x^2-16x$

$=4x(x^2-3x-4)$

$=4x(x+1)(x-4)$

より，増減表をかく。

x	…	-1	…	0	…	4	…
$f'(x)$	$-$	0	$+$	0	$-$	0	$+$
$f(x)$	↘	-3	↗	0	↘	-128	↗

よって，極小値 -3（$x=-1$），-128（$x=4$）

極大値 0（$x=0$）

最大値なし，最小値 -128（$x=4$）

(2) $-1\leqq x\leqq 0$ で単調増加，$0\leqq x\leqq 1$ で単調減少。

最大値は極大値と一致し，$f(0)=0$

また，$f(1)=-11$，$f(-1)=-3$

よって，最大値 **0**（$x=0$），最小値 **−11**（$x=1$）

286

方針 $f'(x)$ を求め，増減表をかく。

解答 (1) $f'(x)=12x^2+6x-6=6(2x-1)(x+1)$

x	-1	…	$\frac{1}{2}$	…	2
$f'(x)$	0	$-$	0	$+$	
$f(x)$	3	↘	$-\frac{15}{4}$	↗	30

$x=2$ のとき最大値 30

$x=\frac{1}{2}$ のとき最小値 $-\frac{15}{4}$

(2) $f'(x)=3kx^2-3k^2=3k(x^2-k)$

(i) $k=0$ のとき　$f(x)=0$

よって，最大値 0，最小値 0

(ii) $k<0$ のとき　$f'(x)<0$　$f(x)$ は単調減少。

よって，最大値 $f(0)=0$，最小値 $f(1)=k-3k^2$

(iii) $k>0$ のとき　$f'(x)=3k(x+\sqrt{k})(x-\sqrt{k})$

$1\leqq\sqrt{k}$，すなわち $1\leqq k$ のとき

$f(x)$ は $0\leqq x\leqq 1$ で単調減少。

よって，最大値 $f(0)=0$，最小値 $f(1)=k-3k^2$

$0<\sqrt{k}<1$，すなわち $0<k<1$ のとき

x	0	…	$\sqrt{k}$	…	1
$f'(x)$		$-$	0	$+$	
$f(x)$	0	↘	極小	↗	

上の増減表から，最小値 $f(\sqrt{k})=-2k^2\sqrt{k}$

最大値は，$f(0)=0$ と $f(1)=k-3k^2$ の大小を考えて

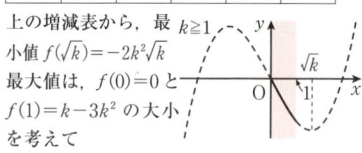

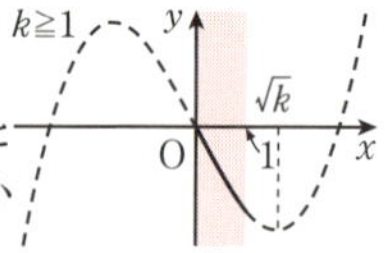

$0<k<\frac{1}{3}$ のとき

最大値 $f(1)=k-3k^2$

$\frac{1}{3}\leqq k\leqq 1$ のとき

最大値 $f(0)=0$

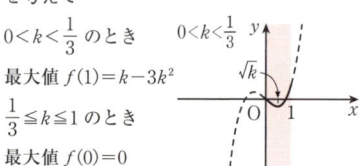

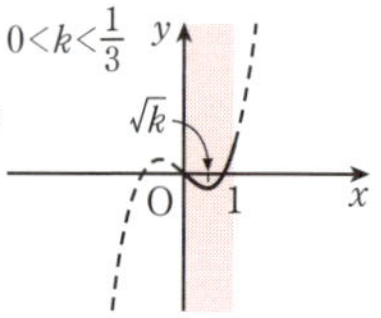

以上をまとめると

$k\leqq 0$，$1\leqq k$ のとき

最大値 0，

最小値 $k-3k^3$

$0<k<\frac{1}{3}$ のとき

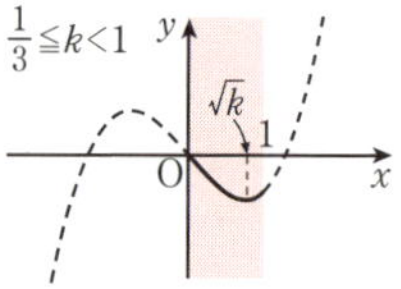

最大値 $k-3k^2$，最小値 $-2k^2\sqrt{k}$

$\frac{1}{3}\leqq k<1$ のとき最大値 0，最小値 $-2k^2\sqrt{k}$

287

方針 体積 $V=\pi r^2 h$ を r の関数にして最大値を求める。

解答 円柱の体積を V とする。

$r+h=12$ より　$V=\pi r^2 h=\pi r^2(12-r)$

ただし，$r>0$，$h>0$ だから　$0<r<12$

$V'=\pi(24r-3r^2)=-3\pi r(r-8)$

増減表は右のようになる。表より V が最大となるのは $r=8$ のとき。

r	0	…	8	…	12
V'	／	+	0	−	／
V	／	↗	256π	↘	／

ゆえに　$\boldsymbol{h=4}$

288

方針 x^3+y^3 に $y=1-ax$ を代入して，x の3次関数にする。$0<a<1$，$x\geqq 0$，$y\geqq 0$ なので，x の変域に注意する。

解答 $y=1-ax\geqq 0$，$a>0$

ゆえに　$0\leqq x\leqq \dfrac{1}{a}$　…①

$x^3+y^3=x^3+(1-ax)^3$

$=(1-a^3)x^3+3a^2x^2-3ax+1$

$f(x)=(1-a^3)x^3+3a^2x^2-3ax+1$

とおくと

$f'(x)=3\{(1-a^3)x^2+2a^2x-a\}$

$f'(x)=0$ の解は，①より

$$x=\frac{-a^2+\sqrt{a^4+a(1-a^3)}}{1-a^3}$$

$$=\frac{-a^2+\sqrt{a}}{1-a^3}\quad (=\alpha \text{ とおく})$$

$0<a<1$ より　$\dfrac{1}{a}-\dfrac{-a^2+\sqrt{a}}{1-a^3}=\dfrac{1-a\sqrt{a}}{a(1-a^3)}>0$

ゆえに　$\alpha<\dfrac{1}{a}$

x	0	…	α	…	$\frac{1}{a}$
$f'(x)$		−	0	+	
$f(x)$	1	↘	極小	↗	$\frac{1}{a^3}$

増減表より，$x=\dfrac{1}{a}$ のとき最大値 $\dfrac{1}{a^3}$

このとき，$y=0$ であるから

$\boldsymbol{x=\dfrac{1}{a}}$，$\boldsymbol{y=0}$ **のとき最大値** $\boldsymbol{\dfrac{1}{a^3}}$

289

方針 a の値によって極大値と極小値をとる x の値が変わるので，場合分けが必要になる。

解答 $f(x)=2x^3-3(a+2)x^2+12ax$ とおくと

$f'(x)=6x^2-6(a+2)x+12a=6(x-2)(x-a)$

$f(2)=16-12(a+2)+24a=12a-8$

$f(a)=2a^3-3a^2(a+2)+12a^2=-a^3+6a^2$

$a<2$ のとき

x	…	a	…	2	…
$f'(x)$	+	0	−	0	+
$f(x)$	↗	極大	↘	極小	↗

$a>2$ のとき

x	…	2	…	a	…
$f'(x)$	+	0	−	0	+
$f(x)$	↗	極大	↘	極小	↗

(i) $a<2$ のとき，極小値 $f(2)=0$ だから　$a=\dfrac{2}{3}$

　このとき　極大値$=f(a)=f\left(\dfrac{2}{3}\right)=\dfrac{64}{27}$

(ii) $a=2$ のとき，極値は存在しない。

(iii) $a>2$ のとき，極小値は $f(a)=0$ だから　$a=6$

　このとき，極大値は　$f(2)=12\cdot 6-8=64$

よって　$\boldsymbol{a=\dfrac{2}{3}}$ のとき　**極大値** $\boldsymbol{\dfrac{64}{27}}$，

$\boldsymbol{a=6}$ のとき　**極大値 64**

290

方針 (1) 3次関数 $f(x)$ が極値をもつ条件は $f'(x)=0$ が異なる2つの実数解をもつこと。
(2) 解と係数の関係を利用する。

解答 (1) $f(x)=x^3+ax^2+bx+c$ とする。

$f'(x)=3x^2+2ax+b$

$f(x)$ は x の3次関数だから，極値をもつ条件は $f'(x)=0$　…①　が異なる2つの実数解をもつことである。

$f'(x)=0$ の判別式を D とおくと

$\dfrac{D}{4}=a^2-3b>0$

①の2つの解を α，β $(\alpha<\beta)$ とおくと

$f(\alpha)-f(\beta)=4$

$\alpha^3-\beta^3+a(\alpha^2-\beta^2)+b(\alpha-\beta)=4$

$(\alpha-\beta)\{\alpha^2+\alpha\beta+\beta^2+a(\alpha+\beta)+b\}=4$

$(\alpha-\beta)\{(\alpha+\beta)^2-\alpha\beta+a(\alpha+\beta)+b\}=4$　…②

①で，解と係数の関係により

$\alpha+\beta=-\dfrac{2}{3}a$，$\alpha\beta=\dfrac{b}{3}$　…③

$\alpha-\beta=-\sqrt{(\alpha+\beta)^2-4\alpha\beta}$

$=-\sqrt{\left(-\dfrac{2}{3}a\right)^2-4\cdot\dfrac{b}{3}}=-\dfrac{2}{3}\sqrt{a^2-3b}$ …④

③，④を②に代入して

$-\dfrac{2}{3}\sqrt{a^2-3b}\left\{\left(-\dfrac{2}{3}a\right)^2-\dfrac{b}{3}-\dfrac{2}{3}a^2+b\right\}=4$

$-\dfrac{2}{3}\sqrt{a^2-3b}\left(-\dfrac{2}{9}a^2+\dfrac{2}{3}b\right)=4$

$\dfrac{4}{27}\sqrt{a^2-3b}(a^2-3b)=4$　　$(a^2-3b)^{\frac{3}{2}}=27=3^3$

両辺を $\dfrac{2}{3}$ 乗して　$\boldsymbol{a^2-3b=9}$

(2) $b=\dfrac{a^2}{3}-3$ を $f'(x)$ に代入して，

$f'(x)=3x^2+2ax+\dfrac{a^2}{3}-3=0$ より

$9x^2+6ax+a^2-9=0$

$\{3x+(a+3)\}\{3x+(a-3)\}=0$

$\alpha<\beta$ より　$\alpha=-\dfrac{a+3}{3}$，$\beta=-\dfrac{a-3}{3}$

x^3 の係数が正であるので，

$\boldsymbol{x=-\dfrac{a+3}{3}}$ **で極大値**，

$\boldsymbol{x=-\dfrac{a-3}{3}}$ **で極小値** をとる。

291

方針　$\boldsymbol{-1\leqq x\leqq 1}$ **で** $\boldsymbol{f'(x)=0}$ **が異なる 2 つの実数解をもつ条件を求める。**

解答　$f(x)$ が $-1\leqq x\leqq 1$ で極大値，極小値をとる条件は $f'(x)=0$ がこの区間に相異なる 2 つの実数解をもつことである。つまり

$-1<$頂点の x 座標<1，頂点の y 座標<0，

$f'(-1)\geqq 0$，$f'(1)\geqq 0$ であればよい。

$f'(x)=3x^2+2ax+b=3\left(x+\dfrac{a}{3}\right)^2+b-\dfrac{a^2}{3}$ だから

$-1<-\dfrac{a}{3}<1$，$b-\dfrac{a^2}{3}<0$，

$f'(-1)=3-2a+b\geqq 0$，$f'(1)=3+2a+b\geqq 0$

したがって

$-3<a<3$，$b<\dfrac{a^2}{3}$

$b\geqq 2a-3$，$b\geqq -2a-3$

の共通範囲であるので下のようになる。

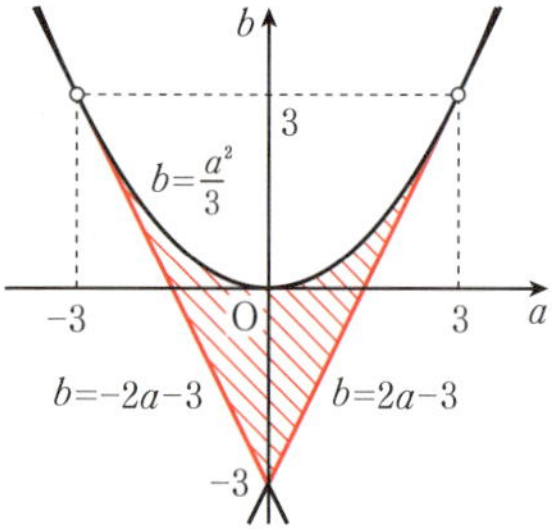

境界は，直線上は白丸以外含み，放物線上は含まない。

292

方針　$\boldsymbol{f'(x)}$ **を因数分解して，**$\boldsymbol{f'(x)>0}$ **または** $\boldsymbol{f'(x)<0}$ **となる範囲を** $\boldsymbol{a}$ **の値によって場合分けする。**

解答　$f'(x)=12x^3+12(3-a)x^2+24(1-a)x$

$=12x\{x^2+(3-a)x-2(a-1)\}$

$=12x(x+2)\{x-(a-1)\}$

$f'(x)=0$ より　$x=-2,\ 0,\ a-1$

$a\geqq 0$ より　$-2<a-1$

また，$f(x)$ は 4 次式で x^4 の係数>0 だから極小値を与える x の値は次の 3 通り。

(i) $-2<a-1<0$，すなわち $0\leqq a<1$ のとき（$\boldsymbol{a\geqq 0}$ **より**）

極小値 $f(-2)=-16a$，$f(0)=0$

(ii) $-2<a-1=0$，すなわち $a=1$ のとき

極小値 $f(-2)=-16$

(iii) $-2<0<a-1$，すなわち $1<a$ のとき

極小値 $f(-2)=-16a$，

$f(a-1)=-(a+3)(a-1)^3$

$0\leqq a<1$

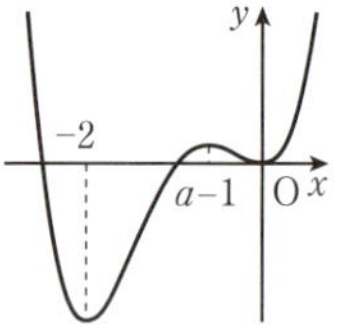

$a=1$

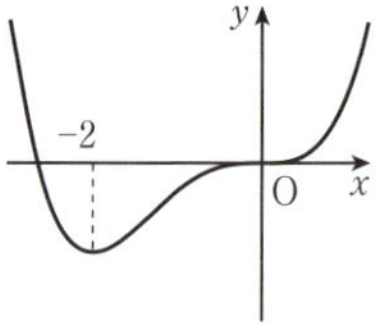

$1<a$

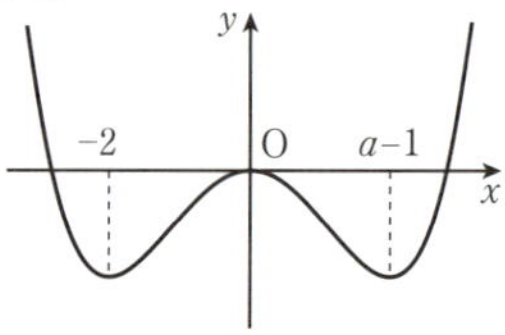

これらをまとめると次のようになる。

$\boldsymbol{0\leqq a<1}$ のとき

$x=-2$ で $-16a$，$x=0$ で 0

$a=1$ のとき

$x=-2$ で -16

$1<a$ のとき

$x=-2$ で $-16a$，

$x=a-1$ で $-(a+3)(a-1)^3$

実戦編

293

方針 (1)は $f'(x)=0$ の2つの解を α，β として解と係数の関係を利用する。(2)は(1)を，(3)は(2)を利用する。

解答 (1) $f(x)=x^3+ax^2+bx+c$

$f'(x)=3x^2+2ax+b=0$ の解が α，β だから，解と係数の関係により $\alpha+\beta=-\dfrac{2}{3}a$，$\alpha\beta=\dfrac{b}{3}$

よって

$$\begin{aligned}&f(\alpha)+f(\beta)\\&=(\alpha^3+\beta^3)+a(\alpha^2+\beta^2)+b(\alpha+\beta)+2c\\&=(\alpha+\beta)^3-3\alpha\beta(\alpha+\beta)+a(\alpha+\beta)^2-2a\alpha\beta\\&\quad+b(\alpha+\beta)+2c\\&=-\frac{8}{27}a^3+\frac{2}{3}ab+\frac{4}{9}a^3-\frac{2}{3}ab-\frac{2}{3}ab+2c\\&=\boldsymbol{\frac{4}{27}a^3-\frac{2}{3}ab+2c}\end{aligned}$$

(2) (1)より $\dfrac{f(\alpha)+f(\beta)}{2}=\dfrac{2}{27}a^3-\dfrac{1}{3}ab+c$

$$f\left(\frac{\alpha+\beta}{2}\right)=f\left(-\frac{a}{3}\right)=-\frac{a^3}{27}+\frac{a^3}{9}-\frac{ab}{3}+c=\frac{2}{27}a^3-\frac{1}{3}ab+c$$

よって $\dfrac{f(\alpha)+f(\beta)}{2}=f\left(\dfrac{\alpha+\beta}{2}\right)$ ∎

(3) $g(x)=x^3+3x^2+x+d$ より $g'(x)=3x^2+6x+1$

$g'(x)=0$ の異なる2つの実数解を α，β とすると

$\alpha+\beta=-2$

(2)より

$$\begin{aligned}g(\alpha)+g(\beta)&=2g\left(\frac{\alpha+\beta}{2}\right)=2g(-1)\\&=2(-1+3-1+d)\\&=2(1+d)\end{aligned}$$

$g(\alpha)+g(\beta)=8$ だから

$2(1+d)=8$ ゆえに $\boldsymbol{d=3}$

294

方針 (1) $f'(x)=0$ が異なる2つの実数解をもつ条件を考える。

(2) 解と係数の関係を利用して $m=\dfrac{f(\alpha)-f(\beta)}{\alpha-\beta}$ の値を求める。

(3) x 軸方向に p，y 軸方向に q だけ平行移動したとき，$y=x^3+\dfrac{3}{2}mx$ と等しくなる条件を求める。

解答 (1) $f'(x)=3x^2+6ax+b$

$f(x)$ が極値をもつ条件は，$f'(x)=0$ が異なる2つの実数解をもつことである。$f'(x)=0$ の判別式を D とすると

$\dfrac{D}{4}=9a^2-3b>0$ これより $\boldsymbol{3a^2-b>0}$

(2) α，β は $f'(x)=0$ の解 $(\alpha<\beta)$ だから，解と係数の関係により $\alpha+\beta=-2a$，$\alpha\beta=\dfrac{b}{3}$

したがって

$$\begin{aligned}&f(\alpha)-f(\beta)\\&=(\alpha^3-\beta^3)+3a(\alpha^2-\beta^2)+b(\alpha-\beta)\\&=(\alpha-\beta)\{(\alpha^2+\alpha\beta+\beta^2)+3a(\alpha+\beta)+b\}\\&=(\alpha-\beta)\{(\alpha+\beta)^2-\alpha\beta+3a(\alpha+\beta)+b\}\\&=(\alpha-\beta)\left(4a^2-\frac{b}{3}-6a^2+b\right)\\&=(\alpha-\beta)\left(-2a^2+\frac{2}{3}b\right)\end{aligned}$$

ゆえに $m=\dfrac{f(\alpha)-f(\beta)}{\alpha-\beta}=-2a^2+\dfrac{2}{3}b$

$\quad=\boldsymbol{-\dfrac{2}{3}(3a^2-b)}$

(3) $y=f(x)$ のグラフを x 軸方向に p，y 軸方向に q だけ平行移動すると

$$\begin{aligned}&y-q=(x-p)^3+3a(x-p)^2+b(x-p)+c\\&y=x^3+(3a-3p)x^2+(3p^2-6ap+b)x\\&\qquad-p^3+3ap^2-bp+c+q\end{aligned}$$

これが $y=x^3+\dfrac{3}{2}mx$ と等しくなるとすると

$3a-3p=0$ …①

$3p^2-6ap+b=\dfrac{3}{2}m$ …②

$-p^3+3ap^2-bp+c+q=0$ …③

①から $p=a$

このとき②は，$-3a^2+b=\dfrac{3}{2}m$ より

$m=-\dfrac{2}{3}(3a^2-b)$ で成り立つ。

③は $q=-2a^3+ab-c$

よって，x 軸方向に a，y 軸方向に $-2a^3+ab-c$ だけ平行移動すると

$y=f(x)$ のグラフは $y=x^3+\dfrac{3}{2}mx$ に移る。∎

295

方針 (1)は $t=2^x$，(2)は $t=\sin x$ とおいて t の3次関数で考える。ただし，t の変域に注意する。

解答 (1) $t=2^x$ とおくと，$-2\leqq x\leqq 1$ から

$f(x)=t^3-4t^2+4t-2\ \left(\frac{1}{4}\leqq t\leqq 2\right)$

$f(x)=g(t)$ とおくと

$g'(t)=3t^2-8t+4=(t-2)(3t-2)$

t	$\frac{1}{4}$	…	$\frac{2}{3}$	…	2
$g'(t)$		+	0	−	0
$g(t)$	$-\frac{79}{64}$	↗	$-\frac{22}{27}$	↘	-2

$t=2^x=\frac{2}{3}$ のとき　$x=\log_2\frac{2}{3}=1-\log_2 3$

$t=2$ のとき　$x=1$

よって，$\boldsymbol{x=1-\log_2 3}$ **のとき最大値** $\boldsymbol{-\frac{22}{27}}$，

$\boldsymbol{x=1}$ **のとき最小値** $\boldsymbol{-2}$

(2) $t=\sin x$ とおくと，$0\leqq x\leqq 2\pi$ だから

$y=-4t(1-t^2)+9(1-t^2)-8t-1$

$=4t^3-9t^2-12t+8\ (-1\leqq t\leqq 1)$

$y=g(t)$ とおくと

$g'(t)=12t^2-18t-12=6(2t+1)(t-2)$

t	-1	…	$-\frac{1}{2}$	…	1
$g'(t)$		+	0	−	
$g(t)$	7	↗	$\frac{45}{4}$	↘	-9

$t=\sin x=-\frac{1}{2}$ となるのは　$x=\frac{7}{6}\pi,\ \frac{11}{6}\pi$

よって，$\boldsymbol{x=\frac{7}{6}\pi,\ \frac{11}{6}\pi}$ **のとき最大値** $\boldsymbol{\frac{45}{4}}$，

$\boldsymbol{x=\frac{\pi}{2}}$ **のとき最小値** $\boldsymbol{-9}$

296

方針 (1)合成して t の値の範囲を求める。
(2) $t=\sin x-\cos x$ の両辺を2乗して $\sin x\cos x$ を t で表す。
(3) $f(x)=g(t)$ とおき，t の3次関数で考える。

解答 (1) $t=\sin x-\cos x=\sqrt{2}\sin\left(x-\frac{\pi}{4}\right)$

$-\frac{\pi}{4}\leqq x-\frac{\pi}{4}\leqq\frac{3}{4}\pi$ より　$\boldsymbol{-1\leqq t\leqq\sqrt{2}}$

(2) $t^2=\sin^2 x+\cos^2 x-2\sin x\cos x=1-\sin 2x$

よって　$\sin 2x=1-t^2$

ゆえに　$\boldsymbol{f(x)=5t^3+6t^2-6\ (-1\leqq t\leqq\sqrt{2})}$

(3) $f(x)=g(t)$ とおくと

$g'(t)=15t^2+12t=3t(5t+4)$

t	-1	…	$-\frac{4}{5}$	…	0	…	$\sqrt{2}$
$g'(t)$		+	0	−	0	+	
$g(t)$	-5	↗	$-\frac{118}{25}$	↘	-6	↗	$10\sqrt{2}+6$

$t=\sqrt{2}\sin\left(x-\frac{\pi}{4}\right)=0$

つまり $\boldsymbol{x=\frac{\pi}{4}}$ **のとき最小値** $\boldsymbol{-6}$

$t=\sqrt{2}\sin\left(x-\frac{\pi}{4}\right)=\sqrt{2}$

つまり $\boldsymbol{x=\frac{3}{4}\pi}$ **のとき最大値** $\boldsymbol{10\sqrt{2}+6}$

297

方針 底を a にそろえて $f(x)=\log_a g(x)$ の形に変形し，$g(x)$ の最大，最小を考える。$0<a<1$ と $a>1$ のときで場合分けをする。

解答 $f(x)=\log_a(2a+x)+\log_{a^2}(2a-x)$　…①

真数条件より　$2a+x>0,\ 2a-x>0$

つまり $a>0$ より　$-2a<x<2a$　…②

区間 $[-a,\ a]$ は②を満たす。

①より　$f(x)=\log_a(2a+x)+\frac{\log_a(2a-x)}{\log_a a^2}$

$=\log_a(2a+x)+\frac{1}{2}\log_a(2a-x)$

$=\frac{1}{2}\cdot 2\log_a(2a+x)+\frac{1}{2}\log_a(2a-x)$

$=\frac{1}{2}\{\log_a(2a+x)^2+\log_a(2a-x)\}$

$=\frac{1}{2}\log_a(2a+x)^2(2a-x)$

$g(x)=(2a+x)^2(2a-x)$ とおくと

$g(x)=(2a+x)(4a^2-x^2)$

$=-x^3-2ax^2+4a^2x+8a^3$

$g'(x)=-3x^2-4ax+4a^2$

$=-(3x^2+4ax-4a^2)$

$=-(x+2a)(3x-2a)$

x	$-a$	…	$\frac{2}{3}a$	…	a
$g'(x)$		+	0	−	
$g(x)$	$3a^3$	↗	$\frac{256}{27}a^3$	↘	$9a^3$

$a>1$ のとき，$g(x)$ が最大なら $f(x)$ も最大，$g(x)$ が最小なら $f(x)$ も最小となる。

$0<a<1$ のとき，$g(x)$ が最小なら $f(x)$ は最大，$g(x)$ が最大なら $f(x)$ は最小となる。

$f(-a)=\frac{1}{2}\log_a 3a^3=\frac{1}{2}(\log_a 3+3\log_a a)=\frac{B+3}{2}$

$f\left(\frac{2}{3}a\right)=\frac{1}{2}\log_a\frac{2^8a^3}{3^3}=\frac{1}{2}(8\log_a 2+3\log_a a-3\log_a 3)$

$=\frac{8A-3B+3}{2}$

以上より

$a>1$ のとき

最大値 $\boldsymbol{\frac{8A-3B+3}{2}}$，最小値 $\boldsymbol{\frac{B+3}{2}}$

$0<a<1$ のとき

最大値 $\boldsymbol{\frac{B+3}{3}}$，最小値 $\boldsymbol{\frac{8A-3B+3}{2}}$

298

方針 (1) $t=\sin x+\cos x$ とおいて，y を t の3次関数で表す。

(2) $\sin\left(x+\frac{\pi}{4}\right)$ の値から $\cos\left(x+\frac{\pi}{4}\right)$ が求まる。

解答 (1) $t=\sin x+\cos x=\sqrt{2}\sin\left(x+\frac{\pi}{4}\right)$

とおくと，$0\leqq x<\pi$ だから　$-1<t\leqq\sqrt{2}$

$t^2=\sin^2x+\cos^2x+2\sin x\cos x=1+\sin 2x$

ゆえに　$\sin 2x=t^2-1$

$y=t(4t^2-4+1)=4t^3-3t$

$f(t)=4t^3-3t$ とおくと

$f'(t)=12t^2-3=3(2t+1)(2t-1)$

t	-1	$\cdots$	$-\frac{1}{2}$	$\cdots$	$\frac{1}{2}$	$\cdots$	$\sqrt{2}$
$f'(t)$	／	$+$	0	$-$	0	$+$	
$f(t)$	／	↗	1	↘	-1	↗	$5\sqrt{2}$

最大値 $5\sqrt{2}$　$(t=\sqrt{2})$

このとき，$t=\sqrt{2}\sin\left(x+\frac{\pi}{4}\right)=\sqrt{2}$ より　$x=\frac{\pi}{4}$

(2) $f(-1)=-4+3=-1$ であるから

最小値 -1　$\left(t=\frac{1}{2}\right)$

$t=\frac{1}{2}$ のとき　$\sin\left(x+\frac{\pi}{4}\right)=\frac{1}{2\sqrt{2}}<\frac{1}{\sqrt{2}}$

$\frac{\pi}{4}\leqq x+\frac{\pi}{4}<\frac{5}{4}\pi$ より

この範囲で

$\sin\left(x+\frac{\pi}{4}\right)=\frac{1}{2\sqrt{2}}$

を満たすとき

$\cos\left(x+\frac{\pi}{4}\right)<0$

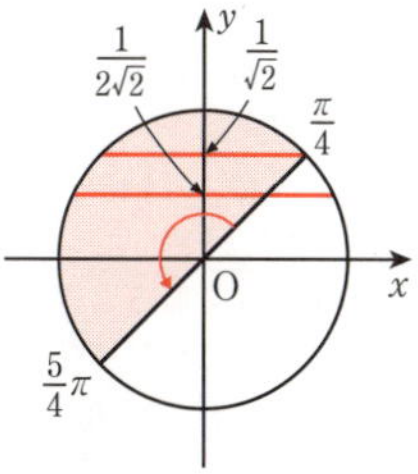

これより

$\cos\left(x+\frac{\pi}{4}\right)=-\sqrt{1-\sin^2\left(x+\frac{\pi}{4}\right)}$

$=-\sqrt{1-\left(\frac{1}{2\sqrt{2}}\right)^2}=-\frac{\sqrt{14}}{4}$

299

方針　$y+z$，yz を x で表す。y，z は $t^2-(y+z)t+yz=0$ の実数解であることから x の値の範囲が求まる。

$x^3+y^3+z^3=x^3+(y+z)^3-3yz(y+z)$ に代入して，x の3次関数にする。

解答　$\begin{cases} y+z=-x \\ yz=x^2-x-1 \end{cases}$

よって，y，z は $t^2+xt+x^2-x-1=0$ の実数解。

判別式を D とすると

$D=x^2-4(x^2-x-1)=-3x^2+4x+4$

$=-(3x^2-4x-4)=-(x-2)(3x+2)\geqq 0$

よって　$\boxed{-\frac{2}{3}\leqq x\leqq 2}$

$x^3+y^3+z^3=x^3+(y+z)^3-3yz(y+z)$

$=x^3+(-x)^3-3(x^2-x-1)(-x)$

$=\boxed{3x^3-3x^2-3x}$

$f(x)=3x^3-3x^2-3x$ とおく。

$f'(x)=9x^2-6x-3=3(x-1)(3x+1)$

x	$-\frac{2}{3}$	$\cdots$	$-\frac{1}{3}$	$\cdots$	1	$\cdots$	2
$f'(x)$		$+$	0	$-$	0	$+$	
$f(x)$	$-\frac{2}{9}$	↗	$\frac{5}{9}$	↘	-3	↗	6

$x=2$ のとき最大値 $\boxed{6}$，$x=1$ のとき最小値 $\boxed{-3}$

300

方針　前問と同様に $y+z$，yz を x で表し，実数解である条件をとる。xyz を x の3次関数にする。

解答　$y+z=10-x$　…①

$yz=25-x(y+z)$

$=25-x(10-x)=(x-5)^2$　…②

また，$y\geqq 0$，$z\geqq 0$ より　$10-x\geqq 0$

よって　$0\leqq x\leqq 10$　…③

①，②より y，z は次の方程式の実数解である。

$t^2-(10-x)t+(x-5)^2=0$

判別式を D とすると

$D=(10-x)^2-4(x-5)^2=-3x^2+20x$

$=-x(3x-20)\geqq 0$

ゆえに　$0\leqq x\leqq\frac{20}{3}$　…④

③，④より　$0\leqq x\leqq\frac{20}{3}$

$f(x)=xyz=x(x-5)^2=x^3-10x^2+25x$ とおくと

$f'(x)=3x^2-20x+25=(x-5)(3x-5)$

x	0	…	$\frac{5}{3}$	…	5	…	$\frac{20}{3}$
$f'(x)$		$+$	0	$-$	0	$+$	
$f(x)$	0	↗	$\frac{500}{27}$	↘	0	↗	$\frac{500}{27}$

ゆえに，$x=\frac{5}{3}$，$\frac{20}{3}$ のとき，すなわち x，y，z のうち 1 つが $\frac{20}{3}$，残り 2 つが $\frac{5}{3}$ のとき最大値 $\mathbf{\frac{500}{27}}$

29 方程式・不等式への応用

必修編

301

方針 左辺を $f(x)$ とおき，$y=f(x)$ のグラフと x 軸の共有点の個数を数える。

解答 (1) $f(x)=2x^3-3x^2+\frac{1}{2}$ とおく。

$f'(x)$
$=6x^2-6x$
$=6x(x-1)$

x	…	0	…	1	…
$f'(x)$	$+$	0	$-$	0	$+$
$f(x)$	↗	$\frac{1}{2}$	↘	$-\frac{1}{2}$	↗

右の増減表からグラフをかくと図のようになるから，実数解の個数は **3 個**

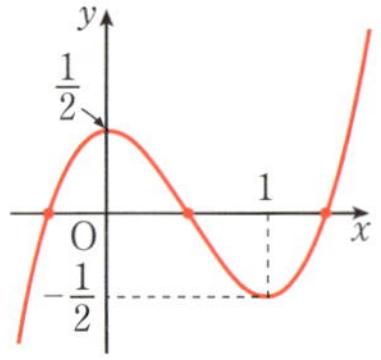

(2) $g(x)=2x^3-3x^2+1$ とおくと $y=g(x)$ のグラフは(1)のグラフを y 軸方向に $\frac{1}{2}$ だけ平行移動したもので，図のようになるから，実数解の個数は **2 個**
（1 個は重解）

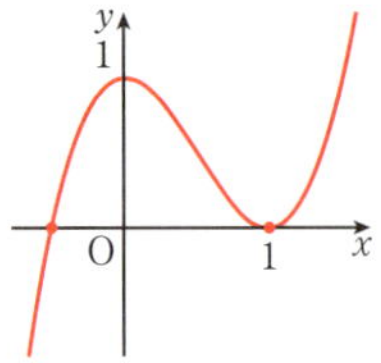

(3) $h(x)=2x^3-3x^2+2$ とおくと，$y=h(x)$ のグラフは(1)のグラフを y 軸方向に $\frac{3}{2}$ だけ平行移動したもので，図のようになるから実数解の個数は **1 個**

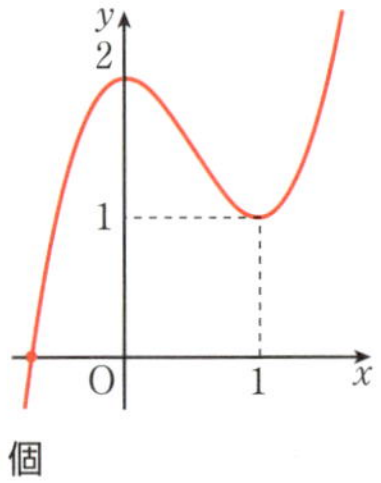

302

方針 直線 $y=3x-a$ と曲線 $y=2x^3-3x$ の連立方程式を解く。(2)は $f(x)=a$ として，$y=f(x)$ と $y=a$ のグラフの共有点を考える。

解答 (1) $2x^3-3x=3x-a$ より，$a=0$ のとき

$2x^3-6x=0$　　$2x(x+\sqrt{3})(x-\sqrt{3})=0$

$x=0,\ \sqrt{3},\ -\sqrt{3}$　　よって，共有点の座標は

$(\mathbf{0},\ \mathbf{0})$，$(\sqrt{\mathbf{3}},\ \mathbf{3}\sqrt{\mathbf{3}})$，$(-\sqrt{\mathbf{3}},\ -\mathbf{3}\sqrt{\mathbf{3}})$

(2) $-2x^3+6x=a$ より

$y=f(x)=-2x^3+6x$，$y=a$ とおく。

$f'(x)=-6x^2+6=-6(x+1)(x-1)$

x	…	-1	…	1	…
$f'(x)$	$-$	0	$+$	0	$-$
$f(x)$	↘	-4	↗	4	↘

右のグラフより，共有点の個数が 3 個になる a の値の範囲は

$\mathbf{-4<a<4}$

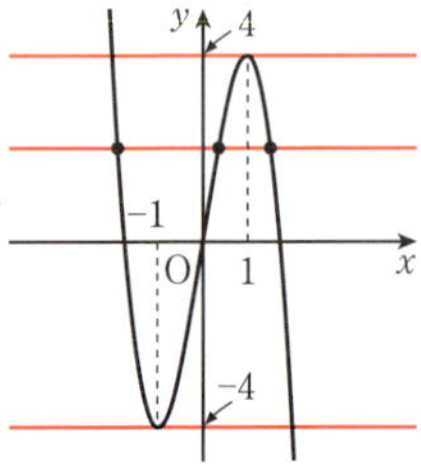

303

方針 (1) $x^3-7x^2+15x-9=ax$ とし，左辺を $f(x)$ とおく。$y=f(x)$ のグラフと $y=ax$（原点を通る直線）との共有点を考える。

(2) $f'(x)$ を求め，$f'(x)=0$ が実数解をもつときともたないときに分けて考える。実数解をもつときは 2 つの解を α，β とし $f'(\alpha)=f'(\beta)=0$ を利用して $f(\alpha)$，$f(\beta)$ を計算する。解と係数の関係が使える。

解答 (1) 方程式を $x^3-7x^2+15x-9=ax$ とし，

$y=x^3-7x^2+15x-9$　…①と $y=ax$　…②の共有点の個数を調べる。

①より $y'=3x^2-14x+15=(x-3)(3x-5)$

①上の点 $(\alpha,\ \alpha^3-7\alpha^2+15\alpha-9)$ における接線の方程式は

$y=(3\alpha^2-14\alpha+15)(x-\alpha)+\alpha^3-7\alpha^2+15\alpha-9$
…③

③が原点を通るとき

$-3\alpha^3+14\alpha^2-15\alpha+\alpha^3-7\alpha^2+15\alpha-9=0$

$2\alpha^3-7\alpha^2+9=0$　　$(\alpha+1)(2\alpha-3)(\alpha-3)=0$

よって　$\alpha=-1,\ \frac{3}{2},\ 3$

これらを③に代入した式，つまり $y=32x$，$y=\frac{3}{4}x$，$y=0$ は原点から引いた接線である。

これを目安にして，①のグラフと a の値を変化させた②のグラフとの共有点の個数が実数解の個数である。
a の値と共有点の個数は，次のようになる。

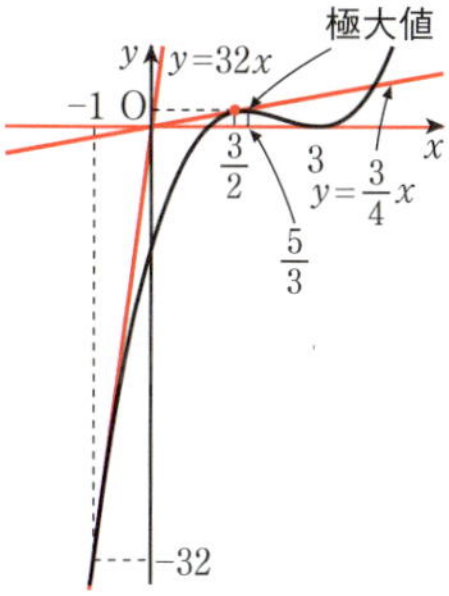

a の値	…	0	…	$\frac{3}{4}$	…	32	…
解の個数	1	2	3	2	1	2	3

(2) $f(x)=x^3+3ax^2+3ax+a^3$ とおくと

$f'(x)=3x^2+6ax+3a=3(x^2+2ax+a)$

$f'(x)=0$ の判別式 D は

$D=(6a)^2-4\cdot3\cdot3a=36(a^2-a)=36a(a-1)$

(i) $D\leqq0$ すなわち $0\leqq a\leqq1$ のとき

$f'(x)\geqq0$ で $f(x)$ は単調増加だから

$f(x)=0$ の実数解 1 個

(ii) $D>0$ すなわち $a<0$，$1<a$ のとき

$f'(x)=0$ は 2 つの実数解 α，β $(\alpha<\beta)$ をもち

$\alpha+\beta=-2a$，$\alpha\beta=a$

$$\begin{array}{r|llll} & x+a & & & \\ \hline x^2+2ax+a & x^3+3ax^2 & & +3ax & +a^3 \\ & x^3+2ax^2 & & +ax & \\ \hline & & ax^2 & +2ax & +a^3 \\ & & ax^2 & +2a^2x & +a^2 \\ \hline & & & (2a-2a^2)x+a^3-a^2 & \end{array}$$

上の割り算より

$f(x)=(x^2+2ax+a)(x+a)+2a(1-a)x$
$\qquad+a^2(a-1)$

よって　$f(\alpha)=(\alpha^2+2a\alpha+a)(\alpha+a)$
$\qquad+2a(1-a)\alpha+a^2(a-1)$
$\qquad=2a(1-a)\alpha+a^2(a-1)$
$\qquad(f'(\alpha)=0$ より $\alpha^2+2a\alpha+a=0$ を代入$)$
$\qquad=a(1-a)(2\alpha-a)$

同様にして　$f(\beta)=a(1-a)(2\beta-a)$

ゆえに

$f(\alpha)f(\beta)=a^2(1-a)^2(2\alpha-a)(2\beta-a)$
$\qquad=a^2(1-a)^2\{4\alpha\beta-2(\alpha+\beta)a+a^2\}$
$\qquad=a^2(1-a)^2\{4a-2\cdot(-2a)\cdot a+a^2\}$
$\qquad=a^2(1-a)^2(5a^2+4a)$
$\qquad=a^3(1-a)^2(5a+4)$

$a=-\frac{4}{5}$ のとき，$f(\alpha)f(\beta)=0$ より実数解 2 個

$a<-\frac{4}{5}$，$1<a$ のとき，$f(\alpha)f(\beta)>0$ より実数解 1 個

$-\frac{4}{5}<a<0$ のとき，$f(\alpha)f(\beta)<0$ より実数解 3 個

$D\leqq0$のとき

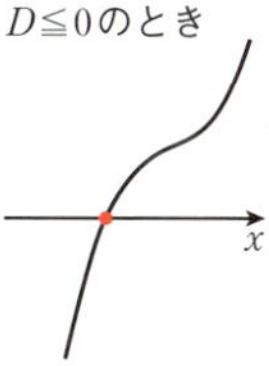

$f(\alpha)\cdot f(\beta)>0$のとき

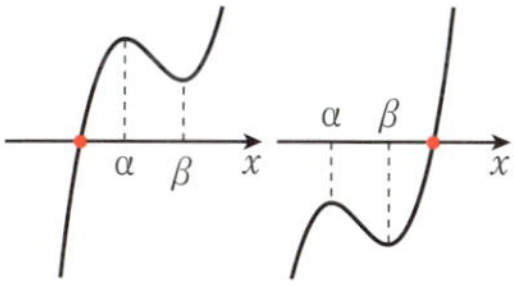

$f(\alpha)\cdot f(\beta)=0$のとき

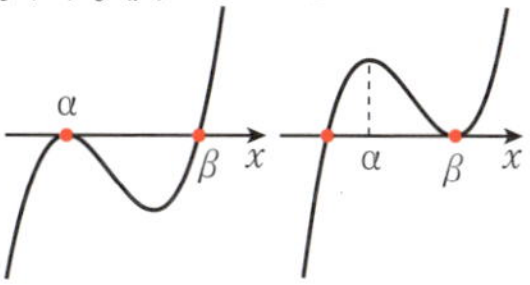

$f(\alpha)\cdot f(\beta)<0$ のとき

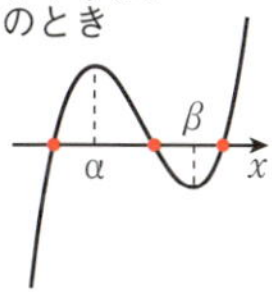

これらをまとめると，a の値と共有点の個数は次のようになる。

a の値	…	$-\frac{4}{5}$	…	0	…
解の個数	1	2	3	1	1

304

方針 (3) $\boldsymbol{h(x)=f(x)-g(x)}$ $(\boldsymbol{x\geqq0})$ とおいて，$\boldsymbol{h(x)\geqq0}$ となる $\boldsymbol{k}$ の値の範囲を求める。

解答 (1) $f'(x)=3x^2-6x-9=3(x+1)(x-3)$

x	0	…	3	…
$f'(x)$		$-$	0	$+$
$f(x)$	0	↘	-27	↗

よって，$\boldsymbol{x=3}$ **のとき最小値** $\boldsymbol{-27}$

(2) $g(x)=-9(x^2-3x)+k$

$\qquad=-9\left(x-\frac{3}{2}\right)^2+k+\frac{81}{4}$ $(x\geqq0)$

$x\geqq0$ より，$x=\frac{3}{2}$ のとき最大値 $M=k+\frac{81}{4}$

(1)より，$m=-27$ であるから

$-27\geqq k+\frac{81}{4}$　　よって　$\boldsymbol{k\leqq-\frac{189}{4}}$

(3) $h(x)=f(x)-g(x)$

$\qquad=x^3-3x^2-9x-(-9x^2+27x+k)$
$\qquad=x^3+6x^2-36x-k$

とすると

$h'(x)=3x^2+12x-36=3(x+6)(x-2)$

$h(2)=-40-k$

$-40-k\geqq0$ となればよいから

$\boldsymbol{k\leqq-40}$

x	0	…	2	…
$h'(x)$		$-$	0	$+$
$h(x)$	$-k$	↘	$-40-k$	↗

305

方針 (1) $f(x)$＝左辺－右辺とおいて，$f(x)\geqq 0$ を示す。

(2) 左辺＝$f(x)$ とおいて $f'(x)$ を求める。

解答 (1) $f(x)=\frac{1}{2}(1-x^2)+\frac{1}{4}(1-x^4)-\frac{2}{3}(1-x^3)$

とおくと　$f'(x)=-x-x^3+2x^2=-x(x-1)^2$

$0<x<1$ だから　$f'(x)<0$

ゆえに，$0<x<1$ において $f(x)$ は単調減少。

よって，$0<x<1$ のとき　$f(x)>f(1)=0$

したがって　$\frac{1}{2}(1-x^2)+\frac{1}{4}(1-x^4)>\frac{2}{3}(1-x^3)$ ∎

(2) (i) $f(x)=\frac{1}{4}x^3-x+1$ とおくと

$f'(x)=\frac{3}{4}x^2-1$

$x>0$ のとき，$f'(x)=0$ より　$x=\frac{2}{\sqrt{3}}$

x	0	…	$\frac{2}{\sqrt{3}}$	…
$f'(x)$		−	0	＋
$f(x)$		↘	$\frac{9-4\sqrt{3}}{9}$	↗

増減表から最小値 $f\left(\frac{2}{\sqrt{3}}\right)=\frac{9-4\sqrt{3}}{9}>0$ が得られる。

ゆえに，$x>0$ のとき　$\frac{1}{4}x^3-x+1>0$ ∎

(ii) $g(x)=\frac{1}{4}x^n-x+1$ とおくと

$g'(x)=\frac{n}{4}x^{n-1}-1$

$x>0$ のとき，$g'(x)=0$ となるのは

$x=\left(\frac{4}{n}\right)^{\frac{1}{n-1}}$　(>0)

x	0	…	$\left(\frac{4}{n}\right)^{\frac{1}{n-1}}$	…
$g'(x)$		−	0	＋
$g(x)$		↘	極小	↗

増減表より，最小値 m は

$$m=g\left(\left(\frac{4}{n}\right)^{\frac{1}{n-1}}\right)=\frac{1}{4}\left\{\left(\frac{4}{n}\right)^{\frac{1}{n-1}}\right\}^n-\left(\frac{4}{n}\right)^{\frac{1}{n-1}}+1$$

$$=\frac{1}{4}\left(\frac{4}{n}\right)^{\frac{n}{n-1}}-\left(\frac{4}{n}\right)^{\frac{1}{n-1}}+1$$

$n\geqq 4$ であるから　$0<\left(\frac{4}{n}\right)^{\frac{1}{n-1}}\leqq 1$

よって　$m>0$

ゆえに，$x>0$ のとき　$\frac{1}{4}x^n-x+1>0$ ∎

306

方針 $f(x)$＝左辺とおいて，$f'(x)$ を求める。極値をもつときともたないときで場合分けをする。

解答 $f(x)=x^3-ax+1$ とおくと

$f'(x)=3x^2-a$

(i) $a\leqq 0$ のとき　$f'(x)\geqq 0$

ゆえに，$f(x)$ は単調増加。

$x\geqq 0$ のとき　$f(x)\geqq f(0)=1\geqq 0$

ゆえに　$a\leqq 0$

(ii) $a>0$ のとき

$f'(x)=3\left(x-\sqrt{\frac{a}{3}}\right)\left(x+\sqrt{\frac{a}{3}}\right)$

x	0	…	$\sqrt{\frac{a}{3}}$	…
$f'(x)$		−	0	＋
$f(x)$		↘	極小	↗

$f(x)\geqq 0$ となるとき

$$f\left(\sqrt{\frac{a}{3}}\right)=\frac{a}{3}\sqrt{\frac{a}{3}}-a\sqrt{\frac{a}{3}}+1=-\frac{2\sqrt{a^3}}{3\sqrt{3}}+1\geqq 0$$

よって　$0<a\leqq\frac{3}{\sqrt[3]{4}}$

(i)，(ii)より　$\boldsymbol{a\leqq\frac{3}{\sqrt[3]{4}}}$

実戦編

307

方針 (2) $f'(x)=0$ となる x の値の大小関係に注意して極小値を求める。

(3) $y=f(x)$ のグラフと x 軸の交点を考えて，極小値が負で，$f(0)>0$ となる条件をとる。

解答 (1) $f(0)=-a(a-10)>0$ より　$\boldsymbol{0<a<10}$

また　$f'(x)=\boldsymbol{x^2-2(2a-1)x+3a(a-2)}$

(2) $f'(x)=x^2-2(2a-1)x+3a(a-2)$

$=(x-3a)(x-a+2)$

$f'(x)=0$ とすると　$x=3a,\ a-2$

$a>0$ であるから

$3a>a-2$

右の増減表から

$x=3a$ のとき

極小値

x	…	$a-2$	…	$3a$	…
$f'(x)$	＋	0	−	0	＋
$f(x)$	↗	極大	↘	極小	↗

$$f(3a)=9a^3-(2a-1)\cdot 9a^2+3a(a-2)\cdot 3a-a(a-10)$$

$$=\boldsymbol{-10a^2+10a}$$

(3) $f(x)=0$ が 2 つの異なる正の解と 1 つの負の解をもつ条件は，右のグラフのように極小値をとる x 座標が正で，極小値が負，かつ $f(0)>0$ であればよい。

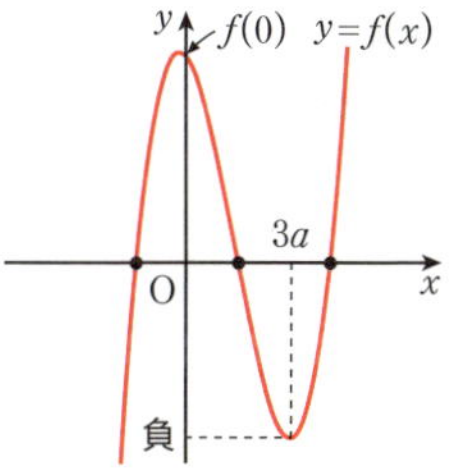

$x=3a>0$ は条件を満たす。

$f(3a)=-10a^2+10a=-10a(a-1)<0$

$a>0$ より　$a>1$　…①

$f(0)>0$ は(1)より　$0<a<10$　…②

①，②の共通範囲を求めて　$\mathbf{1<a<10}$

308

方針　**3 次方程式 $f(x)=0$ が異なる 3 つの実数解をもつ条件は (極大値)×(極小値)<0 である。**

解答　$f(x)=2x^3-3(a+b)x^2+6abx-2a^2b$ とおくと　$f'(x)=6x^2-6(a+b)x+6ab$

$=6(x-a)(x-b)$

$f(x)=0$ が異なる 3 つの実数解をもつ条件は

$f(a)f(b)<0$，$a\neq b$

これより　$\{2a^3-3(a+b)a^2+6a^2b-2a^2b\}$

$\times\{2b^3-3(a+b)b^2+6ab^2-2a^2b\}<0$

$\{-a^3-3a^2b+6a^2b-2a^2b\}$

$\times\{-b^3-3ab^2+6ab^2-2a^2b\}<0$

$(-a^3+a^2b)\times(-b^3+3ab^2-2a^2b)<0$

$-a^2(a-b)\times(-b)(b^2-3ab+2a^2)<0$

$a^2(b-a)\times b(b-2a)(b-a)>0$

$a^2(b-a)^2\times b(b-2a)>0$

したがって

$\mathbf{b(b-2a)>0}$，

$\mathbf{a\neq 0}$

これを図示すると，右の図のようになる。

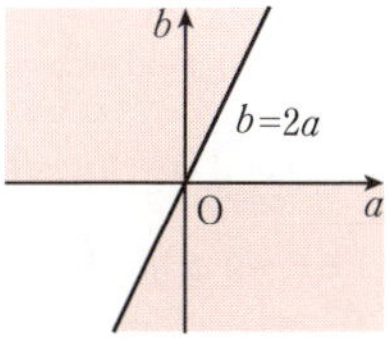

境界および
b軸は含まない

309

方針　(2) **$f(x)=0$ の異なる 3 つの実数解を α，β，γ ($\alpha<\beta<\gamma$) とすると β は極大値と極小値をとる x の値の間にある。**

解答　(1) $f(x)=x^3-3x^2-4x+k$ より

$f'(x)=3x^2-6x-4$

$f'(x)=0$ を解いて　$\mathbf{x=\frac{3\pm\sqrt{21}}{3}}$

(2) $-x^3+3x^2+4x=k$ とし，方程式 $f(x)=0$ の異なる 3 つの実数解を α，β，γ ($\alpha<\beta<\gamma$) とすると，α，β，γ は $y=-x^3+3x^2+4x$ のグラフと直線 $y=k$ の共有点の x 座標である。(1)と $y=-x(x+1)(x-4)$ から，グラフは右のようになる。

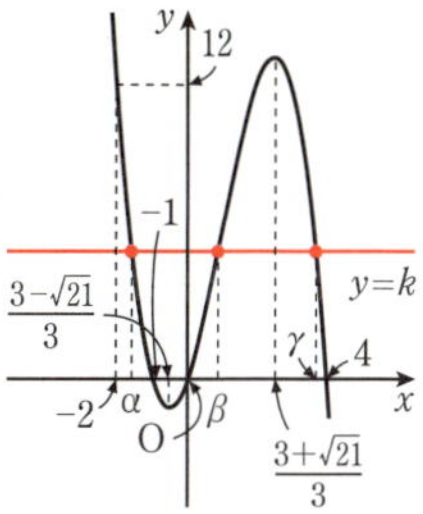

異なる 3 つの実数解をもつとき

$\frac{3-\sqrt{21}}{3}<\beta<\frac{3+\sqrt{21}}{3}$ である。

$4<\sqrt{21}<5$ だから

$-\frac{2}{3}<\frac{3-\sqrt{21}}{3}<-\frac{1}{3}$，$\frac{7}{3}<\frac{3+\sqrt{21}}{3}<\frac{8}{3}$

よって，$-1<\beta<3$ であるから，$\beta=0$，1，2 のいずれか。

(i) $\beta=0$ のとき　$f(0)=k=0$

このとき　$f(x)=x(x+1)(x-4)=0$

$x=-1$，0，4

(ii) $\beta=1$ のとき

$f(1)=1-3-4+k=0$ より　$k=6$

このとき　$f(x)=x^3-3x^2-4x+6$

$=(x-1)(x^2-2x-6)=0$

$x=1$，$1\pm\sqrt{7}$

(iii) $\beta=2$ のとき

$f(2)=8-12-8+k=0$ より

$k=12$

このとき　$f(x)=x^3-3x^2-4x+12$

$=(x-2)(x+2)(x-3)=0$

$x=-2$，2，3

(i)，(ii)，(iii)より，3 つの整数解をもつのは

$\mathbf{k=0}$ **のとき　−1，0，4**

$\mathbf{k=12}$ **のとき　−2，2，3**

310

方針 右辺－左辺を b^n でくくり，$\dfrac{a}{b}=x$ とおく。

解答 $\dfrac{n}{2}(a-b)(a^{n-1}+b^{n-1})-(a^n-b^n)$

$=b^n\left[\dfrac{n}{2}\left(\dfrac{a}{b}-1\right)\left\{\left(\dfrac{a}{b}\right)^{n-1}+1\right\}-\left\{\left(\dfrac{a}{b}\right)^n-1\right\}\right]$ $(b^n>0)$ …①

$x=\dfrac{a}{b}$ とおくと，$a\geqq b>0$ だから　$x\geqq 1$

①は　$b^n\left\{\dfrac{n}{2}(x-1)(x^{n-1}+1)-(x^n-1)\right\}$ …②

$f(x)=\dfrac{n}{2}(x-1)(x^{n-1}+1)-(x^n-1)$ とおくと

$f(x)=\dfrac{n}{2}(x^n+x-x^{n-1}-1)-(x^n-1)$

$=\dfrac{n-2}{2}x^n-\dfrac{n}{2}x^{n-1}+\dfrac{n}{2}x-\dfrac{n-2}{2}$

$f'(x)=\dfrac{n(n-2)}{2}x^{n-1}-\dfrac{n(n-1)}{2}x^{n-2}+\dfrac{n}{2}$

$=\dfrac{n}{2}\{(n-2)x^{n-1}-(n-1)x^{n-2}+1\}$ …③

$g(x)=(n-2)x^{n-1}-(n-1)x^{n-2}+1$ とおくと

$g'(x)=(n-2)(n-1)x^{n-2}-(n-1)(n-2)x^{n-3}$

$=(n-1)(n-2)x^{n-3}(x-1)$

ゆえに，$n\geqq 3$ ならば $x\geqq 1$ より　$g'(x)\geqq 0$

よって，$g(x)$ は単調増加。

$g(1)=0$　　よって，$x\geqq 1$ で　$g(x)\geqq g(1)=0$

よって，③より $x\geqq 1$ で　$f'(x)\geqq 0$

ゆえに，$f(x)$ は単調増加。

$f(1)=0$　よって，$x\geqq 1$ で　$f(x)\geqq f(1)=0$

ゆえに，②より

$a^n-b^n\leqq\dfrac{n}{2}(a-b)(a^{n-1}+b^{n-1})$ $(n\geqq 3)$

$n=1$ のとき両辺とも　$a-b$

$n=2$ のとき両辺とも　a^2-b^2

以上より，自然数 n に対して不等式は成立する。■

30 不定積分と定積分

必修編

311

方針 定義にしたがって計算する。(4)は発展（数学Ⅲ）であるが知っておくと便利。

解答 (1) $\boldsymbol{3x+C}$（C は積分定数）

(2) $\boldsymbol{\dfrac{x^4}{4}-2x^3+2x^2-2x+C}$（$C$ は積分定数）

(3) 与式$=\displaystyle\int(t^3+1)dt$

$=\boldsymbol{\dfrac{1}{4}t^4+t+C}$（$C$ は積分定数）

(4) 与式$=\dfrac{1}{3\cdot 5}(3x+5)^5+C$

↑ x の係数で割る。

$=\boldsymbol{\dfrac{1}{15}(3x+5)^5+C}$（$C$ は積分定数）

〔注意〕 以下本書では「（C は積分定数）」の説明を略す。

312

方針 $\displaystyle\int f'(x)dx=f(x)+C$，条件より C を決定する。

解答 (1) $f(x)=\displaystyle\int(x^2-2x+1)dx$

$=\dfrac{x^3}{3}-x^2+x+C$

$f(0)=-2$ より　$C=-2$

よって　$\boldsymbol{f(x)=\dfrac{x^3}{3}-x^2+x-2}$

(2) $f(x)=\displaystyle\int(x^2-3x+2)dx=\dfrac{1}{3}x^3-\dfrac{3}{2}x^2+2x+C$

$f(1)=0$ より　$\dfrac{1}{3}-\dfrac{3}{2}+2+C=0$　　$C=-\dfrac{5}{6}$

よって　$\boldsymbol{f(x)=\dfrac{x^3}{3}-\dfrac{3}{2}x^2+2x-\dfrac{5}{6}}$

313

方針 接線の傾きを表す関数 $f'(x)$ は $f'(x)=kx^3$ と表せる。

解答 題意より $f'(x)=kx^3$ (k は実数) とかける。

ゆえに　$f(x)=\int kx^3dx=\frac{k}{4}x^4+C$

これが 2 点 $(1,\ -1)$, $(2,\ 14)$ を通るから

$\frac{k}{4}+C=-1$, $4k+C=14$

これを解いて　$k=4$, $C=-2$　　$\boldsymbol{f(x)=x^4-2}$

314

方針 定積分の定義にしたがって計算する。(4), (5), (6)は絶対値記号をはずして積分する。

解答 (1) $\int_{-1}^{2}(3x^2+4x-2)dx=\left[x^3+2x^2-2x\right]_{-1}^{2}$

$=(8+8-4)-(-1+2+2)=\mathbf{9}$

(2) $\int_0^1(t+1)(t^2-t+1)dt=\int_0^1(t^3+1)dt=\left[\frac{t^4}{4}+t\right]_0^1$

$=\mathbf{\frac{5}{4}}$

(3) $\int_{\frac{1}{2}}^{1}(2x-1)^4dx=\left[\frac{1}{2\cdot5}(2x-1)^5\right]_{\frac{1}{2}}^{1}=\mathbf{\frac{1}{10}}$

(4) $\int_{-2}^{3}|x+1|dx=-\int_{-2}^{-1}(x+1)dx+\int_{-1}^{3}(x+1)dx$

$=-\left[\frac{x^2}{2}+x\right]_{-2}^{-1}+\left[\frac{x^2}{2}+x\right]_{-1}^{3}$

$=-\left\{\frac{1}{2}-1-\left(\frac{4}{2}-2\right)\right\}$

$+\left\{\frac{9}{2}+3-\left(\frac{1}{2}-1\right)\right\}$

$=\mathbf{\frac{17}{2}}$

(5) $\int_{-3}^{3}(x^3+|x|+1)dx$

$=2\int_0^3(|x|+1)dx=2\int_0^3(x+1)dx=2\left[\frac{x^2}{2}+x\right]_0^3$

└奇関数の項は消える。

└ここに注意。

$=2\cdot\left(\frac{9}{2}+3-0\right)=\mathbf{15}$

(本冊 p. 82 の❹の④の公式を利用)

(6) $x^2+x-1=0$ の $-1\leqq x\leqq1$ における解を α とすると　$\alpha=\frac{-1+\sqrt{5}}{2}$

$\int_{-1}^{1}|x^2+x-1|dx$

$=-\int_{-1}^{\alpha}(x^2+x-1)dx+\int_{\alpha}^{1}(x^2+x-1)dx$

$=-\left[\frac{x^3}{3}+\frac{x^2}{2}-x\right]_{-1}^{\alpha}+\left[\frac{x^3}{3}+\frac{x^2}{2}-x\right]_{\alpha}^{1}$

$=-\left\{\frac{\alpha^3}{3}+\frac{\alpha^2}{2}-\alpha-\left(\frac{-1}{3}+\frac{1}{2}+1\right)\right\}$

$+\left\{\frac{1}{3}+\frac{1}{2}-1-\left(\frac{\alpha^3}{3}+\frac{\alpha^2}{2}-\alpha\right)\right\}$

$=-2\left(\frac{\alpha^3}{3}+\frac{\alpha^2}{2}-\alpha\right)+\frac{7}{6}-\frac{1}{6}$

$=-\frac{2}{3}\alpha^3-\alpha^2+2\alpha+1$

$=-\frac{1}{3}(2\alpha^3+3\alpha^2-6\alpha-3)$

$=-\frac{1}{3}\{(2\alpha+1)(\alpha^2+\alpha-1)-5\alpha-2\}$

└$\alpha^2+\alpha-1=0$ を用いるので, $\alpha^2+\alpha-1$ との積と余りに変形する。

$=\frac{1}{3}(5\alpha+2)$ ($\alpha^2+\alpha-1=0$ より)

$=\frac{1}{3}\left\{5\left(\frac{-1+\sqrt{5}}{2}\right)+2\right\}=\mathbf{\frac{5\sqrt{5}-1}{6}}$

315

方針 $\int(x-\alpha)^n dx=\frac{1}{n+1}(x-\alpha)^{n+1}+C$ が使えるように変形する。

解答 (1) $(x-\alpha)(x-\beta)=(x-\alpha)\{(x-\alpha)-(\beta-\alpha)\}$

$=(x-\alpha)^2-(\beta-\alpha)(x-\alpha)$

└この変形は要暗記。

$\int_{\alpha}^{\beta}(x-\alpha)(x-\beta)dx$

$=\int_{\alpha}^{\beta}\{(x-\alpha)^2-(\beta-\alpha)(x-\alpha)\}dx$

$=\left[\frac{1}{3}(x-\alpha)^3-\frac{1}{2}(\beta-\alpha)(x-\alpha)^2\right]_{\alpha}^{\beta}$

$=\frac{1}{3}(\beta-\alpha)^3-\frac{1}{2}(\beta-\alpha)^3=-\frac{1}{6}(\beta-\alpha)^3$ ∎

〔参考〕 $\int_{\alpha}^{\beta}\left\{x^2-(\alpha+\beta)x+\alpha\beta\right\}dx$

$=\left[\frac{1}{3}x^3-\frac{1}{2}(\alpha+\beta)x^2+\alpha\beta x\right]_{\alpha}^{\beta}$

を計算しても求まる。

(2) $(x-\alpha)^2(x-\beta)=(x-\alpha)^2\{(x-\alpha)-(\beta-\alpha)\}$

└この変形は要暗記。

$=(x-\alpha)^3-(\beta-\alpha)(x-\alpha)^2$

ゆえに

$\int_{\alpha}^{\beta}(x-\alpha)^2(x-\beta)dx$

$=\int_{\alpha}^{\beta}\{(x-\alpha)^3-(\beta-\alpha)(x-\alpha)^2\}dx$

$=\left[\frac{1}{4}(x-\alpha)^4-\frac{1}{3}(\beta-\alpha)(x-\alpha)^3\right]_{\alpha}^{\beta}$

$=\frac{1}{4}(\beta-\alpha)^4-\frac{1}{3}(\beta-\alpha)^4=-\frac{(\beta-\alpha)^4}{12}$ ∎

316

方針 $\boldsymbol{F(x)=\int f(x)dx}$ とおく。

解答 $F(x)=\int f(x)dx$ とおくと　$F'(x)=f(x)$

このとき　$\int_a^x f(t)dt=\Big[F(t)\Big]_a^x=F(x)-F(a)$

ゆえに　$\dfrac{d}{dx}\int_a^x f(t)dt=\{F(x)-F(a)\}'$

$=F'(x)=f(x)$ ∎

317

方針 (1) 素直に定積分の計算をする。(2)は前問の公式を利用する。

解答 (1) $f(1)=\int_0^1\{3at^2-2a(b+1)t+ab\}dt$

$=\Big[at^3-a(b+1)t^2+abt\Big]_0^1$

$=a-a(b+1)+ab=\boldsymbol{0}$

(2) $f'(x)=\dfrac{d}{dx}\int_0^x\{3at^2-2a(b+1)t+ab\}dt$

$=3ax^2-2a(b+1)x+ab$

よって　$f'(0)=\boldsymbol{ab}$

318

方針 $\boldsymbol{\dfrac{d}{dx}\int_a^x f(t)dt=f(x)}$ を利用する。また，$\boldsymbol{x=a}$ を代入すると $\boldsymbol{f(a)=0}$ となる。
(3)は，$\boldsymbol{X=2x-1}$ とおいて，$\boldsymbol{X}$ におき換える。

解答 (1) 与式の両辺を x で微分すると

$f(x)=3x^2-2x+a$

また，$x=1$ を代入して

$\int_1^1 f(t)dt=1^3-1^2+a\cdot1+2=a+2=0$

ゆえに　$\boldsymbol{a=-2}$

これより　$\boldsymbol{f(x)=3x^2-2x-2}$

(2) 与式の両辺を x で微分すると　$\boldsymbol{f(x)=2x-3}$

また　$\int_a^a f(t)dt=a^2-3a-10=(a+2)(a-5)$

$=0$

$a>0$ より　$\boldsymbol{a=5}$

(3) $X=2x-1$ とおくと，与式は

$\int_a^X f(t)dt=\left(\dfrac{X+1}{2}\right)^2-(X+1)$

$=\dfrac{1}{4}(X^2+2X+1-4X-4)$

$=\dfrac{1}{4}(X^2-2X-3)$

両辺を X で微分すると　$f(X)=\dfrac{1}{2}(X-1)$

すなわち　$\boldsymbol{f(x)=\dfrac{1}{2}(x-1)}$

また　$\int_a^a f(t)dt=\dfrac{1}{4}(a^2-2a-3)$

$=\dfrac{1}{4}(a+1)(a-3)=0$

これより　$\boldsymbol{a=3,\ -1}$

319

方針 (1) $\boldsymbol{\int_0^1 f(t)dt=a,\ \int_0^2 f(t)dt=b}$ とおく。

(2) $\boldsymbol{\int_0^1(x+t)f(t)dt=x\int_0^1 f(t)dt+\int_0^1 tf(t)dt}$ として，$\boldsymbol{\int_0^1 f(t)dt=a,\ \int_0^1 tf(t)dt=b}$ とおく。

解答 (1) $\int_0^1 f(t)dt=a,\ \int_0^2 f(t)dt=b$ とおくと

$f(x)=x^2+ax+b$

よって　$a=\int_0^1(t^2+at+b)dt=\left[\dfrac{t^3}{3}+\dfrac{a}{2}t^2+bt\right]_0^1$

$=\dfrac{1}{3}+\dfrac{1}{2}a+b$

$b=\int_0^2(t^2+at+b)dt=\left[\dfrac{t^3}{3}+\dfrac{a}{2}t^2+bt\right]_0^2$

$=\dfrac{8}{3}+2a+2b$

よって　$a=\dfrac{a}{2}+b+\dfrac{1}{3},\ b=2a+2b+\dfrac{8}{3}$

これより　$\dfrac{a}{2}-b=\dfrac{1}{3},\ 2a+b=-\dfrac{8}{3}$

ゆえに　$3a-6b=2,\ 6a+3b=-8$

これを解いて　$a=-\dfrac{14}{15},\ b=-\dfrac{4}{5}$

ゆえに　$\boldsymbol{f(x)=x^2-\dfrac{14}{15}x-\dfrac{4}{5}}$

(2) $\int_0^1 f(t)dt=a,\ \int_0^1 tf(t)dt=b$ とおくと

$f(x)=x^2+x\int_0^1 f(t)dt+\int_0^1 tf(t)dt$

$=x^2+ax+b$

よって　$a=\int_0^1(t^2+at+b)dt$

$=\left[\dfrac{t^3}{3}+\dfrac{a}{2}t^2+bt\right]_0^1=\dfrac{1}{3}+\dfrac{a}{2}+b$

$b=\int_0^1(t^3+at^2+bt)dt$

$=\left[\dfrac{t^4}{4}+\dfrac{a}{3}t^3+\dfrac{b}{2}t^2\right]_0^1=\dfrac{1}{4}+\dfrac{a}{3}+\dfrac{b}{2}$

ゆえに　$\dfrac{a}{2}-b=\dfrac{1}{3},\ \dfrac{a}{3}-\dfrac{b}{2}=-\dfrac{1}{4}$

よって　$3a-6b=2,\ 4a-6b=-3$

$a=-5,\ b=-\dfrac{17}{6}$　　$\boldsymbol{f(x)=x^2-5x-\dfrac{17}{6}}$

320

方針　両辺を微分して $\boldsymbol{f'(x)}$ を求め，増減表をかく。

解答　与式の両辺を x で微分して

$f'(x)=x^2+x-2=(x-1)(x+2)$

x	$\cdots$	-2	$\cdots$	1	$\cdots$
$f'(x)$	$+$	0	$-$	0	$+$
$f(x)$	↗	極大	↘	極小	↗

極大値 $f(-2)=\displaystyle\int_{-2}^{-2}(t^2+t-2)dt=0$

極小値 $f(1)=\displaystyle\int_{-2}^{1}(t^2+t-2)dt$

$=\left[\dfrac{t^3}{3}+\dfrac{t^2}{2}-2t\right]_{-2}^{1}$

$=\left(\dfrac{1}{3}+\dfrac{1}{2}-2\right)-\left(-\dfrac{8}{3}+\dfrac{4}{2}+4\right)$

$=-\dfrac{7}{6}-\dfrac{20}{6}$

$=-\dfrac{9}{2}$

ゆえに　$\boldsymbol{x=-2}$ **のとき極大値 0,**

$\boldsymbol{x=1}$ **のとき極小値** $\boldsymbol{-\dfrac{9}{2}}$

321

方針　$\boldsymbol{y=3|x^2-1|}$ のグラフをかいて，積分区間 $\boldsymbol{a\leqq x\leqq a+1}$ の変化とグラフの関係から場合分けをする。

解答　(1) $S(0)$

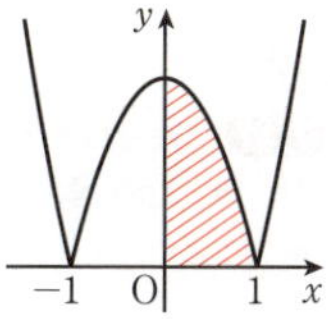

$=\displaystyle\int_0^1 3|x^2-1|dx$

$=-\displaystyle\int_0^1(3x^2-3)dx$

$=-\Big[x^3-3x\Big]_0^1=\boldsymbol{2}$

(2) (i) $0\leqq a<1$ のとき

$a<1\leqq a+1$ だから，$y=3|x^2-1|$ のグラフは右の図のようになり

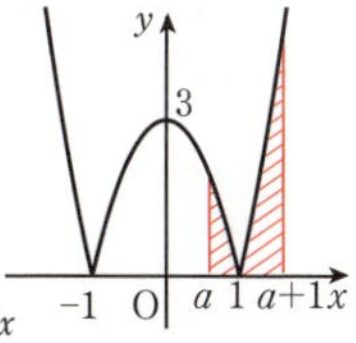

$S(a)=\displaystyle\int_a^{a+1}3|x^2-1|dx$

$=-\displaystyle\int_a^1(3x^2-3)dx+\int_1^{a+1}(3x^2-3)dx$

$=-\Big[x^3-3x\Big]_a^1+\Big[x^3-3x\Big]_1^{a+1}$

$=-(1-3)+(a^3-3a)+(a+1)^3$

$-3(a+1)-(1-3)$

$=2a^3+3a^2-3a+2$

(ii) $1\leqq a$ のとき

$1\leqq a<a+1$ だから，グラフは右の図のようになり

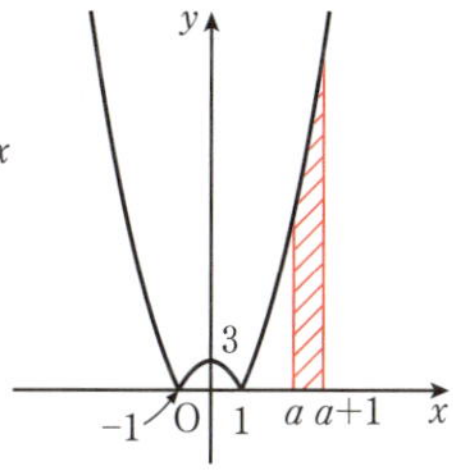

$S(a)$

$=\displaystyle\int_a^{a+1}(3x^2-3)dx$

$=\Big[x^3-3x\Big]_a^{a+1}$

$=(a+1)^3$

$-3(a+1)$

$-(a^3-3a)$

$=3a^2+3a-2$

よって　$\boldsymbol{S(a)=\begin{cases}2a^3+3a^2-3a+2 & (0\leqq a<1)\\ 3a^2+3a-2 & (1\leqq a)\end{cases}}$

(3) $S'(a)=\begin{cases}6a^2+6a-3 & (0<a<1)\\ 6a+3 & (1<a)\end{cases}$

ゆえに，$0<a<1$ のとき，$S'(a)=0$ となるのは

$6a^2+6a-3=0$　　すなわち

$2a^2+2a-1=0$ より　$a=\dfrac{-1+\sqrt{3}}{2}$

$\alpha=\dfrac{-1+\sqrt{3}}{2}$ とおく。

このとき，増減表は右のようになる。

a	0	$\cdots$	α	$\cdots$	1
$S'(a)$		$-$	0	$+$	
$S(a)$		↘		↗	

また，$1<a$ のとき

$S'(a)=6a+3>0$ だから $S(a)$ は単調増加。以上より，$S(a)$ を最小にする a は　$\boldsymbol{a=\dfrac{-1+\sqrt{3}}{2}}$

322

方針　$\displaystyle\int_0^1\{f(t)+g(t)\}dt=a,\ \int_0^1 f(t)g(t)dt=b$ とおく。

解答　$\displaystyle\int_0^1\{f(t)+g(t)\}dt=a,$

$\displaystyle\int_0^1 f(t)g(t)dt=b$ とおくと

$f(x)=x+a,\ g(x)=4x^3-x+b$

$a=\displaystyle\int_0^1(4t^3+a+b)dt=\Big[t^4+(a+b)t\Big]_0^1=1+a+b$

これより　$b=-1$

したがって　$\boldsymbol{g(x)=4x^3-x-1}$

$b=-1=\displaystyle\int_0^1(t+a)(4t^3-t-1)dt$

$=\displaystyle\int_0^1\{4t^4+4at^3-t^2-(a+1)t-a\}dt$

$=\left[\frac{4}{5}t^5+at^4-\frac{t^3}{3}-\frac{a+1}{2}t^2-at\right]_0^1$

$=\frac{4}{5}+a-\frac{1}{3}-\frac{1}{2}(a+1)-a$

$-1=-\frac{1}{30}-\frac{a}{2}$

よって　$a=\frac{29}{15}$　　したがって　$\boldsymbol{f(x)=x+\frac{29}{15}}$

323

方針　$\boldsymbol{\int_0^1 f(t)dt=k}$ **とおき，** $\boldsymbol{g(x)=x^2-kx-1}$ **として代入する。**

解答　$\int_0^1 f(t)dt=k$ とおくと　$g(x)=x^2-kx-1$

$\int_1^x f(t)dt=x(x^2-kx-1)+ax+1$

$=x^3-kx^2+(a-1)x+1$　…①

①の両辺を x で微分して　$f(x)=3x^2-2kx+a-1$

①に $x=1$ を代入して　$-k+a+1=0$　…②

$k=\int_0^1(3t^2-2kt+a-1)dt=\left[t^3-kt^2+(a-1)t\right]_0^1$

$=-k+a$

よって　$2k-a=0$　…③

②，③を解いて　$k=-1,\ a=-2$

よって　$\boldsymbol{f(x)=3x^2+2x-3,\ g(x)=x^2+x-1,}$
$\boldsymbol{a=-2}$

〔別解〕　$\int_1^x f(t)dt=xg(x)+ax+1$　…①

$g(x)=x^2-x\int_0^1 f(t)dt-1$　…②

①で $x=0$ とおくと　$\int_1^0 f(t)dt=1$

よって　$\int_0^1 f(t)dt=-1$　…③

③を②に代入して　$\boldsymbol{g(x)=x^2+x-1}$　…④

①で $x=1$ とおくと　$0=g(1)+a+1$

④より，$g(1)=1$ だから　$1+a+1=0$

ゆえに　$\boldsymbol{a=-2}$　　①より

$\int_1^x f(t)dt=x(x^2+x-1)-2x+1$

$=x^3+x^2-3x+1$

両辺を x で微分して

$\boldsymbol{f(x)=3x^2+2x-3}$

324

方針　(1) 被積分関数を展開して定積分を求める。
(2) $\boldsymbol{S(a)}$ を微分して，増減表をかく。極小値は $\boldsymbol{S(a)}$ の次数を下げてから計算する。

解答　(1) $\boldsymbol{S(a)}$

$=\int_a^{a+1}(x^3-4x^2+4x)dx=\left[\frac{x^4}{4}-\frac{4}{3}x^3+2x^2\right]_a^{a+1}$

$=\frac{1}{4}\{(a+1)^4-a^4\}-\frac{4}{3}\{(a+1)^3-a^3\}$
$+2\{(a+1)^2-a^2\}$

$=\frac{1}{4}(4a^3+6a^2+4a+1)-\frac{4}{3}(3a^2+3a+1)$
$+2(2a+1)$

$\boldsymbol{=a^3-\frac{5}{2}a^2+a+\frac{11}{12}}$

(2) $S'(a)=3a^2-5a+1=0$ から　$a=\frac{5\pm\sqrt{13}}{6}$

a	0	…	$\frac{5-\sqrt{13}}{6}$	…	$\frac{5+\sqrt{13}}{6}$	…
$S'(a)$		+	0	−	0	+
$S(a)$	$\frac{11}{12}$	↗		↘		↗

$3a^2-5a+1=0$ から　$a^2=\frac{5}{3}a-\frac{1}{3}$

$a^3=\frac{5}{3}a^2-\frac{1}{3}a=\frac{5}{3}\left(\frac{5}{3}a-\frac{1}{3}\right)-\frac{1}{3}a=\frac{22}{9}a-\frac{5}{9}$

これらを $S(a)$ に代入して

$S(a)=\frac{22}{9}a-\frac{5}{9}-\frac{5}{2}\left(\frac{5}{3}a-\frac{1}{3}\right)+a+\frac{11}{12}$

$=-\frac{13}{18}a+\frac{43}{36}$

$S\left(\frac{5+\sqrt{13}}{6}\right)=-\frac{13}{18}\cdot\frac{5+\sqrt{13}}{6}+\frac{43}{36}$

$=\frac{64-13\sqrt{13}}{108}$

$\frac{64-13\sqrt{13}}{108}<S(0)=\frac{11}{12}$

よって，$\boldsymbol{a=\frac{5+\sqrt{13}}{6}}$ **のとき最小値** $\boldsymbol{\frac{64-13\sqrt{13}}{108}}$

325

方針　$\boldsymbol{y=|(x-t)^2-1|}$ **のグラフをかき，積分区間** $\boldsymbol{[0,\ 2]}$ **を考えて** t **の値による場合分けをする。**

解答　$g(x)=|(x-t)^2-1|$

$=|(x-t-1)(x-t+1)|$　$(0\leqq t\leqq 3)$

…①

とおくと，$y=g(x)$ のグラフは下の図のようになる。

$0\leqq t\leqq 1$ のとき

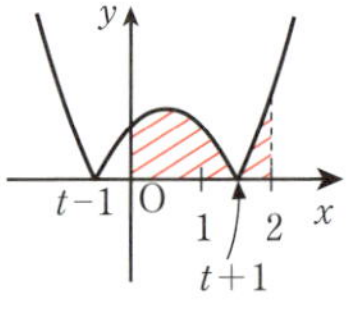

$1\leqq t\leqq 3$ のとき

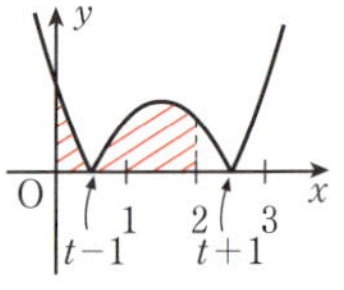

(i) $0\leqq t\leqq 1$ のとき

$$f(t)=-\int_0^{t+1}\{(x-t)^2-1\}dx$$
$$+\int_{t+1}^{2}\{(x-t)^2-1\}dx$$
$$=\left[-\frac{1}{3}(x-t)^3+x\right]_0^{t+1}+\left[\frac{1}{3}(x-t)^3-x\right]_{t+1}^{2}$$
$$=-\frac{2}{3}t^3+2t^2-2t+2$$

よって　$f'(t)=-2t^2+4t-2=-2(t-1)^2\leqq 0$

(ii) $1\leqq t\leqq 3$ のとき

$$f(t)=\int_0^{t-1}\{(x-t)^2-1\}dx$$
$$-\int_{t-1}^{2}\{(x-t)^2-1\}dx$$
$$=\left[\frac{1}{3}(x-t)^3-x\right]_0^{t-1}-\left[\frac{1}{3}(x-t)^3-x\right]_{t-1}^{2}$$
$$=\frac{2}{3}t^3-2t^2+2t+\frac{2}{3}$$

よって　$f'(t)=2t^2-4t+2=2(t-1)^2\geqq 0$

t	0	…	1	…	3
$f'(t)$		$-$	0	$+$	
$f(t)$	2	↘	$\frac{4}{3}$	↗	$\frac{20}{3}$

よって，**最大値 $f(3)=\frac{20}{3}$，最小値 $f(1)=\frac{4}{3}$**

326

方針　$y=|t^2-x^2|$ のグラフをかき，積分区間 $[0,\ 1]$ を考えて x の値による場合分けをする。

解答　$y=|t^2-x^2|$ $(0\leqq x\leqq 2)$ のグラフは下の図のようになる。

0≦x≦1のとき　　1≦x≦2のとき

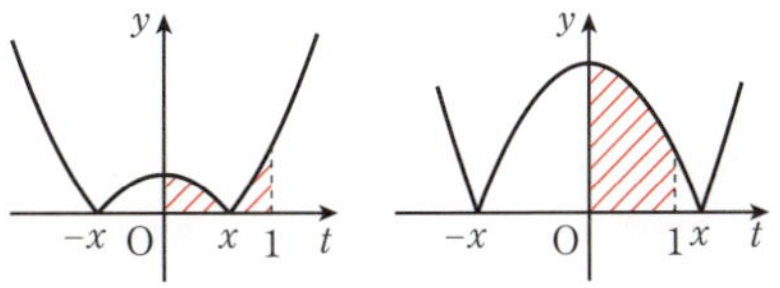

$0\leqq x<1$ のとき

$$f(x)=\int_0^{x}(x^2-t^2)dt+\int_x^{1}(t^2-x^2)dt$$
$$=\left[x^2t-\frac{t^3}{3}\right]_0^{x}+\left[\frac{t^3}{3}-x^2t\right]_x^{1}$$
$$=x^3-\frac{x^3}{3}+\frac{1}{3}-x^2-\left(\frac{x^3}{3}-x^3\right)$$
$$=\frac{4}{3}x^3-x^2+\frac{1}{3}$$

ゆえに　$f'(x)=4x^2-2x=2x(2x-1)$

$f'(x)=0$ となるのは，$x=0,\ \frac{1}{2}$ のとき。

$1\leqq x\leqq 2$ のとき

$$f(x)=\int_0^{1}(x^2-t^2)dt=\left[x^2t-\frac{t^3}{3}\right]_0^{1}=x^2-\frac{1}{3}$$

したがって　$f'(x)=2x$

x	0	…	$\frac{1}{2}$	…	1	…	2
$f'(x)$	0	$-$	0	$+$		$+$	
$f(x)$	$\frac{1}{3}$	↘	$\frac{1}{4}$	↗	$\frac{2}{3}$	↗	$\frac{11}{3}$
			最小値				最大値

よって，**$x=2$ のとき最大値 $\frac{11}{3}$**

$x=\frac{1}{2}$ のとき最小値 $\frac{1}{4}$

327

方針　$y=|t^2-xt|$ のグラフをかき，積分区間 $[0,\ 2]$ を考えて x の値による場合分けをする。

解答　$y=|t^2-xt|=|t(t-x)|$ のグラフは下の図のようになる。

x<0のとき　　0≦x<2のとき　　2≦xのとき

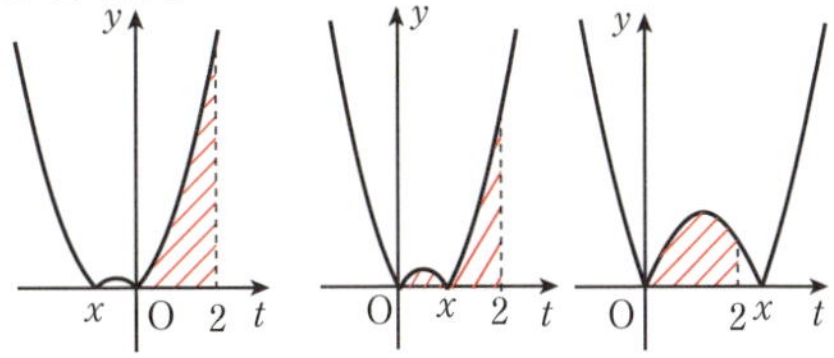

(i) $x<0$ のとき

$$f(x)=\int_0^{2}(t^2-xt)dt=\left[\frac{t^3}{3}-\frac{x}{2}t^2\right]_0^{2}=\frac{8}{3}-2x$$

$f'(x)=-2$

(ii) $0\leqq x<2$ のとき

$$f(x)=-\int_0^{x}(t^2-xt)dt+\int_x^{2}(t^2-xt)dt$$
$$=-\left[\frac{t^3}{3}-\frac{x}{2}t^2\right]_0^{x}+\left[\frac{t^3}{3}-\frac{x}{2}t^2\right]_x^{2}$$
$$=\frac{1}{3}x^3-2x+\frac{8}{3}$$

よって　$f'(x)=x^2-2=(x+\sqrt{2})(x-\sqrt{2})$

(iii) $2\leqq x$ のとき

$$f(x)=-\int_0^{2}(t^2-xt)dt=2x-\frac{8}{3}$$

$f'(x)=2$

x	…	0	…	$\sqrt{2}$	…	2	…
$f'(x)$	$-$	$-$	$-$	0	$+$	$+$	$+$
$f(x)$	↘	$\frac{8}{3}$	↘	$f(\sqrt{2})$	↗	$\frac{4}{3}$	↗

増減表より，$x=\sqrt{2}$ のとき最小値をとる。

$$f(\sqrt{2})=\frac{8-4\sqrt{2}}{3}$$

よって，**$x=\sqrt{2}$ のとき最小値 $\frac{8-4\sqrt{2}}{3}$**

実戦編

328

方針 $\boldsymbol{f(x)=px+q}$ $(\boldsymbol{p\neq0})$ として計算する。$\boldsymbol{p}$ と $\boldsymbol{q}$ の恒等式と考える。

解答 $f(x)=px+q$ (p, q は任意の実数，ただし，$p\neq0$) とおくと

$$\int_0^a(x^2+x+b)f(x)dx$$
$$=p\int_0^a(x^3+x^2+bx)dx+q\int_0^a(x^2+x+b)dx$$
$$=p\left[\frac{x^4}{4}+\frac{x^3}{3}+\frac{bx^2}{2}\right]_0^a+q\left[\frac{x^3}{3}+\frac{x^2}{2}+bx\right]_0^a$$

ゆえに

$$p\left(\frac{a^4}{4}+\frac{a^3}{3}+\frac{ba^2}{2}\right)+q\left(\frac{a^3}{3}+\frac{a^2}{2}+ba\right)=a(pa+q)$$

これが p, q に関する恒等式であり，$a\neq0$ だから

$\dfrac{a^4}{4}+\dfrac{a^3}{3}+\dfrac{a^2}{2}b=a^2$ より

$\dfrac{a^2}{4}+\dfrac{a}{3}+\dfrac{b}{2}=1$　　$\dfrac{a^2}{2}+\dfrac{2}{3}a+b=2$　…①

$\dfrac{a^3}{3}+\dfrac{a^2}{2}+ba=a$ より　$\dfrac{a^2}{3}+\dfrac{a}{2}+b=1$　…②

①，②より　b を消去して

$$\frac{a^2}{2}+\frac{2}{3}a-2=\frac{a^2}{3}+\frac{a}{2}-1$$

$3a^2+4a-12=2a^2+3a-6$　　$a^2+a-6=0$

$(a-2)(a+3)=0$　　$a=2,\ -3$

ゆえに

$\boldsymbol{a=2}$ **のとき** $\boldsymbol{b=-\dfrac{4}{3}}$，$\boldsymbol{a=-3}$ **のとき** $\boldsymbol{b=-\dfrac{1}{2}}$

329

方針 素直に定積分の計算をする。(2)は左辺と右辺を計算する。

解答 (1) $\displaystyle\int_a^b(px+q)dx$

$$=\left[\frac{p}{2}x^2+qx\right]_a^b=\frac{p(b^2-a^2)}{2}+q(b-a)$$
$$=\frac{b-a}{2}\{p(b+a)+2q\}$$
$$=\frac{b-a}{2}\{(pa+q)+(pb+q)\}$$
$$=\frac{b-a}{2}\{f(a)+f(b)\}$$ ▮

(2) $\displaystyle\int_a^b(px^2+qx+r)dx$

$$=\left[\frac{p}{3}x^3+\frac{q}{2}x^2+rx\right]_a^b$$
$$=\frac{p(b^3-a^3)}{3}+\frac{q(b^2-a^2)}{2}+r(b-a)$$
$$=\frac{p}{3}(b-a)(b^2+ab+a^2)+\frac{q}{2}(b-a)(b+a)+r(b-a)$$
$$=\frac{b-a}{6}\{2p(a^2+ab+b^2)+3q(a+b)+6r\}$$

ここで　$f(a)+4f\left(\dfrac{a+b}{2}\right)+f(b)$

$$=pa^2+qa+r+4p\left(\frac{a+b}{2}\right)^2+4q\left(\frac{a+b}{2}\right)+4r+pb^2+qb+r$$
$$=pa^2+qa+r+p(a+b)^2+2q(a+b)+4r+pb^2+qb+r$$
$$=pa^2+qa+r+p(a^2+2ab+b^2)+2aq+2bq+4r+pb^2+qb+r$$
$$=2p(a^2+ab+b^2)+3q(a+b)+6r$$

よって，与式は成り立つ。▮

330

方針 $\boldsymbol{f(x)=ax^3+bx^2+cx+d}$ $(\boldsymbol{a\neq0})$ として計算する。$\boldsymbol{a}$，$\boldsymbol{b}$，$\boldsymbol{c}$，$\boldsymbol{d}$ についての恒等式と考える。

解答 $f(x)=ax^3+bx^2+cx+d$ (a, b, c, d は任意の実数で，$a\neq0$) とおくと

$$\int_{-3}^3f(x)dx=\int_{-3}^3(ax^3+bx^2+cx+d)dx$$
$$=2\int_0^3(bx^2+d)dx=2\left[\frac{b}{3}x^3+dx\right]_0^3$$
$$=18b+6d$$

$sf(p)+tf(q)$

$=s(ap^3+bp^2+cp+d)+t(aq^3+bq^2+cq+d)$

$=(sp^3+tq^3)a+(sp^2+tq^2)b+(sp+tq)c+(s+t)d$

この2式が任意の a $(\neq0)$，b，c，d に対して等しいから

$sp^3+tq^3=0$　…①　　$sp^2+tq^2=18$　…②

$sp+tq=0$　…③　　$s+t=6$　…④

$p=q$ とすると，③より $p(s+t)=0$

④より　$6p=0$ となり　$p=q=0$

これは②に矛盾するから　$p\neq q$

④より　$sq+tq=6q$

これと③より tq を消去して

$s(q-p)=6q$　　$s=\dfrac{6q}{q-p}$　…⑤

④より

$t=6-s=6-\dfrac{6q}{q-p}$

$=\dfrac{6q-6p-6q}{q-p}=-\dfrac{6p}{q-p}$ …⑥

⑤，⑥を①に代入して

$\dfrac{6p^3q}{q-p}-\dfrac{6pq^3}{q-p}=0$

$6pq(p^2-q^2)=0$　　$6pq(p+q)(p-q)=0$

$p\neq q$ より　$pq=0$ または　$p+q=0$ …⑦

⑤，⑥を②に代入して

$\dfrac{6p^2q}{q-p}-\dfrac{6pq^2}{q-p}=18$

$6pq(p-q)-18(q-p)=0$

$(p-q)(pq+3)=0$

$p\neq q$ より　$pq=-3$ …⑧

⑦，⑧より　$pq=-3$，$p+q=0$

p，q は $x^2-3=0$ の解であるが

$p\leqq q$ より　$p=-\sqrt{3}$，$q=\sqrt{3}$

このとき　$s=3$，$t=3$

よって　$\boldsymbol{p=-\sqrt{3}}$，$\boldsymbol{q=\sqrt{3}}$，$\boldsymbol{s=t=3}$

331

方針 (1) $p=0$ と仮定して矛盾を導く。

(2) $\int_0^1 f(x)(x^2+a^2x+a)dx=0$ の両辺を p で割って $\dfrac{q}{p}=k$ とおく。

解答 (1) $p=0$ とすると

$\int_0^1 q(x^2+a^2x+a)dx=0$ …①

$q\left[\dfrac{1}{3}x^3+\dfrac{1}{2}a^2x^2+ax\right]_0^1=0$

$q\left(\dfrac{1}{3}+\dfrac{a^2}{2}+a\right)=0$

$q=0$ のとき，①はすべての a について成り立つから不適。

$q\neq 0$ のとき　$3a^2+6a+2=0$ …②

よって，$a=\dfrac{-3\pm\sqrt{3}}{3}$ となり，②を満たす実数 a が 2 個存在し不適。以上より　$p\neq 0$

(2) $\int_0^1 (px+q)(x^2+a^2x+a)dx=0$

(1)より，$p\neq 0$ だから上式を p で割って $\dfrac{q}{p}=k$ とおくと　$\int_0^1 (x+k)(x^2+a^2x+a)dx=0$

$\int_0^1\{x^3+(a^2+k)x^2+(a^2k+a)x+ak\}dx=0$

$\left[\dfrac{x^4}{4}+\dfrac{a^2+k}{3}x^3+\dfrac{a^2k+a}{2}x^2+akx\right]_0^1=0$

$\dfrac{1}{4}+\dfrac{a^2+k}{3}+\dfrac{a^2k+a}{2}+ak=0$

$3+4(a^2+k)+6(a^2k+a)+12ak=0$

ゆえに

$(6k+4)a^2+(12k+6)a+4k+3=0$ …③

これを満たす実数がただ 1 つだから

(i) $6k+4=0$ のとき　$12k+6\neq 0$　　$k=-\dfrac{2}{3}$

(ii) $6k+4\neq 0$ のとき

③の判別式を D とおくと

$\dfrac{D}{4}=(6k+3)^2-(6k+4)(4k+3)$

$=12k^2+2k-3=0$

これより　$k=\dfrac{-1\pm\sqrt{37}}{12}$ （$6k+4\neq 0$ に適）

よって　$\boldsymbol{\dfrac{q}{p}=-\dfrac{2}{3},\ \dfrac{-1\pm\sqrt{37}}{12}}$

332

方針 $f(x)$ を n 次式とすると，$\int_{-x}^{x^2} f(t)dt$ は $2(n+1)$ 次式になる。

解答 (1) $f(x)$ を n 次式（n は負でない整数）とすると，$\int_{-x}^{x^2} f(t)dt$ は $2(n+1)$ 次式である。

$x^4-\int_{-x}^{x^2} f(t)dt$ が 1 次式だから　$4=2(n+1)$

ゆえに　$n=1$　　よって　**1 次式**

(2) (1)より，$f(x)=ax+b$ （a，b 実数，$a\neq 0$）とおくと

$x^4-\int_{-x}^{x^2} f(t)dt=x^4-\int_{-x}^{x^2}(at+b)dt$

$=x^4-\left[\dfrac{a}{2}t^2+bt\right]_{-x}^{x^2}$

$=x^4-\left\{\left(\dfrac{ax^4}{2}+bx^2\right)-\left(\dfrac{ax^2}{2}-bx\right)\right\}$

$=\left(1-\dfrac{a}{2}\right)x^4+\left(\dfrac{a}{2}-b\right)x^2-bx$

これが 1 次式だから

$1-\dfrac{a}{2}=0$，$\dfrac{a}{2}-b=0$，$b\neq 0$

ゆえに　$a=2$，$b=1$

以上より　$\boldsymbol{f(x)=2x+1}$

333

方針 与式を x で微分して，
$\boldsymbol{f(x)+g(x)=3x^2+2x-3}$ とし，さらに両辺を微分して $\boldsymbol{f'(x)+g'(x)}$ を求める。

解答 $\displaystyle\int_0^x\{f(t)+g(t)\}dt=x^3+x^2-3x$ の両辺を x で微分して

$f(x)+g(x)=3x^2+2x-3$ …①

①の両辺を x で微分して

$f'(x)+g'(x)=6x+2$ …②

また

$f'(x)g'(x)=8x^2+2x-3=(2x-1)(4x+3)$ …③

$f'(x)$ が定数と仮定すると，③より $g'(x)$ は 2 次式，$f'(x)+g'(x)$ は 2 次式となり，②に矛盾する。
$f'(x)$ が 2 次式と仮定とすると，③より $g'(x)$ は定数，$f'(x)+g'(x)$は 2 次式となり，②に矛盾する。
よって，$f'(x)$は 1 次式で，$g'(x)$も 1 次式となる。
②，③より，$ab=1$を満たす実数 a，b に対して，
$a(2x-1)+b(4x+3)=6x+2$ とおくと

$(2a+4b)x+(-a+3b)=6x+2$

これが任意の x に対して成り立つとき

$2a+4b=6$，$-a+3b=2$

これを解いて　$a=1$，$b=1$
これは $ab=1$ を満たす。
そこで，$g'(x)=4x+3$ とすると

$g(x)=2x^2+3x+C$　　$g(0)=3$ より　$C=3$

ゆえに　$g(x)=2x^2+3x+3$
これは，$g(2)=5$ を満たさないから，不適。
$g'(x)=2x-1$とすると　$g(x)=x^2-x+C$
$g(0)=3$ より　$C=3$
ゆえに　$g(x)=x^2-x+3$
これは，$g(2)=5$ を満たす。
①より　$f(x)=3x^2+2x-3-g(x)$
$\qquad=2x^2+3x-6$
これは，$f(0)=-6$を満たす。
以上より

$\boldsymbol{f(x)=2x^2+3x-6,\ g(x)=x^2-x+3}$

31 定積分と面積

必修編

334

方針 およその概形をかいて，面積の公式にしたがって求める。

解答 (1) $\displaystyle\int_0^3(x^2-2x+3)dx=\left[\frac{1}{3}x^3-x^2+3x\right]_0^3$
$\qquad=\boldsymbol{9}$

(2) $\displaystyle-\int_{-1}^0(x^3-1)dx=-\left[\frac{1}{4}x^4-x\right]_{-1}^0=\boldsymbol{\frac{5}{4}}$

(3) $\displaystyle-\int_{-1}^0(x^3-4x^2+3x)dx+\int_0^1(x^3-4x^2+3x)dx$
$\displaystyle\qquad-\int_1^2(x^3-4x^2+3x)dx$

$\displaystyle=-\left[\frac{x^4}{4}-\frac{4}{3}x^3+\frac{3}{2}x^2\right]_{-1}^0+\left[\frac{x^4}{4}-\frac{4}{3}x^3+\frac{3}{2}x^2\right]_0^1$
$\displaystyle\quad-\left[\frac{x^4}{4}-\frac{4}{3}x^3+\frac{3}{2}x^2\right]_1^2$

$\displaystyle=-\left\{0-\left(\frac{1}{4}+\frac{4}{3}+\frac{3}{2}\right)\right\}+\frac{1}{4}-\frac{4}{3}+\frac{3}{2}-0$
$\displaystyle\quad-\left\{4-\frac{32}{3}+6-\left(\frac{1}{4}-\frac{4}{3}+\frac{3}{2}\right)\right\}$

$\displaystyle=\frac{37}{12}+\frac{5}{12}-\left(-\frac{2}{3}-\frac{5}{12}\right)$

$\displaystyle=\frac{37+5+8+5}{12}$

$\displaystyle=\boldsymbol{\frac{55}{12}}$

(4) $\displaystyle-\int_{-2}^{-1}(x+1)dx+\int_{-1}^1(x+1)dx$

$\displaystyle=-\left[\frac{x^2}{2}+x\right]_{-2}^{-1}+2\int_0^1 1dx$

$\displaystyle=-\left\{\frac{1}{2}-1-(2-2)\right\}+2[x]_0^1$

$\displaystyle=\frac{1}{2}+2$

$\displaystyle=\boldsymbol{\frac{5}{2}}$

(1)

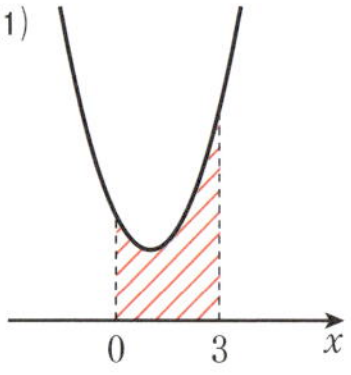

(2)

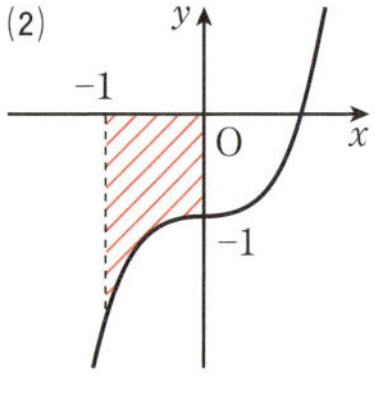

(3)

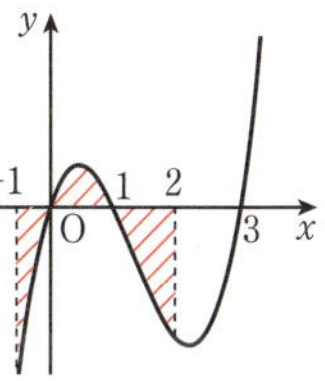

(4)

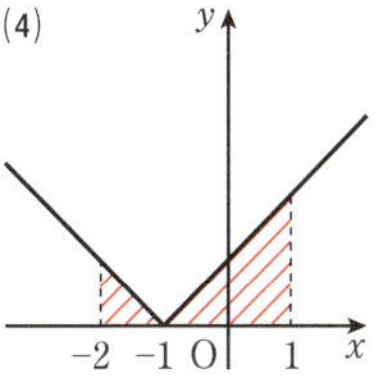

335

方針 およその概形をかいて，面積の公式にしたがって求める。

解答 (1) $\int_1^2 |(x-1)(x-2)|dx$

$=-\int_1^2 (x-1)(x-2)dx=\frac{1}{6}(2-1)^3=\mathbf{\frac{1}{6}}$

(2) $3x^2-5x+1=0$ を解くと　$x=\frac{5\pm\sqrt{13}}{6}$

$\int_{\frac{5-\sqrt{13}}{6}}^{\frac{5+\sqrt{13}}{6}} 3\left|\left(x-\frac{5-\sqrt{13}}{6}\right)\left(x-\frac{5+\sqrt{13}}{6}\right)\right|dx$

$=3\cdot\frac{1}{6}\left(\frac{5+\sqrt{13}}{6}-\frac{5-\sqrt{13}}{6}\right)^3=\mathbf{\frac{13\sqrt{13}}{54}}$

(3) $0\leqq x\leqq 3$ で，$y\geqq 0$ であるので

$\int_0^3 x(x-3)^2dx=\int_0^3 (x-3+3)(x-3)^2dx$

$=\int_0^3 \{(x-3)^3+3(x-3)^2\}dx$

$=\left[\frac{1}{4}(x-3)^4+(x-3)^3\right]_0^3$

$=0-\frac{81}{4}+27=\mathbf{\frac{27}{4}}$

(1)

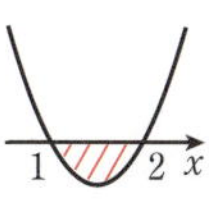

(2)

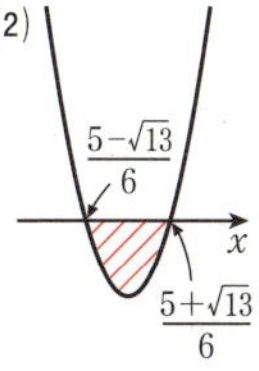

(3)

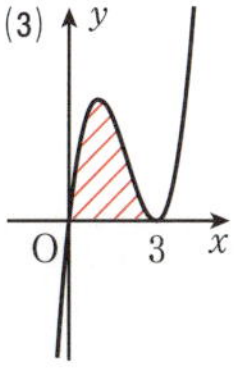

Check Point

$$\int_\alpha^\beta (x-\alpha)(x-\beta)dx=-\frac{1}{6}(\beta-\alpha)^3$$

336

方針 囲まれた図形の概形をかき，曲線と曲線の交点を求める。

解答 (1) $x^2-x+1=x+9$ より　$x^2-2x-8=0$

$(x+2)(x-4)=0$

$x=-2,\ 4$

$\int_{-2}^4 \{(x+9)-(x^2-x+1)\}dx$

$=-\int_{-2}^4 (x+2)(x-4)dx$

$=\frac{1}{6}(4+2)^3=\mathbf{36}$

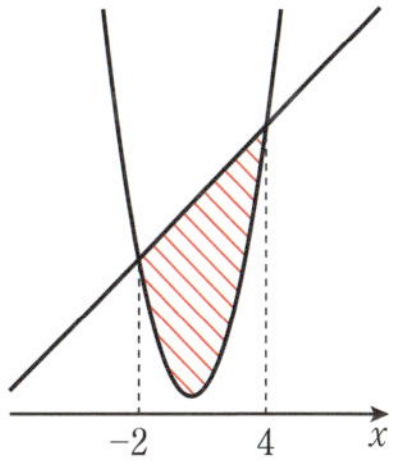

(2) $x^3-3x^2=x-3$ より　$x^2(x-3)-(x-3)=0$

$(x-3)(x+1)(x-1)=0$

$x=-1,\ 1,\ 3$

$\int_{-1}^1 \{(x^3-3x^2)-(x-3)\}dx+\int_1^3 \{(x-3)-(x^3-3x^2)\}dx$

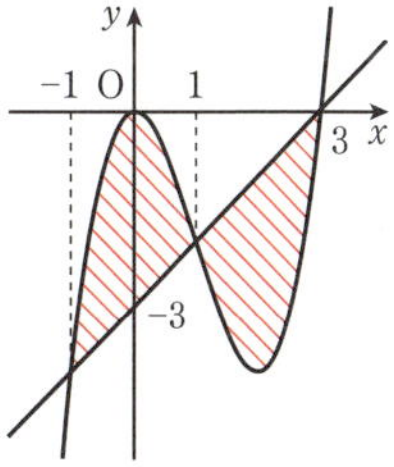

$=\int_{-1}^1 (x^3-3x^2-x+3)dx-\int_1^3 (x^3-3x^2-x+3)dx$

$=2\int_0^1 (-3x^2+3)dx-\left[\frac{x^4}{4}-x^3-\frac{x^2}{2}+3x\right]_1^3$

$=2\left[-x^3+3x\right]_0^1-\left\{\frac{81}{4}-27-\frac{9}{2}+9-\left(\frac{1}{4}-1-\frac{1}{2}+3\right)\right\}$

$=2(-1+3)-\left(\frac{81-108-18+36}{4}-\frac{1-4-2+12}{4}\right)$

$=4-\frac{-9}{4}+\frac{7}{4}=\mathbf{8}$

(3) $2x^2-7x+8=-x^2+5x-1$

$3x^2-12x+9=0$

$x^2-4x+3=0$

$(x-1)(x-3)=0$

より

$\int_1^3 \{(-x^2+5x-1)-(2x^2-7x+8)\}dx$

$=-3\int_1^3 (x-1)(x-3)dx$

$=\frac{3}{6}(3-1)^3=\mathbf{4}$

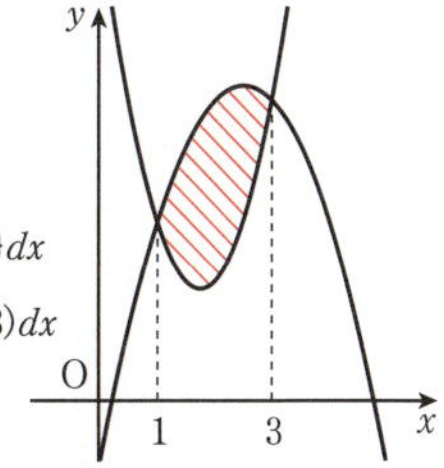

337

方針 面積の求め方を工夫する。

解答 $\int_{-2}^{3}\{(x+6)-x^2\}dx$

$-\int_{-2}^{1}\{(-x+2)-x^2\}dx$

$=-\int_{-2}^{3}(x+2)(x-3)dx$

$+\int_{-2}^{1}(x+2)(x-1)dx$

$=\frac{1}{6}\{3-(-2)\}^3$

$-\frac{1}{6}\{1-(-2)\}^3$

$=\boldsymbol{\frac{49}{3}}$

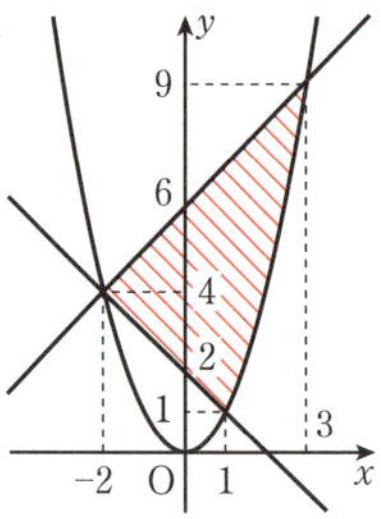

338

方針 (1) $\boldsymbol{f(x)=g(x)}$ は $\boldsymbol{x^2=\pm(2x^2-4)}$ として解く。

(2) グラフの概形をかいて，面積を求める式をつくる。対称性も利用できる。

解答 (1) $x^2=|2x^2-4|$ より　$x^2=\pm(2x^2-4)$

よって　$x^2-4=0$,

$3x^2-4=0$

ゆえに

$\boldsymbol{x=\pm 2,\ \pm\frac{2}{\sqrt{3}}}$

(2) $y=f(x)$, $y=g(x)$ がともに y 軸に関して対称だから，求める部分の面積を S とすると

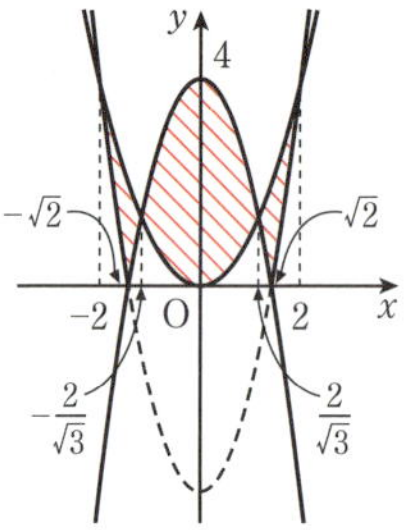

$\frac{1}{2}S=\int_0^{\frac{2}{\sqrt{3}}}\{(-2x^2+4)-x^2\}dx$

$+\int_{\frac{2}{\sqrt{3}}}^{\sqrt{2}}\{x^2-(-2x^2+4)\}dx$

$+\int_{\sqrt{2}}^{2}\{x^2-(2x^2-4)\}dx$

$=\int_0^{\frac{2}{\sqrt{3}}}(-3x^2+4)dx+\int_{\frac{2}{\sqrt{3}}}^{\sqrt{2}}(3x^2-4)dx$

$+\int_{\sqrt{2}}^{2}(-x^2+4)dx$

$=\left[-x^3+4x\right]_0^{\frac{2}{\sqrt{3}}}+\left[x^3-4x\right]_{\frac{2}{\sqrt{3}}}^{\sqrt{2}}$

$+\left[-\frac{x^3}{3}+4x\right]_{\sqrt{2}}^{2}$

$=\frac{32\sqrt{3}}{9}-\frac{16\sqrt{2}}{3}+\frac{16}{3}$

よって　$S=\boldsymbol{\frac{64\sqrt{3}}{9}-\frac{32\sqrt{2}}{3}+\frac{32}{3}}$

339

方針 (1) 接点を $\boldsymbol{(t,\ t^3-4t)}$ とおく。

(2) 接線と曲線の接点以外の共有点を求める。

解答 (1) 接点を $(t,\ t^3-4t)$ とおくと，l は

$y=(3t^2-4)(x-t)+t^3-4t$

これが $(1,\ 1)$ を通るから

$1=(3t^2-4)(1-t)+t^3-4t$

$2t^3-3t^2+5=0$　　$(t+1)(2t^2-5t+5)=0$

$2t^2-5t+5=0$ の判別式 D について

$D=25-40<0$ より

$t=-1$

ゆえに，l の方程式は　$\boldsymbol{y=-x+2}$

(2) $x^3-4x=-x+2$ のとき

$x^3-3x-2=0$

$(x+1)^2(x-2)=0$

ゆえに　$x=-1,\ 2$

すなわち，共有点の x 座標は　$-1,\ 2$

$-1\leqq x\leqq 2$ において

$x^3-4x\leqq -x+2$ だから，求める面積 S は

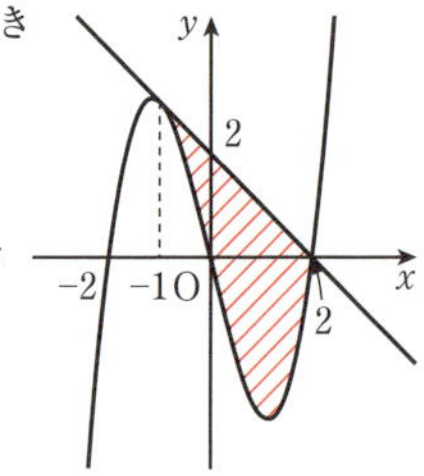

$S=\int_{-1}^{2}\{-x+2-(x^3-4x)\}dx$

$=-\int_{-1}^{2}(x+1)^2(x-2)dx$

$=-\int_{-1}^{2}\{(x+1)^2(x+1-3)dx$

$=-\int_{-1}^{2}(x+1)^3dx+3\int_{-1}^{2}(x+1)^2dx$

$=\left[-\frac{1}{4}(x+1)^4\right]_{-1}^{2}+\left[(x+1)^3\right]_{-1}^{2}$

$=-\frac{81}{4}+27=\boldsymbol{\frac{27}{4}}$

340

方針 接点を $\boldsymbol{(t,\ t^2+1)}$ とおいて，接線の方程式を求め，$\boldsymbol{y=x^2}$ との交点を求めて面積を計算する。

解答 $y=x^2+1$ 上の任意の点 $(t,\ t^2+1)$ における接線の方程式は

$y=2t(x-t)+t^2+1=2tx-t^2+1$

$x^2=2tx-t^2+1$ のとき　$x^2-2tx+t^2-1=0$

$\{x-(t-1)\}\{x-(t+1)\}=0$　　よって　$x=t\pm 1$

ゆえに，面積 S は

$$S=\int_{t-1}^{t+1}(2tx-t^2+1-x^2)dx$$

$$=-\int_{t-1}^{t+1}\{x-(t-1)\}\{x-(t+1)\}dx$$

$$=\frac{1}{6}\{(t+1)-(t-1)\}^3=\frac{4}{3}\quad(=一定)\ ■$$

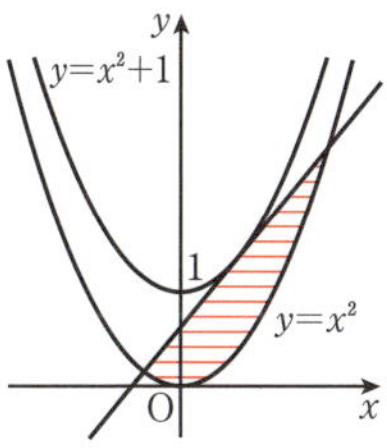

341

方針 (1) C_1 の接点を $A_1(a,\ a^2)$，C_2 の接点を $A_2(b,\ b^2-4b)$ とおいて共通接線の方程式を求める。

(3) 面積を求める部分を確認して式を立てる。

解答 (1) C_1 の接点を $A_1(a,\ a^2)$，C_2 の接点を $A_2(b,\ b^2-4b)$ とおくと，接線の方程式はそれぞれ $y=2a(x-a)+a^2$ より　$y=2ax-a^2$，

$y=(2b-4)(x-b)+b^2-4b$ より

$y=(2b-4)x-b^2$

l は共通接線だから　$2a=2b-4$，$a^2=b^2$

これを解いて

$(a,\ b)=(-1,\ 1)$

ゆえに，共通接線は，

$\boldsymbol{y=-2x-1}$

(2) (1)より　$\boldsymbol{A_1(-1,\ 1)}$，

$\boldsymbol{A_2(1,\ -3)}$

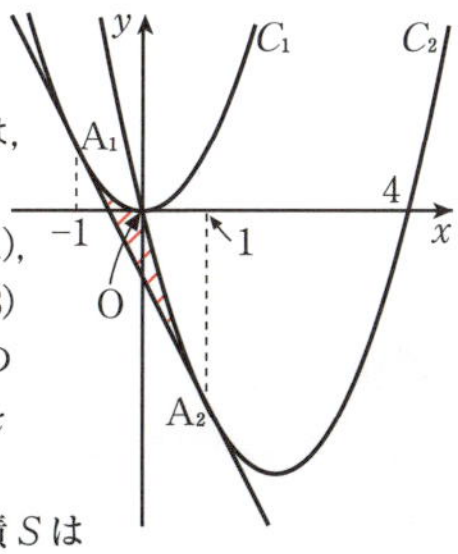

(3) C_1 と C_2 の共有点の x 座標は $x^2=x^2-4x$ より　$x=0$

ゆえに，求める面積 S は

$$S=\int_{-1}^{0}\{x^2-(-2x-1)\}dx+\int_{0}^{1}\{x^2-4x-(-2x-1)\}dx$$

$$=\int_{-1}^{0}(x+1)^2dx+\int_{0}^{1}(x-1)^2dx$$

$$=\left[\frac{(x+1)^3}{3}\right]_{-1}^{0}+\left[\frac{(x-1)^3}{3}\right]_{0}^{1}=\boldsymbol{\frac{2}{3}}$$

342

方針 (1) $\boldsymbol{h(x)=f(x)-g(x)}$ とおいて，$\boldsymbol{h'(x)}$ を求め，増減表をかく。

(2) 極値の符号を考えて，$\boldsymbol{y=h(x)}$ のグラフと $\boldsymbol{x}$ 軸との共有点の個数を調べる。

解答 (1) $h(x)=f(x)-g(x)=x^3-x^2-x+a$

とおくと　$h'(x)=3x^2-2x-1=(x-1)(3x+1)$

よって，増減表は次の通り。

x	$\cdots$	$-\frac{1}{3}$	$\cdots$	1	$\cdots$
$h'(x)$	$+$	0	$-$	0	$+$
$h(x)$	↗	$a+\frac{5}{27}$	↘	$a-1$	↗

$\boldsymbol{x=-\frac{1}{3}}$ **のとき極大値** $\boldsymbol{a+\frac{5}{27}}$

$\boldsymbol{x=1}$ **のとき極小値** $\boldsymbol{a-1}$

(2) $y=h(x)$ と x 軸との共有点の個数が求めるものである。$a>0$ だから極小値 $a-1$ の値で分類する。

$\boldsymbol{a-1<0}$，**すなわち** $\boldsymbol{0<a<1}$ **のとき 3 個**

$\boldsymbol{a-1=0}$，**すなわち** $\boldsymbol{a=1}$ **のとき 2 個**

$\boldsymbol{a-1>0}$，**すなわち** $\boldsymbol{a>1}$ **のとき 1 個**

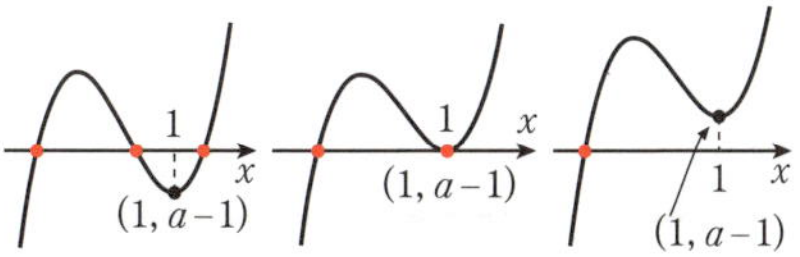

(3) 共有点が 2 個だから(2)より　$a=1$

よって　$h(x)=x^3-x^2-x+1$

$h(x)=0$ より　$x^2(x-1)-(x-1)=0$

$(x+1)(x-1)^2=0$　　$x=\pm1$

ゆえに，求める面積は

$$\int_{-1}^{1}\{f(x)-g(x)\}dx$$

$$=\int_{-1}^{1}h(x)dx$$

$$=\int_{-1}^{1}(x^3-x^2-x+1)dx=2\int_{0}^{1}(-x^2+1)dx$$

$$=2\left[-\frac{1}{3}x^3+x\right]_{0}^{1}=\boldsymbol{\frac{4}{3}}$$

343

方針 (1) 4 次関数 $\boldsymbol{y=f(x)}$ のグラフが $\boldsymbol{x}$ 軸と異なる 2 点で接するとき，
$\boldsymbol{f(x)=k(x-\alpha)^2(x-\beta)^2}$ とかける。
(2) グラフをかいて，対称性を利用して求める。

解答 (1) 接点の x 座標を α, β $(\alpha<\beta)$ とおくと
$x^4-2x^2+a=(x-\alpha)^2(x-\beta)^2$ とかける。

$$\begin{aligned}(x-\alpha)^2(x-\beta)^2&=\{x^2-(\alpha+\beta)x+\alpha\beta\}^2\\&=x^4-2(\alpha+\beta)x^3\\&\quad+\{(\alpha+\beta)^2+2\alpha\beta\}x^2\\&\quad-2\alpha\beta(\alpha+\beta)x+\alpha^2\beta^2\end{aligned}$$

よって　$\alpha+\beta=0$，$(\alpha+\beta)^2+2\alpha\beta=-2$，
$\alpha\beta(\alpha+\beta)=0$，$a=\alpha^2\beta^2$
ゆえに　$\alpha\beta=-1$，$\boldsymbol{a=1}$
また，α，β は $t^2-1=0$ の解である。
$\alpha<\beta$ より　$\alpha=-1$，$\beta=1$

(2) 曲線と $y=b$ の交点の x 座標は
$x^4-2x^2+1=b$ の解である。
ゆえに　$(x^2-1)^2=b$ より
$x^2-1=\pm\sqrt{b}$　$(b>0)$
$x=\pm\sqrt{1\pm\sqrt{b}}$　(複号任意)
$y=x^4-2x^2+1$，$y=b$ はともに y 軸に関して対称だから，$\sqrt{1+\sqrt{b}}=p$ とおくと，求める条件は

$$\int_0^p(x^4-2x^2+1-b)dx=0$$

$$\left[\frac{x^5}{5}-\frac{2}{3}x^3+(1-b)x\right]_0^p=0$$

$$\frac{p^5}{5}-\frac{2}{3}p^3+(1-b)p=0$$

$$3p^5-10p^3+15(1-b)p=0$$

$p\neq0$ より，両辺を p で割り，$p=\sqrt{1+\sqrt{b}}$ を代入すると

$$3(1+\sqrt{b})^2-10(1+\sqrt{b})+15(1+\sqrt{b})(1-\sqrt{b})=0$$

$$3(1+\sqrt{b})-10+15(1-\sqrt{b})=0$$

$$\sqrt{b}=\frac{2}{3}$$

これより　$\boldsymbol{b=\frac{4}{9}}$

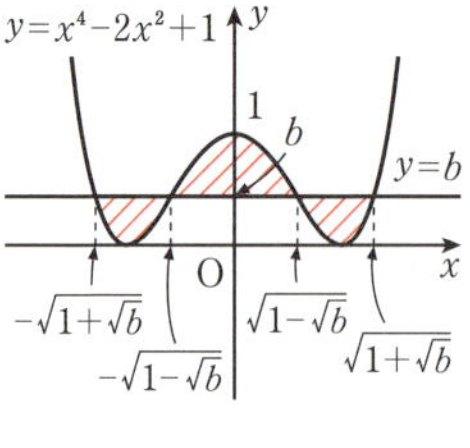

344

方針 (1) $\boldsymbol{f(x)=(x+1)(x^2+x-1)=0}$ の解を $\boldsymbol{-1}$，β，γ として，解と係数の関係を用いる。
(2) $\boldsymbol{g(x)-f(x)\geqq0}$ からグラフの上下関係を求める。

解答 (1) $f(x)=x^3+2x^2-1=(x+1)(x^2+x-1)$
より，$\alpha=-1$ とすると β，γ は $x^2+x-1=0$ の解だから　$\beta+\gamma=-1$，$\beta\gamma=-1$
このとき，$g(x)=0$ の解が $\alpha^2=(-1)^2=1$，β^2，γ^2 だから，

$$\begin{aligned}g(x)&=(x-1)(x-\beta^2)(x-\gamma^2)\\&=(x-1)\{x^2-(\beta^2+\gamma^2)x+\beta^2\gamma^2\}\\&=(x-1)[x^2-\{(\beta+\gamma)^2-2\beta\gamma\}x+(\beta\gamma)^2]\\&=(x-1)(x^2-3x+1)\\&=x^3-4x^2+4x-1=x^3+ax^2+bx+c\end{aligned}$$

よって　$\boldsymbol{a=-4}$，$\boldsymbol{b=4}$，$\boldsymbol{c=-1}$

(2) $$\begin{aligned}g(x)-f(x)&=x^3-4x^2+4x-1-(x^3+2x^2-1)\\&=-6x^2+4x=-2x(3x-2)\end{aligned}$$

ゆえに，$0\leqq x\leqq\frac{2}{3}$ のとき　$f(x)\leqq g(x)$
よって，求める面積は

$$\int_0^{\frac{2}{3}}\{x^3-4x^2+4x-1-(x^3+2x^2-1)\}dx$$

$$=-\int_0^{\frac{2}{3}}2x(3x-2)dx=-6\int_0^{\frac{2}{3}}x\left(x-\frac{2}{3}\right)dx$$

$$=6\cdot\frac{1}{6}\left(\frac{2}{3}-0\right)^3=\boldsymbol{\frac{8}{27}}$$

345

方針 (1) $\boldsymbol{\int(x-\alpha)^2dx=\frac{1}{3}(x-\alpha)^3+C}$ を用いる。
(2) 直交する条件は　$\boldsymbol{mm'=-1}$

解答 (1) $y=x^2$ 上の点 $\mathrm{A}(a,\ a^2)$，$\mathrm{B}(b,\ b^2)$ における接線の方程式は
$y=2ax-a^2$　…①，$y=2bx-b^2$　…②
①，②の交点の x 座標は　$x=\frac{a+b}{2}$

$\alpha=\frac{a+b}{2}$ とおくと，$a>b$ だから

$$\begin{aligned}S&=\int_b^\alpha\{x^2-(2bx-b^2)\}dx+\int_\alpha^a\{x^2-(2ax-a^2)\}dx\\&=\int_b^\alpha(x-b)^2dx+\int_\alpha^a(x-a)^2dx\\&=\left[\frac{1}{3}(x-b)^3\right]_b^\alpha+\left[\frac{1}{3}(x-a)^3\right]_\alpha^a\end{aligned}$$

$=\dfrac{1}{3}(\alpha-b)^3-0$

$+0-\dfrac{1}{3}(\alpha-a)^3$

$=\dfrac{1}{3}\left(\dfrac{a-b}{2}\right)^3$

$-\dfrac{1}{3}\left(\dfrac{b-a}{2}\right)^3$

$=\dfrac{\boldsymbol{(a-b)^3}}{\boldsymbol{12}}$

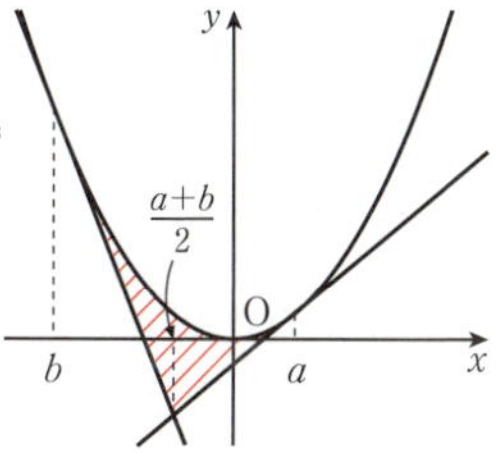

(2) ①，②が直交するから

$2a\cdot 2b=-1 \qquad 4ab=-1$

ゆえに，$b<0<a$ となり，$a>0$，$(-b)>0$ であるから，相加平均と相乗平均の大小関係により

$a-b=a+(-b)\geqq 2\sqrt{a\cdot(-b)}=2\cdot\sqrt{\dfrac{1}{4}}=1$

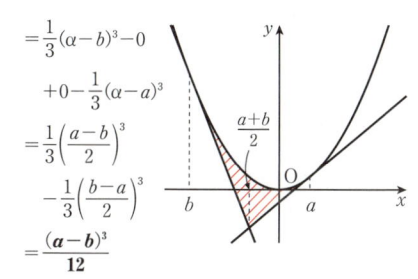

よって　$S=\dfrac{(a-b)^3}{12}\geqq\dfrac{1}{12}$ (等号成立は $a=-b$ のとき，すなわち $a=\dfrac{1}{2}$，$b=-\dfrac{1}{2}$ のとき)

ゆえに，$a=\dfrac{1}{2}$，$b=-\dfrac{1}{2}$ のとき

S の最小値は　$\boldsymbol{\dfrac{1}{12}}$

実戦編

346

方針　(1) $S=\dfrac{1}{2}|x_1y_2-x_2y_1|$ の公式を用いる。

(2) 前問同様 2 つの接線の交点を求めて面積を計算する。

(3) $-1<a<3$ に注意して $S_1=3S_2$ を解く。

解答　(1) A が原点に移る平行移動によって，2 点 B，P が B′，P′ に移ったとすると，

B′(4, 8)，

P′$(a+1,\ a^2-1)$

だから

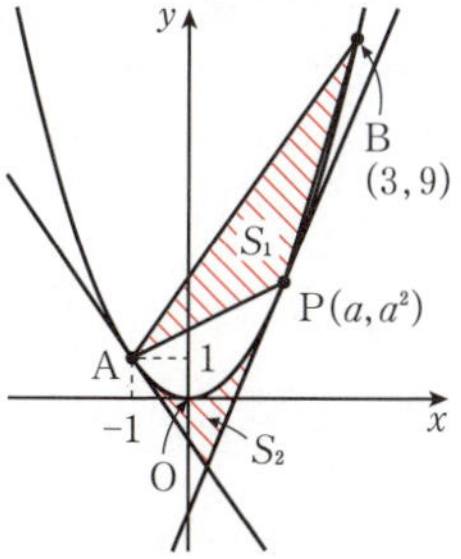

$S_1=\triangle ABP$

$=\triangle OB'P'$

$=\dfrac{1}{2}|(a+1)\cdot 8-4\cdot(a^2-1)|$

$=2|(a+1)(a-3)|$

$=\boldsymbol{-2(a+1)(a-3)}$　　$(-1<a<3$ より$)$

(2) A，P における接線の方程式はそれぞれ

$y=-2x-1 \quad\cdots①,\quad y=2ax-a^2 \quad\cdots②$

①，②より，2 接線の交点の x 座標は　$x=\dfrac{a-1}{2}$

よって　$S_2=\displaystyle\int_{-1}^{\frac{a-1}{2}}\{x^2-(-2x-1)\}dx+\int_{\frac{a-1}{2}}^{a}\{x^2-(2ax-a^2)\}dx$

$=\displaystyle\int_{-1}^{\frac{a-1}{2}}(x+1)^2dx+\int_{\frac{a-1}{2}}^{a}(x-a)^2dx$

$=\left[\dfrac{(x+1)^3}{3}\right]_{-1}^{\frac{a-1}{2}}+\left[\dfrac{(x-a)^3}{3}\right]_{\frac{a-1}{2}}^{a}$

$=\boldsymbol{\dfrac{1}{12}(a+1)^3}$

(3) $S_1=3S_2$ だから，(1)，(2)の結果より

$-2(a+1)(a-3)=3\cdot\dfrac{1}{12}(a+1)^3$

$-1<a<3$ より，$a+1\neq 0$ だから

$-8(a-3)=(a+1)^2$

$a^2+10a-23=0$

$-1<a<3$ より

$\boldsymbol{a=-5+4\sqrt{3}}$

347

方針　$\boldsymbol{y=m-x^2}$ と $\boldsymbol{x}$ 軸で囲まれた部分の面積を $\boldsymbol{S(m)}$ とすると，$\boldsymbol{S(m)=2S(1)}$ である。

解答　$y=m-x^2$ $(m>0)$ と x 軸で囲まれた部分の面積を $S(m)$ とすると $y=1-x^2$ と x 軸で囲まれた部分の面積は $S(1)$

$S(m)=\displaystyle\int_{-\sqrt{m}}^{\sqrt{m}}(m-x^2)dx$

$=-\displaystyle\int_{-\sqrt{m}}^{\sqrt{m}}(x+\sqrt{m})(x-\sqrt{m})dx$

$=\dfrac{1}{6}(\sqrt{m}+\sqrt{m})^3=\dfrac{4m\sqrt{m}}{3}$

題意より　$S(m)=2S(1)$

$S(1)=\dfrac{4}{3}$

よって　$\dfrac{4m\sqrt{m}}{3}=\dfrac{8}{3}$　　ゆえに　$m^{\frac{3}{2}}=2 \quad m^3=4$

したがって　$\boldsymbol{m=\sqrt[3]{4}}$

348

方針 (1) 四角形 **PQRS** は台形で，台形の面積は $\frac{1}{2}$(上底＋下底)×(高さ) である。

(2) グラフをかいて面積を求める部分を確認してから計算する。

解答 (1) 四角形 PQRS の面積を $S(t)$ とおくと

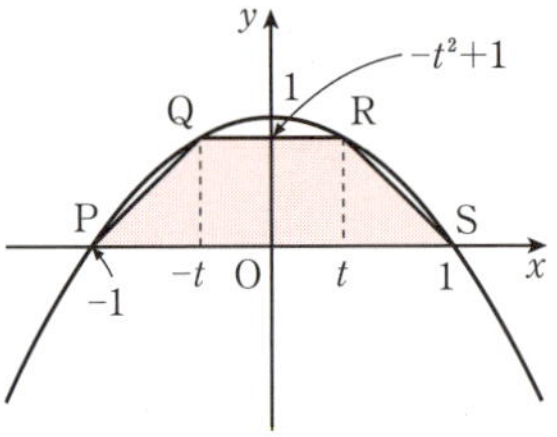

$$S(t)=\frac{(2t+2)(-t^2+1)}{2}$$
$$=-t^3-t^2+t+1$$

よって　$S'(t)=-3t^2-2t+1$
$$=-(t+1)(3t-1)$$

$S'(t)=0$ より　$t=-1,\ \frac{1}{3}$

$0<t<1$ で，増減表は次のようになる。

t	0	…	$\frac{1}{3}$	…	1
$S'(t)$		+	0	−	
$S(t)$		↗	$\frac{32}{27}$	↘	

よって，面積を最大にする t は　$\boldsymbol{t=\frac{1}{3}}$

そのときの面積は　$S\left(\frac{1}{3}\right)=\boldsymbol{\frac{32}{27}}$

(2) 点 $\left(\frac{1}{3},\ \frac{8}{9}\right)$ における接線の方程式は

$y=-\frac{2}{3}\left(x-\frac{1}{3}\right)+\frac{8}{9}$　　$y=-\frac{2}{3}x+\frac{10}{9}$

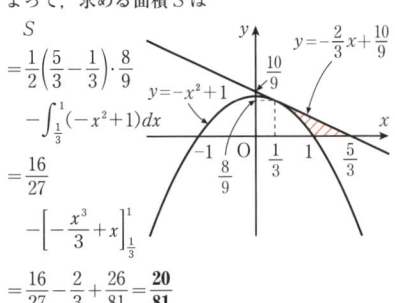

よって，求める面積 S は

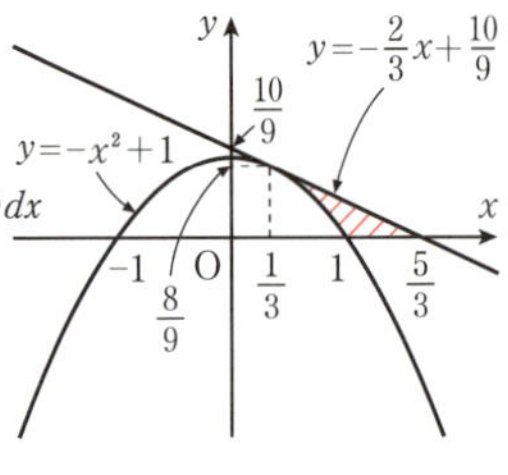

S
$$=\frac{1}{2}\left(\frac{5}{3}-\frac{1}{3}\right)\cdot\frac{8}{9}-\int_{\frac{1}{3}}^{1}(-x^2+1)dx$$
$$=\frac{16}{27}-\left[-\frac{x^3}{3}+x\right]_{\frac{1}{3}}^{1}$$
$$=\frac{16}{27}-\frac{2}{3}+\frac{26}{81}=\boldsymbol{\frac{20}{81}}$$

349

方針 (1) 接点の $\boldsymbol{x}$ 座標が $\boldsymbol{x=0}$，β であるから $\boldsymbol{f(x)-(mx+n)=x^2(x-\beta)^2}$ とかける。

(2) 面積は β で表せる。

(3) $\boldsymbol{K}$ は $\boldsymbol{L}$ に平行な直線なので，$\boldsymbol{f'(x)=m}$ とおいて接点の $\boldsymbol{x}$ 座標を求めることができる。

解答 (1) $f(x)=x^4+ax^3+bx^2+cx+d$

曲線 $A:y=f(x)$ と直線 $L:y=mx+n$ の接点の x 座標は $x=0,\ \beta$ だから

$f(x)-(mx+n)$
$=x^2(x-\beta)^2$

とかける。

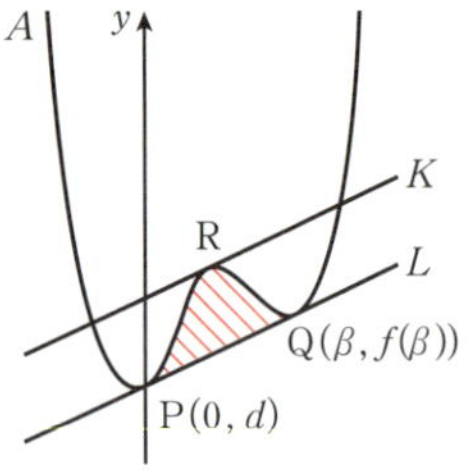

よって

$x^4+ax^3+bx^2+(c-m)x+d-n$
$=x^4-2\beta x^3+\beta^2x^2$

これが x についての恒等式だから

$\boldsymbol{a=-2\beta,\ \ b=\beta^2,\ \ c=m,\ \ d=n}$

(2) $\int_0^{\beta}\{f(x)-(mx+n)\}dx$
$$=\int_0^{\beta}(x^4-2\beta x^3+\beta^2x^2)dx=\left[\frac{x^5}{5}-\frac{\beta}{2}x^4+\frac{\beta^2}{3}x^3\right]_0^{\beta}$$
$$=\boldsymbol{\frac{\beta^5}{30}}$$

(3) (1)から　$f(x)=x^4-2\beta x^3+\beta^2x^2+mx+n$

$f'(x)=4x^3-6\beta x^2+2\beta^2x+m$

直線 K の傾きは m だから，曲線 A との接点 R の x 座標は，$4x^3-6\beta x^2+2\beta^2x+m=m$ の実数解である。

これより　$2x(x-\beta)(2x-\beta)=0$

$x\neq0,\ \beta$ だから　$x=\frac{\beta}{2}$

$$f\left(\frac{\beta}{2}\right)=\frac{\beta^4}{16}+\frac{m\beta}{2}+n$$

ゆえに，共有点の x 座標は

$x^4-2\beta x^3+\beta^2x^2+mx+n$
$=m\left(x-\frac{\beta}{2}\right)+\frac{\beta^4}{16}+\frac{m\beta}{2}+n$ より

$x^4-2\beta x^3+\beta^2x^2-\frac{\beta^4}{16}=0$　　これが

$\left(x-\frac{\beta}{2}\right)^2$ を因数にもつことを利用すると

$\left(x-\frac{\beta}{2}\right)^2\left(x^2-\beta x-\frac{\beta^2}{4}\right)=0$ と変形できる。

よって　$\boldsymbol{x=\frac{\beta}{2},\ \ \frac{1\pm\sqrt{2}}{2}\beta}$

350

方針 (1) 接線の方程式 $\boldsymbol{y-f(t)=f'(t)(x-t)}$ に代入。

(2) 接線が $\mathbf{A(-a,\ 4a^2-5a+2)}$ を通るから代入。$\boldsymbol{t}$ の **2** 次方程式とみて，異なる **2** 個の実数解をもつことを示す。

(3) (2)の $\boldsymbol{t}$ の **2** 次方程式において，大きい方の解が $\boldsymbol{0<t<a}$ の範囲にある条件を求める。

(4) $\boldsymbol{t}$ の方程式を解いて，接線の方程式を求める。

解答 (1) $f'(x)=-2x+a$

よって，接線の方程式は

$\boldsymbol{y}=(-2t+a)(x-t)-t^2+at$

$\quad\boldsymbol{=-(2t-a)x+t^2}$

(2) (1)で求めた接線が点 $\mathrm{A}(-a,\ 4a^2-5a+2)$ を通るとき　$4a^2-5a+2=-(2t-a)\cdot(-a)+t^2$

すなわち　$t^2+2at-5a^2+5a-2=0$　…①

①の判別式を D とすると

$$\frac{D}{4}=a^2-(-5a^2+5a-2)=6a^2-5a+2$$

$$=6\left(a-\frac{5}{12}\right)^2+\frac{23}{24}>0$$

ゆえに，①は相異なる 2 つの実数解をもち，$y=f(x)$ は 1 本の直線と相異なる 2 点以上の点で接することはないから，接線は 2 本引ける。■

(3) $g(t)=t^2+2at-5a^2+5a-2$ とおく。

求める条件は $g(t)=0$ の大きい方の解が $0<t<a$ を満たすことである。

$$g(0)=-5a^2+5a-2=-5\left(a-\frac{1}{2}\right)^2-\frac{3}{4}<0$$

$y=g(t)$ のグラフは下に凸だから，$g(a)>0$ であればよい。

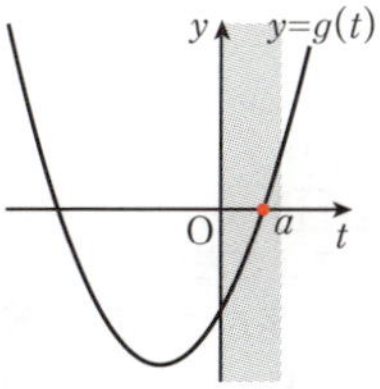

よって

$g(a)$

$=-2a^2+5a-2$

$=-(a-2)(2a-1)>0$

ゆえに　$\boldsymbol{\frac{1}{2}<a<2}$

(4) $a=1$ のとき，①は，$t^2+2t-2=0$ となり，大きい方の解は　$t=-1+\sqrt{3}$

よって，求める図形の面積は

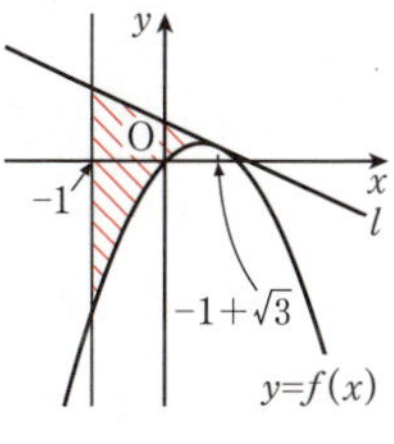

$$\int_{-1}^{t}\{-(2t-1)x+t^2-(-x^2+x)\}dx$$

$$=\int_{-1}^{t}(x^2-2tx+t^2)dx$$

$$=\int_{-1}^{t}(x-t)^2dx$$

$$=\left[\frac{(x-t)^3}{3}\right]_{-1}^{t}$$

$$=0-\frac{(-1-t)^3}{3}=-\frac{(-\sqrt{3})^3}{3}=\boldsymbol{\sqrt{3}}$$

351

方針 (1) $\boldsymbol{k}$ についての恒等式とみる。

(2) $\boldsymbol{a\int_{\alpha}^{\beta}(x-\alpha)(x-\beta)dx=-\frac{a(\beta-\alpha)^3}{6}}$ が使える。

解答 (1) C の方程式より

$2x-y+k(x^2-x-2)=0$

$2x-y=0$ かつ $x^2-x-2=0$ のとき

すなわち $(x,\ y)=(-1,\ -2),\ (2,\ 4)$ のとき，この方程式は任意の k に対して成立する。

よって，曲線 C は 2 定点 $(-1,\ -2),\ (2,\ 4)$ を通る。■

(2) $(-1,\ -2),\ (2,\ 4)$ を通る直線の方程式は

$$y-(-2)=\frac{4+2}{2+1}\{x-(-1)\}\qquad y=2(x+1)-2$$

よって　$y=2x$　…①

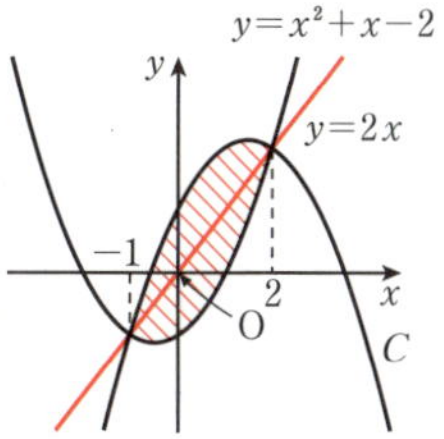

また，この 2 定点は $y=x^2+x-2$　… ② 上の点である。つまり，2 定点が曲線 C と②の交点である。②は下に凸の放物線だから，題意より

$k<0$　…③

$$\int_{-1}^{2}\{2x-(x^2+x-2)\}dx$$

$$=\int_{-1}^{2}\{kx^2+(2-k)x-2k-2x\}dx$$

$$-\int_{-1}^{2}(x^2-x-2)dx=k\int_{-1}^{2}(x^2-x-2)dx$$

$$(k+1)\int_{-1}^{2}(x+1)(x-2)dx=0$$

$$(k+1)\cdot\left\{-\frac{1}{6}(2+1)^3\right\}=0$$

$\boldsymbol{k=-1}$　　これは，③に適する。

352

方針 (1) $\boldsymbol{f(x)}$ を $\boldsymbol{x \geqq 0}$ と $\boldsymbol{x<0}$ で場合分けして表す。接点を $(\boldsymbol{t},\ \boldsymbol{g(t)})$ $(\boldsymbol{t>0})$，$(\boldsymbol{s},\ \boldsymbol{g(s)})$ $(\boldsymbol{s<0})$ とする。

解答 (1) $f(x)=\begin{cases} px & (x \geqq 0) \\ -qx & (x<0) \end{cases}$　　$g'(x)=2x+a$

よって，$(t,\ g(t))$ $(t>0)$ における接線の方程式は　$y=(2t+a)(x-t)+t^2+at+b$

$=(2t+a)x-t^2+b$　…①

同様に，$(s,\ g(s))$ $(s<0)$ における接線の方程式は　$y=(2s+a)x-s^2+b$　…②

$y=g(x)$ が $y=px$ $(x \geqq 0)$ または

$y=-qx$ $(x<0)$ の一方のみに異なる 2 点で接することはないから

①は $y=px$,

②は $y=-qx$

である。

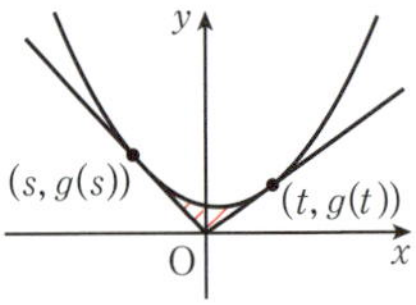

よって

$2t+a=p$,

$-t^2+b=0$,

$2s+a=-q$,

$-s^2+b=0$

2 番目と 4 番目の式より　$b=t^2=s^2$

$t>0$, $s<0$ より　$s=-t$

1 番目と 3 番目の式の和は

$2t+2s+2a=p-q$

$s=-t$ であるから　$\boldsymbol{a=\dfrac{p-q}{2}}$

また　$t=\dfrac{p-a}{2}=\dfrac{p-\dfrac{p-q}{2}}{2}=\dfrac{p+q}{4}$

よって　$\boldsymbol{b=\left(\dfrac{p+q}{4}\right)^2}$

(2) (1)より，$s=-t$ であるから，求める面積は

$\displaystyle\int_{-t}^{t}(x^2+ax+b)dx-\int_{-t}^{0}(-qx)dx-\int_{0}^{t}pxdx$

$\displaystyle=2\int_{0}^{t}(x^2+b)dx+\int_{-t}^{0}qxdx-\int_{0}^{t}pxdx$

$=2\left[\dfrac{1}{3}x^3+bx\right]_0^t+\left[\dfrac{1}{2}qx^2\right]_{-t}^0-\left[\dfrac{1}{2}px^2\right]_0^t$

$=\dfrac{2}{3}t^3+2bt-\dfrac{1}{2}qt^2-\dfrac{1}{2}pt^2$

$=\dfrac{2}{3}t^3+2bt-\dfrac{p+q}{2}t^2=\dfrac{2}{3}t^3+2t^3-2t^3$　（$\boldsymbol{t=\dfrac{p+q}{4}}$ より，$\boldsymbol{b=t^2}$ より）

$=\dfrac{2}{3}t^3=\dfrac{2}{3}\cdot\left(\dfrac{p+q}{4}\right)^3=\boldsymbol{\dfrac{(p+q)^3}{96}}$

353

方針 グラフから定積分の値と面積を考えると $\displaystyle\int_{-1}^{0}\boldsymbol{f(x)dx \geqq 1}$，$\displaystyle\int_{0}^{1}\boldsymbol{f(x)dx \geqq -2}$ が成り立つことを利用する。

解答 $\displaystyle\int_{-1}^{1}f(x)dx=\int_{-1}^{0}f(x)dx+\int_{0}^{1}f(x)dx$

$-1 \leqq x \leqq 0$ のとき　$f(x) \geqq 1$

よって　$\displaystyle\int_{-1}^{0}f(x)dx \geqq \int_{-1}^{0}dx$　　$\displaystyle\int_{-1}^{0}f(x)dx \geqq 1$

$0 \leqq x \leqq 1$ のとき　$f(x) \geqq -2$

これより　$\displaystyle\int_{0}^{1}f(x)dx \geqq \int_{0}^{1}(-2)dx$

$\displaystyle\int_{0}^{1}f(x)dx \geqq -2$

したがって　$\displaystyle\int_{-1}^{1}f(x)dx=\int_{-1}^{0}f(x)dx+\int_{0}^{1}f(x)dx$

$\geqq 1-2=-1$ ▮

32 ベクトルとその演算

必修編

354

方針 (1) それぞれのベクトルを始点を **A** にそろえて表す。

(2) 文字式と同様に計算する。

(3) $\overrightarrow{\mathbf{AE}}$，$\overrightarrow{\mathbf{AF}}$ を $\overrightarrow{\mathbf{AB}}$，$\overrightarrow{\mathbf{AD}}$ で表して，連立方程式を解く。

解答 (1) $\overrightarrow{PA}+\overrightarrow{PB}+\overrightarrow{PC}+\overrightarrow{PD}=\overrightarrow{AD}$ より

$-\overrightarrow{AP}+(\overrightarrow{AB}-\overrightarrow{AP})+(\overrightarrow{AC}-\overrightarrow{AP})+(\overrightarrow{AD}-\overrightarrow{AP})$
$=\overrightarrow{AD}$

$-4\overrightarrow{AP}+\overrightarrow{AB}+\overrightarrow{AC}=\vec{0}$

よって　$\overrightarrow{\mathbf{AP}}=\dfrac{1}{4}(\overrightarrow{AB}+\overrightarrow{AC})$

$=\dfrac{1}{4}\{\overrightarrow{AB}+(\overrightarrow{AB}+\overrightarrow{BC})\}$

$=\dfrac{1}{2}\overrightarrow{AB}+\dfrac{1}{4}\overrightarrow{BC}=\boldsymbol{\dfrac{1}{2}\vec{a}+\dfrac{1}{4}\vec{b}}$

(2) $4\vec{x}+3\vec{y}=\vec{a}$ …①, $3\vec{x}-5\vec{y}=\vec{b}$ …②とする。

①×5+②×3 より $29\vec{x}=5\vec{a}+3\vec{b}$

①×3−②×4 より $29\vec{y}=3\vec{a}-4\vec{b}$

よって $\boldsymbol{\vec{x}=\frac{5\vec{a}+3\vec{b}}{29}}$, $\boldsymbol{\vec{y}=\frac{3\vec{a}-4\vec{b}}{29}}$

(3) $\vec{u}=\overrightarrow{AB}+\overrightarrow{BE}$ より

$\vec{u}=\vec{a}+\frac{1}{2}\vec{b}$ …①

$\vec{v}=\overrightarrow{AD}+\overrightarrow{DF}$ より

$\vec{v}=\frac{1}{2}\vec{a}+\vec{b}$ …②

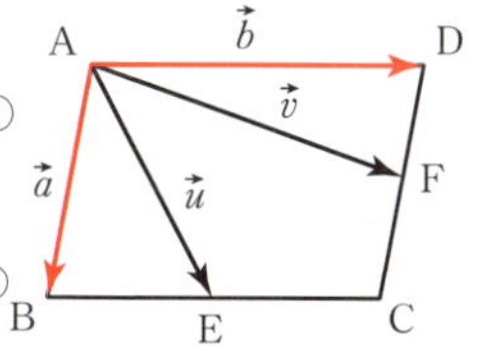

①×2−②から

$2\vec{u}-\vec{v}=\frac{3}{2}\vec{a}$ よって $\boldsymbol{\vec{a}=\frac{4}{3}\vec{u}-\frac{2}{3}\vec{v}}$

①−②×2 から

$\vec{u}-2\vec{v}=-\frac{3}{2}\vec{b}$ よって $\boldsymbol{\vec{b}=-\frac{2}{3}\vec{u}+\frac{4}{3}\vec{v}}$

355

方針 $\overrightarrow{AB}$, $\overrightarrow{BC}$, $\overrightarrow{CD}$, $\overrightarrow{DA}$ で表し，
$\overrightarrow{AB}+\overrightarrow{BC}+\overrightarrow{CD}+\overrightarrow{DA}=\vec{0}$ であることを利用する。

解答 (1) $\overrightarrow{P_1Q_1}=\overrightarrow{P_1A}+\overrightarrow{AB}+\overrightarrow{BQ_1}$

$=-\frac{1}{3}\overrightarrow{AD}+\overrightarrow{AB}+\frac{1}{3}\overrightarrow{BC}$

$=\frac{1}{3}(\overrightarrow{DA}+\overrightarrow{BC})+\overrightarrow{AB}$

$\overrightarrow{AB}+\overrightarrow{BC}+\overrightarrow{CD}+\overrightarrow{DA}=\vec{0}$ …①だから

$\overrightarrow{P_1Q_1}=\frac{1}{3}(-\overrightarrow{AB}-\overrightarrow{CD})+\overrightarrow{AB}=\boldsymbol{\frac{2}{3}\overrightarrow{AB}+\frac{1}{3}\overrightarrow{DC}}$

(2) $\overrightarrow{P_2Q_2}=\overrightarrow{P_2A}+\overrightarrow{AB}+\overrightarrow{BQ_2}=-\frac{2}{3}\overrightarrow{AD}+\overrightarrow{AB}+\frac{2}{3}\overrightarrow{BC}$

$=\frac{2}{3}(\overrightarrow{DA}+\overrightarrow{BC})+\overrightarrow{AB}$ (①より)

$=-\frac{2}{3}(\overrightarrow{AB}+\overrightarrow{CD})+\overrightarrow{AB}=\frac{1}{3}\overrightarrow{AB}+\frac{2}{3}\overrightarrow{DC}$

よって $\overrightarrow{P_1Q_1}+\overrightarrow{P_2Q_2}$

$=\left(\frac{2}{3}\overrightarrow{AB}+\frac{1}{3}\overrightarrow{DC}\right)+\left(\frac{1}{3}\overrightarrow{AB}+\frac{2}{3}\overrightarrow{DC}\right)$

$=\overrightarrow{AB}+\overrightarrow{DC}$ ▮

356

方針 $|\vec{a}|=|\vec{b}|=1$ なので，BI の長さを求める。

解答 (1) 1 辺の長さが 1 だから BI$=\frac{\sqrt{2}}{2}$

また，$|\vec{b}|=1$ より $\overrightarrow{AI}=\overrightarrow{AB}+\overrightarrow{BI}=\boldsymbol{\vec{a}+\frac{\sqrt{2}}{2}\vec{b}}$

(2) BG$=\sqrt{2}+1$ であるから $\overrightarrow{BG}=\boldsymbol{(\sqrt{2}+1)\vec{b}}$

(3) $\overrightarrow{CG}=\overrightarrow{CF}+\overrightarrow{FG}=\overrightarrow{BG}+\sqrt{2}\,\overrightarrow{IA}$

$=(\sqrt{2}+1)\vec{b}-\sqrt{2}\left(\vec{a}+\frac{\sqrt{2}}{2}\vec{b}\right)$

$=\boldsymbol{-\sqrt{2}\,\vec{a}+\sqrt{2}\,\vec{b}}$

実戦編

357

方針 ベクトルの和 $\overrightarrow{AB}=\overrightarrow{A\square}+\overrightarrow{\square B}$
ベクトルの差 $\overrightarrow{AB}=\overrightarrow{\square B}-\overrightarrow{\square A}$ を利用。

解答 正六角形の中心を O とすると，O は △ACE の重心だから

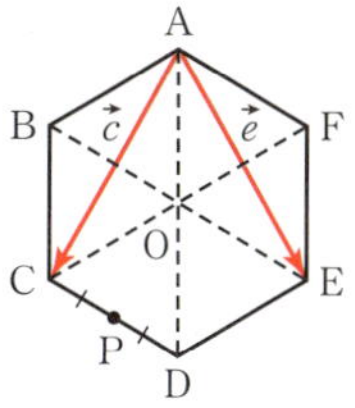

$\overrightarrow{AO}=\frac{1}{3}(\vec{c}+\vec{e})$

$\overrightarrow{AF}=\overrightarrow{OE}=\overrightarrow{AE}-\overrightarrow{AO}$

$=\vec{e}-\frac{1}{3}(\vec{c}+\vec{e})$

$=-\frac{1}{3}\vec{c}+\frac{2}{3}\vec{e}$

$\overrightarrow{AP}=\overrightarrow{AC}+\overrightarrow{CP}=\overrightarrow{AC}+\frac{1}{2}\overrightarrow{AF}$

$=\vec{c}+\frac{1}{2}\left(-\frac{1}{3}\vec{c}+\frac{2}{3}\vec{e}\right)=\frac{5}{6}\vec{c}+\frac{1}{3}\vec{e}$

$\overrightarrow{FP}=\overrightarrow{AP}-\overrightarrow{AF}=\left(\frac{5}{6}\vec{c}+\frac{1}{3}\vec{e}\right)-\left(-\frac{1}{3}\vec{c}+\frac{2}{3}\vec{e}\right)$

$=\boldsymbol{\frac{7}{6}\vec{c}-\frac{1}{3}\vec{e}}$

358

方針 (1) B から辺 AC に垂線 BH を下ろす。

(2) $\overrightarrow{\mathrm{CA}}$ と同じ向きの単位ベクトルは $\dfrac{\overrightarrow{\mathrm{CA}}}{|\overrightarrow{\mathrm{CA}}|}$ と表せることを利用する。

解答 (1) AC の中点を H とすると

AC
$=2\mathrm{AH}$
$=2\mathrm{AB}\cos 36^\circ$
$=\dfrac{\sqrt{5}+1}{2}$

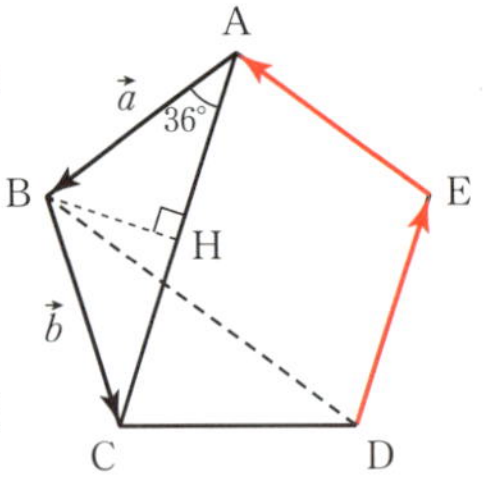

(2) DE＝1，DE∥AC だから

$$\overrightarrow{\mathrm{DE}}=\frac{\overrightarrow{\mathrm{CA}}}{|\overrightarrow{\mathrm{CA}}|}=\frac{2(-\vec{a}-\vec{b})}{\sqrt{5}+1}$$

$$=\frac{-2(\sqrt{5}-1)(\vec{a}+\vec{b})}{(\sqrt{5}+1)(\sqrt{5}-1)}=\frac{1-\sqrt{5}}{2}(\vec{a}+\vec{b})$$

また，$\overrightarrow{\mathrm{EA}}=\vec{x}$ とおくと　$\overrightarrow{\mathrm{BD}}=-\dfrac{\sqrt{5}+1}{2}\vec{x}$

$\overrightarrow{\mathrm{AB}}+\overrightarrow{\mathrm{BD}}+\overrightarrow{\mathrm{DE}}+\overrightarrow{\mathrm{EA}}=\vec{0}$ より

$$\vec{a}-\frac{\sqrt{5}+1}{2}\vec{x}+\frac{1-\sqrt{5}}{2}(\vec{a}+\vec{b})+\vec{x}=\vec{0}$$

$$\frac{3-\sqrt{5}}{2}\vec{a}+\frac{1-\sqrt{5}}{2}\vec{b}+\frac{1-\sqrt{5}}{2}\vec{x}=\vec{0}$$

$$\vec{x}=\frac{3-\sqrt{5}}{\sqrt{5}-1}\vec{a}-\vec{b}=\frac{(3-\sqrt{5})(\sqrt{5}+1)}{(\sqrt{5}-1)(\sqrt{5}+1)}\vec{a}-\vec{b}$$

$$=\frac{2\sqrt{5}-2}{4}\vec{a}-\vec{b}=\frac{\sqrt{5}-1}{2}\vec{a}-\vec{b}$$

ゆえに

$$\overrightarrow{\mathrm{DE}}=\boldsymbol{\frac{1-\sqrt{5}}{2}(\vec{a}+\vec{b})},\ \overrightarrow{\mathrm{EA}}=\boldsymbol{\frac{\sqrt{5}-1}{2}\vec{a}-\vec{b}}$$

33 ベクトルの成分表示

必修編

359

方針 成分表示による演算規則にしたがう。

解答 (1) $\vec{a}-\vec{b}=(1,\ -4)-(-3,\ 2)=\boldsymbol{(4,\ -6)}$

$|\vec{a}-\vec{b}|=\sqrt{4^2+(-6)^2}=\boldsymbol{2\sqrt{13}}$

(2) $4\vec{a}+3\vec{b}=4(1,\ -4)+3(-3,\ 2)=\boldsymbol{(-5,\ -10)}$

$|4\vec{a}+3\vec{b}|=\sqrt{(-5)^2+(-10)^2}=\boldsymbol{5\sqrt{5}}$

360

方針 $\vec{c}=k\vec{a}+l\vec{b}$ とおいて，k，l を決定する。

解答 $(-9,\ 13)=k(2,\ 1)+l(-3,\ 2)$ とおくと

$(-9,\ 13)=(2k-3l,\ k+2l)$

よって　$2k-3l=-9,\ k+2l=13$

これを解いて　$k=3,\ l=5$　ゆえに　$\boldsymbol{\vec{c}=3\vec{a}+5\vec{b}}$

361

方針 $|\vec{a}+t\vec{b}|^2$ を成分で表して，t についての 2 次関数で考える。

解答 $\vec{a}+t\vec{b}=(-3,\ 2)+t(2,\ 1)$
$=(2t-3,\ t+2)$

これより

$$|\vec{a}+t\vec{b}|^2=(2t-3)^2+(t+2)^2$$
$$=4t^2-12t+9+t^2+4t+4$$
$$=5t^2-8t+13=5\left(t-\frac{4}{5}\right)^2+\frac{49}{5}$$

よって，$|\vec{a}+t\vec{b}|$ が最小になるのは $\boldsymbol{t=\frac{4}{5}}$ のときで，最小値 $\sqrt{\dfrac{49}{5}}=\boldsymbol{\dfrac{7\sqrt{5}}{5}}$

34 ベクトルの内積

必修編

362

方針 内積，なす角の公式にしたがう。

解答 (1) $\vec{a}\cdot\vec{b}=3\sqrt{3}-\sqrt{3}=\boldsymbol{2\sqrt{3}}$

(2) $|\vec{a}|=\sqrt{(\sqrt{3})^2+1^2}=2,\ |\vec{b}|=\sqrt{3^2+(-\sqrt{3})^2}=2\sqrt{3}$

よって　$\cos\theta=\dfrac{2\sqrt{3}}{2\cdot 2\sqrt{3}}=\dfrac{1}{2}$

$0^\circ\leqq\theta\leqq 180^\circ$ より　$\boldsymbol{\theta=60^\circ}$

363

方針 (1) 2 つのベクトルが垂直 ⟺ 内積＝0

(2) 2 つのベクトルが平行 ⟺ $\vec{a}=k\vec{b}$（k は実数）と表せる。

(3) $\vec{a}\cdot\vec{b}=|\vec{a}||\vec{b}|\cos\theta$ を使う。

解答 (1) $\vec{a}+\vec{b}=(3,\ x-1)$

$2\vec{a}-3\vec{b}=(2,\ 2x)+(-6,\ 3)=(-4,\ 2x+3)$

これらが垂直であるとき，内積は 0 であるから

$3\cdot(-4)+(x-1)(2x+3)=0$

$2x^2+x-15=0$　　$(x+3)(2x-5)=0$

$\boldsymbol{x=-3,\ \frac{5}{2}}$

(2) $(\vec{a}+\vec{b})/\!/(2\vec{a}-3\vec{b})$ だから
$(-4,\ 2x+3)=k(3,\ x-1)$ となる実数 k が存在する。
ゆえに　$-4=3k,\ 2x+3=k(x-1)$
これを解いて　$k=-\frac{4}{3}$, $\boldsymbol{x=-\frac{1}{2}}$

(3) $\vec{a}\cdot\vec{b}=|\vec{a}||\vec{b}|\cos 60^\circ$
よって　$1\cdot 2+x\cdot(-1)=\sqrt{1+x^2}\sqrt{2^2+(-1)^2}\cdot\frac{1}{2}$
$2(2-x)=\sqrt{1+x^2}\sqrt{5}$
両辺を2乗して　$4(2-x)^2=5(1+x^2)$
$x^2+16x-11=0$　　ゆえに　$x=-8\pm5\sqrt{3}$
なす角が 60° だから　$\vec{a}\cdot\vec{b}>0$
これより　$x<2$
$x=-8\pm5\sqrt{3}$ はともに適する。
ゆえに　$\boldsymbol{x=-8\pm5\sqrt{3}}$

364

方針　(1) $(x\vec{a}+y\vec{b})\cdot\vec{c}=0$ より関係式をつくる。
(2) $|x\vec{a}+y\vec{b}|=2\sqrt{5}$ より関係式をつくり，(1)との連立方程式を解く。

解答　(1) $x\vec{a}+y\vec{b}=(x+y,\ x-y)$
$(x\vec{a}+y\vec{b})\cdot\vec{c}=0$ より　$x+y+2(x-y)=0$
ゆえに　$\boldsymbol{y=3x}$

(2) (1)より　$x\vec{a}+y\vec{b}=(4x,\ -2x)$　…①
$|x\vec{a}+y\vec{b}|^2=(2\sqrt{5})^2$ より
$(4x)^2+(-2x)^2=20$　　$x^2=1$
よって　$x=\pm1$
①に代入して　**(4, −2), (−4, 2)**

365

方針　$|\vec{a}+\vec{b}|=2$, $|\vec{a}-\vec{b}|=1$ から $|\vec{a}|^2+|\vec{b}|^2$, $\vec{a}\cdot\vec{b}$ の値を求める。

解答　$|\vec{a}+\vec{b}|^2=4$, $|\vec{a}-\vec{b}|^2=1$ より
$|\vec{a}+\vec{b}|^2+|\vec{a}-\vec{b}|^2=2|\vec{a}|^2+2|\vec{b}|^2=5$
よって　$|\vec{a}|^2+|\vec{b}|^2=\frac{5}{2}$　…①
$|\vec{a}+\vec{b}|^2-|\vec{a}-\vec{b}|^2=4\vec{a}\cdot\vec{b}=3$
ゆえに　$\vec{a}\cdot\vec{b}=\frac{3}{4}$　…②
①，②より
$|2\vec{a}-\vec{b}|^2+|\vec{a}-2\vec{b}|^2=5(|\vec{a}|^2+|\vec{b}|^2)-8\vec{a}\cdot\vec{b}$
$=5\cdot\frac{5}{2}-8\cdot\frac{3}{4}=\boldsymbol{\frac{13}{2}}$

実戦編

366

方針　$|2\vec{a}+t\vec{b}|^2$ を展開し，$|\vec{a}|$, $|\vec{b}|$, $\vec{a}\cdot\vec{b}$ を定数とみて，t についての2次関数と考える。

解答　(1) $|2\vec{a}+t\vec{b}|^2$
$=4|\vec{a}|^2+4t\vec{a}\cdot\vec{b}+t^2|\vec{b}|^2=|\vec{b}|^2\left(t^2+\frac{4\vec{a}\cdot\vec{b}}{|\vec{b}|^2}t\right)+4|\vec{a}|^2$
$=|\vec{b}|^2\left(t+\frac{2\vec{a}\cdot\vec{b}}{|\vec{b}|^2}\right)^2+4|\vec{a}|^2-\frac{4(\vec{a}\cdot\vec{b})^2}{|\vec{b}|^2}$
よって，$\boldsymbol{t=-\frac{2\vec{a}\cdot\vec{b}}{|\vec{b}|^2}}$ のとき $|2\vec{a}+t\vec{b}|^2$ は最小。
すなわち，$|2\vec{a}+t\vec{b}|$ が最小となる。

(2) (1)で求めた t の値を $2\vec{a}+t\vec{b}$ に代入して
$(2\vec{a}+t\vec{b})\cdot\vec{b}=\left(2\vec{a}-\frac{2\vec{a}\cdot\vec{b}}{|\vec{b}|^2}\vec{b}\right)\cdot\vec{b}$
$=2\vec{a}\cdot\vec{b}-\frac{2\vec{a}\cdot\vec{b}}{|\vec{b}|^2}\cdot|\vec{b}|^2$
$=2\vec{a}\cdot\vec{b}-2\vec{a}\cdot\vec{b}=0$
ゆえに　$2\vec{a}+t\vec{b}$ と $\vec{b}$ は垂直である。■

367

方針　(1) $(\vec{a}+2\vec{b})\cdot(\vec{a}-2\vec{b})=0$ と $|\vec{a}+2\vec{b}|=2|\vec{b}|$ から $|\vec{a}|$, $|\vec{b}|$, $\vec{a}\cdot\vec{b}$ の関係式を求める。
(2) $\left|t\vec{a}+\frac{1}{t}\vec{b}\right|^2$ を展開して，t についての関数にする。

解答　(1) $(\vec{a}+2\vec{b})\cdot(\vec{a}-2\vec{b})=0$ であるから
$|\vec{a}|^2-4|\vec{b}|^2=0$　　$|\vec{a}|=2|\vec{b}|$
$|\vec{a}+2\vec{b}|=2|\vec{b}|$ より　$|\vec{a}+2\vec{b}|^2=4|\vec{b}|^2$
$|\vec{a}|^2+4\vec{a}\cdot\vec{b}+4|\vec{b}|^2=4|\vec{b}|^2$　　$|\vec{a}|^2=-4\vec{a}\cdot\vec{b}$
よって　$\cos\theta=\frac{\vec{a}\cdot\vec{b}}{|\vec{a}||\vec{b}|}=-\frac{|\vec{a}|^2}{4}\cdot\frac{1}{|\vec{a}||\vec{b}|}$
$=-\frac{|\vec{a}|}{4|\vec{b}|}=-\frac{2|\vec{b}|}{4|\vec{b}|}=-\frac{1}{2}$
$0^\circ\leqq\theta\leqq180^\circ$ より　$\boldsymbol{\theta=120^\circ}$

(2) $\left|t\vec{a}+\frac{1}{t}\vec{b}\right|^2=t^2|\vec{a}|^2+2\vec{a}\cdot\vec{b}+\frac{1}{t^2}|\vec{b}|^2$
$=t^2|\vec{a}|^2-\frac{2}{4}|\vec{a}|^2+\frac{1}{t^2}\cdot\frac{|\vec{a}|^2}{4}$
$=t^2-\frac{1}{2}+\frac{1}{4t^2}=\left(t-\frac{1}{2t}\right)^2+\frac{1}{2}$
$t>0$ であるから，$t=\frac{1}{2t}$，すなわち $t=\frac{\sqrt{2}}{2}$ のとき最小値 $\boldsymbol{\frac{\sqrt{2}}{2}}$

368

方針 (1) 平行条件，垂直条件から関係式をつくる。

(2) 与えられた条件と，$\vec{\boldsymbol{a}}\cdot\vec{\boldsymbol{b}}=|\vec{\boldsymbol{a}}||\vec{\boldsymbol{b}}|\cos 60^\circ$ から関係式をつくる。

解答 (1) $\vec{a}-\vec{b}=(p+1,\ -1)$ と $\vec{c}=(1,\ q)$ が平行だから $(1,\ q)=k(p+1,\ -1)$ とかける。

よって　$1=k(p+1)$，$q=-k$

k を消去して　$q(p+1)=-1$　…①

$\vec{b}-\vec{c}=(-2,\ 3-q)$ と $\vec{a}=(p,\ 2)$ が垂直だから

$-2p+(3-q)\cdot 2=0$

これより　$q=-p+3$　…②

②を①に代入　$-(p-3)(p+1)=-1$

$p^2-2p-4=0$

よって　$p=1\pm\sqrt{5}$

②に代入して　$q=2\mp\sqrt{5}$

よって　$\boldsymbol{p=1\pm\sqrt{5}}$，$\boldsymbol{q=2\mp\sqrt{5}}$（複号同順）

(2) $\sqrt{2}|\vec{a}|=|\vec{b}|$ より　$2|\vec{a}|^2=|\vec{b}|^2$

ゆえに　$2(p^2+4)=10$

$p=\pm 1$

一方，$\vec{a}-\vec{b}$，$\vec{c}$ のなす角が 60° だから

$(\vec{a}-\vec{b})\cdot\vec{c}=|\vec{a}-\vec{b}||\vec{c}|\cos 60^\circ$

したがって

$$(p+1)\cdot 1-1\cdot q=\sqrt{(p+1)^2+1}\sqrt{1+q^2}\cdot\frac{1}{2}$$

$$2(p+1-q)=\sqrt{(p+1)^2+1}\sqrt{1+q^2}$$

これより　$p+1-q>0$　…③

$\{(p+1)^2+1\}(1+q^2)=4(p+1-q)^2$　…④

(i) $p=1$ のとき，③より　$q<2$　…⑤

④より　$5(1+q^2)=4(2-q)^2$

$5+5q^2=4(4-4q+q^2)$　　$q^2+16q-11=0$

これより　$q=-8\pm 5\sqrt{3}$（⑤に適）

(ii) $p=-1$ のとき，③より　$q<0$

④より　$1+q^2=4q^2$

$q<0$ より　$q=-\dfrac{\sqrt{3}}{3}$

よって　$\begin{cases}\boldsymbol{p=1}\\ \boldsymbol{q=-8\pm 5\sqrt{3}}\end{cases}$　または $\begin{cases}\boldsymbol{p=-1}\\ \boldsymbol{q=-\dfrac{\sqrt{3}}{3}}\end{cases}$

369

方針 (1) $\vec{\boldsymbol{a}}\cdot(\vec{\boldsymbol{a}}+2\vec{\boldsymbol{b}}+3\vec{\boldsymbol{c}})=\boldsymbol{0}$ を計算して $|\vec{\boldsymbol{a}}|$ を求める。$|\vec{\boldsymbol{b}}|$，$|\vec{\boldsymbol{c}}|$ も同様。

(2) (1)を代入して $\boldsymbol{\cos\theta=\dfrac{\vec{b}\cdot\vec{c}}{|\vec{b}||\vec{c}|}}$ を計算する。

解答 (1) $\vec{a}+2\vec{b}+3\vec{c}=\vec{0}$ より

$(\vec{a}+2\vec{b}+3\vec{c})\cdot\vec{a}=0$

$|\vec{a}|^2=-2\vec{a}\cdot\vec{b}-3\vec{c}\cdot\vec{a}=-5k$

$|\vec{a}|=\sqrt{-5k}$（ただし，$k<0$）

同様に　$(\vec{a}+2\vec{b}+3\vec{c})\cdot\vec{b}=0$ より　$|\vec{b}|^2=-2k$

$(\vec{a}+2\vec{b}+3\vec{c})\cdot\vec{c}=0$ より　$|\vec{c}|^2=-k$

したがって

$|\vec{\boldsymbol{a}}|=\boldsymbol{\sqrt{-5k}}$，$|\vec{\boldsymbol{b}}|=\boldsymbol{\sqrt{-2k}}$，$|\vec{\boldsymbol{c}}|=\boldsymbol{\sqrt{-k}}$

(2) なす角を θ ($0^\circ\leqq\theta\leqq 180^\circ$) とすると

$$\cos\theta=\frac{\vec{b}\cdot\vec{c}}{|\vec{b}||\vec{c}|}=\frac{k}{\sqrt{-2k}\sqrt{-k}}$$

$$=\frac{k}{\sqrt{2(-k)^2}}=\frac{k}{\sqrt{2}(-k)}=-\frac{1}{\sqrt{2}}$$

$0^\circ\leqq\theta\leqq 180^\circ$ より　$\theta=135^\circ$

なす鋭角は **45°**

370

方針 $\overrightarrow{\mathbf{AP}}\cdot\overrightarrow{\mathbf{OA}}=\boldsymbol{0}$，$\overrightarrow{\mathbf{BP}}\cdot\overrightarrow{\mathbf{OB}}=\boldsymbol{0}$ の条件から関係式を導き，$\boldsymbol{h}$，$\boldsymbol{k}$ についての連立方程式を解く。

解答 $\overrightarrow{\mathrm{AP}}\perp\overrightarrow{\mathrm{OA}}$ より　$\overrightarrow{\mathrm{AP}}\cdot\overrightarrow{\mathrm{OA}}=0$

よって　$(\overrightarrow{\mathrm{OP}}-\overrightarrow{\mathrm{OA}})\cdot\overrightarrow{\mathrm{OA}}=0$

$(h\vec{a}+k\vec{b}-\vec{a})\cdot\vec{a}=0$　　$h|\vec{a}|^2+k\vec{a}\cdot\vec{b}=|\vec{a}|^2$

$h|\vec{a}|^2+k|\vec{a}||\vec{b}|\cos\theta=|\vec{a}|^2$，$|\vec{a}|\neq 0$ より

$h|\vec{a}|+k|\vec{b}|\cos\theta=|\vec{a}|$　…①

同様にして　$h|\vec{a}|\cos\theta+k|\vec{b}|=|\vec{b}|$　…②

①−②×$\cos\theta$ より

$h|\vec{a}|(1-\cos^2\theta)=|\vec{a}|-|\vec{b}|\cos\theta$

よって　$\boldsymbol{h=\dfrac{|\vec{a}|-|\vec{b}|\cos\theta}{|\vec{a}|\sin^2\theta}}$

①×$\cos\theta$−② より

$k|\vec{b}|(\cos^2\theta-1)=|\vec{a}|\cos\theta-|\vec{b}|$

よって　$\boldsymbol{k=\dfrac{|\vec{b}|-|\vec{a}|\cos\theta}{|\vec{b}|\sin^2\theta}}$

371

方針 (1) $\overrightarrow{\mathbf{OL}}=\boldsymbol{k}\vec{\boldsymbol{b}}$ として $\mathbf{AL}\perp\mathbf{OB}$ の条件から関係式を導く。

(2) $\overrightarrow{\mathbf{OM}}=\boldsymbol{l}\vec{\boldsymbol{a}}$ として $\mathbf{BM}\perp\mathbf{OA}$ の条件から関係式を導く。

(3) $\overrightarrow{\mathbf{OH}}=\overrightarrow{\mathbf{OA}}+\boldsymbol{s}\overrightarrow{\mathbf{AL}}$，$\overrightarrow{\mathbf{OH}}=\overrightarrow{\mathbf{OB}}+\boldsymbol{t}\overrightarrow{\mathbf{BM}}$ として交点を求める。

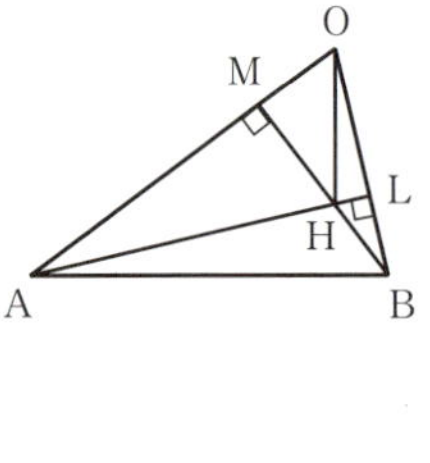

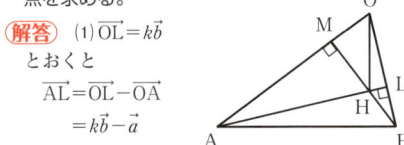

解答 (1) $\overrightarrow{\mathrm{OL}}=k\vec{b}$ とおくと

$\overrightarrow{\mathrm{AL}}=\overrightarrow{\mathrm{OL}}-\overrightarrow{\mathrm{OA}}$

$=k\vec{b}-\vec{a}$

$\overrightarrow{AL}\perp\overrightarrow{OB}$ より

$(k\vec{b}-\vec{a})\cdot\vec{b}=0$

$k|\vec{b}|^2-\vec{a}\cdot\vec{b}=0$

$|\vec{b}|=\sqrt{3}$, $\vec{a}\cdot\vec{b}=2$ だから　$3k-2=0$

よって　$k=\dfrac{2}{3}$　　ゆえに　$\overrightarrow{\mathbf{AL}}=-\vec{\boldsymbol{a}}+\dfrac{\mathbf{2}}{\mathbf{3}}\vec{\boldsymbol{b}}$

(2) $\overrightarrow{OM}=l\vec{a}$ とおくと　$\overrightarrow{BM}=\overrightarrow{OM}-\overrightarrow{OB}=l\vec{a}-\vec{b}$

$\overrightarrow{BM}\perp\overrightarrow{OA}$ より　$(l\vec{a}-\vec{b})\cdot\vec{a}=0$

これより　$8l-2=0$　　$l=\dfrac{1}{4}$

したがって　$\overrightarrow{\mathbf{BM}}=\dfrac{\mathbf{1}}{\mathbf{4}}\vec{\boldsymbol{a}}-\vec{\boldsymbol{b}}$

(3) H は AL 上の点だから

$\overrightarrow{OH}=\overrightarrow{OA}+s\overrightarrow{AL}=\vec{a}+s\left(-\vec{a}+\dfrac{2}{3}\vec{b}\right)$

$=(1-s)\vec{a}+\dfrac{2}{3}s\vec{b}$　…①

H は BM 上の点だから

$\overrightarrow{OH}=\overrightarrow{OB}+t\overrightarrow{BM}=\vec{b}+t\left(\dfrac{1}{4}\vec{a}-\vec{b}\right)$

$=\dfrac{1}{4}t\vec{a}+(1-t)\vec{b}$　…②

①，②より　$(1-s)\vec{a}+\dfrac{2}{3}s\vec{b}=\dfrac{1}{4}t\vec{a}+(1-t)\vec{b}$

ここで，$\vec{a}$，$\vec{b}$ は $\vec{0}$ でなく，平行でもないので

$1-s=\dfrac{1}{4}t$,　$\dfrac{2}{3}s=1-t$

これを解いて　$s=\dfrac{9}{10}$,　$t=\dfrac{2}{5}$

したがって　$\overrightarrow{\mathbf{OH}}=\dfrac{\mathbf{1}}{\mathbf{10}}\vec{\boldsymbol{a}}+\dfrac{\mathbf{3}}{\mathbf{5}}\vec{\boldsymbol{b}}$

372

方針　$S=\dfrac{1}{2}\sqrt{|\vec{a}|^2|\vec{b}|^2-(\vec{a}\cdot\vec{b})^2}$ を成分で表して計算する。

解答　$|\vec{a}|^2|\vec{b}|^2-(\vec{a}\cdot\vec{b})^2=|\vec{a}|^2|\vec{b}|^2-|\vec{a}|^2|\vec{b}|^2\cos^2\theta$

$=|\vec{a}|^2|\vec{b}|^2(1-\cos^2\theta)$

$=|\vec{a}|^2|\vec{b}|^2\sin^2\theta$

ただし，$\theta=\angle AOB$，$0^\circ<\theta<180^\circ$ より　$\sin\theta>0$

よって　$\sqrt{|\vec{a}|^2|\vec{b}|^2-(\vec{a}\cdot\vec{b})^2}=|\vec{a}||\vec{b}|\sin\theta$

ゆえに　$S=\dfrac{1}{2}OA\cdot OB\sin\theta=\dfrac{1}{2}|\vec{a}||\vec{b}|\sin\theta$

$=\dfrac{1}{2}\sqrt{|\vec{a}|^2|\vec{b}|^2-(\vec{a}\cdot\vec{b})^2}$

また，$\vec{a}=(a_1,\ a_2)$，$\vec{b}=(b_1,\ b_2)$ だから

$|\vec{a}|^2|\vec{b}|^2-(\vec{a}\cdot\vec{b})^2$

$=(a_1{}^2+a_2{}^2)(b_1{}^2+b_2{}^2)-(a_1b_1+a_2b_2)^2$

$=a_1{}^2b_1{}^2+a_1{}^2b_2{}^2+a_2{}^2b_1{}^2+a_2{}^2b_2{}^2$

$-(a_1{}^2b_1{}^2+2a_1b_1a_2b_2+a_2{}^2b_2{}^2)$

$=a_1{}^2b_2{}^2-2a_1b_1a_2b_2+a_2{}^2b_1{}^2$

$=(a_1b_2-a_2b_1)^2$

したがって

$S=\dfrac{1}{2}\sqrt{|\vec{a}|^2|\vec{b}|^2-(\vec{a}\cdot\vec{b})^2}=\dfrac{1}{2}|a_1b_2-a_2b_1|$ ∎

35 位置ベクトル

必修編

373

方針　分点の公式にあてはめる。

解答　(1) $\overrightarrow{\mathbf{CD}}$

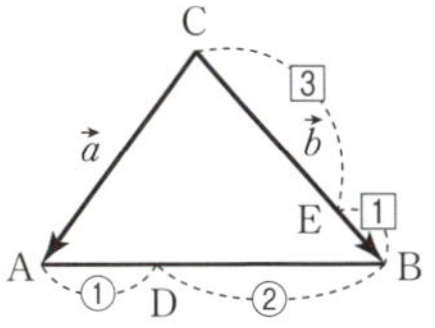

$=\dfrac{2\vec{a}+1\cdot\vec{b}}{1+2}$

$=\dfrac{\mathbf{2}}{\mathbf{3}}\vec{\boldsymbol{a}}+\dfrac{\mathbf{1}}{\mathbf{3}}\vec{\boldsymbol{b}}$

(2) $\overrightarrow{\mathbf{AE}}=\overrightarrow{CE}-\overrightarrow{CA}$

$=\dfrac{\mathbf{3}}{\mathbf{4}}\vec{\boldsymbol{b}}-\vec{\boldsymbol{a}}$

374

方針　(1) $\overrightarrow{\mathbf{AB}}=\overrightarrow{\mathbf{OB}}-\overrightarrow{\mathbf{OA}}$ であるから，$|\overrightarrow{\mathbf{AB}}|^2$ を計算する。

(2)「角の二等分線と対辺の比」の関係を利用する。

(3) 内心は内角の二等分線の交点であるから，(2) の結果が使える。

解答　(1) $|\overrightarrow{AB}|^2$

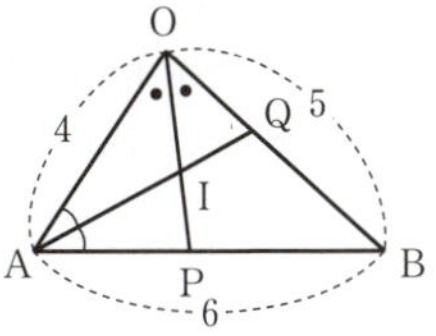

$=|\overrightarrow{OB}-\overrightarrow{OA}|^2$

$=|\overrightarrow{OB}|^2-2\overrightarrow{OA}\cdot\overrightarrow{OB}$

$+|\overrightarrow{OA}|^2$

$=5^2-2\cdot\dfrac{5}{2}+4^2=36$

$|AB|>0$ より　$\mathbf{AB=6}$

(2) OP は $\angle AOB$ の，AQ は $\angle OAB$ の二等分線であるから

AP：PB＝OA：OB＝4：5

よって　$\overrightarrow{\mathbf{OP}}=\dfrac{5\overrightarrow{OA}+4\overrightarrow{OB}}{4+5}=\dfrac{\mathbf{5}}{\mathbf{9}}\vec{\boldsymbol{a}}+\dfrac{\mathbf{4}}{\mathbf{9}}\vec{\boldsymbol{b}}$

OQ：QB＝OA：AB＝4：6＝2：3

よって　$\overrightarrow{\mathbf{OQ}}=\dfrac{\mathbf{2}}{\mathbf{5}}\vec{\boldsymbol{b}}$

(3) (2)より，OQ=2 だから

$AI:IQ=OA:OQ=4:2=2:1$

よって $\overrightarrow{OI}=\dfrac{\overrightarrow{OA}+2\overrightarrow{OQ}}{2+1}=\dfrac{\vec{a}}{3}+\dfrac{2}{3}\cdot\dfrac{2}{5}\vec{b}$

$=\mathbf{\dfrac{1}{3}\vec{a}+\dfrac{4}{15}\vec{b}}$

375

方針 (1) $\overrightarrow{BC}=6\vec{u}$，$\overrightarrow{BA}=2\vec{v}$ と表せる。

△AOD∽△COB であるから，AO：CO が求まる。

(2) △ABD に余弦定理を適用する。

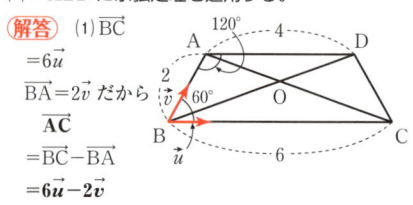

解答 (1) $\overrightarrow{BC}=6\vec{u}$

$\overrightarrow{BA}=2\vec{v}$ だから

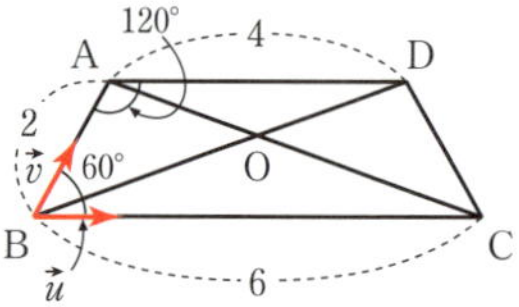

$\overrightarrow{AC}$

$=\overrightarrow{BC}-\overrightarrow{BA}$

$=\mathbf{6\vec{u}-2\vec{v}}$

また，$\overrightarrow{AD}/\!/\overrightarrow{BC}$ だから

$\overrightarrow{AD}=4\vec{u}$

$\overrightarrow{BD}=\overrightarrow{BA}+\overrightarrow{AD}=\mathbf{2\vec{v}+4\vec{u}}$

$\overrightarrow{CD}=\overrightarrow{BD}-\overrightarrow{BC}=(2\vec{v}+4\vec{u})-6\vec{u}=\mathbf{2\vec{v}-2\vec{u}}$

また，△AOD∽△COB より

$AO:CO=AD:CB=4:6=2:3$

よって

$\overrightarrow{OA}=\dfrac{2}{5}\overrightarrow{CA}=\dfrac{2}{5}(-6\vec{u}+2\vec{v})=\mathbf{-\dfrac{12}{5}\vec{u}+\dfrac{4}{5}\vec{v}}$

(2) ∠ABC=60° であるから

$|\overrightarrow{BD}|^2=|2\vec{v}+4\vec{u}|^2=4|\vec{v}|^2+16\vec{u}\cdot\vec{v}+16|\vec{u}|^2$

$=4\cdot1^2+16\cdot1\cdot1\cdot\cos60°+16\cdot1^2=28$

$|\overrightarrow{BD}|>0$ より $|\overrightarrow{BD}|=\sqrt{28}=\mathbf{2\sqrt{7}}$

376

方針 (1) **BD：DC＝CE：EA＝AF：FB**

＝t：$(1-t)$

とおく。すべて始点を C とするベクトルで表す。

(2) **BD：DC＝l：$(1-l)$，CE：EA＝m：$(1-m)$，AF：FB＝n：$(1-n)$** とおく。

解答 (1) $\vec{a}=\overrightarrow{CA}$，

$\vec{b}=\overrightarrow{CB}$，

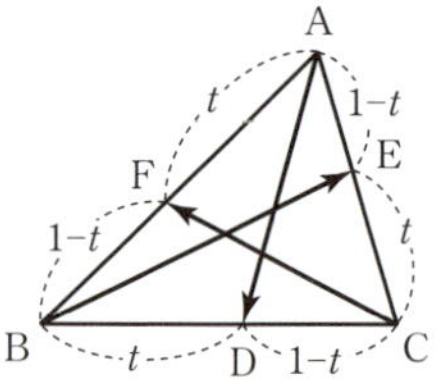

BD：DC

＝CE：EA

＝AF：FB

＝$t:(1-t)$

とおくと

$\overrightarrow{CD}=(1-t)\vec{b}$

$\overrightarrow{CE}=t\vec{a}$

$\overrightarrow{CF}=(1-t)\vec{a}+t\vec{b}$

$\overrightarrow{AD}+\overrightarrow{BE}+\overrightarrow{CF}$

$=(\overrightarrow{CD}-\overrightarrow{CA})+(\overrightarrow{CE}-\overrightarrow{CB})+\overrightarrow{CF}$

$=(1-t)\vec{b}-\vec{a}+t\vec{a}-\vec{b}+(1-t)\vec{a}+t\vec{b}=\vec{0}$ ■

(2) BD：DC＝$l:(1-l)$，CE：EA＝$m:(1-m)$，AF：FB＝$n:(1-n)$ とおくと

$\overrightarrow{CD}=(1-l)\vec{b}$，$\overrightarrow{CE}=m\vec{a}$，$\overrightarrow{CF}=(1-n)\vec{a}+n\vec{b}$

$\overrightarrow{AD}+\overrightarrow{BE}+\overrightarrow{CF}=\vec{0}$ だから

$(\overrightarrow{CD}-\overrightarrow{CA})+(\overrightarrow{CE}-\overrightarrow{CB})+\overrightarrow{CF}=\vec{0}$

よって

$(1-l)\vec{b}-\vec{a}+(m\vec{a}-\vec{b})+(1-n)\vec{a}+n\vec{b}=\vec{0}$

整理して $(m-n)\vec{a}+(n-l)\vec{b}=\vec{0}$

ここで $\vec{a}$，$\vec{b}$ は $\vec{0}$ でなく平行でもないので

$m-n=n-l=0$ $l=m=n$

ゆえに，

BD：DC＝CE：EA＝AF：FB となる。■

377

方針 (1) 始点を **A** にそろえて $\overrightarrow{AP}$ を $\overrightarrow{AB}$，$\overrightarrow{AC}$ で表す。$\overrightarrow{AP}=k\cdot\dfrac{n\overrightarrow{AB}+m\overrightarrow{AC}}{m+n}$ と変形して **P** の位置を求める。

解答 (1) $5\overrightarrow{PA}+3\overrightarrow{PB}+4\overrightarrow{PC}$

$=-5\overrightarrow{AP}$

$+3(\overrightarrow{AB}-\overrightarrow{AP})$

$+4(\overrightarrow{AC}-\overrightarrow{AP})$

$=\vec{0}$

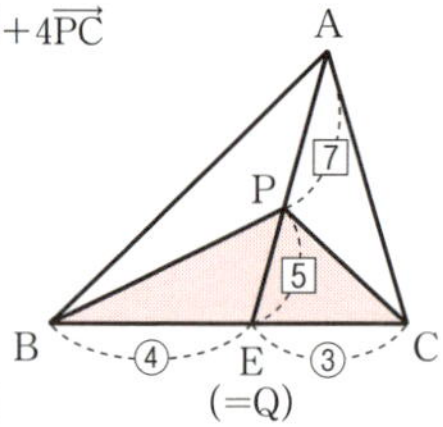

よって

$\overrightarrow{AP}=\dfrac{3\overrightarrow{AB}+4\overrightarrow{AC}}{12}$

$=\dfrac{7}{12}\cdot\dfrac{3\overrightarrow{AB}+4\overrightarrow{AC}}{7}$

BC を 4：3 の比に内分する点を Q とすると

$\overrightarrow{AQ}=\dfrac{3\overrightarrow{AB}+4\overrightarrow{AC}}{7}$ $\overrightarrow{AP}=\dfrac{7}{12}\overrightarrow{AQ}$

ゆえに，点 Q は直線 AP 上の点である。

Q は BC 上の点だから Q は直線 AP と辺 BC の交点 E に一致する。

したがって　**BE：EC**＝BQ：QC＝**4：3**

(2) (1)より，AP：PE＝7：5，BE：EC＝4：3 だから，△ABC の面積を S とおくと

$\triangle \mathrm{BCP}=\dfrac{5}{12}S$

$\triangle \mathrm{CAP}=\dfrac{7}{12}\triangle \mathrm{AEC}=\dfrac{7}{12}\cdot\dfrac{3}{7}S=\dfrac{1}{4}S$

$\triangle \mathrm{ABP}=\dfrac{7}{12}\triangle \mathrm{ABE}=\dfrac{7}{12}\cdot\dfrac{4}{7}S=\dfrac{1}{3}S$

よって　$\boldsymbol{S_1:S_2:S_3}$

$=\triangle \mathrm{BCP}:\triangle \mathrm{CAP}:\triangle \mathrm{ABP}$

$=\dfrac{5}{12}S:\dfrac{1}{4}S:\dfrac{1}{3}S=\mathbf{5:3:4}$

Check Point

$\boldsymbol{l\overrightarrow{\mathrm{PA}}+m\overrightarrow{\mathrm{PB}}+n\overrightarrow{\mathrm{PC}}=\vec{0}}$ と三角形の面積比

$\boldsymbol{l\overrightarrow{\mathrm{PA}}+m\overrightarrow{\mathrm{PB}}+n\overrightarrow{\mathrm{PC}}=\vec{0}}$

$\boldsymbol{\Longleftrightarrow \triangle \mathrm{PBC}:\triangle \mathrm{PCA}:\triangle \mathrm{PAB}=l:m:n}$

378

方針 (1) $\boldsymbol{\overrightarrow{\mathrm{OD}}=\frac{1}{2}(\overrightarrow{\mathrm{OA'}}+\overrightarrow{\mathrm{OH}})}$ が成り立つことを利用する。

(2) **O** は **△ABC** の外接円の中心だから $|\vec{a}|=|\vec{b}|=|\vec{c}|$ である。

「**2** つのベクトルが垂直 ⟺ 内積＝**0**」を利用。

(3) **G** は **AD** を **2：1** の比に内分する点である。

解答 (1) $\overrightarrow{\mathrm{OA'}}=-\vec{a}$，

$\overrightarrow{\mathrm{OD}}=\dfrac{1}{2}(\vec{b}+\vec{c})$

$\overrightarrow{\mathrm{OD}}$

$=\dfrac{1}{2}(\overrightarrow{\mathrm{OA'}}+\overrightarrow{\mathrm{OH}})$

より

$\boldsymbol{\overrightarrow{\mathrm{OH}}}=2\overrightarrow{\mathrm{OD}}-\overrightarrow{\mathrm{OA'}}$

$=\vec{b}+\vec{c}-(-\vec{a})=\boldsymbol{\vec{a}+\vec{b}+\vec{c}}$

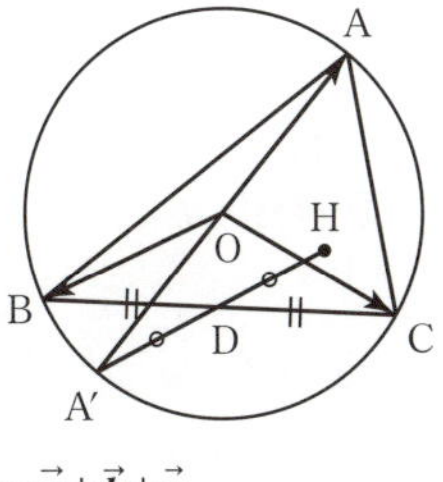

(2) $\overrightarrow{\mathrm{AH}}=\overrightarrow{\mathrm{OH}}-\overrightarrow{\mathrm{OA}}=(\vec{a}+\vec{b}+\vec{c})-\vec{a}=\vec{b}+\vec{c}$

$\overrightarrow{\mathrm{AH}}\cdot\overrightarrow{\mathrm{BC}}=(\vec{b}+\vec{c})\cdot(\vec{c}-\vec{b})=|\vec{c}|^2-|\vec{b}|^2$

O は外心だから　OC＝OB より　$|\vec{c}|=|\vec{b}|$

ゆえに　$\overrightarrow{\mathrm{AH}}\cdot\overrightarrow{\mathrm{BC}}=0$　　よって　AH⊥BC

同様にして

$\overrightarrow{\mathrm{BH}}=\overrightarrow{\mathrm{OH}}-\overrightarrow{\mathrm{OB}}=(\vec{a}+\vec{b}+\vec{c})-\vec{b}=\vec{a}+\vec{c}$

$\overrightarrow{\mathrm{BH}}\cdot\overrightarrow{\mathrm{AC}}=(\vec{a}+\vec{c})\cdot(\vec{c}-\vec{a})=|\vec{c}|^2-|\vec{a}|^2=0$

ゆえに　BH⊥AC■

(3) G は △ABC の重心だから

$\vec{g}=\overrightarrow{\mathrm{OG}}=\dfrac{\vec{a}+\vec{b}+\vec{c}}{3}=\dfrac{\overrightarrow{\mathrm{OH}}}{3}$　　$\overrightarrow{\mathrm{OH}}=3\overrightarrow{\mathrm{OG}}$

よって，点 **G** は線分 **OH** を **1：2** の比に内分する点である。

379

方針 三角形の内角の二等分線と対辺の比の関係を使う。

解答 (1) AD は ∠A の二等分線だから

BD：DC＝AB：AC＝4：6＝2：3

よって　$\boldsymbol{\overrightarrow{\mathrm{AD}}}=\dfrac{3\vec{b}+2\vec{c}}{2+3}=\boldsymbol{\dfrac{3\vec{b}+2\vec{c}}{5}}$

(2) AE：EC

＝BA：BC＝4：5

よって　$\overrightarrow{\mathrm{AE}}=\dfrac{4}{9}\vec{c}$

$\boldsymbol{\overrightarrow{\mathrm{BE}}}=\overrightarrow{\mathrm{AE}}-\overrightarrow{\mathrm{AB}}$

$=\boldsymbol{\dfrac{4}{9}\vec{c}-\vec{b}}$

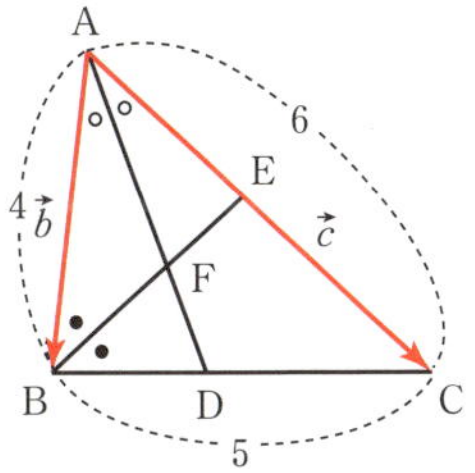

(3) $\mathrm{AE}=6\times\dfrac{4}{9}=\dfrac{8}{3}$

$\mathrm{BF}:\mathrm{FE}=\mathrm{AB}:\mathrm{AE}=4:\dfrac{8}{3}=3:2$

よって　$\boldsymbol{\overrightarrow{\mathrm{AF}}}=\dfrac{2\overrightarrow{\mathrm{AB}}+3\overrightarrow{\mathrm{AE}}}{3+2}=\dfrac{2}{5}\vec{b}+\dfrac{3}{5}\cdot\dfrac{4}{9}\vec{c}$

$=\boldsymbol{\dfrac{2}{5}\vec{b}+\dfrac{4}{15}\vec{c}}$

（なお，点 F は △ABC の内心である。）

実戦編

380

方針 (1) **1** 辺の長さが **1** だから，$\boldsymbol{\overrightarrow{\mathrm{AP}}=k\vec{a}}$ と表し，$\boldsymbol{\overrightarrow{\mathrm{AQ}}=(1-s)\overrightarrow{\mathrm{AC}}+s\overrightarrow{\mathrm{AP}}}$，$\boldsymbol{\overrightarrow{\mathrm{AQ}}=t\overrightarrow{\mathrm{AM}}}$ とする。

(2) **△ABC** は正三角形より，$\boldsymbol{|\vec{a}|=|\vec{b}|=1}$，

$\boldsymbol{\vec{a}\cdot\vec{b}=\dfrac{1}{2}}$ である。

(3) **AP＝AQ，AP＝PQ，AQ＝PQ** の **3** つの場合について調べる。

解答 (1) 点 Q は CP 上だから

CQ：QP＝s：$(1-s)$ とすると

$\overrightarrow{\mathrm{AQ}}=(1-s)\overrightarrow{\mathrm{AC}}+s\overrightarrow{\mathrm{AP}}$

題意より $\overrightarrow{\mathrm{AP}}=k\vec{a}$ $(0<k<1)$ とかけ，

$\overrightarrow{\mathrm{AC}}=\vec{b}$ だから　$\overrightarrow{\mathrm{AQ}}=sk\vec{a}+(1-s)\vec{b}$　…①

また Q は AM 上にあるから $\overrightarrow{\mathrm{AQ}}=t\overrightarrow{\mathrm{AM}}$ とかけ

$\overrightarrow{\mathrm{AQ}}=t\cdot\dfrac{\vec{a}+\vec{b}}{2}=\dfrac{t}{2}\vec{a}+\dfrac{t}{2}\vec{b}$　…②

$\vec{a}$，$\vec{b}$ は $\vec{0}$ ではなく平行でないから，①，②より　$sk=\dfrac{t}{2}$　…③　　$1-s=\dfrac{t}{2}$　…④

③，④より　$s=\dfrac{1}{k+1}$

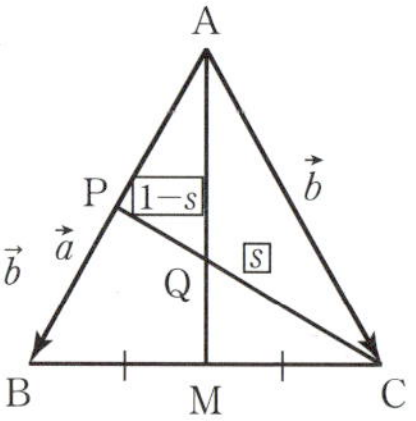

これを①に代入して

$\overrightarrow{AQ}$

$=\dfrac{k}{k+1}\vec{a}+\left(1-\dfrac{1}{k+1}\right)\vec{b}$

$=\dfrac{k}{k+1}(\vec{a}+\vec{b})$

$\overrightarrow{PQ}=\overrightarrow{AQ}-\overrightarrow{AP}$

$=\dfrac{k}{k+1}(\vec{a}+\vec{b})-k\vec{a}$

$=\dfrac{k-k(k+1)}{k+1}\vec{a}+\dfrac{k}{k+1}\vec{b}$

$=\dfrac{k}{k+1}(-k\vec{a}+\vec{b})$

ゆえに

$\boldsymbol{\overrightarrow{AQ}=\dfrac{k}{k+1}(\vec{a}+\vec{b})}$，$\boldsymbol{\overrightarrow{PQ}=\dfrac{k}{k+1}(-k\vec{a}+\vec{b})}$

(2) $k>0$ より $\dfrac{k}{k+1}>0$ で　$|\overrightarrow{AQ}|=\dfrac{k}{k+1}|\vec{a}+\vec{b}|$

ここで　$|\vec{a}|=|\vec{b}|=1$，$\vec{a}\cdot\vec{b}=|a||b|\cos60^\circ=\dfrac{1}{2}$

$|\vec{a}+\vec{b}|^2=|\vec{a}|^2+2\vec{a}\cdot\vec{b}+|\vec{b}|^2=3$ より

$|\vec{a}+\vec{b}|=\sqrt{3}$　　ゆえに　$\boldsymbol{|\overrightarrow{AQ}|=\dfrac{\sqrt{3}k}{k+1}}$

同様にして　$|\overrightarrow{PQ}|=\dfrac{k}{k+1}|-k\vec{a}+\vec{b}|$

$|-k\vec{a}+\vec{b}|^2=k^2|\vec{a}|^2-2k\vec{a}\cdot\vec{b}+|\vec{b}|^2$

$=k^2-k+1$

よって　$|-k\vec{a}+\vec{b}|=\sqrt{k^2-k+1}$

ゆえに　$\boldsymbol{|\overrightarrow{PQ}|=\dfrac{k\sqrt{k^2-k+1}}{k+1}}$

(3) $|\overrightarrow{AQ}|=|\overrightarrow{AP}|$ のとき　$\dfrac{\sqrt{3}k}{k+1}=k$

$k\neq0$ より　$\sqrt{3}=k+1$　　$k=\sqrt{3}-1$

$|\overrightarrow{PQ}|=|\overrightarrow{AP}|$ のとき　$\dfrac{k\sqrt{k^2-k+1}}{k+1}=k$

ゆえに　$\sqrt{k^2-k+1}=k+1$

両辺を 2 乗して　$k^2-k+1=k^2+2k+1$

これより，$k=0$ となり，条件に不適。

$|\overrightarrow{AQ}|=|\overrightarrow{PQ}|$ のとき

$\dfrac{\sqrt{3}k}{k+1}=\dfrac{k\sqrt{k^2-k+1}}{k+1}$ より　$\sqrt{3}=\sqrt{k^2-k+1}$

すなわち　$k^2-k-2=0$　　$(k+1)(k-2)=0$

$k=-1,\ 2$　　$0<k<1$ より不適。

以上より　$\boldsymbol{k=\sqrt{3}-1}$

381

方針 (1) $\mathbf{AP:PL=s:(1-s)}$ とおく。

(2) $\boldsymbol{\overrightarrow{PD}=k\overrightarrow{MD}}$ と表せることから $\boldsymbol{t}$ の値を求める。

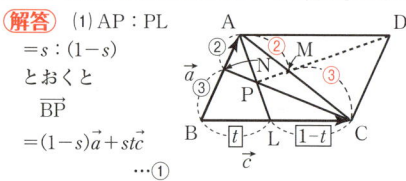

解答 (1) AP：PL

$=s:(1-s)$

とおくと

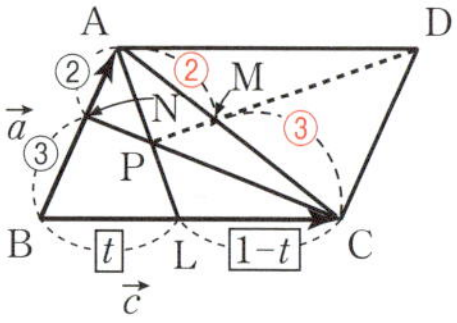

$\overrightarrow{BP}$

$=(1-s)\vec{a}+st\vec{c}$

…①

点 P は直線 CN 上の点であるから

NP：PC$=l:(1-l)$ とおくと

$\overrightarrow{BP}=(1-l)\overrightarrow{BN}+l\overrightarrow{BC}$

$=\dfrac{3}{5}(1-l)\vec{a}+l\vec{c}$　…②

$\vec{a}$，$\vec{c}$ は $\vec{0}$ でなく平行でもないので，①，②より

$1-s=\dfrac{3}{5}(1-l)$　…③，$st=l$　…④

③，④より　$1-s=\dfrac{3}{5}(1-st)$

$5(1-s)=3(1-st)$　　$2=s(5-3t)$

$s=\dfrac{2}{5-3t}$

ゆえに　$\boldsymbol{\overrightarrow{BP}=\dfrac{3-3t}{5-3t}\vec{a}+\dfrac{2t}{5-3t}\vec{c}}$

(2) $\overrightarrow{BD}=\vec{a}+\vec{c}$，$\overrightarrow{BM}=\dfrac{3\vec{a}+2\vec{c}}{5}$

$\overrightarrow{PD}=\overrightarrow{BD}-\overrightarrow{BP}=\vec{a}+\vec{c}-\left(\dfrac{3-3t}{5-3t}\vec{a}+\dfrac{2t}{5-3t}\vec{c}\right)$

$=\dfrac{2}{5-3t}\vec{a}+\dfrac{5-5t}{5-3t}\vec{c}$　…①

$\overrightarrow{MD}=\overrightarrow{BD}-\overrightarrow{BM}=\dfrac{2}{5}\vec{a}+\dfrac{3}{5}\vec{c}$　…②

3 点 P，M，D が一直線上にあるとき，

$\overrightarrow{PD}=k\overrightarrow{MD}$（$k$ は実数）とかけるので①，②を代入して

$\dfrac{2}{5-3t}\vec{a}+\dfrac{5-5t}{5-3t}\vec{c}=k\left(\dfrac{2}{5}\vec{a}+\dfrac{3}{5}\vec{c}\right)$

$\vec{a}$，$\vec{c}$ は $\vec{0}$ でなく，平行でもないので

$\dfrac{2}{5-3t}=\dfrac{2}{5}k$，$\dfrac{5-5t}{5-3t}=\dfrac{3}{5}k$

よって　$\boldsymbol{t=\dfrac{2}{5}}$　$\left(k=\dfrac{25}{19}\right)$

382

方針 (1) $\mathbf{AE:ED=s:(1-s)}$，

$\mathbf{AF:FC=t:(1-t)}$ とおく。$\boldsymbol{\overrightarrow{AB}}$，$\boldsymbol{\overrightarrow{AC}}$ は $\boldsymbol{\vec{0}}$ でなく平行でもないので係数を比較する。

(2) (1)の結果を利用して，$\boldsymbol{b}$ を $\boldsymbol{a}$ で表す。

(3) 与式の始点をすべて A にそろえて $\overrightarrow{\mathrm{AE}}$ を $\overrightarrow{\mathrm{AB}}$ と $\overrightarrow{\mathrm{AC}}$ で表す。

解答 (1) AE：ED$=s:(1-s)$,
AF：FC$=t:(1-t)$ とおくと

$\overrightarrow{\mathrm{AE}}=s\overrightarrow{\mathrm{AD}}$

$=\dfrac{s}{a+1}\overrightarrow{\mathrm{AB}}+\dfrac{sa}{a+1}\overrightarrow{\mathrm{AC}}$ …①

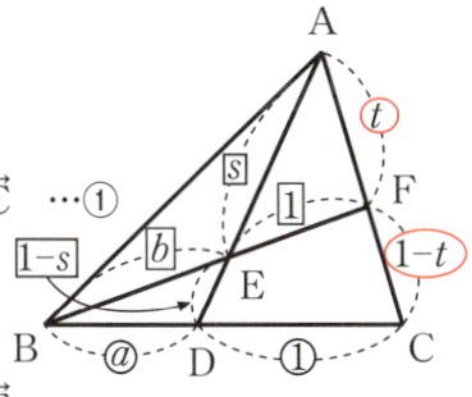

$\overrightarrow{\mathrm{AE}}=\dfrac{1}{b+1}\overrightarrow{\mathrm{AB}}+\dfrac{b}{b+1}\overrightarrow{\mathrm{AF}}$

$=\dfrac{1}{b+1}\overrightarrow{\mathrm{AB}}+\dfrac{tb}{b+1}\overrightarrow{\mathrm{AC}}$ …②

$\overrightarrow{\mathrm{AB}}$, $\overrightarrow{\mathrm{AC}}$ は $\vec{0}$ でなく平行でもないので，①, ②より

$\dfrac{s}{a+1}=\dfrac{1}{b+1}$, $\dfrac{sa}{a+1}=\dfrac{tb}{b+1}$

ゆえに $s=\dfrac{a+1}{b+1}$, $t=\dfrac{a}{b}$ …②′

これより

AE：ED$=\dfrac{a+1}{b+1}:\left(1-\dfrac{a+1}{b+1}\right)$

$=\boldsymbol{(a+1):(b-a)}$

AF：FC$=\dfrac{a}{b}:\left(1-\dfrac{a}{b}\right)=\boldsymbol{a:(b-a)}$

(2) AE：ED$=1:a$ ならば，(1)の結果から

$(a+1):(b-a)=1:a$

ゆえに $b=a^2+2a$

したがって

AF：FC$=a:(b-a)=a:(a^2+a)$

$=\boldsymbol{1:(a+1)}$

(3) $\overrightarrow{\mathrm{AE}}+2\overrightarrow{\mathrm{BE}}+3\overrightarrow{\mathrm{CE}}=\vec{0}$ より

$\overrightarrow{\mathrm{AE}}+2(\overrightarrow{\mathrm{AE}}-\overrightarrow{\mathrm{AB}})+3(\overrightarrow{\mathrm{AE}}-\overrightarrow{\mathrm{AC}})=\vec{0}$

よって $\overrightarrow{\mathrm{AE}}=\dfrac{1}{3}\overrightarrow{\mathrm{AB}}+\dfrac{1}{2}\overrightarrow{\mathrm{AC}}$ …③

②と②′から $\overrightarrow{\mathrm{AE}}=\dfrac{1}{b+1}\overrightarrow{\mathrm{AB}}+\dfrac{a}{b+1}\overrightarrow{\mathrm{AC}}$ …④

$\overrightarrow{\mathrm{AB}}$, $\overrightarrow{\mathrm{AC}}$ は $\vec{0}$ でなく平行でもないので，③, ④より $\dfrac{1}{3}=\dfrac{1}{b+1}$, $\dfrac{1}{2}=\dfrac{a}{b+1}$

ゆえに $\boldsymbol{a=\dfrac{3}{2}}$, $\boldsymbol{b=2}$

383

方針 (1) $\overrightarrow{\mathrm{OP}}$, $\overrightarrow{\mathrm{OQ}}$ を s, $\vec{a}$, $\vec{b}$ で表す。

(2) $\overrightarrow{\mathrm{OR}}$ を $\vec{a}$, $\vec{b}$ で表してみる。なお，$\overrightarrow{\mathrm{OR}}\,/\!/\,\vec{b}$ である。

(3) △OPB$=S$ として △OQR と △BPQ を S で表す。

解答

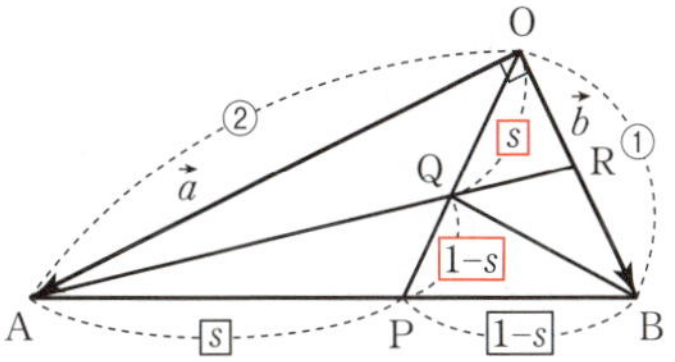

$\overrightarrow{\mathrm{OA}}=\vec{a}$, $\overrightarrow{\mathrm{OB}}=\vec{b}$ とする。

(1) $\overrightarrow{\mathrm{OP}}=(1-s)\vec{a}+s\vec{b}$

$\overrightarrow{\mathrm{OQ}}=s\overrightarrow{\mathrm{OP}}=s(1-s)\vec{a}+s^2\vec{b}$

$\overrightarrow{\mathrm{BQ}}=\overrightarrow{\mathrm{OQ}}-\overrightarrow{\mathrm{OB}}=s(1-s)\vec{a}+s^2\vec{b}-\vec{b}$

$=s(1-s)\vec{a}+(s^2-1)\vec{b}$

$\overrightarrow{\mathrm{OP}}\perp\overrightarrow{\mathrm{BQ}}$ だから

$\overrightarrow{\mathrm{OP}}\cdot\overrightarrow{\mathrm{BQ}}=\{(1-s)\vec{a}+s\vec{b}\}\cdot\{s(1-s)\vec{a}+(s^2-1)\vec{b}\}$

$=s(1-s)^2|\vec{a}|^2+s(s^2-1)|\vec{b}|^2=0$

($\vec{a}\cdot\vec{b}=0$ より)

OA：OB$=2:1$ より $|\vec{a}|=2|\vec{b}|$ $|\vec{a}|^2=4|\vec{b}|^2$

$s(1-s)^2\cdot4|\vec{b}|^2+s(s^2-1)|\vec{b}|^2=0$

よって $4s(1-s)^2+s(s^2-1)=0$

$4s(1-s)^2+s(s+1)(s-1)=0$

$0<s<1$ だから両辺 $s(1-s)$ で割って

$4(1-s)-(s+1)=0$ より $\boldsymbol{s=\dfrac{3}{5}}$

(2) $s=\dfrac{3}{5}$ のとき $\overrightarrow{\mathrm{OQ}}=\dfrac{6}{25}\vec{a}+\dfrac{9}{25}\vec{b}$

$\overrightarrow{\mathrm{AQ}}=\overrightarrow{\mathrm{OQ}}-\overrightarrow{\mathrm{OA}}=-\dfrac{19}{25}\vec{a}+\dfrac{9}{25}\vec{b}$

$\overrightarrow{\mathrm{OR}}=\overrightarrow{\mathrm{OA}}+\overrightarrow{\mathrm{AR}}=\overrightarrow{\mathrm{OA}}+t\overrightarrow{\mathrm{AQ}}$

$=\vec{a}+t\left(-\dfrac{19}{25}\vec{a}+\dfrac{9}{25}\vec{b}\right)$

$=\left(1-\dfrac{19}{25}t\right)\vec{a}+\dfrac{9}{25}t\vec{b}$

$\vec{a}$, $\vec{b}$ は $\vec{0}$ でなく，平行でない。

また，$\overrightarrow{\mathrm{OR}}\,/\!/\,\vec{b}$ であるから $1-\dfrac{19}{25}t=0$

よって $\boldsymbol{t=\dfrac{25}{19}}$

(3) $t=\dfrac{25}{19}$ のとき，$\overrightarrow{\mathrm{OR}}=\dfrac{9}{19}\vec{b}$ だから

OB：OR$=19:9$

△OPBの面積を S とすると △BPQ$=\dfrac{2}{5}S$

△OQR$=\dfrac{9}{19}$△OQB$=\dfrac{9}{19}\times\dfrac{3}{5}S=\dfrac{27}{95}S$

よって △OQR：△BPQ$=\dfrac{27}{95}S:\dfrac{2}{5}S=\boldsymbol{27:38}$

384

方針 (1) O が外接円の中心だから　$\overrightarrow{\mathrm{OD}}=-\overrightarrow{\mathrm{OB}}$

(2) BD が外接円の直径だから

　$\mathrm{BC}\perp\mathrm{DC}$, $\mathrm{BA}\perp\mathrm{DA}$

これから, DC∥AH, DA∥CH を示す。

解答 (1) $\overrightarrow{\mathrm{DC}}=\overrightarrow{\mathrm{DO}}+\overrightarrow{\mathrm{OC}}=\overrightarrow{\mathrm{OB}}+\overrightarrow{\mathrm{OC}}$

(2) BD は外接円の直径だから　$\angle\mathrm{BCD}=90°$

ゆえに　DC∥AH

また　$\angle\mathrm{BAD}=90°$

ゆえに　DA∥CH

よって, 四角形 AHCD は 2 組の辺が平行であるので平行四辺形である。

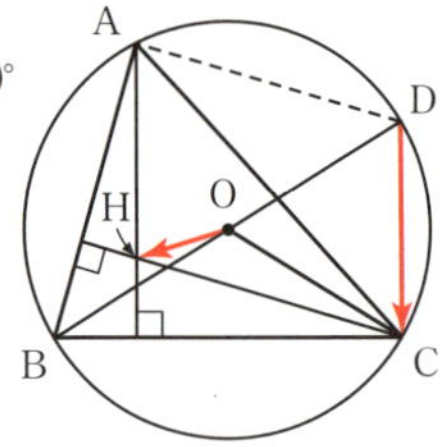

これより　$\overrightarrow{\mathrm{AH}}=\overrightarrow{\mathrm{DC}}=\overrightarrow{\mathrm{OB}}+\overrightarrow{\mathrm{OC}}$

したがって　$\overrightarrow{\mathrm{OH}}=\overrightarrow{\mathrm{OA}}+\overrightarrow{\mathrm{AH}}=\overrightarrow{\mathrm{OA}}+\overrightarrow{\mathrm{OB}}+\overrightarrow{\mathrm{OC}}$

36 ベクトル方程式

必修編

385

方針 直線のベクトル方程式(重要ポイント❶を使う。)

解答 求める直線上の任意の点を P とし, $\overrightarrow{\mathrm{OP}}=\vec{p}$ とおく。

(1) $\overrightarrow{\mathrm{OP}}\parallel\overrightarrow{\mathrm{AB}}$ だから　$\overrightarrow{\mathrm{OP}}=t\overrightarrow{\mathrm{AB}}$

よって　$\vec{p}=t(\vec{b}-\vec{a})$

(2) $\overrightarrow{\mathrm{AP}}\perp\overrightarrow{\mathrm{AB}}$ だから　$\overrightarrow{\mathrm{AP}}\cdot\overrightarrow{\mathrm{AB}}=0$

よって　$(\vec{p}-\vec{a})\cdot(\vec{b}-\vec{a})=0$

(3) $\overrightarrow{\mathrm{CP}}=t\overrightarrow{\mathrm{CD}}$, $\overrightarrow{\mathrm{OC}}=\frac{3}{2}\vec{a}$, $\overrightarrow{\mathrm{OD}}=\frac{1}{2}\vec{b}$

よって　$\vec{p}-\vec{c}=t(\overrightarrow{\mathrm{OD}}-\vec{c})$

$$\vec{p}=(1-t)\vec{c}+t\cdot\frac{1}{2}\vec{b}=(1-t)\cdot\frac{3}{2}\vec{a}+t\cdot\frac{1}{2}\vec{b}$$

$$=\frac{3(1-t)}{2}\vec{a}+\frac{t}{2}\vec{b}$$

386

方針 直線のベクトル方程式を成分表示し, 媒介変数 t を消去する。

解答 求める直線上の任意の点を $\mathrm{P}(x,\ y)$ とする。

(1) $\overrightarrow{\mathrm{OP}}=\overrightarrow{\mathrm{OA}}+t\vec{d}$ より

$(x,\ y)=(-2,\ 1)+t(3,\ -1)$

$x=-2+3t$, $y=1-t$ から t を消去して

$x+3y-1=0$

(2) $\overrightarrow{\mathrm{OP}}=\overrightarrow{\mathrm{OA}}+t\vec{d}$ より

$(x,\ y)=(-2,\ 1)+t(-2,\ 0)$

$x=-2-2t$, $y=1$　　よって　$y=1$

(3) $\overrightarrow{\mathrm{AP}}=(x-1,\ y-3)$, $\overrightarrow{\mathrm{AP}}\cdot\vec{n}=0$ より

$(x-1)\cdot(-2)+(y-3)\cdot5=0$

よって　$2x-5y+13=0$

(4) $\overrightarrow{\mathrm{OP}}=(1-t)\overrightarrow{\mathrm{OA}}+t\overrightarrow{\mathrm{OB}}$ より

$(x,\ y)=(1-t)(1,\ 2)+t(3,\ 6)$

$=(1+2t,\ 2+4t)$

$x=1+2t$, $y=2+4t$ から t を消去して

$2x-y=0$

387

方針 直線 $ax+by+c=0$ の法線ベクトルは $(a,\ b)$ と表せる。

解答 (1) 直線①の法線ベクトルは $\vec{n}=(1,\ -\sqrt{3})$ である。

向きが同じものと反対のものがあるので

$$\vec{e}=\pm\frac{\vec{n}}{|\vec{n}|}=\pm\frac{1}{2}(1,\ -\sqrt{3})$$

すなわち　$\vec{e}=\left(\pm\frac{1}{2},\ \mp\frac{\sqrt{3}}{2}\right)$ (複号同順)

(2) 直線①の法線ベクトルは　$(1,\ -\sqrt{3})$,

直線②の法線ベクトルは　$(\sqrt{3},\ -1)$

よって, なす角を θ $(0°\leqq\theta\leqq180°)$ とすると

$$\cos\theta=\frac{1\cdot\sqrt{3}+(-\sqrt{3})\cdot(-1)}{\sqrt{1^2+(-\sqrt{3})^2}\sqrt{(\sqrt{3})^2+(-1)^2}}$$

$$=\frac{2\sqrt{3}}{4}=\frac{\sqrt{3}}{2}$$

ゆえに, 2 直線のなす鋭角は **30°**

Check Point

直線 $ax+by+c=0$ の
法線ベクトル $\vec{n}$ は　$\vec{n}=(a,\ b)$

Check Point

$\vec{a}$ $(\neq\vec{0})$ に平行な単位ベクトルは　$\pm\frac{\vec{a}}{|\vec{a}|}$

$\left(\frac{\vec{a}}{|\vec{a}|}：\vec{a}\text{ と同じ向き},\ -\frac{\vec{a}}{|\vec{a}|}：\vec{a}\text{ と反対向き}\right)$

Check Point

2 直線 $\begin{cases} ax+by+c=0 \\ a'x+b'y+c'=0 \end{cases}$

のなす角 α（$0° \leqq \alpha \leqq 90°$）を求めるには，

$\vec{n}=(a,\ b)$，$\vec{n'}=(a',\ b')$ のなす角を θ とし

て　$\cos\theta=\dfrac{\vec{n}\cdot\vec{n'}}{|\vec{n}||\vec{n'}|}=\dfrac{aa'+bb'}{\sqrt{a^2+b^2}\sqrt{a'^2+b'^2}}$

$0° \leqq \theta \leqq 90°$ なら $\alpha=\theta$，

$90° < \theta \leqq 180°$ なら $\alpha=180°-\theta$

388

方針 (1) $\angle AP_1H=\theta$ とおくと，$h=AP_1\cos\theta$ と表せる。これと，$\vec{n}\cdot\overrightarrow{AP_1}=|\vec{n}||\overrightarrow{AP_1}|\cos\theta$ であることから与式を導く。

(2) (1)の式に成分を代入して計算する。点 $A(x_0,\ y_0)$ は直線上の点であることから $ax_0+by_0+c=0$ である。

解答 (1) $\overrightarrow{AP_1}$ と $\vec{n}$ のなす角を θ とすると，$\angle AP_1H=\theta$ または $\pi-\theta$ だから

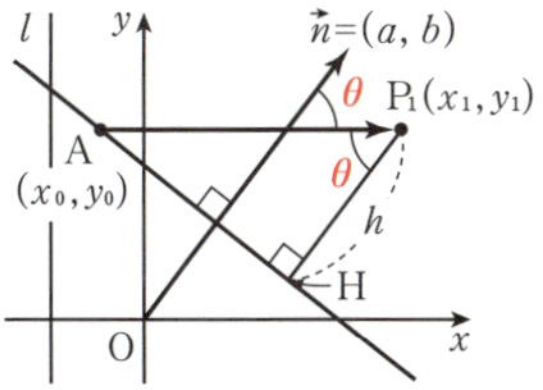

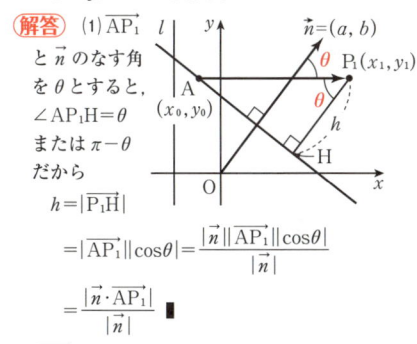

$h=|\overrightarrow{P_1H}|$

$=|\overrightarrow{AP_1}||\cos\theta|=\dfrac{|\vec{n}||\overrightarrow{AP_1}||\cos\theta|}{|\vec{n}|}$

$=\dfrac{|\vec{n}\cdot\overrightarrow{AP_1}|}{|\vec{n}|}$ ∎

(2) $\overrightarrow{AP_1}=(x_1-x_0,\ \ y_1-y_0)$

$\vec{n}\cdot\overrightarrow{AP_1}=a(x_1-x_0)+b(y_1-y_0)$

$=(ax_1+by_1)-(ax_0+by_0)$

$A(x_0,\ y_0)$ は直線 $ax+by+c=0$ 上の点だから

$ax_0+by_0=-c$

よって　$\vec{n}\cdot\overrightarrow{AP_1}=ax_1+by_1+c$

ゆえに　$h=\dfrac{|ax_1+by_1+c|}{\sqrt{a^2+b^2}}$ ∎

389

方針 (1) s と t は互いに独立して（無関係に）値をとれる。

(3) $\vec{p}=s\vec{a}+2t\cdot\dfrac{1}{2}\vec{b}$ と変形する。

(4) $s+t=k$ とおき，$\dfrac{s}{k}+\dfrac{t}{k}=1$ として変形する。

(5) $s-2t=k$ とおき　$\dfrac{s}{k}-\dfrac{2t}{k}=1$

解答 (1) OA，AB，OB の中点をそれぞれ K，L，M とする。$s\vec{a}$ は $\dfrac{1}{2} \leqq s \leqq 1$ だから線分 KA 上の点。それに $t\vec{b}$ $\left(-1 \leqq t \leqq \dfrac{1}{2}\right)$ を加えると P の存在範囲は図の平行四辺形の内部および周である。（$\overrightarrow{KN}=\overrightarrow{BO}$）

(2) $s=1-t$　　$\vec{p}=(1-t)\vec{a}+t\vec{b}$

ゆえに，点 P は線分 AB を $t:(1-t)$ に分ける点。また，$s=1-t \geqq 0$ かつ $0 \leqq t$ より　$0 \leqq t \leqq 1$

ゆえに，点 P は線分 AB 上にある。

(3) $\vec{p}=s\vec{a}+t\vec{b}=s\vec{a}+2t\cdot\dfrac{\vec{b}}{2}$ だから OB の中点を M とすると点 P の存在範囲は直線 AM

(4) $s+t=k$ とおくと　$\dfrac{s}{k}+\dfrac{t}{k}=1$，$\dfrac{s}{k} \geqq 0$，$\dfrac{t}{k} \geqq 0$

$\vec{p}=s\vec{a}+t\vec{b}=k\left(\dfrac{s}{k}\vec{a}+\dfrac{t}{k}\vec{b}\right)$

よって，$\overrightarrow{OQ}=\dfrac{s}{k}\vec{a}+\dfrac{t}{k}\vec{b}$ とおくと点 Q は線分 AB 上にある。$\vec{p}=k\overrightarrow{OQ}$ で $1 \leqq k \leqq 2$ だから点 P の存在範囲は図の台形の内部および周。

（$\overrightarrow{OA'}=2\overrightarrow{OA}$，$\overrightarrow{OB'}=2\overrightarrow{OB}$）

(5) $s-2t=k$ とおくと　$\dfrac{s}{k}-\dfrac{2t}{k}=1$

$\vec{p}=k\left\{\dfrac{s}{k}\vec{a}-\dfrac{2t}{k}\cdot\left(-\dfrac{1}{2}\vec{b}\right)\right\}$

よって，$\overrightarrow{OQ}=\dfrac{s}{k}\vec{a}-\dfrac{2t}{k}\cdot\left(-\dfrac{1}{2}\vec{b}\right)$ とおくと

点 Q は直線 AB′ 上にある。ただし，

$\overrightarrow{OB'}=-\dfrac{1}{2}\vec{b}$

$0 \leqq k \leqq 1$ だから点 P の存在範囲は平行な 2 直線 OC，B′A にはさまれた部分の内部および周。

（$\overrightarrow{OC} /\!/ \overrightarrow{B'A}$）

よって，次の図のようになる

(1)

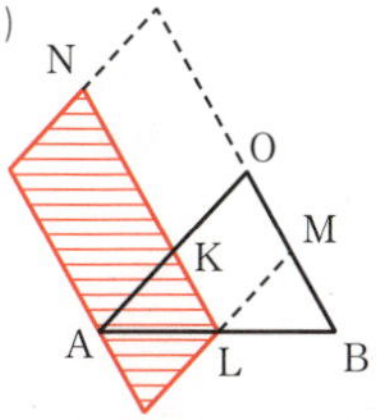

(2)

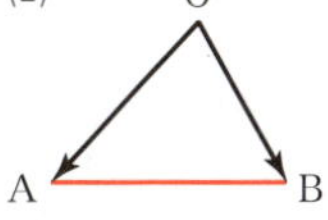

(3)

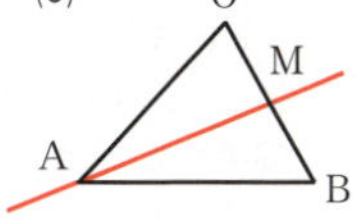

(4)

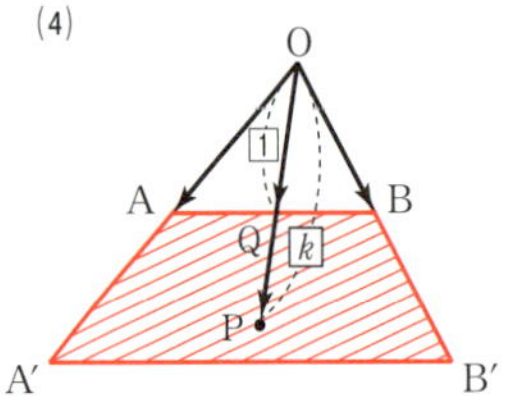

(5)

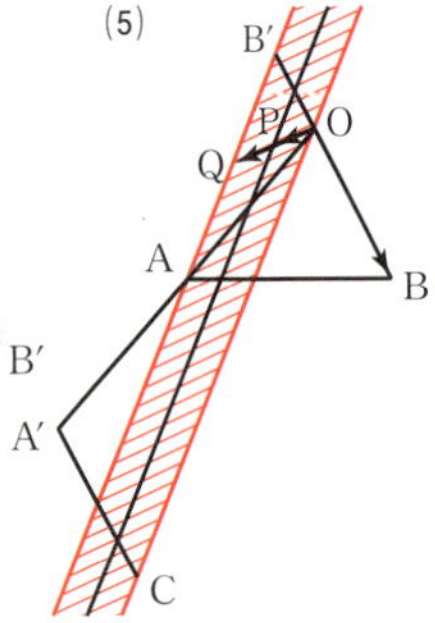

390

方針 円の中心と接点を結ぶ半径は接線と垂直であることを使う。

解答 (1) 接線上の任意の点を $P(\vec{p})$ とする。

$\overrightarrow{CP_0} \perp \overrightarrow{P_0P}$ または $\overrightarrow{P_0P}=\vec{0}$ だから

$\overrightarrow{CP_0}\cdot\overrightarrow{P_0P}=0$

ゆえに　$(\vec{p_0}-\vec{c})\cdot(\vec{p}-\vec{p_0})=0$

$(\vec{p_0}-\vec{c})\cdot\{(\vec{p}-\vec{c})-(\vec{p_0}-\vec{c})\}=0$

$(\vec{p_0}-\vec{c})\cdot(\vec{p}-\vec{c})-(\vec{p_0}-\vec{c})\cdot(\vec{p_0}-\vec{c})=0$

$(\vec{p_0}-\vec{c})\cdot(\vec{p}-\vec{c})=|\vec{p_0}-\vec{c}|^2$

点 P_0 は円上の点だから　$|\vec{p_0}-\vec{c}|^2=r^2$

よって　$(\vec{p_0}-\vec{c})\cdot(\vec{p}-\vec{c})=r^2$ ■

(2) $\vec{p_0}-\vec{c}=(x_0-a,\ y_0-b)$，$\vec{p}-\vec{c}=(x-a,\ y-b)$ であるから，(1)より

$$(x_0-a)(x-a)+(y_0-b)(y-b)=r^2$$

391

方針 (1) $|\vec{x}-\vec{a}|$ は PA の長さを表す。

(2) 内積$=0$ であることに着目する。

(3) $2\vec{a}\cdot\vec{x}=2|\vec{a}||\vec{x}|\cos\theta$ とする。θ が一定であることから考える。

解答 (1) $|\vec{x}-\vec{a}|=|\vec{x}-\vec{b}|$ より　$|\overrightarrow{AP}|=|\overrightarrow{BP}|$

よって，点 P は 2 点 A，B から等距離にあるから線分 **AB の垂直二等分線**。

(2) 与式の両辺を 6 で割ると

$$\left(\vec{x}-\frac{2}{3}\vec{a}\right)\cdot\left(\vec{x}-\frac{\vec{b}}{2}\right)=0$$

よって，**OA を 2：1 に内分する点を M，OB の中点を N とするとき，2 点 M，N を直径の両端とする円**。

(3) $\vec{x}=\vec{0}$ は与式を満たす。

$\vec{x}\neq\vec{0}$ のとき $\vec{a}$，$\vec{x}$ のなす角を θ とすると

$2|\vec{a}||\vec{x}|\cos\theta=|\vec{a}||\vec{x}|$

よって　$\cos\theta=\dfrac{1}{2}$　　これより　$\theta=60°$

ゆえに点 P の軌跡は，**点 O を端点とし，$\vec{a}$ と 60° の角のなす 2 本の半直線**。

実戦編

392

方針 (1) $\overrightarrow{BA}$，$\overrightarrow{BC}$ と同じ向きのそれぞれの単位ベクトルの和は ∠BAC の二等分線上にある。

(2) $\vec{p}=\overrightarrow{OA}+t\overrightarrow{AP}$ として，成分で計算する。

解答 (1) 図のように $\overrightarrow{AB}$，$\overrightarrow{AC}$ の向きの単位ベクトルをそれぞれ $\overrightarrow{AE}$，$\overrightarrow{AF}$ とすると

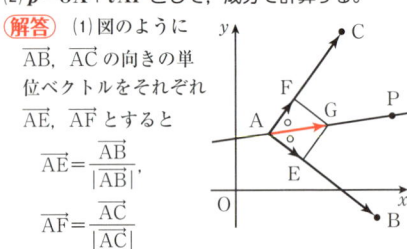

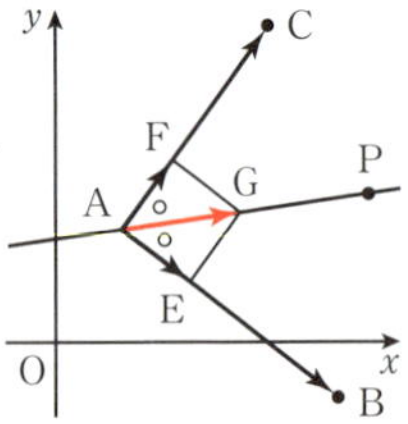

$$\overrightarrow{AE}=\frac{\overrightarrow{AB}}{|\overrightarrow{AB}|},$$

$$\overrightarrow{AF}=\frac{\overrightarrow{AC}}{|\overrightarrow{AC}|}$$

また $\overrightarrow{AE}+\overrightarrow{AF}=\overrightarrow{AG}$ とすると，四角形 AEGF はひし形であるから，$\overrightarrow{AG}$ は ∠BAC を 2 等分する。したがって，∠BAC の二等分線上の点を P とすると

$$\overrightarrow{AP}=t\left(\frac{\overrightarrow{AB}}{|\overrightarrow{AB}|}+\frac{\overrightarrow{AC}}{|\overrightarrow{AC}|}\right)\ (t\text{ は実数})$$

とかける。■

(2) $\overrightarrow{AB}=(4,\ -3)$，$\overrightarrow{AC}=(3,\ 4)$ より

$|\overrightarrow{AB}|=|\overrightarrow{AC}|=5$　　また　$\overrightarrow{OP}=\overrightarrow{OA}+\overrightarrow{AP}$

よって

$$(x,\ y)=(1,\ 2)+t\left\{\frac{1}{5}(4,\ -3)+\frac{1}{5}(3,\ 4)\right\}$$

$$=\left(1+\frac{7}{5}t,\ 2+\frac{1}{5}t\right)$$

したがって　$x=1+\dfrac{7}{5}t$，$y=2+\dfrac{1}{5}t$

2 式から t を消去して　$\boldsymbol{x-7y+13=0}$

393

方針 $y=\dfrac{1}{2}-x$ を代入して y を消去する。

解答 $\overrightarrow{OQ}=x\overrightarrow{OA}+\left(\dfrac{1}{2}-x\right)\overrightarrow{OB}+\dfrac{1}{2}\overrightarrow{OC}$

$$=\frac{1}{2}(\overrightarrow{OB}+\overrightarrow{OC})+x(\overrightarrow{OA}-\overrightarrow{OB})$$

$$=\frac{\overrightarrow{OB}+\overrightarrow{OC}}{2}+x\overrightarrow{BA}$$

よって，**BC の中点を通り，AB に平行な直線上**。

394

方針 $\overrightarrow{\mathbf{OP}}=(\boldsymbol{x},\ \boldsymbol{y})$ とおいて，$\boldsymbol{x}$，$\boldsymbol{y}$ の関係式に直す。

解答 $\overrightarrow{\mathrm{OP}}=(x,\ y)$ とおくと，

$(x,\ y)=\alpha(1,\ 2)+\beta(3,\ 1)$ より

$x=\alpha+3\beta,\ \ y=2\alpha+\beta$

これらを解いて　$\alpha=\dfrac{-x+3y}{5},\ \ \beta=\dfrac{2x-y}{5}$

(1) $0\leqq\dfrac{-x+3y}{5}\leqq3$ より　$0\leqq-x+3y\leqq15$　…①

$\dfrac{2x-y}{5}=0$ より　$2x-y=0$　…②

よって，①，②の共通部分だから，下の赤線部になる。

(2) $\dfrac{-x+3y}{5}=0$ より　$-x+3y=0$　…①

$-1\leqq\dfrac{2x-y}{5}\leqq0$ より　$-5\leqq2x-y\leqq0$　…②

よって，①，②の共通部分だから，下の赤線部になる。

(3) $\dfrac{-x+3y}{5}+\dfrac{2x-y}{5}=1$ より　$x+2y=5$　…①

$\dfrac{-x+3y}{5}\geqq0,\ \ \dfrac{2x-y}{5}\geqq0$ より

$-x+3y\geqq0,\ 2x-y\geqq0$　…②

よって，①，②の共通部分だから，下の赤線部になる。

(4) $\dfrac{-x+3y}{5}+\dfrac{2x-y}{5}\leqq1$ より　$x+2y\leqq5$　…①

よって，①と(3)の②の共通部分だから，下の斜線部分になる。

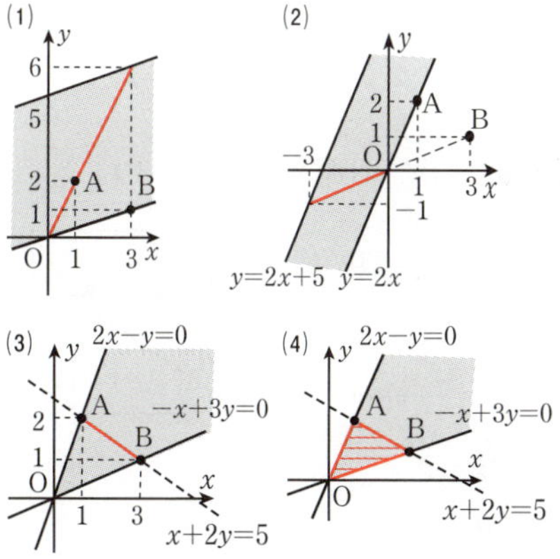

395

方針 (1) $\mathbf{cos}\boldsymbol{\alpha}$ と $\mathbf{sin}\boldsymbol{\beta}$ は互いに独立して $\mathbf{-1\leqq cos}\boldsymbol{\alpha}\mathbf{\leqq1}$，$\mathbf{0\leqq sin}\boldsymbol{\beta}\mathbf{\leqq1}$ の範囲の値をとる。

(2) $\overrightarrow{\mathbf{OP}}=(\boldsymbol{x},\ \boldsymbol{y})$ として，$\boldsymbol{x}$，$\boldsymbol{y}$ を $\boldsymbol{\alpha}$ の媒介変数で表し，$\boldsymbol{\alpha}$ を消去して $\boldsymbol{x}$，$\boldsymbol{y}$ の関係式を求める。

解答 (1) $-1\leqq\cos\alpha\leqq1,\ \ 0\leqq\sin\beta\leqq1$ で，O に関する点 A の対称点を A′ とするとき，

$\overrightarrow{\mathrm{OA}}\cos\alpha$ は線分 AA′ 上（両端含む）を動く。

これに $\overrightarrow{\mathrm{OB}}\sin\beta$ を加えるから P の存在範囲は図の長方形の内部および周。

(2) $(x,\ y)=(\cos\alpha,\ 3\cos\alpha)+(3\sin\alpha,\ -\sin\alpha)$ より

$$\begin{cases}x=\cos\alpha+3\sin\alpha\\ y=3\cos\alpha-\sin\alpha\end{cases}$$

よって

$x^2+y^2=(\cos\alpha+3\sin\alpha)^2+(3\cos\alpha-\sin\alpha)^2$
$=10$

ただし，$-1\leqq\cos\alpha\leqq1,\ \ 0\leqq\sin\alpha\leqq1$ だから(1)で $\beta=\alpha$ の場合であるので，

円周 $x^2+y^2=10$ の(1)で求めた範囲内の部分。

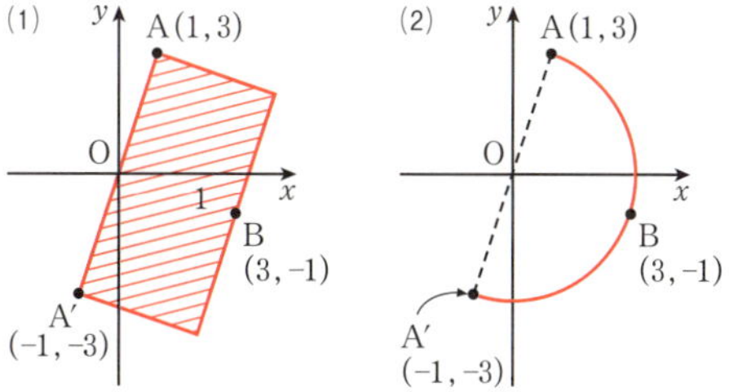

396

方針 $\mathbf{M}(\boldsymbol{x},\ \boldsymbol{y})$ とおき，成分で計算する。

解答 (1) $\mathrm{M}(x,\ y)$ とおくと，

$\overrightarrow{\mathrm{MA}}+\overrightarrow{\mathrm{MB}}+\overrightarrow{\mathrm{MC}}=\vec{0}$ だから

$(\overrightarrow{\mathrm{OA}}-\overrightarrow{\mathrm{OM}})+(\overrightarrow{\mathrm{OB}}-\overrightarrow{\mathrm{OM}})+(\overrightarrow{\mathrm{OC}}-\overrightarrow{\mathrm{OM}})=\vec{0}$

$\overrightarrow{\mathrm{OA}}+\overrightarrow{\mathrm{OB}}+\overrightarrow{\mathrm{OC}}-3\overrightarrow{\mathrm{OM}}=\vec{0}$

ゆえに　$(9-3x,\ 7-3y)=\vec{0}$

よって，$x=3,\ y=\dfrac{7}{3}$ より　$\mathbf{M}\left(\mathbf{3},\ \dfrac{\mathbf{7}}{\mathbf{3}}\right)$

(2) $\mathrm{P}(x,\ y)$ とおくと，$|\overrightarrow{\mathrm{PA}}+\overrightarrow{\mathrm{PB}}+\overrightarrow{\mathrm{PC}}|=9$ だから

$(9-3x)^2+(7-3y)^2=9^2$

整理して　$(x-3)^2+\left(y-\dfrac{7}{3}\right)^2=9$

よって，中心 $\left(\mathbf{3},\ \dfrac{\mathbf{7}}{\mathbf{3}}\right)$，半径 **3** の円。

397

方針 $\mathrm{P}(\boldsymbol{x},\ \boldsymbol{y})$ とおいて，条件を成分で表す。

解答 $\mathrm{P}(x,\ y)$ とすると $\overrightarrow{\mathrm{AP}}=(x+3,\ y-2)$，$\overrightarrow{\mathrm{BP}}=(x-1,\ y+2)$

条件①より

$(x+3)(x-1)+(y-2)(y+2)<0$

$x^2+2x+y^2-7<0$

すなわち $(x+1)^2+y^2<8$

また，$\overrightarrow{\mathrm{AB}}=(4,\ -4)$ で，

条件②より $\overrightarrow{\mathrm{AB}}\cdot\overrightarrow{\mathrm{AP}}+\overrightarrow{\mathrm{AB}}\cdot\overrightarrow{\mathrm{BP}}<0$ だから

$4(x+3)-4(y-2)+4(x-1)-4(y+2)<0$

整理して $y>x+1$

よって，$\boldsymbol{(x+1)^2+y^2<8,\ y>x+1}$ を満たす領域。

37 空間のベクトルと図形

必修編

398

方針 平行移動して重なるベクトルは等しい。

解答 (1) $\overrightarrow{\mathbf{AD}}=\overrightarrow{\mathbf{BC}}=\overrightarrow{\mathbf{FG}}=\overrightarrow{\mathbf{EH}}$，

$\overrightarrow{\mathbf{FE}}=\overrightarrow{\mathbf{GH}}=\overrightarrow{\mathbf{CD}}=\overrightarrow{\mathbf{BA}}$，$\overrightarrow{\mathbf{CG}}=\overrightarrow{\mathbf{DH}}=\overrightarrow{\mathbf{AE}}=\overrightarrow{\mathbf{BF}}$

(2) $\overrightarrow{\mathbf{AG}}=\overrightarrow{\mathrm{AB}}+\overrightarrow{\mathrm{BF}}+\overrightarrow{\mathrm{FG}}=\overrightarrow{\mathbf{AB}}+\overrightarrow{\mathbf{DH}}-\overrightarrow{\mathbf{GF}}$，

$\overrightarrow{\mathbf{HB}}=\overrightarrow{\mathrm{HG}}+\overrightarrow{\mathrm{GC}}+\overrightarrow{\mathrm{CB}}=\overrightarrow{\mathbf{AB}}-\overrightarrow{\mathbf{DH}}+\overrightarrow{\mathbf{GF}}$

(3) $\overrightarrow{\mathrm{AB}}\cdot\overrightarrow{\mathrm{AE}}=|\overrightarrow{\mathrm{AB}}||\overrightarrow{\mathrm{AE}}|\cos 60^\circ=2\cdot1\cdot\dfrac{1}{2}=\mathbf{1}$

399

方針 2 乗して展開し，条件を代入する。

解答 (1) $|\vec{a}-2\vec{b}|^2=|\vec{a}|^2-4\vec{a}\cdot\vec{b}+4|\vec{b}|^2$

$=1-4\cdot(-1)+4\cdot4=21$

よって $|\boldsymbol{\vec{a}-2\vec{b}}|=\sqrt{\mathbf{21}}$

(2) $|3\vec{a}-\vec{b}+2\vec{c}|^2$

$=9|\vec{a}|^2+|\vec{b}|^2+4|\vec{c}|^2-6\vec{a}\cdot\vec{b}-4\vec{b}\cdot\vec{c}+12\vec{c}\cdot\vec{a}$

$=9\cdot1+4+4\cdot9-6\cdot(-1)-4\cdot1+12\cdot2=75$

よって $|\boldsymbol{3\vec{a}-\vec{b}+2\vec{c}}|=\mathbf{5\sqrt{3}}$

(3) $(\boldsymbol{\vec{a}-\vec{c}})\cdot(\boldsymbol{\vec{a}+2\vec{b}})=|\vec{a}|^2+2\vec{a}\cdot\vec{b}-\vec{c}\cdot\vec{a}-2\vec{b}\cdot\vec{c}$

$=1+2\cdot(-1)-2-2\cdot1=\mathbf{-5}$

400

方針 (1) $\boldsymbol{\vec{a}\cdot\vec{b}=2}$ より求める。

(2) $|\boldsymbol{\vec{b}-\vec{c}}|^2$ より求まる。

(3) $\cos\angle\mathbf{AOC}$ から求める。

解答 (1) $\vec{a}\cdot\vec{b}=|\vec{a}||\vec{b}|\cos 45^\circ$

よって $2=\sqrt{2}|\vec{b}|\cdot\dfrac{1}{\sqrt{2}}$ ゆえに $\mathrm{OB}=|\vec{b}|=\mathbf{2}$

(2) $|\vec{b}-\vec{c}|^2=|\vec{b}|^2-2\vec{b}\cdot\vec{c}+|\vec{c}|^2$

$=|\vec{b}|^2+|\vec{c}|^2-2|\vec{b}||\vec{c}|\cos 120^\circ$

$(2\sqrt{2})^2=2^2+|\vec{c}|^2-2\cdot2\cdot|\vec{c}|\cdot\left(-\dfrac{1}{2}\right)$

これより $|\vec{c}|^2+2|\vec{c}|-4=0$

$|\vec{c}|>0$ だから $\mathrm{OC}=|\vec{c}|=\mathbf{-1+\sqrt{5}}$

(3) $|\overrightarrow{\mathrm{AB}}|^2$

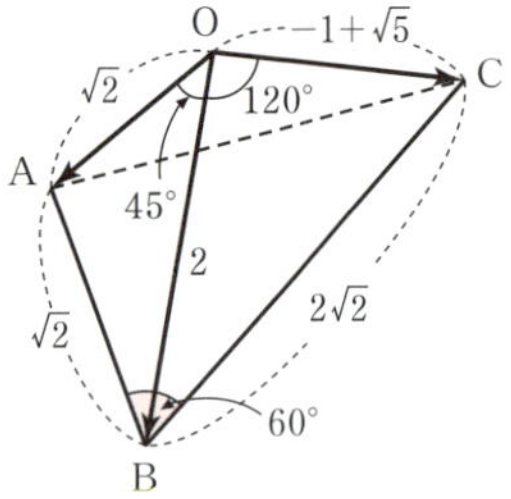

$=|\vec{b}-\vec{a}|^2$

$=|\vec{b}|^2-2\vec{a}\cdot\vec{b}+|\vec{a}|^2$

$=2^2-2\cdot2+(\sqrt{2})^2$

$=2$

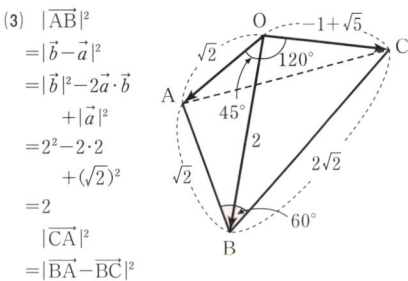

$|\overrightarrow{\mathrm{CA}}|^2$

$=|\overrightarrow{\mathrm{BA}}-\overrightarrow{\mathrm{BC}}|^2$

$=|\overrightarrow{\mathrm{BA}}|^2-2\overrightarrow{\mathrm{BA}}\cdot\overrightarrow{\mathrm{BC}}+|\overrightarrow{\mathrm{BC}}|^2$

$=(\sqrt{2})^2-2|\overrightarrow{\mathrm{BA}}||\overrightarrow{\mathrm{BC}}|\cos 60^\circ+(2\sqrt{2})^2$

$=10-2\cdot\sqrt{2}\cdot2\sqrt{2}\cdot\dfrac{1}{2}=6$ …①

また

$|\overrightarrow{\mathrm{CA}}|^2=|\vec{a}-\vec{c}|^2=|\vec{a}|^2-2\vec{a}\cdot\vec{c}+|\vec{c}|^2$

$=(\sqrt{2})^2-2\vec{a}\cdot\vec{c}+(-1+\sqrt{5})^2$

$=8-2\sqrt{5}-2\vec{a}\cdot\vec{c}$ …②

①，②より $6=8-2\sqrt{5}-2\vec{a}\cdot\vec{c}$

$\vec{a}\cdot\vec{c}=\dfrac{2-2\sqrt{5}}{2}=1-\sqrt{5}$

$\cos\angle\mathrm{AOC}=\dfrac{\vec{a}\cdot\vec{c}}{|\vec{a}||\vec{c}|}=\dfrac{1-\sqrt{5}}{\sqrt{2}(-1+\sqrt{5})}=-\dfrac{1}{\sqrt{2}}$

$0^\circ<\angle\mathrm{AOC}<180^\circ$ より $\angle\mathbf{AOC=135^\circ}$

401

方針 (3) $\overrightarrow{\mathbf{OF}}=\boldsymbol{k}\overrightarrow{\mathbf{OM}}$ であることを示す。

解答 (1) $\overrightarrow{\mathrm{OF}}$

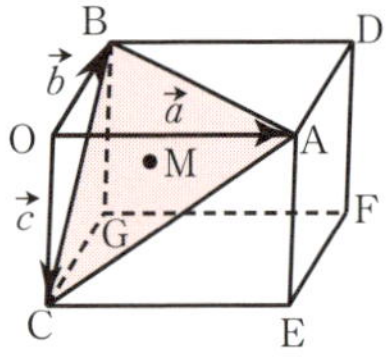

$=\overrightarrow{\mathrm{OA}}+\overrightarrow{\mathrm{AE}}+\overrightarrow{\mathrm{EF}}$

$=\overrightarrow{\mathrm{OA}}+\overrightarrow{\mathrm{OB}}+\overrightarrow{\mathrm{OC}}$

ゆえに

$\overrightarrow{\mathbf{OF}}=\boldsymbol{\vec{a}+\vec{b}+\vec{c}}$

(2) M は △ABC の重心であるから

$\overrightarrow{\mathbf{OM}}=\dfrac{\mathbf{1}}{\mathbf{3}}(\boldsymbol{\vec{a}+\vec{b}+\vec{c}})$

(3) (1)，(2)より $\overrightarrow{\mathrm{OF}}=3\overrightarrow{\mathrm{OM}}$

よって，O，F，M は一直線上にあるから，OF は △ABC の重心 M を通る。▮

402

方針 始点を O にそろえて $\overrightarrow{\mathrm{OP}}$ を $\overrightarrow{\mathrm{OA}}$, $\overrightarrow{\mathrm{OB}}$, $\overrightarrow{\mathrm{OC}}$ で表す。内分点の式に帰着させて位置を読みとる。

解答 (1) 与式より

$$(\overrightarrow{\mathrm{OP}}-\overrightarrow{\mathrm{OA}})+(\overrightarrow{\mathrm{OP}}-\overrightarrow{\mathrm{OB}})+(\overrightarrow{\mathrm{OP}}-\overrightarrow{\mathrm{OC}})=\vec{0}$$

$$\overrightarrow{\mathrm{OP}}=\frac{\overrightarrow{\mathrm{OA}}+\overrightarrow{\mathrm{OB}}+\overrightarrow{\mathrm{OC}}}{3}$$

ゆえに，**点 P は△ABC の重心。**

(2) 与式より

$$6\overrightarrow{\mathrm{OP}}+3(\overrightarrow{\mathrm{OP}}-\overrightarrow{\mathrm{OA}})+2(\overrightarrow{\mathrm{OP}}-\overrightarrow{\mathrm{OB}})+(\overrightarrow{\mathrm{OP}}-\overrightarrow{\mathrm{OC}})=\vec{0}$$

整理して $\overrightarrow{\mathrm{OP}}=\dfrac{3\overrightarrow{\mathrm{OA}}+2\overrightarrow{\mathrm{OB}}+\overrightarrow{\mathrm{OC}}}{12}$

$$=\frac{1}{2}\cdot\frac{3\overrightarrow{\mathrm{OA}}+2\overrightarrow{\mathrm{OB}}+\overrightarrow{\mathrm{OC}}}{6}$$

$$=\frac{1}{2}\cdot\frac{1}{2}\left(\overrightarrow{\mathrm{OA}}+\frac{2\overrightarrow{\mathrm{OB}}+\overrightarrow{\mathrm{OC}}}{3}\right)$$

線分 BC を 1：2 の比に内分する点を D とおくと，

$$\overrightarrow{\mathrm{OD}}=\frac{2\overrightarrow{\mathrm{OB}}+\overrightarrow{\mathrm{OC}}}{3}$$

となるから

$$\overrightarrow{\mathrm{OP}}=\frac{1}{2}\cdot\frac{1}{2}(\overrightarrow{\mathrm{OA}}+\overrightarrow{\mathrm{OD}})$$

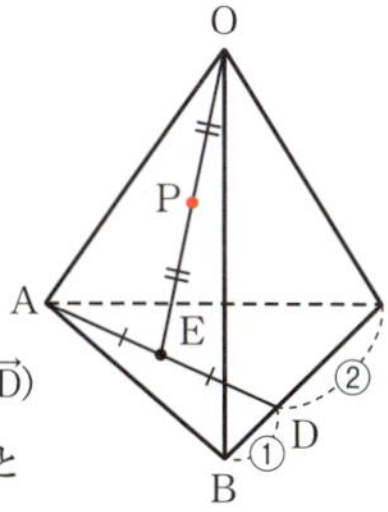

線分 AD の中点を E とおくと，

$\overrightarrow{\mathrm{OE}}=\dfrac{1}{2}(\overrightarrow{\mathrm{OA}}+\overrightarrow{\mathrm{OD}})$ となるから $\overrightarrow{\mathrm{OP}}=\dfrac{1}{2}\overrightarrow{\mathrm{OE}}$

ゆえに，**BC を 1：2 の比に内分する点を D，線分 AD の中点を E とするとき，点 P は線分 OE の中点。**

403

方針 **AF：FE＝s：(1−s)，DF：FC＝t：(1−t) とおいて，$\overrightarrow{\mathrm{AF}}$ を 2 通りに表す。**

解答 AF：FE＝s：(1−s)，

DF：FC＝t：(1−t)

とおくと

$\overrightarrow{\mathrm{AF}}=s\overrightarrow{\mathrm{AE}}$,

$\overrightarrow{\mathrm{AF}}=(1-t)\overrightarrow{\mathrm{AD}}+t\overrightarrow{\mathrm{AC}}$

また

$\overrightarrow{\mathrm{AE}}=\dfrac{3\overrightarrow{\mathrm{AB}}+\overrightarrow{\mathrm{AC}}}{4}$,

$\overrightarrow{\mathrm{AD}}=\dfrac{2}{3}\overrightarrow{\mathrm{AB}}$

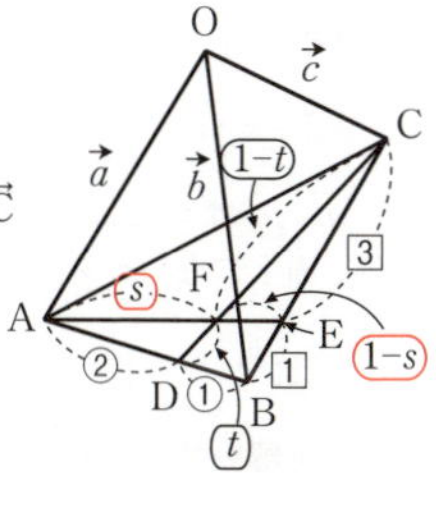

よって $\overrightarrow{\mathrm{AF}}=\dfrac{3s\overrightarrow{\mathrm{AB}}+s\overrightarrow{\mathrm{AC}}}{4}=\dfrac{2}{3}(1-t)\overrightarrow{\mathrm{AB}}+t\overrightarrow{\mathrm{AC}}$

$\overrightarrow{\mathrm{AB}}$, $\overrightarrow{\mathrm{AC}}$ は $\vec{0}$ でなく平行でもないので

$$\frac{3s}{4}=\frac{2}{3}(1-t),\quad \frac{s}{4}=t$$

ゆえに $s=\dfrac{8}{11}$, $t=\dfrac{2}{11}$

$$\overrightarrow{\mathrm{AF}}=\frac{6}{11}\overrightarrow{\mathrm{AB}}+\frac{2}{11}\overrightarrow{\mathrm{AC}}$$

$$11(\overrightarrow{\mathrm{OF}}-\overrightarrow{\mathrm{OA}})=6(\overrightarrow{\mathrm{OB}}-\overrightarrow{\mathrm{OA}})+2(\overrightarrow{\mathrm{OC}}-\overrightarrow{\mathrm{OA}})$$

したがって

$$\overrightarrow{\mathrm{OF}}=\frac{3\vec{a}+6\vec{b}+2\vec{c}}{11}=\boldsymbol{\frac{3}{11}\vec{a}+\frac{6}{11}\vec{b}+\frac{2}{11}\vec{c}}$$

404

方針 (1) $\overrightarrow{\mathrm{OP}}=t\overrightarrow{\mathrm{OG}}$ と表す。

(2) $\overrightarrow{\mathrm{OP}}\cdot\overrightarrow{\mathrm{AP}}=0$ を計算する。

解答 (1) $\overrightarrow{\mathrm{OG}}$

$$=\frac{1}{3}(\vec{a}+\vec{b}+\vec{c})$$

よって

$$\overrightarrow{\mathrm{OP}}=t\overrightarrow{\mathrm{OG}}$$

$$=\frac{t}{3}(\vec{a}+\vec{b}+\vec{c})$$

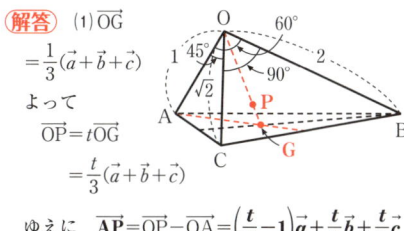

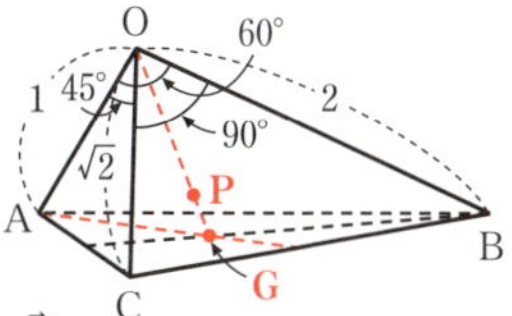

ゆえに $\overrightarrow{\mathrm{AP}}=\overrightarrow{\mathrm{OP}}-\overrightarrow{\mathrm{OA}}=\boldsymbol{\left(\frac{t}{3}-1\right)\vec{a}+\frac{t}{3}\vec{b}+\frac{t}{3}\vec{c}}$

(2) 条件より $|\vec{a}|=1$, $|\vec{b}|=2$, $|\vec{c}|=\sqrt{2}$,

$$\vec{a}\cdot\vec{b}=1\cdot2\cdot\frac{1}{2}=1,\quad \vec{b}\cdot\vec{c}=0,$$

$$\vec{c}\cdot\vec{a}=1\cdot\sqrt{2}\cdot\frac{\sqrt{2}}{2}=1$$

$$\overrightarrow{\mathrm{OP}}\cdot\overrightarrow{\mathrm{AP}}$$

$$=\overrightarrow{\mathrm{OP}}\cdot(\overrightarrow{\mathrm{OP}}-\overrightarrow{\mathrm{OA}})=|\overrightarrow{\mathrm{OP}}|^2-\overrightarrow{\mathrm{OP}}\cdot\overrightarrow{\mathrm{OA}}$$

$$=\frac{t^2}{9}|\vec{a}+\vec{b}+\vec{c}|^2-\frac{t}{3}(\vec{a}+\vec{b}+\vec{c})\cdot\vec{a}$$

$$=\frac{t^2}{9}(|\vec{a}|^2+|\vec{b}|^2+|\vec{c}|^2+2\vec{a}\cdot\vec{b}+2\vec{b}\cdot\vec{c}+2\vec{c}\cdot\vec{a})$$

$$-\frac{t}{3}(|\vec{a}|^2+\vec{a}\cdot\vec{b}+\vec{c}\cdot\vec{a})$$

$$=\frac{t^2}{9}(1+4+2+2+2)-\frac{t}{3}(1+1+1)$$

$$=\frac{11}{9}t^2-t$$

OP⊥AP だから $\overrightarrow{\mathrm{OP}}\cdot\overrightarrow{\mathrm{AP}}=0$

これより $\dfrac{11}{9}t^2-t=0$ $\quad \dfrac{11}{9}t\left(t-\dfrac{9}{11}\right)=0$

条件より，$0<t<1$ だから $\boldsymbol{t=\dfrac{9}{11}}$

実戦編

405

方針 (2) $\overrightarrow{\mathrm{PR}}=\overrightarrow{\mathrm{SQ}}$ であることを示す。

解答 (1) $\overrightarrow{\mathrm{PR}}$

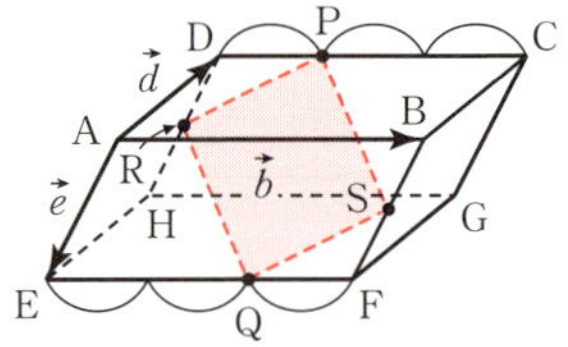

$=\overrightarrow{\mathrm{DR}}-\overrightarrow{\mathrm{DP}}$

$=\frac{1}{2}\overrightarrow{\mathrm{DH}}$

$\quad -\frac{1}{3}\overrightarrow{\mathrm{DC}}$

$=\boldsymbol{\frac{1}{2}\vec{e}-\frac{1}{3}\vec{b}}$

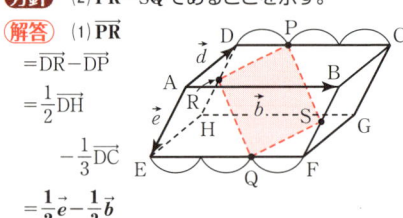

(2) (1)と同様にして　$\overrightarrow{\mathrm{SQ}}=\frac{1}{2}\vec{e}-\frac{1}{3}\vec{b}$

これより　$\overrightarrow{\mathrm{PR}}=\overrightarrow{\mathrm{SQ}}$

1 組の対辺が平行で，長さが等しいので，四角形 PRQS は平行四辺形である。■

406

方針 平面 **ABC** 上に点 **P** があるとき，
$\overrightarrow{\mathrm{AP}}=s\overrightarrow{\mathrm{AB}}+t\overrightarrow{\mathrm{AC}}$ と表せる。

解答 点 P が平面 ABC 上にあるとき，
$\overrightarrow{\mathrm{AP}}=s\overrightarrow{\mathrm{AB}}+t\overrightarrow{\mathrm{AC}}$ (s，t は実数) と書ける。

よって　$\overrightarrow{\mathrm{OP}}-\vec{a}=s(\vec{b}-\vec{a})+t(\vec{c}-\vec{a})$

$\overrightarrow{\mathrm{OP}}=(1-s-t)\vec{a}+s\vec{b}+t\vec{c}$

$l=1-s-t$，$m=s$，$n=t$ とおくと

$\overrightarrow{\mathrm{OP}}=l\vec{a}+m\vec{b}+n\vec{c}$，$l+m+n=1$ が成り立つ。■

Check Point

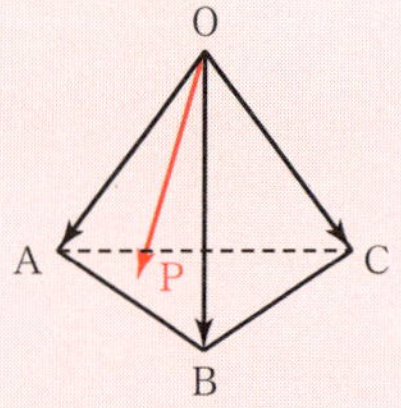

平面 **ABC** 上の点 **P** は，
$\overrightarrow{\mathrm{OP}}=l\overrightarrow{\mathrm{OA}}+m\overrightarrow{\mathrm{OB}}+n\overrightarrow{\mathrm{OC}}$，$l+m+n=1$
と表せる。

407

方針 点 **L** が平面 **ABC** 上にあるから，
$\overrightarrow{\mathrm{OL}}=r\vec{a}+s\vec{b}+t\vec{c}$，$r+s+t=1$，また，**OH** 上にあるから $\overrightarrow{\mathrm{OL}}=u\overrightarrow{\mathrm{OH}}$ と表される。

解答 $\overrightarrow{\mathrm{OH}}=\overrightarrow{\mathrm{OA}}+\overrightarrow{\mathrm{AD}}+\overrightarrow{\mathrm{DH}}$

$=\vec{a}+\vec{b}+2\vec{c}$

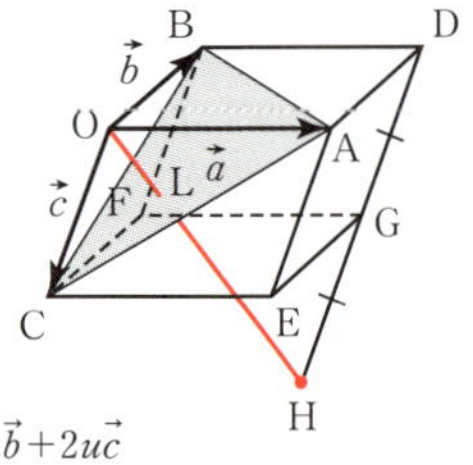

L は平面 ABC 上にあるから

$\overrightarrow{\mathrm{OL}}=r\vec{a}+s\vec{b}+t\vec{c}$

$(r+s+t=1)$

また，O，L，H は一直線上にあるから

$\overrightarrow{\mathrm{OL}}=u\overrightarrow{\mathrm{OH}}=u\vec{a}+u\vec{b}+2u\vec{c}$

$\vec{a}$，$\vec{b}$，$\vec{c}$ は $\vec{0}$ ではなく，始点をそろえたとき同一平面上にないから，以上 2 式より

$r=u$，$s=u$，$t=2u$，$r+s+t=1$

これを解いて　$u=\frac{1}{4}$，$r=\frac{1}{4}$，$s=\frac{1}{4}$，$t=\frac{1}{2}$

よって　$\boldsymbol{\overrightarrow{\mathrm{OL}}=\frac{1}{4}\vec{a}+\frac{1}{4}\vec{b}+\frac{1}{2}\vec{c}}$

408

方針 $\overrightarrow{\mathrm{AP}}=\overrightarrow{\mathrm{AD}}+u\overrightarrow{\mathrm{DF}}$ と表し，$\overrightarrow{\mathrm{AP}}\perp\overrightarrow{\mathrm{DF}}$ であることから u を求める。$|\vec{b}|=|\vec{d}|=|\vec{e}|=1$，$\vec{b}\cdot\vec{d}=\vec{d}\cdot\vec{e}=\vec{e}\cdot\vec{b}=0$ である。また，$\overrightarrow{\mathrm{AR}}=\overrightarrow{\mathrm{AD}}+s\overrightarrow{\mathrm{DC}}+t\overrightarrow{\mathrm{DH}}$ と表す。

解答 (1) 点 P は直線 DF 上の点だから

$\overrightarrow{\mathrm{AP}}=\overrightarrow{\mathrm{AD}}+u\overrightarrow{\mathrm{DF}}$ とおける。

$\overrightarrow{\mathrm{AP}}=\vec{d}+u(\vec{b}+\vec{e}-\vec{d})$，$\overrightarrow{\mathrm{DF}}=\vec{b}+\vec{e}-\vec{d}$

また，$\vec{b}$，$\vec{d}$，$\vec{e}$ は互いに垂直だから

$\vec{b}\cdot\vec{d}=\vec{d}\cdot\vec{e}=\vec{e}\cdot\vec{b}=0$，$|\vec{b}|=|\vec{d}|=|\vec{e}|=1$

$\overrightarrow{\mathrm{AP}}\perp\overrightarrow{\mathrm{DF}}$ だから　$\overrightarrow{\mathrm{AP}}\cdot\overrightarrow{\mathrm{DF}}=0$

$\overrightarrow{\mathrm{AP}}\cdot\overrightarrow{\mathrm{DF}}=\{\vec{d}+u(\vec{b}+\vec{e}-\vec{d})\}\cdot(\vec{b}+\vec{e}-\vec{d})$

$=\vec{d}\cdot(\vec{b}+\vec{e}-\vec{d})+u|\vec{b}+\vec{e}-\vec{d}|^2$

$=-|\vec{d}|^2+u(|\vec{b}|^2+|\vec{e}|^2+|\vec{d}|^2)$

$=-1+3u=0$

ゆえに　$u=\frac{1}{3}$

よって　$\overrightarrow{\mathrm{AP}}=\vec{d}+\frac{1}{3}(\vec{b}+\vec{e}-\vec{d})$

$=\frac{1}{3}\vec{b}+\frac{2}{3}\vec{d}+\frac{1}{3}\vec{e}$

また，$\overrightarrow{\mathrm{AR}}$ を次のように 2 通りに表す。

$\overrightarrow{\mathrm{AR}}=\overrightarrow{\mathrm{AD}}+s\overrightarrow{\mathrm{DC}}+t\overrightarrow{\mathrm{DH}}=\vec{d}+s\vec{b}+t\vec{e}$

$\overrightarrow{\mathrm{AR}}=k\overrightarrow{\mathrm{AP}}=\frac{1}{3}k\vec{b}+\frac{2}{3}k\vec{d}+\frac{1}{3}k\vec{e}$

$\vec{b}$，$\vec{d}$，$\vec{e}$ は $\vec{0}$ ではなく始点をそろえたとき同一平面上にないから

$1=\frac{2}{3}k$，$s=\frac{1}{3}k$，$t=\frac{1}{3}k$

これを解いて　$k=\frac{3}{2}$，$s=\frac{1}{2}$，$t=\frac{1}{2}$

よって

$$\overrightarrow{\mathrm{AP}}=\frac{1}{3}\vec{b}+\frac{2}{3}\vec{d}+\frac{1}{3}\vec{e},\quad \overrightarrow{\mathrm{AR}}=\frac{1}{2}\vec{b}+\vec{d}+\frac{1}{2}\vec{e}$$

(2) $\overrightarrow{\mathrm{DR}}=\overrightarrow{\mathrm{AR}}-\overrightarrow{\mathrm{AD}}=\frac{1}{2}(\vec{b}+\vec{e})$ より，R は CH の中点。すなわち，**対角線 CH，DG の交点。**

409

方針 $\overrightarrow{\mathrm{OS}}$ を $\vec{a}$，$\vec{b}$，$\vec{c}$ で表す。
平面 OBC 上にあるから，$\vec{a}$ の係数は 0 である。

解答 (1) $\overrightarrow{\mathrm{AR}}=\overrightarrow{\mathrm{OR}}-\overrightarrow{\mathrm{OA}}=\frac{1}{2}\overrightarrow{\mathrm{OQ}}-\overrightarrow{\mathrm{OA}}$

$$=\frac{1}{2}\cdot\frac{\overrightarrow{\mathrm{OP}}+\overrightarrow{\mathrm{OC}}}{2}-\overrightarrow{\mathrm{OA}}$$

$$=\frac{1}{4}\cdot\frac{\overrightarrow{\mathrm{OA}}+\overrightarrow{\mathrm{OB}}}{2}+\frac{1}{4}\overrightarrow{\mathrm{OC}}-\overrightarrow{\mathrm{OA}}$$

$$=-\frac{7}{8}\vec{a}+\frac{1}{8}\vec{b}+\frac{1}{4}\vec{c}$$

$\overrightarrow{\mathrm{AS}}=u\overrightarrow{\mathrm{AR}}$ とおくと

$$\overrightarrow{\mathrm{OS}}=\overrightarrow{\mathrm{OA}}+\overrightarrow{\mathrm{AS}}=\overrightarrow{\mathrm{OA}}+u\overrightarrow{\mathrm{AR}}$$

$$=\left(1-\frac{7}{8}u\right)\vec{a}+\frac{u}{8}\vec{b}+\frac{u}{4}\vec{c}$$

ここで，$\vec{a}$，$\vec{b}$，$\vec{c}$ は $\vec{0}$ ではなく，始点をそろえたとき同一平面上にない，かつ，点 S は平面 OBC 上の点だから $\vec{a}$ の係数は 0，すなわち

$$1-\frac{7}{8}u=0 \qquad u=\frac{8}{7}$$

よって　$\overrightarrow{\mathrm{OS}}=\frac{1}{7}\vec{b}+\frac{2}{7}\vec{c}$

(2) $\overrightarrow{\mathrm{OS}}=\frac{3}{7}\cdot\frac{\vec{b}+2\vec{c}}{3}$

$\overrightarrow{\mathrm{OT}}=\frac{\vec{b}+2\vec{c}}{3}$

ゆえに

BT：CT=2：1

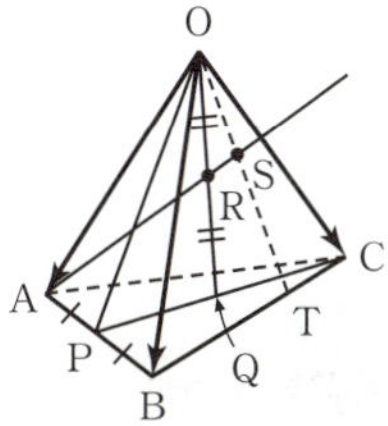

410

方針 $\overrightarrow{\mathrm{OA}}=\vec{a}$，$\overrightarrow{\mathrm{OC}}=\vec{c}$，$\overrightarrow{\mathrm{OP}}=\vec{p}$ とする。
$\overrightarrow{\mathrm{CQ}}=t\overrightarrow{\mathrm{OA}}$ として，
平面 OMN⊥PQ ⟺ $\overrightarrow{\mathrm{OM}}\perp\overrightarrow{\mathrm{PQ}}$ かつ $\overrightarrow{\mathrm{ON}}\perp\overrightarrow{\mathrm{PQ}}$ の条件より求める。

解答 $\overrightarrow{\mathrm{OA}}=\vec{a}$，$\overrightarrow{\mathrm{OC}}=\vec{c}$，$\overrightarrow{\mathrm{OP}}=\vec{p}$ とする。

$\overrightarrow{\mathrm{CQ}}=t\overrightarrow{\mathrm{CB}}$
$=t\overrightarrow{\mathrm{OA}}=t\vec{a}$
とすると

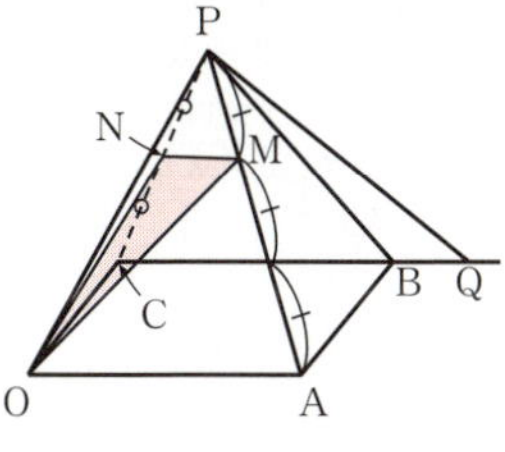

$$\overrightarrow{\mathrm{PQ}}=\overrightarrow{\mathrm{OQ}}-\overrightarrow{\mathrm{OP}}$$

$$=\overrightarrow{\mathrm{OC}}+\overrightarrow{\mathrm{CQ}}-\overrightarrow{\mathrm{OP}}=\vec{c}+t\vec{a}-\vec{p}$$

平面 OMN⊥PQ のとき

$\overrightarrow{\mathrm{OM}}\perp\overrightarrow{\mathrm{PQ}}$ かつ $\overrightarrow{\mathrm{ON}}\perp\overrightarrow{\mathrm{PQ}}$

$\overrightarrow{\mathrm{OM}}\perp\overrightarrow{\mathrm{PQ}}$ より　$\frac{2\vec{p}+\vec{a}}{3}\cdot(\vec{c}+t\vec{a}-\vec{p})=0$　…①

$\overrightarrow{\mathrm{ON}}\perp\overrightarrow{\mathrm{PQ}}$ より　$\frac{\vec{p}+\vec{c}}{2}\cdot(\vec{c}+t\vec{a}-\vec{p})=0$　…②

$|\vec{a}|=|\vec{c}|=1$，$\vec{a}\cdot\vec{p}=\frac{1}{4}$，$\vec{c}\cdot\vec{p}=\frac{1}{2}$，$\vec{a}\cdot\vec{c}=0$ だから，

①，②を展開すると

①は

$$2\vec{p}\cdot\vec{c}+2t(\vec{p}\cdot\vec{a})-2|\vec{p}|^2+\vec{a}\cdot\vec{c}+t|\vec{a}|^2-\vec{a}\cdot\vec{p}=0$$

$$1+\frac{t}{2}-2|\vec{p}|^2+t-\frac{1}{4}=0$$

$$\frac{3}{4}+\frac{3}{2}t-2|\vec{p}|^2=0 \quad \cdots①'$$

②は

$$\vec{p}\cdot\vec{c}+t\vec{p}\cdot\vec{a}-|\vec{p}|^2+|\vec{c}|^2+t\vec{c}\cdot\vec{a}-\vec{c}\cdot\vec{p}=0$$

$$\frac{1}{2}+\frac{1}{4}t-|\vec{p}|^2+1-\frac{1}{2}=0$$

$$1+\frac{1}{4}t-|\vec{p}|^2=0 \quad \cdots②'$$

①′，②′ より $|\vec{p}|^2$ を消去して

$$\frac{3}{4}+\frac{3}{2}t-2\left(1+\frac{1}{4}t\right)=0$$

$$t=\frac{5}{4}$$

②′に代入して　$|\vec{p}|^2=1+\frac{1}{4}\cdot\frac{5}{4}=\frac{21}{16}$

よって　**BQ：QC=1：5，OP=**$\sqrt{\frac{21}{16}}=\frac{\sqrt{21}}{4}$

38 空間のベクトルと成分

必修編

411

方針 空間座標をイメージして求める。

解答 (1) 順に **(3，−2，−1)，(−3，−2，1)，(3，2，1)**

(2) **(−1，−2，−3)，(1，2，−3)，(1，−2，3)**

(3) **(−1，−2，−3)**

Check Point

点 $\mathbf{P}(a,\ b,\ c)$ の平面と座標軸に関する対称点の座標

xy 平面 $(a,\ b,\ -c)$
yz 平面 $(-a,\ b,\ c)$
zx 平面 $(a,\ -b,\ c)$
x 軸 $(a,\ -b,\ -c)$
y 軸 $(-a,\ b,\ -c)$
z 軸 $(-a,\ -b,\ c)$

412

方針 (1)~(4) 距離，内分点，外分点の公式にしたがって求める。
(5) 点 A は点 C と C の対称点の中点になる。
(6) 対角線の交点が一致することを利用する。

解答 (1) $\mathrm{AB}=\sqrt{(-4-2)^2+\{0-(-3)\}^2+(2-1)^2}$
$=\sqrt{46}$

(2) $\left(\dfrac{2\times2+3\times(-4)}{3+2},\ \dfrac{2\times(-3)+3\times0}{3+2},\ \dfrac{2\times1+3\times2}{3+2}\right)$
$=\left(-\dfrac{8}{5},\ -\dfrac{6}{5},\ \dfrac{8}{5}\right)$

(3) $\left(\dfrac{-2\times2+1\times(-4)}{1-2},\ \dfrac{-2\times(-3)+1\times0}{1-2},\ \dfrac{-2\times1+1\times2}{1-2}\right)$
$=(8,\ -6,\ 0)$

(4) $\left(\dfrac{2-4+5}{3},\ \dfrac{-3+0+3}{3},\ \dfrac{1+2+0}{3}\right)=(1,\ 0,\ 1)$

(5) 対称点を $\mathrm{C}'(x,\ y,\ z)$ とすると，CC' の中点が A であるから，
$\left(\dfrac{5+x}{2},\ \dfrac{3+y}{2},\ \dfrac{0+z}{2}\right)=(2,\ -3,\ 1)$ より
$x=-1,\ y=-9,\ z=2$
よって $(-1,\ -9,\ 2)$

(6) 対角線 AC と BD の中点は一致する。
$\mathrm{D}(x,\ y,\ z)$ とおくと
$\left(\dfrac{7}{2},\ 0,\ \dfrac{1}{2}\right)=\left(\dfrac{x-4}{2},\ \dfrac{y}{2},\ \dfrac{z+2}{2}\right)$
これより $x=11,\ y=0,\ z=-1$
よって $(11,\ 0,\ -1)$

413

方針 $\mathbf{P}(x,\ y,\ z)$ として距離を等しくおく。P の座標を 1 文字で表して OP^2 の最小値を求める。

解答 求める点を $\mathrm{P}(x,\ y,\ z)$ とすると
$\mathrm{PA}=\mathrm{PB}$ より $(x-2)^2+(y-2)^2+(z-1)^2$
$=(x-1)^2+(y-3)^2+(z+1)^2$
これより $x-y+2z+1=0$ …①
$\mathrm{PB}=\mathrm{PC}$ より $(x-1)^2+(y-3)^2+(z+1)^2$
$=(x-1)^2+(y-1)^2+(z+1)^2$
これより $y=2$ ①に代入して $x=-2z+1$
よって $\mathrm{P}(-2z+1,\ 2,\ z)$
したがって

$$\mathrm{OP}^2=(-2z+1)^2+2^2+z^2=5\left(z-\frac{2}{5}\right)^2+\frac{21}{5}$$

ゆえに，$z=\dfrac{2}{5}$ のとき，つまり $\mathrm{P}\left(\dfrac{1}{5},\ 2,\ \dfrac{2}{5}\right)$ のとき OP が最小。

414

方針 (2) $\vec{a}$ と同じ向きの単位ベクトルは $\dfrac{\vec{a}}{|\vec{a}|}$
(3) $\vec{x}=l\vec{a}+m\vec{b}+n\vec{c}$ とおく。

解答 (1) $2\vec{b}-3\vec{c}=(-3,\ -4,\ -9)$
よって $|2\vec{b}-3\vec{c}|=\sqrt{9+16+81}=\boxed{\sqrt{106}}$

(2) $\vec{a}-\vec{c}=(0,\ -2,\ -2)$ $|\vec{a}-\vec{c}|=2\sqrt{2}$
ゆえに，$\vec{a}-\vec{c}$ と同じ向きの単位ベクトルは
$\dfrac{\vec{a}-\vec{c}}{|\vec{a}-\vec{c}|}=\boxed{\left(0,\ -\dfrac{1}{\sqrt{2}},\ -\dfrac{1}{\sqrt{2}}\right)}$

(3) $\vec{x}=l\vec{a}+m\vec{b}+n\vec{c}$ とおくと
$(4,\ 0,\ 6)=(l+n,\ m+2n,\ l+3n)$
よって $l+n=4,\ m+2n=0,\ l+3n=6$
これより $l=3,\ m=-2,\ n=1$
したがって $\vec{x}=\boxed{3}\vec{a}+\boxed{(-2)}\vec{b}+\boxed{1}\vec{c}$

415

方針 2 つのベクトルが垂直 ⟺ 内積=0 を用いる。

解答 $\vec{a}=(x,\ 1,\ -7)$，$\vec{b}=(2,\ y,\ 3)$，
$\vec{c}=(1,\ -1,\ z)$ とおくと
$\vec{a}\perp\vec{b}$ より $\vec{a}\cdot\vec{b}=2x+y-21=0$ …①
$\vec{b}\perp\vec{c}$ より $\vec{b}\cdot\vec{c}=2-y+3z=0$ …②
$\vec{c}\perp\vec{a}$ より $\vec{c}\cdot\vec{a}=x-1-7z=0$ …③
①+②より $2x+3z=19$ …④
③より $x-7z=1$ …⑤
④，⑤より $x=\boxed{8}$，$z=\boxed{1}$ …⑥
②に代入して $y=\boxed{5}$

実戦編

416

方針 $\vec{v}=l\vec{a}+m\vec{b}+n\vec{c}$ とおいて，l，m，n について解く。

解答 $\vec{v}=l\vec{a}+m\vec{b}+n\vec{c}$ とおくと

$$(x,\ y,\ z)=l(1,\ 0,\ 0)+m(1,\ 1,\ 1)+n(0,\ -1,\ 1)=(l+m,\ m-n,\ m+n)$$

よって　$x=l+m$　…①，$y=m-n$　…②，$z=m+n$　…③

②＋③ より　$y+z=2m$　　$m=\dfrac{y+z}{2}$

③－② より　$-y+z=2n$　　$n=\dfrac{-y+z}{2}$

①より　$l=x-m=\dfrac{2x-y-z}{2}$

ゆえに　$\boxed{\dfrac{2x-y-z}{2}}\vec{a}+\boxed{\dfrac{y+z}{2}}\vec{b}+\boxed{\dfrac{-y+z}{2}}\vec{c}$

417

方針 (1) BC の中点を M とすると，$\overrightarrow{OH}=(1-t)\overrightarrow{OA}+t\overrightarrow{OM}$ と表せる。

(2) 平面 ABC 上の点 P は $\overrightarrow{OP}=\overrightarrow{OA}+\alpha\overrightarrow{AB}+\beta\overrightarrow{AC}$，OD 上の点 P は $\overrightarrow{OP}=k\overrightarrow{OD}$ と表して，等しくおく。

解答 (1) BC の中点を M とする。

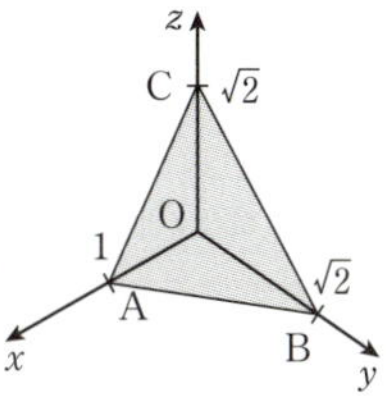

$$\overrightarrow{OM}=\frac{\vec{b}+\vec{c}}{2}=\left(0,\ \frac{\sqrt{2}}{2},\ \frac{\sqrt{2}}{2}\right)$$

$$\overrightarrow{AM}=\overrightarrow{OM}-\overrightarrow{OA}=\left(0,\ \frac{\sqrt{2}}{2},\ \frac{\sqrt{2}}{2}\right)-(1,\ 0,\ 0)=\left(-1,\ \frac{\sqrt{2}}{2},\ \frac{\sqrt{2}}{2}\right)$$

点 H は直線 AM 上の点であるから

$\overrightarrow{OH}=(1-t)\overrightarrow{OA}+t\overrightarrow{OM}$（$t$ は実数）と表せる。

$$\overrightarrow{OH}=(1-t)(1,\ 0,\ 0)+t\left(0,\ \frac{\sqrt{2}}{2},\ \frac{\sqrt{2}}{2}\right)=\left(1-t,\ \frac{\sqrt{2}}{2}t,\ \frac{\sqrt{2}}{2}t\right)$$

OH⊥AM だから　$\overrightarrow{OH}\cdot\overrightarrow{AM}=0$

よって

$$(1-t)\cdot(-1)+\frac{\sqrt{2}}{2}t\cdot\frac{\sqrt{2}}{2}+\frac{\sqrt{2}}{2}t\cdot\frac{\sqrt{2}}{2}=0$$

ゆえに　$t=\dfrac{1}{2}$

したがって

$$\overrightarrow{OH}=\left(1-\frac{1}{2}\right)\overrightarrow{OA}+\frac{1}{2}\overrightarrow{OM}=\frac{1}{2}\vec{a}+\frac{1}{2}\cdot\frac{\vec{b}+\vec{c}}{2}=\boldsymbol{\frac{1}{2}\vec{a}+\frac{1}{4}\vec{b}+\frac{1}{4}\vec{c}}$$

(2) 点 P は平面 ABC 上にあるから

$\overrightarrow{AP}=\alpha\overrightarrow{AB}+\beta\overrightarrow{AC}$（$\alpha$，$\beta$ は実数）とおける。

よって

$$\overrightarrow{OP}=\overrightarrow{OA}+\overrightarrow{AP}=\vec{a}+\alpha(\vec{b}-\vec{a})+\beta(\vec{c}-\vec{a})=(1-\alpha-\beta)\vec{a}+\alpha\vec{b}+\beta\vec{c}=(1-\alpha-\beta,\ \sqrt{2}\alpha,\ \sqrt{2}\beta)\quad\cdots①$$

一方，点 P は直線 OD 上にあるから $\overrightarrow{OP}=k\overrightarrow{OD}$（$k$ は実数）とかける。

これより　$\overrightarrow{OP}=(k,\ k,\ k)$　…②

①，②より
$$\begin{cases}1-\alpha-\beta=k & \cdots③\\ \sqrt{2}\alpha=k & \cdots④\\ \sqrt{2}\beta=k & \cdots⑤\end{cases}$$

③×$\sqrt{2}$ より　$\sqrt{2}-\sqrt{2}\alpha-\sqrt{2}\beta=\sqrt{2}k$　…⑥

⑥に④，⑤を代入して　$\sqrt{2}-k-k=\sqrt{2}k$　…⑦

⑦より　$(2+\sqrt{2})k=\sqrt{2}$

$$k=\frac{\sqrt{2}}{2+\sqrt{2}}=\frac{\sqrt{2}(2-\sqrt{2})}{(2+\sqrt{2})(2-\sqrt{2})}=\frac{2\sqrt{2}-2}{2}=\sqrt{2}-1$$

④，⑤より　$\alpha=\beta=\dfrac{k}{\sqrt{2}}=\dfrac{\sqrt{2}-1}{\sqrt{2}}=\dfrac{2-\sqrt{2}}{2}=1-\dfrac{\sqrt{2}}{2}$

$$\boldsymbol{\overrightarrow{OP}=(\sqrt{2}-1)\vec{a}+\left(1-\frac{\sqrt{2}}{2}\right)\vec{b}+\left(1-\frac{\sqrt{2}}{2}\right)\vec{c}}$$

(3) (1)より　$\overrightarrow{OH}=\dfrac{1}{2}(1,\ 0,\ 0)+\dfrac{1}{4}(0,\ \sqrt{2},\ 0)+\dfrac{1}{4}(0,\ 0,\ \sqrt{2})=\left(\dfrac{1}{2},\ \dfrac{\sqrt{2}}{4},\ \dfrac{\sqrt{2}}{4}\right)$

(2)より　$\overrightarrow{OP}=(\sqrt{2}-1)(1,\ 0,\ 0)+\left(1-\dfrac{\sqrt{2}}{2}\right)(0,\ \sqrt{2},\ 0)+\left(1-\dfrac{\sqrt{2}}{2}\right)(0,\ 0,\ \sqrt{2})=(\sqrt{2}-1,\ \sqrt{2}-1,\ \sqrt{2}-1)$

よって

$\boldsymbol{\overrightarrow{OH}\cdot\overrightarrow{OP}}$

$$=\frac{1}{2}(\sqrt{2}-1)+\frac{\sqrt{2}}{4}(\sqrt{2}-1)+\frac{\sqrt{2}}{4}(\sqrt{2}-1)=\boldsymbol{\frac{1}{2}}$$

418

方針 (1) **M(x, y, z)** とおいて距離を等しくおく。

(2) 直線 **OM** 上の点 **P** は $\overrightarrow{\mathrm{OP}}=k\overrightarrow{\mathrm{OM}}$, 平面 **ABC** 上の点 **P** は $\overrightarrow{\mathrm{OP}}=\overrightarrow{\mathrm{OA}}+\alpha\overrightarrow{\mathrm{AB}}+\beta\overrightarrow{\mathrm{AC}}$ と表して，等しくおく。

解答 (1) 点 M の座標を $(x,\ y,\ z)$ とすると，

条件より　OM=AM=BM=CM

$\mathrm{OM}^2=\mathrm{AM}^2$ より

$x^2+y^2+z^2=(x-2)^2+(y-2)^2+(z-4)^2$

よって　$x+y+2z=6$　…①

同様にして

$\mathrm{OM}^2=\mathrm{BM}^2$ より　$x-y-2z=-3$　…②

$\mathrm{OM}^2=\mathrm{CM}^2$ より　$4x+y+z=9$　…③

①，②，③より　$x=y=z=\dfrac{3}{2}$

ゆえに　$\mathbf{M}\left(\dfrac{\mathbf{3}}{\mathbf{2}},\ \dfrac{\mathbf{3}}{\mathbf{2}},\ \dfrac{\mathbf{3}}{\mathbf{2}}\right)$

(2) P を直線 OM と，3 点 A，B，C を通る平面の交点とすると

$\overrightarrow{\mathrm{OP}}=\overrightarrow{\mathrm{OA}}+\alpha\overrightarrow{\mathrm{AB}}+\beta\overrightarrow{\mathrm{AC}}$

$=(2,\ 2,\ 4)+\alpha(-3,\ -1,\ -2)$

$+\beta(2,\ -1,\ -3)$

$=(2-3\alpha+2\beta,\ 2-\alpha-\beta,\ 4-2\alpha-3\beta)$

とかける。

また，$\overrightarrow{\mathrm{OP}}=k\overrightarrow{\mathrm{OM}}=\left(\dfrac{3}{2}k,\ \dfrac{3}{2}k,\ \dfrac{3}{2}k\right)$　…Ⓐ

とかける。

よって　$\begin{cases} 2-3\alpha+2\beta=\dfrac{3}{2}k & \cdots① \\ 2-\alpha-\beta=\dfrac{3}{2}k & \cdots② \\ 4-2\alpha-3\beta=\dfrac{3}{2}k & \cdots③ \end{cases}$

①，②より　$2\alpha=3\beta$

②，③より　$\alpha+2\beta=2$

これを解いて　$\alpha=\dfrac{6}{7}$，$\beta=\dfrac{4}{7}$

②より　$k=\dfrac{2}{3}(2-\alpha-\beta)$

$=\dfrac{2}{3}\left(2-\dfrac{6}{7}-\dfrac{4}{7}\right)=\dfrac{8}{21}$

したがってⒶに代入して　$\mathrm{P}\left(\dfrac{\mathbf{4}}{\mathbf{7}},\ \dfrac{\mathbf{4}}{\mathbf{7}},\ \dfrac{\mathbf{4}}{\mathbf{7}}\right)$

419

方針　正四面体の各面は正三角形であるから，辺の長さを等しくおく。

解答　$\mathrm{AB}=2\sqrt{2}$

辺の長さはすべて等しいから $\mathrm{BC}=2\sqrt{2}$ となる。

よって　$(0-2)^2+(2-0)^2+(c+2)^2=(2\sqrt{2})^2$

$4+4+c^2+4c+4=8$　　$(c+2)^2=0$

ゆえに　$c=-2$

このとき，$\mathrm{AC}=2\sqrt{2}$ となり適する。

次に，$\mathrm{AD}=\mathrm{BD}=\mathrm{CD}=2\sqrt{2}$ だから

$(x-2)^2+(y-2)^2+z^2=8$　…①

$(x-2)^2+y^2+(z+2)^2=8$　…②

$x^2+(y-2)^2+(z+2)^2=8$　…③

①−③より　$z=-x$　　②−③より　$y=x$

①に代入して

$(x-2)^2+(x-2)^2+x^2=8$　　$3x^2-8x=0$

$x(3x-8)=0$　　$x<2$ だから　$x=0$

このとき　$y=z=0$

ゆえに　$\boldsymbol{x=y=z=0}$，$\boldsymbol{c=-2}$

420

方針　図をかいて，底面と高さを明らかにする。

解答　$|\overrightarrow{\mathrm{OA}}|^2=12$,

$|\overrightarrow{\mathrm{OC}}|^2=12$,

$\overrightarrow{\mathrm{OA}}\cdot\overrightarrow{\mathrm{OC}}=6$

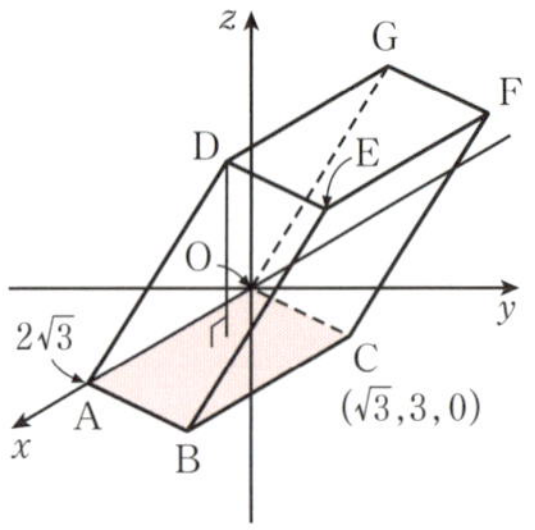

平行四辺形 OABC の面積

$=2\triangle\mathrm{OAC}$

$=\sqrt{12\cdot12-6^2}$

$=6\sqrt{3}$

平行四辺形 OABC は xy 平面上にあるから，平行六面体の高さは点 D の z 座標で　$2\sqrt{2}$

よって，求める体積は　$6\sqrt{3}\times2\sqrt{2}=\mathbf{12\sqrt{6}}$

421

方針 (1) 成分で表して，$\boldsymbol{x}$ の **2** 次関数で考える。

(2) 点 **A** の $\boldsymbol{xy}$ 平面に関する対称点を **A′** とすると **AP+BP** の最小値は **A′B** である。

解答 (1) $(2x-1)\overrightarrow{\mathrm{OA}}+\overrightarrow{\mathrm{OB}}$

$=(2x-1)(1,\ -1,\ 2)+(-1,\ 1,\ 3)$

$=(2x-2,\ -2x+2,\ 4x+1)$

$f(x)=\sqrt{(2x-2)^2+(-2x+2)^2+(4x+1)^2}$

$=\sqrt{24x^2-8x+9}=\sqrt{24\left(x-\dfrac{1}{6}\right)^2+\dfrac{25}{3}}$

よって，求める最小値は　$\dfrac{\mathbf{5\sqrt{3}}}{\mathbf{3}}$　$\left(x=\dfrac{1}{6}\ \text{のとき}\right)$

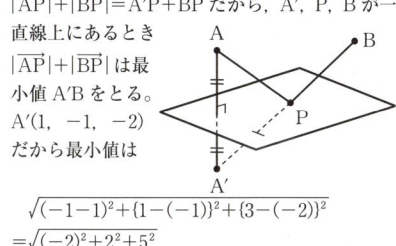

(2) 点 A の xy 平面に関する対称点を A′ とする。

$|\overrightarrow{AP}|+|\overrightarrow{BP}|=A'P+BP$ だから，A′，P，B が一直線上にあるとき $|\overrightarrow{AP}|+|\overrightarrow{BP}|$ は最小値 A′B をとる。

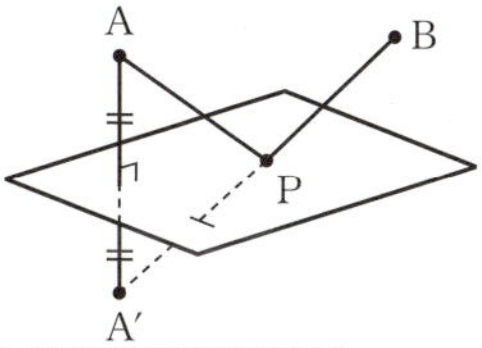

A′(1，−1，−2) だから最小値は

$\sqrt{(-1-1)^2+\{1-(-1)\}^2+\{3-(-2)\}^2}$

$=\sqrt{(-2)^2+2^2+5^2}$

$=\boldsymbol{\sqrt{33}}$

422

方針 (1) $S=\dfrac{1}{2}\sqrt{|\vec{a}|^2|\vec{b}|^2-(\vec{a}\cdot\vec{b})^2}$ の公式を用いる。

(2) 底面を △**OAB**，高さを **OC** と考える。

(3) 垂線の長さを $\boldsymbol{h}$ として体積$=\dfrac{1}{3}$△**ABC**$\times\boldsymbol{h}$ とおく。

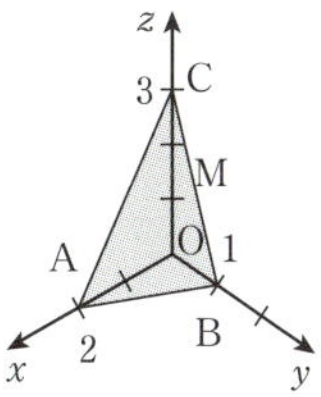

解答 (1) $\overrightarrow{AB}=(-2,\ 1,\ 0)$，

$\overrightarrow{AC}=(-2,\ 0,\ 3)$

$|\overrightarrow{AB}|^2=5$，$|\overrightarrow{AC}|^2=13$，$\overrightarrow{AB}\cdot\overrightarrow{AC}=4$

したがって

△ABC

$=\dfrac{1}{2}\sqrt{|\overrightarrow{AB}|^2|\overrightarrow{AC}|^2-(\overrightarrow{AB}\cdot\overrightarrow{AC})^2}$

$=\dfrac{1}{2}\sqrt{5\cdot13-4^2}=\boldsymbol{\dfrac{7}{2}}$

(2) 四面体 O–ABC は，底面が △OAB，高さが OC の三角錐だから，体積は $\dfrac{1}{3}\cdot\dfrac{2\cdot1}{2}\cdot3=\boldsymbol{1}$

(3) 四面体 O–ABC は，底面が △ABC，高さが求める垂線の長さ h に等しい三角錐だから，体積は $\dfrac{1}{3}\cdot\dfrac{7}{2}h=1$ 　これより $h=\boldsymbol{\dfrac{6}{7}}$

Check Point

〔△ABCの面積〕

$\triangle ABC=\dfrac{1}{2}\sqrt{|\overrightarrow{AB}|^2|\overrightarrow{AC}|^2-(\overrightarrow{AB}\cdot\overrightarrow{AC})^2}$

(平面の場合と同様)成分で計算するときは z 成分が追加されていることに注意するとよい。

423

方針 (1) $\cos\theta=\dfrac{\overrightarrow{CA}\cdot\overrightarrow{CB}}{|\overrightarrow{CA}||\overrightarrow{CB}|}$ より求める。

(2) $(x-2)^2=t$ ($\geqq0$) とおく。

(3) $\theta=60^\circ$ のとき。

解答 (1) $\overrightarrow{CA}=(-x+2,\ 3,\ 0)$

$\overrightarrow{CB}=(-x+2,\ -2,\ \sqrt{5})$

よって　$|\overrightarrow{CA}|=|\overrightarrow{CB}|=\sqrt{(-x+2)^2+9}$

$\overrightarrow{CA}\cdot\overrightarrow{CB}=(-x+2)^2-6$

ゆえに　$\cos\theta=\dfrac{\overrightarrow{CA}\cdot\overrightarrow{CB}}{|\overrightarrow{CA}||\overrightarrow{CB}|}=\boldsymbol{\dfrac{(x-2)^2-6}{(x-2)^2+9}}$

(2) $|\overrightarrow{CA}|=|\overrightarrow{CB}|$ だから △ABC が正三角形となるには，$\theta=60^\circ$ となればよい。

よって，(1)より　$\dfrac{(x-2)^2-6}{(x-2)^2+9}=\dfrac{1}{2}$

よって　$2\{(x-2)^2-6\}=(x-2)^2+9$

$(x-2)^2=21$

すなわち　$x=2\pm\sqrt{21}$

したがって　$\mathbf{C}(\boldsymbol{2\pm\sqrt{21},\ -1,\ 0})$

424

方針 $S=\dfrac{1}{2}\sqrt{|\vec{a}|^2|\vec{b}|^2-(\vec{a}\cdot\vec{b})^2}$ の公式を用いる。

解答 △OPQ の面積を S とすると

$S=\dfrac{1}{2}\sqrt{|\overrightarrow{OP}|^2|\overrightarrow{OQ}|^2-(\overrightarrow{OP}\cdot\overrightarrow{OQ})^2}$ であるから

$|\overrightarrow{OP}|^2=\cos^2\theta+\sin^2\theta+0^2=1$

$|\overrightarrow{OQ}|^2=\cos^22\theta+\sin^22\theta+(\sqrt{1-\sin\theta})^2=2-\sin\theta$

$\overrightarrow{OP}\cdot\overrightarrow{OQ}=\cos\theta\cos2\theta+\sin\theta\sin2\theta=\cos(\theta-2\theta)$

$=\cos(-\theta)=\cos\theta$

よって　$S=\dfrac{1}{2}\sqrt{|\overrightarrow{OP}|^2|\overrightarrow{OQ}|^2-(\overrightarrow{OP}\cdot\overrightarrow{OQ})^2}$

$=\dfrac{1}{2}\sqrt{2-\sin\theta-\cos^2\theta}$

$t=\sin\theta$ とおく。

$S=\dfrac{1}{2}\sqrt{2-\sin\theta-(1-\sin^2\theta)}=\dfrac{1}{2}\sqrt{1-t+t^2}$

$=\dfrac{1}{2}\sqrt{\left(t-\dfrac{1}{2}\right)^2+\dfrac{3}{4}}$

$0^\circ\leqq\theta\leqq360^\circ$ だから　$-1\leqq t\leqq1$

ゆえに，$\boldsymbol{t=-1}$ ($\boldsymbol{\theta=270^\circ}$) のとき最大値

$\boldsymbol{S}=\dfrac{1}{2}\sqrt{\left(-\dfrac{3}{2}\right)^2+\dfrac{3}{4}}=\boldsymbol{\dfrac{\sqrt{3}}{2}}$

$\boldsymbol{t=\dfrac{1}{2}}$ ($\boldsymbol{\theta=30^\circ,\ 150^\circ}$) のとき最小値

$\boldsymbol{S}=\dfrac{1}{2}\cdot\sqrt{\dfrac{3}{4}}=\boldsymbol{\dfrac{\sqrt{3}}{4}}$

425

方針 (1) $\overrightarrow{\mathrm{AF}}=\overrightarrow{\mathrm{OF}}-\overrightarrow{\mathrm{OA}}$

(2) $\overrightarrow{\mathrm{OG}}=\overrightarrow{\mathrm{OA}}+t\overrightarrow{\mathrm{AF}}$ と表せる。平面 OBC 上にあるから $\vec{a}$ の係数は 0 である。

(4) (3)より GA⊥GO，GA⊥GB であるから △OBG を底面とする三角錐で考える。

解答 (1) 条件より

$$\overrightarrow{\mathrm{OF}}=\frac{1}{2}\overrightarrow{\mathrm{OE}}=\frac{1}{2}\left(\frac{2\overrightarrow{\mathrm{OC}}+\overrightarrow{\mathrm{OD}}}{3}\right)$$

$$=\frac{1}{6}\left(2\overrightarrow{\mathrm{OC}}+\frac{\overrightarrow{\mathrm{OA}}+\overrightarrow{\mathrm{OB}}}{2}\right)$$

$$=\frac{\vec{a}+\vec{b}+4\vec{c}}{12}$$

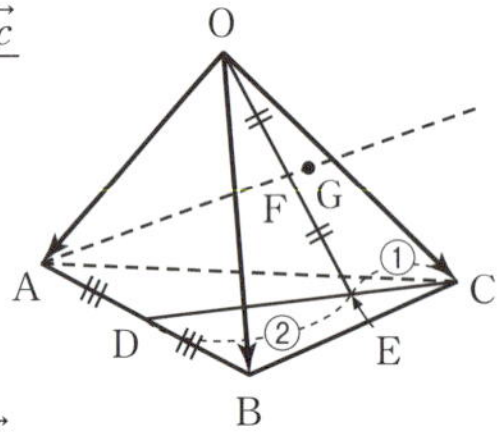

よって

$\overrightarrow{\mathrm{AF}}$

$=\overrightarrow{\mathrm{OF}}-\overrightarrow{\mathrm{OA}}$

$=\dfrac{\vec{a}+\vec{b}+4\vec{c}}{12}-\vec{a}$

$=\mathbf{\dfrac{-11\vec{a}+\vec{b}+4\vec{c}}{12}}$

(2) 点 G は直線 AF 上にあるから

$$\overrightarrow{\mathrm{OG}}=\overrightarrow{\mathrm{OA}}+t\overrightarrow{\mathrm{AF}}$$

$$=\left(1-\frac{11}{12}t\right)\vec{a}+\frac{t}{12}\vec{b}+\frac{t}{3}\vec{c} \quad \cdots①$$

とかける。

$\vec{a}$，$\vec{b}$，$\vec{c}$ は $\vec{0}$ でなく，始点をそろえたとき同一平面上にない。そして，点 G は平面 OBC 上の点だから $\vec{a}$ の係数は 0 になる。

よって　$1-\dfrac{11}{12}t=0$　　$t=\dfrac{12}{11}$

これを①に代入して　$\overrightarrow{\mathbf{OG}}=\mathbf{\dfrac{1}{11}\vec{b}+\dfrac{4}{11}\vec{c}}$

(3) (a) 条件より　$\overrightarrow{\mathrm{OG}}=\dfrac{\vec{b}+4\vec{c}}{11}=(1,\ -1,\ 0)$

$\overrightarrow{\mathrm{GA}}=\overrightarrow{\mathrm{OA}}-\overrightarrow{\mathrm{OG}}=(4,\ 2,\ 3)-(1,\ -1,\ 0)$
$=(3,\ 3,\ 3)$

ゆえに　$\overrightarrow{\mathbf{GA}}\cdot\overrightarrow{\mathbf{GO}}=-3+3=\mathbf{0}$

(b) 同様にして　$\overrightarrow{\mathrm{GB}}=\overrightarrow{\mathrm{OB}}-\overrightarrow{\mathrm{OG}}=(2,\ 2,\ -4)$

$\overrightarrow{\mathbf{GA}}\cdot\overrightarrow{\mathbf{GB}}=6+6-12=\mathbf{0}$

(4) (3)より　GA⊥GO，GA⊥GB

ゆえに，四面体 OABG は △OBG を底面，GA を高さとする三角錐である。

また，$\overrightarrow{\mathrm{GO}}\cdot\overrightarrow{\mathrm{GB}}=-2+2+0=0$ より　$\overrightarrow{\mathrm{GO}}\perp\overrightarrow{\mathrm{GB}}$

これより

$$\triangle\mathrm{OBG}=\frac{1}{2}\mathrm{GO}\cdot\mathrm{GB}$$

$$=\frac{1}{2}\sqrt{(-1)^2+1^2+0^2}\sqrt{2^2+2^2+(-4)^2}$$

$$=\frac{1}{2}\sqrt{2}\cdot 2\sqrt{6}=2\sqrt{3}$$

よって　$V=\dfrac{1}{3}\cdot\triangle\mathrm{OBG}\cdot\mathrm{GA}$

$$=\frac{1}{3}\cdot 2\sqrt{3}\cdot\sqrt{3^2+3^2+3^2}=\mathbf{6}$$

426

方針 各面は正三角形であり，2 つの四角錐に分けたときの底面は正方形であることに着目して図形の対称性を利用する。

解答 OA=AB=BO=2 だから，3 点 O，A，B は正八面体の 1 つの面をつくる。

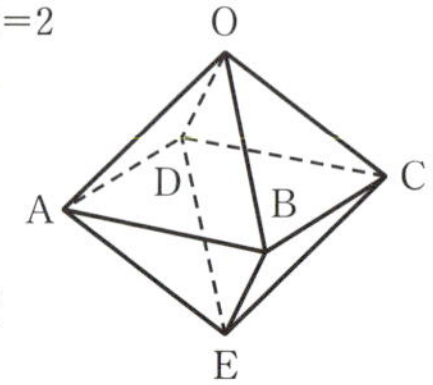

△OAB に平行な面を △CDE とし，$\overrightarrow{\mathrm{AB}}=\overrightarrow{\mathrm{DC}}$ とすると C の満たす条件は OC=BC=2，AC=$2\sqrt{2}$ だから C(x，y，z) とおくと

$x^2+y^2+z^2=4$　…①

$(x-1)^2+(y-\sqrt{3})^2+z^2=4$　…②

$(x-2)^2+y^2+z^2=8$　…③

①−③より　$x=0$　…④

①−②より　$2x+2\sqrt{3}y=4$　　④より　$y=\dfrac{2\sqrt{3}}{3}$

①に代入して z を求めると　$z=\pm\dfrac{2\sqrt{6}}{3}$

以下，複号同順とする。

AC の中点 $\left(1,\ \dfrac{\sqrt{3}}{3},\ \pm\dfrac{\sqrt{6}}{3}\right)$ が BD，OE の中点だから D(x，y，z) とすると

$\left(\dfrac{1+x}{2},\ \dfrac{\sqrt{3}+y}{2},\ \dfrac{0+z}{2}\right)=\left(1,\ \dfrac{\sqrt{3}}{3},\ \pm\dfrac{\sqrt{6}}{3}\right)$ より

$x=1,\ y=-\dfrac{\sqrt{3}}{3},\ z=\pm\dfrac{2\sqrt{6}}{3}$

E(x，y，z) とすると

$\left(\dfrac{x}{2},\ \dfrac{y}{2},\ \dfrac{z}{2}\right)=\left(1,\ \dfrac{\sqrt{3}}{3},\ \pm\dfrac{\sqrt{6}}{3}\right)$ より

$x=2,\ y=\dfrac{2\sqrt{3}}{3},\ z=\pm\dfrac{2\sqrt{6}}{3}$

よって，残りの頂点は

$\mathbf{\left(0,\ \dfrac{2\sqrt{3}}{3},\ \pm\dfrac{2\sqrt{6}}{3}\right)}$，$\mathbf{\left(1,\ -\dfrac{\sqrt{3}}{3},\ \pm\dfrac{2\sqrt{6}}{3}\right)}$，

$\mathbf{\left(2,\ \dfrac{2\sqrt{3}}{3},\ \pm\dfrac{2\sqrt{6}}{3}\right)}$ **(複号同順)**

39 空間ベクトルの応用

必修編

427

方針 (3) 球の中心を $(\boldsymbol{r},\ \boldsymbol{r},\ \boldsymbol{r})$ とおく。
(4) 球の中心を $(\boldsymbol{a},\ \mathbf{0},\ \mathbf{0})$ とおく。
(5) 球の方程式を $\boldsymbol{x^2+y^2+z^2+lx+my+nz=0}$ とおく。

解答 (1) 球の中心は

$$\left(\frac{3+5}{2},\ \frac{-2+4}{2},\ \frac{1-1}{2}\right)=(4,\ 1,\ 0)$$

半径は $\sqrt{(4-3)^2+\{1-(-2)\}^2+(0-1)^2}=\sqrt{11}$

よって $\boldsymbol{(x-4)^2+(y-1)^2+z^2=11}$

(2) 半径は $\sqrt{\{0-(-4)\}^2+(1-2)^2+(-1-3)^2}=\sqrt{33}$

よって $\boldsymbol{(x+4)^2+(y-2)^2+(z-3)^2=33}$

(3) 点 $(1,\ 1,\ 2)$ は $x>0,\ y>0,\ z>0$ の座標空間にあるから，半径を r とすると中心の座標は $(r,\ r,\ r)$ である。

よって，方程式は

$(x-r)^2+(y-r)^2+(z-r)^2=r^2$ とおける。

点 $(1,\ 1,\ 2)$ を通るから

$(1-r)^2+(1-r)^2+(2-r)^2=r^2$

これより $r^2-4r+3=0$ $\quad (r-1)(r-3)=0$

よって $r=1,\ r=3$

これより $\boldsymbol{(x-1)^2+(y-1)^2+(z-1)^2=1}$

$\boldsymbol{(x-3)^2+(y-3)^2+(z-3)^2=9}$

(4) 球の中心を $(a,\ 0,\ 0)$ とおくと

$(x-a)^2+y^2+z^2=r^2$

$(-1,\ 2,\ 1)$，$(3,\ 1,\ 0)$ を通るから

$(-1-a)^2+2^2+1^2=(a-3)^2+1^2+0^2$ より

$a=\dfrac{1}{2}$

中心が $\left(\dfrac{1}{2},\ 0,\ 0\right)$，球上の 1 点が $(3,\ 1,\ 0)$ より球の半径は

$$\sqrt{\left(3-\frac{1}{2}\right)^2+1^2+0^2}=\sqrt{\frac{25}{4}+1}=\sqrt{\frac{29}{4}}=\frac{\sqrt{29}}{2}$$

よって $\boldsymbol{\left(x-\dfrac{1}{2}\right)^2+y^2+z^2=\dfrac{29}{4}}$

(5) 原点を通るから，球の方程式は

$x^2+y^2+z^2+lx+my+nz=0$ とおける。

3 点 $\mathrm{A}(a,\ 0,\ 0)$，$\mathrm{B}(0,\ b,\ 0)$，$\mathrm{C}(0,\ 0,\ c)$ を通るから $a^2+la=0,\ b^2+mb=0,\ c^2+nc=0$

$abc\neq0$ より $l=-a,\ m=-b,\ n=-c$

よって $\boldsymbol{x^2+y^2+z^2-ax-by-cz=0}$

428

方針 $\boldsymbol{(x-a)^2+(y-b)^2+(z-c)^2=r^2}$ の形に変形する。

解答 (1) $x^2-2x+y^2-4y+z^2+6z=2$

$(x-1)^2+(y-2)^2+(z+3)^2=2+1+4+9$

すなわち $(x-1)^2+(y-2)^2+(z+3)^2=16$

よって，**中心 $(\mathbf{1},\ \mathbf{2},\ \mathbf{-3})$，半径 4**

(2) $x^2-2x+y^2+4y+z^2=4$

$(x-1)^2+(y+2)^2+z^2=9$

よって，**中心 $(\mathbf{1},\ \mathbf{-2},\ \mathbf{0})$，半径 3**

実戦編

429

方針 (1) $\boldsymbol{yz}$ 平面と交わってできる円の方程式は $\boldsymbol{x=0}$ とおく。
(2) P は球面 C 上を動くから $\mathrm{P}(0,\ y,\ z)$ とおき，Q は $\boldsymbol{xy}$ 平面上の $\boldsymbol{x=y}$ 上を動くから $\mathrm{Q}(x,\ x,\ 0)$ とおく。PQ^2 を 2 変数で表す。

解答 (1) 球の方程式は

$(x-2)^2+y^2+(z-1)^2=20$

円の方程式は $x=0$ とおいて $y^2+(z-1)^2=16$

よって，**中心 $(\mathbf{0},\ \mathbf{0},\ \mathbf{1})$，半径 4**

(2) P は C 上を動くから $\mathrm{P}(0,\ y,\ z)$，Q は $x=y$ 上を動くから $\mathrm{Q}(x,\ x,\ 0)$ とおくと

$$\begin{aligned}\mathrm{PQ}^2&=(0-x)^2+(y-x)^2+(z-0)^2\\&=2x^2-2xy+y^2+z^2\\&=2\left(x-\frac{y}{2}\right)^2+\frac{1}{2}y^2+z^2\end{aligned}$$

ここで，P は円 $y^2+(z-1)^2=16$ 上の点だから

$y^2=16-(z-1)^2$ …① を代入すると

$$\begin{aligned}\mathrm{PQ}^2&=2\left(x-\frac{y}{2}\right)^2+8-\frac{1}{2}(z-1)^2+z^2\\&=2\left(x-\frac{y}{2}\right)^2+\frac{1}{2}z^2+z+\frac{15}{2}\\&=2\left(x-\frac{y}{2}\right)^2+\frac{1}{2}(z+1)^2+7\end{aligned}$$

PQ^2 は $x=\dfrac{y}{2}$，$z=-1$ のとき最小値 7 をとる。

このとき，①から $y^2=16-4=12$ より

$y=\pm2\sqrt{3}$，$x=\pm\sqrt{3}$

よって，$\mathbf{P(0,\ \pm2\sqrt{3},\ -1)}$，

$\mathbf{Q(\pm\sqrt{3},\ \pm\sqrt{3},\ 0)}$ のとき PQ の最小値は $\boldsymbol{\sqrt{7}}$

(すべて複号同順)

430

方針 (1) $\overrightarrow{\mathbf{OP}}=\overrightarrow{\mathbf{OA}}+\overrightarrow{\mathbf{AP}}$, $\overrightarrow{\mathbf{OQ}}=\overrightarrow{\mathbf{OB}}+\overrightarrow{\mathbf{BQ}}$

(2) $\overrightarrow{\mathbf{OP}}=\overrightarrow{\mathbf{OQ}}$ を満たす $\boldsymbol{s}$, $\boldsymbol{t}$ が存在しないことを示す。

(3) $\overrightarrow{\mathbf{PQ}}\perp\vec{\boldsymbol{u}}$ かつ $\overrightarrow{\mathbf{PQ}}\perp\vec{\boldsymbol{v}}$ の条件を考える。

解答 (1) $\overrightarrow{\mathbf{OP}}=\overrightarrow{OA}+\overrightarrow{AP}=\overrightarrow{OA}+s\vec{u}$

$=(-4,\ 8,\ 2)+s(3,\ 0,\ 1)$

$=(\mathbf{-4+3s},\ \mathbf{8},\ \mathbf{2+s})$

$\overrightarrow{\mathbf{OQ}}=\overrightarrow{OB}+\overrightarrow{BQ}=\overrightarrow{OB}+t\vec{v}$

$=(10,\ 3,\ -4)+t(-1,\ 3,\ 0)$

$=(\mathbf{10-t},\ \mathbf{3+3t},\ \mathbf{-4})$

(2) l と m が共有点をもつとき

$\overrightarrow{OP}=\overrightarrow{OQ}$ より

$-4+3s=10-t$ …①

$8=3+3t$ …②

$2+s=-4$ …③

②, ③より $t=\dfrac{5}{3}$, $s=-6$

これを①に代入すると，左辺$=-22$,

右辺$=\dfrac{25}{3}$ で成り立たない。

よって，共有点をもたない。■

(3) $\overrightarrow{PQ}$

$=(10-t,\ 3+3t,\ -4)-(-4+3s,\ 8,\ 2+s)$

$=(14-t-3s,\ -5+3t,\ -6-s)$

$\overrightarrow{PQ}\cdot\vec{u}$

$=(14-t-3s)\cdot3+(-5+3t)\cdot0+(-6-s)\cdot1$

$=-3t-10s+36=0$ …①

$\overrightarrow{PQ}\cdot\vec{v}$

$=(14-t-3s)\cdot(-1)+(-5+3t)\cdot3+(-6-s)\cdot0$

$=10t+3s-29=0$ …②

①, ②を解いて $s=3$, $t=2$

よって $\mathbf{P(5,\ 8,\ 5)}$, $\mathbf{Q(8,\ 9,\ -4)}$

431

方針 (1) $\overrightarrow{\mathbf{AP}}\perp\vec{\boldsymbol{n}}$ となる条件をとる。

(2) $\overrightarrow{\mathbf{BC}}\perp$平面 α, かつ線分 BC の中点は平面 α 上にある。

(3) $\mathbf{R}(\boldsymbol{x},\ \boldsymbol{y},\ \boldsymbol{z})$ とおくと，R は平面 α 上にあり BQ＝QR＝RB である。

解答 (1) 平面上の点 P は $\overrightarrow{AP}\perp\vec{n}$ を満たす。

$\overrightarrow{AP}=(x-1,\ y,\ z-1)$, $\vec{n}=(2,\ 1,\ -1)$

$\overrightarrow{AP}\cdot\vec{n}=(x-1)\cdot2+y\cdot1+(z-1)\cdot(-1)=0$

よって $2x+y-z=1$ ■

(2) 点 C は点 B を通り，α に垂直な直線上にあるから

$\overrightarrow{OC}=\overrightarrow{OB}+t\vec{n}=(3,\ 2,\ 1)+t(2,\ 1,\ -1)$

$=(3+2t,\ 2+t,\ 1-t)$

また，線分 BC の中点は

$\left(\dfrac{3+3+2t}{2},\ \dfrac{2+2+t}{2},\ \dfrac{1+1-t}{2}\right)$

$=\left(3+t,\ 2+\dfrac{t}{2},\ 1-\dfrac{t}{2}\right)$

中点は平面 α 上にあるから

$2\cdot(3+t)+\left(2+\dfrac{t}{2}\right)-\left(1-\dfrac{t}{2}\right)=1$

よって $t=-2$ ゆえに $\mathbf{C(-1,\ 0,\ 3)}$

(3) $R(x,\ y,\ z)$とおくと $2x+y-z=1$ …①

BQ＝QR＝RB であるから

$BQ^2=(1-3)^2+(4-2)^2+(5-1)^2=24$

$QR^2=(x-1)^2+(y-4)^2+(z-5)^2=24$ …②

$RB^2=(x-3)^2+(y-2)^2+(z-1)^2=24$ …③

②－③から $x-y-2z=-7$ …④

①＋④から $z=x+2$ …⑤

⑤を①に代入して $y=-x+3$ …⑥

⑤, ⑥を②に代入して

$(x-1)^2+(-x-1)^2+(x-3)^2=24$

$3x^2-6x-13=0$ よって $x=\dfrac{3\pm4\sqrt{3}}{3}$

⑥, ⑤に代入して $y=\dfrac{6\mp4\sqrt{3}}{3}$, $z=\dfrac{9\pm4\sqrt{3}}{3}$

よって $\mathbf{R}\left(\dfrac{\mathbf{3\pm4\sqrt{3}}}{\mathbf{3}},\ \dfrac{\mathbf{6\mp4\sqrt{3}}}{\mathbf{3}},\ \dfrac{\mathbf{9\pm4\sqrt{3}}}{\mathbf{3}}\right)$

（複号同順）

432

方針 (2) $\overrightarrow{\mathbf{PR}}=\boldsymbol{k}\overrightarrow{\mathbf{PQ}}$（$\boldsymbol{k}$ は実数）より，$\boldsymbol{X}$, $\boldsymbol{Y}$, $\boldsymbol{s}$, $\boldsymbol{t}$ の関係式を求める。

(3) $\mathbf{Q}\left(\dfrac{\mathbf{1}}{\mathbf{2}},\ \boldsymbol{s},\ \boldsymbol{t}\right)$ が円 $\boldsymbol{C}$ 上の点であることから $\boldsymbol{s}$, $\boldsymbol{t}$ を消去して，$\boldsymbol{X}$, $\boldsymbol{Y}$ の関係式を求める。

解答 (1) $x^2+y^2+(z-2)^2=9$

円の方程式は $x=\dfrac{1}{2}$ とおいて

$\dfrac{1}{4}+y^2+(z-2)^2=9$ より $y^2+(z-2)^2=\dfrac{35}{4}$

よって，中心 $\left(\dfrac{\mathbf{1}}{\mathbf{2}},\ \mathbf{0},\ \mathbf{2}\right)$, 半径 $\dfrac{\sqrt{\mathbf{35}}}{\mathbf{2}}$

(2) $\overrightarrow{PR}=k\overrightarrow{PQ}$（$k$ は実数）と表される。

$\overrightarrow{PQ}=\left(\dfrac{1}{2},\ s,\ t-5\right)$ より

$(X,\ Y,\ -5)=k\left(\dfrac{1}{2},\ s,\ t-5\right)$

$X=\dfrac{k}{2}$, $Y=ks$, $-5=k(t-5)$

$k=\dfrac{-5}{t-5}$ を X, Y に代入して

$$\boldsymbol{X=\frac{-5}{2(t-5)}} \quad \cdots ①,\quad \boldsymbol{Y=\frac{-5s}{t-5}} \quad \cdots ②$$

(3) Q は円 $y^2+(z-2)^2=\dfrac{35}{4}$ 上を動くから

$$s^2+(t-2)^2=\frac{35}{4} \quad \cdots ③$$

①より　$t=5-\dfrac{5}{2X}$　$\cdots ①'$

②より　$Y(t-5)=-5s$

これに代入して，$Y\left(5-\dfrac{5}{2X}-5\right)=-5s$ より

$$s=\frac{Y}{2X}\cdots ②'$$

①′，②′ を③に代入して

$$\left(\frac{Y}{2X}\right)^2+\left(5-\frac{5}{2X}-2\right)^2=\frac{35}{4}$$

$$\left(\frac{Y}{2X}\right)^2+\left(\frac{3\cdot 2X-5}{2X}\right)^2=\frac{35}{4}$$

$$Y^2+(6X-5)^2=35X^2$$

$$X^2-60X+25+Y^2=0$$

ゆえに　$(X-30)^2+Y^2=875$

よって，C' は xy 平面上で，中心 $(30,\ 0,\ 0)$，半径 $\sqrt{875}=5\sqrt{35}$ の円を描く。

したがって，C' の長さは

$$\boldsymbol{L=2\cdot 5\sqrt{35}\pi=10\sqrt{35}\pi}$$

40 等差数列

必修編

433

方針　一般項 $\boldsymbol{a_n=a+(n-1)d}$ に代入して式をつくる。

解答　初項を a，公差を d とする。

(1) $a+2d=11$，$a+9d=39$

これより，$a=3$，$d=4$ であるので

$a_n=3+4(n-1)=4n-1$

ゆえに，**初項 3，公差 4，$\boldsymbol{a_n=4n-1}$**

(2) $a+5d=7$，$a+29d=-5$

これより，$a=\dfrac{19}{2}$，$d=-\dfrac{1}{2}$ であるので

$$a_n=\frac{19}{2}-\frac{1}{2}(n-1)=-\frac{1}{2}n+10$$

ゆえに，**初項 $\boldsymbol{\dfrac{19}{2}}$，公差 $\boldsymbol{-\dfrac{1}{2}}$，$\boldsymbol{a_n=-\dfrac{1}{2}n+10}$**

434

方針　(1) $\boldsymbol{a_n=a+(n-1)d}$ に代入して一般項を求める。

(3) 公差が **8** の数列で，**3** の倍数となる数は，**3** と **8** の最小公倍数を公差とする数列になる。

(4) $\boldsymbol{a_n=-777}$ として $\boldsymbol{n}$ を出す。

解答　(1) 一般項 $a_n=500+(n-1)\times(-8)$

$=508-8n$

ゆえに　$\boldsymbol{a_n=508-8n}$

(2) $508-8n<0$ とすると　$n>63.5$

n は自然数だから**第 64 項**。

(3) 3 の倍数で最大のものは 492。

3 の倍数は 3 と 8 の最小公倍数である 24 を公差とするから求める項は

$492-(m-1)\cdot 24$ （m は自然数）とかける。

これより　$492-24(m-1)$

$=12(41-2m+2)=-12(2m-43)>0$

$m<\dfrac{43}{2}=21.5$　　よって　**21 個**

(4) $508-8n=-777$ とすると

$$n=\frac{1285}{8}=160.625$$

これに最も近い整数は　**161**

435

方針　$\boldsymbol{a_{n+1}-a_n}$ が一定であることを示す。

解答　$a_{n+1}-a_n=\{p(n+1)+q\}-(pn+q)$

$=p$ （一定）

よって，$\{a_n\}$ は等差数列である。■

〔別解〕　$a_n=pn+q=p+q+p(n-1)$

よって，$\{a_n\}$ は初項 $p+q$，公差 p の等差数列。■

436

方針　(1) $\boldsymbol{a_n=a+(n-1)d}$ に代入して，$\boldsymbol{a}$，$\boldsymbol{d}$ を求める。

(2) 公式 $\boldsymbol{S_n=\dfrac{n(a+l)}{2}}$ を使う。

解答　(1) 初項を a，公差を d とすると

$a+9d=15$，$a+19d=14$

よって　$d=-\dfrac{1}{10}$，$a=15+\dfrac{9}{10}$

ゆえに　$\boldsymbol{a_n}=15+\dfrac{9}{10}-(n-1)\dfrac{1}{10}=\boldsymbol{-\dfrac{n}{10}+16}$

(2) $a_{100}=-\dfrac{100}{10}+16=-10+16=6$

第 20 項から第 100 項までの項数は

$100-20+1=81$

よって，和 S は　$S=\dfrac{81}{2}(14+6)=\boldsymbol{810}$

437

方針 **1 から 100 までの整数の和を S，n の倍数の和を S_n とすると**

(2) $S_3+S_5-S_{15}$　(3) $S-(S_3+S_5-S_{15})$　(4) $S-S_{15}$

解答 1 から 100 までの整数の和を S，n の倍数の和を S_n とする。

(1) $1\leqq 3n\leqq 100$ より　$1\leqq n\leqq 33$

3 の倍数の和は，初項 3，公差 3，項数 33 の等差数列の和であるから

$$S_3=\frac{33(3+99)}{2}=\mathbf{1683}$$

(2) $1\leqq 5n\leqq 100$ より，$1\leqq n\leqq 20$ であるので，5 の倍数の和は初項 5，末項 $5\times 20=100$，項数 20 の等差数列の和である。

ゆえに　$S_5=\dfrac{20(5+100)}{2}=1050$

$1\leqq 15n\leqq 100$ より，$1\leqq n\leqq 6$ であるので，15 の倍数の和は，初項 15，末項 $6\times 15=90$，項数 6 の等差数列の和である。

ゆえに　$S_{15}=\dfrac{6(15+90)}{2}=315$

よって　$S_3+S_5-S_{15}=1683+1050-315=\mathbf{2418}$

(3) 1 から 100 までの整数の集合を U，3 の倍数の集合を M，5 の倍数の集合を N とすると，求める数の集合は $\overline{M}\cap\overline{N}=\overline{M\cup N}$ である。

よって

$S-(S_3+S_5-S_{15})$

$=\dfrac{100(100+1)}{2}-2418$

$=5050-2418$

$=\mathbf{2632}$

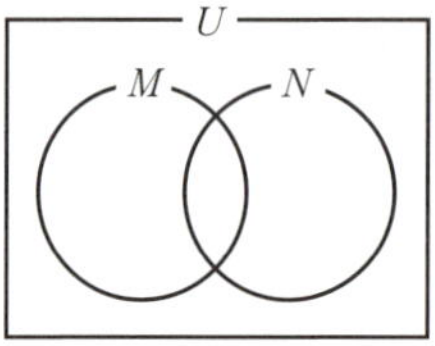

(4) 求める数の集合は $\overline{M}\cup\overline{N}=\overline{M\cap N}$ である。

よって　$S-S_{15}=5050-315=\mathbf{4735}$

438

方針 $a_1=S_1$，$a_n=S_n-S_{n-1}$ $(n\geqq 2)$ **の関係式を用いる。**

解答 (1) $n\geqq 2$ のとき

$a_n=S_n-S_{n-1}$

$=(n^2+2n)-\{(n-1)^2+2(n-1)\}$

$=2n+1$　…①

$a_1=S_1=1^2+2=3$

よって，①は $n=1$ のときも成立。

$a_n=2n+1=3+(n-1)\cdot 2$

よって，初項 3，公差 2 の等差数列である。

(2) $n\geqq 2$ のとき

$a_n=(n^2+2n-3)-\{(n-1)^2+2(n-1)-3\}$

$=2n+1$　…①

$a_1=S_1=1^2+2-3=0$

よって，①は $n=1$ のとき不成立。

ところで $a_n=2n+1$ は，$n\geqq 2$ のとき $a_{n+1}-a_n=2$ であるが，$a_2-a_1=5-0=5$ であるから $\{a_n\}$ は等差列数とはいえない。

439

方針 $\dfrac{5m}{5}$，$\dfrac{5m+1}{5}$，…，$\dfrac{5n-4}{5}$，$\dfrac{5n}{5}$ **の和から，m から n までの自然数の和を引く。**

解答 初項 m，公差 $\dfrac{1}{5}$，項数 $5n-5m+1=5(n-m)+1$，末項 n の等差数列の和 S_a は

$S_a=\dfrac{5(n-m)+1}{2}(n+m)$

$=\dfrac{1}{2}(n+m)\{5(n-m)+1\}$

初項 m，公差 1，項数 $n-m+1$，末項 n の等差数列の和 S_b は　$S_b=\dfrac{n-m+1}{2}(n+m)$

$=\dfrac{1}{2}(n+m)\{(n-m)+1\}$

よって，求める和 S は

$S=S_a-S_b$

$=\dfrac{1}{2}(n+m)\{5(n-m)+1\}$

$\quad-\dfrac{1}{2}(n+m)\{(n-m)+1\}$

$=\mathbf{2(n^2-m^2)}$

〔別解〕 2 つの整数 $m+k-1$ と $m+k$ $(1\leqq k\leqq n-m)$ の間にある題意に適する数の和 S_k は

$S_k=\left(m+k-1+\dfrac{1}{5}\right)+\left(m+k-1+\dfrac{2}{5}\right)$

$\quad+\left(m+k-1+\dfrac{3}{5}\right)+\left(m+k-1+\dfrac{4}{5}\right)$

$=4(m+k)-2$

よって求める和は

$\displaystyle\sum_{k=1}^{n-m}S_k=\sum_{k=1}^{n-m}\{(4m-2)+4k\}$

$=(4m-2)(n-m)$

$\quad+4\cdot\dfrac{(n-m)(n-m+1)}{2}$

$=2(2m-1)(n-m)+2(n-m)(n-m+1)$

$=2(n-m)\{(2m-1)+(n-m+1)\}$

$=\mathbf{2(n^2-m^2)}$

実戦編

440

方針 ①の一般項は $\boldsymbol{a_n=3n+1}$，②の一般項は $\boldsymbol{b_m=-5m+1005}$ である。共通項は $\boldsymbol{a_n=b_m}$ とおいて，$\boldsymbol{n}$ と $\boldsymbol{m}$ の整数解を求める。

解答 ①，②の一般項をそれぞれ a_n，b_m とする。

$a_n=4+3(n-1)=3n+1$

$b_m=1000+(m-1)\cdot(-5)=-5m+1005$

$a_n=b_m$ とすると　$3n+1=-5m+1005$

$3(n+2)=5(-m+202)$（n，m は自然数）

ここで 3，5 は互いに素だから k を整数として，

$n+2=5k$，$-m+202=3k$ とおける。

共通項を c_k とすると

$c_k=a_{5k-2}=3(5k-2)+1=15k-5$

$4\leqq 15k-5\leqq 1000$ より　$\dfrac{3}{5}\leqq k\leqq 67$

よって，共通項は **67** 個。

求める和は

$$\frac{67(c_1+c_{67})}{2}=\frac{67(10+1000)}{2}=\mathbf{33835}$$

441

方針 $\boldsymbol{a_3=a-2d}$，$\boldsymbol{a_4=a-d}$，$\boldsymbol{a_5=a}$，$\boldsymbol{a_6=a+d}$，$\boldsymbol{a_7=a+2d}$ とおくと計算が簡単になる。

解答 $a_5=a$，公差を d とおくと，$\displaystyle\sum_{k=3}^{7}a_k=20$ より　$(a-2d)+(a-d)+a+(a+d)+(a+2d)=20$

よって　$a=4$

$\displaystyle\sum_{k=4}^{7}a_k{}^2=120$ より

$(4-d)^2+4^2+(4+d)^2+(4+2d)^2=120$

$6d^2+16d-56=0$　　$3d^2+8d-28=0$

$(d-2)(3d+14)=0$　　$d>0$ より　$d=2$

これより

$a_n=a_5+(n-5)d=4+(n-5)\cdot 2=\mathbf{2n-6}$

〔参考〕 初項 $a-4d=4-4\cdot 2=-4$，

公差 $d=2$ より　$\boldsymbol{a_n}=-4+2(n-1)=\mathbf{2n-6}$

としてもよい。

442

方針 $S=\dfrac{1}{2}|x_1y_2-x_2y_1|$ の公式が使えるように平行移動して面積を求める。

解答 (1) 題意より

$$\begin{cases} p_n=(1-t)+(n-1)\cdot 2t^2 & \cdots① \\ q_n=1+(n-1)t^2 & \cdots② \\ r_n=(1+t)+(n-1)\cdot t(1-t) & \cdots③ \end{cases}$$

また，$\mathrm{P}_n(p_n,\ 2t)$，$\mathrm{Q}_n(q_n,\ t)$，$\mathrm{R}_n(r_n,\ 1-t)$ だから，点 P_n が原点に移る平行移動によって，Q_n，R_n がそれぞれ Q'_n，R'_n に移るとすると

$\mathrm{Q}'_n(q_n-p_n,\ -t)$　$\mathrm{R}'_n(r_n-p_n,\ 1-3t)$

よって

$$S_n=\triangle \mathrm{P}_n\mathrm{Q}_n\mathrm{R}_n=\triangle \mathrm{OQ}'_n\mathrm{R}'_n$$
$$=\frac{1}{2}|(q_n-p_n)\cdot(1-3t)-(r_n-p_n)\cdot(-t)|$$

また，①，②，③より

$q_n-p_n=t-(n-1)t^2$，

$r_n-p_n=2t+(n-1)(t-3t^2)$

だから

$$S_n=\frac{1}{2}|\{t-(n-1)t^2\}(1-3t)$$
$$-\{2t+(n-1)(t-3t^2)\}(-t)|$$
$$=\frac{1}{2}|(t-(n-1)t^2)-3t\{t-(n-1)t^2\}$$
$$-\{-2t^2-(n-1)t(t-3t^2)\}|$$
$$=\frac{1}{2}|t-(n-1)t^2-3t^2+3(n-1)t^3$$
$$+2t^2+(n-1)t^2-(n-1)3t^3|$$
$$=\frac{1}{2}|t-t^2|=\frac{1}{2}t(1-t)\quad(0<t<1\text{ より})$$

この値は n に無関係である。ゆえに　$S_n=S_1$ ∎

(2) $S_1=\dfrac{1}{2}t(1-t)=-\dfrac{1}{2}\left(t-\dfrac{1}{2}\right)^2+\dfrac{1}{8}$

ゆえに　$\boldsymbol{t=\dfrac{1}{2}}$ **のとき最大値** $\boldsymbol{\dfrac{1}{8}}$

443

方針 領域をかいて，直線上にある点の数を数える。

解答 領域は次の3本の直線によって囲まれる三角形の周および内部である。

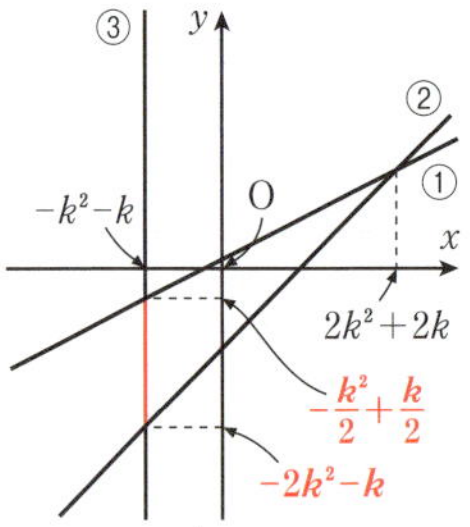

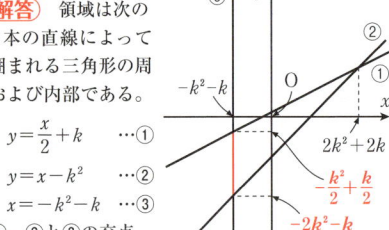

$y=\dfrac{x}{2}+k$ …①

$y=x-k^2$ …②

$x=-k^2-k$ …③

①，②と③の交点の y 座標は，それぞれ

$\dfrac{-k^2-k}{2}+k=-\dfrac{k^2}{2}+\dfrac{k}{2}=\dfrac{-k(k-1)}{2}$ …④

$-k^2-k-k^2=-2k^2-k$ …⑤

であり，いずれも整数値をとる。

よって，領域内の直線③上の格子点の個数は

$-\dfrac{k^2}{2}+\dfrac{k}{2}-(-2k^2-k)+1$

$=\dfrac{3}{2}k^2+\dfrac{3}{2}k+1$ （$=N$ とおく）

また，①，②の交点の x 座標は $\dfrac{x}{2}+k=x-k^2$ より $\dfrac{x}{2}=k^2+k$ $x=2k^2+2k$

$-k^2-k=K$ とおくと，格子点の数は，直線 $x=K$ 上で N 個で，①，②の傾きを考えると順に

$x=K+1$ と $x=K+2$ 上に $N-1$ 個

$x=K+3$ と $x=K+4$ 上に $N-2$ 個

⋮ ⋮ ⋮

$x=2k^2+2k-1$ と $x=2k^2+2k$ 上に1個

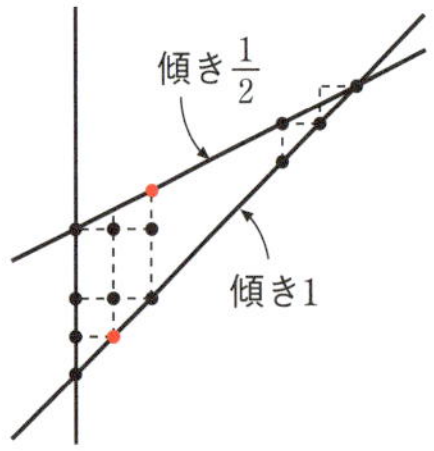

したがって，求める個数は

$N+\dfrac{(N-1)\{(N-1)+1\}}{2}\times 2$

$=N^2$

$=\left(\dfrac{3}{2}\boldsymbol{k}^2+\dfrac{3}{2}\boldsymbol{k}+\mathbf{1}\right)^2$

444

方針 初項を $\boldsymbol{a}$，公差を $\boldsymbol{d}$ とおき，

$S_n=\dfrac{1}{2}n\{2a+(n-1)d\}$ を $\boldsymbol{d}>\mathbf{0}$ のときと，$\boldsymbol{d}\leqq\mathbf{0}$ のときに分けて調べる。$\boldsymbol{d}\leqq\mathbf{0}$ のとき

$\mathbf{0}\geqq\boldsymbol{a}_2\geqq\boldsymbol{a}_3\geqq\cdots\geqq\boldsymbol{a}_n\geqq\boldsymbol{a}_{n+1}\cdots$ の場合と

$\boldsymbol{a}_m>\mathbf{0}>\boldsymbol{a}_{m+1}$ （$\boldsymbol{m}\geqq\mathbf{2}$）の場合がある。

解答 等差数列 $\{a_n\}$ の初項を a，公差を d とおく。

$S_n=\dfrac{n}{2}\{2a+(n-1)d\}=\dfrac{1}{2}dn^2+\dfrac{1}{2}(2a-d)n$

$d>0$ のとき，S_n はいくらでも大きくなり不適。

$d\leqq0$，$0\geqq a_2\geqq a_3\geqq\cdots\geqq a_n\geqq a_{n+1}\geqq\cdots$ のとき

$S_1=22$，$S_2=21$，$S_3=20$ であり

$a_1=22$，$a_2=-1$，$a_3=-1$ となる。これは $\{a_n\}$ が等差数列であることに反する。

$d\leqq0$，$a_m>0\geqq a_{m+1}$ となる m （$m\geqq2$）が存在するとき，$a>0$，$d<0$ で

$S_1<S_2<\cdots<S_{m-1}<S_m\geqq S_{m+1}>\cdots$

だから $S_m=22$，$S_{m-1}=21$，$S_{m+1}=20$ …①

または $S_m=22$，$S_{m-1}=20$，$S_{m+1}=21$ …②

①のとき $a_m=S_m-S_{m-1}=1$，

$a_{m+1}=S_{m+1}-S_m=-2$

これより $d=-3$ このとき

$a_{m+1}=a+\{(m+1)-1\}(-3)=a-3m=-2$

よって $a=3m-2$

また $S_m=\dfrac{m}{2}(a+a_m)=\dfrac{m}{2}(3m-2+1)=22$

$3m^2-m-44=0$ $(3m+11)(m-4)=0$

$m>0$ より $m=4$ ゆえに $a=10$

このとき $a_n=10-3(n-1)=-3n+13$

②のとき $a_m=22-20=2$，$a_{m+1}=21-22=-1$

ゆえに $d=-3$

同様にして $a_{m+1}=a-3m=-1$

したがって $a=3m-1$

$S_m=\dfrac{m}{2}(a+a_m)=\dfrac{m}{2}(3m-1+2)=22$

$3m^2+m-44=0$ $(3m-11)(m+4)=0$

これを満たす自然数 m は存在しない。

以上より $\boldsymbol{a}_n=-\mathbf{3}\boldsymbol{n}+\mathbf{13}$

41 等比数列

必修編

445

方針 等比数列の一般項 $\boldsymbol{a_n=ar^{n-1}}$ に代入する。

解答 (1) 初項を a，公比を r とすると

$ar^3=12$，$ar^6=96$

これより　$r^3=8$　　r は実数だから　$r=2$

ゆえに　$a=\dfrac{3}{2}$

したがって　$\boldsymbol{a_n}=\dfrac{3}{2}\cdot2^{n-1}=\boldsymbol{3\cdot2^{n-2}}$

(2) $3\cdot(\sqrt{2})^{n-1}=48$ より　$2^{\frac{n-1}{2}}=2^4$

指数部分に着目して　$\dfrac{n-1}{2}=4$　　$n-1=8$

すなわち，$n=9$ より，項数は **9** 項。

(3) 第 n 項が 3000 より大きいとすると

$3\cdot2^{n-1}>3000$　　$2^{n-1}>1000$

$2^{10}=1024$　　$2^9=512$

よって，$n\geqq11$ より，初めて 3000 より大きくなるのは第 **11** 項。

446

方針 (1) 等比数列をなす **3** 数を $\boldsymbol{a}$，$\boldsymbol{ar}$，$\boldsymbol{ar^2}$ とおく。

(2) 等差中項，等比中項の性質を用いる。

解答 (1) 3 数を a，ar，ar^2 $(a>0,\ r>0)$

とおくと　$a+ar+ar^2=14$，$a\cdot ar\cdot ar^2=64$

すなわち

$a(1+r+r^2)=14$　…①　　$(ar)^3=64$　…②

②より　$ar=4$　…③

①より　$ar(1+r+r^2)=14r$

これに③を代入して

$4(1+r+r^2)=14r$　　$2r^2-5r+2=0$

$(r-2)(2r-1)=0$

$r=2$ のとき $a=2$，$r=\dfrac{1}{2}$ のとき $a=8$

どちらの場合も 3 数は　**2，4，8**

(2) 1，a，b が等差数列だから　$2a=1+b$　…①

1，a，b^2 が等比数列だから　$a^2=b^2$

$a\neq b$ より　$b=-a$　…②

①，②より　$\boldsymbol{a=\dfrac{1}{3}}$，$\boldsymbol{b=-\dfrac{1}{3}}$

447

方針 三角形の 3 辺を $\boldsymbol{a}$，$\boldsymbol{b}$，$\boldsymbol{c}$ とすると 3 辺は正で $\boldsymbol{a+b>c}$，$\boldsymbol{b+c>a}$，$\boldsymbol{c+a>b}$ が成り立つ。

解答 a，ar，ar^2 が三角形の 3 辺である条件は

$a>0$，$r>0$　…①　かつ

$\begin{cases}a+ar>ar^2\\ar+ar^2>a\\ar^2+a>ar\end{cases}$　よって　$\begin{cases}1+r>r^2 & \cdots② \\ r+r^2>1 & \cdots③ \\ r^2+1>r & \cdots④\end{cases}$

①，②より　$0<r<\dfrac{1+\sqrt{5}}{2}$

①，③より　$\dfrac{\sqrt{5}-1}{2}<r$

④は $\left(r-\dfrac{1}{2}\right)^2+\dfrac{3}{4}>0$ となり常に成り立つ。

以上より　$\boldsymbol{\dfrac{\sqrt{5}-1}{2}<r<\dfrac{\sqrt{5}+1}{2}}$

448

方針 等比数列の一般項 $\boldsymbol{a_n=ar^{n-1}}$ と和

$\boldsymbol{S_n=\dfrac{a(1-r^n)}{1-r}=\dfrac{a(r^n-1)}{r-1}}$ $\boldsymbol{(r\neq1)}$ の公式にあてはめる。

解答 (1) $\boldsymbol{a_n}=\sqrt{3}\cdot(\sqrt{3})^{n-1}=\boldsymbol{(\sqrt{3})^n}$

$S_n=\dfrac{\sqrt{3}\{(\sqrt{3})^n-1\}}{\sqrt{3}-1}=\boldsymbol{\dfrac{(3+\sqrt{3})\{(\sqrt{3})^n-1\}}{2}}$

(2) $\boldsymbol{a_n}=1\cdot(-1)^{n-1}=\boldsymbol{(-1)^{n-1}}$

$S_n=\dfrac{1\cdot\{1-(-1)^n\}}{1-(-1)}=\boldsymbol{\dfrac{1-(-1)^n}{2}}$

(3) $\boldsymbol{a\neq b}$ のとき

$\boldsymbol{a_n}=a^{n-1}\left(\dfrac{b}{a}\right)^{n-1}=\boldsymbol{b^{n-1}}$

$S_n=\dfrac{a^{n-1}\left\{1-\left(\dfrac{b}{a}\right)^n\right\}}{1-\dfrac{b}{a}}=\dfrac{a^n\left\{1-\left(\dfrac{b}{a}\right)^n\right\}}{a-b}=\boldsymbol{\dfrac{a^n-b^n}{a-b}}$

$\boldsymbol{a=b}$ のとき

$\boldsymbol{a_n=a^{n-1}}$，$\boldsymbol{S_n}=a^{n-1}+a^{n-1}+\cdots+a^{n-1}=\boldsymbol{na^{n-1}}$

449

方針 自然数 N が $N=a^pb^qc^r$ (a, b, c は互いに異なる素数) と表されるとすると，N の正の約数の和は

$(a^0+a^1+a^2+\cdots+a^p)(b^0+b^1+\cdots b^q)\times(c^0+c^1+\cdots+c^r)$

解答 (1) $1+2+2^2+\cdots+2^m=\dfrac{2^{m+1}-1}{2-1}$

$=\mathbf{2^{m+1}-1}$

(2) $(1+2+2^2+\cdots+2^m)(1+3+3^2+\cdots+3^n)$

$=\dfrac{2^{m+1}-1}{2-1}\times\dfrac{3^{n+1}-1}{3-1}=(2^{m+1}-1)\cdot\dfrac{3^{n+1}-1}{2}$

$=\dfrac{\mathbf{(2^{m+1}-1)(3^{n+1}-1)}}{\mathbf{2}}$

450

方針 (1) 借入金の元利合計と，支払い金の元利合計が一致するように返済金額を決定する。

(2) 1 か月の利率は r であるから a 円は n か月後に $a(1+r)^n$ 円になる。

解答 (1) 毎年返済する金額を x 円とすると

$x+x(1+r)+x(1+r)^2+\cdots+x(1+r)^{n-1}$

$=a(1+r)^n$

これより $\dfrac{x\{(1+r)^n-1\}}{(1+r)-1}=a(1+r)^n$

よって $x=\dfrac{\mathbf{ar(1+r)^n}}{\mathbf{(1+r)^n-1}}$ (円)

(2) 1 か月を一期とすると，月利は年利の 12 分の 1，すなわち r である。

第 1 回目の a 円は n 年後，

すなわち $12n$ 期後には $a(1+r)^{12n}$ (円)

第 2 回目の a 円は $12n-1$ 期後で $a(1+r)^{12n-1}$ (円)

……………

第 $12n$ 回目の a 円は月利は一期だけで $a(1+r)$ (円)

これらの総和が求める元利合計である。

よって $a(1+r)+a(1+r)^2+\cdots+a(1+r)^{12n}$

$=\dfrac{a(1+r)\{(1+r)^{12n}-1\}}{(1+r)-1}$

$=\dfrac{\mathbf{a(1+r)\{(1+r)^{12n}-1\}}}{\mathbf{r}}$ (円)

451

方針 $a_1=S_1$，$n\geqq2$ のとき $a_n=S_n-S_{n-1}$ の関係式を用いる。

解答 (1) $a_1=S_1=5^1-1=4$

$n\geqq2$ のとき

$a_n=S_n-S_{n-1}=(5^n-1)-(5^{n-1}-1)=5^n-5^{n-1}$

$=(5-1)\cdot5^{n-1}=4\cdot5^{n-1}$ …①

$a_1=4$ だから①は $n=1$ のときも成立。

したがって $\mathbf{a_n=4\cdot5^{n-1}}$

(2) $a_1=S_1=2$

$a_2=S_2-a_1=2a_2-a_1$　　$a_2=a_1=2$

$n\geqq3$ のとき　$a_n=S_n-S_{n-1}=2a_n-2a_{n-1}$

これより　$a_n=2a_{n-1}$　　$a_n=a_2\cdot2^{n-2}$

よって　$a_n=2\cdot2^{n-2}=2^{n-1}$　$(n\geqq2)$

まとめると　$\mathbf{a_1=2}$，$\mathbf{n\geqq2}$ とき $\mathbf{a_n=2^{n-1}}$

Check Point

$S_n=f(n)$ が与えられたとき初項は　$a_1=S_1$

$n\geqq2$ のとき $a_n=S_n-S_{n-1}=f(n)-f(n-1)$ の関係式から a_n を求める。

452

方針 (1) 条件より a，b，c の連立方程式をつくる。

(2) 条件より a，b，c の連立方程式をつくる。

逆数にすると等差数列になる数列を調和数列という。

解答 (1) 題意より

$ac=b^2$ …①，$b+c=2a$ …②

②を $a+b+c=6$ に代入して　$a=2$

このとき，①，②より

$2c=b^2$ …③，$b+c=4$ …④

③を④×2 に代入して　$2b+b^2=8$

$(b+4)(b-2)=0$　　よって　$b=-4$，2

$b=-4$ のとき　$c=8$

$b=2$ のとき　$c=2$

このとき，b と c が同じ値をとるから不適。

よって，$\mathbf{a=2}$，$\mathbf{b=-4}$，$\mathbf{c=8}$

(2) 等比数列 b，c，a の公比を r とおくと

$c=br$，$a=br^2$

a，b，c は等差数列だから　$c+a=2b$

よって　$br+br^2=2b$

ここで $b=0$ とすると $a=b=c=0$ となり

a，b，c が異なることに反するから　$b\neq0$

ゆえに　$r+r^2=2$　　$r^2+r-2=0$

$(r-1)(r+2)=0$

$r=1$ のとき，$c=b$，$a=b$ となり不適。

したがって　$r=-2$　　$a=4b$, $c=-2b$

よって　$\boldsymbol{a:b:c=4:1:(-2)}$

また

$$\frac{1}{c}+\frac{1}{b}-\frac{2}{a}=-\frac{1}{2b}+\frac{1}{b}-\frac{1}{2b}=0$$

これより　$\dfrac{1}{c}+\dfrac{1}{b}=\dfrac{2}{a}$

よって，$\dfrac{1}{c}$, $\dfrac{1}{a}$, $\dfrac{1}{b}$ は等差数列である。

ゆえに，c, a, b は調和数列である。∎

実戦編

453

方針　$\boldsymbol{S_1=a_1}$ から初項を求め，数列 $\{S_n\}$ の公比を $\boldsymbol{r}$ として式を立てる。

解答　(1) $S_1=a_1=2$, $\{S_n\}$ の公比を r とすると

$S_2=a_1-a_2=2r$, $S_3=a_1-a_2+a_3=2r^2$

一方 $S_3-S_2=a_3$ であるので　$2r^2-2r=-\dfrac{1}{2}$

$4r^2-4r+1=0$　　$(2r-1)^2=0$

ゆえに　$r=\dfrac{1}{2}$

よって　$\boldsymbol{S_n=2\cdot\left(\frac{1}{2}\right)^{n-1}=\frac{1}{2^{n-2}}}$

(2) (1)の結果より　$n\geqq 2$ のとき

$$(-1)^{n-1}a_n=S_n-S_{n-1}=\frac{1}{2^{n-2}}-\frac{1}{2^{n-3}}=\frac{1-2}{2^{n-2}}$$

$$=-\frac{1}{2^{n-2}}$$

ゆえに，求める一般項 a_n は

$\boldsymbol{a_1=2,\ a_n=\frac{(-1)^n}{2^{n-2}}\ (n\geqq 2)}$

454

方針　$\boldsymbol{a_n=a+(n-1)d,\ b_n=br^{n-1}}$ とすると，$\boldsymbol{c_n=a+(n-1)d+br^{n-1}}$ となる。条件より連立方程式をつくり，$\boldsymbol{a, d, b, r}$ を求める。

解答　$\{a_n\}$ の初項を a, 公差を d, $\{b_n\}$ の初項を b, 公比を r とする。

(1) 与えられた条件式より

$$\begin{cases}a+b=2 & \cdots① \\ a+d+br=4 & \cdots② \\ a+2d+br^2=7 & \cdots③ \\ a+3d+br^3=12 & \cdots④\end{cases}$$

①＋④より　$2a+3d+b(1+r^3)=14$　…⑤

②＋③より　$2a+3d+b(r+r^2)=11$　…⑥

⑤－⑥より　$b(1-r-r^2+r^3)=3$　…⑦

①＋③より　$2a+2d+b(1+r^2)=9$　…⑧

②×2 より　$2a+2d+2br=8$　…⑨

⑧－⑨より　$b(1-2r+r^2)=1$　…⑩

⑦より　$b(1-r)^2(1+r)=3$　…⑪

⑩より　$b(1-r)^2=1$

よって⑪に代入して　$1+r=3$　　ゆえに　$r=2$

⑩より　$b=1$, ①より　$a=1$, ②より　$d=1$

よって　$a_n=1+(n-1)\cdot 1=n$

$b_n=1\cdot 2^{n-1}=2^{n-1}$

したがって　$\boldsymbol{c_n=n+2^{n-1}}$

(2) $a_n=a+(n-1)d$, $b_n=br^{n-1}$　…①

$c_n=\dfrac{a_n}{b_n}$ だから

$c_1=2$ より　$a_1=2b_1$　　ゆえに　$a=2b$　…②

$c_2=1$ より　$a_2=b_2$

ゆえに　$a+d=br$　…③

$c_3=\dfrac{4}{9}$ より　$9a_3=4b_3$

ゆえに　$9(a+2d)=4br^2$　…④

②，③を④に代入して

$9\{2b+2(br-2b)\}=4br^2$

$b\neq 0$ より　$9(2+2r-4)=4r^2$

$2r^2-9(r-1)=0$　　$2r^2-9r+9=0$

$(2r-3)(r-3)=0$　　$r=3,\ \dfrac{3}{2}$

$r=3$ のとき，③より　$a+d=3b$　…③′

④より　$a+2d=4b$　…④′

③′，④′ より　$d=b$

①，②より

$a_n=2b+(n-1)d=2b+(n-1)b$

$=b(n+1)$, $b_n=b\cdot 3^{n-1}$

よって　$c_n=\dfrac{a_n}{b_n}=\dfrac{n+1}{3^{n-1}}$

$r=\dfrac{3}{2}$ のとき，③より　$a+d=\dfrac{3}{2}b$　…③″

④より　$a+2d=b$　…④″

③″，④″ より　$d=-\dfrac{1}{2}b$

①，②より

$$a_n=2b+(n-1)\cdot\left(-\frac{1}{2}b\right)=\frac{5-n}{2}b$$

$$b_n=b\left(\frac{3}{2}\right)^{n-1}$$

よって　$c_n=\dfrac{a_n}{b_n}=\dfrac{(5-n)b}{2}\cdot\dfrac{1}{b}\left(\dfrac{2}{3}\right)^{n-1}$

$$=(5-n)\frac{2^{n-2}}{3^{n-1}}$$

ゆえに，$\boldsymbol{r=3}$ のとき　$\boldsymbol{c_n=\frac{n+1}{3^{n-1}}}$

$\boldsymbol{r=\frac{3}{2}}$ のとき　$\boldsymbol{c_n=(5-n)\frac{2^{n-2}}{3^{n-1}}}$

455

方針 数列 $\{b_n\}$ が等差数列になるとき b_k-b_{k-1} が一定であることを利用する。

解答 $a_k=r^{k-1}$ $(k=1,\ 2,\ \cdots,\ n)$

$b_k=a_k-(a_{k+1}+a_{k+2}+\cdots+a_n)$
$\quad=r^{k-1}-(r^k+r^{k+1}+\cdots+r^{n-1})$

よって，$k=2,\ 3,\ \cdots\cdots,\ n-1$ のとき

$b_{k-1}=r^{k-2}-(r^{k-1}+r^k+\cdots+r^{n-1})$

ゆえに

$b_k-b_{k-1}=r^{k-1}-r^{k-2}+r^{k-1}$
$\quad=2r^{k-1}-r^{k-2}=r^{k-2}(2r-1)$ …①

数列 $\{b_k\}$ $(k=1,\ 2,\ \cdots,\ n-1)$ が等差数列である条件は $b_2-b_1=b_3-b_2=\cdots=b_{n-1}-b_{n-2}$ が成立することだから，①に $k=2,\ 3,\ \cdots,\ n-1$ を代入して

$2r-1=r(2r-1)=\cdots=r^{n-3}(2r-1)$ $(n\geqq 4)$

これより　$r^{n-3}(2r-1)=2r-1$

$(2r-1)(r^{n-3}-1)=0$

したがって　$r=1$ または $\frac{1}{2}$

$\boldsymbol{r=1}$ **のとき公差 1**，$\boldsymbol{r=\frac{1}{2}}$ **のとき公差 0**

456

方針 (1) 等差数列の一般項 $\boldsymbol{a_n=a+(n-1)d}$ と和 $\boldsymbol{S_n=\frac{n}{2}\{2a+(n-1)d\}}$ の公式に代入する。

(2) $\boldsymbol{d}$ の値の範囲から $\boldsymbol{a_n<0}$ となる項を見つける。

(3) $\boldsymbol{a_n>0}$ となる項の和が最大になる。

解答 (1) $a_4=84$ より　$a+3d=84$ …①

$S_{10}>0$ より　$\frac{10}{2}\{2a+(10-1)d\}>0$ …②

$S_{11}<0$ より　$\frac{11}{2}\{2a+(11-1)d\}<0$ …③

②より　$2a+9d>0$ …②′

③より　$2a+10d<0$ …③′

①，②′より　$d>-56$

①，③′より　$d<-42$

よって　$\boldsymbol{-56<d<-42}$

(2) $d<0$ だから　$a_1>a_2>\cdots>a_n>a_{n+1}>\cdots$

$a_4=84$，$-56<d<-42$ だから

$a_5=a_4+d>0$，$a_6=a_4+2d<0$

よって，$a_n<0$ となる最小の n は　$\boldsymbol{n=6}$

(3) $a_5>0$，$a_6<0$ だから　$M=S_5$

よって　$M=\frac{5}{2}\{a+(a+4d)\}=5(a+2d)$

$\quad=5\{(a+3d)-d\}=5(84-d)$

$-56<d<-42$ より　$42<-d<56$

$\quad 126<84-d<140$

したがって　$\boldsymbol{630<M<700}$

42 いろいろな数列

必修編

457

方針 Σ の公式にしたがって計算する。

解答 (1) 与式$=2\sum_{k=1}^{n}k+\sum_{k=1}^{n}1=2\cdot\frac{n(n+1)}{2}+n$

$\quad=n(n+1)+n=\boldsymbol{n^2+2n}$

(2) $\sum_{k=1}^{n}(k+1)(k+2)$

$=\sum_{k=1}^{n}(k^2+3k+2)=\sum_{k=1}^{n}k^2+3\sum_{k=1}^{n}k+2n$

$=\frac{1}{6}n(n+1)(2n+1)+\frac{3}{2}n(n+1)+2n$

$=\frac{n}{6}\{2n^2+3n+1+9(n+1)+12\}$

$=\frac{n}{6}(2n^2+12n+22)=\boldsymbol{\frac{1}{3}n(n^2+6n+11)}$

(3) $\sum_{k=1}^{n}3\cdot\left(\frac{1}{2}\right)^{k-1}=3\sum_{k=1}^{n}\left(\frac{1}{2}\right)^{k-1}=3\cdot\frac{1-\left(\frac{1}{2}\right)^n}{1-\frac{1}{2}}$

$\quad=\boldsymbol{6\left\{1-\left(\frac{1}{2}\right)^n\right\}}$

(4) $\sum_{m=1}^{n}\left(\sum_{k=1}^{m}k\right)=\sum_{m=1}^{n}\frac{m(m+1)}{2}=\frac{1}{2}\left(\sum_{m=1}^{n}m^2+\sum_{m=1}^{n}m\right)$

$\quad=\frac{1}{2}\left\{\frac{1}{6}n(n+1)(2n+1)+\frac{1}{2}n(n+1)\right\}$

$\quad=\frac{1}{12}n(n+1)\{(2n+1)+3\}$

$\quad=\boldsymbol{\frac{1}{6}n(n+1)(n+2)}$

(5) $\sum_{k=1}^{n}(2k-1)^2=4\sum_{k=1}^{n}k^2-4\sum_{k=1}^{n}k+\sum_{k=1}^{n}1$

$\quad=\frac{1}{6}\cdot4n(n+1)(2n+1)-4\cdot\frac{1}{2}n(n+1)+n$

$\quad=\frac{n}{3}\{2(2n^2+3n+1)-6(n+1)+3\}$

$\quad=\frac{1}{3}n(4n^2-1)=\boldsymbol{\frac{1}{3}n(2n-1)(2n+1)}$

(6) $\sum_{k=1}^{n}k(n-k+1)$

$=\sum_{k=1}^{n}\{(n+1)k-k^2\}$

$=(n+1)\cdot\frac{1}{2}n(n+1)-\frac{1}{6}n(n+1)(2n+1)$

$=\frac{1}{6}n(n+1)\{3(n+1)-(2n+1)\}$

$=\boldsymbol{\frac{1}{6}n(n+1)(n+2)}$

458

方針 第 $\boldsymbol{k}$ 項を $\boldsymbol{a_k}$ として，まず一般項を $\boldsymbol{k}$ で表す。それから $\sum_{k=1}^{n} \boldsymbol{a_k}$ を計算する。(5)は

$$\boldsymbol{a_n=18+18\times100+18\times100^2+\cdots+18\times100^{n-1}}$$

と表せる。

解答 (1) $a_k=1+3+\cdots+(2k-1)$

$$=\frac{k(1+2k-1)}{2}=k^2$$

よって $\displaystyle\sum_{k=1}^{n}k^2=\boldsymbol{\frac{1}{6}n(n+1)(2n+1)}$

(2) $a_k=\dfrac{1}{k}\displaystyle\sum_{m=1}^{k}m^2=\frac{1}{6}(k+1)(2k+1)$

$$=\frac{1}{6}(2k^2+3k+1)=\frac{k^2}{3}+\frac{k}{2}+\frac{1}{6}$$

ゆえに

$$\frac{1}{3}\sum_{k=1}^{n}k^2+\frac{1}{2}\sum_{k=1}^{n}k+\frac{1}{6}\sum_{k=1}^{n}1$$

$$=\frac{1}{3}\cdot\frac{1}{6}n(n+1)(2n+1)+\frac{1}{2}\cdot\frac{1}{2}n(n+1)+\frac{1}{6}n$$

$$=\frac{n}{36}\{2(n+1)(2n+1)+9(n+1)+6\}$$

$$=\boldsymbol{\frac{1}{36}n(4n^2+15n+17)}$$

(3) $a_k=1+2+2^2+\cdots+2^{k-1}=\dfrac{2^k-1}{2-1}=2^k-1$

よって $\displaystyle\sum_{k=1}^{n}(2^k-1)=2\cdot\frac{2^n-1}{2-1}-n$

$$\boldsymbol{=2^{n+1}-n-2}$$

(4) $a_k=1-\dfrac{1}{2}+\dfrac{1}{4}-\dfrac{1}{8}+\cdots+\left(-\dfrac{1}{2}\right)^{k-1}$

$$=\frac{1-\left(-\frac{1}{2}\right)^k}{1-\left(-\frac{1}{2}\right)}=\frac{2}{3}\left\{1-\left(-\frac{1}{2}\right)^k\right\}$$

ゆえに $\displaystyle\sum_{k=1}^{n}\frac{2}{3}\left\{1-\left(-\frac{1}{2}\right)^k\right\}$

$$=\frac{2}{3}n-\frac{2}{3}\cdot\left(-\frac{1}{2}\right)\cdot\frac{1-\left(-\frac{1}{2}\right)^n}{1-\left(-\frac{1}{2}\right)}$$

$$=\frac{2}{3}n+\frac{1}{3}\cdot\frac{2}{3}\left\{1-\left(-\frac{1}{2}\right)^n\right\}$$

$$=\boldsymbol{\frac{2}{3}n+\frac{2}{9}-\frac{2}{9}\left(-\frac{1}{2}\right)^n}$$

(5) $a_n=181818\cdots18$ ($2n$ 桁)

$$=18+18\times100+18\times100^2+\cdots+18\times100^{n-1}$$

$$=\frac{18\times(100^n-1)}{100-1}=\frac{18\times(100^n-1)}{99}$$

$$=\frac{2(100^n-1)}{11}$$

$$S_n=\sum_{k=1}^{n}\frac{2(100^k-1)}{11}=\frac{2}{11}\left\{\frac{100(100^n-1)}{100-1}-n\right\}$$

$$=\frac{2}{11}\cdot\frac{100^{n+1}-100-99n}{99}$$

$$=\boldsymbol{\frac{2\cdot100^{n+1}-198n-200}{1089}}$$

459

方針 $\boldsymbol{a_1=S_1}$，$\boldsymbol{a_{n+1}=S_{n+1}-S_n}$ の関係を用いる。

解答 $a_{n+1}=S_{n+1}-S_n$ より

$$a_{n+1}=\frac{3}{2}a_{n+1}-\frac{n+1}{2}-\left(\frac{3}{2}a_n-\frac{n}{2}\right)$$

よって $\dfrac{1}{2}a_{n+1}=\dfrac{3}{2}a_n+\dfrac{1}{2}$ 　　$a_{n+1}=3a_n+1$

$$a_{n+1}+\frac{1}{2}=3\left(a_n+\frac{1}{2}\right)$$

これより $a_n+\dfrac{1}{2}=\left(a_1+\dfrac{1}{2}\right)\cdot3^{n-1}$ 　…①

ところで $a_1=S_1=\dfrac{3}{2}a_1-\dfrac{1}{2}$

ゆえに $\dfrac{1}{2}a_1=\dfrac{1}{2}$ 　　$a_1=1$ 　…②

①，②より $a_n+\dfrac{1}{2}=\left(1+\dfrac{1}{2}\right)\cdot3^{n-1}=\dfrac{3}{2}\cdot3^{n-1}$

$$=\frac{1}{2}\cdot3^n$$

したがって $a_n=\boxed{\boldsymbol{\dfrac{3^n-1}{2}}}$

460

方針 $\boldsymbol{a_1=S_1}$，$\boldsymbol{a_n=S_n-S_{n-1}}$ ($\boldsymbol{n\geqq2}$) の関係を用いる。

解答 (1) $\boldsymbol{a_1}=S_1=-1+21+65=\boldsymbol{85}$

(2) $n\geqq2$ のとき

$$\boldsymbol{a_n}=S_n-S_{n-1}$$

$$=-n^3+21n^2+65n$$

$$-\{-(n-1)^3+21(n-1)^2+65(n-1)\}$$

$$=-n^3+21n^2+65n+(n^3-3n^2+3n-1)$$

$$-21(n^2-2n+1)-65n+65$$

$$\boldsymbol{=-3n^2+45n+43}$$

$a_1=85$ だから $n=1$ のときも成立。

(3) $a_n=-3n^2+45n+43>151$ より

$3n^2-45n+108<0$

$n^2-15n+36<0$ 　　$(n-3)(n-12)<0$

ゆえに $3<n<12$

n は自然数であるので $\boldsymbol{4\leqq n\leqq11}$

(4) 求める和は

$S_{11}-S_3$

$=-11^3+21\cdot11^2+65\cdot11-(-3^3+21\cdot3^2+65\cdot3)$

$\boldsymbol{=1568}$

461

方針 部分分数に分解する。

解答 (1) $\sum_{k=1}^{n}\frac{1}{(2k-1)(2k+1)}$

$=\frac{1}{2}\sum_{k=1}^{n}\left(\frac{1}{2k-1}-\frac{1}{2k+1}\right)$

$=\frac{1}{2}\left\{\left(1-\frac{1}{3}\right)+\left(\frac{1}{3}-\frac{1}{5}\right)+\cdots+\left(\frac{1}{2n-1}-\frac{1}{2n+1}\right)\right\}$

$=\frac{1}{2}\left(1-\frac{1}{2n+1}\right)=\boldsymbol{\frac{n}{2n+1}}$

(2) $\sum_{k=1}^{n}\frac{1}{k(k+2)}$

$=\frac{1}{2}\sum_{k=1}^{n}\left(\frac{1}{k}-\frac{1}{k+2}\right)$

$=\frac{1}{2}\left\{\left(1-\frac{1}{3}\right)+\left(\frac{1}{2}-\frac{1}{4}\right)+\cdots+\left(\frac{1}{n-1}-\frac{1}{n+1}\right)+\left(\frac{1}{n}-\frac{1}{n+2}\right)\right\}$

$=\frac{1}{2}\left(1+\frac{1}{2}-\frac{1}{n+1}-\frac{1}{n+2}\right)=\boldsymbol{\frac{n(3n+5)}{4(n+1)(n+2)}}$

(3) $\sum_{k=1}^{n}\frac{2k+1}{k^2(k+1)^2}$

$=\sum_{k=1}^{n}\frac{(k+1)^2-k^2}{k^2(k+1)^2}=\sum_{k=1}^{n}\left\{\frac{1}{k^2}-\frac{1}{(k+1)^2}\right\}$

$=\left(1-\frac{1}{2^2}\right)+\left(\frac{1}{2^2}-\frac{1}{3^2}\right)+\cdots+\left\{\frac{1}{n^2}-\frac{1}{(n+1)^2}\right\}$

$=1-\frac{1}{(n+1)^2}=\boldsymbol{\frac{n(n+2)}{(n+1)^2}}$

(4) $a_k=\frac{1}{1+2+3+\cdots+k}=\frac{1}{\frac{k(k+1)}{2}}=\frac{2}{k(k+1)}$

$=2\left(\frac{1}{k}-\frac{1}{k+1}\right)$

$S=2\sum_{k=1}^{n}\left(\frac{1}{k}-\frac{1}{k+1}\right)$

$=2\left\{\left(1-\frac{1}{2}\right)+\left(\frac{1}{2}-\frac{1}{3}\right)+\cdots\cdots+\left(\frac{1}{n-1}-\frac{1}{n}\right)+\left(\frac{1}{n}-\frac{1}{n+1}\right)\right\}$

$=2\left(1-\frac{1}{n+1}\right)=\boldsymbol{\frac{2n}{n+1}}$

(5) $a_k=\frac{2k+3}{k(k+1)(k+2)}=\frac{(k+2)+(k+1)}{k(k+1)(k+2)}$

$=\frac{1}{k(k+1)}+\frac{1}{k(k+2)}$

$=\frac{1}{k}-\frac{1}{k+1}+\frac{1}{2}\left(\frac{1}{k}-\frac{1}{k+2}\right)$

$S=\sum_{k=1}^{n}\left\{\left(\frac{1}{k}-\frac{1}{k+1}\right)+\frac{1}{2}\left(\frac{1}{k}-\frac{1}{k+2}\right)\right\}$

$=\left(\frac{1}{1}-\frac{1}{2}\right)+\left(\frac{1}{2}-\frac{1}{3}\right)+\cdots+\left(\frac{1}{n}-\frac{1}{n+1}\right)$

$+\frac{1}{2}\left\{\left(\frac{1}{1}-\frac{1}{3}\right)+\left(\frac{1}{2}-\frac{1}{4}\right)+\cdots+\left(\frac{1}{n-1}-\frac{1}{n+1}\right)+\left(\frac{1}{n}-\frac{1}{n+2}\right)\right\}$

$=1-\frac{1}{n+1}+\frac{1}{2}\left(1+\frac{1}{2}-\frac{1}{n+1}-\frac{1}{n+2}\right)$

$=1-\frac{3}{2(n+1)}+\frac{3}{4}-\frac{1}{2(n+2)}$

$=\frac{7}{4}-\frac{3}{2(n+1)}-\frac{1}{2(n+2)}$

$=\frac{7(n+1)(n+2)-6(n+2)-2(n+1)}{4(n+1)(n+2)}$

$=\frac{7(n^2+3n+2)-6n-12-2n-2}{4(n+1)(n+2)}$

$=\boldsymbol{\frac{n(7n+13)}{4(n+1)(n+2)}}$

462

方針 一般項を有理化して表す。

解答 $S_n=\sum_{k=1}^{n}\frac{1}{\sqrt{k}+\sqrt{k+1}}=\sum_{k=1}^{n}(\sqrt{k+1}-\sqrt{k})$

$=-\sum_{k=1}^{n}(\sqrt{k}-\sqrt{k+1})$

$=-\{(\sqrt{1}-\sqrt{2})+(\sqrt{2}-\sqrt{3})+\cdots+(\sqrt{n}-\sqrt{n+1})\}$

$=\sqrt{n+1}-1$

よって　$S_3=\sqrt{3+1}-1=2-1=\boxed{1}$

$\sqrt{n+1}-1=10$ より　$\sqrt{n+1}=11$

ゆえに　$n+1=11^2=121$

したがって　$n=\boxed{\mathbf{120}}$

463

方針 階差をとって，階差数列 $\{b_n\}$ を求める。

解答 (1) 数列 $\{a_n\}$ の階差数列を $b_n=a_{n+1}-a_n$ とおくと　$b_n=2n-1$

よって，$n\geqq2$ のとき

$a_n=a_1+\sum_{k=1}^{n-1}b_k=1+\sum_{k=1}^{n-1}(2k-1)$

$=1+2\cdot\frac{(n-1)n}{2}-(n-1)$

$=1+n^2-n-n+1$

$=1+(n-1)^2$

$a_1=1$ だからこの式は $n=1$ のときも成立。

ゆえに　$\boldsymbol{a_n}=1+n^2-2n+1=\boldsymbol{n^2-2n+2}$

したがって

$\boldsymbol{S_n}=\sum_{k=1}^{n}(k^2-2k+2)$

$=\frac{1}{6}n(n+1)(2n+1)-n(n+1)+2n$

$=\frac{n}{6}(2n^2+3n+1-6n-6+12)$

$=\boldsymbol{\frac{1}{6}n(2n^2-3n+7)}$

(2) $b_n=a_{n+1}-a_n$ とおくと　$b_n=2^k$

よって，$n\geqq2$ のとき

$a_n=a_1+\sum_{k=1}^{n-1}2^k=1+\frac{2(2^{n-1}-1)}{2-1}$

$=2^n-1$

$a_1=1$ だから $n=1$ のときも成立。

ゆえに　$\boldsymbol{a_n=2^n-1}$

$S_n=\sum_{k=1}^{n}(2^k-1)=2\cdot\frac{2^n-1}{2-1}-n$

$=\boldsymbol{2^{n+1}-n-2}$

(3) $b_n=a_{n+1}-a_n$ とおくと　$b_n=7\cdot10^n$

よって，$n\geqq2$ のとき

$a_n=a_1+\sum_{k=1}^{n-1}b_k=7+\sum_{k=1}^{n-1}7\cdot10^k$

$=7+\frac{70(10^{n-1}-1)}{10-1}=7\left(1+\frac{10^n-10}{9}\right)$

$=\frac{7}{9}(10^n-1)$

$a_1=7$ だから $n=1$ のときも成立。

よって　$\boldsymbol{a_n=\frac{7}{9}(10^n-1)}$

$S_n=\frac{7}{9}\sum_{k=1}^{n}(10^k-1)=\frac{7}{9}\left\{\frac{10(10^n-1)}{10-1}-n\right\}$

$=\boldsymbol{\frac{70}{81}(10^n-1)-\frac{7}{9}n}$

(4) $b_n=a_{n+1}-a_n$ とおくと　$b_n=(-1)^{n-1}$

よって，$n\geqq2$ のとき

$a_n=a_1+\sum_{k=1}^{n-1}b_k=0+\sum_{k=1}^{n-1}(-1)^{k-1}$

$=\frac{1-(-1)^{n-1}}{1-(-1)}=\frac{1+(-1)^n}{2}$

$a_1=0$ だから $n=1$ のときも成立。

よって　$\boldsymbol{a_n=\frac{1+(-1)^n}{2}}$

$S_n=\frac{1}{2}\sum_{k=1}^{n}\{1+(-1)^k\}$

$=\frac{1}{2}\left\{n+(-1)\cdot\frac{1-(-1)^n}{1-(-1)}\right\}$

$=\frac{1}{2}\left\{n-\frac{1-(-1)^n}{2}\right\}$

$=\boldsymbol{\frac{1}{4}\{2n-1+(-1)^n\}}$

Check Point

数列 $\{a_n\}$ の階差数列を $b_n=a_{n+1}-a_n$ とすると

$a_n=a_1+\sum_{k=1}^{n-1}b_n$ $(n\geqq2)$

464

方針　$a_n=$(等差)×(等比) の数列の和 S_n は $(1-x)S_n$ を計算する。x は等比数列の公比である。

解答　(1) $x\neq1$ のとき，求める和 S_n は

$S_n=1+3x+5x^2+\cdots+(2n-1)x^{n-1}$　…①

$xS_n=\quad x+3x^2+\cdots+(2n-3)x^{n-1}+(2n-1)x^n$　…②

①−②より

$(1-x)S_n$

$=1+2(x+x^2+\cdots+x^{n-1})-(2n-1)x^n$

$=2(1+x+x^2+\cdots+x^{n-1})-1-(2n-1)x^n$

$=2\cdot\frac{1-x^n}{1-x}-1-(2n-1)x^n$

$=\frac{2-2x^n-1+x-(2n-1)x^n(1-x)}{1-x}$

$=\frac{1+x-(2n+1)x^n+(2n-1)x^{n+1}}{1-x}$

$S_n=\frac{1+x-(2n+1)x^n+(2n-1)x^{n+1}}{(1-x)^2}$

よって　$x\neq1$ のとき

$\boldsymbol{\frac{1+x-(2n+1)x^n+(2n-1)x^{n+1}}{(1-x)^2}}$

また，$x=1$ のとき

$S_n=1+3+5+\cdots+(2n-1)$

$=\sum_{k=1}^{n}(2k-1)=2\cdot\frac{n(n+1)}{2}-n=\boldsymbol{n^2}$

(2)　$S=1-2+3-\cdots+(-1)^{n-1}n$　…①

$-S=\quad -1+2-\cdots+(-1)^{n-1}(n-1)+(-1)^nn$　…②

①−②より

$2S=1-1+1-1+\cdots+(-1)^{n-1}-(-1)^nn$

$=\frac{1-(-1)^n}{1+1}+(-1)^{n-1}n$

$=\frac{1-(-1)^n+2\cdot(-1)^{n-1}n}{2}$

よって　$S=\frac{1+(-1)^{n-1}+2(-1)^{n-1}n}{4}$

$=\boldsymbol{\frac{1+(-1)^{n-1}(2n+1)}{4}}$

465

方針 $\frac{1}{2} \Big| \frac{1}{4}, \frac{3}{4} \Big| \frac{1}{8}, \frac{3}{8}, \frac{5}{8}, \frac{7}{8} \Big| \frac{1}{16}, \frac{3}{16}, \cdots$ と群に分けると，第 n 群の分数は分母が 2^n で，各群内の m 番目の分子は $2m-1$ と表せる。

解答 (1) $\frac{2m-1}{2^n}$ が第 n 群の第 m 項になるように群に分けると，$\frac{7}{1024}=\frac{2\cdot4-1}{2^{10}}$ だから

第 10 群の第 4 項である。第 n 群の項数は 2^{n-1} 項だから，第 1 群から第 9 群の末項までの項数は　$1+2+2^2+\cdots+2^{9-1}=\frac{2^9-1}{2-1}=511$

よって，$511+4=515$ より，**第 515 項**。

(2) (1)と同様に第 1 群から第 $(m-1)$ 群の末項までの項数は

$$1+2+2^2+\cdots+2^{(m-1)-1}=\frac{2^{m-1}-1}{2-1}=2^{m-1}-1$$

$\frac{2n-1}{2^m}$ は m 群の第 n 項であるので

$2^{m-1}-1+n$ より，**第 $2^{m-1}+n-1$ 項**

また，第 k 群の各項の総和 S_k は

$$S_k=\frac{1}{2^k}\{1+3+5+\cdots+(2\cdot2^{k-1}-1)\}$$
$$=\frac{1}{2^k}\sum_{i=1}^{2^{k-1}}(2i-1)$$
$$=\frac{1}{2^k}\left\{2\cdot\frac{2^{k-1}(2^{k-1}+1)}{2}-2^{k-1}\right\}$$
$$=\frac{1}{2^k}\cdot(2^{k-1})^2=\frac{2^{2k-2}}{2^k}=2^{k-2}$$

よって，求める和，すなわち，初項から第 $m-1$ 群の末項までと第 m 群の n 項までの和 S は

$$S=\sum_{k=1}^{m-1}2^{k-2}+\frac{1}{2^m}\{1+3+5+\cdots+(2n-1)\}$$
$$=\frac{1}{2}\left(\frac{2^{m-1}-1}{2-1}\right)+\frac{1}{2^m}\sum_{k=1}^{n}(2k-1)$$
$$=\frac{1}{2}(2^{m-1}-1)+\frac{1}{2^m}\left\{2\cdot\frac{n(n+1)}{2}-n\right\}$$
$$=2^{m-2}-\frac{1}{2}+\frac{n(n+1)}{2^m}-\frac{n}{2^m}$$
$$=\boldsymbol{2^{m-2}+\frac{n^2}{2^m}-\frac{1}{2}}$$

実戦編

466

方針 (1) 例えば a, b, c について，異なる 2 項ずつの積は下の～～部分である。

$(a+b+c)^2=a^2+b^2+c^2+2(ab+bc+ca)$

(2) (1)の和から連続する 2 整数の積の和を引く。

解答 (1) 求める和を S_1 とすると

$$(1+2+3+\cdots+n)^2$$
$$=1^2+2^2+3^2+\cdots+n^2+2S_1$$
$$S_1=\frac{1}{2}\left\{\left(\sum_{k=1}^{n}k\right)^2-\sum_{k=1}^{n}k^2\right\}$$
$$=\frac{1}{2}\left\{\frac{1}{2}n(n+1)\right\}^2-\frac{1}{2}\cdot\frac{1}{6}n(n+1)(2n+1)$$
$$=\frac{n(n+1)}{24}\{3n(n+1)-2(2n+1)\}$$
$$=\frac{n(n+1)}{24}(3n^2-n-2)$$
$$=\boldsymbol{\frac{1}{24}(n-1)n(n+1)(3n+2)}$$

(2) 連続する 2 整数の積の和を S_2 とすると

$$S_2=1\cdot2+2\cdot3+\cdots+(n-1)\cdot n=\sum_{k=1}^{n-1}k(k+1)$$
$$=\sum_{k=1}^{n-1}k^2+\sum_{k=1}^{n-1}k$$
$$=\frac{1}{6}(n-1)n(2n-1)+\frac{1}{2}(n-1)n$$
$$=\frac{1}{6}(n-1)n\{(2n-1)+3\}$$
$$=\frac{1}{3}(n-1)n(n+1)$$

求める和を S_3 とすると

$$S_3=S_1-S_2=\frac{1}{24}(n-1)n(n+1)(3n+2)-\frac{1}{3}(n-1)n(n+1)$$
$$=\frac{(n-1)n(n+1)}{24}\{(3n+2)-8\}$$
$$=\frac{(n-1)n(n+1)}{24}\cdot3(n-2)$$
$$=\boldsymbol{\frac{1}{8}(n-2)(n-1)n(n+1)}$$

467

方針 図をかいて，直線 $x=k$ 上の格子点の数を k で表す。

解答

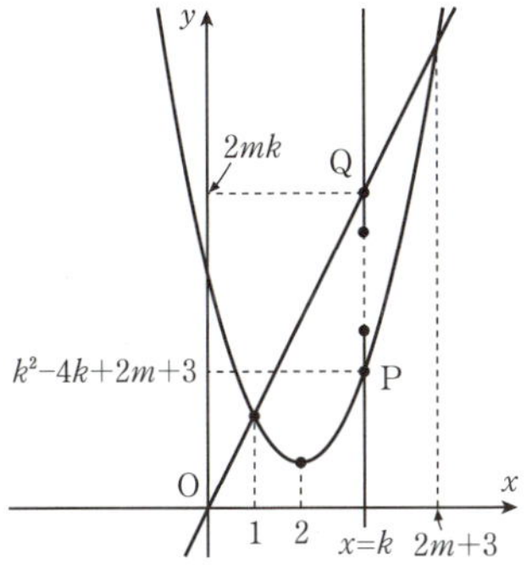

放物線と直線の交点の x 座標は

$x^2-4x+2m+3=2mx$ より

$x^2-2(m+2)x+2m+3=0$

$(x-1)(x-2m-3)=0 \qquad x=1,\ 2m+3$

直線 $x=k$ と $y=x^2-4x+2m+3$, $y=2mx$ との交点はそれぞれ P$(k,\ k^2-4k+2m+3)$, Q$(k,\ 2mk)$ だから, k が $1\leqq k\leqq 2m+3$ のとき, 領域内(周を含む)の直線 $x=k$ 上の格子点の個数 N_k は

$N_k=2mk-(k^2-4k+2m+3)+1$ (個)

よって, 求める格子点の数 N は

$$N=\sum_{k=1}^{2m+3}N_k=\sum_{k=1}^{2m+3}\{2mk-(k^2-4k+2m+3)+1\}$$

$$=-\sum_{k=1}^{2m+3}k^2+2(m+2)\sum_{k=1}^{2m+3}k-(2m+2)\sum_{k=1}^{2m+3}1$$

$$=-\frac{(2m+3)(2m+4)(4m+7)}{6}+2(m+2)\cdot\frac{(2m+3)(2m+4)}{2}-(2m+2)(2m+3)$$

$$=\frac{2m+3}{6}\{-(2m+4)(4m+7)+6(m+2)(2m+4)-6(2m+2)\}$$

$$=\frac{2m+3}{6}\cdot 2\{-(m+2)(4m+7)+6(m+2)(m+2)-6(m+1)\}$$

$$=\frac{2m+3}{3}(-4m^2-15m-14+6m^2+24m+24-6m-6)$$

$$=\frac{2m+3}{3}(2m^2+3m+4)$$

$$=\boldsymbol{\frac{1}{3}(2m+3)(2m^2+3m+4)}$$

468

方針 $\boldsymbol{\dfrac{1}{a_ka_{k+1}}}$ **を部分分数で表す。**

解答 (1) 数列 $\{a_n\}$ は初項 a, 公差 3 の等差数列だから $a_n=a+(n-1)\cdot 3=\boldsymbol{3n+a-3}$

(2) $$\frac{1}{a_ka_{k+1}}=\frac{1}{\{a+3(k-1)\}(a+3k)}=\frac{1}{3}\left\{\frac{1}{a+3(k-1)}-\frac{1}{a+3k}\right\}$$

だから

$$\boldsymbol{S_n}=\frac{1}{a_1a_2}+\frac{1}{a_2a_3}+\frac{1}{a_3a_4}+\cdots+\frac{1}{a_{n-1}a_n}$$

$$=\frac{1}{3}\left[\left(\frac{1}{a}-\frac{1}{a+3}\right)+\left(\frac{1}{a+3}-\frac{1}{a+6}\right)+\cdots+\left\{\frac{1}{a+3(n-2)}-\frac{1}{a+3(n-1)}\right\}\right]$$

$$=\frac{1}{3}\left\{\frac{1}{a}-\frac{1}{a+3(n-1)}\right\}$$

$$=\boldsymbol{\frac{n-1}{a(3n+a-3)}}\quad (n\geqq 2)$$

(3) $S_n\geqq\dfrac{1}{3a+1}$ とする。

$n\geqq 2$ のとき $\dfrac{n-1}{a(3n+a-3)}\geqq\dfrac{1}{3a+1}$ とすると

$a>0$ より $(3a+1)(n-1)\geqq a(3n+a-3)$

整理して $n\geqq a^2+1$

これが 100 以上のすべての整数について成立するから, $100\geqq a^2+1$ より $a^2\leqq 99$

これを満たす正の数の最大数は $\boldsymbol{a=3\sqrt{11}}$

469

方針 **(1)** $\{\boldsymbol{a_{n,\,1}}\}$ **は n 行 1 列の数列で 1, 4, 9, 16, …**

$\{\boldsymbol{a_{1,\,n}}\}$ **は 1 行 n 列の数列で** $\boldsymbol{a_{1,\,n}=a_{n-1,\,1}+1}$

(2) $\boldsymbol{n\leqq m}$ **のときと** $\boldsymbol{n>m}$ **のときに分ける。**

解答 (1) $\{a_{n,\,1}\}$ は 1, 4, 9, 16, … であるから

$\boldsymbol{a_{n,\,1}=n^2}$

$\boldsymbol{a_{1,\,n}}=a_{n-1,\,1}+1=(n-1)^2+1=\boldsymbol{n^2-2n+2}$

(2) $\boldsymbol{n\leqq m}$ **のとき**

$\boldsymbol{a_{m,\,n}}=a_{m,\,1}-(n-1)=m^2-(n-1)$

$\boldsymbol{=m^2-n+1}$

$\boldsymbol{n>m}$ **のとき**

$\boldsymbol{a_{m,\,n}}=a_{1,\,n}+(m-1)=n^2-2n+2+m-1$

$\boldsymbol{=n^2-2n+m+1}$

(3) $$\sum_{k=1}^{n}a_{k,\,k}=\sum_{k=1}^{n}\{a_{k,\,1}-(k-1)\}$$

$$=\sum_{k=1}^{n}(k^2-k+1)$$

$$=\frac{n(n+1)(2n+1)}{6}-\frac{n(n+1)}{2}+n$$

$$=\frac{n}{6}\{2n^2+3n+1-3(n+1)+6\}=\frac{n}{6}(2n^2+4)$$

$$=\boldsymbol{\frac{1}{3}n(n^2+2)}$$

470

方針 (1) 円 C_1 の方程式を $x^2+(y-r)^2=r^2$ とおいて，C_1 が放物線 $y=x^2$ の内部にある条件を考える。

(2) C_n の中心の座標は $(0,\ 2b_{n-1}+a_n)$ と表せる。C_n の式と放物線 $y=x^2$ から x を消去し，接する条件を求める。

(3) (2)で求めた漸化式から a_n，a_{n+1} の関係式をつくる。

解答 (1) D 内にあり y 軸上に中心をもち原点を通る円の方程式を　$x^2+(y-r)^2=r^2$ $(r>0)$

とおくと　$x^2=2ry-y^2$

これが領域 $y\geqq x^2$ の内部にあるためには，

$y\geqq 2ry-y^2$ すなわち $y\{y-(2r-1)\}\geqq 0$ が

$y\geqq 0$ でつねに成り立てばよい。

よって，$2r-1\leqq 0$ より　$r\leqq\dfrac{1}{2}$

a_1 は最大の r の値だから　$\boldsymbol{a_1=\dfrac{1}{2}}$

(2) C_n の中心の座標は $(0,\ 2b_{n-1}+a_n)$ だから，C_n の方程式は　$x^2+(y-2b_{n-1}-a_n)^2=a_n^2$　…Ⓐ

C_n は放物線 $y=x^2$　…Ⓑ に接するから，Ⓑを Ⓐに代入した y の2次方程式

$y+(y-2b_{n-1}-a_n)^2=a_n^2$，すなわち

$y^2-\{2(2b_{n-1}+a_n)-1\}y+(2b_{n-1}+a_n)^2-a_n^2=0$

は重解をもつ。判別式を D とすると

$$\begin{aligned}D&=\{2(2b_{n-1}+a_n)-1\}^2-4\{(2b_{n-1}+a_n)^2-a_n^2\}\\&=4(2b_{n-1}+a_n)^2-4(2b_{n-1}+a_n)+1\\&\quad-4(2b_{n-1}+a_n)^2+4a_n^2\\&=-4(2b_{n-1}+a_n)+1+4a_n^2\\&=4a_n^2-4a_n+1-8b_{n-1}\\&=(2a_n-1)^2-8b_{n-1}=0\end{aligned}$$

よって　$(2a_n-1)^2=8b_{n-1}$

$n\geqq 2$ のとき，$a_n>a_1=\dfrac{1}{2}$ より　$2a_n-1>0$

また，$b_{n-1}>0$ だから，

$2a_n-1=2\sqrt{2b_{n-1}}$ より　$\boldsymbol{a_n=\dfrac{1}{2}+\sqrt{2b_{n-1}}}$

(3) (2)の $D=0$ の式から

$4a_n^2-4a_n+1-8b_{n-1}=0$　…①

これより　$4a_{n+1}^2-4a_{n+1}+1-8b_n=0$　…②

②−①から

$4(a_{n+1}^2-a_n^2)-4(a_{n+1}-a_n)-8(b_n-b_{n-1})=0$

$b_n-b_{n-1}=a_n$ より

$4(a_{n+1}^2-a_n^2)-4(a_{n+1}-a_n)-8a_n=0$

$(a_{n+1}+a_n)(a_{n+1}-a_n)-(a_{n+1}+a_n)=0$

$(a_{n+1}+a_n)(a_{n+1}-a_n-1)=0$

$a_{n+1}+a_n>0$ より　$a_{n+1}-a_n-1=0$

よって　$a_{n+1}=a_n+1$ $(n\geqq 2)$

また，$b_1=a_1=\dfrac{1}{2}$ だから

$a_2=\dfrac{1}{2}+\sqrt{2\cdot\dfrac{1}{2}}=\dfrac{1}{2}+1=a_1+1$

となり，$n\geqq 1$ で　$a_{n+1}=a_n+1$

数列 $\{a_n\}$ は初項 $a_1=\dfrac{1}{2}$，公差1の等差数列

だから　$\boldsymbol{a_n=\dfrac{1}{2}+(n-1)=n-\dfrac{1}{2}}$

471

方針 グラフをかいて直線 $x=n$ 上の格子点を n で表す。$1\leqq n\leqq 50$ と $51\leqq n\leqq 74$ のときで分けて考える。

解答 (1) 線分 OA，OB，AB の方程式は

OA：$y=x$ $(0\leqq x\leqq 75)$

OB：$y=3x$ $(0\leqq x\leqq 50)$

AB：$y=-3x+300$ $(50\leqq x\leqq 75)$

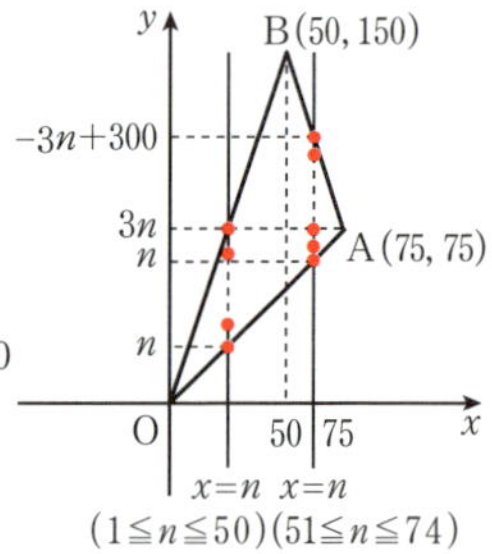

よって，

$1\leqq n\leqq 50$ のとき

$a_n=3n-n+1=2n+1$

$51\leqq n\leqq 74$ のとき

$a_n=(-3n+300)-n+1=-4n+301$

よって　$\boldsymbol{a_n=\begin{cases}2n+1 & (1\leqq n\leqq 50)\\-4n+301 & (51\leqq n\leqq 74)\end{cases}}$

(2) $1\leqq n\leqq 50$ のとき，原点Oも含めて

$$\begin{aligned}\beta_n&=1+\sum_{k=1}^{n}(2k+1)=1+2\cdot\frac{n(n+1)}{2}+n\\&=n^2+n+n+1=\boldsymbol{(n+1)^2}\end{aligned}$$

(3) $\beta=\beta_{50}+\displaystyle\sum_{k=51}^{74}(-4k+301)+1$

$\displaystyle\sum_{k=51}^{74}(-4k+301)$ は初項 $-4\cdot 51+301=97$，

末項 $-4\cdot 74+301=5$，項数 $74-51+1=24$

である等差数列であるので，

$\dfrac{24(97+5)}{2}=12\cdot 102=1224$

よって　$\beta=51^2+1224+1=\boldsymbol{3826}$

(4) $\dfrac{\beta}{2}=1913<2601=\beta_{50}$ だから

$1913<(n+1)^2$ $(1\leqq n\leqq 50)$

を満たす最小の n は，

$43^2=1849<1913<1936=44^2$

より　$n+1=44$　　ゆえに　$\boldsymbol{n=43}$

43 漸化式

必修編

472

方針　$\boldsymbol{a_{n+1}-a_n=f(n)}$ 型の漸化式の公式を用いる。

解答　(1) $n\geqq2$ のとき

$$a_n=a_1+\sum_{k=1}^{n-1}3=1+3(n-1)=3n-2$$

$n=1$ のときも成立。ゆえに　$\boldsymbol{a_n=3n-2}$

〔別解〕　$a_1=1$，$a_{n+1}-a_n=3$であるから初項 1，公差 3 の等差数列である。

$$\boldsymbol{a_n}=1+(n-1)\cdot3=\boldsymbol{3n-2}$$

(2) $a_{n+1}-a_n=2^n$，$a_1=1$

$n\geqq2$ のとき

$$a_n=a_1+\sum_{k=1}^{n-1}2^k=1+\frac{2(2^{n-1}-1)}{2-1}=2^n-1$$

$n=1$ のときも成立。ゆえに　$\boldsymbol{a_n=2^n-1}$

(3) $a_{n+1}-a_n=n+1$，$a_1=1$

$n\geqq2$ のとき

$$a_n=a_1+\sum_{k=1}^{n-1}(k+1)=1+\frac{(n-1)n}{2}+(n-1)$$

$$=\frac{2+n^2-n+2n-2}{2}=\frac{n(n+1)}{2}$$

$n=1$ のときも成立。ゆえに　$\boldsymbol{a_n=\dfrac{n(n+1)}{2}}$

473

方針　$\boldsymbol{a_{n+1}=pa_n+q\ (p\neq1)}$ 型の漸化式の求め方にしたがう。

解答　$a_{n+1}=3a_n+2$　…①

(1)(あ) $a_{n+1}-\alpha=3(a_n-\alpha)$　…②

①－②より　$\alpha=3\alpha+2$

よって　$\boldsymbol{\alpha=-1}$

(い) ①より　$a_{n+1}+1=3(a_n+1)$

数列 $\{a_n+1\}$ は初項 $0+1=1$，公比 3 の等比数列であるので

$$a_n+1=1\cdot3^{n-1}=3^{n-1}$$

ゆえに　$\boldsymbol{a_n=3^{n-1}-1}$

(2)(あ) $n\geqq2$ のとき，①より　$a_n=3a_{n-1}+2$　…③

①－③より　$a_{n+1}-a_n=3(a_n-a_{n-1})$ ■

(い) ①より　$a_2=3a_1+2=2$

したがって　$a_2-a_1=2$

また，$a_{n+1}-a_n=3(a_n-a_{n-1})$ $(n\geqq2)$ より，$\{a_{n+1}-a_n\}$ は，初項 2，公比 3 の等比数列。

ゆえに　$a_{n+1}-a_n=2\cdot3^{n-1}$

$n\geqq2$ のとき

$$a_n=a_1+\sum_{k=1}^{n-1}2\cdot3^{k-1}=0+\frac{2\cdot(3^{n-1}-1)}{3-1}$$

$$=3^{n-1}-1$$

$n=1$ のときも成立。

したがって　$\boldsymbol{a_n=3^{n-1}-1}$

474

方針　(1) $\boldsymbol{b_n=b_1+\sum_{k=1}^{n-1}b_k\ (n\geqq2)}$ を用いる。

(2) $\boldsymbol{S-xS}$ をつくる。

解答　(1) $a_{n+1}=2a_n+n$ の両辺を 2^{n+1} で割ると

$$\frac{a_{n+1}}{2^{n+1}}=\frac{a_n}{2^n}+\frac{n}{2^{n+1}}\qquad \frac{a_n}{2^n}=b_n \text{ とおくと}$$

$$b_{n+1}=b_n+\frac{n}{2^{n+1}} \text{ より}\quad \boldsymbol{c_n}=b_{n+1}-b_n=\boldsymbol{\frac{n}{2^{n+1}}}$$

(2) $n\geqq2$ のとき　$b_n=b_1+\displaystyle\sum_{k=1}^{n-1}\frac{k}{2^{k+1}}$

ここで，$\displaystyle\sum_{k=1}^{n-1}\frac{k}{2^{k+1}}=S$ とおくと

$$S=\frac{1}{2^2}+\frac{2}{2^3}+\frac{3}{2^4}+\cdots+\frac{n-2}{2^{n-1}}+\frac{n-1}{2^n}\quad\cdots①$$

$$\frac{1}{2}S=\frac{1}{2^3}+\frac{2}{2^4}+\frac{3}{2^5}+\cdots+\frac{n-2}{2^n}+\frac{n-1}{2^{n+1}}\quad\cdots②$$

①－②より

$$\frac{1}{2}S=\frac{1}{2^2}+\frac{1}{2^3}+\frac{1}{2^4}+\cdots+\frac{1}{2^n}-\frac{n-1}{2^{n+1}}$$

$$=\frac{\frac{1}{2^2}\left\{1-\left(\frac{1}{2}\right)^{n-1}\right\}}{1-\frac{1}{2}}-\frac{n-1}{2^{n+1}}$$

$$=\frac{1}{2}\left\{1-\left(\frac{1}{2}\right)^{n-1}\right\}-\frac{n-1}{2^{n+1}}$$

$$=\frac{1}{2}-\frac{1}{2^n}-\frac{n-1}{2^{n+1}}=\frac{1}{2}-\frac{n+1}{2^{n+1}}$$

よって　$S=1-\dfrac{n+1}{2^n}$，$b_1=\dfrac{a_1}{2^1}=\dfrac{1}{2}$

ゆえに　$b_n=\dfrac{1}{2}+1-\dfrac{n+1}{2^n}=\dfrac{3}{2}-\dfrac{n+1}{2^n}$

この式に $n=1$ を代入すると　$\dfrac{3}{2}-\dfrac{2}{2}=\dfrac{1}{2}$

これは，$b_1=\dfrac{1}{2}$ 一致する。

したがって

$$\boldsymbol{a_n}=2^nb_n=2^n\left(\frac{3}{2}-\frac{n+1}{2^n}\right)=\boldsymbol{3\cdot2^{n-1}-n-1}$$

〔参考〕 誘導がない場合は，階差数列を利用するのが簡単である。
$a_{n+1}=2a_n+n$ …① とする。
①より $a_{n+2}=2a_{n+1}+n+1$ …②
②−①より $a_{n+2}-a_{n+1}=2(a_{n+1}-a_n)+1$
$b_n=a_{n+1}-a_n$ とおくと $b_{n+1}=2b_n+1$
これは $\alpha=2\alpha+1$ を満たす $\alpha=-1$ を用いて
$b_{n+1}-(-1)=2\{b_n-(-1)\}$ と変形できる。

$b_1=a_2-a_1=2a_1+1-a_1=a_1+1=2$

$b_n+1=(b_1+1)\cdot 2^{n-1}=3\cdot 2^{n-1}$

$b_n=3\cdot 2^{n-1}-1$

$a_{n+1}-a_n=3\cdot 2^{n-1}-1$

$2a_n+n-a_n=3\cdot 2^{n-1}-1$

ゆえに $\boldsymbol{a_n=3\cdot 2^{n-1}-n-1}$

475

方針 両辺の逆数をとる。

解答 (1) $a_1=1\neq 0$ で

漸化式 $a_{n+1}=\dfrac{a_n}{a_n+2}$ より明らかに $a_n\neq 0$

よって，両辺の逆数をとって

$$\frac{1}{a_{n+1}}=\frac{a_n+2}{a_n}=1+\frac{2}{a_n}$$

ゆえに $\boldsymbol{b_{n+1}=2b_n+1}$

(2) $b_{n+1}=2b_n+1$

これは，$\alpha=2\alpha+1$ を満たす $\alpha=-1$ を用いて
$b_{n+1}-(-1)=2\{b_n-(-1)\}$ と変形できるので

$b_{n+1}+1=2(b_n+1)$

ゆえに

$$b_n+1=(b_1+1)\cdot 2^{n-1}=\left(\frac{1}{a_1}+1\right)\cdot 2^{n-1}=2^n$$

$b_n=2^n-1$

$\dfrac{1}{a_n}=2^n-1$ したがって $\boldsymbol{a_n=\dfrac{1}{2^n-1}}$

476

方針 (1) $\boldsymbol{a_{n+2}-a_{n+1}=r(a_{n+1}-a_n)}$ の形になる。
(2) $\boldsymbol{b_n}$ を求めてから，$\boldsymbol{a_n}$ を求める。

解答 (1) $2(a_{n+2}-a_{n+1})=-(a_{n+1}-a_n)$

$b_n=a_{n+1}-a_n$ とおくと $2b_{n+1}=-b_n$

よって $b_{n+1}=-\dfrac{1}{2}b_n$

ゆえに，$\{b_n\}$ は初項 $b_1=a_2-a_1=1-0=1$，

公比 $-\dfrac{1}{2}$ の等比数列である。■

(2) (1)より $b_n=1\cdot\left(-\dfrac{1}{2}\right)^{n-1}=\left(-\dfrac{1}{2}\right)^{n-1}$

ゆえに，$n\geqq 2$ のとき

$$\boldsymbol{a_n}=a_1+\sum_{k=1}^{n-1}\left(-\frac{1}{2}\right)^{k-1}=0+\frac{1-\left(-\frac{1}{2}\right)^{n-1}}{1+\frac{1}{2}}$$

$$=\boldsymbol{\frac{2}{3}\left\{1-\left(-\frac{1}{2}\right)^{n-1}\right\}}$$

$a_1=0$ だから $n=1$ のときも成立。

477

方針 (1) $\boldsymbol{n=1}$，$\boldsymbol{2}$ を代入して $\boldsymbol{a_3}$，$\boldsymbol{a_4}$ を求める。
(2) $\boldsymbol{a_{n+2}-a_{n+1}=r(a_{n+1}-a_n)}$ の形にする。
(3) $\boldsymbol{a_n=a_1+\sum_{k=1}^{n-1}b_k}$ $(\boldsymbol{n\geqq 2})$ を使う。

解答 (1) $a_3-3a_2+2a_1=0$ $\boldsymbol{a_3}=3\cdot 5-2\cdot 3=\boldsymbol{9}$

$a_4-3a_3+2a_2=0$ $\boldsymbol{a_4}=3\cdot 9-2\cdot 5=\boldsymbol{17}$

(2) $a_{n+2}-a_{n+1}-2a_{n+1}+2a_n=0$ より

$a_{n+2}-a_{n+1}=2(a_{n+1}-a_n)$

数列 $\{a_{n+1}-a_n\}$ は初項 $a_2-a_1=5-3=2$，公比 2 の等比数列だから $a_{n+1}-a_n=2\cdot 2^{n-1}=\boldsymbol{2^n}$

(3) (2)より，$n\geqq 2$ のとき

$$a_n=a_1+\sum_{k=1}^{n-1}2^k=3+\frac{2\cdot(2^{n-1}-1)}{2-1}=2^n+1$$

$a_1=3$ だから $n=1$ のときも成立。

よって $\boldsymbol{a_n=2^n+1}$

478

方針 $\boldsymbol{a_{n+2}-\alpha a_{n+1}=\beta(a_{n+1}-\alpha a_n)}$ の形に変形して，数列 $\{\boldsymbol{a_{n+1}-\alpha a_n}\}$ は初項 $\boldsymbol{a_2-\alpha a_1}$，公比 $\boldsymbol{\beta}$ の等比数列であることを示す。

解答 (1) $a_{n+2}-2a_{n+1}-3a_{n+1}+6a_n=0$ を変形して $a_{n+2}-2a_{n+1}=3(a_{n+1}-2a_n)$

ゆえに，$\{a_{n+1}-2a_n\}$ は，初項 $a_2-2a_1=1$，公比 3 の等比数列である。

同様にして，$a_{n+2}-3a_{n+1}-2a_{n+1}+6a_n=0$ より

$a_{n+2}-3a_{n+1}=2(a_{n+1}-3a_n)$

ゆえに，$\{a_{n+1}-3a_n\}$ は，初項 $a_2-3a_1=1$，公比 2 の等比数列である。■

(2) (1)より $\begin{cases}\boldsymbol{a_{n+1}-2a_n=3^{n-1}} & \cdots① \\ \boldsymbol{a_{n+1}-3a_n=2^{n-1}} & \cdots②\end{cases}$

(3) ①−②より $\boldsymbol{a_n=3^{n-1}-2^{n-1}}$

479

方針 (1) $\boldsymbol{a_{n+2}-2a_{n+1}=r(a_{n+1}-2a_n)}$ の形にする。

(3) $\boldsymbol{S-xS}$ をつくる。

解答 (1) $a_{n+2}-2a_{n+1}-2a_{n+1}+4a_n=0$ と変形すると　$a_{n+2}-2a_{n+1}=2(a_{n+1}-2a_n)$

$b_n=a_{n+1}-2a_n$ とおくと　$b_{n+1}=2b_n$

ゆえに，$\{b_n\}$ は初項 $b_1=a_2-2a_1=4-2\cdot1=2$，公比 2 の等比数列である。■

(2) (1)より　$b_n=2^n$　　よって　$a_{n+1}-2a_n=2^n$

両辺を 2^{n+1} で割って　$\dfrac{a_{n+1}}{2^{n+1}}-\dfrac{a_n}{2^n}=\dfrac{1}{2}$

これは数列 $\left\{\dfrac{a_n}{2^n}\right\}$ が等差数列であることを示すので

$$\frac{a_n}{2^n}=\frac{a_1}{2^1}+(n-1)\cdot\frac{1}{2}=\frac{n}{2}$$

したがって　$\boldsymbol{a_n=n\cdot2^{n-1}}$

(3)　$S_n=1+2\cdot2+3\cdot2^2+\cdots\qquad+n\cdot2^{n-1}$　…①

$2S_n=\qquad1\cdot2+2\cdot2^2+\cdots+(n-1)\cdot2^{n-1}+n\cdot2^n$　…②

①－②より

$$-S_n=1+2+2^2+\cdots+2^{n-1}-n\cdot2^n$$
$$=\frac{2^n-1}{2-1}-n\cdot2^n=-(n-1)\cdot2^n-1$$

したがって　$\boldsymbol{S_n=(n-1)\cdot2^n+1}$

実戦編

480

方針 (1) $\boldsymbol{\dfrac{a_{n+1}}{n+1}=\dfrac{a_n}{n}}$ と変形する。

(3) 両辺を $\boldsymbol{n(n+1)}$ で割る。

(4) 両辺に $\boldsymbol{2^n}$ を掛けて $\boldsymbol{2^na_n}$ を 1 つの項とみる。

解答 (1) $a_{n+1}=\dfrac{n+1}{n}a_n$ より　$\dfrac{a_{n+1}}{n+1}=\dfrac{a_n}{n}$

ゆえに　$\dfrac{a_n}{n}=\dfrac{a_1}{1}=1$　　よって　$\boldsymbol{a_n=n}$

(2)　$a_{n+1}+a_n=n$　…①

$a_{n+2}+a_{n+1}=n+1$　…②

②－①より　$a_{n+2}-a_{n+1}+(a_{n+1}-a_n)=1$

$b_n=a_{n+1}-a_n$ とおくと　$a_2=1-a_1=\dfrac{3}{4}$ より

$$b_1=a_2-a_1=\frac{3}{4}-\frac{1}{4}=\frac{1}{2}$$

$b_{n+1}+b_n=1$ より　$b_{n+1}-\dfrac{1}{2}=-\left(b_n-\dfrac{1}{2}\right)$

数列 $\left\{b_n-\dfrac{1}{2}\right\}$ は初項 $b_1-\dfrac{1}{2}=0$，公比 -1 の等比数列であるので

$b_n-\dfrac{1}{2}=0\cdot(-1)^{n-1}=0$　　よって　$b_n=\dfrac{1}{2}$

$a_{n+1}-a_n=\dfrac{1}{2}$ から　$a_n=\dfrac{1}{4}+(n-1)\dfrac{1}{2}$

よって　$\boldsymbol{a_n=\dfrac{1}{2}n-\dfrac{1}{4}}$

(3) 漸化式の両辺を $n(n+1)$ $(\neq0)$ で割ると

$$\frac{a_{n+1}}{n+1}=\frac{a_n}{n}+\frac{1}{n(n+1)}=\frac{a_n}{n}+\frac{1}{n}-\frac{1}{n+1}$$
$$\frac{a_{n+1}}{n+1}+\frac{1}{n+1}=\frac{a_n}{n}+\frac{1}{n}$$
$$\frac{a_{n+1}+1}{n+1}=\frac{a_n+1}{n}\qquad\frac{a_n+1}{n}=\frac{a_1+1}{1}=2$$

したがって　$\boldsymbol{a_n=2n-1}$

(4) $2a_{n+1}=a_n+(-1)^{n+1}$

両辺に 2^n を掛けて

$2^{n+1}a_{n+1}=2^na_n-(-2)^n$

2^na_n を 1 つの項とみると

$n\geqq2$ のとき

$$2^na_n=2\cdot a_1+\sum_{k=1}^{n-1}\{-(-2)^k\}=2+2\cdot\frac{1-(-2)^{n-1}}{1-(-2)}$$
$$=\frac{8+(-2)^n}{3}\qquad\text{よって}\quad a_n=\frac{(-2)^n+8}{3\cdot2^n}$$

$n=1$ のときも成立。

したがって　$\boldsymbol{a_n=\dfrac{(-2)^n+8}{3\cdot2^n}}$

〔別解〕　$2\cdot\dfrac{a_{n+1}}{(-1)^{n+1}}=-\dfrac{a_n}{(-1)^n}+1$ として

$\dfrac{a_n}{(-1)^n}=b_n$ とおくと

$$b_1=\frac{a_1}{-1}=-1,\quad 2b_{n+1}=-b_n+1$$
$$2\left(b_{n+1}-\frac{1}{3}\right)=-\left(b_n-\frac{1}{3}\right)$$

$b_{n+1}-\dfrac{1}{3}=-\dfrac{1}{2}\left(b_n-\dfrac{1}{3}\right)$ より，数列 $\left\{b_n-\dfrac{1}{3}\right\}$ は初項 $b_1-\dfrac{1}{3}=-\dfrac{4}{3}$，公比 $-\dfrac{1}{2}$ の等比数列である。

ゆえに，$b_n-\dfrac{1}{3}=-\dfrac{4}{3}\cdot\left(-\dfrac{1}{2}\right)^{n-1}$ より

$$b_n=\frac{1}{3}\left\{1-4\left(-\frac{1}{2}\right)^{n-1}\right\}=\frac{2^n+(-1)^n\cdot8}{3\cdot2^n}$$

よって　$\boldsymbol{a_n}=(-1)^nb_n=(-1)^n\cdot\dfrac{2^n+(-1)^n\cdot8}{3\cdot2^n}$

$$=\boldsymbol{\frac{(-2)^n+8}{3\cdot2^n}}$$

481

方針 $b_{n+1}=\dfrac{a_{n+1}-\beta}{a_{n+1}-\alpha}$ に $a_{n+1}=\dfrac{3a_n+2}{a_n+2}$ を代入する。

解答 (1) 与えられた等式より　$x(x+2)=3x+2$

$x^2-x-2=0$　　$(x+1)(x-2)=0$ $(x \neq -2)$

よって　$x=-1,\ 2$

$\alpha<\beta$ より　$\alpha=-1,\ \beta=2$

これより　$b_n=\dfrac{a_n-2}{a_n+1}$

したがって

$$b_{n+1}=\frac{a_{n+1}-2}{a_{n+1}+1}=\frac{\dfrac{3a_n+2}{a_n+2}-2}{\dfrac{3a_n+2}{a_n+2}+1}=\frac{1}{4}\cdot\frac{a_n-2}{a_n+1}=\frac{b_n}{4}$$

となるので，数列 $\{b_n\}$ は初項 $b_1=\dfrac{a_1-2}{a_1+1}=-2$,

公比 $\dfrac{1}{4}$ の等比数列である。∎

(2) (1)より　$b_n=-2\cdot\left(\dfrac{1}{4}\right)^{n-1}=-\dfrac{2}{4^{n-1}}$

ゆえに，$\dfrac{a_n-2}{a_n+1}=-\dfrac{2}{4^{n-1}}$ より

$4^{n-1}a_n-2\cdot4^{n-1}=-2a_n-2$

よって　$(4^{n-1}+2)a_n=2(4^{n-1}-1)$

したがって　$\boldsymbol{a_n=\dfrac{2(4^{n-1}-1)}{4^{n-1}+2}}$

482

方針 (1) $(n+1)a_{n+1}-ba_n=na_n-ba_{n-1}$ と変形する。一般項 a_n は，$n!a_n=c_n$ とおいて求める。

(2) $\dfrac{a_{k+2}}{a_k}$ を部分分数に分解する。

解答 (1) $(n+1)a_{n+1}-ba_n=na_n-ba_{n-1}$ より

$(n+1)a_{n+1}-ba_n=1\cdot a_1-b\cdot a_0$

$=1\cdot b-b\cdot1=0$

よって　$(n+1)a_{n+1}=ba_n$ が成り立つ。∎

両辺に $n!$ を掛けて　$(n+1)n!a_{n+1}=b\cdot n!a_n$

$n!a_n=c_n$ とおくと　$(n+1)n!=(n+1)!$ より

$c_{n+1}=bc_n,\ c_1=1!a_1=b$

よって　$c_n=n!a_n=b\cdot b^{n-1}=b^n$

$0!=1$ より $n=0$ のときも成立。

ゆえに　$\boldsymbol{a_n=\dfrac{b^n}{n!}}$

(2) $\dfrac{a_{k+2}}{a_k}=\dfrac{b^{k+2}}{(k+2)!}\cdot\dfrac{k!}{b^k}=\dfrac{b^2}{(k+2)(k+1)}$

$=b^2\left(\dfrac{1}{k+1}-\dfrac{1}{k+2}\right)$

よって

$\displaystyle\sum_{k=0}^{n}\frac{a_{k+2}}{a_k}$

$=b^2\left\{\left(1-\dfrac{1}{2}\right)+\left(\dfrac{1}{2}-\dfrac{1}{3}\right)+\cdots+\left(\dfrac{1}{n+1}-\dfrac{1}{n+2}\right)\right\}$

$=b^2\left(1-\dfrac{1}{n+2}\right)=\boldsymbol{\dfrac{n+1}{n+2}b^2}$

483

方針 (1) $k=1$ を与式に代入して，$a_3=7$ を代入する。

(2) a_{2k+1} と a_{2k-1} の関係式から a_{2m-1} の一般項を求める。

解答 $\begin{cases}a_{2k-1}+a_{2k}=8k^2-4k-3 & \cdots①\\ a_{2k}+a_{2k+1}=8k^2+4k-3 & \cdots②\end{cases}$

(1) ②で $k=1$ とすると　$a_2+a_3=9$　…③

$a_3=7$ を③に代入して　$a_2=2$　…④

①で $k=1$ とすると　$a_1+a_2=1$　…⑤

④，⑤より　$\boldsymbol{a_1=-1}$　…⑥

(2) ②－①より　$a_{2k+1}-a_{2k-1}=8k$

よって，$m\geqq2$ のとき

$a_{2m-1}=a_1+\displaystyle\sum_{k=1}^{m-1}8k=-1+8\cdot\frac{1}{2}(m-1)m$

$=4m(m-1)-1=2m(2m-2)-1$　…⑦

$a_1=-1$ だから $m=1$ のときも成立。

①から　$a_{2m-1}+a_{2m}=8m^2-4m-3$

これより　$a_{2m}=8m^2-4m-3-a_{2m-1}$

$=8m^2-4m-3-(4m^2-4m-1)$

$=4m^2-2$　…⑧

$n=2m-1$ のとき　$2m=n+1$　…⑨

⑦，⑨より　$a_n=(n+1)(n+1-2)-1=n^2-2$

$n=2m$ のとき　$2m=n$　…⑩

⑩，⑧より　$a_n=n^2-2$

以上より n が偶数，奇数に関係なく

$\boldsymbol{a_n=n^2-2}$

484

方針 (2) (1)で求めた一般項の和や差から a_n, b_n を求める。

解答 (1) $\begin{cases}a_{n+1}=2a_n+b_n & \cdots①\\ b_{n+1}=a_n+2b_n & \cdots②\end{cases}$

①＋②より　$a_{n+1}+b_{n+1}=3(a_n+b_n)$

数列 $\{a_n+b_n\}$ は初項 $a_1+b_1=6$，公比 3 の等比数列だから　$\boldsymbol{a_n+b_n}=6\cdot3^{n-1}=\boldsymbol{2\cdot3^n}$　…③

①－②より　$a_{n+1}-b_{n+1}=a_n-b_n$

よって　$\boldsymbol{a_n-b_n}=a_1-b_1=1-5=\boldsymbol{-4}$　…④

(2) (③＋④)÷2 より　$\boldsymbol{a_n=3^n-2}$

(③－④)÷2 より　$\boldsymbol{b_n=3^n+2}$

485

方針 (1) $\boldsymbol{a_{n+1}+\alpha b_{n+1}=\beta(a_n+\alpha b_n)}$ を $\boldsymbol{a_n}$ と $\boldsymbol{b_n}$ だけの関係式にして，$\boldsymbol{a_n}$，$\boldsymbol{b_n}$ についての恒等式とみる。

(2) (1)より求めた一般項を $\boldsymbol{a_n}$，$\boldsymbol{b_n}$ の連立方程式として解く。

解答 (1) $a_{n+1}+\alpha b_{n+1}=\beta(a_n+\alpha b_n)$

これを変形して

$(a_n-2b_n)+\alpha(a_n+4b_n)=\beta a_n+\alpha\beta b_n$

$(1+\alpha)a_n-2(1-2\alpha)b_n=\beta a_n+\alpha\beta b_n$

これが任意の自然数 n について成り立つとき

$$\begin{cases}1+\alpha=\beta & \cdots① \\ -2(1-2\alpha)=\alpha\beta & \cdots②\end{cases}$$

①を②に代入して　$-2+4\alpha=\alpha(1+\alpha)$

$\alpha^2-3\alpha+2=0$　　$(\alpha-1)(\alpha-2)=0$

ゆえに　$\alpha=1,\ 2$

①より，$\alpha=1$ のとき $\beta=2$，$\alpha=2$ のとき $\beta=3$

よって　$\boldsymbol{(\alpha,\ \beta)=(1,\ 2),\ (2,\ 3)}$

(2) (1)より　$\begin{cases}a_{n+1}+b_{n+1}=2(a_n+b_n) \\ a_{n+1}+2b_{n+1}=3(a_n+2b_n)\end{cases}$

ゆえに　$\begin{cases}a_n+b_n=2^{n-1}(a_1+b_1)=2^n & \cdots③ \\ a_n+2b_n=3^{n-1}(a_1+2b_1)=3^n & \cdots④\end{cases}$

③×2−④より　$\boldsymbol{a_n=2^{n+1}-3^n}$

④−③より　$\boldsymbol{b_n=3^n-2^n}$

486

方針 (1) 2 式から $\boldsymbol{b_n}$，$\boldsymbol{b_{n+1}}$ を消去して $\boldsymbol{a_{n+2}}$，$\boldsymbol{a_{n+1}}$，$\boldsymbol{a_n}$ だけの式にする。

(2) $\boldsymbol{2a_{n+2}-a_{n+1}=\frac{1}{2}(2a_{n+1}-a_n)}$ と変形して数列 $\boldsymbol{\{2a_{n+1}-a_n\}}$ の一般項を求め，$\boldsymbol{2^{n+1}a_{n+1}-2^na_n}$ が一定であることを示す。

(3) (2)より $\boldsymbol{a_n}$ を求める。

解答 (1) $6a_{n+1}=4a_n+b_n$　…①

$6b_{n+1}=-a_n+2b_n$　…②

①より　$b_n=6a_{n+1}-4a_n$，$b_{n+1}=6a_{n+2}-4a_{n+1}$

これを②に代入して

$6(6a_{n+2}-4a_{n+1})=-a_n+2(6a_{n+1}-4a_n)$

$36a_{n+2}-36a_{n+1}+9a_n=0$

よって　$4a_{n+2}-4a_{n+1}+a_n=0$ ■

(2) $4a_{n+2}-4a_{n+1}+a_n=0$ より

$2(2a_{n+2}-a_{n+1})-(2a_{n+1}-a_n)=0$

$2a_{n+2}-a_{n+1}=\frac{1}{2}(2a_{n+1}-a_n)$ より，

数列 $\{2a_{n+1}-a_n\}$ は初項 $2a_2-a_1$，公比 $\frac{1}{2}$ の等比数列である。

$a_2=\frac{4\cdot1-2}{6}=\frac{1}{3}$ だから　$2\cdot\frac{1}{3}-1=-\frac{1}{3}$

よって　$2a_{n+1}-a_n=-\frac{1}{3}\left(\frac{1}{2}\right)^{n-1}$

両辺に 2^n を掛けると

$2^{n+1}a_{n+1}-2^na_n=-\frac{2}{3}$ (一定)

したがって，$\{2^na_n\}$ は等差数列である。■

(3) (2)より　$2^na_n=2^1a_1+(n-1)\cdot\left(-\frac{2}{3}\right)=\frac{-2n+8}{3}$

よって　$\boldsymbol{a_n=-\frac{n-4}{3\cdot2^{n-1}}}$

①に代入して　$6\cdot\left(-\frac{n-3}{3\cdot2^n}\right)=4\left(-\frac{n-4}{3\cdot2^{n-1}}\right)+b_n$

ゆえに　$\boldsymbol{b_n}=\frac{-3n+9}{3\cdot2^{n-1}}+\frac{4n-16}{3\cdot2^{n-1}}=\boldsymbol{\frac{n-7}{3\cdot2^{n-1}}}$

487

方針 $\boldsymbol{a_n<100}$ のとき，$\boldsymbol{\{a_n\}}$ は初項 **2**，公差 **3** の等差数列で，$\boldsymbol{a_n}$ が **100** 以上になれば，次の項 $\boldsymbol{a_{n+1}=a_n-100}$ より，再び **100** より小さい数となる。

解答 (1) $a_{n+1}-a_n=3$ より

$a_n=2+(n-1)\cdot3=3n-1$

$a_n=3n-1<100$ を満たす自然数は　$1\leqq n\leqq33$

$a_{34}=3\cdot34-1=101>100$ だから

$a_{35}=a_{34}-100=101-100=1$

よって　$a_{34}>a_{35}$

ゆえに，最小の自然数 m は $\boldsymbol{m=34}$ で

$\boldsymbol{a_m}=a_{34}=\boldsymbol{101}$

$\sum_{k=1}^{m}a_k=\frac{34}{2}(2+101)=\boldsymbol{1751}$

(2) (1)より，$1\leqq n\leqq34$のとき　$a_n=3n-1$

$n\geqq35$ のとき，$a_{35}=1$，公差 3 の等差数列であるから

$a_n=1+\{(n-34)-1\}\cdot3=3n-104$

ただし，$3n-104<100$ を満たすのは $n<68$ であるので $35\leqq n\leqq67$ である。これより

$a_{67}=3\cdot67-104=97<100$

$a_{68}=97+3=100\geqq0$

よって　$a_{69}=100-100=0$

これ以降，公差 3 の数列となるので，

$n\geqq69$ のとき

$a_n=0+3\{(n-68)-1\}=3n-207$

ただし，$3n-207<100$ を満たすのは

$n<\dfrac{307}{3}=102.33\cdots$ より　$69\leqq n\leqq 102$

これより　$a_{102}=3\cdot 102-207=99<100$

$a_{103}=99+3=102\geqq 100$

$a_{104}=102-100=2$

$\boldsymbol{a_{105}=2+3=5}$

したがって，求める和は

$$\sum_{k=1}^{105}a_k=(2+5+8+\cdots+101) \quad \leftarrow a_1\sim a_{34}$$
$$+(1+4+7+\cdots+100) \quad \leftarrow a_{35}\sim a_{68}$$
$$+(0+3+6+\cdots+102) \quad \leftarrow a_{69}\sim a_{103}$$
$$+2+5 \quad \leftarrow a_{104},\ a_{105}$$
$$=0+1+2+\cdots+102+7$$
$$=\frac{1}{2}\cdot 102\cdot 103+7=\mathbf{5260}$$

44 数学的帰納法

必修編

488

方針 $\boldsymbol{n=k+1}$ のとき

(1)は $(\boldsymbol{2k+1})^2-(\boldsymbol{2k+2})^2$ を加える。

(3)は $\dfrac{\boldsymbol{1}}{\boldsymbol{2k+1}}-\dfrac{\boldsymbol{1}}{\boldsymbol{2(k+1)}}$ を加える。

(6) $\boldsymbol{1+2+\cdots+n=\dfrac{1}{2}n(n+1)}$ と変形する。

解答 (1) 与式をⒶとする。

(I) $n=1$ のとき　左辺$=1^2-2^2=-3$,

右辺$=-1\cdot 3=-3$ よりⒶは成立する。

(II) $n=k$ のときⒶが成立すると仮定すると

$$1^2-2^2+3^2-4^2+\cdots+(2k-1)^2-(2k)^2$$
$$=-k(2k+1)$$

$n=k+1$ のとき，Ⓐの左辺は

$$1^2-2^2+\cdots-(2k)^2+(2k+1)^2-(2k+2)^2$$
$$=-k(2k+1)+(2k+1)^2-(2k+2)^2$$
$$=-2k^2-5k-3=-(k+1)(2k+3)$$
$$=-(k+1)\{2(k+1)+1\}$$

ゆえに，$n=k+1$ のときもⒶは成立する。

(I), (II)より，等式Ⓐはすべての自然数 n について成立する。∎

(2) 与式をⒷとする。

(I) $n=1$ のとき

$$\text{左辺}=1-\frac{1}{2^2}=\frac{3}{4},\quad \text{右辺}=\frac{3}{4}$$

よりⒷは成立する。

(II) $n=k$ のときⒷが成立すると仮定すると

$$\left(1-\frac{1}{2^2}\right)\left(1-\frac{1}{3^2}\right)\cdots\left\{1-\frac{1}{(k+1)^2}\right\}=\frac{k+2}{2(k+1)}$$

辺々に $\left\{1-\dfrac{1}{(k+2)^2}\right\}$ を掛けると

$$\left(1-\frac{1}{2^2}\right)\left(1-\frac{1}{3^2}\right)\cdots$$
$$\times\left\{1-\frac{1}{(k+1)^2}\right\}\left\{1-\frac{1}{(k+2)^2}\right\}$$
$$=\frac{k+2}{2(k+1)}\times\frac{(k+2)^2-1}{(k+2)^2}=\frac{(k+1)(k+3)}{2(k+1)(k+2)}$$
$$=\frac{(k+1)+2}{2(k+2)}$$

ゆえに $n=k+1$ のときもⒷが成立する。

(I), (II)より，すべての自然数 n についてⒷが成立する。∎

(3) 与式をⒸとする。

(I) $n=1$ のとき　左辺$=1-\dfrac{1}{2}=\dfrac{1}{2}$

右辺$=\dfrac{1}{2\cdot 1}=\dfrac{1}{2}$ よりⒸは成立する。

(II) $n=k$ のときⒸが成立すると仮定すると

$$1-\frac{1}{2}+\frac{1}{3}-\frac{1}{4}+\cdots+\frac{1}{2k-1}-\frac{1}{2k}$$
$$=\frac{1}{k+1}+\frac{1}{k+2}+\cdots+\frac{1}{2k}$$

$n=k+1$ のとき，Ⓒの左辺は

$$1-\frac{1}{2}+\frac{1}{3}-\frac{1}{4}+\cdots+\frac{1}{2k-1}-\frac{1}{2k}$$
$$+\frac{1}{2k+1}-\frac{1}{2(k+1)}$$
$$=\frac{1}{k+1}+\frac{1}{k+2}+\cdots+\frac{1}{2k}+\frac{1}{2k+1}-\frac{1}{2(k+1)}$$
$$=\frac{1}{k+2}+\cdots+\frac{1}{2k}+\frac{1}{2k+1}+\frac{1}{k+1}-\frac{1}{2(k+1)}$$
$$=\frac{1}{k+2}+\cdots+\frac{1}{2k}+\frac{1}{2k+1}+\frac{1}{2(k+1)}$$

ゆえに，$n=k+1$ のときもⒸは成立する。

(I), (II)より，すべての自然数 n に対してⒸは成立する。∎

(4) 与式をⒹとする。

(I) $n=1$ のとき　左辺$=\dfrac{1}{1^2}=1$,

右辺$=2-\frac{1}{1}=1$ より Ⓓは成立する。

(Ⅱ) $n=k$ のとき Ⓓが成立すると仮定すると

$$\sum_{i=1}^{k}\frac{1}{i^2}\leqq 2-\frac{1}{k}$$

$n=k+1$ のとき，Ⓓの左辺は

$$\sum_{i=1}^{k+1}\frac{1}{i^2}=\sum_{i=1}^{k}\frac{1}{i^2}+\frac{1}{(k+1)^2}$$

$$\leqq 2-\frac{1}{k}+\frac{1}{(k+1)^2}\quad \cdots①$$

ここで

$$2-\frac{1}{k+1}-\left\{2-\frac{1}{k}+\frac{1}{(k+1)^2}\right\}$$

$$=\frac{1}{k}-\frac{1}{k+1}-\frac{1}{(k+1)^2}=\frac{1}{k(k+1)^2}>0$$

よって　$2-\frac{1}{k}+\frac{1}{(k+1)^2}<2-\frac{1}{k+1}\quad \cdots②$

①，②より　$\sum_{i=1}^{k+1}\frac{1}{i^2}<2-\frac{1}{k+1}$

よって，$n=k+1$ のときもⒹは成立する。

(Ⅰ)，(Ⅱ)より，すべての自然数 n に対してⒹは成立する。■

(5) 与式をⒺとする。

(Ⅰ) $n=1$ のとき　左辺$=1$，右辺$=2$

より，Ⓔは成立する。

(Ⅱ) $n=k$ のとき Ⓔが成立すると仮定すると

$$1+\frac{1}{\sqrt{2}}+\cdots+\frac{1}{\sqrt{k}}<2\sqrt{k}$$

$n=k+1$ のとき，Ⓔの左辺は

$$1+\frac{1}{\sqrt{2}}+\cdots+\frac{1}{\sqrt{k}}+\frac{1}{\sqrt{k+1}}<2\sqrt{k}+\frac{1}{\sqrt{k+1}}\quad \cdots①$$

ここで

$$2\sqrt{k+1}-\left(2\sqrt{k}+\frac{1}{\sqrt{k+1}}\right)$$

$$=2(\sqrt{k+1}-\sqrt{k})-\frac{1}{\sqrt{k+1}}$$

$$=\frac{2}{\sqrt{k+1}+\sqrt{k}}-\frac{1}{\sqrt{k+1}}$$

$$=\frac{\sqrt{k+1}-\sqrt{k}}{(\sqrt{k+1}+\sqrt{k})\sqrt{k+1}}>0$$

よって　$2\sqrt{k}+\frac{1}{\sqrt{k+1}}<2\sqrt{k+1}\quad \cdots②$

①，②より

$$1+\frac{1}{\sqrt{2}}+\cdots+\frac{1}{\sqrt{k}}+\frac{1}{\sqrt{k+1}}<2\sqrt{k+1}$$

よって，$n=k+1$ のときもⒺは成立する。

(Ⅰ)，(Ⅱ)より，すべての自然数 n に対してⒻは成立する。■

(6) $1+2+\cdots+n=\frac{1}{2}n(n+1)>0$ であるから，

与えられた不等式は

$$1+\frac{1}{2}+\frac{1}{3}+\cdots+\frac{1}{n}\geqq\frac{2n}{n+1}\quad \cdots①$$

と同値である。①を数学的帰納法で証明する。

(Ⅰ) $n=1$ のとき

左辺$=1$，右辺$=\frac{2\cdot 1}{1+1}=1$

よって，①は成立する。

(Ⅱ) $n=k$ のとき，①が成立すると仮定すると

$$1+\frac{1}{2}+\frac{1}{3}+\cdots+\frac{1}{k}\geqq\frac{2k}{k+1}\quad \cdots②$$

$n=k+1$ のとき，①の左辺と右辺の差は

左辺−右辺

$$=1+\frac{1}{2}+\frac{1}{3}+\cdots+\frac{1}{k}+\frac{1}{k+1}-\frac{2(k+1)}{(k+1)+1}$$

$$\geqq\frac{2k}{k+1}+\frac{1}{k+1}-\frac{2(k+1)}{k+2}\quad (②より)$$

$$=\frac{2k+1}{k+1}-\frac{2(k+1)}{k+2}$$

$$=\frac{(2k+1)(k+2)-2(k+1)^2}{(k+1)(k+2)}$$

$$=\frac{k}{(k+1)(k+2)}>0$$

よって，左辺>右辺となり，$n=k+1$ のときも①は成立する。

(Ⅰ)，(Ⅱ)より，すべての自然数 n に対して①は成立する。■

489

方針　$n=k+1$ のとき，(1)は $2^{k+1}=2\cdot 2^k$，(2)は $3^{k+2}+4^{2k+1}=3\cdot(3^{k+1}+4^{2k-1})-3\cdot 4^{2k-1}+4^2\cdot 4^{2k-1}$ とする。(3)は両辺に $1+x$ を掛ける。

解答　(1) $2^n>n^2-n+2$　…Ⓐ

(Ⅰ) $n=4$ のとき　左辺$=2^4=16$

右辺$=4^2-4+2=14$ よりⒶは成立する。

(Ⅱ) $n=k$ $(\geqq 4)$ のときⒶが成立すると仮定すると　$2^k>k^2-k+2$

$n=k+1$ のとき，Ⓐの左辺は

$2^{k+1}=2\cdot 2^k>2(k^2-k+2)$　…①

一方

$2(k^2-k+2)-\{(k+1)^2-(k+1)+2\}$

$=2k^2-2k+4-k^2-2k-1+k+1-2$

$=k^2-3k+2=(k-1)(k-2)>0$（$k\geqq 4$ より）

よって

$2(k^2-k+2)>(k+1)^2-(k+1)+2$　…②

①，②より $n=k+1$ のときもⒶは成立する。

(Ⅰ)，(Ⅱ)より，$n\geqq 4$ のすべての自然数 n に対してⒶは成立する。■

(2) $N_n=3^{n+1}+4^{2n-1}$ とおく。

(Ⅰ) $n=1$ のとき　$N_1=3^{1+1}+4^{2\cdot 1-1}=3^2+4=13$

よって，$n=1$ のとき命題は成立する。

(Ⅱ) $n=k$ のとき命題が成立すると仮定すると M_k を整数として　$N_k=3^{k+1}+4^{2k-1}=13M_k$ とかける。

このとき

$N_{k+1}=3^{(k+1)+1}+4^{2(k+1)-1}$

$=3\cdot 3^{k+1}+4^2\cdot 4^{2k-1}$　…①

$=3\cdot(3^{k+1}+4^{2k-1})-3\cdot 4^{2k-1}+4^2\cdot 4^{2k-1}$

$=3\cdot 13M_k+4^{2k-1}(4^2-3)$

$=13(3M_k+4^{2k-1})$

$3M_k+4^{2k-1}$ は整数だから，N_{k+1} は 13 の倍数。

ゆえに，$n=k+1$ のときも命題は成立する。

(Ⅰ)，(Ⅱ)より，すべての自然数 n に対して命題は成立する。

〔別解〕 ①は次のように変形してもよい。

$3\cdot 3^{k+1}+16\cdot(13M_k-3^{k+1})$

$=16\cdot 13M_k-13\cdot 3^{k+1}=13\cdot(16M_k-3^{k+1})$

$16M_k-3^{k+1}$ は整数だから，N_{k+1} は 13 の倍数。■

(3) $(1+x)^n\geqq 1+nx+\dfrac{n(n-1)}{2}x^2$ $(x>0)$　…Ⓐ

(Ⅰ) $n=2$ のとき　左辺$=(1+x)^2=1+2x+x^2$，

右辺$=1+2x+x^2$ より，Ⓐは成立する。

(Ⅱ) $n=k$ $(\geqq 2)$ のとき，Ⓐが成立すると仮定すると　$(1+x)^k\geqq 1+kx+\dfrac{k(k-1)}{2}x^2$

辺々に $1+x$ (>0) を掛けると

$$(1+x)^{k+1}\geqq\left\{1+kx+\frac{k(k-1)}{2}x^2\right\}(1+x)$$

一方

$$\left\{1+kx+\frac{k(k-1)}{2}x^2\right\}(1+x)-\left\{1+(k+1)x+\frac{(k+1)k}{2}x^2\right\}$$

$$=1+(k+1)x+\left\{\frac{k(k-1)}{2}+k\right\}x^2+\frac{k(k-1)}{2}x^3-1-(k+1)x-\frac{(k+1)k}{2}x^2$$

$=\dfrac{k(k-1)}{2}x^3>0$（$k\geqq 2$，$x>0$ より）

ゆえに，$n=k+1$ のときもⒶは成立する。

(Ⅰ)，(Ⅱ)より，$n\geqq 2$ のすべての自然数 n に対してⒶは成立する。■

実戦編

490

方針　(1) $a_{k+1}=\dfrac{a_k^{\,2}}{2a_k+3}$ を利用して $0<a_k\leqq 1$，$a_k<a_{k+1}$ を数学的帰納法で示す。

(2) $0<a_k\leqq 1$ であることを利用して $a_{k+1}<\dfrac{1}{3}a_k^{\,2}$ を導く。

解答　(1) $0<a_n\leqq 1$　…Ⓐ　とする。

(Ⅰ) $n=1$ のとき

$a_1=1$ より　$0<a_1\leqq 1$

よって，$n=1$ のときⒶは成立する。

(Ⅱ) $n=k$ のとき，Ⓐが成立すると仮定すると

$0<a_k\leqq 1$　…①

$n=k+1$ のとき

①より　$a_{k+1}=\dfrac{a_k^{\,2}}{2a_k+3}>0$

また　$1-a_{k+1}=1-\dfrac{a_k^{\,2}}{2a_k+3}=\dfrac{2a_k+3-a_k^{\,2}}{2a_k+3}$

$=\dfrac{(1+a_k)(3-a_k)}{2a_k+3}>0$

よって，$0<a_{k+1}<1$ となり，$n=k+1$ のときⒶは成立する。

(Ⅰ)，(Ⅱ)より，すべての自然数 n に対してⒶは成立する。

また　$a_{n+1}=\dfrac{a_n^{\,2}}{2a_n+3}<\dfrac{a_n^{\,2}}{2a_n}=\dfrac{1}{2}a_n<a_n$

ゆえに　$a_{n+1}<a_n$ ■

(2) $a_n\leqq\dfrac{1}{5^{n-1}}$　…Ⓑ　とおく。

(Ⅰ) $n=1$，2 のとき，$a_1=1$，$a_2=\dfrac{1^2}{2\cdot 1+3}=\dfrac{1}{5}$ だ

から，Ⓑは成立する。

(Ⅱ) $n=k$ ($\geqq 2$) のときⒷが成立すると仮定すると　$a_{k+1}=\dfrac{a_k{}^2}{2a_k+3}<\dfrac{1}{3}a_k{}^2$

$$\leqq\frac{1}{3}\cdot\left(\frac{1}{5^{k-1}}\right)^2=\frac{1}{3}\cdot\frac{1}{5^{k-2}}\cdot\frac{1}{5^k}<\frac{1}{5^k}$$

よって，Ⓑは $n=k+1$ のときも成立する。

(Ⅰ)，(Ⅱ)より，すべての自然数 n に対してⒷが成立する。■

491

方針 $n=1,\ 2,\ 3,\ 4$ を順次代入していく。

解答 $a_2+2a_2a_1-3a_1=0$ から　$a_2+3a_2=\dfrac{9}{2}$

よって　$\boldsymbol{a_2=\dfrac{9}{8}}$

$a_3+2a_3a_2-3a_2=0$ から　$a_3+\dfrac{9}{4}a_3=\dfrac{27}{8}$

よって　$\boldsymbol{a_3=\dfrac{27}{26}}$

$a_4+2a_4a_3-3a_3=0$ から　$a_4+\dfrac{27}{13}a_4=\dfrac{81}{26}$

よって　$\boldsymbol{a_4=\dfrac{81}{80}}$

$a_5+2a_5a_4-3a_4=0$ から　$a_5+\dfrac{81}{40}a_5=\dfrac{243}{80}$

よって　$\boldsymbol{a_5=\dfrac{243}{242}}$

これより，$\boldsymbol{a_n=\dfrac{3^n}{3^n-1}}$ と推測できる。

(Ⅰ) $n=1$ のとき，$a_1=\dfrac{3^1}{3^1-1}=\dfrac{3}{2}$ であるから成り立つ。

(Ⅱ) $n=k$ のとき，$a_k=\dfrac{3^k}{3^k-1}$ が成り立つと仮定する。$n=k+1$ のとき，$a_{k+1}+2a_{k+1}a_k-3a_k=0$ より

$$(2a_k+1)a_{k+1}=3a_k \qquad a_{k+1}=\frac{3a_k}{2a_k+1}\quad (a_k>0)$$

だから

$$a_{k+1}=\frac{3\cdot\dfrac{3^k}{3^k-1}}{2\cdot\dfrac{3^k}{3^k-1}+1}=\frac{3^{k+1}}{2\cdot 3^k+3^k-1}=\frac{3^{k+1}}{3^{k+1}-1}$$

よって，$n=k+1$ のときも成り立つ。

(Ⅰ)，(Ⅱ)よりすべての自然数 n に対して

$a_n=\dfrac{3^n}{3^n-1}$ が成り立つ。■

492

方針 $\boldsymbol{a_1,\ a_2,\ a_3,\ a_4}$，…を求めて $\boldsymbol{a_n}$ を推定し，数学的帰納法で証明する。

解答 $a_1=1,\ a_2=2a_1=2$

$2a_3=2(a_1+a_2)=6$ より　$a_3=3$

$3a_4=2(a_1+a_2+a_3)=12$ より　$a_4=4$

よって，$\boldsymbol{a_n=n}$ と推定される。

$a_n=n$　…Ⓐ　とおく。

(Ⅰ) $a_1=1$ だから $n=1$ のときⒶが成立する。

(Ⅱ) $k\geqq 1$ として $n\leqq k$ のときⒶが成立すると仮定すると　$ka_{k+1}=2(a_1+a_2+a_3+\cdots+a_k)$

$$=2(1+2+3+\cdots+k)$$
$$=2\cdot\frac{k(k+1)}{2}$$
$$=k(k+1)$$

$k\neq 0$ だから　$a_{k+1}=k+1$

ゆえに，$n=k+1$ のときもⒶは成立する。

(Ⅰ)，(Ⅱ)より，すべての自然数 n に対して $a_n=n$ が成立する。■

493

方針 $\boldsymbol{f(1),\ f(2),\ f(3)}$，…を求めて，$\boldsymbol{f(n)}$ を推定し，数学的帰納法で証明する。

解答 $f(0)=1,\ f(1)=f(0)=1,$

$f(2)=f(0)+f(1)=2,$

$f(3)=f(0)+f(1)+f(2)=4$

よって，$\boldsymbol{f(n)=2^{n-1}}$ (n は自然数) と推定される。

$f(n)=2^{n-1}$　…Ⓐ　とおく。

$f(n)=f(0)+f(1)+\cdots+f(n-1)$　…①

(Ⅰ) $n=1$ のとき　$f(1)=f(0)=1$

$2^{1-1}=2^0=1$ より，$n=1$ のときⒶは成立する。

(Ⅱ) $n\leqq k$ に対してⒶが成立すると仮定すると

$$f(k+1)=1+1+2+2^2+\cdots+2^{k-1}$$
$$=1+\frac{2^k-1}{2-1}=2^k$$

ゆえに，$n=k+1$ のときもⒶは成立する。

(Ⅰ)，(Ⅱ)より，すべての自然数 n に対して

$f(n)=2^{n-1}$ である。■

494

方針 (2) **$n=k$, $k+1$ のとき P_k, P_{k+1} がそれぞれ x の k 次式, $(k+1)$ 次式で表せると仮定して, $n=k+2$, すなわち P_{k+2} が x の $(k+2)$ 次式で表されることを示す。**

解答 (1) $P_2=x^2-2$, $P_3=x^3-3x$

(2) 命題「P_n は x の n 次の整式で表される。」をⒶとおく。

(I) $n=1$, 2 のとき　$P_1=t+\dfrac{1}{t}=x$,

$$P_2=t^2+\frac{1}{t^2}=\left(t+\frac{1}{t}\right)^2-2=x^2-2$$

だから, $n=1$, 2 のときⒶは成立する。

(II) $n=k$, $k+1$ のときⒶが成立すると仮定すると Q_k, Q_{k+1} をそれぞれ k 次, $(k+1)$ 次の x の整式として

$$P_k=t^k+\frac{1}{t^k}=Q_k,\quad P_{k+1}=t^{k+1}+\frac{1}{t^{k+1}}=Q_{k+1}$$

とかける。このとき,

$$\begin{aligned}P_{k+2}&=t^{k+2}+\frac{1}{t^{k+2}}\\&=\left(t+\frac{1}{t}\right)\left(t^{k+1}+\frac{1}{t^{k+1}}\right)-\left(t^k+\frac{1}{t^k}\right)\\&=x\cdot Q_{k+1}-Q_k\end{aligned}$$

これは x の $k+2$ 次の整式だから, $n=k+2$ のときもⒶが成立する。

(I), (II)より, すべての自然数 n に対してⒶが成立する。

すなわち, P_n は x の n 次の整式である。■

495

方針 **解と係数の関係から $\alpha+\beta$, $\alpha\beta$ の値を求め, $n=k$, $k+1$ のとき成り立つと仮定して, $n=k+2$ のときに成り立つことを示す。**

解答 $\alpha^n+\beta^n-3^n$ は5の倍数になる。

(n は正の整数)　…①

とする。

解と係数の関係により　$\alpha+\beta=3$, $\alpha\beta=5$

(I) $n=1$ のとき　$\alpha+\beta-3=3-3=0$

よって, 5の倍数である。

$n=2$ のとき

$$\begin{aligned}\alpha^2+\beta^2-3^2&=(\alpha+\beta)^2-2\alpha\beta-3^2\\&=3^2-2\cdot5-3^2=-10=5\cdot(-2)\end{aligned}$$

よって, 5の倍数である。

(II) $n=k$, $k+1$ のとき①が成り立つと仮定すると

$\alpha^k+\beta^k-3^k=5p$,

$\alpha^{k+1}+\beta^{k+1}-3^{k+1}=5q$ (p, q は整数)

$n=k+2$ のとき

$$\begin{aligned}&\alpha^{k+2}+\beta^{k+2}-3^{k+2}\\&=(\alpha+\beta)(\alpha^{k+1}+\beta^{k+1})-\alpha^{k+1}\beta-\alpha\beta^{k+1}-3^{k+2}\\&=3(\alpha^{k+1}+\beta^{k+1})-\alpha\beta(\alpha^k+\beta^k)-3^{k+2}\\&=3(\alpha^{k+1}+\beta^{k+1}-3^{k+1})-\alpha\beta(\alpha^k+\beta^k-3^k)-\alpha\beta\cdot3^k\\&=3\cdot5q-5\cdot5p-5\cdot3^k=5(3q-5p-3^k)\end{aligned}$$

$3q-5p-3^k$ は整数であるから,

$\alpha^{k+2}+\beta^{k+2}-3^{k+2}$ は5の倍数である。

よって, $n=k+2$ のときも①は成り立つ。

(I), (II)より, すべての正の整数 n に対して①は成り立つ。■

496

方針 (1) **$n=k+1$ のとき $(2+\sqrt{3})^{k+1}=(2+\sqrt{3})(2+\sqrt{3})^k$ として, $n=k$ のときの式を用いる。**

(2) **数学的帰納法で示す。**

(3) **$0<2-\sqrt{3}<1$ だから $0<(2-\sqrt{3})^n<1$ であることを利用する。**

解答 (1) (I) $n=1$ のとき　$(2+\sqrt{3})^1=2+1\cdot\sqrt{3}$

よって, $n=1$ のとき命題は成立する。

(II) $n=k$ のとき命題が成立すると仮定すると,

a_k, b_k を自然数として

$$(2+\sqrt{3})^k=a_k+b_k\sqrt{3}$$

と表される。

$n=k+1$ のとき

$$\begin{aligned}(2+\sqrt{3})^{k+1}&=(2+\sqrt{3})(2+\sqrt{3})^k\\&=(2+\sqrt{3})(a_k+b_k\sqrt{3})\\&=(2a_k+3b_k)+(a_k+2b_k)\sqrt{3}\end{aligned}$$

a_k, b_k は自然数だから, $2a_k+3b_k$, a_k+2b_k も自然数である。

ゆえに, $n=k+1$ のときも命題は成立する。

(I), (II)より, すべての自然数 n に対して命題が成立する。■

(2) (I) $n=1$ のとき $(2-\sqrt{3})^1=2-1\cdot\sqrt{3}$ で命題は成立する。

(II) $n=k$ のとき

$(2+\sqrt{3})^k=a_k+b_k\sqrt{3}$ (a_k, b_k は自然数) ならば

$(2-\sqrt{3})^k=a_k-b_k\sqrt{3}$ と表されると仮定すると,

(1)より

$$\begin{aligned}(2+\sqrt{3})^{k+1}&=(a_k+b_k\sqrt{3})(2+\sqrt{3})\\&=(2a_k+3b_k)+(a_k+2b_k)\sqrt{3}\end{aligned}$$

一方

$$\begin{aligned}(2-\sqrt{3})^{k+1}&=(2-\sqrt{3})(2-\sqrt{3})^k\\&=(2-\sqrt{3})(a_k-b_k\sqrt{3})\\&=(2a_k+3b_k)-(a_k+2b_k)\sqrt{3}\end{aligned}$$

ゆえに, $n=k+1$ のときも命題が成立する。

(Ⅰ), (Ⅱ)より，すべての自然数 n に対して命題が成立する。■

(3) (1), (2)より，a，b を自然数として

$(2+\sqrt{3})^n=a+b\sqrt{3}$ とすると

$$(2+\sqrt{3})^n+(2-\sqrt{3})^n=(a+b\sqrt{3})+(a-b\sqrt{3})$$
$$=2a$$
$$(2+\sqrt{3})^n=2a-(2-\sqrt{3})^n$$

$0<2-\sqrt{3}<1$ より，$0<(2-\sqrt{3})^n<1$ だから

$$2a-1<(2+\sqrt{3})^n<2a$$

よって，$(2+\sqrt{3})^n$ の整数部分は

$$2a-1=\boldsymbol{(2+\sqrt{3})^n+(2-\sqrt{3})^n-1}$$

497

方針 (1)(あ) $\boldsymbol{n=k}$，$\boldsymbol{k+1}$ のとき $\boldsymbol{a_n}$ が奇数であると仮定して，$\boldsymbol{a_{k+2}}$ が奇数であることを示す。

(い) 一般項 $\boldsymbol{a_n}$ を求めて，$\boldsymbol{a_n{}^2-a_{n+1}a_{n-1}}$ を計算する。

(2) $\boldsymbol{a_{n+1}}$ と $\boldsymbol{a_n}$ が互いに素でない，すなわち最大公約数 $\boldsymbol{g}$ を用いて $\boldsymbol{a_{n+1}=g\alpha}$，$\boldsymbol{a_n=g\beta}$ $(\boldsymbol{g\neq 1})$ と表して矛盾を示す。

解答 (1)(あ)(Ⅰ) $n=1$，2 のとき，$a_1=a_2=1$ だから奇数である。

(Ⅱ) $n=k$，$k+1$ (k は自然数) のとき a_n が奇数だと仮定すると N_k，M_k を整数として

$a_k=2N_k-1$，$a_{k+1}=2M_k-1$ とおける。

$n=k+2$ のとき

$$a_{k+2}=a_{k+1}+2a_k=2M_k-1+2(2N_k-1)$$
$$=2(M_k+2N_k-1)-1$$

ここで，M_k，N_k は整数だから

M_k+2N_k-1 は整数。

よって，$2(M_k+2N_k-1)-1$ は奇数。

ゆえに，$n=k+2$ のときも a_n は奇数である。

(Ⅰ), (Ⅱ)より，すべての自然数 n に対して a_n は奇数である。■

(い) $a_{n+1}-a_n-2a_{n-1}=0$ $(n\geqq 2)$

よって　$a_{n+1}-2a_n+a_n-2a_{n-1}=0$

$$a_{n+1}-2a_n=-(a_n-2a_{n-1})$$
$$a_{n+1}-2a_n=(a_2-2a_1)\cdot(-1)^{n-1}=(-1)^n \quad \cdots ①$$

同様にして　$a_{n+1}+a_n-2a_n-2a_{n-1}=0$

$$a_{n+1}+a_n=2(a_n+a_{n-1})$$
$$a_{n+1}+a_n=(a_2+a_1)\cdot 2^{n-1}=2^n \quad \cdots ②$$

②−①より　$3a_n=2^n-(-1)^n$　$\cdots ③$

両辺を 2 乗して　$9a_n{}^2=\{2^n-(-1)^n\}^2$

また③より　$(3a_{n+1})\cdot(3a_{n-1})$

$$=\{2^{n+1}-(-1)^{n+1}\}\{2^{n-1}-(-1)^{n-1}\}$$

ゆえに

$$9a_n{}^2-9a_{n+1}\cdot a_{n-1}$$
$$=\{2^n-(-1)^n\}^2-\{2^{n+1}-(-1)^{n+1}\}\{2^{n-1}-(-1)^{n-1}\}$$
$$=2^{2n}-2\cdot 2^n\cdot(-1)^n+(-1)^{2n}-\{2^{2n}-2^{n+1}(-1)^{n-1}-2^{n-1}\cdot(-1)^{n+1}+(-1)^{2n}\}$$
$$=2^{2n}-2\cdot 2^n\cdot(-1)^n+(-1)^{2n}-2^{2n}+2^{n+1}(-1)^{n-1}+2^{n-1}\cdot(-1)^{n+1}-(-1)^{2n}$$
$$=-2(-2)^n+2^{n+1}(-1)^{n+1}+2^{n-1}\cdot(-1)^{n-1}$$
$$=(-2)^{n+1}+(-2)^{n+1}+(-2)^{n-1}$$
$$=4(-2)^{n-1}+4(-2)^{n-1}+(-2)^{n-1}=9\cdot(-2)^{n-1}$$

よって

$$a_n{}^2-a_{n+1}a_{n-1}=(-2)^{n-1} \quad (n\geqq 2) \quad \cdots ④$$ ■

(2) ある n に対して，a_{n+1} と a_n が互いに素でないと仮定すると，a_{n+1}，a_n は最大公約数 g $(\neq 1)$ をもつ。よって

$a_{n+1}=g\alpha$，$a_n=g\beta$ (g，α，β は奇数)　$\cdots ⑤$

とおける。

⑤を④に代入して

$$(g\beta)^2-g\alpha\cdot a_{n-1}=(-2)^{n-1}$$
$$g(g\beta^2-\alpha a_{n-1})=(-2)^{n-1}$$

ここで g は奇数，$g\beta^2-\alpha a_{n-1}$ は整数で，$(-2)^{n-1}$ は 2 のみを因数にもつ数だから $g=1$ のときのみこの数式は成立する。

これは，$g\neq 1$ の仮定に反する。

ゆえに，隣り合う 2 項は互いに素である。■

498

方針 $n=1$ のときは $3<\pi<3.2$ であることを利用する。$n=k$ $(k\geqq 2)$ のときは，$0<\theta<\dfrac{\pi}{2}$ で $\sin\theta$ が単調増加であることと，条件式の θ を $\dfrac{3}{\sqrt{3k}+1}$ におき換えて考える。

解答 (I) $n=1$ のとき，$\dfrac{3}{\sqrt{3}+1}<a_1<\sqrt{3}$ を示す。

$3<\pi<3.2$ であるので　$\dfrac{3}{2}<\dfrac{\pi}{2}<1.6<\sqrt{3}$

よって，$\dfrac{3}{\sqrt{3}+1}<\dfrac{\pi}{2}<\sqrt{3}$ となり成り立つ。

$n=2$ のとき，$a_2=\sin a_1=\sin\dfrac{\pi}{2}=1$ であるから

$\dfrac{3}{\sqrt{6}+1}<\dfrac{3}{2+1}=a_2=1<\sqrt{\dfrac{3}{2}}$ となり成り立つ。

ゆえに，$n=1,\ 2$ のとき与えられた不等式は成立する。

(II) $n=k$ $(k\geqq 2)$ で不等式が成立すると仮定すると

$\dfrac{3}{\sqrt{3k}+1}<a_k<\sqrt{\dfrac{3}{k}}$　…①

$k\geqq 2$ のとき，$\sqrt{\dfrac{3}{k}}\leqq\sqrt{\dfrac{3}{2}}=\dfrac{\sqrt{6}}{2}<\dfrac{\pi}{2}$ かつ

$0<\theta<\dfrac{\pi}{2}$ で $\sin\theta$ は単調増加。

よって　$\sin\dfrac{3}{\sqrt{3k}+1}<\sin a_k<\sin\sqrt{\dfrac{3}{k}}$

$a_2=\sin a_1=\sin\dfrac{\pi}{2}=1$

また，$k\geqq 3$ のとき　$\sqrt{\dfrac{3}{k}}\leqq 1$

よって，$k\geqq 2$ のとき，①より　$0<\dfrac{3}{\sqrt{3k}+1}<1$

ここで，$\dfrac{3\theta}{\theta+\sqrt{3\theta^2+(3-\theta)^2}}<\sin\theta$ $(0<\theta\leqq 1)$

に，$\theta=\dfrac{3}{\sqrt{3}k+1}$ を代入すると

$$\frac{3\cdot\dfrac{3}{\sqrt{3k}+1}}{\dfrac{3}{\sqrt{3k}+1}+\sqrt{3\left(\dfrac{3}{\sqrt{3k}+1}\right)^2+\left(3-\dfrac{3}{\sqrt{3k}+1}\right)^2}}$$

$$<\sin\frac{3}{\sqrt{3k}+1}$$

左辺を整理すると

左辺

$$=\frac{3\cdot\dfrac{3}{\sqrt{3k}+1}}{\dfrac{3}{\sqrt{3k}+1}+\sqrt{3\left(\dfrac{3}{\sqrt{3k}+1}\right)^2+\left(3-\dfrac{3}{\sqrt{3k}+1}\right)^2}}$$

$$=\frac{3}{1+\sqrt{3+\left(\dfrac{\sqrt{3k}+1}{3}\right)^2\left(3-\dfrac{3}{\sqrt{3k}+1}\right)^2}}$$

$$=\frac{3}{1+\sqrt{3+\left\{\left(\dfrac{\sqrt{3k}+1}{3}\right)\left(3-\dfrac{3}{\sqrt{3k}+1}\right)\right\}^2}}$$

$$=\frac{3}{1+\sqrt{3+(\sqrt{3k}+1-1)^2}}=\frac{3}{\sqrt{3(k+1)}+1}$$

よって　$\dfrac{3}{\sqrt{3(k+1)}+1}<\sin\dfrac{3}{\sqrt{3k}+1}$

$<\sin a_k=a_{k+1}$　…②

また，$\sin\theta<\sqrt{\dfrac{3\theta^2}{3+\theta^2}}$ $(\theta>0)$ だから

$$\sin\sqrt{\frac{3}{k}}<\sqrt{\frac{3\left(\sqrt{\dfrac{3}{k}}\right)^2}{3+\left(\sqrt{\dfrac{3}{k}}\right)^2}}=\sqrt{\frac{3}{k+1}}$$

$\left(\sqrt{\dfrac{3}{k}}>0\right)$

したがって　$a_{k+1}=\sin a_k<\sin\sqrt{\dfrac{3}{k}}<\sqrt{\dfrac{3}{k+1}}$

…③

②，③より，$n=k+1$ のときも不等式が成立する。

(I)，(II)より，すべての自然数 n に対して与えられた不等式が成立する。∎

45 確率分布

必修編

499

方針 1回目，2回目，3回目の表と裏の出方を表にする。

解答 表を○，裏を×で表すと，次のようになる。

1回目	2回目	3回目	X	Y	Z
○	○	○	2	3	6
○	○	×	2	2	4
○	×	○	1	2	2
×	○	○	1	2	2
○	×	×	1	1	1
×	○	×	1	1	1
×	×	○	0	1	0
×	×	×	0	0	0

確率分布は次のようになる。

Z	0	1	2	4	6	計
p	$\frac{2}{8}$	$\frac{2}{8}$	$\frac{2}{8}$	$\frac{1}{8}$	$\frac{1}{8}$	1

500

方針 X は1~6の場合があるからそれぞれの確率を求める。$E(X)$，$E(X^2)$，$V(X)$ の公式に代入して求める。

解答 (1) $X=1$，2，3，4，5，6の場合，目の出方は次のようになるので確率は次の表の通り。

	1	2	3	4	5	6
1	1	2	3	4	5	6
2	2	2	3	4	5	6
3	3	3	3	4	5	6
4	4	4	4	4	5	6
5	5	5	5	5	5	6
6	6	6	6	6	6	6

X	1	2	3	4	5	6	計
p	$\frac{1}{36}$	$\frac{3}{36}$	$\frac{5}{36}$	$\frac{7}{36}$	$\frac{9}{36}$	$\frac{11}{36}$	1

(2) $$E(X)=1\cdot\frac{1}{36}+2\cdot\frac{3}{36}+3\cdot\frac{5}{36}+4\cdot\frac{7}{36}+5\cdot\frac{9}{36}+6\cdot\frac{11}{36}=\mathbf{\frac{161}{36}}$$

(3) $$E(X^2)=1^2\cdot\frac{1}{36}+2^2\cdot\frac{3}{36}+3^2\cdot\frac{5}{36}+4^2\cdot\frac{7}{36}+5^2\cdot\frac{9}{36}+6^2\cdot\frac{11}{36}=\mathbf{\frac{791}{36}}$$

(4) 分散 $$V(X)=E(X^2)-\{E(X)\}^2=\frac{791}{36}-\left(\frac{161}{36}\right)^2=\frac{791}{36}-\frac{25921}{36^2}=\frac{2555}{36^2}$$

よって　$D(X)=\mathbf{\frac{\sqrt{2555}}{36}}$

501

方針 (1) X_1 と X_2 は互いに独立なので確率に影響を与えない。

(2) Y_1 と Y_2 は独立ではないが確率分布は(1)の X_1，X_2 と同じである。

解答 (1) $X_1=0$ である確率を $P(X_1)$，$X_2=0$ である確率を $P(X_2)$ とすると X_1 と X_2 は独立であるから

(a) $P_{X_1}(X_2)=\mathbf{\frac{1}{10}}$　　(b) $P_{\overline{X_1}}(X_2)=\mathbf{\frac{1}{10}}$

(c) $$P(X_1\cap X_2)=P(X_1)\cdot P(X_2)=\frac{1}{10}\times\frac{1}{10}=\mathbf{\frac{1}{100}}$$

(d) $$P(X_1\cup X_2)=P(X_1)+P(X_2)-P(X_1\cap X_2)=\frac{1}{10}+\frac{1}{10}-\frac{1}{100}=\mathbf{\frac{19}{100}}$$

(e) $$E(X_2)=0\cdot\frac{1}{10}+1\cdot\frac{1}{10}+\cdots+9\cdot\frac{1}{10}=\frac{45}{10}=\mathbf{\frac{9}{2}}$$

(f) $$V(X_2)=0^2\cdot\frac{1}{10}+1^2\cdot\frac{1}{10}+\cdots+9^2\cdot\frac{1}{10}-\{E(X_2)\}^2$$
$$=\frac{1}{6}\cdot9\cdot10\cdot19\cdot\frac{1}{10}-\left(\frac{9}{2}\right)^2=\frac{57}{2}-\frac{81}{4}=\mathbf{\frac{33}{4}}$$

└ $\sum_{k=1}^{n}k^2=\frac{1}{6}n(n+1)(2n+1)$ の公式

(g) $E(X_1)=E(X_2)$ より

$$E(X_1+X_2)=\frac{9}{2}+\frac{9}{2}=\mathbf{9}$$

(h) $$E(X_1X_2)=\frac{9}{2}\times\frac{9}{2}=\mathbf{\frac{81}{4}}$$

(2) Y_1 と Y_2 は独立ではないが，確率分布はそれぞれ(1)の X_1, X_2 と同じである。

$Y_1=0$ である確率を $P(Y_1)$, $Y_2=0$ である確率を $P(Y_2)$ とすると

(a) $Y_1=0$ のとき 0 のカードは残っていないから

$P_{Y_1}(Y_2)=0$

(b) $P_{\overline{Y_1}}(Y_2)=\dfrac{1}{9}$

(c) Y_1, Y_2 とも同時に起こることはないから

$P(Y_1\cap Y_2)=0$

(d) $Y_1=0$ と $Y_2=0$ は排反事象であるから

$P(Y_1)+P_{\overline{Y_1}}(Y_1)=\dfrac{1}{10}+\dfrac{9}{10}\times\dfrac{1}{9}=\dfrac{1}{5}$

(e), (f), (g)は(1)と同じである。

(h) $k=0,\ 1,\ \cdots,\ 9$, $l=0,\ 1,\ \cdots,\ 9$ とする。

$k\neq l$ のとき，$Y_1=k$ かつ $Y_2=l$ である確率は，すべて $\dfrac{1}{90}$ である。

$$E(Y_1Y_2)=\frac{1}{90}\{(1+2+\cdots+9)^2-(1^2+2^2+\cdots+9^2)\}$$
$$=\frac{1}{90}\left(45^2-\frac{1}{6}\cdot9\cdot10\cdot19\right)$$
$$=\frac{45}{2}-\frac{19}{6}=\mathbf{\frac{58}{3}}$$

502

方針 取り出した赤玉の個数を X として，$\boldsymbol{P(X=0)}$, $\boldsymbol{P(X=1)}$, $\boldsymbol{P(X=2)}$ を求める。$\boldsymbol{Y=50X-30}$ とおいて，$\boldsymbol{E(Y)}$ を求める。

解答 取り出した赤玉の個数を X とすると

$$P(X=0)=\frac{{}_2C_2}{{}_5C_2}=\frac{1}{10},\quad P(X=1)=\frac{3\cdot2}{{}_5C_2}=\frac{6}{10}$$
$$P(X=2)=\frac{{}_3C_2}{{}_5C_2}=\frac{3}{10}$$

よって　$E(X)=0\cdot\dfrac{1}{10}+1\cdot\dfrac{6}{10}+2\cdot\dfrac{3}{10}=\dfrac{6}{5}$

$Y=50X-30$ より，求める平均は

$$E(Y)=E(50X-30)=50E(X)-30$$
$$=50\cdot\frac{6}{5}-30=\mathbf{30}\text{（円）}$$

503

方針 $\boldsymbol{E(aX^2-1)=aE(X^2)-1}$ である。

解答 $E(X^2)=1^2\cdot\dfrac{1}{6}+2^2\cdot\dfrac{1}{6}+\cdots+6^2\cdot\dfrac{1}{6}$

$$=\frac{1}{6}(1^2+2^2+\cdots+6^2)$$
$$=\frac{1}{6}\cdot\frac{1}{6}\cdot6\cdot7\cdot13=\frac{91}{6}$$

$$E(aX^2-1)=aE(X^2)-1=\frac{91}{6}a-1=90$$

よって　$\boldsymbol{a=6}$

504

方針 どのカードも取り出す確率は $\boldsymbol{\dfrac{1}{n}}$ である。

$\boldsymbol{E(aX+b)=aE(X)+b}$, $\boldsymbol{V(aX+b)=a^2V(X)}$ を使う。

解答 $E(X)=1\cdot\dfrac{1}{n}+2\cdot\dfrac{1}{n}+\cdots+n\cdot\dfrac{1}{n}$

$$=\frac{1}{2}n(n+1)\cdot\frac{1}{n}=\frac{n+1}{2}$$

$$V(X)=1^2\cdot\frac{1}{n}+2^2\cdot\frac{1}{n}+\cdots+n^2\cdot\frac{1}{n}-\left(\frac{n+1}{2}\right)^2$$
$$=\frac{1}{6}n(n+1)(2n+1)\cdot\frac{1}{n}-\frac{(n+1)^2}{4}$$
$$=\frac{n^2-1}{12}$$

よって　$E(Y)=E(3X+2)=3E(X)+2$

$$=3\cdot\frac{n+1}{2}+2=\boxed{\mathbf{\frac{3n+7}{2}}}$$

$$V(Y)=V(3X+2)=3^2V(X)$$
$$=9\cdot\frac{n^2-1}{12}=\boxed{\mathbf{\frac{3(n^2-1)}{4}}}$$

505

方針 $\boldsymbol{(2n+1)}$ 枚のカードから **1** 枚取り出すとき，その確率は $\boldsymbol{\dfrac{1}{2n+1}}$ である。

解答 (1) $\displaystyle\sum_{k=0}^{2n}k\cdot\frac{1}{2n+1}=\frac{1}{2n+1}\sum_{k=1}^{2n}k$

$$=\frac{1}{2n+1}\cdot\frac{1}{2}\cdot2n(2n+1)$$
$$=\boldsymbol{n}$$

(2) $\boldsymbol{k}$ が奇数のとき

X が奇数で Y が奇数になる場合と，X が偶数で Y が奇数となる場合があるので

$$\frac{1}{2n+1}+\frac{n+1}{2n+1}\cdot\frac{1}{2n+1}=\boldsymbol{\frac{3n+2}{(2n+1)^2}}$$

$\boldsymbol{k}$ が偶数のとき　$\dfrac{n+1}{2n+1}\cdot\dfrac{1}{2n+1}=\boldsymbol{\dfrac{n+1}{(2n+1)^2}}$

(3) $\displaystyle\sum_{k=1}^{n}(2k-1)\cdot\frac{3n+2}{(2n+1)^2}+\sum_{k=0}^{n}2k\cdot\frac{n+1}{(2n+1)^2}$

$$=\frac{3n+2}{(2n+1)^2}\sum_{k=1}^{n}(2k-1)+\frac{2(n+1)}{(2n+1)^2}\sum_{k=1}^{n}k$$

$$=\frac{3n+2}{(2n+1)^2}\left\{2\cdot\frac{1}{2}n(n+1)-n\right\}$$

$$+\frac{2(n+1)}{(2n+1)^2}\cdot\frac{1}{2}n(n+1)$$

$$=\frac{n\{(3n+2)n+(n+1)^2\}}{(2n+1)^2}=\frac{n(2n+1)^2}{(2n+1)^2}=\boldsymbol{n}$$

実戦編

506

方針　X_1 のとり得る値は 1，2，3，4，5 である。A から取り出す球の色と B から取り出す球の色の組合せを考える。

解答　(1) X_1 のとり得る値は 1，2，3，4，5 である。

$$P(X_1=1)=\frac{{}_3C_2}{{}_5C_2}\cdot\frac{{}_3C_2}{{}_7C_2}=\frac{9}{210}$$

$$P(X_1=2)=\frac{{}_3C_2}{{}_5C_2}\cdot\frac{4\cdot3}{{}_7C_2}+\frac{3\cdot2}{{}_5C_2}\cdot\frac{{}_4C_2}{{}_7C_2}=\frac{72}{210}$$

$$P(X_1=3)=\frac{{}_3C_2}{{}_5C_2}\cdot\frac{{}_4C_2}{{}_7C_2}+\frac{3\cdot2}{{}_5C_2}\cdot\frac{3\cdot4}{{}_7C_2}+\frac{{}_2C_2}{{}_5C_2}\cdot\frac{{}_5C_2}{{}_7C_2}$$

$$=\frac{100}{210}$$

$$P(X_1=4)=\frac{3\cdot2}{{}_5C_2}\cdot\frac{{}_3C_2}{{}_7C_2}+\frac{{}_2C_2}{{}_5C_2}\cdot\frac{2\cdot5}{{}_7C_2}=\frac{28}{210}$$

$$P(X_1=5)=\frac{{}_2C_2}{{}_5C_2}\cdot\frac{{}_2C_2}{{}_7C_2}=\frac{1}{210}$$

よって，確率分布は次のようになる。

X_1	1	2	3	4	5	計
p	$\frac{9}{210}$	$\frac{72}{210}$	$\frac{100}{210}$	$\frac{28}{210}$	$\frac{1}{210}$	1

$$E(X_1)=1\cdot\frac{9}{210}+2\cdot\frac{72}{210}+3\cdot\frac{100}{210}+4\cdot\frac{28}{210}$$

$$+5\cdot\frac{1}{210}$$

$$=\boldsymbol{\frac{19}{7}}$$

(2) $X_2=1$ となるとき，$X_1=1$，2，3 に場合分けして考えて

$$\frac{9}{210}\times\left(\frac{1\cdot4}{{}_5C_2}\cdot\frac{5\cdot2}{{}_7C_2}+\frac{{}_4C_2}{{}_5C_2}\cdot\frac{{}_3C_2}{{}_7C_2}\right)$$

$$+\frac{72}{210}\times\left(\frac{{}_2C_2}{{}_5C_2}\cdot\frac{5\cdot2}{{}_7C_2}+\frac{2\cdot3}{{}_5C_2}\cdot\frac{{}_3C_2}{{}_7C_2}\right)$$

$$+\frac{100}{210}\times\frac{9}{210}$$

$$=\frac{9}{210}\times\frac{58}{210}+\frac{72}{210}\times\frac{28}{210}+\frac{100}{210}\times\frac{9}{210}$$

$$=\boldsymbol{\frac{191}{2450}}$$

507

方針　点 P が n 秒後に頂点 O，A，B にいる確率をそれぞれ p_n，q_n，r_n として漸化式をつくる。

解答　点 P が n 秒後に頂点 O，A，B にいる確率を p_n，q_n，r_n とすると

$$p_1=0,\quad q_1=\frac{1}{2},\quad r_1=\frac{1}{2}$$

$$p_{n+1}=\frac{1}{2}q_n+\frac{1}{2}r_n,\quad q_{n+1}=\frac{1}{2}p_n+\frac{1}{2}r_n,$$

$$r_{n+1}=\frac{1}{2}p_n+\frac{1}{2}q_n$$

よって，順に求めていくと

$$p_2=\frac{1}{2},\quad q_2=\frac{1}{4},\quad r_2=\frac{1}{4}$$

$$p_3=\frac{1}{4},\quad q_3=\frac{3}{8},\quad r_3=\frac{3}{8}$$

$$p_4=\frac{3}{8},\quad q_4=\frac{5}{16},\quad r_4=\frac{5}{16}$$

B の x 座標は $\dfrac{1}{2}$ より，求める期待値は

$$0\cdot\frac{3}{8}+1\cdot\frac{5}{16}+\frac{1}{2}\cdot\frac{5}{16}=\boxed{\boldsymbol{\frac{15}{32}}}$$

508

方針 カードの取り出し方を考えて，それぞれの場合の確率を求める。

解答 (1) 1 を 4 回取り出す場合と，1 を 2 回取り出したあと 2 を取り出す場合である。

$$P(X=4)=\left(\frac{2}{3}\right)^4+\left(\frac{2}{3}\right)^2\times\frac{1}{3}=\boldsymbol{\frac{28}{81}}$$

(2) X のとり得る値は 2，3，4，5 である。

$$P(X=2)=\frac{1}{3}$$

$$P(X=3)=\frac{2}{3}\times\frac{1}{3}=\frac{2}{9}$$

$$P(X=5)=\left(\frac{2}{3}\right)^3\times\frac{1}{3}=\frac{8}{81}$$

よって

$$E(X)=2\cdot\frac{1}{3}+3\cdot\frac{2}{9}+4\cdot\frac{28}{81}+5\cdot\frac{8}{81}=\boldsymbol{\frac{260}{81}}$$

(3) X のとり得る値は 2，3，4 である。

$$P(X=2)=\frac{1}{3}$$

$$P(X=3)=\frac{2}{3}\times\frac{1}{2}=\frac{1}{3}$$

$$P(X=4)=\frac{2}{3}\times\frac{1}{2}\times1=\frac{1}{3}$$

よって，確率分布表は次の通り。

X	2	3	4	計
p	$\frac{1}{3}$	$\frac{1}{3}$	$\frac{1}{3}$	1

509

方針 $\frac{1}{3}$ の確率で部屋を移動し，$\frac{2}{3}$ の確率で動かない。また，$P_A(n)+P_B(n)=1$ が成り立つ。

解答 (1) $\boldsymbol{P_A(1)}=\frac{4}{6}=\boldsymbol{\frac{2}{3}}$，$\boldsymbol{P_B(1)}=1-P_A(1)=\boldsymbol{\frac{1}{3}}$

$$\boldsymbol{P_A(2)}=\frac{2}{3}P_A(1)+\frac{1}{3}P_B(1)=\frac{2}{3}\cdot\frac{2}{3}+\frac{1}{3}\cdot\frac{1}{3}=\boldsymbol{\frac{5}{9}}$$

$$\boldsymbol{P_B(2)}=1-P_A(2)=\boldsymbol{\frac{4}{9}}$$

$$\boldsymbol{P_A(3)}=\frac{2}{3}P_A(2)+\frac{1}{3}P_B(2)=\frac{2}{3}\cdot\frac{5}{9}+\frac{1}{3}\cdot\frac{4}{9}=\boldsymbol{\frac{14}{27}}$$

$$\boldsymbol{P_B(3)}=1-P_A(3)=\boldsymbol{\frac{13}{27}}$$

$$E(3)=1+\left\{1\cdot\frac{2}{3}+(-1)\cdot\frac{1}{3}\right\}+\left\{1\cdot\frac{5}{9}+(-1)\cdot\frac{4}{9}\right\}+\left\{1\cdot\frac{14}{27}+(-1)\cdot\frac{13}{27}\right\}=\boldsymbol{\frac{40}{27}}$$

(2) $\boldsymbol{P_A(n+1)=\frac{2}{3}P_A(n)+\frac{1}{3}P_B(n)}$ …①

$$\boldsymbol{P_B(n+1)=\frac{1}{3}P_A(n)+\frac{2}{3}P_B(n)}$$

(3) $P_B(n)=1-P_A(n)$ …② を①に代入して

$$P_A(n+1)=\frac{2}{3}P_A(n)+\frac{1}{3}\{1-P_A(n)\}=\frac{1}{3}P_A(n)+\frac{1}{3}$$

$$P_A(n+1)-\frac{1}{2}=\frac{1}{3}\left\{P_A(n)-\frac{1}{2}\right\}$$

よって $P_A(n)-\frac{1}{2}=\left\{P_A(1)-\frac{1}{2}\right\}\left(\frac{1}{3}\right)^{n-1}=\left(\frac{2}{3}-\frac{1}{2}\right)\left(\frac{1}{3}\right)^{n-1}$

ゆえに $P_A(n)=\frac{1}{2}+\frac{1}{6}\left(\frac{1}{3}\right)^{n-1}=\boldsymbol{\frac{1}{2}\left\{1+\left(\frac{1}{3}\right)^n\right\}}$

これは $n=0$ のときも成り立つ。

②より $P_B(n)=1-\frac{1}{2}\left\{1+\left(\frac{1}{3}\right)^n\right\}=\boldsymbol{\frac{1}{2}\left\{1-\left(\frac{1}{3}\right)^n\right\}}$

(4) 第 k 試行の結果により得られる持ち点を X_k（$k=0$，1，…，n）とすると

$$E(X_k)=1\cdot P_A(k)+(-1)\cdot P_B(k)=\frac{1}{2}\left\{1+\left(\frac{1}{3}\right)^k\right\}-\frac{1}{2}\left\{1-\left(\frac{1}{3}\right)^k\right\}=\left(\frac{1}{3}\right)^k$$

よって

$$\boldsymbol{E(n)}=\sum_{k=0}^{n}E(X_k)=\sum_{k=0}^{n}\left(\frac{1}{3}\right)^k=\frac{1\cdot\left\{1-\left(\frac{1}{3}\right)^{n+1}\right\}}{1-\frac{1}{3}}=\frac{3}{2}\left\{1-\left(\frac{1}{3}\right)^{n+1}\right\}=\boldsymbol{\frac{1}{2}\left\{3-\left(\frac{1}{3}\right)^n\right\}}$$

46 二項分布

必修編

510

方針 **1 回の勝負で A が勝つのは，1 回目か 3 回目に当たりくじをひく場合である。$E(X)$，$V(X)$ は二項分布の公式にしたがって求める。**

解答 1 回の勝負で A が勝つのは，1 回目か 3 回目に当たりくじをひく場合であるから，その確率は $\frac{2}{5}+\frac{3}{5}\cdot\frac{2}{4}\cdot\frac{2}{3}=\frac{3}{5}$

$k=0$，1，……，10 とするとき

$$P(X=k)={}_{10}C_k\left(\frac{3}{5}\right)^k\left(\frac{2}{5}\right)^{10-k}$$

であるから，X は二項分布 $B\left(10,\ \frac{3}{5}\right)$ に従う。

よって　$E(X)=10\cdot\frac{3}{5}=\mathbf{6}$

$V(X)=10\cdot\frac{3}{5}\cdot\frac{2}{5}=\mathbf{\frac{12}{5}}$

511

方針　(1) 1 回あたり「石」「はさみ」「紙」の出し方は，A 君が $\frac{1}{6}$，$\frac{2}{6}$，$\frac{3}{6}$，B 君が $\frac{2}{5}$，$\frac{1}{5}$，$\frac{2}{5}$ である。

(2) A 君と B 君が 2 回ずつ勝ち，引き分けが 2 回起こる場合の数は $\frac{6!}{2!2!2!}$ である。

(3) A 君が k 回勝つ確率は ${}_{900}C_kp^k(1-p)^{900-k}$ である。

解答　(1) $\frac{1}{6}\times\frac{1}{5}+\frac{2}{6}\times\frac{2}{5}+\frac{3}{6}\times\frac{2}{5}=\mathbf{\frac{11}{30}}$

(2) 1 回のジャンケンで B 君が勝つ確率は

$\frac{1}{6}\times\frac{2}{5}+\frac{2}{6}\times\frac{2}{5}+\frac{3}{6}\times\frac{1}{5}=\frac{9}{30}=\frac{3}{10}$

引き分けの確率は　$1-\frac{11}{30}-\frac{9}{30}=\frac{10}{30}=\frac{1}{3}$

よって，求める確率は

$\frac{6!}{2!2!2!}\left(\frac{11}{30}\right)^2\left(\frac{3}{10}\right)^2\left(\frac{1}{3}\right)^2=\frac{90\cdot11^2\cdot3^2}{30^2\cdot10^2\cdot3^2}=\mathbf{\frac{121}{1000}}$

(3) A 君が勝つ回数を X とし，$k=0,\ 1,\ \cdots,\ 900$ とするとき　$P(X=k)={}_{900}C_k\left(\frac{11}{30}\right)^k\left(\frac{19}{30}\right)^{900-k}$

よって，X は二項分布 $B\left(900,\ \frac{11}{30}\right)$ に従う。

ゆえに　$E(X)=900\times\frac{11}{30}=\mathbf{330}$

512

方針　$P(X=k)={}_5C_kp^k(1-p)^{5-k}$ として求まる。X は二項分布 $B(5,\ p)$ に従う。

解答　1 回の試行で赤が出る確率は

$\frac{1}{2}\cdot\frac{2}{3}+\frac{1}{2}\cdot\frac{2}{5}=\boxed{\frac{8}{15}}$

$k=0,\ 1,\ \cdots,\ 5$ とするとき

$P(X=k)={}_5C_k\left(\frac{8}{15}\right)^k\left(\frac{7}{15}\right)^{5-k}$

であるから，X は二項分布 $B\left(5,\ \frac{8}{15}\right)$ に従う。

よって　$E(X)=5\cdot\frac{8}{15}=\boxed{\frac{8}{3}}$

$V(X)=5\cdot\frac{8}{15}\cdot\frac{7}{15}=\boxed{\frac{56}{45}}$

513

方針　(1) X_i は i 回目の確率だから事象 A が起こる確率は p である。

(2) X は n 回行って r 回起こる確率である。

(3) (2)より二項分布の平均と分散の公式になる。

解答　(1) 独立な反復試行であるから

$P(X_i=1)=p,\ P(X_i=0)=1-p$

確率分布は次の通り。

X_i	0	1	計
確率	$1-p$	p	1

よって　$E(X_i)=1\cdot p+0\cdot(1-p)=\boldsymbol{p}$

$V(X_i)=1^2\cdot p+0^2\cdot(1-p)-p^2=\boldsymbol{p(1-p)}$

(2) $X=r$ は，$X_i=1$ となるのが r 回，すなわち，n 回中 r 回事象 A が起こることを表す。

$P(X=r)={}_nC_rp^r(1-p)^{n-r}$ であるから，X の分布は，二項分布 $B(n,\ p)$ である。

(3) (2)より　$E(X)=np$，$V(X)=np(1-p)$

514

方針 (1) $\boldsymbol{X}$ は二項分布 $\boldsymbol{B\left(n,\ \frac{r}{100}\right)}$ に従う。

(2) $\boldsymbol{E(X)=\frac{16}{5}}$，$\boldsymbol{\sigma(X)=\frac{8}{5}}$ とおいて，$\boldsymbol{n}$，$\boldsymbol{r}$ の連立方程式を解く。

(3) (2)より何回目で初めて青玉が出たか，また，$\boldsymbol{Y}$ はどのような二項分布に従うかを考える。

解答 (1) X は二項分布 $B\left(n,\ \frac{r}{100}\right)$ に従うので，

X の平均は　$E(X)=n\cdot\frac{r}{100}=\boldsymbol{\frac{nr}{100}}$

また，X の分散は

$$V(X)=n\cdot\frac{r}{100}\cdot\frac{100-r}{100}=\frac{nr(100-r)}{100^2}$$

よって，X の標準偏差は

$$\sigma(X)=\boldsymbol{\frac{\sqrt{nr(100-r)}}{100}}$$

(2) $E(X)=\frac{16}{5}$，$\sigma(X)=\frac{8}{5}$ のとき，(1)より

$$\frac{nr}{100}=\frac{16}{5}\quad\cdots①,\quad \frac{\sqrt{nr(100-r)}}{100}=\frac{8}{5}\quad\cdots②$$

①より　$nr=320$　…③

②に代入して　$\sqrt{320(100-r)}=160$

$\sqrt{5(100-r)}=20$

よって　$5(100-r)=400$

ゆえに　$\boldsymbol{r=20}$

③より　$\boldsymbol{n=16}$

(3) (2)より，$n=16$ であるから，15 回続けて赤玉または白玉が出たあと，16 回目に初めて青玉が出た場合について考える。

したがって，はじめの 15 回については，青玉を除いた $100-b$ 個の赤玉と白玉から取り出される場合を考えて，赤玉の取り出される確率は，

(2)で $r=20$ より　$\frac{20}{100-b}$

よって，Y は二項分布 $B\left(15,\ \frac{20}{100-b}\right)$ に従うので，Y の平均が $\frac{15}{4}$ より

$$E(Y)=15\cdot\frac{20}{100-b}=\frac{300}{100-b}=\frac{15}{4}$$

$100-b=80$ より　$\boldsymbol{b=20}$

③

MEMO

MEMO

MEMO

MEMO

B